深井提升动力学
Deep Shaft Hoisting Dynamics

何满潮　朱真才　等　著

科学出版社

北京

内 容 简 介

本书重点论述了煤矿深井提升基础理论及关键技术方面的最新研究成果，主要内容涉及深井自适应预应力(self-adapting pre-stressed, SAP)提升模式、深井 SAP 提升动力学、深井大吨位提升安全运行保障、深井提升大功率传动控制、深井提升高速重载安全制动、深井 SAP 提升全系统可视化智能监控等关键技术，以及深井提升示范工程等。

本书可作为高等院校矿山机械工程、矿山电气工程、矿山信息化、采矿工程等相关专业的教学参考书，也可供从事矿井提升系统研究的教师、科研工作者、工程技术人员以及相关科技管理人员阅读参考。

图书在版编目(CIP)数据

深井提升动力学/ 何满潮等著. —北京：科学出版社，2024.5
ISBN 978-7-03-077732-4

Ⅰ. ①深… Ⅱ. ①何… Ⅲ. ①矿井提升–动力学 Ⅳ. ①TD53

中国国家版本馆 CIP 数据核字(2024)第 019878 号

责任编辑：李　雪　李亚佩 / 责任校对：王萌萌
责任印制：师艳茹 / 封面设计：无极书装

科　学　出　版　社 出版
北京东黄城根北街 16 号
邮政编码：100717
http://www.sciencep.com
河北鑫玉鸿程印刷有限公司印刷
科学出版社发行　各地新华书店经销
*
2024 年 5 月第　一　版　　开本：787×1092 1/16
2024 年 5 月第一次印刷　印张：32
字数：759 000
定价：450.00 元
(如有印装质量问题，我社负责调换)

前　言

深部建井工程有两类基础科学问题，即深部建井岩石力学和深井提升动力学的相关问题。目前，进入深部状态的建井工程，会遇到岩爆、大变形破坏、塌方、瓦斯爆炸、突水突泥等挑战性难题，反映出我国基础研究存在短板，尚不适应快速发展的工程建设需求。为此，"十三五"国家重点研发计划项目"煤矿深井建设与提升基础理论及关键技术"（2016YFC0600900）项目组组织了国内采矿界顶尖级科学家，系统开展了深部建井岩石力学和深井提升动力学的基础理论研究，研发出1500～2000m深度区间资源开采的装备系统和技术体系并撰写成《深井提升动力学》一书。

国内外煤矿和金属矿的深部开采，为深井提升提出了挑战，深度意味着难度。在煤炭开采方面，我国埋深1000m以下的资源约占已探明储量5.57万亿t的53%。随着开采范围及强度的增加，浅部资源日益枯竭，开采深度日益增加。

在煤炭开采方面，据统计，我国已建成开采深度达到或超过1000m的深井共有45座（含11座历史最大采深曾达到千米的矿井），其中：山东21座，辽宁6座，河北、吉林各4座，安徽3座，江苏3座，河南2座，陕西、江西各1座。国家规划建设的14个大型煤炭基地中一些新建和改扩建的大型立井年生产能力已达1000万t，开采深度已达1500m。未来5～10年，煤炭矿山还将兴建30余座千米深井。而20世纪70年代开始，国外煤矿就已进入千米开采深度。其中，俄罗斯的Komsomolskaya矿在1977年开采深度就达到1350m，波兰的Budryk矿在1979年达到1300m，英国、日本和比利时等国家的最大煤矿开采深度也相继超过1000m。目前，开采深度最大的煤矿是德国鲁尔矿区的Heim矿，为1713m。

在金属矿开采方面，夹皮沟金矿采深已达到1600m，红透山铜矿、云南会泽铅锌矿开采深度已超过1300m，湘西金矿开采垂直深度接近1000m，开采倾斜长度超过2000m，寿王坟铜矿已进入1000m采深。可以预计，未来我国金属矿山将逐步进入1000～2000m深度开采阶段。在国外，在建的金属矿山大多为超千米深井。其中，南非兰德金矿区是世界最大的金矿区，开采深度已经达到3600m；英美资源集团于南非西北部建成的姆波尼格金矿开采深度达到4350m，是目前世界上最深的矿井；印度的钱皮里恩夫金矿采深已达到3260m；以俄罗斯为代表的东欧地区也蕴含丰富的金属矿产，其中，克里沃罗格铁矿区的开采深度已达到1570m。另外，北美和澳大利亚的部分金属矿山采深也已达到千米水平。

以上表明，超千米深地资源开采在未来将成为一种常态，深井提升系统出现的大摆动、大振动、大惯量对深部提升动力学理论研究、技术和配套装备提出了更高的挑战。

目前，国内外普遍采用的立井提升方式有缠绕式和摩擦式两种。其中，金属矿井普遍采用缠绕式提升，而煤矿大多采用多绳摩擦式提升。随着煤炭开采朝着深部化和大型化方向发展，不仅提升高度急剧增加，对提升能力和提升速度也提出了更高的要求。然而，在超深井、高速度、强时变等特点下，传统摩擦提升方式易诱发自由悬挂平衡尾绳大摆动、大振动等问题，严重影响矿井提升效率，产生安全隐患。

作为深部资源开发技术体系的重要组成部分，深井提升技术能力直接影响到我国深部资源开发战略的顺利实施。为此，国务院发布的《国家中长期科学和技术发展规划纲要（2006—2020年）》中指出，"重点研究开发煤炭高效开采技术及配套装备"；在《装备制造业调整和振兴规划》中提出要"大力发展新型采掘、提升、洗选设备"。为此，国家在"十三五"期间，立项启动了煤炭行业第一个国家重点研发计划项目"煤矿深井建设与提升基础理论及关键技术"（2016YFC0600900）。该项目聚集了煤炭建井与提升以及装备制造领域实力最强的8所高校、9家研究院所及企业的高水平专家，组建了"产学研用"高度融合的创新研究团队，重点开展了1500~2000m深井提升动力学理论与技术的研究。

经过5年的联合攻关，该项目针对深井提升面临的长距离、高速度、重载荷等挑战，开展了相关基础理论与技术的系统研究，项目组创新性地提出了深井自适应预应力（self-adapting pre-stressed，SAP）提升新模式，建立了SAP提升动力学模型，推导了相应的动力学方程；研发了深井SAP提升装备及配套防护系统、轻量化SAP提升容器、大功率变流器、同步共点多通道电液制动系统，建成了SAP提升全系统大数据可视化平台。该深部提升研究成果在铁法煤业集团大强煤矿有限责任公司的大强煤矿等典型千米深井进行了工程示范，取得了显著的经济效益和社会效益。

本书以深井提升基础理论与技术为主线，系统总结了国家重点研发计划项目研究团队5年来的主要研究成果。本书各章撰写人见各章首页脚注。全书由项目负责人、中国科学院院士、中国矿业大学（北京）何满潮教授负责策划和统编定稿，中国矿业大学朱真才教授、周公博教授、伍小杰教授、夏士雄教授、曹国华教授以及中信重工机械股份有限公司刘大华教授级高工负责相关章节的撰写工作。

衷心感谢国家科技重大专项总体专家组吴爱祥教授、周爱民总工、申宝宏教授、葛世荣院士，以及项目专家组宋振骐院士、蔡美峰院士、李术才院士以及姜耀东教授、江玉生教授、曾亿山教授、蒲耀年教授级高工、何晓群教授级高工、于励民教授级高工、申斌学教授级高工对项目研究的指导。感谢科技部、中国21世纪议程管理中心给予的指导和支持，感谢中国矿业大学（北京）、中煤矿山建设集团有限责任公司、中国矿业大学、黑龙江科技大学、辽宁工程技术大学、山东科技大学、安徽理工大学、中信重工机械股份有限公司、天地科技股份有限公司、山东能源集团有限公司、辽宁铁法能源有限责任公司等单位给予的大力支持，感谢项目组全体成员在项目研究过程中所付出的艰苦努力，感谢为本项目完成和本书出版提供支持的专家和朋友。

由于作者水平有限，不妥之处敬请读者批评指正。

中国科学院院士

国家重点研发计划项目"煤矿深井建设与提升基础理论及关键技术"负责人

2023年6月

目　　录

第1章　深井SAP提升模式

随着矿产资源开发朝着深部化和大型化方向发展，深井提升面临长距离、高速度、重载荷等挑战。为此，针对传统提升方式在深井提升中存在的大摆动、大振动、大惯量等问题，笔者提出了深井自适应预应力(self-adapting pre-stressed, SAP)提升新模式，形成了适用于不同提升高度要求的SAP提升系统设计方案，研发了尾绳自动张紧调节技术及配套构件。

1.1　深井提升难度

1.1.1　矿井提升方式

随着浅部资源的日益枯竭，地下矿产资源开发朝着深部化和大型化方向发展。我国新建和改扩建的大型煤矿立井年生产能力已达1000万t，最大开采深度已超1500m[1-4]。在矿井提升系统中，主要采用的提升方式有摩擦式和缠绕式。根据工作原理和结构的不同，速度较慢的单滚筒缠绕提升系统使用在施工立井中；速度较快的双滚筒缠绕和摩擦提升系统广泛使用在永久立井中，如图1-1所示。

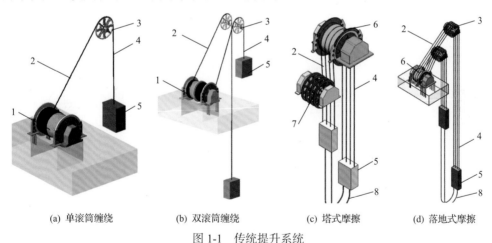

(a) 单滚筒缠绕　　(b) 双滚筒缠绕　　(c) 塔式摩擦　　(d) 落地式摩擦

图1-1　传统提升系统

1-缠绕滚筒；2-提升绳(弦绳)；3-天轮；4-提升绳(垂绳)；5-容器；6-摩擦滚筒；7-导向轮；8-平衡尾绳

目前，金属矿山大多采用单滚筒或双滚筒缠绕提升系统[图1-1(a)、(b)]，也称为布莱尔提升系统。该系统通过钢丝绳在卷筒上缠绕实现物料的提升和下放，其总的载荷由物料、提升容器和钢丝绳自重等构成，该载荷全部由提升钢丝绳承担。

对于煤矿而言，由于提升载重大，普遍采用多绳摩擦提升系统，也称为Kope提升

本章作者：何满潮，朱真才，曹国华，周公博，伍小杰，刘大华

系统(图 1-2)。该系统通过钢丝绳和摩擦轮之间的摩擦力实现物料的提升和下放,其总的载荷主要由物料、容器、钢丝绳(首绳)和平衡绳(尾绳)等构成,这些载荷使钢丝绳和摩擦轮之间存在一定的比压,并保证具有足够的摩擦力实现载荷的提升和下放。

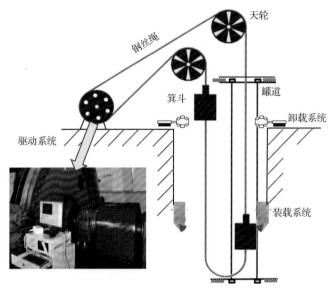

图 1-2　煤矿立井摩擦提升系统

1.1.2 深井提升中的问题

研究表明[5],无论是缠绕式还是摩擦式提升,随着提升高度的增加,钢丝绳自重也增大,从而造成有效载重减小(图 1-3)。

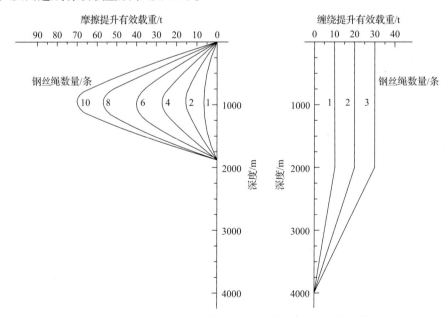

图 1-3　不同提升方式有效载重与提升高度的特征曲线[5]

对于缠绕式提升，2000m 深度范围内有效载重基本没有变化，超过 2000m 后，有效载重呈线性减小。目前，南非的 Moab Khotsong 矿井采用缠绕式提升系统，能够实现提升高度 3150m，提升速度 19.2m/s，但提升载重只有 13.5t。因此，缠绕式提升不能满足大吨位深井提升要求。

对于摩擦式提升，在千米深度范围内有效载重随钢丝绳数量增加而提高，虽然超过千米后，有效载重逐渐减少，但是总体提升能力在 1500m 内还是优于缠绕式提升。因此，立井提升高度在 1000～1500m 范围内，摩擦式提升仍将是大吨位提升的首选方式。目前，我国煤矿千米深井采用多绳摩擦提升的箕斗有效载荷已经达到 50t 的水平。然而，当深度增大到 1800m 时，则无法适应深井长距离、高速度、重载荷等提升要求，其原因主要是系统存在大摆动、大振动、大惯量，以及随之而来的大波动应力等问题。

1. 大摆动

在深井高速提升过程中，随着启动加速和制动减速过程中速度变化，处于自由悬挂状态的尾绳容易产生左右摆动，摆动幅度可达 0.7m 以上（图 1-4），从而导致尾绳碰撞、磨损、绞绳甚至断绳。

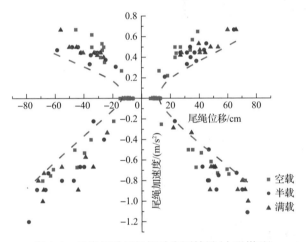

图 1-4　千米提升尾绳摆动实测结果（大强煤矿）

2. 大振动

在深井高速提升过程中，随着提升加速度和制动减速度的急剧变化，处于自由悬挂状态的尾绳容易产生上下振动，振动幅度可达 0.6m 以上（图 1-5），从而导致提升绳疲劳损伤、使用寿命缩短（最短 3 个月换绳）；同时，还会导致提升系统运行失稳，诱发安全事故。

3. 大惯量

矿井提升大吨位容器加工制造过程中，其自重载重比通常大于 1.3，按照目前国产最大吨位煤箕斗的载重量为 50t，其自重将达到 65t；同时，随着提升高度增加，钢丝绳

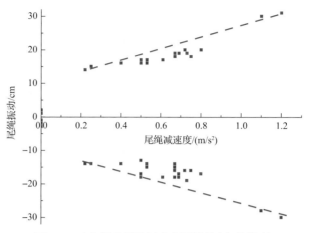

图 1-5　千米提升尾绳振动实测结果(大强煤矿)

长度也增加,1000m 长度钢丝绳单根自重就达 12t 以上;千米提升系统总质量将达到 300t 左右。如此高质量的系统在高速运行过程中,将会产生极大的惯量,对提升传动、制动以及整体安全性控制提出了更高的要求。

现有多绳摩擦提升方式能够满足浅井的要求,但当提升深度增加,尾绳晃动幅度增大,其安全可靠性降低。现有的摩擦提升方式,其尾绳是摩擦轮式提升机在左右提升容器下部连接的平衡钢丝绳,它在运行时自由下垂,起到平衡和稳定提升容器的作用。尾绳的总质量和首绳总质量基本相等,尾绳在运行时不承受其他外力作用,只承受自由下垂重力和自身运行时所产生的旋转、弯曲等自身应力作用,这就要求尾绳要有很好的柔韧性、抗疲劳性,要求运动时避免旋转消除应力。为避免尾绳在井底回转位置出现相互缠绕,一般在井底设有分绳挡梁。除了锈蚀,尾绳在高速运行中由于自身摆动易与分绳挡梁、井内其他设施以及尾绳之间发生碰撞、刮磨以及绞绳现象,长期磨损将导致尾绳断丝断股。上述问题导致提升效率降低、稳定性差、安全性下降、设备损坏率高(图 1-6),严重影响矿井提升安全、高效运行。

(a) 尾绳切割断股　　　(b) 提升绳抽脱驱动滚筒　　　(c) 导向装置撕裂　　　(d) 容器高速过卷击穿楼板

图 1-6　传统摩擦提升钢丝绳及设备损坏情况

1.1.3　研究现状

为了解决深井提升系统的安全问题,朱真才及其科研团队构建了立井过卷过放、制动、装卸载、变长度提升钢丝绳、尾绳摆动和张力控制等比较全面的提升系统动力学理论模型以及立体化的安全保护与监测系统，为矿山超深立井提升系统的设计与安全运行提供了重要支撑[6-33]。李玉瑾、李楠、霍磊等针对提升装置过卷、卡罐、松绳及跑车等工况，建立了相应的动力学模型，对事故进行了分析研究，优化了相应卷缓冲装置的制动性能，并给出了合理的建议[34-42]；梁敏、吴娟、Huang 等对立井提升系统的提升绳的垂绳进行了动力学行为的研究，并给出了矿井柔性提升系统极限减速度的计算方法[43-46]；Jiang、Ma、Yao、Wang 等研究了定弦绳和变长垂直提升钢丝绳在由天轮波动引起的周期性外界激励作用下的动力学行为，并研究了弦绳的多源耦合振动特性[47-50]；Wang、Guo 等研究了深井提升钢丝绳内部螺旋部件的微动态扭转特性和磨损特性，并研究了钢丝绳在提升过程中与摩擦衬垫的接触摩擦磨损特性，建立了摩擦系数与滑移速度和钢丝绳张力的关系，并使用多体动力学商业软件进行了验证[51-53]。Kaczmarczyk、Arrasate、Crespo 等观测了矿井提升过程中提升绳的横纵耦合振动响应特征，并研究了固定式高层电梯系统的建模与仿真，以预测部件之间的动态相互作用[54-58]。Ren 和 Zhu 考虑了提升容器的转动特性，给出了双绳提升系统的横纵耦合振动响应特征；为了对绳索进行建模离散求解，通过将假设模态法和有限元法等方法用于离散连续体的方法来求解系统方程[59]。基于能量法，通过第一类拉格朗日方程或者哈密顿原理来推导连续体的离散能量方程以此得到方程的广义质量、广义刚度、广义阻尼和广义力[60]。Terumichi 等通过变尺度有限元法研究了恒提升速度下提升容器的提升绳的非平稳振动，分析结果表明，柔性绳索的纵向速度通过共振影响振动的峰值振幅[61]。

随着提升深度和载重的增大，平衡尾绳自由悬挂下的立井提升系统的大振动、大摆动等现象逐渐显现。为了揭示自由悬挂柔性绳索类的动力学行为，很多学者通过能够描述大变形、大摆动的绝对节点坐标法对其进行建模。Escalona、Berzeri、Shabana、Yakoub 等基于有限元法和连续介质力学理论，提出了绝对节点坐标法(absolute nodal coordinate formulation，ANCF)，并将其应用于二维悬臂梁的动力学建模和数值求解[62-65]；Zemljaric 和 Azbe 提出了利用预计算矩阵和高斯积分相结合的 ANCF 内单元广义弹性力模型，以节省解算运动方程时间数值积分所用的耗时[66]。

虽然目前国内外均致力于超深井大型提升系统的高提升能力、高运行速度和高运行安全性的技术突破，在现有的提升系统上进行了初步尝试，但一直无法改变传统多绳摩擦提升系统在超深井、高速度、强时变等特点下自由悬挂平衡尾绳大摆动、大振动以及高速重载下大惯量等问题。

1.1.4　深井提升难度表征参数

为了克服传统多绳摩擦提升系统的缺陷，依托国家重点研发计划项目"煤矿深井建设与提升基础理论及关键技术"(2016YFC0600900)，以构建深井提升基础理论体系，研发深井高速重载提升与控制成套装备为目标，从解决深井提升大摆动、大振动、大惯量等问题入手，建立深井提升难度表征参数(表 1-1)，为研发具有我国自主知识产权的深立井提升模式及装备系统提供参考指标。

表 1-1　深井提升难度表征参数

深度/m	水平摆动/mm	提升载重/t	惯量/$(kg \cdot m^2)$	提升速度/(m/s)
1000~2000	500~1000	60	$(7.0 \sim 10.0) \times 10^6$	16

1.2　深井 SAP 提升新模式

1.2.1　技术原理

为适应深井高速、重载提升要求,提出了以"上-中-下"系统控制的深井 SAP 提升新模式[1](图 1-7)。该模式通过上部智能驱动与制动减少大振动,中部刚柔耦合轻量化提升容器减少大惯量,下部自适应尾绳导向解决大摆动。

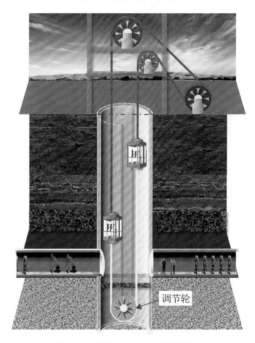

调节轮

图 1-7　深井 SAP 提升新模式

深井 SAP 提升系统的核心是在系统下部增加调节轮,将传统摩擦提升系统的自由悬挂尾绳改变为自适应导向尾绳,结合上部智能驱动与制动,提高系统提升传动能力以及运行的稳定性,中部采用刚柔耦合轻量化提升容器,减少系统结构的整体质量。

1.2.2　系统结构

基于深井 SAP 提升原理,提出了适用于 1000~1500m 的 SAP-1500 和适用于 1500~2000m 的 SAP-2000 两种深井 SAP 提升系统。

1. SAP-1500 提升系统

由于传统摩擦提升系统在 1000~1500m 提升高度下仍具备较高的提升能力,因此,

SAP-1500 提升系统在不改变原有系统结构的基础上，重点解决系统大摆动、大振动问题。

SAP-1500 提升系统结构如图 1-8 所示。系统主要包括驱动滚筒、导向轮、提升容器、载重容器、提升绳、尾绳以及附加的尾绳调节轮。

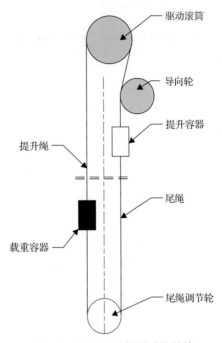

图 1-8　SAP-1500 提升系统结构

SAP-1500 提升系统通过驱动滚筒的摩擦驱动实现载重的提升。相比于传统摩擦提升系统，SAP-1500 提升系统的尾绳采用尾绳调节轮进行张紧导向，实现尾绳的横向摆动抑制，进而提高提升系统运行的安全性。

2. SAP-2000 提升系统

针对传统摩擦提升系统超过 1800m 深度后提升能力不足的问题，在 SAP-1500 提升系统基础上，将缠绕提升和摩擦提升相结合，从而提高系统的整体提升能力。

SAP-2000 提升系统结构如图 1-9 所示。系统主要包括上置驱动滚筒、缠绕驱动滚筒、提升容器、提升载重、悬吊绳、提升绳、尾绳以及导向轮和尾绳调节轮。

SAP-2000 提升系统通过缠绕驱动滚筒带动上置驱动滚筒，通过缠绕驱动实现载重的提升。该系统既发挥了多绳摩擦并联提升的重载提升优势，又具备缠绕提升深井高速提升能力；同时，系统下部采用尾绳调节轮进行张紧导向，实现尾绳的横向摆动抑制，进而提高提升系统运行的安全性。

3. 提升能力评价

深井 SAP 提升系统通过对传统摩擦提升系统结构的完善和改进，结合替换为高强度首绳、轻量化提升容器以及轻型尾绳，可以减弱或消除存在的大摆动、大振动、大惯量问题。同时，通过与缠绕提升相结合，可以极大提高提升能力(图 1-10)，从而满足 1500～2000m 深井高速、重载提升要求。

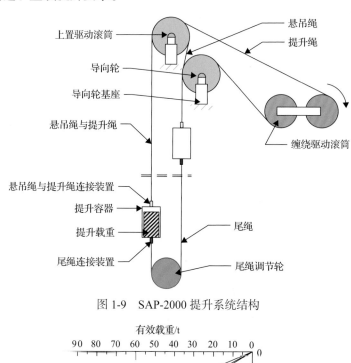

图 1-9　SAP-2000 提升系统结构

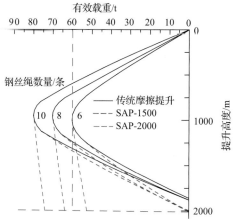

图 1-10　深井 SAP 提升系统有效载重与提升高度的特征曲线

1.3　深井 SAP 提升系统"上-中-下"融合架构研究

1.3.1　上部驱动与制动自适应融合架构

1. 大功率传动控制架构

在深井提升大功率变流技术方面，如果采用目前主流的三电平交直交型架构[图 1-11(a)]，由于功率器件承压低，必然使功率器件电流过大，或将采用多个变流器并联共同驱动。考虑到国产功率器件承压低、电流小，变流器功率容量增加困难，本章提出基于级联型的深井提升大功率传动变流拓扑架构[图 1-11(b)]。对比三电平交直交型变流器与级联型变流器，通过多个功率单元级联，在输出波形、入网谐波、散热、经济性等方面优势显著(表 1-2)。

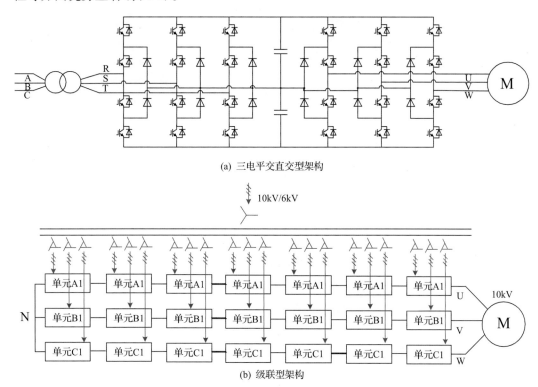

(a) 三电平交直交型架构

(b) 级联型架构

图 1-11　大功率传动变流器架构

表 1-2　三电平交直交型变流器与级联型变流器对比

比较项目		三电平交直交型		级联型
功率器件		HV-IGBT、IGCT 或 IEGT		1700V LV-IGBT
	优	器件电压高，器件数量少	优	技术难度低；成本低
	劣	技术难度高；成本高	劣	器件电压低，数量多
输出电压		3.15kV，3.3kV		4.16~10kV
	优	—	优	系统电流小，电缆细，系统效率高；电机可为普通电机
	劣	电流大，电缆粗，损耗高；电机需特制	劣	—
输出电平数		相电压 3 电平，线电压 5 电平；dv/dt<3300V/μs		13~19 电平；dv/dt<1000V/μs
	优	—	优	电压波形正弦，可应用于普通电机
	劣	电压脉冲尖峰大，对电机绝缘有特殊要求	劣	—

续表

比较项目		三电平交直交型		级联型
输入变压器	优	外置高短路阻抗整流变压器 —	优	内置移相变压器 集成度高，外部接线简单
	劣	外部接线复杂	劣	—
整流脉冲数/整流型式	优	6 脉冲/AFE 整流 —	优	36(54)脉冲/AFE 整流 无需滤波装置，符合国标要求
	劣	网侧谐波大，需滤波装置	劣	—
功率单元数量	优	6 个 结构简单；功率密度高，柜体占地面积小	优	18～27 个 单元体积小，更换方便，备件成本低
	劣	单元体积大，不便更换，备件成本高	劣	结构复杂；功率密度低，柜体占地面积大
开关频率	优	1kHz(IGCT/IEGT)、2kHz(HV-IBGT) —	优	3～4kHz 输出波形正弦，谐波小
	劣	输出波形较差，谐波大	劣	—
散热方式	优	水冷 散热效率高	优	风冷，大功率采用水冷 风冷系统结构简单
	劣	系统复杂，维护困难	劣	散热效率一般；风机噪声大
功率梯度	优	器件等级少，功率梯度大(2～3MW) —	优	IGBT 等级多，功率梯度小(200～400kW) 完美适配电机功率梯度，经济性好
	劣	经济性差	劣	—

AFE-主动前端；IGBT-绝缘栅双极晶体管。

在深井提升振荡抑制技术方面，针对低频纵向振荡机理开展研究，模拟和分析超长钢丝绳引起的低频纵向振荡传导机制和转矩表征。考虑到低频纵向振荡在电流/转矩中的有效反应，检测滚筒侧加速度信号，将其前馈到电流给定补偿振荡(图 1-12)，提出深井提升机钢丝绳纵向低频振荡抑制方法。

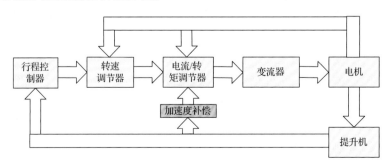

图 1-12　大功率传动控制架构

在传统的转速、电流双闭环基础上加入行程控制，对转速给定进行实时补偿。折线速度给定曲线［图 1-13（a）］在折弯点附近加速度导数太大，会造成钢丝绳的摆动，增加载荷和钢丝绳上的拉力，使钢丝绳的寿命降低，并且还会影响到其他设备的使用寿命。S 形速度给定曲线［图 1-13（b）］没有速度突变现象，运行更加平滑。在此基础上，加入 S 形速度给定发生器、位置控制器、速度调节器和力矩预控制等，与电流/转矩调节器共同构成提升机多闭环控制系统，实现行程控制高精度、转速控制无静差、转矩控制快速响应。

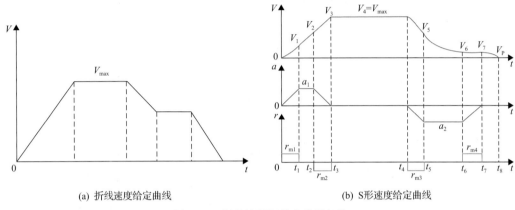

(a) 折线速度给定曲线　　　　　　　　(b) S形速度给定曲线

图 1-13　行程控制柜给定曲线架构

图 1-13（a）中纵坐标 V 表示速度，横坐标 t 表示时间，V_{max} 表示最大运行速度。图 1-13（b）中纵坐标 V、a、r 分别表示速度、加速度以及加加速度，横坐标 t 表示时间，V_{max} 表示最大运行速度；r_{m1} 表示加速阶段最大正向加加速度，r_{m2} 表示加速阶段最大负向加加速度，r_{m3} 表示减速阶段最大负向加加速度，r_{m4} 表示减速阶段最大正向加加速度；a_1 表示加速阶段最大正向加速度，a_2 表示减速阶段最大负向加速度；t_1 表示加速阶段加速度由零增至正向最大时刻点，t_2 表示加速阶段加速度保持不变时刻点，t_3 表示加速阶段加速度减到零时刻点，t_4 表示匀速运行阶段速度保持不变时刻点，t_5 表示减速阶段加速度由零减至负向最大时刻点，t_6 表示减速阶段加速度保持不变时刻点，t_7 表示减速阶段加速度由负向最大增到零时刻点，t_8 表示停车时刻点；V_1、V_2、V_3、V_4、V_5、V_6、V_7、V_P 分别表示 t_1、t_2、t_3、t_4、t_5、t_6、t_7、t_8 时刻点所对应的速度

2. 高速重载恒减速制动架构

提升机制动系统是提升机中不可或缺的重要组成部分，同时也是安全保障的最后一道防线。制动系统由制动器、液压系统和控制系统组成。深井提升系统大惯量高速运动、大摆动及大振动，要求提升机制动系统提供更大的制动力矩，提高安全制动时的平稳性，提高安全制动系统的整体可靠性，确保设备运行绝对安全、万无一失。

由于矿井提升机工况复杂，提升速度快，提升载荷较大，因而在紧急制动时，常用的制动方式有恒力矩制动和恒减速制动两种。恒减速制动是指制动减速度始终按预先设定的减速度进行制动，即使紧急制动时也不会随负荷和工况的变化而改变，从而可以实现紧急制动时响应速度快、平稳性好和安全性高。在进行紧急制动时，由图 1-14 中电液比例方向阀按电信号调节制动器油压大小，以控制作用在制动盘上的制动力矩。恒减速制动控制框图，如图 1-14 所示。

现有的恒减速制动系统为单通道，在长期运行中可能存在液压元件、电气元件、传感信号等故障，直接导致恒减速制动通道失效，造成重大安全事故。

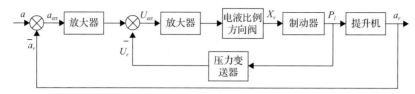

图 1-14　恒减速制动控制框图

为了适应深井 SAP 提升系统的安全制动要求，满足提升系统在高速（≥16m/s）、重载（60t）情况下能够安全平稳地停车，同时避免单通道恒减速由于上述故障而造成提升机制动失效，深井 SAP 提升高速重载安全智能制动系统将采用同步共点多通道恒减速电液制动系统，研发高性能制动闸瓦材料以及配套保障技术，以实现提升机制动系统的可靠性（图 1-15）。

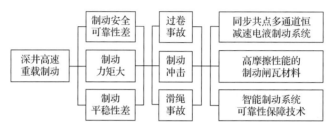

图 1-15　深井 SAP 提升高速重载安全智能制动系统研制

同步共点多通道恒减速电液制动系统设计二路恒减速制动通道，并联冗余（图 1-16）；若一条恒减速安全制动回路出现故障，系统其他回路仍能自动实施备用恒减速安全制动方式，且每路自带切断阀，可在该通道元器件或控制信号故障时自动切断，隔离故障回路。系统设计为共点输出模式，实现多个制动器油缸压力一致、动作同步，从而实现系统平稳制动，提高可靠性，并减小系统振动，消除冲击危险。

图 1-16　同步共点多通道恒减速电液制动系统

研究表明，随着提升高度的增加，制动摩擦行为逐渐加剧，在提升深度达到 2000m 时，单次制动下摩擦面间的最大等效应力达 268.2MPa，制动温度达到了 138.5℃，制动工况十分恶劣，闸瓦与制动盘的制动损伤将十分严重。为此，依据深井 SAP 提升高速重载安全制动的需求，研发高摩擦、大比压制动闸瓦材料，用于大吨位盘形制动器，适应深井 SAP 提升安全制动的需求。

依据深井 SAP 提升高速重载安全智能制动系统的要求，搭建恒减速安全制动系统仿真平台（图 1-17）；研究制动系统开闸、制动及合闸过程中的系统压力、制动减速度以及开闸间隙的动态特性，建立制动系统故障诊断和健康状态评价的数据库。

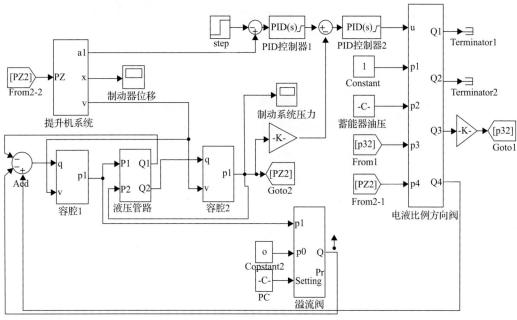

图 1-17　恒减速安全制动系统仿真平台

利用多时间点融合和多传感器融合把多个传感器监测到的制动系统多维运行状态信息转化为制动系统性能退化状态的指标，分别得到传感器、子系统及系统的性能指标。

根据制动系统结构及各传感器功能划分因素论域，通过性能退化程度设置评语集，基于专家打分、客观定权与层次分析相结合的方法确定各传感器权重，利用神经网络实现从模糊综合评判到精确性能指标值的量化(图 1-18)。

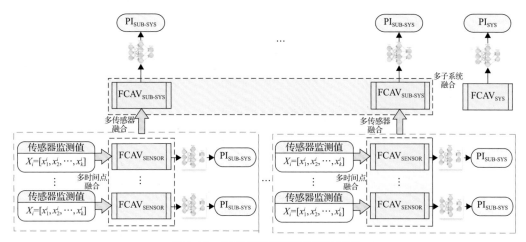

图 1-18　制动系统健康状态评价简图

建立深井 SAP 提升高速重载安全智能制动系统的智能管理平台，能够实现实时和远程的提升机制动系统运行状态监测、故障诊断、健康状态评价、参数设置、历史数据查看和人机交互等功能(图 1-19)。

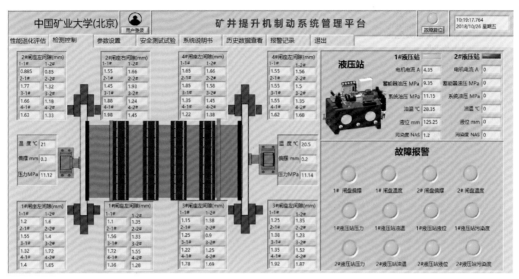

图 1-19　智能管理平台

1.3.2　中部提升容器刚柔耦合设计架构

在相同载重下，提升容器的自重载重比越高，提升容器的总质量越大。因此在保障提升容器载重和可靠性的前提下，降低提升容器的自重载重比，是缓解提升系统大惯量的有效途径。传统刚性结构提升容器，其自重载重比普遍较高（>1.3），为了降低其自重载重比提出了刚柔耦合的提升容器设计思路。采用大质量、抗弯刚度、抗拉刚度盘体/斗箱与小质量、抗弯刚度、抗拉刚度立柱相结合的提升容器设计方法，可以大幅度降低立柱质量，进而实现提升容器的轻量化。

1. 轻量化提煤箕斗设计

利用有限元和离散元耦合的方法对传统刚性结构箕斗斗箱进行静力学的强度分析，以载重 60t 的箕斗为例，如图 1-20 所示，箕斗斗箱的最大变形为 18.42mm，最大应力为 178.01MPa。箕斗斗箱长短边应力变化情况如图 1-21 所示。在同一深度，斗箱长边应力值均大于短边应力值，因此传统箕斗斗箱短边部分的筋板存在使用过量问题，可对短边使用较小型号的槽钢或减小使用量，以减少冗余质量。

斗箱上半部分的变形和应力较小，而斗箱下部承受了主要载荷，变形和应力值较大。因此对斗箱加强筋采用"上松下紧"的优化布置方法，在保证可靠性的同时，降低上部斗箱自重。同时由于斗箱整体长度较长，采用刚性立柱结构不利于应力的消除，为此设计柔性立柱结构，优化后的箕斗结构如图 1-22 所示。通过有限元分析（图 1-23），载重 60t 的轻量化箕斗的最大变形量为 2.03mm，最大应力为 40.5MPa，与刚性结构箕斗相比，其最大变形量与最大应力明显降低。通过实际测量，载重 60t 的轻量化箕斗自重约为 65t，自重载重比为 1.08。

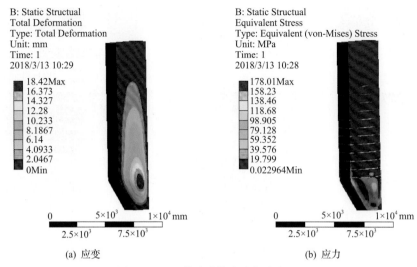

(a) 应变　　　　　　　　　　　(b) 应力

图 1-20　60t 箕斗斗箱应变与应力云图

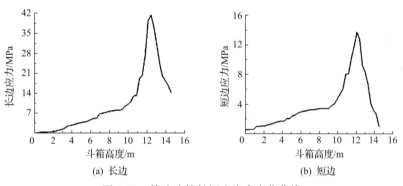

(a) 长边　　　　　　　　　　　(b) 短边

图 1-21　箕斗斗箱长短边应力变化曲线

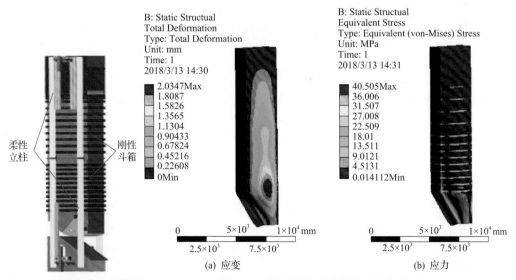

图 1-22　轻量化箕斗结构图　　　　图 1-23　轻量化箕斗斗箱应变与应力云图

2. 轻量化多层罐笼设计

与箕斗类似，罐笼同样采用了整体柔性、局部刚性的设计思路，将传统刚性罐笼的刚性立柱结构替换为柔性构件，轻量化多层罐笼结构如图 1-24 所示。其中载重为 60t 的罐笼，自重约为 60t，自重载重比为 1。

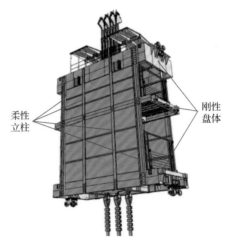

图 1-24　轻量化多层罐笼结构

1.3.3　下部尾绳横向摆动自适应抑制架构

每根提升绳本身制造时产生的差异以及装载不均造成的每根提升绳出现张力不均的情况，或者尾绳在安装或者使用一定时间后，可能出现不同程度的伸长，从而造成尾绳长度长短不一的情况，如图 1-25 所示。

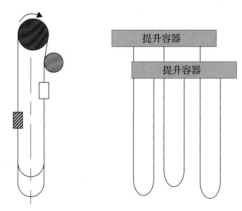

图 1-25　尾绳间长度差异

1. 基于尾绳间距的摆动抑制方式

对于现阶段的矿井开采深度，提升系统中提升绳和尾绳的长度并不是很长，而且提升绳的数目较少，因此尾绳的根数也较少，相应地，尾绳之间的间距较大。

　　当尾绳的数目为 1 时，对于尾绳导向装置的布置和安装，只要保证尾绳与底部的导向装置对应即可。

　　当尾绳的数目大于 1 时，为了适应尾绳长度长短不一的情况，因为尾绳间距较大，所以可以采用将对应的每根尾绳单独安装一套导向装置，不与其他尾绳的导向装置产生直接关联，可以进行独立运动，从而形成独立式尾绳导向装置，如图 1-26 所示。

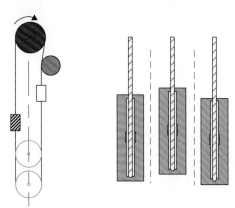

图 1-26　独立式尾绳导向装置布置形式

　　提升系统静止状态下，尾绳绳长的不同主要来自：安装前尾绳长度差Δx_1，尾绳安装时产生的误差Δx_2，尾绳导向装置质量差使得尾绳产生的变形长度差Δx_3，以及尾绳自身差异使得尾绳产生的变形长度差Δx_4。

　　设加装尾绳导向装置并静止后，两导向轮轴的中心轴线高度差为Δh_1，则此时可以得到：

$$\Delta x_1 + \Delta x_2 + \Delta x_3 + \Delta x_4 = 2\Delta h_1 \tag{1-1}$$

　　在矿井提升系统运行过程中，尾绳之间张力不均时，即

$$T_1 - T_2 = \Delta T \tag{1-2}$$

　　此时，两导向轮轴的中心轴线高度差为Δh_2，则

$$\frac{\Delta T}{k_e} = 2\Delta h_2 \tag{1-3}$$

式中，k_e为尾绳的等效刚度。

　　为了减少在矿井底部安装的部件数目，进而简化导向装置的结构，可以采用将多个尾绳导向轮安装在同一根轴上，形成整体式尾绳导向装置，如图 1-27 所示。

　　但在尾绳环处安装的整体式尾绳导向装置，需要考虑尾绳长度对其的影响，如图 1-27 所示，安装后多根尾绳的尾绳环不在一条水平线上，此时安装整体式尾绳导向装置会致使尾绳在与提升容器连接处受到的张力发生变化。由于独立式的尾绳导向装置其各个导向轮之间没有直接的连接关系，因此，当尾绳中出现张力变化甚至尾绳之间产生较大的张力差时，对其都不会产生影响，独立式的导向装置都可以凭借其自身的运动进行调节。

但是对于整体式的尾绳导向装置来说，由于所有的导向装置都安装在同一个框架内，因此尾绳较短时受到的张力较大，其与导向装置中的摩擦衬垫之间的摩擦力也增大，使绳槽衬垫的磨损速度加快，缩短其使用寿命；另外，磨损程度较大的绳槽，由于改变了绳槽的直径，使得尾绳与导向装置接触关系发生变化，进一步使尾绳的张力不平衡更加严重，从而形成一个恶性循环。

因此，对安装整体式尾绳导向装置后的尾绳进行受力分析，如图1-28所示，可以看出，当三个尾绳导向装置受力相同时，即$F_{11}=F_{12}=F_{13}$，此时装置合力竖直向上，装置可以正常运行，但是当尾绳之间出现张力差时，此时的合力除了竖直向上的力外，还有一个绕导向轮轴中间位置转动的力矩。

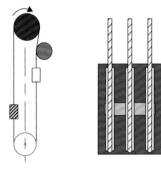

图 1-27 整体式尾绳导向装置

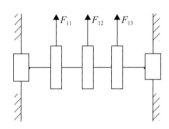

图 1-28 整体式尾绳导向装置受力分析示意图

在这种情况下，当导向套与导轨之间的间隙较大时，导向装置容易出现倾斜，进而还可能出现卡顿；如果导向套与导轨之间的间隙较小时，整个导向装置会随着变形而长度较短的那根尾绳进行上下移动，此时，另外的尾绳则会出现跳出绳槽的现象，这种现象十分危险，极易发生事故，从而影响提升系统的正常运行。因此，在安装整体式尾绳导向装置时，对于尾绳进行长度均衡也是至关重要的。

为了减小尾绳间的张力差，最简单的方法就是参考提升绳的张力平衡方式，即在提升容器和尾绳的连接处之间加装张力均衡装置，如图1-29所示，达到平衡尾绳内部张力的目的。

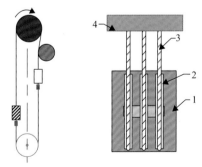

图 1-29 整体式尾绳导向装置布置形式

1-导向装置；2-尾绳导向装置；3-尾绳；4-张力均衡装置

随着矿井开采深度的增加，为了保证提升系统的提升能力，提升绳的数目会有所增加，此时尾绳的数目也会增加，在矿井井筒直径不变的情况下，尾绳之间的间距变小。

针对尾绳间距较小，矿井底部空间有限的情况，只有整体式尾绳导向装置适用于这种工况。这种形式在最大限度上缩小了导向装置在矿井底部占用的空间。

2. 尾绳长度均衡方式探究

1) 独立悬挂自均衡方式

对于独立式尾绳导向装置布置形式，尾绳与提升容器的连接方式为直接相连，和尾绳自由悬挂时的连接方式一致。同时在最大限度上利用了矿井底部充足的空间，将多根尾绳的复杂情况简化为单根尾绳的情况，对于各个导向装置之间质量的差异或尾绳之间材料结构的差异产生的尾绳张力差，每根尾绳对应的导向装置都可以进行独立的调节。

2) 整体悬挂自均衡方式

由于整体式尾绳导向装置中多个导向轮共用一根轴，想要实现各根尾绳之间长度一致，即每根尾绳都可以与导向轮接触，可以通过闭环无源液压连接方式平衡各根尾绳之间的张力差。其原理是当使用的两个液压缸型号相同时，即 $A_1=A_2$，假设初始时两根尾绳长度相同，那么 $P_1=P_2$，此时可以得到：

$$\begin{cases} T_1 = P_1 \times A_1 \\ T_2 = P_2 \times A_2 \end{cases} \tag{1-4}$$

式中，A_1 与 A_2 为液压缸柱塞的截面积；P_1 与 P_2 为液压缸内的压强；T_1 与 T_2 为液压缸连接头处的张力。

开始时两根尾绳所受到的张力相等，随着系统运行一段时间后，在尾绳间出现张力差，即 $T_1' \neq T_2'$，此时，两个液压缸内的压强产生变化，即 $P_1' \neq P_2'$，但因为两个液压缸通过管路连接构成一个无源的密封油路，通过油缸内活塞带动活塞杆运动实现尾绳长度的变化，进而两个缸内的压强会很快恢复均衡达到二者相等。随着压强相等，很快两根钢丝绳受到的张力也变得相等，尾绳环处于同一高度。闭环无源液压连接均衡原理如图 1-30 所示。

闭环无源液压连接均衡下尾绳导向装置的整体方案如图 1-31 所示。

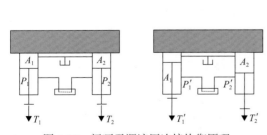

图 1-30　闭环无源液压连接均衡原理

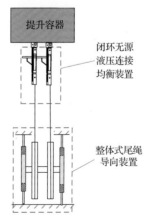

图 1-31　闭环无源液压连接均衡下尾绳导向装置的整体方案

考虑到尾绳主要由圆尾绳与扁尾绳组成，而圆尾绳在轴向载荷下形成扭矩：

$$M_{\text{w}} = \gamma_{\text{w}} d_{\text{w}} F_{\text{d}} \tag{1-5}$$

式中，M_{w} 为尾绳加载后的扭矩；γ_{w} 为尾绳的扭矩系数；d_{w} 为尾绳的公称直径；F_{d} 为负载的大小。因此圆尾绳与均衡装置连接时通过串接旋转器的方式来克服扭矩，而扁尾绳直接固定。

3. 尾绳长度均衡创新结构探究

作为 SAP 提升系统核心装置，尾绳自适应调节装置采用非同轴独立的调节轮进行张紧导向，由尾绳调节轮、导向块、轴、轴承座、导轨、上下梁、尾绳防跳槽杆等组成(图 1-32)。其中，尾绳调节轮的张紧力由调节轮自重提供。

尾绳自适应调节装置设置在尾绳底部，尾绳端部连接处直接与容器连接，容器底部不改变现有连接方式，其扁尾绳悬挂连接装置如图 1-33 所示。尾绳自适应调节装置在井底的安装效果如图 1-34 所示。其中，在尾绳下方安装尾绳调节轮及其配重，利用其自重进行尾绳的导向与张紧，保证尾绳的导向并使其具有一定的张紧力；固定梁与井壁通过支撑脚架连接，并通过膨胀螺栓与井壁连接。防护装置安装在调节轮的上方，保护调节轮不受煤块、矸石等杂物的影响。

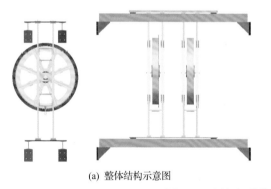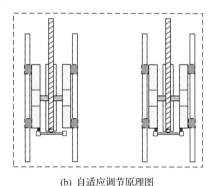

(a) 整体结构示意图　　　　　　　　　　(b) 自适应调节原理图

图 1-32　尾绳调节轮浮动调节

图 1-33　扁尾绳悬挂连接装置　　　图 1-34　尾绳自适应调节装置在井底的安装效果图

1.4　SAP 提升系统关键参数及校验

为了保证 SAP 提升系统安装后整个提升系统的安全性，同时便于后续 SAP 提升系统零部件及装置的设计与计算，首先确定一下 SAP 提升系统所需的主要验算参数。

1. 提升绳安全系数校验

向上运行时，提升绳最大静载荷 Q_{max} 为

$$Q_{max} = mg + m_z g + n_1 q_1 gH + n_2 q_2 gH_h + T_t \tag{1-6}$$

式中，Q_{max} 为提升绳最大静载荷，N；g 为重力加速度，m/s^2；T_t 为尾绳调节轮对尾绳的预紧力，$T_t = F/2$，F 为调节装置的总载荷，N；m 为容器中装载的载重，kg；m_z 为容器自重，kg；n_1 为提升绳的根数；n_2 为尾绳的数量；q_1 为提升绳单位长度质量，kg/m；q_2 为尾绳单位长度质量，kg/m；H 为最大提升高度，m；H_h 为井底尾绳环绕长度，m。

设 σ_B 为提升绳的抗拉强度(Pa)，S_0 为提升绳所有钢丝绳断面积之和(m^2)。要保证提升绳安全工作，必须满足式(1-7)：

$$\begin{cases} mg + m_z g + n_1 q_1 gH + n_2 q_2 gH_h + T_t \leqslant S_0 \sigma_B / m_a \\ S_0 = n_1 q_1 / \rho_0 \end{cases} \tag{1-7}$$

式中，m_a 为提升绳的安全系数；ρ_0 为提升绳的密度，kg/m^3。

从而得到：

$$q_1 \geqslant \dfrac{mg + m_z g + n_2 q_2 gH_h + T_t}{\dfrac{n_1 \sigma_B}{m_a \rho_0} - n_1 gH} \tag{1-8}$$

根据式(1-8)，可计算出 q_1，再从钢丝绳规格表中选出标准绳作为提升绳。提升绳选出后，按实际所选用提升绳的数据验算其安全系数：

$$\dfrac{Q_p}{mg + m_z g + n_1 q_1 gH + n_2 q_2 gH_h + T_t} \geqslant m_a \tag{1-9}$$

式中，Q_p 为所选提升绳所有钢丝破断力之和。

若校核结果不能满足式(1-9)的要求，则应重选提升绳进行验算，直到满足《煤矿安全规程》的要求。

2. 摩擦衬垫比压校验

摩擦衬垫比压按照式(1-10)进行校验：

$$P_{b} = \frac{F_{js} + F_{jx}}{n_1 D_n d_n} \qquad (1-10)$$

式中，P_b 为衬垫比压，MPa；F_{js} 为重载侧钢丝绳最大静张力，N；F_{jx} 为轻载侧钢丝绳最大静张力，N；D_n 为主导轮直径，mm；d_n 为钢丝绳直径，mm。

3. 尾绳的计算、选择与校验

考虑到尾绳的承载远小于提升绳的承载，同时尾绳采用张紧兼导向的方式，因此根据与提升绳等重的原则进行选型计算，即

$$n_2 q_2 = n_1 q_1 \qquad (1-11)$$

同时考虑到罐笼尾绳悬挂点的中心距有限，将罐笼尾绳悬挂点的中心距作为尾绳调节轮的直径。因此在满足式(1-11)的情况下，还要满足：

$$D_2 \geqslant 40 d_2 \qquad (1-12)$$

式中，d_2 为尾绳直径，mm；D_2 为尾绳调节轮直径，mm。

对于尾绳，按实际所选的尾绳数据对其安全系数进行验算：

$$\frac{Q_{p2}}{n_2 q_2 (H + H_h) g + T_t} \geqslant m_a \qquad (1-13)$$

式中，Q_{p2} 为所选尾绳的所有钢丝破断力之和。

若校核结果不能满足式(1-13)的要求，则应重选尾绳进行验算，直到满足《煤矿安全规程》的要求。

4. 电动机预选与校验

1) 电动机的预选

电动机的功率：

$$W_{sum} = \frac{k F_c v_m}{1000 \eta} \rho \qquad (1-14)$$

式中，W_{sum} 为提升机需要配备的电动机总功率，kW；k 为电动机容量富裕系数，$k=1.1$；F_c 为一次提升的最大载荷，$F_c = mg$，m 为一次提升货载质量，kg；v_m 为提升速度，m/s；η 为电动机与提升机的传动效率，直联取 0.98；ρ 为受加、减速度及提升绳、尾绳自重等因素影响的系数，对于普通罐笼提升 $\rho = 1.1 \sim 1.5$，在本次设计中选取 $\rho = 1.2$，提升载重时 $\rho = 1.4$。

电动机的转速：

$$n = \frac{60 v_m i}{\pi D} \qquad (1-15)$$

式中，i 为电动机与提升机的传动比；D 为提升机滚筒直径，m。

由于本系统中电动机和提升滚筒主轴采用直联的方式进行传动，所以取 $i=1$。

2）电动机的校验

电动机等效力：

$$F_{\mathrm{d}} = \sqrt{\frac{\int_0^T F^2 \mathrm{d}t}{T_{\mathrm{d}}}} \tag{1-16}$$

式中，F_{d} 为电动机等效力，kN；T_{d} 为等效时间，$T_{\mathrm{d}} = c_1\left(t_1 + t_3 + t_4 + t_5\right) + t_2 + c_2\theta$，散热不良系数 $c_1=1$，$c_2=1$，θ 为休止时间；F 为拖动力，kN。

电动机等效容量：

$$P_{\mathrm{d}} = \frac{F_{\mathrm{d}} v_{\max}}{\eta} \tag{1-17}$$

式中，P_{d} 为电动机等效容量，kW；$v_{\max}$ 为最大运行速度。

电动机容量富裕系数：

$$k = \frac{P_{\mathrm{N}}}{P_{\mathrm{d}}} \geqslant 1 \tag{1-18}$$

式中，P_{N} 为电动机额定功率，kW。

电动机过载能力校验：

$$\lambda' = \frac{F_{\max}}{F_{\mathrm{N}}} \leqslant 0.8\lambda \tag{1-19}$$

式中，$F_{\max}$ 为电动机允许最大拖动力，kN；F_{N} 为电动机额定力，$F_{\mathrm{N}} = \dfrac{P_{\mathrm{N}}\eta}{v_{\max}}$，kN；$\lambda$ 为电动机的最大负荷系数；λ' 为电动机过载能力系数。

5. 尾绳调节轮直径

选择尾绳调节轮直径时，应注意钢丝绳在滚筒或轮子上缠绕时不能产生过大的弯曲变形，以保证尾绳的使用寿命。对于井下尾绳调节轮需满足

$$D_2 \geqslant 40d_2 \tag{1-20}$$

式中，d_2 为尾绳直径，取扁尾绳的厚度值，mm；D_2 为尾绳调节轮直径，mm。

同时考虑到罐笼尾绳悬挂点的中心距有限，因此在满足 $D_2 \geqslant 40d_2$ 的情况下，保证尾绳能够竖直悬挂，将尾绳调节轮的直径调整到罐笼尾绳悬挂点的中心距。

6. 尾绳调节轮运动位移参数

尾绳受到尾绳调节轮导向并具有向下的预紧力。在整个提升过程中，由于载重等，

尾绳底部具有不同的静位移特性。

提升系统等效刚度和质量如图 1-35 所示。

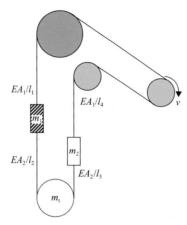

图 1-35　提升系统等效刚度和质量

由图 1-35 可知，左侧提升绳 l_1 的等效力为

$$F_{z1} = \frac{n_1 \rho_1 l_1 (g \mp a)}{2} \tag{1-21}$$

左侧提升绳 l_1 末端的弹性位移为

$$u_1 = \left(m_1 + \frac{n_1 \rho_1 l_1}{2} + n_2 \rho_2 l_2 + \frac{n_2 m_t}{2} \right)(g \mp a) / (EA_1 / l_1) \tag{1-22}$$

左侧尾绳 l_2 的等效力为

$$F_{z2} = \frac{n_2 \rho_2 l_2 (g \mp a)}{2} \tag{1-23}$$

左侧尾绳 l_2 末端的弹性位移为

$$u_2 = u_1 + \left(\frac{n_2 \rho_2 l_2}{2} + \frac{n_2 m_t}{2} \right)(g \mp a) / (EA_2 / l_2) \tag{1-24}$$

同理能够得到右侧提升绳 l_4 和尾绳 l_3 末端的弹性位移：

$$u_4 = \left(m_2 + \frac{n_1 \rho_1 l_4}{2} + n_2 \rho_2 l_3 + \frac{n_2 m_t}{2} \right)(g \mp a) / (EA_1 / l_4) \tag{1-25}$$

$$u_3 = u_4 + \left(\frac{n_2 \rho_2 l_3}{2} + \frac{n_2 m_t}{2} \right)(g \mp a) / (EA_2 / l_3) \tag{1-26}$$

从而尾绳调节轮末端的弹性位移为

$$u_p = \frac{u_2 + u_3}{2} \tag{1-27}$$

式中，m_1 为系统左侧容器与容器中载重之和，kg；m_2 为系统右侧容器与容器中载重之和，kg；ρ_1 为提升绳单位长度质量，kg/m；ρ_2 为尾绳单位长度质量，kg/m；m_t 为每套尾绳调节轮的质量，kg；A_1 为提升绳所有承重钢丝断面积总和，m^2；A_2 为尾绳所有承重钢丝断面积总和，m^2；a 为系统运行加（减）速度，m/s^2；E 为提升绳的弹性模量。

因此，根据尾绳调节轮末端的静位移进行张紧力的调节。其张紧方式可采用尾绳调节轮自重形式，则尾绳调节轮的纵向运动位移需满足

$$u_z > u_p \tag{1-28}$$

同时，尾绳调节轮的质量需要根据实际运行参数进行调整。

7. 尾绳与尾绳调节轮间防滑系数与压力确定及校验

通过尾部施加张紧力，使得左右两侧的尾绳全部达到张紧效果。但是在提升过程中，由于加减速的影响，张紧力改变，尾绳与尾绳调节轮之间具有滑动风险。因此，需要通过分析和验算，确定施加在尾绳调节轮上的合适压力，避免滑动风险。

通过比较尾绳调节轮的惯性力矩和摩擦力矩，验算尾绳与尾绳调节轮之间的滑动风险。

尾绳调节轮的惯性力矩：

$$T_t = \frac{n_2 J a}{R} \tag{1-29}$$

式中，J 为尾绳调节轮的转动惯量；R 为尾绳调节轮的半径；a 为系统的运行加速度。

轴承的转动阻力矩：

$$T_b = \mu_b n_2 F d_b \tag{1-30}$$

式中，μ_b 为轴承的摩擦系数；F 为每个轴承所承受的载荷，$F = (m_p g + F_1)/2$，F_1 为施加在尾绳调节轮上的压力，m_p 为单个尾绳调节轮的自重；d_b 为轴承的内径。

尾绳调节轮的摩擦力矩：

$$T_f = n_2 \mu \pi F_1 R / 2 \tag{1-31}$$

式中，μ 为尾绳调节轮的摩擦系数。

考虑到钢丝绳存在一定的刚度，因此尾绳调节轮的摩擦力矩可采用式（1-32）来近似表示：

$$T_f = n_2 \mu \pi F_1 R \tag{1-32}$$

为了保证尾绳在尾绳调节轮上不打滑，需要满足

$$n_f = (T_b + T_f)/T_t \geqslant 1 \tag{1-33}$$

式中，n_f 为尾绳调节轮的防滑系数。

因此，压力可根据式(1-33)确定为 F_1。

同时尾绳具有一定的抗弯刚度特征，可采用式(1-34)～式(1-36)进行评估。

尾绳中间直股的抗弯刚度表示为

$$B_0 = \frac{\pi E}{4}\left(r_{00}^4 + \frac{2m_0 \sin\alpha_{01}}{2 + v\cos^2\alpha_{01}} r_{01}^4 \right) \tag{1-34}$$

式中，E 为尾绳中间直股的弹性模量；r_{00} 为绳芯股中心丝的半径；r_{01} 为绳芯股螺旋丝的半径；α_{01} 为尾绳中间直股中螺旋丝的螺旋角；m_0 为尾绳中间直股中螺旋丝的数量；v 为钢丝的泊松比。

尾绳螺旋股的抗弯刚度表示为

$$B_i = \frac{\pi r_i^4}{4} E_i \cdot \frac{2\sin\beta_i}{(2 + v_i\cos^2\beta_i)} \tag{1-35}$$

式中，β_i 为尾绳螺旋股的螺旋角；r_i 为内外层螺旋股的中心丝和螺旋丝的半径；E_i 为第 i 层螺旋股的等效弹性模量；v_i 为第 i 层螺旋股的等效泊松比。

则尾绳的总抗弯刚度可表示为

$$B = \frac{\pi}{4}\left[E r_{00}^4 + \frac{2m_0 E \sin\alpha_{01}}{2 + v\cos^2\alpha_{01}} r_{01}^4 + \sum_{i=1}^{2} \frac{2m_i E_i \sin\beta_i}{2 + v_i\cos^2\beta_i} r_i^4 \right] \tag{1-36}$$

尾绳绕在直径为 R 的尾绳调节轮上，则尾绳的弯矩为

$$M = B/R \tag{1-37}$$

进一步得到尾绳绕在尾绳调节轮上，尾绳调节轮作用在尾绳的最小作用力为 F_2。

采用自重式浮动尾绳调节轮，则尾绳调节轮的质量满足

$$F_g \geqslant \max(F_1, F_2) \tag{1-38}$$

8. 提升系统防滑系数安全校验

如图 1-36 所示，摩擦提升的传动形式属于挠性体摩擦传动。

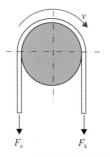

图 1-36　摩擦提升传动原理

根据挠性体摩擦传动的欧拉公式，有摩擦力极限的表达式：

$$\frac{F_z}{F_k} = e^{\mu\alpha} \tag{1-39}$$

式中，F_z 为重载侧提升绳的张力，N；F_k 为空载侧提升绳的张力，N；e 为自然对数的底，2.718；μ 为钢丝绳与摩擦衬垫之间的摩擦系数；α 为钢丝绳对提升滚筒的围包角，rad。

若要防止挠性体打滑，需满足如下条件：

$$F_k < F_z < F_k e^{\mu\alpha} \tag{1-40}$$

根据《煤炭工业矿井设计规范》中的规定，摩擦式提升机需满足不同负载在各种运行方式下产生紧急制动减速度时，主摩擦轮两侧张力的比值小于钢丝绳滑动极限；同时应满足重载下放减速度不小于 1.5m/s²，以及重载提升减速度不大于 5m/s²。摩擦式提升防滑安全校验需满足：

$$\frac{F_z}{F_k} < e^{\mu\alpha} \tag{1-41}$$

提升系统重载侧(提升侧)最大静张力 F_1、空载侧(下放侧)最小静张力 F_2 分别为

$$F_1 = (m_{zr} + m_z + m)g + T_t + W_s \tag{1-42}$$

$$F_2 = (m_{kr} + m_z)g + T_t - W_x \tag{1-43}$$

式中，m 为载荷质量，kg；m_z 为罐笼质量，kg；m_{zr} 为重载侧钢丝绳最大质量，对于轻尾绳，$m_{zr} = n_1 q_1 (H_c - H_h) + n_2 q_2 H_h$，对于重尾绳，$m_{zr} = n_1 q_1 H_0 + n_2 q_2 (H + H_h)$，kg；$m_{kr}$ 为空载侧钢丝绳最小质量，对于轻尾绳，$m_{kr} = n_1 q_1 H_0 + n_2 q_2 (H + H_h)$，对于重尾绳，$m_{kr} = n_1 q_1 (H_c - H_h) + n_2 q_2 H_h$，kg；$H_0$ 为钢丝绳初始长度，m；H_c 为钢丝绳最大悬垂长度，$H_c = H_0 + H + H_h$，m；T_t 为底部平衡尾绳调节轮对重载侧和空载侧尾绳的预紧力，N；W_s、W_x 分别为重载侧及空载侧矿井阻力，$W_s = W_x = 0.075mg$，N。

对于轻尾绳提升系统，最大静张力差为

$$F_{jmax} = F_1 - F_2 = mg + (n_1 q_1 - n_2 q_2)gH + W_s + W_x \tag{1-44}$$

对于重尾绳提升系统，最大静张力差为

$$F_{jmax} = F_1 - F_2 = mg + (n_2 q_2 - n_1 q_1)gH + W_s + W_x \tag{1-45}$$

对于轻尾绳提升系统，重载侧的最大变位质量：

$$m_1 = n_1 q_1 (H_c - H_h) + n_2 q_2 H_h + m_z + m + m_t + m_p \tag{1-46}$$

式中，m_t 为天轮或导向轮的变位质量；m_p 为提升机(包括减速器、电机)的变位质量。

空载侧的最小变位质量：

$$m_2 = n_1 q_1 H_0 + n_2 q_2 (H + H_h) + m_z \tag{1-47}$$

对于重尾绳提升系统，重载侧的最大变位质量：

$$m_1 = n_1 q_1 H_0 + n_2 q_2 (H + H_h) + m_z + m + m_t + m_p \tag{1-48}$$

空载侧的最小变位质量：

$$m_2 = n_1 q_1 (H_c - H_h) + n_2 q_2 H_h + m_z \tag{1-49}$$

根据以下步骤对提升系统的防滑安全特性进行校验。

1) 极限减速度计算

提升重载，下放空容器的极限减速度：

$$[a_{3s}] = \frac{F_1 e^{\mu\alpha} - F_2}{m_1 e^{\mu\alpha} + m_2} \tag{1-50}$$

下放重载，提升空容器的极限减速度：

$$[a_{3x}] = \frac{F_2 e^{\mu\alpha} - F_1}{m_2 e^{\mu\alpha} + m_1} \tag{1-51}$$

按提升重载方式，载荷为零计算，极限减速度为

$$[a_{3ks}] = \frac{(F_1 - mg) e^{\mu\alpha} - F_2}{(m_1 - m) e^{\mu\alpha} + m_2} \tag{1-52}$$

按下放重载方式，载荷为零计算，极限减速度为

$$[a_{3kx}] = \frac{F_2 e^{\mu\alpha} - (F_1 - mg)}{m_2 e^{\mu\alpha} + m_1 - m} \tag{1-53}$$

2) 安全制动力计算

根据《煤矿安全规程》中规定的下放重载制动减速度的要求，最小安全制动力的计算公式为

$$F_{Zmin} = 1.5 \sum M + F_{jmax} \tag{1-54}$$

式中，$\sum M$ 为提升系统的总变位质量。

根据《煤矿安全规程》中对各种极限减速度的要求进行最大安全制动力的计算。

按下放重载的极限减速度计算最大安全制动力：

$$F_{Zmin} = [a_{3x}] \sum M + F_{jmax} \tag{1-55}$$

按提升重载方式，载荷为零的极限减速度，计算最大安全制动力：

$$F_{Zmax} = [a_{3x}]\left(\sum M - m\right) - \left(F_{jmax} - mg\right) \tag{1-56}$$

按下放重载方式，载荷为零的极限减速度，计算最大安全制动力：

$$F_{Zmax} = [a_{3x}]\left(\sum M - m\right) + \left(F_{jmax} - mg\right) \tag{1-57}$$

实际最大安全制动力，可取上述计算所得最小值。

安全制动力应满足：

$$F_{Zmin} \leqslant F_Z \leqslant F_{Zmax} \tag{1-58}$$

实际的安全制动力的取值应尽量靠近下限。

3）安全制动减速度计算

提升重载，下放空容器的安全制动减速度：

$$a_{3s} = \frac{F_Z + F_{jmax}}{\sum M} \tag{1-59}$$

下放重载，提升空容器的安全制动减速度：

$$a_{3x} = \frac{F_Z - F_{jmax}}{\sum M} \tag{1-60}$$

按提升重载方式，载荷为零计算，安全制动减速度为

$$a_{3ks} = \frac{F_Z + \left(F_{jmax} - mg\right)}{\sum M - m} \tag{1-61}$$

按下放重载方式，载荷为零计算，安全制动减速度为

$$a_{3kx} = \frac{F_Z - \left(F_{jmax} - mg\right)}{\sum M - m} \tag{1-62}$$

根据摩擦式提升钢丝绳不滑动条件对系统的防滑安全特性进行校验：

$$\begin{cases} 1.5 \leqslant a_{3x} \leqslant [a_{3x}] \\ a_{3s} \leqslant [a_{3s}] \\ a_{3s} \leqslant 5 \\ a_{3ks} \leqslant [a_{3ks}] \\ a_{3kx} \leqslant [a_{3kx}] \end{cases} \tag{1-63}$$

1.5 深井 SAP 提升系统物理模拟实验

1.5.1 实验装备

基于深井 SAP 提升系统及其结构设计，采用物理近似方法，搭建了深井 SAP 提升系统物理模拟实验平台(图 1-37)，主要部件包括机架、提升容器及其配套调节轮等附属结构、驱动滚筒、导向轮、提升绳、尾绳、刚性导轨以及尾绳张紧系统。

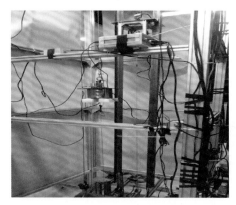

图 1-37　深井 SAP 提升系统物理模拟实验平台

实验平台的复绕式驱动滚筒通过外展平台安装在主支撑框架的一侧(图 1-38)，双侧提升容器上部通过提升绳绕过顶部导向轮与驱动滚筒连接，双侧提升容器底部通过补偿绳绕过张紧补偿系统的导向轮相互连接在一起。

系统底部的尾绳摆动自适应抑制系统如图 1-39 所示，组成部分包括尾绳调节轮、导向导轨及支撑框架。通过尾绳调节轮的约束，能够很好地限制底部尾绳环的运动，进而起到约束尾绳摆动的作用，其中尾绳调节轮通过垂直导向导轨导向约束其横向位移。

图 1-38　提升驱动滚筒

图 1-39　尾绳摆动自适应抑制系统

考虑到尾绳运动过程中不能受到额外设备的干扰，故在运行过程中，采用工业相机作为视觉传感器对尾绳在有无尾绳摆动自适应抑制系统的作用下进行拍摄(图 1-40)，进而验证深井 SAP 提升系统在尾绳摆动中起到的作用。

采用光栅传感器对尾绳进行定点监测(图 1-41)，得到其摆动位移。光栅传感器的发射器与接收器相互配套，接收器接收发射器的激光。接收器使用电荷耦合器件(charge-coupled device, CCD)作为接收检测装置。尾绳置于发射器与接收器之间时，由于尾绳对中间光栅遮挡，在接收器上会形成阴影，接收器检测到由亮到暗以及由暗到亮的转变实现尾绳摆动定点的测量，其中光栅传感器的型号为 IG-028，波长 660nm，输出功率 62μW，脉冲宽度 48μs，模拟量输出 0～5V 对应量程 0～28mm。

图 1-40　工业相机拍摄　　　　　图 1-41　光栅传感器

图 1-42 是视频监测软件实时监测和数据采集仪及其连线。通过视频监测软件存储工业相机采集到的尾绳摆动位移，通过数据采集仪存储光栅传感器采集到的尾绳摆动数据。通过光栅传感器标定容器提升下放阶段，通过光栅传感器以及相机测得不同运行加速度情况下，在尾绳底部增加尾绳调节轮时的尾绳摆动情况。

图 1-42　视频监测软件实时监测和数据采集仪及其连线

1.5.2　运行效果

深井 SAP 提升系统物理模拟实验平台运行过程中，通过光栅传感器测量定点尾绳摆动实际位移，对比结果如图 1-43 所示，其中红色线为加速度 0.25m/s²，蓝色线为加速度 0.5m/s²，黑色线为加速度 0.7m/s²，青色线为加速度 1.0m/s²。

从图 1-43 中可以看到，初始状态下尾绳左侧边缘在距离光栅传感器边缘检测点 8mm 的位置，通过峰峰值(最大值和最小值的差值)对比可以得到运行阶段的尾绳最大横向振动量。对比可知，即使提升容器加速度达到最大的 1.0m/s²，监测点处的尾绳横向振动量依然很小，只有 10^{-3} 量级，且随着提升容器加速度从 0.25m/s² 到 1.0m/s²，尾绳在运行

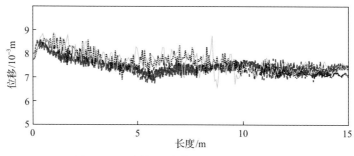

图 1-43　不同加速度情况下尾绳摆动位移

过程中的摆动幅值峰峰值并没有明显的改变，由此说明尾绳调节轮能够很好地抑制尾绳摆动。

参 考 文 献

[1] 何满潮. 深井提升动力学研究[J]. 力学进展, 2021, 51(3): 702-728.

[2] 何满潮, 钱七虎. 深部岩体力学基础[M]. 北京: 科学出版社, 2010.

[3] 何满潮, 谢和平, 彭苏萍, 等. 深部开采岩体力学研究[J]. 岩石力学与工程学报, 2005, 24(16): 2803-2813.

[4] 谢和平, 彭苏萍, 何满潮. 深部开采基础理论与工程实践[M]. 北京: 科学出版社, 2005.

[5] Carbogno A. Mine hoisting in deep shafts in the 1st half of 21st Century[J]. Acta Montanistica Slovaca, 2002, 7(3): 188-192.

[6] 朱真才. 矿井提升过卷冲击动力学研究[D]. 徐州: 中国矿业大学, 2000.

[7] 朱真才. 多绳摩擦提升安全保障关键技术及装备研究[D]. 长沙: 中南大学, 2003.

[8] 朱真才, 曹国华, 彭维红, 等. 钢丝绳在箕斗装载过程中的纵向振动行为研究[J]. 中国矿业大学学报, 2007, 36: 325-329.

[9] 朱真才, 李翔, 沈刚, 等. 双绳缠绕式煤矿深井提升系统钢丝绳张力主动控制方法[J]. 煤炭学报, 2020, 45: 464-473.

[10] 蔡翔, 曹国华, 韦磊, 等. 基于线扫描图像技术的立井多绳摩擦提升钢丝绳承载特性研究[J]. 振动与冲击, 2018, 37: 36-41.

[11] 曹国华. 矿井提升钢丝绳装载冲击动力学行为研究[D]. 徐州: 中国矿业大学, 2009.

[12] 曹国华, 朱真才, 彭维红, 等. 绳式防坠器制动过程制动绳冲击行为研究[J]. 中国矿业大学学报, 2009, 38: 244-250.

[13] 曹国华, 朱真才, 彭维红, 等. 箕斗在装载过程中的震动特性研究[J]. 煤炭学报, 2007, 32: 105-108.

[14] 曹国华, 朱真才, 彭维红, 等. 缠绕提矿车进出罐笼过程钢丝绳耦合振动行为[J]. 煤炭学报, 2009, 34: 702-706.

[15] 曹国华, 朱真才, 彭维红, 等. 变质量提升系统钢丝绳轴向一扭转耦合振动特性[J]. 振动与冲击, 2010, 29: 64-68.

[16] Cao G H, Cai X, Wang N, et al. Dynamic response of parallel hoisting system under drive deviation between ropes with time-varying length[J]. Shock and Vibration, 2017, (Pt. 1): 1-10.

[17] Cao G H, Wang J J, Zhu Z C. Coupled vibrations of rope-guided hoisting system with tension difference between two guiding ropes[J]. Proceedings of the Institution of Mechanical Engineers, Part C. Journal of Mechanical Engineering Science, 2018, 232: 231-244.

[18] Cao G H, Wang J J, Zhu Z C, et al. Lateral response and energetics of cable-guided hoisting system with time-varying length[J]. Journal of Vibroengineering, 2015, 17: 4575-4588.

[19] 王进杰. 施工立井提升系统动态特性研究[D]. 徐州: 中国矿业大学, 2016.

[20] 王磊. 摩擦提升系统动力学特性与振动控制研究[D]. 徐州: 中国矿业大学, 2021.

[21] Wang L, Cao G H. Dynamic behavior of traction system with tension at the pulley of compensating rope[C]// 8th Symposium on Lift and Escalator Technologies, Hong Kong, China. 2018.

[22] Wang L, Cao G H, Wang N G, et al. Modeling and dynamic behavior analysis of rope-guided traction system with terminal tension acting on compensating rope[J]. Shock and Vibration, 2019, (Pt. 6): 1-24.

[23] Wang L, Cao G H, Wang N G, et al. Dynamic behavior analysis of a high-rise traction system with tensioned pulley acting on compensating rope[J]. Symmetry, 2020, 12: 129.

[24] 王乃格. 施工立井柔性导向提升系统动力学建模与控制[D]. 徐州: 中国矿业大学, 2019.

[25] 王彦栋. 深立井施工并联悬吊系统动力学行为研究[D]. 徐州: 中国矿业大学, 2018.

[26] Wang Y D, Cao G H, van Horssen Wim T. Dynamic simulation of a multi-cable driven parallel suspension platform with slack cables[J]. Mechanism and Machine Theory, 2018, 126: 329-343.

[27] Wang Y D, Cao G H, Zhu Z C, et al. Longitudinal response of parallel hoisting system with time-varying rope length[J]. Journal of Vibroengineering, 2014, 16: 4088-4101.

[28] 杨盼盼. 面向深井大惯量提升容器过卷保护的直线永磁涡流缓速方法研究[D]. 徐州: 中国矿业大学, 2020.

[29] Yang P P, Zhou G B, Zhu Z C, et al. Linear permanent magnet eddy current brake for overwinding protection[J]. IEEE Access, 2019, 7: 33922-33931.

[30] Wang N G, Cao G H. Adaptive fuzzy backstepping control of underactuated multi-cable parallel suspension system with tension constraint[J]. Transactions of the Institute of Measurement and Control, 2021, 43: 1971-1984.

[31] Wang N G, Cao G H, Lu Y. Modelling and passive control of flexible guiding hoisting system with time-varying length[J]. Mathematical and Computer Modelling of Dynamical Systems, 2020, 26: 31-54.

[32] Wang N G, Cao G H, Wang L, et al. Modelling and control of flexible guided lifting system with output constraints and unknown input hysteresis[J]. Journal of Vibration and Control, 2020, 26: 112-128.

[33] Wang N G, Cao G H, Yan L, et al. Modeling and control for a multi-rope parallel suspension lifting system under spatial distributed tensions and multiple constraints[J]. Symmetry, 2018, 10: 412.

[34] 李玉瑾. 多绳摩擦轮提升系统的动力学研究与设计[J]. 煤炭工程, 2003(9): 6-9.

[35] 李玉瑾, 霍磊. 立井提升系统的松绳动力学特性及事故分析[J]. 煤炭工程, 2015(47): 12-13, 17.

[36] 李玉瑾, 寇子明. 立井提升系统钢丝绳安全系数研究[J]. 煤炭科学技术, 2015(43): 96-99, 103.

[37] 李玉瑾, 张安林. 立井提升系统的卡罐动力学分析与研究[J]. 煤炭工程, 2014, 46(9): 23-25.

[38] 李玉瑾, 张保连. 矿井提升系统安全事故分析与防治[J]. 煤炭工程, 2012, 399(S1): 100-102.

[39] 李玉瑾, 张保连. 斜井提升系统动力学计算及跑车防护问题探讨[J]. 起重运输机械, 2014(12): 79-82.

[40] 李玉瑾, 张保连. 立井提升装置过卷动力学研究[J]. 煤炭科学技术, 2016, 44: 157-160.

[41] 霍磊, 李玉瑾. 立井提升系统在井口解除二级制动时的动力学特性分析[J]. 起重运输机械, 2015(7): 23-27.

[42] 李楠, 李玉瑾. 深井提升钢丝绳的扭转研究与计算[J]. 煤炭工程, 2015, 47: 21-23.

[43] 梁敏, 寇子明. 立井提升系统卡罐时钢丝绳的横向振动分析[J]. 煤炭技术, 2015, 34: 289-291.

[44] 吴娟, 寇子明, 梁敏. 摩擦提升系统钢丝绳横向动力学分析[J]. 振动与冲击, 2016, 35: 184-188.

[45] 吴娟, 寇子明, 梁敏, 等. 摩擦提升系统钢丝绳纵向-横向耦合振动分析[J]. 中国矿业大学学报, 2015, 44: 885-892.

[46] Huang J H, Luo C X, Yu P, et al. A methodology for calculating limit deceleration of flexible hoisting system: a case study of mine hoist[J]. Proceedings of the Institution of Mechanical Engineers, Part E. Journal of Process Mechanical Engineering, 2020, 234(4): 342-352.

[47] Jiang Y Q, Ma X P, Xiao X M. Research on transverse parametric vibration and fault diagnosis of multi-rope hoisting catenaries[J]. Journal of Vibroengineering, 2014, 16: 3419-3431.

[48] Ma Y S, Xiao X M. Dynamic analyses of hoisting ropes in a multi-rope friction mine hoist and determination of proper hoisting parameters[J]. Journal of Vibroengineering, 2016, 18: 2801-2817.

[49] Yao J N, Deng Y, Xiao X M. Optimization of hoisting parameters in a multi-rope friction mine hoist based on the multi-source coupled vibration characteristics of hoisting catenaries[J]. Advances in Mechanical Engineering, 2017, 9: 2071938409.

[50] Wang G Y, Xiao X M, Liu Y L. Dynamic modeling and analysis of a mine hoisting system with constant length and variable length[J]. Mathematical Problems in Engineering, 2019(20): 4185362.1-4185362.12.

[51] Wang D G, Wang D A. Dynamic contact characteristics between hoisting rope and friction lining in the deep coal mine[J]. Engineering Failure Analysis, 2016, 64: 44-57.

[52] Wang D G, Zhang D K, Mao X B, et al. Dynamic friction transmission and creep characteristics between hoisting rope and friction lining[J]. Engineering Failure Analysis, 2015, 57: 499-510.

[53] Guo Y B, Zhang D K, Chen K, et al. Longitudinal dynamic characteristics of steel wire rope in a friction hoisting system and its coupling effect with friction transmission[J]. Tribology International, 2018, 119: 731-743.

[54] Kaczmarczyk S. The passage through resonance in a catenary-vertical cable hoisting system with slowly varying length[J]. Journal of Sound and Vibration, 1997, 208: 243-269.

[55] Kaczmarczyk S, Ostachowicz W. Transient vibration phenomena in deep mine hoisting cables. Part 1: mathematical model[J]. Journal of Sound and Vibration, 2003, 262: 219-244.

[56] Kaczmarczyk S, Ostachowicz W. Transient vibration phenomena in deep mine hoisting cables. Part 2: numerical simulation of the dynamic response[J]. Journal of Sound and Vibration, 2003, 262: 245-289.

[57] Arrasate X, Kaczmarczyk S, Almandoz G. The modelling, simulation and experimental testing of the dynamic responses of an elevator system[J]. Mechanical Systems and Signal Processing, 2014, 42: 258-282.

[58] Crespo R S, Kaczmarczyk S, Picton P. Modelling and simulation of a stationary high-rise elevator system to predict the dynamic interactions between its components[J]. International Journal of Mechanical Sciences, 2018, 137: 24-45.

[59] Ren H, Zhu W D. An accurate spatial discretization and substructure method with application to moving elevator cable-car systems-Part Ⅱ: application[J]. Journal of Vibration and Acoustics-transactions of the ASME, 2013, 135: 051037.

[60] Dvorak R, Freistetter F, Kurths J. Chaos and Stability in Planetary Systems[M]. New York: Springer, 2005.

[61] Terumichi Y, Ohtsuka M, Yoshizawa M, et al. Nonstationary vibrations of a string with time-varying length and a mass-spring system attached at the lower end[J]. Nonlinear Dynamics, 1997, 12: 39-55.

[62] Escalona J L, Hussien H A, Shabana A A. Application of the absolute nodal co-ordinate formulation to multibody system dynamics[J]. Journal of Sound and Vibration, 1998, 214: 833-851.

[63] Berzeri M, Shabana A A. Development of simple models for the elastic forces in the absolute nodal co-ordinate formulation[J]. Journal of Sound and Vibration, 2000, 235: 539-565.

[64] Shabana A A, Yakoub R Y. Three dimensional absolute nodal coordinate formulation for beam elements: theory[J]. Journal of Mechanical Design, 2001, 123: 606-613.

[65] Yakoub R Y, Shabana A A. Three dimensional absolute nodal coordinate formulation for beam elements: implementation and applications[J]. Journal of Mechanical Design, 2001, 123: 614-621.

[66] Zemljaric B, Azbe V. Analytically derived matrix end-form elastic-forces equations for a low-order cable element using the absolute nodal coordinate formulation[J]. Journal of Sound and Vibration, 2019, 446: 263-272.

第 2 章 深井 SAP 提升动力学

针对传统摩擦提升系统，构建了深井提升系统平衡尾绳两端点移动、曲率半径时变的网格数量自适应动力学模型，揭示了自由悬挂平衡尾绳提升系统诱发大摆动的机理。基于深井 SAP 提升新模式，构建了提升绳-容器-尾绳-调节轮多元耦合下的 SAP 提升系统动力学模型与非光滑动力学模型，揭示了多参数影响下系统的非光滑动力学特性及非线性振动演化规律，得到了极限工况下关键参数许用范围，奠定了深井提升技术与装备研发的理论基础。

2.1 自由悬挂平衡尾绳提升动力学分析

2.1.1 平衡尾绳动力学理论推导

对于采用传统摩擦提升系统的 1000~1500m 及 2000m 深井提升工程，其松弛状态的尾绳在运动过程中表现出较大的振动变形以及较大的摆动位移现象，为此，进行了自由悬挂平衡尾绳的建模与动力学分析，拟揭示自由悬挂平衡尾绳在提升运动过程中的大变形力学特性。

闭合提升系统简化模型及平衡尾绳简化模型如图 2-1 所示。

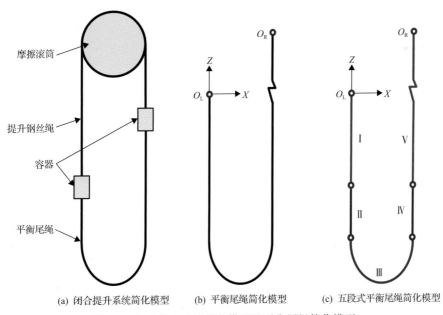

(a) 闭合提升系统简化模型   (b) 平衡尾绳简化模型   (c) 五段式平衡尾绳简化模型

图 2-1 闭合提升系统简化模型及平衡尾绳简化模型

本章作者：何满潮，朱真才，曹国华，张宁，王磊，王可

　　闭合提升系统由提升钢丝绳、容器、平衡尾绳和摩擦滚筒组成[图 2-1(a)]，平衡尾绳的两端分别连接悬挂于两个容器底部，进而形成闭合环形运行平衡尾绳。

　　平衡尾绳在使用绝对节点坐标法建模时简化成一根左右两端分别具有与左右容器相同移动速度和加速度的钢丝绳，以左端点 O_L 点为坐标原点，初始状态下 O_L 点所在的平面定义为"0 平面"[图 2-1(b)、(c)]。图 2-1(c) 中，Ⅲ 表示平衡尾绳中间大弯曲部分段，Ⅰ 和 Ⅴ 表示平衡尾绳两侧直线段，Ⅱ 和 Ⅳ 表示两侧直线段与中间大弯曲部分段衔接的中部过渡段。

1. 平衡绳的动能

　　将图 2-1 中的平衡绳均分成 N 段[图 2-1(c)]，任意一段平衡绳的长度为 l，平衡绳任意单元的动能可以表示为

$$T_k = \frac{1}{2}\int_0^l \rho \dot{r}_k^{\mathrm{T}} \dot{r}_k \mathrm{d}x = \frac{1}{2}\int_0^l \rho \dot{e}_k^{\mathrm{T}} \boldsymbol{S}^{\mathrm{T}} \boldsymbol{S} \dot{e}_k \mathrm{d}x \tag{2-1}$$

令

$$\boldsymbol{M}_k = \rho \int_0^l \boldsymbol{S}^{\mathrm{T}} \boldsymbol{S} \mathrm{d}x \tag{2-2}$$

式中，$\boldsymbol{M}_k$ 为单元质量矩阵；ρ 为钢丝绳密度；$\dot{e}_k$ 为任意单元节点坐标向量 e_k 对时间 t 的一阶导数；$\boldsymbol{S}$ 为刚体模态的形函数；$\dot{r}_k$ 为二维梁单元中心轴上任意一点 P 的整体位置向量 r_k 对时间 t 的一阶导数，整体位置向量 r_k 表示为

$$r_k = \begin{bmatrix} r_{kX} \\ r_{kY} \end{bmatrix} = \boldsymbol{S} e_k \tag{2-3}$$

$$\begin{aligned} e_k &= \begin{bmatrix} e_{k-1,1} & e_{k-1,2} & e_{k-1,3} & e_{k-1,4} & e_{k,1} & e_{k,2} & e_{k,3} & e_{k,4} \end{bmatrix}^{\mathrm{T}} \\ &= \begin{bmatrix} r_{k-1X} & r_{k-1Y} & \dfrac{\partial r_{k-1X}}{\partial x} & \dfrac{\partial r_{k-1Y}}{\partial x} & r_{kX} & r_{kY} & \dfrac{\partial r_{kX}}{\partial x} & \dfrac{\partial r_{kY}}{\partial x} \end{bmatrix}^{\mathrm{T}} \end{aligned} \tag{2-4}$$

式中，r_{k-1X}、r_{k-1Y}、r_{kX}、r_{kY} 为该绝对节点坐标向量包含的整体位移；$\dfrac{\partial r_{k-1X}}{\partial x}$、$\dfrac{\partial r_{k-1Y}}{\partial x}$、$\dfrac{\partial r_{kX}}{\partial x}$、$\dfrac{\partial r_{kY}}{\partial x}$ 为该单元节点的整体斜率，即节点的位置梯度。

　　形函数 $\boldsymbol{S}$ 可以写成如下形式：

$$\boldsymbol{S} = \begin{bmatrix} S_1 & 0 & S_2 & 0 & S_3 & 0 & S_4 & 0 \\ 0 & S_1 & 0 & S_2 & 0 & S_3 & 0 & S_4 \end{bmatrix} \tag{2-5}$$

其中，函数 S_i 为

$$\begin{cases} S_1 = 1 - 3\xi^2 + 2\xi^3 \\ S_2 = l\left(\xi - 2\xi^2 + \xi^3\right) \\ S_3 = 3\xi^2 - 2\xi^3 \\ S_4 = l\left(\xi^3 - \xi^2\right) \end{cases} \tag{2-6}$$

且 $\xi = x / l$，$x \in [0,\ l]$。

2. 平衡绳的耗散能

Yoo 等应用 Rayleigh 比例阻尼来解释大振动情况下的阻力[1]。他们发现，在大振动情况下，当阻力很小时，可以忽略阻尼力的刚度比例部分，而只考虑质量比例部分。因此平衡绳任意单元所耗散的能量为

$$D_k = \frac{1}{2} c \int_0^l \rho \dot{\boldsymbol{r}}_k^{\mathrm{T}} \dot{\boldsymbol{r}}_k \mathrm{d}x = \frac{1}{2} c \dot{\boldsymbol{e}}_k^{\mathrm{T}} \boldsymbol{M}_k \dot{\boldsymbol{e}}_k \tag{2-7}$$

式中，c 为阻尼系数，在后面的计算中取 $c=0.01$。

3. 平衡绳外载荷做的功

平衡绳在动力学建模仿真过程中，不受其他外力作用，唯一受到重力 $\boldsymbol{G}$ 的作用，故平衡绳的外载荷做的功为平衡绳的重力势能。

任意单元节点坐标 $\boldsymbol{e}_k$ 所受的重力可以表示为

$$\boldsymbol{F}_{ke} = mg \left[0 \quad -\frac{1}{2} \quad 0 \quad -\frac{l}{12} \quad 0 \quad -\frac{1}{2} \quad 0 \quad \frac{l}{12} \right]^{\mathrm{T}} \tag{2-8}$$

平衡绳任意单元的重力势能可以表示为

$$W_k = -\boldsymbol{F}_{ke} \boldsymbol{e}_k \tag{2-9}$$

4. 平衡绳的应变能

文献[2]~[4]指出，任意单元的应变能 U_k 由单元纵向变形产生的应变能 U_{kl} 以及单元弯曲产生的应变能 U_{kt} 组成，并给出了纵向应变能 U_{kl} 与弯曲应变能 U_{kt} 的表达式。在同时考虑纵向应变能与弯曲应变能的情况下，任意单元的应变能表示为

$$U_k = U_{kl} + U_{kt} \tag{2-10}$$

1) 单元纵向应变能

任意单元由纵向变形产生的应变能 U_{kl}：

$$U_{kl} = \frac{1}{2} \int_0^l EA\varepsilon_l^2 \mathrm{d}x \tag{2-11}$$

式中，ε_l 为纵向变形；E 为杨氏弹性模量；A 为截面面积。

①纵向应变未简化模式

式(2-11)中的纵向变形 ε_l 可以表示为

$$\varepsilon_l = \frac{1}{2}\left(\boldsymbol{r}'^{\mathrm{T}}\boldsymbol{r}' - 1\right) = \frac{1}{2}\left(\boldsymbol{e}_k^{\mathrm{T}}\boldsymbol{S}'^{\mathrm{T}}\boldsymbol{S}'\boldsymbol{e}_k - 1\right) \tag{2-12}$$

式中，上标 $'$ 代表单元上任一点的位置矢量 $\boldsymbol{r}_k$ 以及形函数 $\boldsymbol{S}$ 对物质坐标 x 的导数。其中：

$$\boldsymbol{S}' = \begin{bmatrix} S_1' & 0 & S_2' & 0 & S_3' & 0 & S_4' & 0 \\ 0 & S_1' & 0 & S_2' & 0 & S_3' & 0 & S_4' \end{bmatrix} \tag{2-13}$$

$$\begin{cases} S_1' = \dfrac{1}{l}\left(-6\xi + 6\xi^2\right) \\ S_2' = \left(1 - 4\xi + 3\xi^2\right) \\ S_3' = \dfrac{1}{l}\left(6\xi - 6\xi^2\right) \\ S_4' = \left(3\xi^2 - 2\xi\right) \end{cases} \tag{2-14}$$

将式(2-12)代入式(2-11)，可得纵向应变能 U_{kl}：

$$U_{kl} = \frac{1}{8}EA\int_0^l \left(\boldsymbol{e}_k^{\mathrm{T}}\boldsymbol{S}'^{\mathrm{T}}\boldsymbol{S}'\boldsymbol{e}_k - 1\right)^2 \mathrm{d}x \tag{2-15}$$

②纵向应变简化模式

式(2-11)中的纵向变形 ε_l 可以表示为

$$\varepsilon_l = \frac{l_s - l}{l} \tag{2-16}$$

变形后单元真实的纵向长度 l_s 可以沿着绳单元中心线，对微元弧长进行积分得到

$$l_s = \int_0^l \mathrm{d}s \tag{2-17}$$

微元的弧长可以表示成单元位置梯度矢量的函数：

$$\mathrm{d}s = \sqrt{\boldsymbol{r}'^{\mathrm{T}}\boldsymbol{r}'}\mathrm{d}x = \sqrt{\boldsymbol{e}_k^{\mathrm{T}}\boldsymbol{S}'^{\mathrm{T}}\boldsymbol{S}'\boldsymbol{e}_k}\mathrm{d}x \tag{2-18}$$

取 $f(x) = \boldsymbol{e}_k^{\mathrm{T}}\boldsymbol{S}'^{\mathrm{T}}\boldsymbol{S}'\boldsymbol{e}_k - 1$，并将式(2-18)代入式(2-17)可得

$$l_s = \int_0^l \sqrt{\boldsymbol{e}_k^{\mathrm{T}}\boldsymbol{S}'^{\mathrm{T}}\boldsymbol{S}'\boldsymbol{e}_k}\mathrm{d}x = \int_0^l \sqrt{f(x) + 1}\mathrm{d}x \tag{2-19}$$

对 $\sqrt{f(x) + 1}$ 项进行级数展开：

$$\sqrt{f(x) + 1} = 1 + \frac{f(x)}{2} - \frac{f(x)^2}{8} + \cdots \tag{2-20}$$

略去高阶项，只取前两项，并代入式(2-19)得

$$l_s = \int_0^l \left(1 + \frac{f(x)}{2}\right) dx = \int_0^l \left(\frac{e_k^T S'^T S' e_k - 1}{2} + 1\right) dx = \frac{1}{2} l + \frac{1}{2} e_k^T \int_0^l S'^T S' dx e_k \quad (2\text{-}21)$$

将式(2-21)代入式(2-16)，可得改进修正的纵向应变 ε_l 计算公式：

$$\varepsilon_l = \frac{1}{2} e_k^T \bar{S}_l e_k - \frac{1}{2} \quad (2\text{-}22)$$

式中，$\bar{S}_l = \int_0^l S'^T S' dx$。

将式(2-22)代入式(2-11)，可得纵向应变能 U_{kl}：

$$U_{kl} = \frac{1}{8} EAl \left(e_k^T \bar{S}_l e_k - 1\right)^2 \quad (2\text{-}23)$$

2) 单元弯曲应变能

任意单元弯曲产生的应变能 U_{kt} 可以写作

$$U_{kt} = \frac{1}{2} \int_0^l EI \kappa^2 dx \quad (2\text{-}24)$$

式中，E 为杨氏模量；I 为截面惯性矩；κ 为曲线的曲率：

$$\kappa = \left|r' \times r''\right| / \left|r'\right|^3 \quad (2\text{-}25)$$

式中，r'' 为单元轴线上任意一点处的二阶空间斜率矢量：

$$r'' = \partial^2 r / \partial x^2 = S'' e_k \quad (2\text{-}26)$$

S'' 的上标 $''$ 代表形函数 S 对物质坐标 x 的二阶导数，其中

$$S'' = \begin{bmatrix} s_1'' & 0 & s_2'' & 0 & s_3'' & 0 & s_4'' & 0 \\ 0 & s_1'' & 0 & s_2'' & 0 & s_3'' & 0 & s_4'' \end{bmatrix} \quad (2\text{-}27)$$

$$\begin{cases} s_1'' = \dfrac{1}{l^2}\left(-6 + 12\xi\right) \\[2mm] s_2'' = \dfrac{1}{l}\left(-4 + 6\xi\right) \\[2mm] s_3'' = \dfrac{1}{l^2}\left(6 - 12\xi\right) \\[2mm] s_4'' = \dfrac{1}{l}\left(6\xi - 2\right) \end{cases} \quad (2\text{-}28)$$

①单元弯曲应变未简化模式

对于二维问题，令

$$\tilde{I} = \begin{bmatrix} 0 & -1 \\ 1 & 0 \end{bmatrix}$$

则中心线的曲率 κ 可以表示为

$$\kappa = \frac{e_k^T S'^T \tilde{I} S'' e_k}{\left| S' e_k \right|^3} \tag{2-29}$$

将式(2-29)代入式(2-24)中，弯曲应变能可以写成

$$U_{kt} = \frac{1}{2} EI \int_0^l \frac{\left(e_k^T S'^T \tilde{I} S'' e_k \right)^2}{\left(e_k^T S'^T S' e_k \right)^3} \mathrm{d}x \tag{2-30}$$

令

$$f = e_k^T S'^T S' e_k \ , \quad h = e_k^T S'^T \tilde{I} S'' e_k$$

则弯曲应变能可以表示为

$$U_{kt} = \frac{1}{2} EI \int_0^l \frac{h^2}{f^3} \mathrm{d}x \tag{2-31}$$

②单元弯曲应变简化模式

在小纵向变形的特殊情况下，曲线的曲率 κ 可以表示为

$$\kappa \approx \sqrt{e_k^T S''^T S'' e_k} \tag{2-32}$$

在这种情况下，由式(2-24)定义的弯曲应变能可以写成

$$U_{kt} = \frac{1}{2} EI e_k^T \int_0^l S''^T S'' \mathrm{d}x\, e_k \tag{2-33}$$

令 $\overline{S}_{ll} = \int_0^l S''^T S'' \mathrm{d}x$ ，则式(2-33)的弯曲应变能可以写成：

$$U_{kt} = \frac{1}{2} EI e_k^T \overline{S}_{ll} e_k \tag{2-34}$$

5. 动力学方程

将式(2-1)、式(2-7)、式(2-9)及式(2-10)所表示的单元能量表达式进行求和得到平

衡绳整体的能量方程，然后将平衡绳整体的能量方程代入带有约束方程的第一类拉格朗日方程：

$$\begin{cases} \dfrac{\mathrm{d}}{\mathrm{d}t}\left(\dfrac{\partial T}{\partial \dot{e}}\right) - \dfrac{\partial T}{\partial e} + \dfrac{\partial D}{\partial \dot{e}} + \dfrac{\partial (U+W)}{\partial e} = \boldsymbol{\Phi}_e^{\mathrm{T}}\boldsymbol{\lambda} \\ \boldsymbol{\Phi}=0 \end{cases} \tag{2-35}$$

式中，$\boldsymbol{\Phi}=0$ 为约束方程；$\boldsymbol{\lambda}$ 为拉格朗日乘子；$\boldsymbol{\Phi}_e$ 为约束方程对坐标的一阶偏导数；T、D、U 和 W 分别为平衡绳的动能、耗散能、应变能和重力势能；$\dot{e}$ 为平衡绳整体节点坐标向量 e 对时间 t 的一阶导数。

若平衡绳的左上端与右上端均选择为固定约束，则约束方程为

$$\boldsymbol{\Phi} = \begin{bmatrix} g_1 & g_2 & g_3 & g_4 & g_5 & g_6 & g_7 & g_8 \end{bmatrix}^{\mathrm{T}} = 0$$

具体各项为

$$\begin{cases} g_1 = e_{0,1} - x_0 = 0 \\ g_2 = e_{0,2} - y_0 = 0 \\ g_3 = e_{0,3} - \cos\theta_0 = 0 \\ g_4 = e_{0,4} - \sin\theta_0 = 0 \\ g_5 = e_{N,1} - x_N = 0 \\ g_6 = e_{N,2} - y_N = 0 \\ g_7 = e_{N,3} - \cos\theta_N = 0 \\ g_8 = e_{N,4} - \sin\theta_N = 0 \end{cases} \tag{2-36}$$

式中，θ_0、θ_N 为第一个节点与左容器所形成的夹角以及最后一个节点与右容器所形成的夹角；x_0、y_0、x_N、y_N 为第一个节点及最后一个节点的横坐标和纵坐标；$e_{0,i}$ 与 $e_{N,i}$ 表示第一个节点及最后一个节点，$i=1,2,3,4$。

若平衡绳的左上端与右上端均选择为铰链约束，则约束方程为

$$\boldsymbol{\Phi} = \begin{bmatrix} g_1 & g_2 & g_3 & g_4 \end{bmatrix}^{\mathrm{T}} = 0$$

具体各项为

$$\begin{cases} g_1 = e_{0,1} - x_0 = 0 \\ g_2 = e_{0,2} - y_0 = 0 \\ g_3 = e_{N,1} - x_N = 0 \\ g_4 = e_{N,2} - y_N = 0 \end{cases} \tag{2-37}$$

1）应变能未简化模式

对能量表达式求偏导：

$$\frac{\partial T_k}{\partial \boldsymbol{e}_k} = \frac{\partial}{\partial \boldsymbol{e}_k}\left(\frac{1}{2}\dot{\boldsymbol{e}}_k^{\mathrm{T}}\boldsymbol{M}_k\dot{\boldsymbol{e}}_k\right) = 0 \tag{2-38}$$

$$\frac{\partial T_k}{\partial \dot{\boldsymbol{e}}_k} = \frac{\partial}{\partial \dot{\boldsymbol{e}}_k}\left(\frac{1}{2}\dot{\boldsymbol{e}}_k^{\mathrm{T}}\boldsymbol{M}_k\dot{\boldsymbol{e}}_k\right) = \boldsymbol{M}_k\dot{\boldsymbol{e}}_k \tag{2-39}$$

$$\frac{\mathrm{d}}{\mathrm{d}t}\left(\frac{\partial T_k}{\partial \dot{\boldsymbol{e}}_k}\right) = \boldsymbol{M}_k\ddot{\boldsymbol{e}}_k \tag{2-40}$$

$$\frac{\partial D_k}{\partial \dot{\boldsymbol{e}}_k} = \frac{\partial}{\partial \dot{\boldsymbol{e}}_k}\left(\frac{1}{2}c\dot{\boldsymbol{e}}_k^{\mathrm{T}}\boldsymbol{M}_k\dot{\boldsymbol{e}}_k\right) = c\boldsymbol{M}_k\dot{\boldsymbol{e}}_k \tag{2-41}$$

$$\frac{\partial W_k}{\partial \boldsymbol{e}_k} = \frac{\partial}{\partial \boldsymbol{e}_k}\left(-\boldsymbol{F}_{ke}\boldsymbol{e}_k\right) = -\boldsymbol{F}_{ke} \tag{2-42}$$

$$\boldsymbol{Q}_{kl} = \frac{\partial U_{kl}}{\partial \boldsymbol{e}_k} = \frac{1}{2}EA\int_0^l\left[\boldsymbol{e}_k^{\mathrm{T}}\boldsymbol{S}_a\boldsymbol{e}_k - 1\right]\boldsymbol{S}_a\boldsymbol{e}_k\,\mathrm{d}x \tag{2-43}$$

其中，$\boldsymbol{S}_a = \left(\boldsymbol{S}'\right)^{\mathrm{T}}\boldsymbol{S}'$。

$$\boldsymbol{Q}_{kt} = \frac{\partial U_{kt}}{\partial \boldsymbol{e}_k} = \frac{1}{2}EI\int_0^l\frac{2f^3h\boldsymbol{h}_e - 3h^2f^2\boldsymbol{f}_e}{f^6}\,\mathrm{d}x \tag{2-44}$$

其中

$$\boldsymbol{h}_e = \frac{\partial h}{\partial \boldsymbol{e}_k} = \left[\boldsymbol{S}'^{\mathrm{T}}\tilde{\boldsymbol{I}}\boldsymbol{S}'' + \boldsymbol{S}''^{\mathrm{T}}\tilde{\boldsymbol{I}}^{\mathrm{T}}\boldsymbol{S}'\right]\boldsymbol{e}_k \tag{2-45}$$

$$\boldsymbol{f}_e = \frac{\partial f}{\partial \boldsymbol{e}_k} = 2\boldsymbol{S}'^{\mathrm{T}}\boldsymbol{S}'\boldsymbol{e}_k \tag{2-46}$$

由第一类拉格朗日方程（2-35）可得

$$\begin{cases} \boldsymbol{M}\ddot{\boldsymbol{e}} + \boldsymbol{C}\dot{\boldsymbol{e}} - \boldsymbol{F}_e + \boldsymbol{Q}(e) = \boldsymbol{\Phi}_e^{\mathrm{T}}\boldsymbol{\lambda} \\ \boldsymbol{\Phi} = 0 \end{cases} \tag{2-47}$$

式中，$\boldsymbol{F}_e$ 为平衡绳整体所受到的广义外力项；$\boldsymbol{M}$ 为平衡绳整体的质量矩阵：

$$\boldsymbol{M} = \sum_{k=1}^{N}\boldsymbol{M}_k \tag{2-48}$$

式 (2-47) 中的 $\boldsymbol{C}$ 为阻尼矩阵：

$$C = \sum_{k=1}^{N} c\boldsymbol{M}_k = c\boldsymbol{M} \tag{2-49}$$

平衡绳的总弹性力矩阵 $\boldsymbol{Q}(e)$ 为

$$\boldsymbol{Q}(e) = \sum_{k=1}^{N} \left(\boldsymbol{Q}_{kl} + \boldsymbol{Q}_{kt} \right) \tag{2-50}$$

式中，$\boldsymbol{Q}_{kl}$ 与 $\boldsymbol{Q}_{kt}$ 分别为平衡绳单元的纵向弹性力矩阵和弯曲弹性力矩阵。

平衡绳单元的纵向刚度矩阵和弯曲刚度矩阵 $\boldsymbol{K}_{kl}$ 与 $\boldsymbol{K}_{kt}$ 分别为

$$\boldsymbol{K}_{kl} = \frac{\partial \boldsymbol{Q}_{kl}}{\partial \boldsymbol{e}_k} = EA \left\{ \frac{1}{2} \int_0^l \left[\boldsymbol{e}_k^{\mathrm{T}} \boldsymbol{S}_a \boldsymbol{e}_k - 1 \right] \boldsymbol{S}_a \mathrm{d}x + \int_0^l \left[\boldsymbol{S}_a \boldsymbol{e}_k^{\mathrm{T}} \boldsymbol{e}_k \boldsymbol{S}_a \right] \mathrm{d}x \right\} \tag{2-51}$$

$$\begin{aligned}
\boldsymbol{K}_{kt} = \frac{\partial \boldsymbol{Q}_{kt}}{\partial \boldsymbol{e}_k} &= \frac{1}{2} EI \int_0^l \frac{\left(2fh\boldsymbol{h}_e - 3h^2 \boldsymbol{f}_e \right)_e f^4 - 4f^3 \boldsymbol{f}_e \left(2fh\boldsymbol{h}_e - 3h^2 \boldsymbol{f}_e \right)}{f^8} \mathrm{d}x \\
&= \frac{1}{2} EI \int_0^l \frac{\left(-6hf\boldsymbol{h}_e^{\mathrm{T}} \boldsymbol{f}_e - 6hf\boldsymbol{f}_e^{\mathrm{T}} \boldsymbol{h}_e + 2f^2 \boldsymbol{h}_e^{\mathrm{T}} \boldsymbol{h}_e + 2f^2 h\boldsymbol{h}_{ee} - 3h^2 ff_{ee} + 12h^2 \boldsymbol{f}_e^{\mathrm{T}} \boldsymbol{f}_e \right)}{f^5} \mathrm{d}x
\end{aligned} \tag{2-52}$$

其中

$$\boldsymbol{h}_{ee} = \frac{\partial \boldsymbol{h}_e}{\partial \boldsymbol{e}_k} = \left[\boldsymbol{S'}^{\mathrm{T}} \tilde{\boldsymbol{I}} \boldsymbol{S''} + \boldsymbol{S''}^{\mathrm{T}} \tilde{\boldsymbol{I}}^{\mathrm{T}} \boldsymbol{S'} \right] \tag{2-53}$$

$$\boldsymbol{f}_{ee} = \frac{\partial \boldsymbol{f}_e}{\partial \boldsymbol{e}_k} = 2\boldsymbol{S'}^{\mathrm{T}} \boldsymbol{S'} \tag{2-54}$$

平衡绳的总切向刚度矩阵 $\boldsymbol{K}(e)$ 为

$$\boldsymbol{K}(e) = \sum_{k=1}^{N} \left(\boldsymbol{K}_{kl} + \boldsymbol{K}_{kt} \right) \tag{2-55}$$

2) 应变能简化模式

对能量表达式求偏导：

$$\frac{\partial T_k}{\partial \boldsymbol{e}_k} = \frac{\partial}{\partial \boldsymbol{e}_k} \left(\frac{1}{2} \dot{\boldsymbol{e}}_k^{\mathrm{T}} \boldsymbol{M}_k \dot{\boldsymbol{e}}_k \right) = 0 \tag{2-56}$$

$$\frac{\partial T_k}{\partial \dot{\boldsymbol{e}}_k} = \frac{\partial}{\partial \dot{\boldsymbol{e}}_k} \left(\frac{1}{2} \dot{\boldsymbol{e}}_k^{\mathrm{T}} \boldsymbol{M}_k \dot{\boldsymbol{e}}_k \right) = \boldsymbol{M}_k \dot{\boldsymbol{e}}_k \tag{2-57}$$

$$\frac{\mathrm{d}}{\mathrm{d}t} \left(\frac{\partial \boldsymbol{T}_k}{\partial \dot{\boldsymbol{e}}_k} \right) = \boldsymbol{M}_k \ddot{\boldsymbol{e}}_k \tag{2-58}$$

$$\frac{\partial D_k}{\partial \dot{\boldsymbol{e}}_k} = \frac{\partial}{\partial \dot{\boldsymbol{e}}_k} \left(\frac{1}{2} c \dot{\boldsymbol{e}}_k^{\mathrm{T}} \boldsymbol{M}_k \dot{\boldsymbol{e}}_k \right) = c \boldsymbol{M}_k \dot{\boldsymbol{e}}_k \tag{2-59}$$

$$\frac{\partial W_k}{\partial \boldsymbol{e}_k} = \frac{\partial}{\partial \boldsymbol{e}_k} \left(-\boldsymbol{F}_{ke} \boldsymbol{e}_k \right) = -\boldsymbol{F}_{ke} \tag{2-60}$$

$$\boldsymbol{Q}_{kt} = \frac{\partial U_{kt}}{\partial \boldsymbol{e}_k} = \frac{\partial}{\partial \boldsymbol{e}_k} \left(\frac{1}{2} EI \boldsymbol{e}_k^{\mathrm{T}} \bar{\boldsymbol{S}}_{ll} \boldsymbol{e}_k \right) = EI \bar{\boldsymbol{S}}_{ll} \boldsymbol{e}_k \tag{2-61}$$

$$\boldsymbol{Q}_{kl} = \frac{\partial U_{kl}}{\partial \boldsymbol{e}_k} = \frac{\partial}{\partial \boldsymbol{e}_k} \left[\frac{1}{8} EAl \left(\boldsymbol{e}_k^{\mathrm{T}} \bar{\boldsymbol{S}}_l \boldsymbol{e}_k - 1 \right)^2 \right] = \frac{1}{2} EAl \left(\boldsymbol{e}_k^{\mathrm{T}} \bar{\boldsymbol{S}}_l \boldsymbol{e}_k - 1 \right) \bar{\boldsymbol{S}}_l \boldsymbol{e}_k \tag{2-62}$$

由第一类拉格朗日方程(2-35)可得

$$\begin{cases} \boldsymbol{M}\ddot{\boldsymbol{e}} + \boldsymbol{C}\dot{\boldsymbol{e}} - \boldsymbol{F}_e + \boldsymbol{Q}(\boldsymbol{e}) = \boldsymbol{\Phi}_e^{\mathrm{T}} \boldsymbol{\lambda} \\ \boldsymbol{\Phi} = 0 \end{cases} \tag{2-63}$$

式中，$\boldsymbol{F}_e$ 为平衡绳整体所受到的广义外力项；$\boldsymbol{M}$ 为平衡绳整体的质量矩阵：

$$\boldsymbol{M} = \sum_{k=1}^{N} \boldsymbol{M}_k \tag{2-64}$$

方程中的 $\boldsymbol{C}$ 为阻尼矩阵：

$$\boldsymbol{C} = \sum_{k=1}^{N} c \boldsymbol{M}_k = c \boldsymbol{M} \tag{2-65}$$

平衡绳的总弹性力矩阵 $\boldsymbol{Q}(\boldsymbol{e})$ 为

$$\boldsymbol{Q}(\boldsymbol{e}) = \sum_{k=1}^{N} \left(\boldsymbol{Q}_{kl} + \boldsymbol{Q}_{kt} \right) \tag{2-66}$$

式中，$\boldsymbol{Q}_{kl}$ 与 $\boldsymbol{Q}_{kt}$ 分别为平衡绳单元的纵向弹性力矩阵和弯曲弹性力矩阵。

平衡绳单元的纵向刚度矩阵和弯曲刚度矩阵 $\boldsymbol{K}_{kl}$ 与 $\boldsymbol{K}_{kt}$ 分别为

$$\boldsymbol{K}_{kl} = \frac{\partial \boldsymbol{Q}_{kl}}{\partial \boldsymbol{e}_k} = \frac{1}{2} EA \left(\boldsymbol{e}_k^{\mathrm{T}} \bar{\boldsymbol{S}}_l \boldsymbol{e}_k - 1 \right) \bar{\boldsymbol{S}}_l + EA \bar{\boldsymbol{S}}_l \boldsymbol{e}_k \boldsymbol{e}_k^{\mathrm{T}} \bar{\boldsymbol{S}}_l \tag{2-67}$$

$$\boldsymbol{K}_{kt} = \frac{\partial \boldsymbol{Q}_{kt}}{\partial \boldsymbol{e}_k} = EI \bar{\boldsymbol{S}}_{ll} \tag{2-68}$$

平衡绳的总切向刚度矩阵 $\boldsymbol{K}(\boldsymbol{e})$ 为

$$\boldsymbol{K}(\boldsymbol{e}) = \sum_{k=1}^{N} \left(\boldsymbol{K}_{kl} + \boldsymbol{K}_{kt} \right) \tag{2-69}$$

选用广义-α 法对方程进行数值求解绝对节点坐标体系下指标-3 的微分代数方程 (differential algebraic equations，DAEs)时，不仅能使系统伪高频振动大大减少，而且能很好地保持系统的低频特性，可以在快速求解的同时得到较高的计算精度。

6. 平衡尾绳的固有频率

在使用 MATLAB 对动力学方程进行求解之前，需要使用牛顿-拉弗森(Newton-Raphson)法(以下简称 N-R 法)对选择的设定初始值进行迭代，求解出无应力状态下平衡位置的节点坐标。假设在平衡位置处有微小扰动，忽略高阶项得

$$M\ddot{\tilde{e}} + C\dot{\tilde{e}} + K\tilde{e} + \boldsymbol{\Phi}_e^{\mathrm{T}}\tilde{\lambda} = 0 \tag{2-70}$$

由于首尾单元节点为固定约束连接方式，在求解固有频率时，使用缩并法删除首尾节点的坐标，使得

$$\tilde{e} = \begin{bmatrix} \hat{e}^{\mathrm{T}} & \hat{e}_0^{\mathrm{T}} \end{bmatrix}^{\mathrm{T}}$$

式中，$\hat{e}$ 为独立坐标；$\hat{e}_0$ 为节点约束处的非独立坐标。并且满足

$$\hat{e} = \boldsymbol{U}^{\mathrm{T}}\tilde{e} \tag{2-71}$$

其中，

$$\boldsymbol{U} = \begin{bmatrix} \left(\left(\boldsymbol{\Phi}_e^1\right)^{-1}\boldsymbol{\Phi}_e^0\right)^{\mathrm{T}} & \boldsymbol{I} & \left(\left(\boldsymbol{\Phi}_e^1\right)^{-1}\boldsymbol{\Phi}_e^0\right)^{\mathrm{T}} \end{bmatrix}^{\mathrm{T}} \tag{2-72}$$

若平衡绳的左上端与右上端均选择为固定约束，即使用约束方程为式(2-36)时，$\boldsymbol{I}$ 为(dof-8)阶单位向量；若平衡绳的左上端与右上端均选择为铰链约束，即使用约束方程为式(2-37)时，$\boldsymbol{I}$ 为(dof-4)阶单位向量。

因此，式(2-70)可以转化为

$$\hat{\boldsymbol{M}}\ddot{\hat{e}} + \hat{\boldsymbol{C}}\dot{\hat{e}} + \hat{\boldsymbol{K}}\hat{e} = 0 \tag{2-73}$$

其中，$\hat{\boldsymbol{M}} = \boldsymbol{U}^{\mathrm{T}}\boldsymbol{M}\boldsymbol{U}$；$\hat{\boldsymbol{C}} = \boldsymbol{U}^{\mathrm{T}}\boldsymbol{C}\boldsymbol{U}$；$\hat{\boldsymbol{K}} = \boldsymbol{U}^{\mathrm{T}}\boldsymbol{K}\boldsymbol{U}$。将二阶微分运动方程式(2-73)简化为一阶微分运动方程：

$$\begin{bmatrix} \hat{\boldsymbol{M}} & 0 \\ 0 & \hat{\boldsymbol{K}} \end{bmatrix}\dot{q} + \begin{bmatrix} \hat{\boldsymbol{C}} & \hat{\boldsymbol{K}} \\ -\hat{\boldsymbol{K}} & 0 \end{bmatrix}q = 0 \tag{2-74}$$

式中，$q = \begin{bmatrix} \dot{\hat{e}}^{\mathrm{T}} & \hat{e}^{\mathrm{T}} \end{bmatrix}^{\mathrm{T}}$。

式(2-74)乘以逆矩阵可得

$$\dot{q} + \boldsymbol{D}q = 0 \tag{2-75}$$

其中，$\boldsymbol{D}$ 为动力矩阵：

$$\boldsymbol{D} = \begin{bmatrix} \hat{\boldsymbol{M}}^{-1}\hat{\boldsymbol{C}} & \hat{\boldsymbol{M}}^{-1}\hat{\boldsymbol{K}} \\ -\boldsymbol{I} & 0 \end{bmatrix} \tag{2-76}$$

此时，可以使用 MATLAB 对式(2-75)中的动力矩阵 $\boldsymbol{D}$ 求解特征值和特征向量，得到平衡尾绳的模态振型以及对应的固有频率。

7. 平衡尾绳两端点移动、曲率半径时变的网格数量自适应策略

由于平衡尾绳总是处于 U 字形弯曲状态，在单元数量较少时，弯曲段等效单元刚度值较大，无法真实地等效计算出所处节点单元的应力与应变，从而产生伪高频位移响应，容易发散，得不到准确的计算结果。单元长度较小时，所需要的单元数量和自由度数量就会增加很多，计算量较大，MATLAB 数值计算速率较慢。因此为了解决平衡尾绳两端点移动、曲率半径时变问题，采用一种五段式非等长(5 part non-equal-length，5P-NEL)单元划分方法[5,6]——中间大弯曲部分段(Ⅲ)、两侧直线段(Ⅰ和Ⅴ)以及与之衔接的中部过渡段(Ⅱ和Ⅳ)的网格数量自适应的策略，如图 2-1(c)所示。中间大弯曲部分段(Ⅲ)内含有平衡尾绳弯曲形成的低环，平衡尾绳的横向振动位移较大，弯曲应力较大，故此段内的单元长度应小一些，使得平衡尾绳最低环处显示出较柔软的状态，保证单元等效弯曲应力逼近真实单元应力，防止产生伪高频位移响应，导致结果发散，得不到准确的计算结果。两侧直线段(Ⅰ和Ⅴ)由于不靠近平衡尾绳最低环，平衡尾绳的横向振动位移较小，单元弯曲应力较小，因此在这两段上单元长度可以稍大一些，减少单元数量。因此在五段上依次分别划分等长单元 l_{t1}、l_{t2}、l_{t3}、l_{t4}、l_{t5}。

平衡尾绳的质量、阻尼、内应力矩阵为

$$\boldsymbol{M} = \sum_{i=1}^{5} \sum_{ki=1}^{N_{ti}} \rho \int_{0}^{l_{ti}} \boldsymbol{S}^{\mathrm{T}} \boldsymbol{S} \mathrm{d}x \tag{2-77}$$

$$\boldsymbol{C} = \sum_{i=1}^{5} \sum_{ki=1}^{N_{ti}} \rho \int_{0}^{l_{ti}} \boldsymbol{S}^{\mathrm{T}} c \boldsymbol{S} \mathrm{d}x \tag{2-78}$$

$$\boldsymbol{Q}(e) = \sum_{i=1}^{5} \sum_{ki=1}^{N_{ti}} \frac{\partial U_{ki}^{l}}{\partial e_k} + \sum_{i=1}^{5} \sum_{ki=1}^{N_{ti}} \frac{\partial U_{ki}^{t}}{\partial e_k} \tag{2-79}$$

由式(2-79)得，平衡尾绳的切向刚度矩阵：

$$\boldsymbol{K}(e) = \partial \boldsymbol{Q}(e) / \partial e \tag{2-80}$$

当平衡尾绳左端上升的高度距离为 L_1(L_1 为第一段的单元长度)时，需要进行一次单元变换，如图 2-2 所示。

经过单元变换后，左侧第一段的单元数量增加一个，右侧第五段的单元数量减少一个，其余段的单元数量不变，单元变换前后尾绳的总体单元数量保持不变。

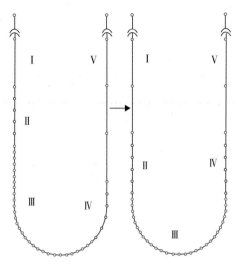

图 2-2　平衡尾绳节点单元转换示意图

例如，当第二段与第一段临界处的 5 个节点被合并成 2 个节点：

$$\begin{bmatrix} e^{m-1} \\ e^{m+3} \end{bmatrix} = A_m \left[\left(e^{m-1}\right)^{\mathrm{T}} \quad \left(e^{m}\right)^{\mathrm{T}} \quad \left(e^{m+1}\right)^{\mathrm{T}} \quad \left(e^{m+2}\right)^{\mathrm{T}} \quad \left(e^{m+3}\right)^{\mathrm{T}} \right]^{\mathrm{T}} \tag{2-81}$$

$$A_m = \begin{bmatrix} E_4 & 0 & 0 & 0 & 0 \\ 0 & 0 & 0 & 0 & E_4 \end{bmatrix} \tag{2-82}$$

式中，E_4 为 4 阶单位矩阵；0 为 4 阶零矩阵。

此时合并后的单元长度与第一段中的单元长度相同，因此，合并后的单元与原第一段的单元组成了新的第一段。

当在第四段和第三段的临界点处需要将 9 个节点合并为 5 个节点时，可以通过式 (2-83) 实现。

$$\begin{bmatrix} e^{w-1} \\ e^{w+1} \\ e^{w+3} \\ e^{w+5} \\ e^{w+7} \end{bmatrix} = A_w \left[\left(e^{w-1}\right)^{\mathrm{T}} \quad \left(e^{w}\right)^{\mathrm{T}} \quad \left(e^{w+1}\right)^{\mathrm{T}} \quad \left(e^{w+2}\right)^{\mathrm{T}} \quad \left(e^{w+3}\right)^{\mathrm{T}} \quad \left(e^{w+4}\right)^{\mathrm{T}} \quad \left(e^{w+5}\right)^{\mathrm{T}} \quad \left(e^{w+6}\right)^{\mathrm{T}} \quad \left(e^{w+7}\right)^{\mathrm{T}} \right]^{\mathrm{T}}$$

$$\tag{2-83}$$

$$A_w = \begin{bmatrix} E_4 & 0 & 0 & 0 & 0 & 0 & 0 & 0 & 0 \\ 0 & 0 & E_4 & 0 & 0 & 0 & 0 & 0 & 0 \\ 0 & 0 & 0 & 0 & E_4 & 0 & 0 & 0 & 0 \\ 0 & 0 & 0 & 0 & 0 & 0 & E_4 & 0 & 0 \\ 0 & 0 & 0 & 0 & 0 & 0 & 0 & 0 & E_4 \end{bmatrix} \tag{2-84}$$

此时合并后的单元长度与第二段中的单元长度相同，因此，合并后的单元与原第二段的单元(去除上一步节点合并消耗的单元)组成了新的第二段。

当第四段与第三段临界处的 5 个节点被拆分成 9 个节点：

$$
\left[\left(e^{u-1}\right)^{\mathrm{T}} \quad \left(e^{(u-1)\prime}\right)^{\mathrm{T}} \quad \left(e^{u}\right)^{\mathrm{T}} \quad \left(e^{u\prime}\right)^{\mathrm{T}} \quad \left(e^{u+1}\right)^{\mathrm{T}} \quad \left(e^{(u+1)\prime}\right)^{\mathrm{T}} \quad \left(e^{(u+2)}\right)^{\mathrm{T}} \quad \left(e^{(u+2)\prime}\right)^{\mathrm{T}} \quad \left(e^{(u+3)}\right)^{\mathrm{T}} \right]^{\mathrm{T}} = B_u \begin{bmatrix} e^{u-1} \\ e^{u} \\ e^{u+1} \\ e^{u+2} \\ e^{u+3} \end{bmatrix}
\tag{2-85}
$$

$$
B_u = \frac{1}{2} \begin{bmatrix} 2E_4 & E_4 & 0 & 0 & 0 & 0 & 0 & 0 & 0 \\ 0 & E_4 & 2E_4 & E_4 & 0 & 0 & 0 & 0 & 0 \\ 0 & 0 & 0 & E_4 & 2E_4 & E_4 & 0 & 0 & 0 \\ 0 & 0 & 0 & 0 & 0 & E_4 & 2E_4 & E_4 & 0 \\ 0 & 0 & 0 & 0 & 0 & 0 & 0 & E_4 & 2E_4 \end{bmatrix}^{\mathrm{T}}
\tag{2-86}
$$

此时拆分后的单元长度与第三段中的单元长度相同，因此，合并后的单元与原第三段的单元(去除上一步节点合并消耗的单元)组成了新的第三段。

当第五段与第四段临界处的 2 个节点被拆分成 5 个节点：

$$
\left[\left(e^{n-1}\right)^{\mathrm{T}} \quad \left(e^{(n-1)\prime}\right)^{\mathrm{T}} \quad \left(e^{(n-1)\prime\prime}\right)^{\mathrm{T}} \quad \left(e^{(n-1)\prime\prime\prime}\right)^{\mathrm{T}} \quad \left(e^{n}\right)^{\mathrm{T}} \right]^{\mathrm{T}} = B_n \begin{bmatrix} e^{n-1} \\ e^{n} \end{bmatrix}
\tag{2-87}
$$

$$
B_n = \frac{1}{4} \begin{bmatrix} 4E_4 & 3E_4 & 2E_4 & E_4 & 0 \\ 0 & E_4 & 2E_4 & 3E_4 & 4E_4 \end{bmatrix}^{\mathrm{T}}
\tag{2-88}
$$

此时拆分后的单元长度与第四段中的单元长度相同，因此，合并后的单元与原第四段的单元(去除上一步节点合并消耗的单元)组成了新的第四段。

平衡尾绳单元转换流程图如图 2-3 所示。

平衡尾绳在单元转换后的质量、阻尼、外力、内应力及刚度矩阵变为

$$
M^* = \sum_{i=1}^{5} \sum_{ki=1}^{N_{ti}^*} \rho \int_0^{l_{ti}} S^{\mathrm{T}} S \mathrm{d}x
\tag{2-89}
$$

$$
C^* = \sum_{i=1}^{5} \sum_{ki=1}^{N_{ti}^*} \rho \int_0^{l_{ti}} S^{\mathrm{T}} c S \mathrm{d}x
\tag{2-90}
$$

$$
\left(F^{ex}\right)^* = \sum_{i=1}^{5} \sum_{ki=1}^{N_{ti}^*} F_{ke}
\tag{2-91}
$$

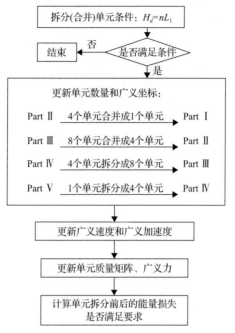

图 2-3　平衡尾绳两端点移动、曲率半径时变的网格数量自适应策略

$$Q^*\left(e_{\text{new}}\right) = \sum_{i=1}^{5}\sum_{ki=1}^{N_{ti}^*}\frac{\partial U_{ki}^t}{\partial\left(e_{\text{new}}\right)_k} + \sum_{i=1}^{5}\sum_{ki=1}^{N_{ti}^*}\frac{\partial U_{ki}^l}{\partial\left(e_{\text{new}}\right)_k} \tag{2-92}$$

$$K^*\left(e_{\text{new}}\right) = \partial Q^*\left(e_{\text{new}}\right)\big/\partial e_{\text{new}} \tag{2-93}$$

单元拆分和单元线性插值时会造成节点位移值和节点梯度值的跳变，为此改进了单元插值方法（5P-NEL-modify），消除单元插值时造成的节点位移值和节点梯度值的跳变。因此将第四段处的插值函数和第五段处的插值函数改造为

$$\left(B_u\right)^* = \begin{bmatrix} \left(B^F\right)^{\text{T}} & B_u^{split} & 0 & 0 & 0 & 0 & 0 & 0 & 0 \\ 0 & 0 & \left(B^F\right)^{\text{T}} & B_u^{split} & 0 & 0 & 0 & 0 & 0 \\ 0 & 0 & 0 & 0 & \left(B^F\right)^{\text{T}} & B_u^{split} & 0 & 0 & 0 \\ 0 & 0 & 0 & 0 & 0 & 0 & \left(B^F\right)^{\text{T}} & B_u^{split} & \left(B^L\right)^{\text{T}} \end{bmatrix}^{\text{T}} \tag{2-94}$$

$$\left(B_n\right)^* = \left[\left(B^F\right)^{\text{T}} \quad B_n^{split} \quad \left(B^L\right)^{\text{T}}\right]^{\text{T}} \tag{2-95}$$

$$
\begin{cases}
\boldsymbol{B}^{F} = \begin{bmatrix} \boldsymbol{E}_4 & \boldsymbol{0} \end{bmatrix} \\
\boldsymbol{B}^{L} = \begin{bmatrix} \boldsymbol{0} & \boldsymbol{E}_4 \end{bmatrix} \\
\boldsymbol{B}_u^{split} = \begin{bmatrix} \left(\boldsymbol{S}\left(\dfrac{1}{2}\right) \right)^{\mathrm{T}} & \left(\boldsymbol{S}'\left(\dfrac{1}{2}\right) \right)^{\mathrm{T}} \end{bmatrix} \\
\boldsymbol{B}_n^{split} = \begin{bmatrix} \left(\boldsymbol{S}\left(\dfrac{1}{4}\right) \right)^{\mathrm{T}} & \left(\boldsymbol{S}'\left(\dfrac{1}{4}\right) \right)^{\mathrm{T}} & \left(\boldsymbol{S}\left(\dfrac{2}{4}\right) \right)^{\mathrm{T}} & \left(\boldsymbol{S}'\left(\dfrac{2}{4}\right) \right)^{\mathrm{T}} & \left(\boldsymbol{S}\left(\dfrac{3}{4}\right) \right)^{\mathrm{T}} & \left(\boldsymbol{S}'\left(\dfrac{3}{4}\right) \right)^{\mathrm{T}} \end{bmatrix}
\end{cases}
\tag{2-96}
$$

式中，$\boldsymbol{S}'$ 为形函数 $\boldsymbol{S}$ 的一阶空间导数：

$$
\boldsymbol{S}' = \begin{bmatrix} s_1' & s_2' & s_3' & s_4' \end{bmatrix} \otimes \boldsymbol{I}_2
\tag{2-97}
$$

其中，函数 s_i' 为

$$
\begin{cases}
s_1' = \dfrac{1}{l_{ti}}\left(-6\xi + 6\xi^2\right) \\
s_2' = \left(1 - 4\xi + 3\xi^2\right) \\
s_3' = \dfrac{1}{l_{ti}}\left(6\xi - 6\xi^2\right) \\
s_4' = \left(3\xi^2 - 2\xi\right)
\end{cases}
\tag{2-98}
$$

此时可以消除单元插值时产生的误差。

在解算平衡尾绳两端随提升容器纵向移动运动状态的动力学响应时，当满足单元转换条件时，平衡尾绳的单元进行重新划分，单元转换前后的动能记为 T_b 和 T_a，能量相对误差率为

$$
e_{T_{ab}} = \frac{\left| T_a - T_b \right|}{T_b} \times 100\%
\tag{2-99}
$$

2.1.2　平衡尾绳动力学算例分析

1. 两种模式下尾绳动力学行为比较

使用 Model 1 和 Model 2 表示内应力未简化和简化模式下的尾绳模型。匀质平衡尾绳线密度 $\rho = 1.908\text{kg/m}$，弹性模量 $E = 1 \times 10^{10}\text{Pa}$，平衡尾绳的横截面积 $A = 0.000707\text{m}^2$，两个容器的中心间距 $D = 1.8\text{m}$，尾环的长度 $L_h = 44\text{m}$。尾绳运行长度 $L_m = 120\text{m}$，弯曲刚度 $EI = 1.988\text{N} \cdot \text{m}^2$，运行加速度为 0.75m/s^2，运行速度为 6m/s。

1) 固有频率的比较

两种模式下平衡尾绳固有频率如图 2-4 所示，点划线表示内应力未简化模式下的平衡尾绳固有频率，实线表示内应力简化模式下的平衡尾绳固有频率。由图 2-4 可知，两条曲线较好地吻合，从而可以从固有频率方面证明，当纵向变形小时，可以用 Model 2 来代替 Model 1。

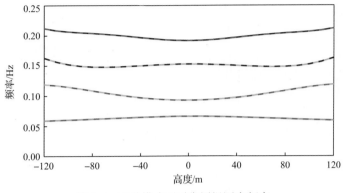

图 2-4　两种模式下平衡尾绳固有频率

2) 振动响应的比较

两种模式下平衡尾绳振动位移响应如图 2-5 所示，点划线表示内应力未简化模式下的平衡尾绳振动位移响应，实线表示内应力简化模式下的平衡尾绳振动位移响应。由图 2-5 可知，两条曲线较好地吻合，从而可以从振动位移响应方面证明，当纵向变形小时，可以用 Model 2 来代替 Model 1。平衡尾绳的前 4 阶面内固有振型如图 2-6 所示，虚线表示未变形图，实线表示振动方向。可以看出，平衡尾绳的第一阶面内固有振型为一单摆。

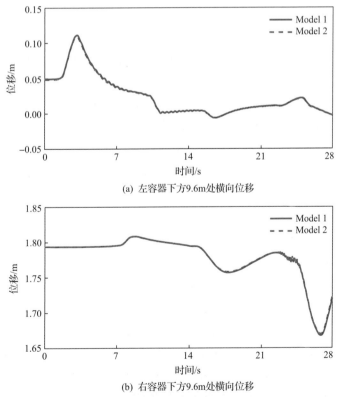

(a) 左容器下方9.6m处横向位移

(b) 右容器下方9.6m处横向位移

图 2-5　两种模式下平衡尾绳振动位移响应

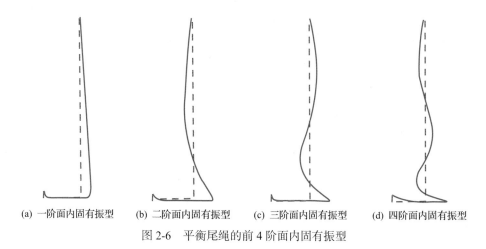

(a) 一阶面内固有振型　(b) 二阶面内固有振型　(c) 三阶面内固有振型　(d) 四阶面内固有振型

图 2-6　平衡尾绳的前 4 阶面内固有振型

两种模式下平衡尾绳计算耗时见表 2-1，未简化模式下所耗时间约为简化模式下的 1.3 倍，两种模式下的固有频率和振动位移响应曲线较好吻合。因此使用 Model 2 代替 Model 1 可以节约计算时间。

表 2-1　平衡尾绳单元参数

名称	段部长度/m	单元数量/个	单元长度/m	计算耗时/s
Model 1	164	820	0.2	17979
Model 2	164	820	0.2	13906

2. 5P-NEL 方法的验证

平衡尾绳使用五段式非等长单元划分方法(5P-NEL)进行单元划分，各段的划分参数见表 2-2，一共划分了 163 个单元，相比使用等长单元划分方法将会产生 820 个单元，单元数减少了 80.12%，将会极大地提高求解计算效率。计算耗时见表 2-3，5P-NEL 方法在计算效率方面提升了 93.8%。单元转换产生的动能能量的相对误差率如图 2-7 所示。从图 2-7 中可以看出，每一次单元转换后由于速度改变所产生的动能能量的相对误差率均小于 0.02%，因此，由于单元变换产生动能能量误差可以忽略。又因为平衡尾绳所受的重力为常值，因此，单元变化对平衡尾绳所受的重力无影响。

左右容器下方 9.6m 处横向位移如图 2-8 所示，三种方法得到的曲线基本重合，其

表 2-2　平衡尾绳单元参数

段部名称	段部长度/m	单元数量/个	单元长度/m	段部自由度数/个	总自由度数/个
Part I	9.6	6	1.6	28	
Part II	6.4	8	0.8	32	
Part III	12	60	0.2	240	656
Part IV	6.4	8	0.8	32	
Part V	129.6	81	1.6	324	

表 2-3　平衡尾绳计算耗时

名称	单元数量/个	计算耗时/s
等长单元	820	17979
5P-NEL	163	1114.3
5P-NEL-modify	163	1153.9

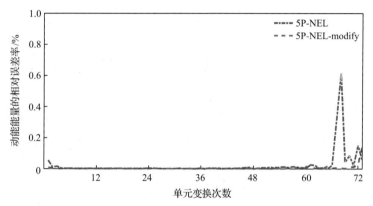

图 2-7　单元转换后动能能量的相对误差率

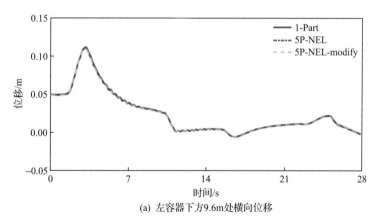

(a) 左容器下方9.6m处横向位移

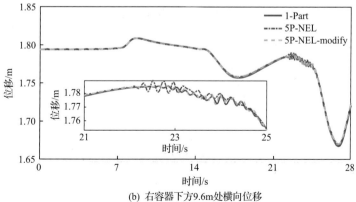

(b) 右容器下方9.6m处横向位移

图 2-8　左右容器下方 9.6m 处横向位移

中改进型的 5P-NEL 方法(5P-NEL-modify)与等长单元划分方法(1-Part)得到的结果更为接近。综上,使用改进型的 5P-NEL 方法是可行的。

2.1.3　实验研究

尾绳横向振动实验台如图 2-9 所示。其中,图 2-9(a)为实验台总体结构,图 2-9(b)为实验台机械结构实物图。

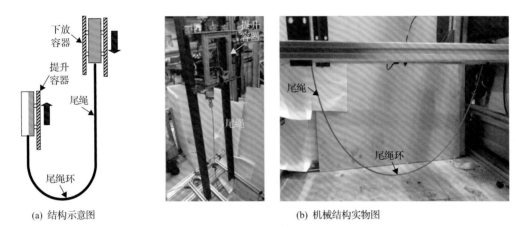

(a) 结构示意图　　　　　　　　　　　　(b) 机械结构实物图

图 2-9　尾绳横向振动实验台

尾绳横向振动过程中不同加速度下的最大横向振动姿态如图 2-10 所示。

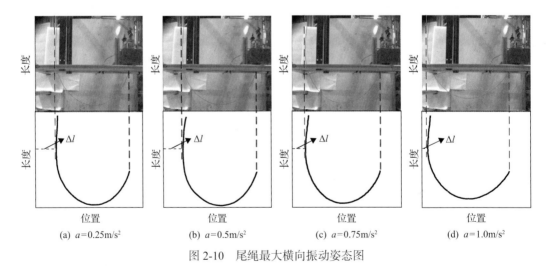

(a) $a=0.25\text{m/s}^2$　　(b) $a=0.5\text{m/s}^2$　　(c) $a=0.75\text{m/s}^2$　　(d) $a=1.0\text{m/s}^2$

图 2-10　尾绳最大横向振动姿态图

图 2-11 给出了不同加速度情况下尾绳左、右的最大横向振动位置形态。对比可知,随着提升容器运行加速度的增加,尾绳向左(向右)的最大横向振动形态相对于静止垂直基线的偏移量不断增加,同样验证了自由悬挂的尾绳横向振动幅值与运行加速度呈正比增加。

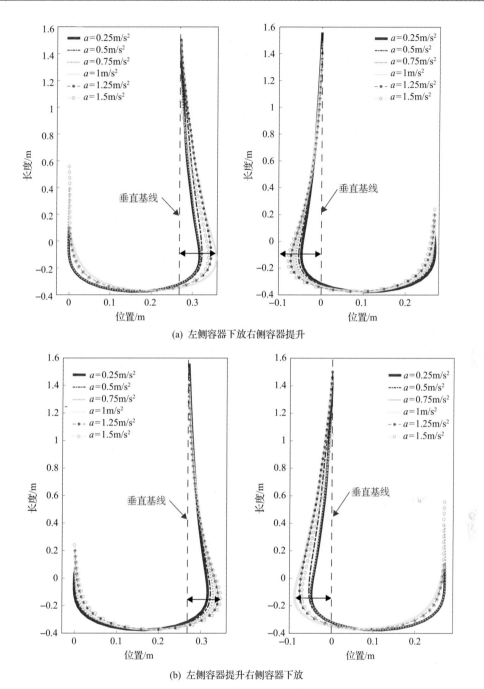

(a) 左侧容器下放右侧容器提升

(b) 左侧容器提升右侧容器下放

图 2-11　不同加速度下尾绳向左(向右)的最大横向振动位置形态对比

　　通过对相机测得的结果进行等比例缩放变换，能够得到其近似真实物理位移横向振动曲线，如图 2-12、图 2-13 所示。图中，蓝色线为理论求解得到的曲线，绿色为实验得到的曲线。对比其变化趋势，发现其各个阶段基本能够完全对应，由此验证了实验结果与理论模型的正确性。

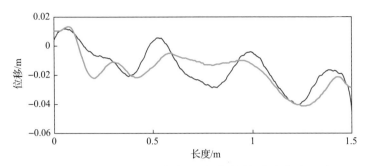

图 2-12　系统运行加速度为 0.5m/s² 时尾绳定点位移观测

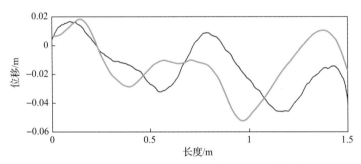

图 2-13　系统运行加速度为 0.75m/s² 时尾绳定点位移观测

2.2　SAP 提升系统动力学分析

2.2.1　动力学模型

基于深井 SAP 提升系统原理，建立了提升绳—容器—尾绳—调节轮多元耦合 SAP 提升系统动力学模型(图 2-14)，其中，除了传统摩擦提升系统中滚筒带动提升绳运动进而带动提升容器运动的提升方式外，在平衡尾绳的底部增加了调节轮作为导向轮，用于约束底部的尾绳环运动进而约束尾绳的摆动，调节轮靠自身的重力随动张紧尾绳，起到控制尾绳横向摆动和振动的作用。

考虑调节轮和摩擦滚筒之间的提升绳长度很短，刚度很大，且质量很小，故此处弦绳可以看作是刚体，其振动并不会对系统的振动特性产生影响，因此此处忽略调节轮对于提升绳的影响，看成是摩擦滚筒提升绳直接连接到提升容器。

2.2.2　动力学方程

提升绳和尾绳任意界面的位移场可表示为

$$\boldsymbol{U}(x,t)=\begin{bmatrix} u_1(x,t),y_1(x,t) & u_2(x,t),y_2(x,t) & \cdots & u_4(x,t),y_4(x,t) \end{bmatrix} \qquad (2\text{-}100)$$

式中，u_i 为提升绳的纵向振动；y_i 为提升绳平面内的横向振动。

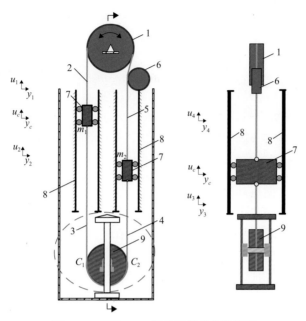

图 2-14　深井 SAP 提升系统动力学模型

1-摩擦滚筒；2-左提升绳；3-左尾绳；4-右尾绳；5-右提升绳；6-导向轮；7-提升容器；8-刚性导轨；9-调节轮

提升容器和调节轮的位移场可以表示为

$$\boldsymbol{Q}(x,t) = \left[u_{c_1}(x,t), y_{c_1}(x,t) \quad u_{c_2}(x,t), y_{c_2}(x,t) \quad \cdots \quad u_p(x,t), \theta_p(x,t) \right] \tag{2-101}$$

提升绳任意界面的速度可表示为

$$\dot{\boldsymbol{U}}_i(x,t) = \left[\frac{Du_i(x,t)}{Dt} \quad \frac{Dy_i(x,t)}{Dt} \right]^{\mathrm{T}} \tag{2-102}$$

式中，$\dfrac{Du_i(x,t)}{Dt} = \dfrac{\partial u_i(x,t)}{\partial t} + v_i \dfrac{\partial u_i(x,t)}{\partial x}$；$\dfrac{Dy_i(x,t)}{Dt} = \dfrac{\partial y_i(x,t)}{\partial t} + v_i \dfrac{\partial y_i(x,t)}{\partial x}$。

将悬吊柔索在 t 时刻的长度记作 $l(t)$，对应的柔索卷放速度和加速度分别记作 $v(t)$ 和 $a(t)$；对于柔索 i，将其在点 A_i 处纵向方向的位移激励表示为 $e_i^y(t)$，在横向方向的位移激励表示为 $e_i^x(t)$；将悬吊柔索 i 在 x 处、t 时刻的纵向位移表示为 $u_i(x, t)$，横向振动位移表示为 $y_i(x, t)$。由于柔索横向振动远小于柔索长度，因此柔索 i 的真实长度可近似表示为

$$l_i(t) = l(t) + e_i^y(t) + u_i(l(t),t)$$

该系统通过在系统末端增加调节轮限制尾绳摆动，同时对提升绳施加预应力。提升系统尾绳通过尾部施加预紧的调节轮进行张紧，调节轮通过自重张紧以及阻尼缸连接（若纵向振动剧烈，可采用阻尼装置）实现振动被动控制。系统的动能为

$$T_k = \frac{1}{2}\rho_i \int_0^{l_i}\left[v_i + \frac{Du_i(x_i,t)}{Dt}\right]^2 + \int_0^{l_i}\left[\frac{Dy_i(x_i,t)}{Dt}\right]^2 \mathrm{d}x_i$$

$$+ \frac{1}{2}m_p \dot{u}_p^2 + \frac{1}{2}J_p\dot{\theta}_p^2 + \frac{1}{2}m_1(v_1+\dot{u}_{c_1})^2 + \frac{1}{2}m_1\dot{y}_{c_1}^2 + \frac{1}{2}m_2(v_2+\dot{u}_{c_2})^2 + \frac{1}{2}m_2\dot{y}_{c_2}^2 \quad (i=1,2,3,4)$$

式中，ρ_i 为提升绳和尾绳线密度；m_p 为调节轮的质量；J_p 为调节轮的等效转动惯量；m_1 和 m_2 分别为提升侧和下放侧的容器质量；l_i 和 v_i 为对应的提升绳和尾绳绳长和线速度；$\dot{u}_p$ 和 $\dot{\theta}_p$ 分别为调节轮的纵向振动位移和转动位移；$\dot{u}_{c_i}$ 和 $\dot{y}_{c_i}$ $(i=1,2)$ 分别为提升侧和下放侧的容器的横向和纵向振动位移；u_i 和 y_i $(i=1,2,3,4)$ 分别为提升绳和尾绳处的横向和纵向振动位移。

采用伽辽金法将无限维的偏微分方程转化为有限维的常微分方程，然后再通过数值方法对常微分方程进行求解。为方便分析，首先定义一个新的变量 ξ 对原变量 x 进行归一化处理，将相对于 x 的时变域 $[0, l(t)]$ 转化为相对于 ξ 的固定域 $[0, 1]$。

提升绳受到的张力表示为

$$\begin{cases} T_i(x,t) = \left[\rho_i(l_i-x)+(m+\rho_i l_i+m_p)\right](g-a) & (i=1,2;\ j=2,3) \\ T_k(x,t) = \left[\rho_k(l_k-x)+m_p\right](g-a) & (k=2,3) \end{cases} \tag{2-103}$$

式中，g 为重力加速度；a 为运行加速度；$T_k(x,\ t)$ $(k=2,\ 3)$ 为尾绳张力；ρ_k 和 l_k 分别为尾绳线密度和长度；m_p 为调节轮的质量。

提升绳的弹性能可表示为

$$E_p(t) = \int_0^{l_i}\left(T_i(x,t)\varepsilon_i + \frac{1}{2}EA\varepsilon_i^2\right)\mathrm{d}x_i - \int_0^{l_i}\rho_i g u_i(x,t)\mathrm{d}x_i$$

$$+ \frac{1}{2}k_p u_p^2(t) - m_1 g u_{c_1}(t) - m_2 g u_{c_2}(t) - m_p g u_p + \frac{1}{2}k_c y_{c_1}^2(t) + \frac{1}{2}k_c y_{c_2}^2(t) \quad (i=1,2,3,4)$$

$$\tag{2-104}$$

$$D_1(t) = \frac{1}{2}c_{1i}\int_0^{l_i(t)}(\dot{u}_{it}+v_i\dot{u}_{ix})^2\mathrm{d}x + \frac{1}{2}c_{2i}\int_0^{l_i(t)}(\dot{y}_{it}+v_i\dot{y}_{ix})^2\mathrm{d}x_i$$

$$+ \frac{1}{2}c_p\dot{u}_p^2 + \frac{1}{2}c_c\dot{y}_{c_1}^2 + \frac{1}{2}c_c\dot{y}_{c_2}^2 \quad (i=1,2,3,4) \tag{2-105}$$

式中，E 为绳子的弹性模量；A 为绳子的横截面积；g 为重力加速度；c_{1i} 和 c_{2i} $(i=1,2,3,4)$ 分别为提升绳和尾绳的阻尼系数；下标 x，t 分别表示变量 u_i，y_i 对 x，t 的偏导，加上点的变量表示对时间 t 求导；ρ_i $(i=1,2,3,4)$ 为钢丝绳的线密度；v_i $(i=1,2,3,4)$ 为提升速度；$T_i(x,t)$ $(i=1,4)$ 为提升绳张力；ε_i $(i=1,2,3,4)$ 为钢丝绳的正应变。

由于考虑了提升绳和尾绳的纵向和横向位移，因此，ε_i $(i=1,2,3,4)$ 可以表示为

$$\varepsilon_i = u_{i,x}(x_i,t) + \frac{1}{2}y_{i,x}^2(x_i,t) \quad (i=1,2,3,4) \tag{2-106}$$

相应的边界条件为

$$
\begin{cases}
u_i(0,t) = e_{ud}(t) & (i=1,4) \\
y_i(0,t) = e_{yd}(t) & (i=1,4) \\
u_i(l_i,t) \ (i=1,4) = u_{c_i}(t) \ (i=1,2) = u_i(0,t) \ (i=2,3) \\
y_i(l_i,t) \ (i=1,4) = y_{c_i}(t) \ (i=1,2) = y_i(0,t) \ (i=2,3) \\
u_2(l_2,t) = u_p(t) + r\theta(t) \\
u_3(l_3,t) = u_p(t) - r\theta(t)
\end{cases}
\tag{2-107}
$$

其中，u_{c_i} $(i=1, 2)$ 和 y_{c_i} $(i=1, 2)$ 为提升绳与容器节点位置振动位移。由于边界条件变成了非齐次形式，将非齐次边界条件的控制方程转化为具有齐次边界条件的控制方程。提升绳横向振动位移 $y_i(x_i, t)$ $(i=1, 4)$ 分解为齐次和非齐次两部分：

$$
\begin{cases}
u_1(x_1,t) = \overline{u}_1(x_1,t) \\
u_2(x_2,t) = \overline{u}_2(x_2,t) \\
u_3(x_3,t) = \overline{u}_3(x_3,t) \\
u_4(x_4,t) = \overline{u}_4(x_4,t)
\end{cases}
$$

$$
\begin{cases}
y_1(x_1,t) = \overline{y}_1(x_1,t) + \overline{h}_1(x_1,t) \\
y_2(x_2,t) = \overline{y}_2(x_2,t) \\
y_3(x_3,t) = \overline{y}_3(x_3,t) \\
y_4(x_4,t) = \overline{y}_4(x_4,t) + \overline{h}_4(x_4,t)
\end{cases}
$$

伽辽金法的具体思想可简单描述为：用有限个单自由度三角信号的叠加来模拟所期望获得的无限自由度信号，振动位移采用伽辽金法离散，定义相应的广义位移。根据轴向运动弦线的特点，设具有无限自由度的分布式参量 $\overline{u}_j(\xi,t)$、$\overline{y}_j(\xi,t)$，可分别表示为

$$
\begin{cases}
\overline{u}_j(\xi,t) = \sum_{i=1}^{n} \phi_{j,i}(\xi) q_{j,i}(t) & (j=1,4) \\
\overline{u}_j(\xi,t) = \sum_{i=1}^{n} \phi_{j,i}(\xi) q_{j,i}(t) & (j=2,3)
\end{cases}
$$

$$
\begin{cases}
\overline{y}_j(\xi,t) = \sum_{i=1}^{n} \kappa_{j,i}(\xi) p_{j,i}(t) & (j=1,4) \\
\overline{y}_j(\xi,t) = \sum_{i=1}^{n} \kappa_{j,i}(\xi) p_{j,i}(t) & (j=2,3)
\end{cases}
\tag{2-108}
$$

令 $\xi = \dfrac{x}{l(t)}$，$\tilde{u}(\xi,t) = \overline{u}(x,t)$，将

$$\overline{h}_t(x,t) = \tilde{h}_t(\xi_i,t) - \frac{v\xi}{l(t)}\tilde{h}_\xi(\xi,t)$$

$$\overline{h}_{tt}(x,t) = \tilde{h}_{tt}(\xi,t) - \frac{2v\xi}{l(t)}\tilde{h}_{\xi t}(\xi,t) + \frac{v^2\xi^2}{l^2(t)}\tilde{h}_{\xi\xi}(\xi,t) - \frac{\left[al(t) - 2v^2\right]\xi}{l^2(t)}\tilde{h}_\xi(\xi,t)$$

$$\overline{h}_{xt}(x,t) = \frac{\tilde{h}_{\xi t}(\xi,t)}{l(t)} - \frac{v}{l^2(t)}\tilde{h}_\xi(\xi,t) - \frac{v\xi}{l^2(t)}\tilde{h}_{\xi\xi}(\xi,t)$$

$$\overline{h}_x(x,t) = \frac{1}{l(t)}\tilde{h}_\xi(\xi,t)$$

$$\overline{h}_{xx}(x,t) = \frac{1}{l^2(t)}\tilde{h}_{\xi\xi}(\xi,t)$$

代入广义坐标对时间和空间的偏导方程中，得到：

$$\begin{cases} \overline{u}_x = \dfrac{1}{l(t)}\tilde{u}_\xi, \overline{u}_{xx} = \dfrac{1}{l^2(t)}\tilde{u}_{\xi\xi} \\[2mm] \overline{u}_t = \tilde{u}_t - \dfrac{v\xi}{l(t)}\tilde{u}_\xi \\[2mm] \overline{u}_{xt} = \dfrac{\tilde{u}_{\xi t}}{l(t)} - \dfrac{v}{l^2(t)}\tilde{u}_\xi - \dfrac{v\xi}{l^2(t)}\tilde{u}_{\xi\xi} \\[2mm] \overline{u}_{tt} = \tilde{u}_{tt} - \dfrac{2v\xi}{l(t)}\tilde{u}_{\xi t} + \dfrac{v^2\xi}{l^2(t)}\tilde{u}_{\xi\xi} - \dfrac{\left[al(t) - 2v^2\right]\xi}{l^2(t)}\tilde{u}_\xi \end{cases}$$

$$\begin{cases} y_x = \dfrac{1}{l(t)}(\hat{y}_\xi + \hat{h}_\xi), y_{xx} = \dfrac{1}{l^2(t)}(\hat{y}_{\xi\xi} + \hat{h}_{\xi\xi}), y_t = (\hat{y}_t + \hat{h}_t) - \dfrac{v\xi}{l(t)}(\hat{y}_\xi + \hat{h}_\xi) \\[2mm] y_{xt} = \dfrac{\hat{y}_{\xi t} + \hat{h}_{\xi t}}{l(t)} - \dfrac{v}{l^2(t)}(\hat{y}_\xi + \hat{h}_\xi) - \dfrac{v\xi}{l^2(t)}(\hat{y}_{\xi\xi} + \hat{h}_{\xi\xi}) \\[2mm] y_{tt} = (\hat{y}_{tt} + \hat{h}_{tt}) - \dfrac{2v\xi}{l(t)}(\hat{y}_{\xi t} + \hat{h}_{\xi t}) + \dfrac{v^2\xi^2}{l^2(t)}(\hat{y}_{\xi\xi} + \hat{h}_{\xi\xi}) - \dfrac{\left[al(t) - 2v^2\right]\xi}{l^2(t)}(\hat{y}_\xi + \hat{h}_\xi) \end{cases} \tag{2-109}$$

垂绳的横向激励由滚筒激励决定，横向边界激励为

$$\overline{h}(x,t) = e_{yt}(t)\left(1 - \frac{x}{l(t)}\right) \tag{2-110}$$

相应的归一化处理：

$$\begin{cases} \hat{h}(\zeta,t) = e_{yt}(t)(1 - \zeta) \\ \hat{h}_t(\zeta,t) = \dot{e}_{yt}(t)(1 - \zeta) \\ \hat{h}_\zeta(\zeta,t) = -e_{yt}(t) \end{cases} \tag{2-111}$$

由此得到:

$$\tilde{u}_i(\xi_i,t)=\sum_{j=1}^{N}\psi_{i,j}(\xi_1)\cdot q_{u_i,j}(t) \qquad \hat{y}_i(\xi_i,t)=\sum_{j=1}^{N}\varphi_{i,j}(\xi_i)\cdot q_{y_i,j}(t)$$

$$\tilde{u}_{i,\xi}(\xi_i,t)=\sum_{j=1}^{N}\psi'_{i,j}(\xi_1)\cdot q_{u_i,j}(t) \qquad \hat{y}_{i,\xi}(\xi_i,t)=\sum_{j=1}^{N}\varphi'_{i,j}(\xi_i)\cdot q_{y_i,j}(t)$$

$$\tilde{u}_{i,\xi\xi}(\xi_1,t)=\sum_{j=1}^{N}\psi''_{i,j}(\xi_1)\cdot q_{u_i,j}(t) \qquad \hat{y}_{i,\xi\xi}(\xi_i,t)=\sum_{j=1}^{N}\varphi''_{i,j}(\xi_i)\cdot q_{y_i,j}(t)$$

$$\tilde{u}_{i,t}(\xi_i,t)=\sum_{j=1}^{N}\psi_{i,j}(\xi_i)\cdot \dot{q}_{u_i,j}(t) \qquad \hat{y}_{i,t}(\xi_i,t)=\sum_{j=1}^{N}\varphi_{i,j}(\xi_i)\cdot \dot{q}_{y_i,j}(t)$$

$$\tilde{u}_{i,tt}(\xi_i,t)=\sum_{j=1}^{N}\psi_{i,j}(\xi_i)\cdot \ddot{q}_{u_i,j}(t) \qquad \hat{y}_{i,tt}(\xi_i,t)=\sum_{j=1}^{N}\varphi_{i,j}(\xi_i)\cdot \ddot{q}_{y_i,j}(t)$$

$$\tilde{u}_{i,\xi t}(\xi_1,t)=\sum_{j=1}^{N}\psi'_{i,j}(\xi_i)\cdot \dot{q}_{u_i,j}(t) \qquad \hat{y}_{i,\xi t}(\xi_i,t)=\sum_{j=1}^{N}\varphi'_{i,j}(\xi_i)\cdot \dot{q}_{y_i,j}(t)$$

基于几何边界条件和力边界条件,得到 SAP 提升系统的形函数如下:

$$\psi_{2,0}=\frac{1}{2}$$

$$\psi_{3,0}=\frac{1}{2}$$

$$\psi_{1,j}(\xi_1)=\sin\left(\frac{2j-1}{2}\pi\xi_1\right)$$

$$\psi_{4,j}(\xi_4)=\sin\left(\frac{2j-1}{2}\pi\xi_4\right)$$

$$\psi_{2,j}(\xi_2)=\cos(j\pi\xi_2)$$

$$\psi_{3,j}(\xi_3)=\cos(j\pi\xi_3)$$

$$\varphi_{1,j}(\xi_1)=\sin\left(\frac{2j-1}{2}\pi\xi_1\right)$$

$$\varphi_{4,j}(\xi_4)=\sin\left(\frac{2j-1}{2}\pi\xi_4\right)$$

$$\varphi_{2,j}(\xi_2)=\cos\left(\frac{2j-1}{2}\pi\xi_2\right)$$

$$\varphi_{3,j}(\xi_3)=\cos\left(\frac{2j-1}{2}\pi\xi_3\right)$$

将离散的动能、势能和阻尼能代入第一类拉格朗日方程:

$$\frac{\mathrm{d}}{\mathrm{d}t}\frac{\partial T_k}{\partial \dot{q}_s}-\frac{\partial T_k}{\partial q_s}+\frac{\partial E_p}{\partial q_s}+\frac{\partial D_1}{\partial \dot{q}_s}=F_s+\lambda_j\frac{\partial g_j}{\partial q_s} \tag{2-112}$$

得到系统的动能对于广义坐标 q_1 的一阶导数后对时间求导的结果如下:

$$\frac{\mathrm{d}}{\mathrm{d}t}\frac{\partial T_{k1}}{\partial \dot{q}_{1,j}} = \int_0^1 \rho_1 \left\{ v^2 + al + l(t)\sum_{i=1}^N \psi_{1i}(\xi)\ddot{q}_{1i}(t) + \left[\frac{al(1-\xi)+v^2\xi}{l}\right]\sum_{i=1}^N \psi'_{1i}(\xi)q_{1i}(t) \right.$$

$$\left. + \left[v(1-\xi)\sum_{i=1}^N \psi'_{1i}(\xi) + v\sum_{i=1}^N \psi_{1i}(\xi)\right]\dot{q}_{1i}(t) \right\}\phi_{1j}\mathrm{d}\xi$$

$$\frac{\mathrm{d}}{\mathrm{d}t}\frac{\partial T_{k1}}{\partial \dot{p}_{1,j}} = \int_0^1 \rho_1 \left\{ l(t)\left(\sum_{i=1}^N \varphi_{1i}(\xi)\ddot{p}_{1i}(t) + \hat{h}_{1w,tt}\right) + \left[\frac{al(1-\xi)+v^2\xi}{l}\right]\left(\sum_{i=1}^N \varphi'_{1i}(\xi)p_{1i} + \hat{h}_{1w,\xi}\right) \right.$$

$$\left. + v(1-\xi)\left(\sum_{i=1}^N \varphi'_{1i}(\xi)\dot{p}_{1i}(t) + \hat{h}_{1w,\xi t}\right) + v\left(\sum_{i=1}^N \varphi_{1i}(\xi)\dot{p}_{1i}(t) + \hat{h}_{1w,t}\right) \right\}\varphi_{1j}\mathrm{d}\xi$$

$$\frac{\mathrm{d}}{\mathrm{d}t}\frac{\partial T_{k1}}{\partial \dot{y}_c} = m_c\ddot{y}_c$$

$$\frac{\mathrm{d}}{\mathrm{d}t}\frac{\partial T_{k1}}{\partial \dot{u}_c} = m_c(a+\ddot{u}_c)$$

系统的动能对于广义坐标 q_1 的求导结果如下：

$$\frac{\partial T_{k1}}{\partial q_{1,j}} = \rho_1 v \int_0^1 \left[v(1-\xi)\psi'_{1j} + \sum_{i=1}^N (1-\xi)\psi_{1i}(\xi)\psi'_{1j}q_{1i}(t) + \frac{v(1-\xi)^2}{l(t)}\sum_{i=1}^N \psi'_{1i}(\xi)\psi'_{1j}q_{1i}(t)\right]\mathrm{d}\xi$$

$$\frac{\partial T_{k1}}{\partial p_{1,j}} = \rho_1 v \int_0^1 \left[(1-\xi)\varphi'_{1j}(\xi)\left(\sum_{i=1}^N \varphi_{1i}(\xi)\dot{p}_{1i}(t) + \hat{h}_{1w,t}\right)\right.$$

$$\left. + \frac{v(1-\xi)^2}{l(t)}\varphi'_{1j}(\xi)\left(\sum_{i=1}^N \varphi'_{1i}(\xi)p_{1i}(t) + \hat{h}_{1w,\xi}\right)\right]\mathrm{d}\xi$$

弹性势能对于绳广义坐标 q_1 的求导结果如下 [式 (2-112) 第三项]：

$$\frac{\partial E_{p1}}{\partial q_{1,j}} = \int_0^1 \left\{ T_1(\xi,t)\psi'_{1j}(\xi) + \frac{EA}{l}\sum_{i=1}^N \psi'_{1i}(\xi)q_{1i}(t)\psi'_{1j}(\xi) \right.$$

$$\left. + \frac{EA}{2l^2}\left[\psi'_{1j}(\xi)\boldsymbol{R}_1^{\mathrm{T}}\boldsymbol{K}_1'^{\mathrm{T}}\boldsymbol{K}'\boldsymbol{R}_1 + \hat{h}_{1y,\xi}^2\psi'_{1j}(\xi) + 2\hat{h}_{1y,\xi}\left(\sum_{i=1}^N \varphi_{1i}(\xi)p_{1i}(t)\right)\psi'_{1j}\right] \right\}\mathrm{d}\xi$$

$$\frac{\partial E_{p1}}{\partial p_{1,j}} = \int_0^1 \left\{\left(\frac{T_1(\xi,t)}{l}\sum_{i=1}^N \varphi'_{1i}(\xi)p_{1i}(t)\varphi'_{1j} + \frac{T_1(\xi,t)}{l}\hat{h}_{1w,\xi}\varphi'_{1j}\right)\right.$$

$$+ \left(\frac{EA}{l^2}\left(\boldsymbol{q}_1^{\mathrm{T}}\boldsymbol{\Phi}_1'^{\mathrm{T}}\boldsymbol{\Theta}_1'\ \boldsymbol{p}_1\right)\varphi'_{1j}(\xi) + \frac{EA}{l^2}\left(\boldsymbol{\Phi}_1'\boldsymbol{q}_1\right)\hat{h}_{1w,\xi}\varphi'_{1j}(\xi) + \frac{EA}{2l^3}\varphi'_{1j}\left[\left(\boldsymbol{R}_1^{\mathrm{T}}\boldsymbol{K}_1'^{\mathrm{T}}\boldsymbol{K}'\boldsymbol{R}_1\boldsymbol{\Theta}_1'\ \boldsymbol{p}_1\right)\right.\right.$$

$$\left.\left.\left. + \left(\boldsymbol{p}_1^{\mathrm{T}}\boldsymbol{\Theta}_1'^{\mathrm{T}}\boldsymbol{\Theta}_1'\boldsymbol{p}_1\boldsymbol{\Theta}_1'\boldsymbol{p}_1\right) + \left(\hat{h}_{1w,\xi}\right)\left(\boldsymbol{R}_1^{\mathrm{T}}\boldsymbol{K}_1'^{\mathrm{T}}\boldsymbol{K}'\boldsymbol{R}_1 + \hat{h}_{1y,\xi}^2 + 2\hat{h}_{1y,\xi}\boldsymbol{K}'\boldsymbol{R}_1\right)\right]\right)\right\}\mathrm{d}\xi$$

$$\frac{\partial E_{p1}}{\partial u_c} = 0$$

$$\frac{\partial E_{p1}}{\partial y_c} = k_y$$

重力势能对于广义坐标 q_1 的求导结果 [式 (2-112) 第三项] 如下：

$$\frac{\partial E_{p1}}{\partial q_1} = \frac{\partial}{\partial q_1}\left[-\rho_1 g l(t)\int_0^1\left(\sum_{i=1}^N \psi_{1i}q_{1i}\right)\mathrm{d}\xi - m_c g u_c\right] = -\rho_1 g l(t)\int_0^1\sum_{i=1}^N \psi_{1i}\mathrm{d}x$$

$$\frac{\partial E_{p1}}{\partial y_c} = \frac{\partial}{\partial u_c}\left[-\rho_1 g l(t)\int_0^1\left(\sum_{i=1}^N \psi_{1i}q_{1i}\right)\mathrm{d}\xi - m_c g u_c\right] = -m_c g$$

同理可以 φ 对 q_2、p_1、p_2 求导，得到系统的广义质量、阻尼、刚度、广义力及耦合项，综合如下：

$$\boldsymbol{M}_{uu} = \rho_1 l(t)\int_0^1\left(\sum_{i=1}^N \psi_{1i}\psi_{1j}\right)\mathrm{d}\xi$$

$$\boldsymbol{M}_{yy} = \rho_1 l(t)\int_0^1\left(\sum_{i=1}^N \varphi_{1i}\varphi_{1j}\right)\mathrm{d}\xi$$

$$\boldsymbol{C}_{uu} = \rho_1 v\int_0^1\left((1-\xi)\sum_{i=1}^N \psi'_{1i}\psi_{1j} + \sum_{i=1}^N \psi_{1i}\psi_{1j}\right)\mathrm{d}\xi - \rho_1 v\int_0^1(1-\xi)\sum_{i=1}^N \psi_{1i}\psi'_{1j}\mathrm{d}\xi$$

$$\boldsymbol{C}_{yy} = \rho_1 v\int_0^1\left[(1-\xi)\left(\sum_{i=1}^N \varphi'_{1i}\varphi_{1j}\right) + \left(\sum_{i=1}^N \varphi_{1i}\varphi_{1j}\right)\right]\mathrm{d}\xi - \rho_1 v\int_0^1(1-\xi)\sum_{i=1}^N \varphi_{1i}\varphi'_{1j}\mathrm{d}\xi$$

$$\boldsymbol{K}_{uu} = \rho_1\int_0^1\left(\frac{al(1-\xi)+v^2\xi}{l}\right)\left(\sum_{i=1}^N \psi'_{1i}\psi_{1j}\right)\mathrm{d}\xi$$
$$-\frac{\rho_1 v^2}{l(t)}\int_0^1\left((1-\xi)^2\sum_{i=1}^N \psi'_{1i}(\xi)\psi'_{1j}\right)\mathrm{d}\xi + \frac{EA}{l}\int_0^1\sum_{i=1}^N \psi'_{1i}\psi'_{1j}\mathrm{d}\xi$$

$$\boldsymbol{K}_{yy} = \rho_1\int_0^1\left(\frac{al(1-\xi)+v^2\xi}{l}\right)\left(\sum_{i=1}^N \varphi'_{1i}\varphi_{1j}\right)\mathrm{d}\xi - \frac{\rho_1 v^2}{l(t)}\int_0^1(1-\xi)^2\sum_{i=1}^N \varphi'_{1i}\varphi_{1j}\mathrm{d}\xi$$
$$+\int_0^1\left(\frac{T_1(\xi,t)}{l}\sum_{i=1}^N \varphi'_{1i}(\xi)\varphi'_{1j}\right)\mathrm{d}\xi + \frac{EA}{2l^3}\int_0^1\left(\hat{h}_{1y,\xi}^2 + h_{1w,\xi}^2 + 2\hat{h}_{1y,\xi}\hat{h}_{1y,\xi}\right)\sum_{i=1}^N \varphi'_{1i}\varphi'_{1j}\mathrm{d}\xi$$

$$\boldsymbol{K}_{uy} = \frac{EA}{l^2}\int_0^1\hat{h}_{1y,\xi}\left(\sum_{i=1}^N \varphi'_{1i}\psi'_{1j}\right)\mathrm{d}\xi$$

$$\boldsymbol{K}_{yu} = \frac{EA}{l^2}\int_0^1\left(\hat{h}_{1y,\xi}\right)\sum_{i=1}^N \psi'_{1i}\varphi'_{1j}\mathrm{d}\xi$$

$$\boldsymbol{F}_u = \left[\rho_1(g-a)l - \rho_1 v^2\right]\int_0^1 \psi_{1j}\mathrm{d}x + \rho_1 v^2 \int_0^1 (1-\xi)\psi'_{1j}\mathrm{d}\xi$$
$$- \int_0^1 T_1(\xi,t)\psi'_{1j}\mathrm{d}\xi - \frac{EA}{2l^2}\int_0^1 \left(\hat{h}_{1y,\xi}^2 \psi'_{1j}(\xi) + \hat{h}_{1w,\xi}^2 \psi'_{1j}(\xi)\right)\mathrm{d}\xi$$

$$\boldsymbol{F}_y = -\rho_1 \int_0^1 \left\{ l(t)\hat{h}_{1y,tt} + \left[\frac{al(1-\xi)+v^2\xi}{l}\right]\hat{h}_{1y,\xi} + v\hat{h}_{1y,t} + v(1-\xi)\hat{h}_{1y,\xi t} \right\}\varphi_{1j}\mathrm{d}\xi$$
$$+ \left[\rho_1 v\int_0^1 (1-\xi)\hat{h}_{1y,t}\varphi'_{1j}\mathrm{d}\xi + \frac{\rho_1 v^2}{l(t)}\int_0^1 (1-\xi)^2 \hat{h}_{1y,\xi}\varphi'_{1j}\mathrm{d}\xi\right]$$
$$- \int_0^1 \left(\frac{T_1(\xi,t)}{l}\hat{h}_{1y,\xi}\varphi'_{1j}\right)\mathrm{d}\xi - \frac{EA}{2l^3}\int_0^1 \varphi'_{1j}\left[\left(\hat{h}_{1y,\xi}\hat{h}_{1y,\xi}^2\right) + \left(\hat{h}_{1y,\xi}\hat{h}_{1w,\xi}^2\right)\right]\mathrm{d}\xi$$

$$F_{u_c} = m_c g - m_c a$$

$$F_{y_c} = 0$$

$$\boldsymbol{N}_u = -\frac{EA}{2l^2}\int_0^1 \left(\psi'_{1j}(\xi)\boldsymbol{R}_1^{\mathrm{T}}\boldsymbol{K}_1'^{\mathrm{T}}\boldsymbol{K}_1'\boldsymbol{R}_1\right)\mathrm{d}\xi$$

$$\boldsymbol{N}_y = -\int_0^1 \frac{EA}{l^2}\left(\boldsymbol{q}_1^{\mathrm{T}}\boldsymbol{\Phi}_1'^{\mathrm{T}}\boldsymbol{K}_1'\boldsymbol{R}_1\right)\varphi'_{1j} + \frac{EA}{2l^3}\varphi'_{1j}\left[\left(\boldsymbol{R}_1^{\mathrm{T}}\boldsymbol{K}_1'^{\mathrm{T}}\boldsymbol{K}_1'\boldsymbol{R}_1\boldsymbol{K}_1'\boldsymbol{R}_1 + 2\hat{h}_{1y,\xi}\boldsymbol{R}_1^{\mathrm{T}}\boldsymbol{K}_1'^{\mathrm{T}}\boldsymbol{K}_1'\boldsymbol{R}_1\right)\right.$$
$$\left. + \left(\hat{h}_{1y,\xi}\right)\left(\boldsymbol{R}_1^{\mathrm{T}}\boldsymbol{K}_1'^{\mathrm{T}}\boldsymbol{K}_1'\boldsymbol{R}_1\right)\right]\mathrm{d}\xi$$

通过推导，得到系统的动力学方程：

$$\begin{bmatrix} \boldsymbol{M}_u & & & \\ & \boldsymbol{M}_y & & \\ & & \boldsymbol{M}_c & \\ & & & \boldsymbol{M}_p \end{bmatrix}\begin{bmatrix} \ddot{\boldsymbol{Q}}_u \\ \ddot{\boldsymbol{Q}}_y \\ \ddot{\boldsymbol{Q}}_c \\ \ddot{\boldsymbol{Q}}_p \end{bmatrix} + \begin{bmatrix} \boldsymbol{C}_u & & & \\ & \boldsymbol{C}_y & & \\ & & \boldsymbol{C}_c & \\ & & & \boldsymbol{C}_p \end{bmatrix}\begin{bmatrix} \ddot{\boldsymbol{Q}}_u \\ \ddot{\boldsymbol{Q}}_y \\ \ddot{\boldsymbol{Q}}_c \\ \ddot{\boldsymbol{Q}}_p \end{bmatrix}$$
$$+ \begin{bmatrix} \boldsymbol{K}_u & & & \\ & \boldsymbol{K}_y & & \\ & & \boldsymbol{K}_c & \\ & & & \boldsymbol{K}_p \end{bmatrix}\begin{bmatrix} \boldsymbol{Q}_u \\ \boldsymbol{Q}_y \\ \boldsymbol{Q}_c \\ \boldsymbol{Q}_p \end{bmatrix} = \begin{bmatrix} \boldsymbol{N}_u \\ \boldsymbol{N}_y \\ \boldsymbol{0} \\ \boldsymbol{0} \end{bmatrix} + \begin{bmatrix} \boldsymbol{F}_u \\ \boldsymbol{F}_y \\ \boldsymbol{F}_c \\ \boldsymbol{F}_p \end{bmatrix} + \boldsymbol{G}^{\mathrm{T}}\boldsymbol{\lambda} \tag{2-113}$$
$$\boldsymbol{g}(\boldsymbol{Q},t) = 0$$

式中，$(\boldsymbol{M}_u, \boldsymbol{M}_y, \boldsymbol{M}_c, \boldsymbol{M}_p)$，$(\boldsymbol{C}_u, \boldsymbol{C}_y, \boldsymbol{C}_c, \boldsymbol{C}_p)$，$(\boldsymbol{K}_u, \boldsymbol{K}_y, \boldsymbol{K}_c, \boldsymbol{K}_p)$ 和 $(\boldsymbol{F}_u, \boldsymbol{F}_y, \boldsymbol{F}_c, \boldsymbol{F}_p)$ 分别为绳索纵向（横向）、提升容器纵向（横向）和调节轮对应的广义质量、广义阻尼、广义刚度和广义力；$\boldsymbol{G}$ 为约束方程的雅可比矩阵；$\boldsymbol{\lambda}$ 为拉格朗日乘子；$(\boldsymbol{Q}_u, \boldsymbol{Q}_y, \boldsymbol{Q}_c, \boldsymbol{Q}_p)$ 分别为绳索纵向（横向）、提升容器纵向（横向）和调节轮对应的广义坐标；$\boldsymbol{g}(\boldsymbol{Q},t)$ 为 SAP 提升系统的约束条件；$\boldsymbol{N}_u$ 和 $\boldsymbol{N}_y$ 为系统的广义坐标耦合矩阵。系统的矩阵和力向量定义如下：

$$
\begin{cases}
\boldsymbol{M}_u(t) = \mathrm{diag}\left[\boldsymbol{M}_{u_1}(t), \boldsymbol{M}_{u_2}(t), \boldsymbol{M}_{u_3}(t), \boldsymbol{M}_{u_4}(t)\right] \\[4pt]
\boldsymbol{C}_u(t) = \mathrm{diag}\left[\boldsymbol{C}_{u_1}(t), \boldsymbol{C}_{u_2}(t), \boldsymbol{C}_{u_3}(t), \boldsymbol{C}_{u_4}(t)\right] \\[4pt]
\boldsymbol{K}_u(t) = \mathrm{diag}\left[\boldsymbol{K}_{u_1}(t), \boldsymbol{K}_{u_2}(t), \boldsymbol{K}_{u_3}(t), \boldsymbol{K}_{u_4}(t)\right] \\[4pt]
\boldsymbol{Q}_u(t) = \left[\boldsymbol{Q}_{u_1}(t), \boldsymbol{Q}_{u_2}(t), \boldsymbol{Q}_{u_3}(t), \boldsymbol{Q}_{u_4}(t)\right] \\[4pt]
\boldsymbol{N}_u(t) = \left[\boldsymbol{N}_{u_1}(t), \boldsymbol{N}_{u_2}(t), \boldsymbol{N}_{u_3}(t), \boldsymbol{N}_{u_4}(t)\right]
\end{cases}
$$

$$
\begin{cases}
\boldsymbol{M}_y(t) = \mathrm{diag}\left[\boldsymbol{M}_{y_1}(t), \boldsymbol{M}_{y_2}(t), \boldsymbol{M}_{y_3}(t), \boldsymbol{M}_{y_4}(t)\right] \\[4pt]
\boldsymbol{C}_y(t) = \mathrm{diag}\left[\boldsymbol{C}_{y_1}(t), \boldsymbol{C}_{y_2}(t), \boldsymbol{C}_{y_3}(t), \boldsymbol{C}_{y_4}(t)\right] \\[4pt]
\boldsymbol{K}_y(t) = \mathrm{diag}\left[\boldsymbol{K}_{y_1}(t), \boldsymbol{K}_{y_2}(t), \boldsymbol{K}_{y_3}(t), \boldsymbol{K}_{y_4}(t)\right] \\[4pt]
\boldsymbol{Q}_y(t) = \left[\boldsymbol{Q}_{y_1}(t), \boldsymbol{Q}_{y_2}(t), \boldsymbol{Q}_{y_3}(t), \boldsymbol{Q}_{y_4}(t)\right] \\[4pt]
\boldsymbol{N}_y(t) = \left[\boldsymbol{N}_{y_1}(t), \boldsymbol{N}_{y_2}(t), \boldsymbol{N}_{y_3}(t), \boldsymbol{N}_{y_4}(t)\right]
\end{cases}
$$

矩阵中元素的具体表达形式 $\boldsymbol{M}_{u_i}$，$\boldsymbol{M}_{y_i}$，$\boldsymbol{C}_{u_i}$，$\boldsymbol{K}_{u_i}$，$\boldsymbol{K}_{y_i}$，$\boldsymbol{Q}_{u_i}$，$\boldsymbol{Q}_{y_i}$，$\boldsymbol{F}_{u_i}$，$\boldsymbol{N}_{u_i}$ 和 $\boldsymbol{N}_{y_i}$ 定义如下：

$$
\boldsymbol{M}_{u_i,kj} = \rho_i l_i \int_0^1 \psi_{i,j} \psi_{i,k} \,\mathrm{d}\xi
$$

$$
\boldsymbol{C}_{u_i,kj} = 2\rho_i v_i \int_0^1 (1-\xi_i)\psi_{i,k}\psi_{i,j}' \,\mathrm{d}\xi + \mu_2 \rho_i l_i \int_0^1 \psi_{i,j}\psi_{i,k} \,\mathrm{d}x_i
$$

$$
\boldsymbol{K}_{u_i,kj} = -\frac{\rho_i v_i^2}{l_i(t)} \int_0^1 (1-\xi_i)^2 \psi_{i,j}'\psi_{i,k}' \,\mathrm{d}\xi_i + \rho_i a_i \int_0^1 (1-\xi_i)\psi_{i,j}'\psi_{i,k} \,\mathrm{d}\xi_i
$$
$$
\quad -\frac{EA}{l_i(t)}\int_0^1 \psi_{i,j}''\psi_{i,k} \,\mathrm{d}\xi_i + \mu_2 \rho_i v_i \int_0^1 (1-\xi_i)\psi_{i,j}'\psi_{i,k} \,\mathrm{d}\xi_i
$$

$$
\boldsymbol{F}_{u_i,k} = -\rho_i a_i l_i \int_0^1 \psi_{i,k} \,\mathrm{d}\xi_i
$$

$$
\boldsymbol{N}_{u_i,k} = \frac{EA}{l_i^2(t)} \int_0^1 \boldsymbol{Q}_{y_i}\left(\boldsymbol{\Phi}_i'^{\mathrm{T}}\boldsymbol{\Phi}_i''\right)\boldsymbol{Q}_{y_i}^{\mathrm{T}}\psi_{i,k} \,\mathrm{d}\xi_i + \frac{e_{y_i}EA}{l_i^2(t)}\int_0^1 \left(\boldsymbol{\Phi}_i''\boldsymbol{Q}_{y_i}^{\mathrm{T}}\right)\psi_{i,k} \,\mathrm{d}\xi_i
$$

$$
\boldsymbol{M}_{y_i,kj} = \rho_i l_i \int_0^1 \varphi_{i,j}\varphi_{i,k} \,\mathrm{d}\xi_i
$$

$$
\boldsymbol{C}_{y_i,kj} = 2\rho_i v_i \int_0^1 (1-\xi_i)\varphi_{i,j}'\varphi_{i,k} \,\mathrm{d}\xi_i + \zeta_2 \rho_i l_i \int_0^1 \varphi_{i,j}\varphi_{i,k} \,\mathrm{d}\xi_i
$$

$$
\boldsymbol{K}_{y_1,kj} = -\frac{\rho_i v_i^2}{l_i} \int_0^1 (\xi_i-1)^2 \varphi_{i,j}'\varphi_{i,k}' \,\mathrm{d}\xi_i + \rho_i a_i \int_0^1 (1-\xi_i)\varphi_{i,j}'\varphi_{i,k} \,\mathrm{d}\xi_i
$$
$$
\quad + \frac{1}{l_i}\int_0^1 \left[T_i(\xi_i,t)\varphi_{i,j}'\varphi_{i,k}'\right]\mathrm{d}\xi_i + \frac{3EAe_{y_i}^2}{2l_i^3(t)}\int_0^1 \varphi_{i,j}'\varphi_{i,k}' \,\mathrm{d}\xi_i + \zeta_2 \rho_i v_i \int_0^1 (1-\xi_i)\varphi_{i,j}'\varphi_{i,k} \,\mathrm{d}\xi_i
$$

$$Q_{y_i,k} = -\rho_i \int_0^1 \left[l_i \ddot{e}_{y_i} - 2v_i \dot{e}_{y_i} - \left(a_i - \frac{2v_i^2}{l_i(t)} \right) e_{y_i} \right] (1-\xi_i) \varphi_{i,k} \, \mathrm{d}\xi_i + \rho_i g e_{y_i} \int_0^1 \varphi_{i,k} \, \mathrm{d}\xi_i$$

$$N_{y_i,k} = -\frac{EA}{l_i^2(t)} \int_0^1 \left(\sum_{j=1}^N \psi'_{i,j} q_{u_i,j} \right) \left(\sum_{j=1}^N \varphi'_{i,j} q_{y_i,j} \right) \varphi'_{i,k} \, \mathrm{d}\xi_i - \frac{EA}{2l_i^3(t)} \int_0^1 \left(\sum_{j=1}^N \varphi'_{i,j} q_{y_i,j} \right)^3 \varphi'_{i,k} \, \mathrm{d}\xi_i$$

$$+ \frac{3e_{y_i} EA}{2l_i^3(t)} \int_0^1 \left[\left(\sum_{j=1}^N \varphi'_{i,j} q_{y_i,j} \right)^2 \varphi'_{i,k} \right] \mathrm{d}\xi_i - \frac{EAe_{y_i}}{l_i^2(t)} \int_0^1 \psi''_i Q_{u_i}^{\mathrm{T}} \varphi_{i,k} \, \mathrm{d}\xi_i$$

$$Q_{y_i} = \begin{bmatrix} q_{y_i,1} & q_{y_i,2} & \cdots & q_{y_i,N} \end{bmatrix}$$

$$\boldsymbol{\Phi}_i = \begin{bmatrix} \varphi_{i,1} & \varphi_{i,2} & \cdots & \varphi_{i,N} \end{bmatrix}$$

$$Q_{u_i} = \begin{bmatrix} q_{u_i,1} & q_{u_i,2} & \cdots & q_{u_i,N} \end{bmatrix}$$

$$\boldsymbol{\psi}_i = \begin{bmatrix} \psi_{i,1} & \psi_{i,2} & \cdots & \psi_{i,N} \end{bmatrix}$$

综合得到：

$$\begin{aligned} M_e \ddot{q}_e + C_e \dot{q}_e + K_e q_e &= \boldsymbol{\Phi}_{q_e}^{\mathrm{T}} \boldsymbol{\lambda} + Q_e(t) + N_e(t) \\ \boldsymbol{\Phi}(q_e) &= 0 \end{aligned} \tag{2-114}$$

式中，M_e、C_e 和 K_e 分别为质量、阻尼及刚度矩阵；Q_e 为广义力向量；N_e 为系统的广义坐标耦合矩阵；$\boldsymbol{\Phi}_{q_e}$ 为约束方程的雅可比矩阵；$\boldsymbol{\lambda}$ 为拉格朗日乘子；q_e 为提升绳和尾绳的横纵向的广义坐标；$\boldsymbol{\Phi}(q_e)$ 为系统的约束条件。

采用带阻尼的广义-α算法对系统的动力学方程进行数值求解。基本迭代形式如下：

$$r_{N+1} = r_N + h\dot{r}_N + h^2(1/2-\beta)a_N + h^2\beta a_{N+1} \tag{2-115}$$

$$r_{N+1} = r_N + h(1-\gamma)a_N + h\gamma a_{N+1} \tag{2-116}$$

式中，N 为第 N 个时间步长；$r_N = r(t_N)$ 为在 t_N 时刻广义坐标的值；$h = t_{N+1} - t_N$ 为时间步长；向量 a 为一个类加速度变量，由如下的递归关系进行定义：

$$\begin{cases} (1-\alpha_m)a_{N+1} + \alpha_m a_N = (1-\alpha_f)\ddot{r}_{N+1} + \alpha_f(1-\gamma)\ddot{r}_N \\ a_0 = \ddot{r}_0 \end{cases} \tag{2-117}$$

式中，α_m、α_f、γ 及 β 为广义-α数值计算过程中所需的迭代计算参数。

对于数值参数 α_m、α_f、γ 及 β，选择适当的值将会使计算结果更精确，计算过程更稳定。对于 γ，如果 $\gamma = 1/2 + \alpha_f - \alpha_m$，则广义-$\alpha$是二阶精确的。对于 α_m、α_f 及 β，如果上述参数满足如式(2-43)，则广义-α算法将是无条件稳定的：

$$\begin{cases} \alpha_m \leqslant \alpha_f \leqslant \dfrac{1}{2} \\[2mm] \beta = \dfrac{1}{4} + \dfrac{1}{2}\left(\alpha_f - \alpha_m\right) \end{cases} \tag{2-118}$$

因此，本书中选择 $\alpha_m = \dfrac{2\rho_\infty - 1}{\rho_\infty + 1}$，$\alpha_f = \dfrac{\rho_\infty}{\rho_\infty + 1}$，其中当 $\rho_\infty \in [0,1)$ 时，算法是零稳定以及在无穷远处严格稳定的。

对于 t_{N+1} 时刻各未知量的数值计算，可采用 N-R 法。首先对于 N-R 法而言，第 $k+1$ 步的残差为

$$\mathbf{res} = \begin{bmatrix} \boldsymbol{M}_{N+1}\ddot{\boldsymbol{r}}_{N+1}^{K+1} + \boldsymbol{C}_{N+1}\dot{\boldsymbol{r}}_{N+1}^{K+1} + \boldsymbol{K}_{N+1}\boldsymbol{r}_{N+1}^{K+1} + \boldsymbol{\psi}_r^{\mathrm{T}}\boldsymbol{\lambda}_{N+1}^{K+1} - \boldsymbol{Q}_{N+1} \\ \boldsymbol{\psi}_{N+1}^{K+1} \end{bmatrix} \tag{2-119}$$

其次，根据 N-R 法，可得到迭代矩阵为

$$\boldsymbol{S}_t = \begin{bmatrix} \boldsymbol{M}\beta' + \boldsymbol{C}\gamma' + \boldsymbol{K} & \boldsymbol{\psi}_r^{\mathrm{T}} \\ \boldsymbol{\psi}_r & 0 \end{bmatrix} \tag{2-120}$$

则对于 t_{N+1} 时刻各变量的数值计算的 N-R 法迭代过程为

$$\begin{bmatrix} \Delta \boldsymbol{r} \\ \Delta \boldsymbol{\lambda} \end{bmatrix} = -\boldsymbol{S}_t^{-1}\mathbf{res} \tag{2-121}$$

$$\begin{aligned} \boldsymbol{r}_{N+1}^{k+1} &= \boldsymbol{r}_{N+1}^{k} + \Delta \boldsymbol{r} \\ \dot{\boldsymbol{r}}_{N+1}^{k+1} &= \dot{\boldsymbol{r}}_{N+1}^{k} + \gamma' \Delta \boldsymbol{r} \\ \ddot{\boldsymbol{r}}_{N+1}^{k+1} &= \ddot{\boldsymbol{r}}_{N+1}^{k} + \beta' \Delta \boldsymbol{r} \\ \boldsymbol{\lambda}_{N+1}^{k+1} &= \boldsymbol{\lambda}_{N+1}^{k} + \Delta \boldsymbol{\lambda} \end{aligned} \tag{2-122}$$

式中，$\beta' = \dfrac{1-\alpha_m}{h^2\beta\left(1-\alpha_f\right)}$；$\gamma' = \dfrac{\gamma}{h\beta}$。

加入左、右预优因子 $\boldsymbol{D}_L$ 和 $\boldsymbol{D}_R$，令 $\overline{\boldsymbol{S}}_t = \boldsymbol{D}_L\boldsymbol{S}_t\boldsymbol{D}_R$，则式 (2-121) 将变成如下的等效形式：

$$\Delta \overline{\boldsymbol{x}} = -\overline{\boldsymbol{S}}_t^{-1} \cdot \overline{\mathbf{res}} \tag{2-123}$$

式中，$\Delta \overline{\boldsymbol{x}} = \boldsymbol{D}_R^{-1}\begin{bmatrix} \Delta \boldsymbol{r} \\ \Delta \boldsymbol{\lambda} \end{bmatrix}$；$\overline{\mathbf{res}} = \boldsymbol{D}_L\mathbf{res}$。

本书中所采用的左、右预优因子分别为

$$\begin{cases} \boldsymbol{D}_{L=} \begin{bmatrix} \boldsymbol{I}\beta h^2 & 0 \\ 0 & \boldsymbol{I} \end{bmatrix} \\[4mm] \boldsymbol{D}_{R=} \begin{bmatrix} \boldsymbol{I} & 0 \\ 0 & \boldsymbol{I}/(\beta h^2) \end{bmatrix} \end{cases} \tag{2-124}$$

所以，时变非线性方程可转化为如下形式：

$$\begin{bmatrix} \overline{S}_t & \Phi_q^{\mathrm{T}} \\ \Phi_q & 0 \end{bmatrix}\begin{bmatrix} \Delta q \\ \Delta f \end{bmatrix} = -\begin{bmatrix} \mathbf{res}^q \\ \mathbf{res}^\Phi \end{bmatrix} \tag{2-125}$$

式中，Δq 和 Δf 分别为 q 和 f 的增量。

系统频率的计算，只要采用子结构法实现对拉格朗日乘子的消除，通过对位移场离散可得到下面微分代数方程，这里不再重复。

$$\begin{cases} M_e\ddot{q}_e + C_e\dot{q}_e + K_eq_e = \Phi_{q_e}^{\mathrm{T}} f \\ \Phi(q_e) = 0 \end{cases} \tag{2-126}$$

式中，$q_e = \begin{bmatrix} p_1^{\mathrm{T}}, p_2^{\mathrm{T}}, p_y^{\mathrm{T}}, \theta \end{bmatrix}^{\mathrm{T}}$，为约束条件对 q_e 向量求导的雅可比矩阵。

应用缩并法很容易求得零空间 U，使得 $\Phi_q U = 0$。然后定义 $q_e = U\hat{q}_e$，式(2-126)第一式的等号两边再左乘以 U^{T}，则可以得到不包括未知力向量 f 的线性化振动方程：

$$U^{\mathrm{T}}M_e\ddot{\hat{q}}_e + U^{\mathrm{T}}C_e\dot{\hat{q}}_e + U^{\mathrm{T}}K_eUq_e = (\Phi_{q_e}U)^{\mathrm{T}} f = 0 \tag{2-127}$$

定义 $\hat{M} = U^{\mathrm{T}}M_eU$，$\hat{C} = U^{\mathrm{T}}C_eU$，$\hat{K} = U^{\mathrm{T}}K_eU$，则式(2-127)简化为

$$\hat{M}\ddot{\hat{q}}_e + \hat{C}\dot{\hat{q}}_e + \hat{K}q_e = 0 \tag{2-128}$$

求解二阶常微分方程特征值常规方法是将式(2-128)首先降阶成一阶微分方程组形式：

$$\begin{bmatrix} \hat{M} & 0 \\ 0 & \hat{K} \end{bmatrix}\dot{\hat{Q}}_e + \begin{bmatrix} \hat{C} & \hat{K} \\ -\hat{K} & 0 \end{bmatrix}\hat{Q}_e = 0 \tag{2-129}$$

式中，$\hat{Q}_e = \begin{bmatrix} \dot{\hat{q}}_e^{\mathrm{T}} & \hat{q}_e^{\mathrm{T}} \end{bmatrix}^{\mathrm{T}}$。

然后，再对式(2-129)等号两边左乘以 $\left[\mathrm{diag}\left(\hat{M}, \hat{K} \right) \right]^{-1}$，则可以转为如下形式：

$$\dot{\hat{Q}}_e + \hat{D}_e\hat{Q}_e = 0 \tag{2-130}$$

式中，$\hat{D}_e = \begin{bmatrix} \hat{M}^{-1}\hat{C} & \hat{M}^{-1}\hat{K} \\ -I & 0 \end{bmatrix}$。

系统的横向固有频率可以通过下列特征方程求解获得

$$\det\left(\lambda I + \hat{D}_e \right) = 0 \tag{2-131}$$

式中，λ 为矩阵 $\hat{D}_e$ 的特征值。

2.2.3　动力学特性

张紧牵引系统(蓝线)与传统牵引系统(红线)的纵向固有频率比较如图 2-15 所示，传统牵引系统的纵向固有频率远高于张紧牵引系统。从图 2-16 可以看到，底部调节轮质量的大小，对于系统纵向振动的振幅以及频率等振动特性无影响，故调节轮的质量无需太大。

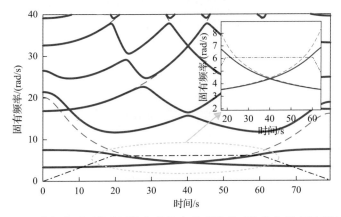

图 2-15　张紧牵引系统(蓝线)与传统牵引系统(红线)纵向固有频率比较

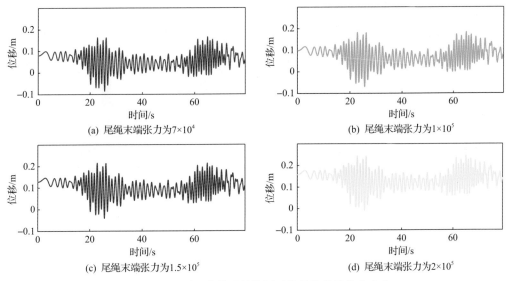

(a) 尾绳末端张力为7×10⁴

(b) 尾绳末端张力为1×10⁵

(c) 尾绳末端张力为1.5×10⁵

(d) 尾绳末端张力为2×10⁵

图 2-16　不同调节轮质量作用下张紧轮处的纵向响应

图 2-17 显示了不同导向等效阻尼作用下底部调节轮的纵向响应的时频特性。可以看出，能量集中点主要集中在 A 区和 C 区。A 区是由于钢丝绳较长，运行加速度突变引起振幅增大，振动频率为 0.6～0.7Hz。C 区振幅和频率的增加是由于系统共振引起的，振动频率为 1～1.1Hz。在同一频率激励下，共振区的振动频率约为非共振区的 2 倍。比较可以看出，由于导轨导向等效阻尼的增加，C 区的振幅基本上完全消散。在增加阻尼的过程中，以 B 点为代表的激励频率逐渐突出，其频率幅值所占的比例逐渐增大。

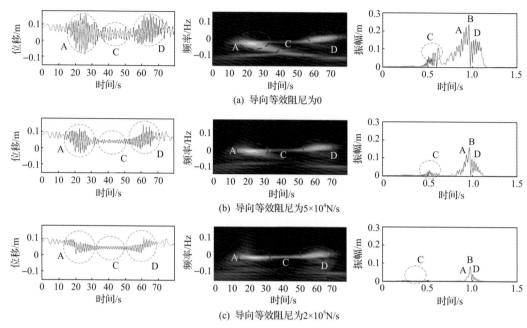

(a) 导向等效阻尼为0

(b) 导向等效阻尼为5×10⁴N/s

(c) 导向等效阻尼为2×10⁵N/s

图 2-17　不同导向等效阻尼作用下调节轮纵向响应的时频特性

图 2-18 显示了双向张拉牵引系统纵向振动的最大振幅随时间的变化。结果表明，随着导向等效阻尼的增大，系统纵向振动的最大振幅减小。特别是在共振 C 区时，由于导向等效阻尼效应，系统的共振幅度大大减小，甚至消除了共振。

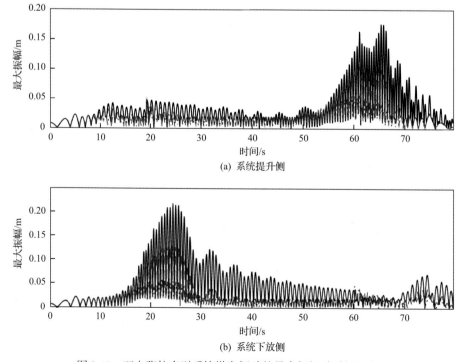

(a) 系统提升侧

(b) 系统下放侧

图 2-18　双向张拉牵引系统纵向振动的最大振幅随时间的变化

2.3　SAP 提升系统振动特性

2.3.1　纵向振动

SAP 提升系统(尾绳张紧)与传统提升系统(尾绳自由悬挂)纵向振动位移对比如图 2-19、图 2-20 所示。图中,蓝色线为传统提升系统,红色线为 SAP 提升系统。

从图 2-19 和图 2-20 中可以看到,相比于尾绳自由悬挂的情况,SAP 提升系统能够在一定程度上抑制提升容器的纵向振动,当尾绳张紧时,其容器处的纵向振动的位移比尾绳自由悬挂情况下在一定程度上减小。

通过改变滚筒处激励频率的大小,得到在不同激励频率作用下系统的振动响应结果,如图 2-21 所示。

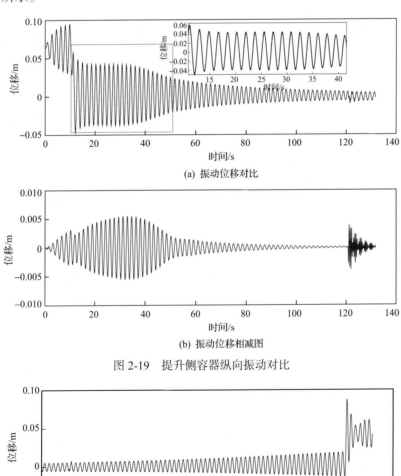

(a) 振动位移对比

(b) 振动位移相减图

图 2-19　提升侧容器纵向振动对比

(a) 振动位移对比

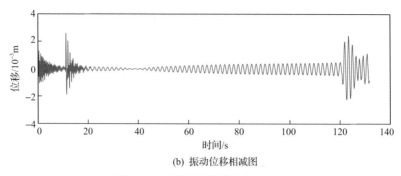

(b) 振动位移相减图

图 2-20　下放侧容器纵向振动对比

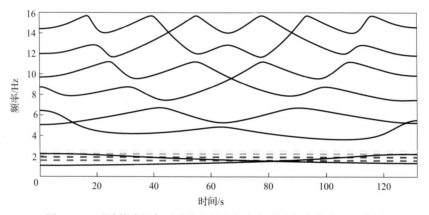

图 2-21　不同激励频率下系统的固有频率与激励频率的交叉示意图

从图 2-21 中可以看到，随着激励频率的增加，激励频率与固有频率的交叉位置在不断发生着改变，这也就意味着共振区会随着激励频率的改变在时域的振动响应区间也会发生改变。

当激励频率为 $5/(2\pi)$ Hz 时，系统发生了严重的共振，其发生区域与频率图中该激励频率下与固有频率的交叉点保持一致。而当激励频率为 $8/(2\pi)$ Hz 时，反而没有发生共振，且随着共振区域发生的位置不同，其共振的最大幅值也不同，呈一定的规律变化(图 2-22)。

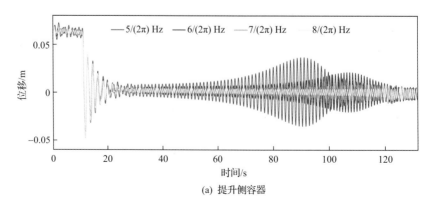

(a) 提升侧容器

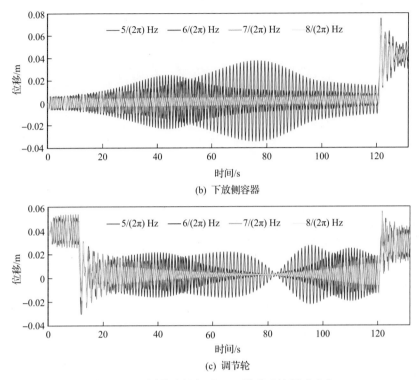

(b) 下放侧容器

(c) 调节轮

图 2-22 不同激励频率下 SAP 提升系统振动响应

$0\sim10/(2\pi)$ Hz 激励频率作用下，SAP 提升系统在匀速段振幅的统计结果，如图 2-23 所示。

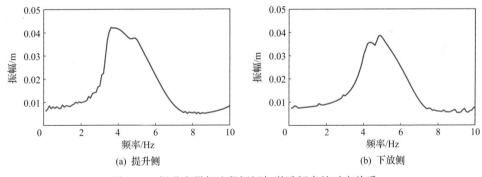

(a) 提升侧

(b) 下放侧

图 2-23 提升容器匀速段振幅与激励频率的对应关系

从图 2-23 中可以明显看到，激励频率在$(3.8\sim6.3)/(2\pi)$ Hz 的范围内，系统的共振幅值很大，振动剧烈，由此可以推断该系统振动敏感的激励频率区间在$(3.8\sim6.3)/(2\pi)$ Hz，在该区间范围内，系统的共振现象明显，振动极不平稳，因此在工程中，应尽量避免滚筒处的激励在该激励频率内。

2.3.2 横向振动

SAP 提升系统(尾绳张紧)与传统提升系统(尾绳自由悬挂)横向固有频率对比如图 2-24

所示。图中，蓝色线为传统提升系统，红色线为SAP提升系统，绿色线为滚筒处基频激励频率。

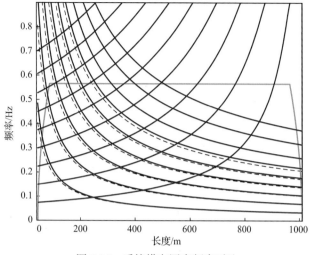

图2-24　系统横向固有频率对比

从SAP提升系统提升侧容器横向振动曲线可以看出(图2-25)，在整个提升过程中，调节轮由于非圆度等产生的激励不易造成尾绳的横向共振，故SAP提升系统提升容器处的振动很小。

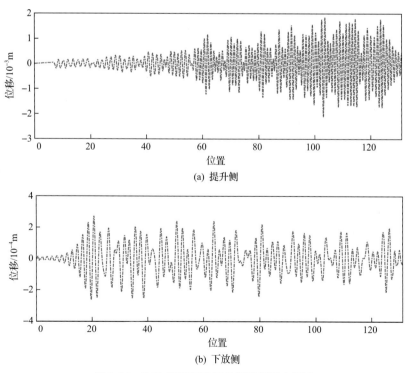

(a) 提升侧

(b) 下放侧

图2-25　SAP提升系统提升侧容器横向振动

SAP 提升系统提升和下放过程中横向最大振幅随位置变化趋势如图 2-26 所示，其中红色点表示系统提升绳出现最大振幅时刻对应的振幅和位置，蓝色点表示系统尾绳出现最大振幅时刻对应的振幅和位置。

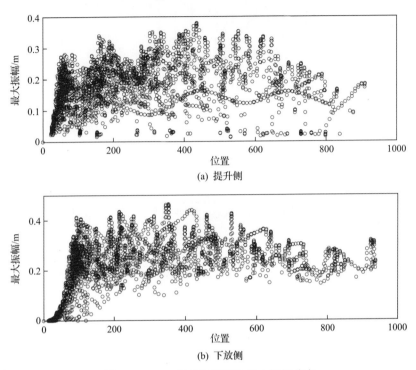

(a) 提升侧

(b) 下放侧

图 2-26 SAP 提升系统横向最大振幅分布

从图 2-26 中可以看到，横向最大振幅的分布比较分散，但大部分集中在提升绳段，提升容器在导向理想情况下，尾绳段的分布点很少，表明尾绳的横向摆动得到了有效限制，因此，通过设置尾绳底部的调节轮，可以有效限制传统自由悬挂下尾绳的大摆动。

2.4 紧急制动动力学分析

2.4.1 动力学模型

摩擦提升系统在运行过程中，由于意外情况发生急停，该种情况被称为紧急制动。在紧急制动情况下，系统的减速度很大，容易导致 SAP 提升系统产生提升容器和调节轮的纵向位移及跳动情况。为了分析 SAP 提升系统在发生紧急制动工况下调节轮动力学行为，基于 SAP 提升系统动力学模型，构建了紧急制动工况下的调节轮动力学模型，如图 2-27 所示。

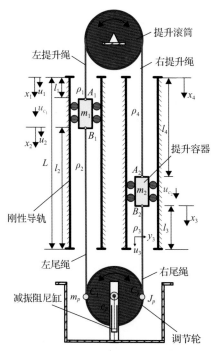

图 2-27　紧急制动工况下调节轮动力学模型

2.4.2　动力学方程

基于连续介质理论和能量法，得到系统的动能 T_k、弹性势能 $E_p(t)$ 和重力势能 $E_g(t)$ 的表达式如下：

$$
\begin{cases}
T_k = \dfrac{1}{2}\sum_{i=1}^{4}\rho_i\int_0^{l_i(t)}\left[v_i(t)+\dfrac{Du_i(x_i,t)}{Dt}\right]\mathrm{d}x_i + \dfrac{1}{2}\sum_{i=1}^{2}\left[v_i(t)+\dot{u}_{c_i}(t)\right]^2 \\
\qquad +\dfrac{1}{2}m_p u_p^2(t)+\dfrac{1}{2}J_p\dot{\theta}_p^2(t) \\
E_p(t)=\sum_{i=1}^{4}\int_0^{l_i(t)}\left[T_i(x_i,t)\varepsilon_i+\dfrac{1}{2}EA\varepsilon_i^2\right]\mathrm{d}x_i \\
E_g(t)=-\sum_{i=1}^{4}\int_0^{l_i}\rho_i gu_i(x_i,t)\mathrm{d}x_i - m_1 gu_{c_i}(t)-m_2 gu_{c_i}(t)-m_p gu_p(t)
\end{cases}
\tag{2-132}
$$

在提升过程中，钢丝绳会受到分布阻尼力的影响。因此，作用在虚功系统的非保守力及阻尼力为 $\delta W_c(t)$，其表达式如下：

$$
\delta W_c(t)=\sum_{i=1}^{4}c_{1i}\int_0^{l_i(t)}\frac{Du_i(x_i,t)}{Dt}\delta u_i(x_i,t)\mathrm{d}x_i + c_p\dot{u}_p(t)\delta u_p(t)
\tag{2-133}
$$

c_{1i} 和 c_{2i}，$i=1,2,3,4$ 代表提升绳(尾绳)的阻尼大小。将系统的动能、弹性势能、重力势能和阻尼能代入哈密顿原理中：

$$\int_{t_1}^{t_2}\left[\delta T_k(t)-\delta\big(E_p(t)+E_g(t)\big)+\delta W_c(t)\right]\mathrm{d}t=0$$

通过变分推导，可以得到系统的控制方程和边界条件为

$$\begin{cases}\rho_i\left[\alpha_i+u_{i,tt}+\alpha_i u_{i,x}+2v_i u_{i,xt}+v_i^2 u_{i,xx}\right]+c_{1i}\big(u_{i,t}+v_i u_{i,x}\big)-\left[T_i\right]'-EA(\varepsilon_i)'-\rho_i g=0\\[4pt]\forall(x_i,t)\in\left[0,l_i(t)\right]\times[0,\infty)\qquad(i=1,2,3,4)\\[4pt]m_i\big(\alpha_i+\ddot{u}_{c_i}\big)-m_i g=\overline{f}_{u,l,i}(t)+\overline{f}_{u,c,i}(t)\quad(i=1,2)\\[4pt]m_p\ddot{u}_p+c_p\dot{u}_p(t)=m_p g+\overline{f}_{p,1}(t)+\overline{f}_{p,2}(t)\\[4pt]J_p\ddot{\theta}_p=r_p\cdot\left[\overline{f}_{p,1}(t)-\overline{f}_{p,2}(t)\right]\end{cases}$$

$$(2\text{-}134)$$

分析系统连接点处的位移，可以得到系统的位移边界条件为

$$\begin{cases}u_1(l_1,t)-u_{c_1}=0\\[4pt]u_2(0,t)-u_{c_1}=0\\[4pt]u_3(0,t)-u_{c_2}=0\\[4pt]u_4(l_4,t)-u_{c_2}=0\\[4pt]u_2(l_2,t)-u_p+r_p\cdot\theta_p=0\\[4pt]u_3(l_3,t)-u_p+r_p\cdot\theta_p=0\end{cases}$$

$$(2\text{-}135)$$

力边界条件为

$$\begin{cases}\left[T_i(x_i,t)+EA\varepsilon_i(x_i,t)\right]\big|_{x_i=0\text{ or }l_i}=f_{u,l\text{ or }c,i}(t)\quad(i=1,2,3,4)\\[4pt]\left[T_i(x_i,t)+EA\varepsilon_i(x_i,t)\right]\big|_{x_i=l_i}=f_{p,j}(t)\qquad\quad(i=2,3;\,j=1,2)\end{cases}$$

$$(2\text{-}136)$$

通过伽辽金法推导出控制方程的离散模型。定义无量纲参数 $\xi_i=x_i/l_i(t)$（$i=1,2,3,$ 4）。根据链式求导法则，可以得到时间 t 和空间 x 的偏导数：

$$\begin{cases}\overline{u}_{i,t}(x,t)=\tilde{u}_{i,t}(\xi_i,t)-\dfrac{v_i\xi_i}{l_i(t)}\tilde{u}_{i,\xi}(\xi_i,t)\\[12pt]\overline{u}_{i,tt}(x,t)=\tilde{u}_{i,tt}(\xi_i,t)-\dfrac{2v_i\xi_i}{l_i(t)}\tilde{u}_{i,\xi t}(\xi_i,t)+\dfrac{v_i^2\xi_i^2}{l_i^2(t)}\tilde{u}_{i,\xi\xi}(\xi_i,t)-\dfrac{[a_i l_i(t)-2v_i^2]\xi_i}{l_i^2(t)}\tilde{u}_{i,\xi}(\xi_i,t)\\[12pt]\overline{u}_{i,xt}(x,t)=\dfrac{\tilde{u}_{i,\xi t}(\xi_i,t)}{l_i(t)}-\dfrac{v_i}{l_i^2(t)}\tilde{u}_{i,\xi}(\xi_i,t)-\dfrac{v_i\xi_i}{l_i^2(t)}\tilde{u}_{i,\xi\xi}(\xi_i,t)\\[12pt]\overline{u}_{i,x}(x,t)=\dfrac{1}{l_i(t)}\tilde{u}_{i,\xi}(\xi_i,t)\\[12pt]\overline{u}_{i,xx}(x,t)=\dfrac{1}{l_i^2(t)}\tilde{u}_{i,\xi\xi}(\xi_i,t)\end{cases}$$

代入后得到：

$$
\rho_1 \left[\tilde{u}_{1,tt}(\xi_1,t) + \frac{2v_1(1-\xi_1)}{l_1(t)}\tilde{u}_{1,\xi t}(\xi_1,t) + \frac{v_1^2(1-\xi_1)^2}{l_1^2(t)}\tilde{u}_{1,\xi\xi}(\xi_1,t) \right.
$$

$$
\left. + \frac{[a_1 l_1(t) - 2v_1^2](1-\xi_1)}{l_1^2(t)}\tilde{u}_{1,\xi}(\xi_1,t) + a_1 \right] - T_{1,x}(x_1,t) - \frac{EA}{l_1^2(t)}\tilde{u}_{1,\xi\xi}(\xi_1,t) - \rho_1 g = 0 \quad (0 \leqslant x \leqslant l_1)
$$

那么选择形函数的时候，就需要将选择的假设形函数符合力边界的要求，由此得到提升绳 1 和 4 的形函数为

$$
\begin{cases}
\psi_{1,j}(\xi_1) = \sin\left(\frac{2j-1}{2}\pi\xi_1\right) \\[2mm]
\psi_{4,j}(\xi_4) = \sin\left(\frac{2j-1}{2}\pi\xi_4\right)
\end{cases}
$$

提升绳 1(4) 的纵向振动位移可以表示为

$$
\tilde{u}_i(\xi_1,t) = \sum_{j=1}^{N_1}\sin\left(\frac{2j-1}{2}\pi\xi_1\right)q_{u_i,j}(t) = \sum_{j=1}^{N_1}\psi_{i,j}(\xi_i)q_{u_i,j}(t) \quad (i=1,4) \qquad (2\text{-}137)
$$

尾绳 2 和 3 的形函数为

$$
\begin{cases}
\psi_{2,0} = \dfrac{1}{2} \\[2mm]
\psi_{3,0} = \dfrac{1}{2} \\[2mm]
\psi_{2,j}(\xi_2) = \cos(j\pi\xi_2) \\[2mm]
\psi_{3,j}(\xi_3) = \cos(j\pi\xi_3)
\end{cases}
$$

尾绳 2(3) 的纵向振动位移可以表示为

$$
\tilde{u}_i(\xi_1,t) = \frac{q_{ui,0}(t)}{2} + \sum_{j=1}^{N_1}\cos(j\pi\xi_i)q_{u_i,j}(t) = \sum_{j=0}^{N_1}\psi_{i,j}(\xi_i)q_{u_i,j}(t) \quad (i=2,3) \qquad (2\text{-}138)
$$

将离散的位移函数代入控制方程中，乘以权函数 $\psi_{i,k}(\xi_i)$，在区间 [0, 1] 内积分，应用格林公式：

$$
l_1 \int_0^1 \rho_1 \left\{ \sum_{j=1}^{N}\psi_{1,j}(\xi_1)\cdot\ddot{q}_{u_1,j}(t) + \frac{2v_1(1-\xi_1)}{l_1(t)}\sum_{j=1}^{N}\psi'_{1,j}(\xi_1)\cdot\dot{q}_{u_1,j}(t) \right.
$$

$$
\left. + \frac{v_1^2(1-\xi_1)^2}{l_1^2(t)}\sum_{j=1}^{N}\psi''_{1,j}(\xi_1)\cdot q_{u_1,j}(t) + \frac{[a_1 l_1(t) - 2v_1^2](1-\xi_1)}{l_1^2(t)}\sum_{j=1}^{N}\psi'_{1,j}(\xi_1)\cdot q_{u_1,j}(t) + a_1 \right\}
$$

$$
- \frac{EA}{l_1^2(t)}\sum_{j=1}^{N}\psi''_{1,j}(\xi_1)\cdot q_{u_1,j}(t)\psi_{1,k}(\xi_1)\,\mathrm{d}\xi_1 = 0
$$

整理得到离散化方程，即系统的动力学方程为

$$\begin{cases} \boldsymbol{M}_u \ddot{\boldsymbol{p}}_u + \boldsymbol{C}_u \dot{\boldsymbol{p}}_u + \boldsymbol{K}_u \boldsymbol{p}_u = \boldsymbol{Q}_u + \boldsymbol{\Phi}_u \boldsymbol{\lambda}_u \\ m_i \left(\alpha_i + \ddot{u}_{c_i} \right) - m_1 g = \overline{f}_{u,l,i}(t) + \overline{f}_{u,c,i}(t) \quad (i=1,2) \\ m_p \ddot{u}_p + c_p \ddot{u}_p(t) = m_p g + \overline{f}_{p,1}(t) + \overline{f}_{p,2}(t) \\ J_p \ddot{\theta}_p = r_p \cdot \left[\overline{f}_{p,1}(t) - \overline{f}_{p,2}(t) \right] \\ \boldsymbol{\Phi}(q) = 0 \end{cases} \tag{2-139}$$

$\boldsymbol{p}_u$ 代表提升系统的纵向广义坐标：

$$\boldsymbol{p}_u = \begin{bmatrix} q_{u_1} & q_{u_2} & q_{u_3} & q_{u_4} \end{bmatrix}^{\mathrm{T}}$$

$\boldsymbol{\Phi}(q)$ 为系统的位移约束方程；$\boldsymbol{\Phi}_u$ 为系统位移约束方程对其广义坐标的求导，其具体表达式为

$$\boldsymbol{\Phi}_u = \partial \boldsymbol{\Phi}(q) / \partial q$$

由此得到系统的整体动力学方程的表达式为

$$\boldsymbol{M}_u(t)\ddot{q}(t) + \boldsymbol{C}_u(t)\dot{q}(t) + \boldsymbol{K}_u(t)q(t) = \boldsymbol{Q}_u(t) + \boldsymbol{N}_z(t) + \boldsymbol{\Phi}_q^{\mathrm{T}}\boldsymbol{\lambda} \tag{2-140}$$
$$\boldsymbol{\Phi}(q) = 0$$

其中：

$$\boldsymbol{M}_u(t) = \mathrm{diag}\left[\boldsymbol{M}_{u_1}(t), \boldsymbol{M}_{u_2}(t), \boldsymbol{M}_{u_3}(t), \boldsymbol{M}_{u_4}(t) \right]$$
$$\boldsymbol{C}_u(t) = \mathrm{diag}\left[\boldsymbol{C}_{u_1}(t), \boldsymbol{C}_{u_2}(t), \boldsymbol{C}_{u_3}(t), \boldsymbol{C}_{u_4}(t) \right]$$
$$\boldsymbol{K}_u(t) = \mathrm{diag}\left[\boldsymbol{K}_{u_1}(t), \boldsymbol{K}_{u_2}(t), \boldsymbol{K}_{u_3}(t), \boldsymbol{K}_{u_4}(t) \right]$$
$$\boldsymbol{Q}_u(t) = \mathrm{diag}\left[\boldsymbol{Q}_{u_1}(t), \boldsymbol{Q}_{u_2}(t), \boldsymbol{Q}_{u_3}(t), \boldsymbol{Q}_{u_4}(t) \right]$$

2.4.3 动力学特性

SAP 提升系统在紧急制动工况下调节轮纵向位移的峰峰值大小以及不同载重下调节轮的纵向振动位移对比如图 2-28 和图 2-29 所示。

通过横向振动频率可以看到，在整个提升过程中，调节轮由于非圆度等产生的激励不易造成尾绳的横向共振。考虑紧急制动情况下不同的制动减速度和载重，探讨 SAP 提升系统调节轮的纵向位移情况，从图 2-28 和图 2-29 中可以看到，随着提升载重以及制动减速度的增加，调节轮的纵向振动位移的峰峰值也呈正比增加：载重越大，调节轮的纵向振动位移的峰峰值越大；制动减速度越大，调节轮的纵向振动位移的峰峰值越大。

不同制动位置下调节轮的纵向位移对比如图 2-30 和图 2-31 所示。蓝色线表示制动位置在提升侧容器 800m 的位置，绿色线表示制动位置在提升侧容器 500m 的位置，红色线表示制动位置在提升侧容器 200m 的位置。

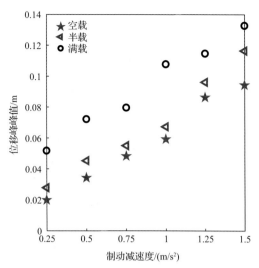

图 2-28　不同载重及制动减速度情况下调节轮纵向位移峰峰值对比

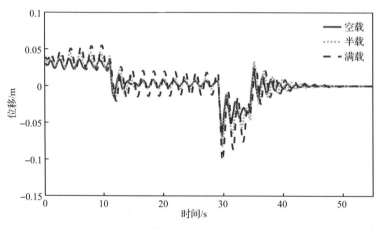

图 2-29　不同载重调节轮纵向振动位移对比

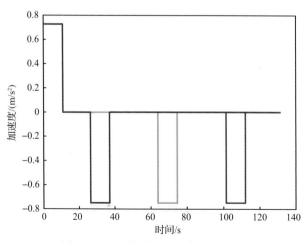

图 2-30　不同制动位置的加速度对比

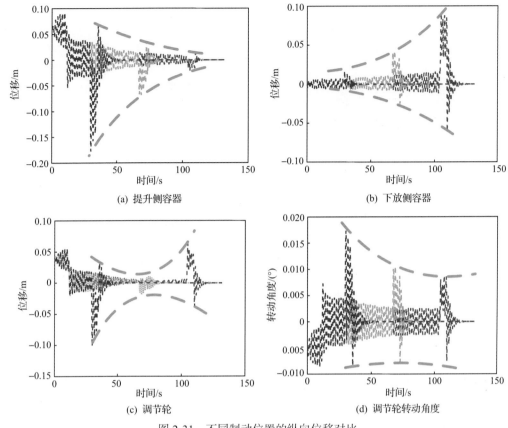

图 2-31　不同制动位置的纵向位移对比

从图 2-31 可以看到，随着制动位置的变化，提升侧容器和下放侧容器以及调节轮的制动位移大小也不同。对其进行包络分析可以看出，在制动过程中受拉的钢丝绳越长的一侧对应的提升容器的制动距离越大；制动距离越靠近中间，对应调节轮在制动情况下的纵向振动位移越小。

2.5　SAP 提升系统非光滑动力学特性

2.5.1　非光滑动力学模型

为了抑制尾绳的横向摆动，避免尾绳的相互摩擦与碰撞，提出了在底部尾绳环处增加调节轮以抑制尾绳摆动的策略，构建了尾绳摆动自适应张紧抑制机构，在正常情况下，调节轮与尾绳一起上下运动，不会发生分离。但是，由于尾绳和底部调节轮之间的接触是单向接触，当外界激励幅值或者频率过大以及紧急制动等恶劣工况时系统易发生调节轮与尾绳分离的非光滑动力学行为，导致尾绳张力置零以及绳轮分离等失稳现象。为此，构建了调节轮跳动情况分析模型(图 2-32)，以分析系统产生非光滑动力学行为的极限工况。

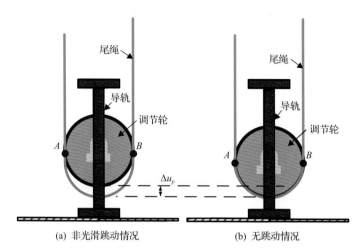

(a) 非光滑跳动情况　　　　　　　　(b) 无跳动情况

图 2-32　调节轮跳动情况分析示意图

将尾绳和调节轮之间的纵向约束关系与尾绳底部张力表示成如下的互补关系：

$$\boldsymbol{\psi}_i^u(t) \cdot \boldsymbol{\lambda}_i^u = 0, \quad \boldsymbol{\psi}_i^u(t) \geqslant 0, \quad \boldsymbol{\lambda}_i^u \geqslant 0 \tag{2-141}$$

式中，$\boldsymbol{\lambda}_i^u$ 为单边约束张力，此处代表的是尾绳和调节轮接触的入绳点的张力和出绳点的张力。

尾绳和调节轮之间的纵向约束关系称为单边约束。在容器处的边界条件为双边约束条件，此处考虑系统的双边约束 $\boldsymbol{\psi}^b$ 和单边约束 $\boldsymbol{\psi}^u$ 分别为

$$\boldsymbol{\psi}^b(\boldsymbol{r}) = \begin{bmatrix} u_1(1,t) + e_{u_1} - u_{c_1} = 0 \\ u_{c_1} - u_2(0,t) = 0 \\ u_4(1,t) + e_{u_4} - u_{c_2} = 0 \\ u_{c_2} - u_3(0,t) = 0 \end{bmatrix}$$

$$\boldsymbol{\psi}^u = \begin{bmatrix} u_2(1,t) - u_p + r_p\theta = 0 \\ u_3(1,t) - u_p - r_p\theta = 0 \end{bmatrix}$$

根据带约束的拉格朗日方程，可以得到非光滑动力学的微分代数方程组：

$$\begin{cases} \boldsymbol{M}(\boldsymbol{q})\mathrm{d}\boldsymbol{v} + \boldsymbol{C}(\boldsymbol{q})\boldsymbol{v} + \boldsymbol{K}(\boldsymbol{q})\boldsymbol{q} + \left(\boldsymbol{\psi}_r^b\right)^{\mathrm{T}} \boldsymbol{\lambda}^b = \boldsymbol{F}(\boldsymbol{q}) + \left(\boldsymbol{\psi}_r^u\right)^{\mathrm{T}} \boldsymbol{\lambda}^u \\ \boldsymbol{\psi}^b(\boldsymbol{r}) = \boldsymbol{0} \\ \boldsymbol{\psi}_r^u(\boldsymbol{r}) \perp \boldsymbol{\lambda}^u, \quad \boldsymbol{\psi}_r^u(\boldsymbol{r}) \geqslant \boldsymbol{0}, \quad \boldsymbol{\lambda}^u \geqslant \boldsymbol{0} \end{cases} \tag{2-142}$$

其中：

$$\boldsymbol{M}(\boldsymbol{q}) = \mathrm{diag}(\boldsymbol{M}_{u_1}, \boldsymbol{M}_{u_2}, \boldsymbol{M}_{u_3}, \boldsymbol{M}_{u_4}, M_{c_1}, M_{c_2}, M_p, J_p)$$

$$\boldsymbol{C}(\boldsymbol{q}) = \mathrm{diag}(\boldsymbol{C}_{u_1}, \boldsymbol{C}_{u_2}, \boldsymbol{C}_{u_3}, \boldsymbol{C}_{u_4}, C_{c_1}, C_{c_2}, C_p, 0)$$

$$K(q) = \mathrm{diag}(K_{u_1}, K_{u_2}, K_{u_3}, K_{u_4}, K_{c_1}, K_{c_2}, K_p, 0)$$

$$F(q) = [F_{u_1}, F_{u_2}, F_{u_3}, F_{u_4}, F_{c_1}, F_{c_2}, F_p, 0]^{\mathrm{T}}$$

$M_{u_i}, C_{u_i}, K_{u_i}$ 和 F_{u_i} 具体的表达式如下：

$$M_{u_i, kj} = \rho_i l_i \int_0^1 \psi_{i,j} \psi_{i,k} \mathrm{d}\xi$$

$$C_{u_i, kj} = 2\rho_i v_i \int_0^1 (1 - \xi_i) \psi_{i,k} \psi'_{i,j} \mathrm{d}\xi + \mu_2 \rho_i l_i \int_0^1 \psi_{i,j} \psi_{i,k} \mathrm{d}x_i$$

$$K_{u_i, kj} = -\frac{\rho_i v_i^2}{l_i(t)} \int_0^1 (1 - \xi_i)^2 \psi'_{i,j} \psi'_{i,k} \mathrm{d}\xi_i + \rho_i a_i \int_0^1 (1 - \xi_i) \psi'_{i,j} \psi_{i,k} \mathrm{d}\xi_i$$

$$- \frac{EA}{l_i(t)} \int_0^1 \psi''_{i,j} \psi_{i,k} \mathrm{d}\xi_i + \mu_2 \rho_i v_i \int_0^1 (1 - \xi_i) \psi'_{i,j} \psi_{i,k} \mathrm{d}\xi_i$$

$$F_{u_i, k} = -\rho_i a_i l_i \int_0^1 \psi_{i,k} \mathrm{d}\xi_i$$

对于非光滑动力学方程的求解，一般情况下首先要对方程在速度水平上进行重新描述。将动力学方程乘以勒贝格(Lebesgue)测度 $\mathrm{d}t$，得到：

$$M\dot{v}\mathrm{d}t + \left(\psi_r^b\right)^{\mathrm{T}} \lambda^b \mathrm{d}t = F(q, v, t)\mathrm{d}t + \left(\psi_r^u\right)^{\mathrm{T}} \lambda^u \mathrm{d}t \tag{2-143}$$

其中，$F(q, v, t) = Q - Cv - Kq$，或者写成如下形式：

$$M\dot{v}\mathrm{d}t + \left(\psi_r^b\right)^{\mathrm{T}} \mathrm{d}i^b = F(r, R, t)\mathrm{d}t + \left(\psi_r^u\right)^{\mathrm{T}} \mathrm{d}i^u$$

式中，$\mathrm{d}i^b$ 和 $\mathrm{d}i^u$ 分别为双向约束力和单向约束力的冲量测度在时间步长内进行积分，其中 $\mathrm{d}v = \dot{v}\mathrm{d}t + \mathrm{d}w$，这里 $\dot{v}$ 是与广义力 $F(r, R, t)$ 产生的加速度变量，$\mathrm{d}w$ 是由单边约束力和双边约束力产生的微分量度。这样将方程写成如下形式：

$$M\dot{\bar{v}} = F(r, R, t)$$

$$M\mathrm{d}w + \left(\psi_r^b\right)^{\mathrm{T}} \mathrm{d}i^b = + \left(\psi_r^u\right)^{\mathrm{T}} \mathrm{d}i^u$$

将上面方程离散，可得到方程在速度水平上的离散表达式：

$$M_{N+1}\dot{\bar{v}}_{N+1} = F_{N+1}$$

$$M_{N+1}W_{N+1} + \left(\psi_{r,N+1}^b\right)^{\mathrm{T}} \varLambda_{N+1}^b = \left(\psi_{r,N+1}^A\right)^{\mathrm{T}} \varLambda_{N+1}^A$$

$$\psi_{r,N+1}^b v_{N+1} + \partial \psi_{N+1}^b / \partial t = 0$$

$$\left(\psi_{r,N+1}^A v_{N+1} + \partial \psi_{r,N+1}^A / \partial t\right) \perp \varLambda_{N+1}^A$$

$$\psi_{r,N+1}^A v_{N+1} + \partial \psi_{r,N+1}^A / \partial t \geqslant 0$$

$$\varLambda_{N+1}^A \geqslant 0$$

式中，W_{N+1} 为一个时间步长内的突变；$\varLambda_{N+1}^b$ 和 $\varLambda_{N+1}^A$ 分别为关于双边约束和单边约束的拉格朗日乘子。

2.5.2　SAP 提升系统非光滑动力学求解

考虑到尾绳与调节轮之间的单边约束特性，基于构建的单双边约束方程，根据广义-α 法[7]的基本迭代形式，可得到非光滑广义-α 法的差分方程式及迭代过程：

$$\bar{\boldsymbol{q}}_{N+1} = \boldsymbol{q}_N + h\boldsymbol{v}_N + h^2\left(1/2 - \beta\right)\boldsymbol{a}_N + h^2\beta\boldsymbol{a}_{N+1}$$

$$\bar{\boldsymbol{v}}_{N+1} = \boldsymbol{v}_N + h\left(1 - \gamma\right)\boldsymbol{a}_N + h\gamma\beta\boldsymbol{a}_{N+1}$$

$$\left(1 - \alpha_m\right)\boldsymbol{a}_{N+1} + \alpha_m\boldsymbol{a}_N = \left(1 - \alpha_f\right)\dot{\bar{\boldsymbol{v}}}_{N+1} + \alpha_f\dot{\bar{\boldsymbol{v}}}_N$$

$$\boldsymbol{v}_{N+1} = \bar{\boldsymbol{v}}_{N+1} + \boldsymbol{W}_{N+1}$$

$$\boldsymbol{q}_{N+1} = \bar{\boldsymbol{q}}_{N+1} + \frac{1}{2}h\boldsymbol{W}_{N+1}$$

式中，$\bar{\boldsymbol{q}}$ 和 $\bar{\boldsymbol{v}}$ 分别为平滑的位移和速度，时间步长定义为 $h = t_{n+1} - t_n$。非光滑广义-α 法的 N-R 法步骤可被表示为

$$\boldsymbol{S}_t^{k+1}\Delta\boldsymbol{x}^{k+1} = -\mathbf{res}^{k+1} + \boldsymbol{b}^{k+1}\left[\left(\varLambda^A\right)_{N+1}^{k+1} - \left(\varLambda^A\right)_{N+1}^{k}\right]$$

由此得到 $\boldsymbol{S}_t^{k+1}$ 为

$$\boldsymbol{S}_t^{k+1} = \begin{bmatrix} \gamma_t\boldsymbol{M}^k + \beta_t\boldsymbol{K}^k & \boldsymbol{C}^k + 1/2h\boldsymbol{K}^k & 0 \\ -\boldsymbol{M}^k + \beta_t\boldsymbol{K}^k & \boldsymbol{M}^k + 1/2h\boldsymbol{K}^k & \left(\boldsymbol{\psi}_r^b\right)^{\mathrm{T}} \\ \beta_t\left(\boldsymbol{\psi}_{r2}^b\right)^k & \left(\boldsymbol{\psi}_r^b\right)^k + 1/2h\left(\boldsymbol{\psi}_{r2}^b\right)^k & 0 \end{bmatrix}, \quad \Delta\boldsymbol{x} = \begin{bmatrix} \Delta\bar{\boldsymbol{v}} \\ \Delta\boldsymbol{v} \\ \Delta\varLambda^b \end{bmatrix} \quad (2\text{-}144)$$

由此构成一个标准形式的线性互补方程：

$$\boldsymbol{f}(\boldsymbol{x}) * \varLambda_{N+1}^b = 0 \quad (2\text{-}145)$$

其中，

$$\boldsymbol{f}(\boldsymbol{x}) = \left(\bar{\boldsymbol{M}}\varLambda_{n+1}^A + \bar{\boldsymbol{f}}\right) \perp \varLambda_{n+1}^A$$

$$\left(\bar{\boldsymbol{M}}\varLambda_{n+1}^A + \bar{\boldsymbol{f}}\right) \geqslant \boldsymbol{0}$$

$$\varLambda_{n+1}^A \geqslant \boldsymbol{0}$$

式中，

$$\begin{cases} \overline{\boldsymbol{M}} = c\boldsymbol{S}_t^{-1}\boldsymbol{b} \\ \overline{\boldsymbol{f}} = \boldsymbol{\psi}_{r,N+1}^{A*}\boldsymbol{v}_{N+1}^* + \partial\boldsymbol{\psi}_r^A / \partial t - c\boldsymbol{S}_t^{-1}\mathbf{res} - c\boldsymbol{S}_t^{-1}\boldsymbol{b}\boldsymbol{\varLambda}_{N+1}^{A*} \end{cases}$$

这样，就将线性互补方程得到的 $\varLambda_{N+1}^A$ 引入牛顿迭代中，使得 $\varLambda_{N+1}^A$ 既满足牛顿迭代算法，又满足线性互补条件。此线性互补方程可采用 Lemke 算法进行求解，从而得到 $\varLambda_{N+1}^A$ 的数值，进而对非光滑广义-α 法[8,9]的结果进行修正，能够得到非光滑动力学仿真响应。

2.5.3　不同频率激励下 SAP 提升系统绳轮分离非光滑动力学特性分析

通过对提升系统不同频率的激励，得到尾绳与调节轮的入绳点 A 和出绳点 B 的张力大小以及计算底部调节轮与尾绳的相对位移如图 2-33、图 2-34 所示。

基于上述构建的非光滑动力学模型进行分析，当系统的激励以基频振动作用于提升系统时，尾绳的张力均是正值，不会出现张力置零以及调节轮和尾绳分离的失稳现象，但是随着系统顶部激励频率的提高，调节轮与尾绳接触的入绳点 A 和出绳点 B 处产生了

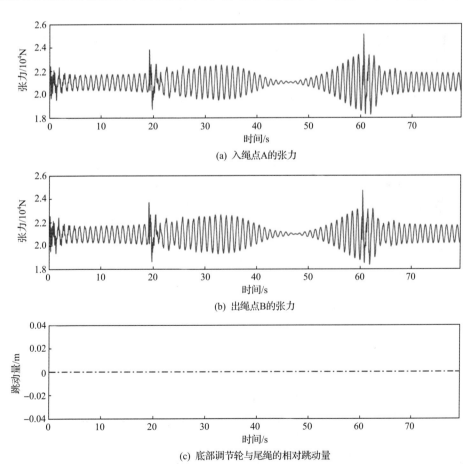

(a) 入绳点A的张力

(b) 出绳点B的张力

(c) 底部调节轮与尾绳的相对跳动量

图 2-33　基频激励作用下调节轮的非光滑动力学特性

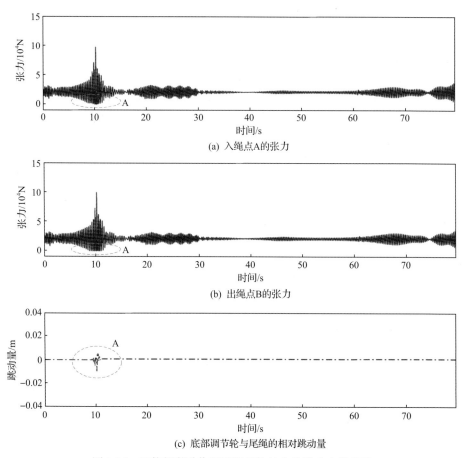

(a) 入绳点A的张力

(b) 出绳点B的张力

(c) 底部调节轮与尾绳的相对跳动量

图 2-34 三倍频激励作用下调节轮的非光滑动力学特性

尾绳动张力置零的情况，进而使得 SAP 提升系统的底部调节轮出现了跳动的情况，考虑到调节轮等系统部件的稳定性，要严格避免高频激励的情况发生。

参 考 文 献

[1] Yoo W, Lee J, Park S, et al. Large oscillations of a thin cantilever beam: physical experiments and simulation using the absolute nodal coordinate formulation[J]. Nonlinear Dynamics, 2003 (34): 3-29.

[2] Berzeri M, Shabana A A. Development of simple models for the elastic forces in the absolute nodal co-ordinate formulation[J]. Journal of Sound and Vibration, 2000, 235(4): 539-565.

[3] Yakoub R Y, Shabana A A. Three dimensional absolute nodal coordinate formulation for beam elements: implementation and applications[J]. Journal of Mechanical Design, 2001, 123(4): 614-621.

[4] Borut Z, Valentin A. Analytically derived matrix end-form elastic-forces equations for a low-order cable element using the absolute nodal coordinate formulation[J]. Journal of Sound and Vibration, 2019, 446: 263-272.

[5] Zhang N, Cao G, Yang F. Dynamic analysis of balance rope under multiple constraints with friction[J]. Proceedings of the Institution of Mechanical Engineers, Part C: Journal of Mechanical Engineering Science, 2021, 235(24): 7412.

[6] Zhang N, Cao G, Wang K. Research on the time-varying elements of balance rope in friction hoisting system for vertical shaft[C]//8th International Conference on Vibration Engineering, Shanghai, China, 144-149 July 2021.

[7] Martin A, Olivier B. Convergence of the generalized-α scheme for constrained mechanical systems[J]. Multibody System Dynamics, 2007, 18(2): 185-202.

[8] Chen Q Z, Vincent A, Geoffrey V. A nonsmooth generalized-α scheme for flexible multibody systems with unilateral constraints[J]. International Journal for Numerical Methods in Engineering, 2013, 96(8): 487-511.

[9] Olivier B, Vincent A, Alberto C. Simultaneous enforcement of constraints at position and velocity levels in the nonsmooth generalized-α scheme[J]. Computer Methods in Applied Mechanics and Engineering, 2014, 281: 131-161.

第3章　深井大吨位提升安全运行保障关键技术

针对深井 SAP 提升容器及其安全运行保障关键技术问题，提出了以局部刚性、整体柔性为结构特点的 SAP 提升容器以及大型柔性结构件的焊接工艺，揭示了箕斗装卸载动力学、箕斗衬板冲击磨损动力学，建立了 SAP 提升容器服役状态和可靠性评价方法以及提升容器载重量与深井产能的匹配设计方法；研发了 SAP 提升系统智能化检测关键技术，发明了刚罐道巡检机器人，形成了钢丝绳表面损伤图像识别技术和底部调节轮监测技术；提出了深井大惯量提升系统永磁过卷缓速新方法，研究了深井永磁过卷缓速系统制动动力学，发明了深井罐道连接技术。

3.1　SAP 提升容器设计及制造关键技术

3.1.1　大吨位提升容器轻量化设计

矿井提升系统作为联系井上与井下的桥梁，其提升能力和安全状况直接关系着煤炭资源的生产效率和工作人员的生命安全[1]。自国家大型煤炭基地建设规划实施以来，一批大型现代化矿井相继开工建设。特大型竖井煤矿的液压支架、采煤机等综采设备尺寸和质量大，煤矿石的运量多，为提高工作效率，要求提升容器的结构尺寸更大、自重载重比更低、力学性能更好。在大吨位箕斗方面，国内外关于箕斗结构及轻量化方法的研究相对较少，目前国内矿井普遍采用的是 JC、JL 和 JG 系列多绳提升箕斗，以上箕斗标准均颁布于 1993 年[2-4]，规范的最大名义载重量为 50t，最大提升深度为 1100m，基于该规范制造的箕斗自重载重比普遍高于 1.3，对于载重更大、提升深度更深的箕斗国内仍然没有相关规范。在大吨位罐笼方面，当前国内已经制造出的大吨位罐笼几乎全部为刚架式结构，采用高强度螺栓连接[5, 6]，这种结构的罐笼，整体强度较强，但自重也相对较高。国内具有大吨位罐笼生产经验的企业是徐州煤矿安全设备制造有限公司、山东泰安煤矿机械有限公司，它们先后与德国 SIEMAG 公司合作，采用德国工业标准（deutsches industrid-norm，DIN），最早在中国制造出一批有效载重超过 45t 的大吨位罐笼[7-10]，并在黄玉川、葫芦素等煤矿应用。对于载重更大的罐笼，目前仍然鲜有研究。

立井提升容器，以罐笼为例，需要在上下盘体承载大型载荷，如胶轮车、液压支架等，并在千米深井道内上下运行。为了运输过程中保障罐笼内大型胶轮车、液压支架的平稳性，需要罐笼承载盘体具有足够大的纵向刚度来支撑大型载荷，从而保障其承载的安全性；同时为了罐笼适应超深井道内罐道左右倾斜、间距不一、内凹外凸等缺陷以及大型载荷的偏载，需要罐笼承载盘体具有较小的横向刚度来适应罐道的缺陷与偏载工况，

本章作者：周公博、杜庆永、刘峰、秦强、周勇

从而保障其运行的平顺性。

传统的刚性结构提升容器自重载重比普遍较高(＞1.3)，使相同载重量的提升容器总质量较高，增大了提升系统总质量，提升系统关键部件因大惯量特征而引发高负载服役、易损伤等问题，不能保证 SAP 提升系统的安全运行。为了保证提升容器纵向承载的刚度、横向支撑的柔度，提出了刚柔耦合的提升容器设计思路，采用结合大质量、抗弯刚度、抗拉刚度盘体/斗箱与小质量、抗弯刚度、抗拉刚度立柱相结合的提升容器设计方法，可以大幅度降低立柱质量，进而实现提升容器的轻量化。

1. SAP 提煤箕斗设计

利用有限元和离散元耦合的方法对箕斗斗箱进行静力学的强度分析，建立了箕斗斗箱的承载模型，分析了斗箱的变形和应变情况。

如图 3-1 所示，载重量为 60t 的箕斗斗箱的最大应变为 18.42mm，最大应力为 178.01MPa。箕斗斗箱长短边应力变化情况如图 3-2 所示，在同一深度的斗箱长边应力值均大于短边应力值，因此可对箕斗斗箱短边使用较小型号的槽钢或减小使用量。

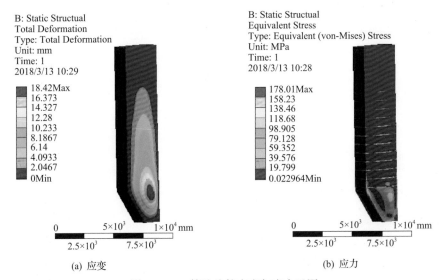

(a) 应变　　　　　　　　　　　　　　(b) 应力

图 3-1　60t 箕斗斗箱应变与应力云图

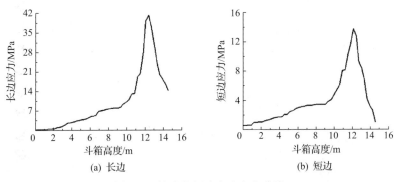

(a) 长边　　　　　　　　　　　　　　(b) 短边

图 3-2　箕斗长短边应力变化曲线

正交试验法是研究多因素试验的重要方法，能够减少试验次数和试验误差。选用斗箱宽度、斗箱壁厚、加强筋型号及其间距这四个因素作为斗箱强度的影响因素并赋予四个水平，正交试验见表3-1。

试验结果见表3-2。箕斗斗箱最优结构参数为：斗箱宽度为 3180mm；斗箱壁厚为 20mm；加强筋型号为 12.6；加强筋间距为 760mm。由于箕斗斗箱长度尺寸通常需要根据物料输送设备尺寸、箕斗设计流量等实际工况估算，这里以斗箱长度 1550mm 为例讨论其他斗箱参数对箕斗承载能力的影响。

表 3-1　60t 箕斗斗箱正交试验表

因素	A 斗箱宽度/mm	B 斗箱壁厚/mm	C 加强筋型号	D 加强筋间距/mm
水平 1(L1)	3180	14	6.3	720
水平 2(L2)	3270	16	8	740
水平 3(L3)	3370	18	10	760
水平 4(L4)	3470	20	12.6	780

表 3-2　箕斗斗箱正交试验结果表

	A	B	C	D
L1	79.97	106.27	109	90.28
L2	94.56	95.91	94.96	92.41
L3	92.83	90.15	89.22	85.35
L4	102.38	77.42	76.58	101.71
极差	22.4	28.85	42	16.36
最优方案	L1	L4	L4	L3

箕斗斗箱最优结构下的应变和应力情况，如图 3-3 所示。此时，斗箱最大应变为

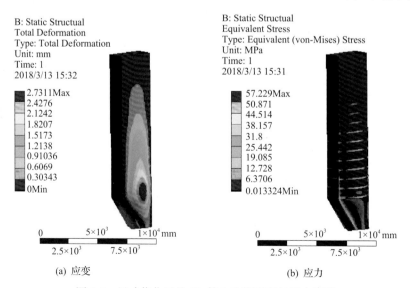

(a) 应变　　　　　　　　　　　　　　(b) 应力

图 3-3　尺寸优化后的 60t 箕斗斗箱应变与应力云图

2.73mm，最大应力为 57.23MPa，相比其他斗箱模型最大变形量和应力都较小。

由于斗箱整体长度较长，采用刚性立柱结构不利于应力的消除，为此设计了柔性立柱结构。同时斗箱上半部分的变形和应力较小，斗箱下半部分承受了主要载荷，变形和应力值较大。因此采用上松下紧方式进行优化布置，如图 3-4(a) 所示。刚性加强筋布置优化后斗箱最大变形量为 2.03mm，最大应力值为 40.5MPa，如图 3-5(b)、(c) 所示，在总质量不变的情况下斗箱最大应力值降低 26%。优化后的箕斗自重为 65t，自重载重比为 1.08，箕斗外形尺寸为 4080mm×2470mm×20500mm，斗箱截面尺寸为 3180mm×1550mm，其性能参数优于现有大吨位箕斗。

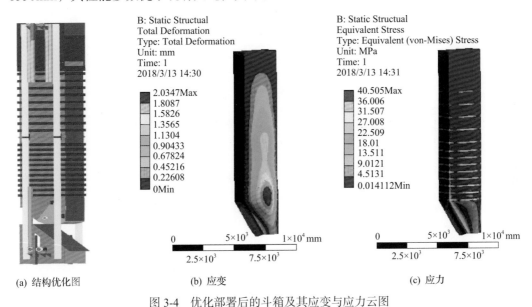

(a) 结构优化图　　　(b) 应变　　　(c) 应力

图 3-4　优化部署后的斗箱及其应变与应力云图

2. SAP 多层罐笼设计

在满足最大载荷的前提下，以提升机许用最大静张力、最大静张力差、钢丝绳安全系数、井塔或井架结构、井筒装备等各种关联因素为约束条件，以改善提升容器受力状态、运行稳定性、装卸载平顺性以及提高有效载荷为目标，以整体柔性、局部刚性为结构特点，以在保证结构强度的同时尽量减轻自重为主要设计思路，设计轻量化多层罐笼。

罐笼罐体采用轻量化设计，通过三维建模设计罐体结构，运用拓扑优化方法与有限元理论，构建大型罐笼结构拓扑优化模型(图 3-5)，设计了刚柔组合下大吨位轻量化最优结构，并对参数进行修正，防止出现偏载等影响运行平稳的因素。

通过有限元方法建立大型罐笼承载模型，利用数值模拟手段施加载荷分析罐笼应力、应变分布情况(图 3-6)，计算容器受力状况。研发的载重量为 60t 的罐笼自重载重比为 1，断面尺寸为 7750mm×3770mm，高度为 11700mm。

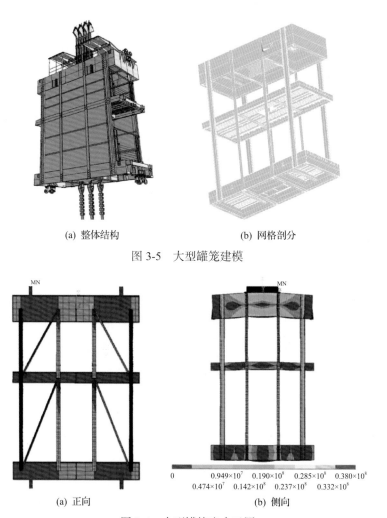

(a) 整体结构　　　　　　　　　　　(b) 网格剖分

图 3-5　大型罐笼建模

| 0 | 0.949×10⁷ | 0.190×10⁸ | 0.285×10⁸ | 0.380×10⁸ |

0　　　0.949×10⁷　　0.190×10⁸　　0.285×10⁸　　0.380×10⁸
　　0.474×10⁷　　0.142×10⁸　　0.237×10⁸　　0.332×10⁸

(a) 正向　　　　　　　　　　　　(b) 侧向

图 3-6　大型罐笼应力云图

3.1.2　SAP 提升容器柔性结构件焊接工艺

　　SAP 提升容器中的柔性焊接件具有焊缝长、材料薄等特点，由此在焊接收缩变形的不断累加下，必然导致高焊接应力和大焊接变形，影响提升容器的使用安全和使用寿命。在实际加工中，对于长焊缝柔性件焊接变形的预测和控制，主要依靠生产经验和焊接试验[11,12]，导致焊接工艺缺乏数据支撑和理论指导，产品质量难以把控，不能满足 SAP 提升容器的安全使用需求。针对这一问题，围绕焊接顺序对焊接应力及焊接变形的影响，通过有限元方法，提出了长焊缝柔性焊接件的焊接工艺。

　　1. 焊接顺序分类

　　焊接顺序是控制焊接变形的重要方法之一，合理规划焊接顺序可以有效减少焊接变形和焊接应力，提高焊接质量。SAP 提升容器中的柔性焊接件一般由腹板和翼缘板以 T 型接头焊接而成，共两条长焊缝。为了便于有限元分析，应划分焊接顺序的类别，通过仿真手段对比各焊接顺序的优劣，进而获得最优焊接顺序。根据常用的焊接手法，将 T 型接头焊接件的焊接顺序分为：A 组整体焊接顺序(图 3-7)，B 组相邻焊缝焊接顺序(图 3-8)，C 组单条焊缝焊接顺序(图 3-9)。

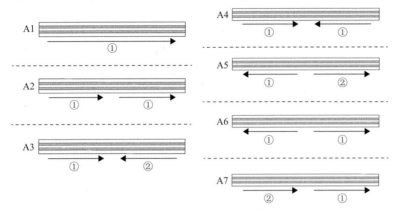

图 3-7　A 组整体焊接顺序

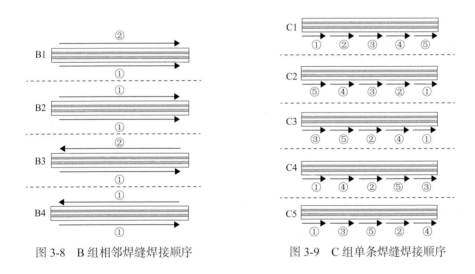

图 3-8　B 组相邻焊缝焊接顺序　　　　图 3-9　C 组单条焊缝焊接顺序

2. 焊接工艺仿真分析

焊接变形本质上是焊缝处受到不均匀温度场的作用而产生形状、尺寸上的变化，因此为了准确模拟焊接过程中的应力、应变，应首先根据真实焊接温度场的热源形状和热流密度构造焊接温度场模型。

实际焊接时常采用二氧化碳气体保护焊，该焊接方法可采用高斯面热源和均匀体热源的组合热源来模拟真实热源，高斯热源模型如图 3-10 所示。其中高斯热源热流密度为

$$q(r) = \frac{3Q}{\pi r_a^2} \exp\left[-3\left(\frac{r}{r_a}\right)^2\right]$$

式中，r_a为热源作用区域半径；r为热源作用区域内任意一点距离热源中心的距离；Q为焊接热输入。均匀体热源代表熔滴热，热源温度场云图如图 3-11 所示。

利用构建的热源模型，根据规划好的焊接顺序进行温度场、应力应变场的多场耦合仿真。由于柔性焊接件的翼缘板尺寸较小，其焊接角变形和焊接横向收缩变形较小，而长焊缝使纵向焊接变形沿焊缝不断累加，焊件产生严重的纵向收缩变形和弯曲变形，应力沿长度方向累积。因此在选择焊接顺序时，应该以纵向收缩变形、弯曲变形和沿长度方向的应力作为主要选择依据。三类焊接顺序下焊件的形变和应力情况如图 3-12～图 3-14所示。

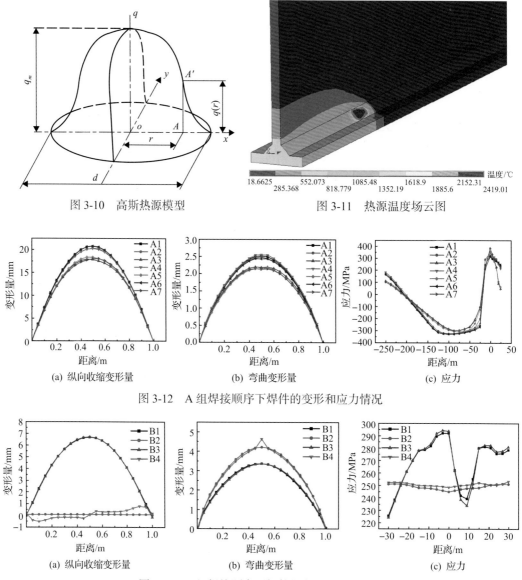

图 3-10 高斯热源模型　　　　图 3-11 热源温度场云图

(a) 纵向收缩变形量　　(b) 弯曲变形量　　(c) 应力

图 3-12 A 组焊接顺序下焊件的变形和应力情况

(a) 纵向收缩变形量　　(b) 弯曲变形量　　(c) 应力

图 3-13 B 组焊接顺序下焊件的变形和应力情况

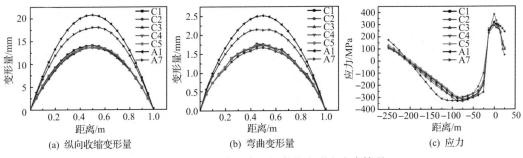

图 3-14　C 组焊接顺序下焊件的变形和应力情况

基于以上仿真结果，通过正交试验法，选用纵向收缩变形、弯曲变形和沿长度方向的应力三个因素作为焊接顺序的决策依据。最终获得两种焊接应力和变形较小的焊接顺序（D 组），如图 3-15 所示。对这两组焊接顺序进行有限元仿真，得到应力和变形曲线（图 3-16）。仿真结果表明：采用焊接顺序 D2，即由两侧向中间的分段退焊法，焊接时的焊接变形及焊接应力最小，适用于大吨位提升容器的柔性件焊接。

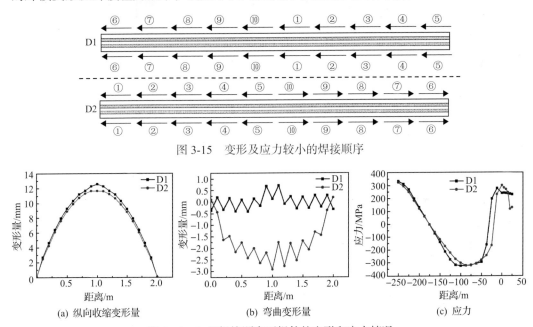

图 3-15　变形及应力较小的焊接顺序

图 3-16　D 组焊接顺序下焊件的变形和应力情况

3.1.3　SAP 提煤箕斗与深井产能的匹配设计

深部煤矿受地质条件、煤矿资源分布、生产设备等多种因素影响，产能差异较大，导致深部矿井对 SAP 提升系统提升能力的需求也各不相同。由于箕斗的载重量与提升系统的提升能力直接相关，所以为了使生产效率最大化，必须合理选择 SAP 提升容器。因此针对 SAP 提升容器选型问题，提出了 SAP 提升容器与矿井规模的优化配置方法。

《煤炭工业矿井设计规范》(GB 50215—2015)规定了矿井提升能力计算方法:

$$A = \frac{3600 \times y \times h \times 10^{-4}}{k_a \times k_b} \times \frac{nQ}{T_g} \tag{3-1}$$

式中, n 为提升容器套数; Q 为一次有效载荷; T_g 为一次循环时间; k_a 为提升不均衡系数; k_b 为主井提升设备应留有的富余能力; y 为年工作天数; h 为每天工作小时数。

图 3-17 是提升高度分别为 1000m 和 1500m 时,最大速度在 6~16m/s,双 SAP 箕斗提升系统的年提升能力,该结果直观地展示了不同矿井规模下 SAP 提煤箕斗的配置方案,为 SAP 提升容器的选型提供了指导。

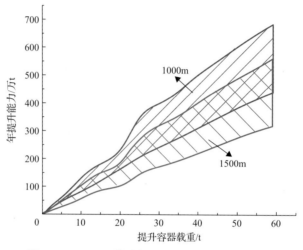

图 3-17 双 SAP 箕斗提升系统的年提升能力曲线

为了适应产能需求,设计了 25t、32t、40t、45t、50t 和 60t 六种不同规格的 SAP 提煤箕斗,具体参数与产能适用范围见表 3-3。

表 3-3 不同规格 SAP 提煤箕斗参数与产能适用范围

型号	适用产能范围/万 t		载重量/t	自重/t	斗箱截面尺寸/(mm×mm)	总高度/mm
	井深 1000m	井深 1500m				
SAP25	≤343	≤273	25	27	3080×1550	14200
SAP32	255~415	183~335	32	35	3080×1550	15100
SAP40	313~504	225~409	40	44	3180×1550	15600
SAP45	347~555	251~451	45	48	3180×1550	16500
SAP50	380~603	276~493	50	55	3180×1550	17700
SAP60	444~694	325~572	60	65	3180×1550	20600

上述规格中,SAP60 已完成样机研制(图 3-18),获得了安标证书;SAP25 已在大强煤矿示范应用(图 3-19)。

图 3-18　SAP60 样机

图 3-19　SAP25 大强煤矿示范应用现场

3.2　箕斗装卸载动力学

3.2.1　箕斗装载过程力学模型

对于箕斗卸载问题，近年来我国关于大吨位箕斗卸载装置的研究取得了长足进展，提升系统的平稳性和可靠性也得到了一定改善。王林涛等分析了卸载闸门的初始位置、箕斗参数、曲轨初始曲率等参数对卸载部件压力峰值的影响，并创建了卸载装置的优化模型[13]；严明霞和刘立对卸载曲轨进行了参数优化分析，以改善箕斗卸载的平稳性和提高冲击力的均衡性为优化目标，创建了箕斗卸载曲轨的多目标优化模型，优化后的卸载曲轨的冲击力得到了极大的改善，卸载过程的平顺性也有所提高[14]；谈兆丰和何太龙通过作图法分析了箕斗卸载过程中的受力情况，并且指出现有卸载曲轨的缺点和不足，对于卸载装置的优化有一定的指导意义[15]。但是现有研究主要针对卸载部件在可靠性和平稳性上的优化，对于箕斗，尤其是大吨位箕斗的装卸载过程与摩擦磨损分析问题研究较少。对于大吨位箕斗装卸载部件磨损问题尚未解决。

大吨位箕斗装载过程中煤不断进入箕斗箱体，斗箱内煤的质量不断加大，煤的高度上升，煤在装入箕斗时的速度逐渐变化，箕斗装载示意图和力学模型如图 3-20 所示。

图 3-20 中，$v_m(t)$ 为任意时刻 t 煤进入箕斗的速度，m/s；$w_m(t)$ 为下落煤流量，kg/s；$F(l,t)$ 为提升钢丝绳末端载荷，N；$m_m(t)$ 为任意时刻 t 进入斗箱内煤的质量，kg；M 为箕斗自身质量，kg；φ' 为溜煤槽与水平面的夹角；g 为重力加速度，m/s^2。

把斗箱和任意时刻装载的煤量看作质点系，根

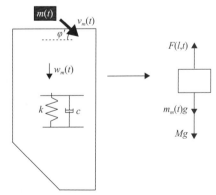

图 3-20　箕斗装载示意图和力学模型

据竖直方向上的动量定理得到装载过程的运动微分方程为

$$[m_m(t) + M]\frac{\mathrm{d}^2 u(l,t)}{\mathrm{d}t^2} = F_e + \left[v_m(t)\sin\varphi - \frac{\mathrm{d}u(l,t)}{\mathrm{d}t}\right]\frac{\mathrm{d}[m_m(t) + M]}{\mathrm{d}t} \qquad (3\text{-}2)$$

式中，F_e 为作用在箱体上的外力，可知：

$$F_e = -F(l,t) + [m_m(t) + M]g \qquad (3\text{-}3)$$

将式(3-3)代入式(3-2)，得到提升钢丝绳末端载荷为

$$F(l,t) = -[M + m_t(t)]\ddot{u}(l,t) + [v_m(t)\sin\varphi - \dot{u}(l,t)]w(t) + [M + m_t(t)]g \qquad (3\text{-}4)$$

提升钢丝绳末端由煤作用于箱体上的冲击动载荷为

$$F_d(l,t) = [v_m(t)\sin\varphi - \dot{u}(l,t)]w(t) \qquad (3\text{-}5)$$

由于实际煤下落流量和装入箕斗速度为随机变化量，在整个装载过程中将 $w(t)$ 和 $v_m(t)$ 在不同时间段离散化成为不同斜率直线段的组合，取时间 $t=i\tau$，τ 为离散时间步长，$\tau = t_z/n$，$i = 1 \sim n$，t_z 为装载时间，n 为时间总段数。

当时间 $t = i(\tau-1) \sim i\tau$ 时，令流量变化系数 $\overline{w}_i = \dfrac{w(i\tau) - w(i\tau - \tau)}{\tau}$，速度变化系数 $\overline{v}_i = \dfrac{v_m(i\tau) - v_m(i\tau - \tau)}{\tau}$，则流量、速度和装入箕斗内煤的质量可表示为

$$w(t) = w(i\tau - \tau) + (t - i\tau + \tau) \cdot \overline{w}_i \qquad (3\text{-}6)$$

$$v_m(t) = v_m(i\tau - \tau) + (t - i\tau + \tau) \cdot \overline{v}_i \qquad (3\text{-}7)$$

$$m_m(t) = \begin{cases} \dfrac{w(0) + w(t)}{2}(t - \tau) & (i = 1) \\[2mm] \dfrac{w(i\tau - \tau) + w(t)}{2} \cdot (t + i\tau - \tau) \\[2mm] + \displaystyle\sum_{j=1}^{i-1} \dfrac{w(j\tau - \tau) + w(j\tau)}{2} \cdot \tau & (i \geqslant 2) \end{cases} \qquad (3\text{-}8)$$

式中，$w(t)$ 和 $v_m(t)$ 为 $t = i\tau$ 时装入箕斗内煤的流量和装入箕斗的速度。

则其动载荷表示为

$$f_d(l,t) = \begin{cases} \{[v_m(0) + (t - i\tau + \tau) \cdot \overline{v}_i]\sin\varphi - \dot{u}(l,t)\} \cdot [w(0) + (t - i\tau + \tau) \cdot \overline{w}_i] & (n = 1) \\[2mm] \{[v_m(i\tau - \tau) + (t - i\tau + \tau) \cdot \overline{v}_i]\sin\varphi - \dot{u}(l,t)\} \cdot [w(i\tau - \tau) + (t - i\tau + \tau) \cdot \overline{w}_i] & (n \geqslant 2) \end{cases}$$

$$(3\text{-}9)$$

若忽略煤下放过程中箕斗振动对其动量的影响，则动载荷表示为

$$f_d(l,t) = \begin{cases} [v_m(0) + (t - i\tau + \tau) \cdot \overline{v}_i] \sin\varphi \cdot [w(0) + (t - i\tau + \tau) \cdot \overline{w}_i] & (n = 1) \\ [v_m(i\tau - \tau) + (t - i\tau + \tau) \cdot \overline{v}_i] \sin\varphi \cdot [w(i\tau - \tau) + (t - i\tau + \tau) \cdot \overline{w}_i] & (n \geqslant 2) \end{cases} \tag{3-10}$$

根据箕斗的几何形状，得到任意时刻箕斗箱体内煤距离的高度与装载量的表达式为

$$h(t) = \begin{cases} \dfrac{-\rho A_1 l \sin\beta + \sqrt{(\rho A_1 l \sin\beta)^2 + 2\rho(A_2 - A_1)l\sin\beta \cdot m_m(t)}}{\rho(A_2 - A_1)} & \left(m_m(t) \leqslant \dfrac{\rho(A_1 + A_2)l\sin\beta}{2}\right) \\[4mm] \dfrac{m_m(t)}{\rho A_2} + \dfrac{(A_2 - A_1)l\sin\beta}{2A_2} & \left(m_m(t) > \dfrac{\rho(A_1 + A_2)l\sin\beta}{2}\right) \end{cases}$$

$$\tag{3-11}$$

式中，A_1 为箕斗出煤口横截面积，m^2；A_2 为箕斗装载口横截面积，m^2；l 为溜煤槽长度，m；β 为溜煤槽与水平面的倾角，$(°)$；ρ 为煤的密度，kg/m^3。

3.2.2 箕斗承载力学模型

1. 箕斗箱体提升过程承载力学模型

煤在箕斗箱体内在重力作用下有一个向下运动的趋势，向下的趋势对箱体壁产生水平的侧压力，箱体壁会产生阻止煤向下运动的摩擦力。图 3-21 为煤对箕斗箱体壁的作用力示意图。

箕斗箱体壁的法向作用力 N 和竖直作用力 T 与合力 Q 的关系为

$$N = Q\cos\psi' \tag{3-12}$$

$$T = Q\sin\psi' \tag{3-13}$$

式中，ψ' 为煤与箕斗箱体壁之间的摩擦角，相应的摩擦系数为 $\mu = \tan\psi'$。

2. 箕斗箱体收缩截面上部力学模型

利用 Janssen 理论对箕斗箱体壁上的受力进行分析。根据前文对 Janssen 理论的几点假设，在箱体内任意深度为 h 的截面上取一个深度为 $\mathrm{d}h$ 的微元，如图 3-22 所示，对这个微元体进行分析。

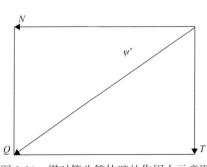

图 3-21　煤对箕斗箱体壁的作用力示意图

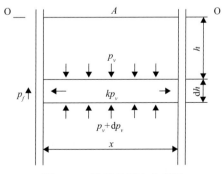

图 3-22　微元体受力分析图

微元体的体积 $\mathrm{d}v$:

$$\mathrm{d}v = A\mathrm{d}h \tag{3-14}$$

式中，A 为箕斗箱体壁的横截面面积，$A=xy$，x 为箕斗横截面长，y 为箕斗横截面宽。

微元体质量为

$$\mathrm{d}\omega = \rho A\mathrm{d}h \tag{3-15}$$

微元体上方的煤在微元体产生的压力为 p_v，截面上受到的垂直力为 $p_v A$。

微元体微小高度变化 $\mathrm{d}h$ 上的压力差为 $\mathrm{d}p_v$，煤对微元体的下截面的垂直压力为 $p_v + \mathrm{d}p_v$，下截面上所受垂直力为 $A(p_v + \mathrm{d}p_v)$。

根据 Janssen 理论假设的第 3 条，物料在任意高度上产生的水平侧压力 p_h 与物料在同一高度水平横截面上产生的垂直压力 p_v 的比值 k 是常数，即：

$$p_h = kp_v \tag{3-16}$$

侧压系数 k 为

$$k = \frac{1-\sin\psi}{1+\sin\psi} = \tan^2\left(45° - \frac{\psi}{2}\right) \tag{3-17}$$

式中，ψ 为煤的内摩擦角最小值，(°)。

在箱体壁上由于水平侧压力产生的摩擦力 p_f 为

$$p_f = \mu p_h \tag{3-18}$$

沿着箱体截面一周产生的摩擦力 p_f 为

$$p_f = 2\mu p_h(x + y)\mathrm{d}h \tag{3-19}$$

式中，μ 为煤与箱体壁面的摩擦系数。

根据微元体受力得到静力学平衡方程：

$$p_v A + \rho g A\mathrm{d}h = A(p_v + \mathrm{d}p_v) + 2\mu k(x + y)p_v\mathrm{d}h \tag{3-20}$$

整理式 (3-20) 得到一阶常系数线性微分方程：

$$\frac{\mathrm{d}p_v}{\mathrm{d}h} + \frac{2\mu k(x + y)}{A}p_v = \rho g \tag{3-21}$$

箕斗箱体截面等效半径 R 为

$$R = \sqrt{\frac{A}{\pi}} \tag{3-22}$$

将式 (3-22) 代入微分方程式 (3-21)，解方程式。

当 $h = 0$ 时，$p_v = 0$，代入式 (3-11) 求解，计算煤对截面上的垂直压力 p_v 为

$$p_v = \frac{\rho g R}{\mu k} \left[1 - e^{-\left(\frac{\mu k h}{R} \right)} \right] \tag{3-23}$$

令 $f = \mu k$，代入式 (3-23)，得

$$p_v = \frac{\rho g R}{f} \left[1 - e^{-\left(\frac{f h}{R} \right)} \right] \tag{3-24}$$

根据式 (3-16)，煤对箱体壁面的水平侧压力 p_h 为

$$p_h = k p_v = \frac{\rho g R}{\mu} \left[1 - e^{-\left(\frac{\mu k h}{R} \right)} \right] \tag{3-25}$$

通过静力学分析，得到箱体壁面上的摩擦力 F_f 为

$$F_f = \left(\rho g h - p_v \right) A \tag{3-26}$$

假设提升过程中的最大加速度为 a，则加速过程中箕斗箱体壁上的垂直压力 p_v、水平侧压力 p_h 及摩擦力 F_f 分别为

$$p_v = \frac{\rho R (g + a)}{f} \left[1 - e^{-\left(\frac{f h}{R} \right)} \right] \tag{3-27}$$

$$p_h = \frac{\rho R (g + a)}{\mu} \left[1 - e^{-\left(\frac{\mu k h}{R} \right)} \right] \tag{3-28}$$

$$F_f = \left[\rho (g + a) h - p_v \right] A \tag{3-29}$$

3. 箕斗箱体溜煤板部分力学模型

　　煤在箕斗出口处由溜煤板产生一个收缩面，使得卸载过程煤可以沿着溜煤板从卸载口顺利完成卸载。由于箕斗是单边收缩，在箕斗的主视图上截面为直角梯形。在收缩面上，斗箱截面是随高度 h 的变化逐渐改变的变截面。溜煤板的受力分析如图 3-23 所示，煤在箕斗溜煤板上产生垂直于溜煤板面的法向压力。

　　对变截面处受力分析，则变截面处煤对箱体壁面的垂直法向压力为

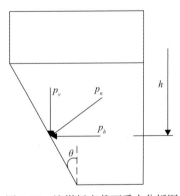

图 3-23　溜煤板变截面受力分析图

$$p_n = p_v \sin^2 \theta + p_h \cos^2 \theta \tag{3-30}$$

式中，p_n 为煤在变截面处对箱体壁面的垂直于壁面的法向压力；p_v 为煤在变截面处对箱体壁面的垂直压力；p_h 为煤在变截面处对箱体壁面的水平压力；θ 为溜煤板与竖直方向的夹角。

变截面处的水力半径 $R_0(h)$ 随高度 h 变化的函数：

$$R_0(h) = \sqrt{\frac{\left[x - (h - h_0)\tan\theta\right]y}{\pi}} \tag{3-31}$$

变截面处的截面面积函数 $A_0(h)$ 随高度 h 变化的函数：

$$A_0(h) = \left[x - (h - h_0)\tan\theta\right] \cdot y \tag{3-32}$$

煤对箕斗溜煤板上任意位置的垂直压力 p_v 为

$$p_v = \frac{\rho g R_0}{\mu k \cos\theta}\left[1 - e^{-\left(\frac{\mu k h \cos\theta}{R_0}\right)}\right] \tag{3-33}$$

煤对箕斗溜煤板上任意位置的水平压力 p_h 为

$$p_h = k p_v = \frac{\rho g R_0}{\mu \cos\theta}\left[1 - e^{-\left(\frac{\mu k h \cos\theta}{R_0}\right)}\right] \tag{3-34}$$

煤对箕斗溜煤板上任意位置的法向压力 p_n 为

$$p_n = \frac{\rho g R_0}{\mu k \cos\theta}\left[1 - e^{-\left(\frac{\mu k h \cos\theta}{R_0}\right)}\right] \cdot \sin^2\theta + \frac{\rho g R_0}{\mu \cos\theta}\left[1 - e^{-\left(\frac{\mu k h \cos\theta}{R_0}\right)}\right] \cdot \cos^2\theta \tag{3-35}$$

则溜煤板上摩擦力函数 F_f 为

$$F_f = (p_v \sin^2\theta + p_h \cos^2\theta)A\mu \tag{3-36}$$

根据箕斗箱体长方体部分加速过程箱体壁上的受力研究，同理可以推导加速过程中箕斗箱体溜煤板上的受力情况，得到垂直压力 p_v、水平压力 p_h 和任意位置的法向压力 p_n 分别为

$$p_v = \frac{\rho R(g + a)}{\mu k \cos\theta}\left[1 - e^{-\left(\frac{\mu k h \cos\theta}{R}\right)}\right] \tag{3-37}$$

$$p_h = kp_v = \frac{\rho R(g+a)}{\mu \cos\theta}\left[1 - e^{-\left(\frac{\mu kh\cos\theta}{R}\right)}\right] \tag{3-38}$$

$$p_n = \frac{\rho R(g+a)}{\mu k \cos\theta}\left[1 - e^{-\left(\frac{\mu kh\cos\theta}{R}\right)}\right]\cdot\sin^2\theta + \frac{\rho R(g+a)}{\mu \cos\theta}\left[1 - e^{-\left(\frac{\mu kh\cos\theta}{R}\right)}\right]\cdot\cos^2\theta \tag{3-39}$$

4. 箕斗完整箱体匀速和加速过程受力函数

1）匀速提升过程

根据式(3-24)和式(3-33)得到整个箕斗箱体上的垂直压力函数为

$$p_v = \begin{cases} \dfrac{\rho g R}{\mu k}\left[1 - e^{-\left(\frac{\mu kh}{R}\right)}\right] & (0 \leqslant h \leqslant h_0) \\[4mm] \dfrac{\rho g R_0}{\mu k \cos\theta}\left[1 - e^{-\left(\frac{\mu kh\cos\theta}{R_0}\right)}\right] & (h_0 < h \leqslant h_{\max}) \end{cases} \tag{3-40}$$

根据式(3-25)和式(3-34)得到整个箕斗箱体上的水平侧压力函数为

$$p_h = \begin{cases} \dfrac{\rho g R}{\mu}\left[1 - e^{-\left(\frac{\mu kh}{R}\right)}\right] & (0 \leqslant h \leqslant h_0) \\[4mm] \dfrac{\rho g R_0}{\mu \cos\theta}\left[1 - e^{-\left(\frac{\mu kh\cos\theta}{R_0}\right)}\right] & (h_0 < h \leqslant h_{\max}) \end{cases} \tag{3-41}$$

根据式(3-26)和式(3-36)得到整个箕斗箱体壁面上的摩擦力函数为

$$F_f = \begin{cases} (\rho gh - p_v)A & (0 \leqslant h \leqslant h_0) \\ (\rho gh - p_v)A_0\mu & (h_0 < h \leqslant h_{\max}) \end{cases} \tag{3-42}$$

2）加速提升过程

根据式(3-27)和式(3-37)得到整个箕斗箱体上的垂直压力函数为

$$p_v = \begin{cases} \dfrac{\rho R(g+a)}{\mu k}\left[1 - e^{-\left(\frac{\mu kh}{R}\right)}\right] & (0 \leqslant h \leqslant h_0) \\[4mm] \dfrac{\rho R(g+a)}{\mu k \cos\theta}\left[1 - e^{-\left(\frac{\mu kh\cos\theta}{R}\right)}\right] & (h_0 < h \leqslant h_{\max}) \end{cases} \tag{3-43}$$

根据式(3-28)和式(3-38)得到整个箕斗箱体壁面上的水平侧压力函数为

$$p_h = \begin{cases} \dfrac{\rho R(g+a)}{\mu}\left[1 - e^{-\left(\frac{\mu k h}{R}\right)}\right] & (0 \leqslant h \leqslant h_0) \\[4mm] \dfrac{\rho R(g+a)}{\mu \cos\theta}\left[1 - e^{-\left(\frac{\mu k h \cos\theta}{R}\right)}\right] & (h_0 < h \leqslant h_{\max}) \end{cases} \tag{3-44}$$

根据式(3-29)和式(3-42)得到整个箕斗箱体壁面上的摩擦力函数为

$$F_f = \begin{cases} \left[\rho h(g+a) - p_v\right]A & (0 \leqslant h \leqslant h_0) \\[2mm] \left[\rho h(g+a) - p_v\right]A_0\mu & (h_0 < h \leqslant h_{\max}) \end{cases} \tag{3-45}$$

式中，h_0 为变截面处高度，m；$h_{\max}$ 为箕斗箱体最大高度，m。

5. 箕斗闸门提升过程承载力学模型

扇形闸门上的受力情况与变截面处的受力分析方法相同，可以得到扇形闸门上任一高度 h 上的法向压力函数 p_n 为

$$p_n = p_v \sin^2\theta + p_h \cos^2\theta \tag{3-46}$$

扇形闸门板上任一点的摩擦力函数 p_f 为

$$p_f = \left(p_v \sin^2\theta + p_h \cos^2\theta\right)\mu \tag{3-47}$$

同理可以计算加速条件下的压力函数，在此不再详述。

煤对扇形闸门板上的作用力 F 为

$$F = p_n \cdot A_s \tag{3-48}$$

式中，A_s 为扇形闸门处的斗箱截面积。

3.2.3　箕斗装卸载振动特性

1. 装载振动特性

箕斗的装载方式采用输送带装载，图 3-24 为在装载速度 1.1m/s、1.3m/s、1.5m/s 下箕斗加速度及钢丝绳张力变化图。因初始阶段提升钢丝绳末端质量较小，箕斗因冲击产生的加速度幅值均发生在此阶段。随着装载速度的增加，箕斗加速度幅值也变大，顶端钢丝绳张力斜率也增加。

图 3-25 为不同煤炭尺寸(3cm、6cm、9cm)下箕斗加速度及钢丝绳张力变化图。随着装载煤炭颗粒尺寸的增大，箕斗振动加速度幅值逐渐增大，提升钢丝绳张力增长的波动幅度也增大。

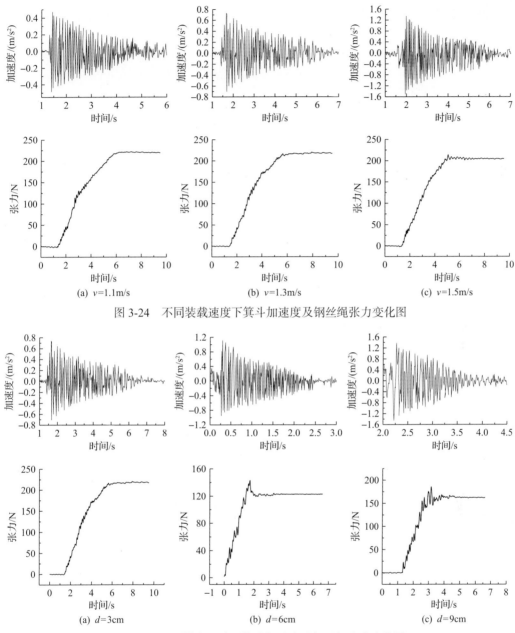

图 3-24　不同装载速度下箕斗加速度及钢丝绳张力变化图

图 3-25　不同煤炭尺寸下箕斗加速度及钢丝绳张力变化图

2. 卸载振动特性

图 3-26 为卸载速度为 0.04m/s 时箕斗加速度、速度、位移以及钢丝绳张力变化图。随着卸载闸门的不断开启，箕斗卸料口煤流量不断增大，煤炭间及煤炭与箕斗侧壁的冲击碰撞越大，箕斗加速度及速度也不断增大，出现峰值点。随着卸载的进行，箕斗内煤质量不断减小，箕斗卸料口煤流量也不断降低，箕斗加速度和速度逐渐衰减；在卸载过程中箕斗顶端钢丝绳张力以波动的形式不断减小，箕斗位移以波动的形式逐渐增大。

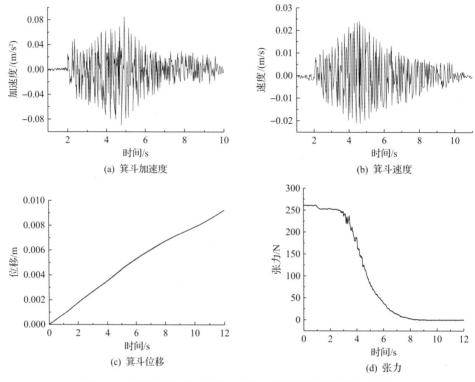

图 3-26　箕斗卸载时加速度、速度、位移及钢丝绳张力变化图

改变步进电机频率研究箕斗在不同卸载速度下的振动特性。图 3-27 为在卸载速度为 0.01m/s、0.04m/s、0.07m/s 时箕斗加速度及钢丝绳张力变化曲线图。闸门开启速度对箕

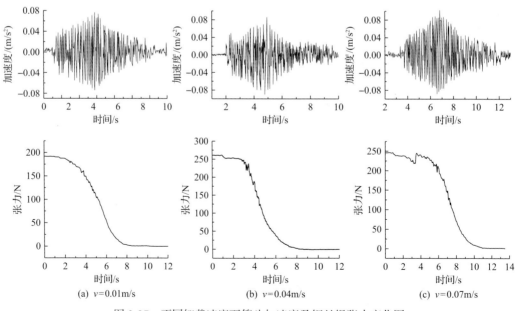

图 3-27　不同卸载速度下箕斗加速度及钢丝绳张力变化图

斗振动加速度影响较小。随着闸门开启速度的增加，箕斗顶端钢丝绳张力的波动幅度越大，随着卸载的进行张力的波动幅度减小。

3.2.4　SAP 提煤箕斗衬板冲击磨损机理

SAP 提升系统的大运量要求，导致了箕斗装卸载部件的加速损伤。研究箕斗装卸载部件损伤机理，可以为箕斗部件的检测、更换、服役状态评价等工作提供科学的指导，对保证煤矿提升过程的安全稳定运行具有重要意义。

1. 衬板冲击动力学仿真模型

对箕斗装卸载系统和煤颗粒进行结构建模，如图 3-28 所示。

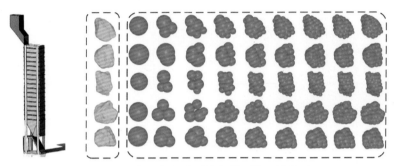

图 3-28　箕斗装卸载系统与煤颗粒三维模型

煤颗粒装载速度变化如图 3-29 所示。煤颗粒从装载斗箱落入箕斗斗箱后，其速度不断增大，在 $t = 9.6s$ 时煤颗粒开始冲击箕斗侧壁衬板，此时其速度在 18m/s 上下波动，伴随着煤颗粒与箕斗衬板的瞬间冲击摩擦，煤颗粒速度逐渐减小到 16m/s，随后逐渐下落至箕斗底部，速度也逐渐减为 0。

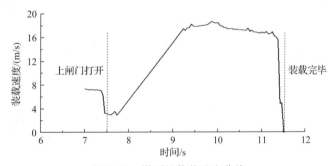

图 3-29　煤颗粒装载速度曲线

煤颗粒对箕斗衬板的最大作用力随时间变化如图 3-30 所示。

$t = 7.5s$ 时，装载斗箱开始卸载，箕斗装载开始；$t = 11.5s$ 时，箕斗装载结束；$t = 20s$ 时，箕斗开始卸载(卸载时间 0.167s)。箕斗装载过程中，侧壁衬板所受的冲击最大正压力为 150N，冲击最大切向力为 50N；底部衬板所受的冲击最大正压力为 200N，冲击最大切向力为 75N；箕斗卸载时，底部衬板所受的冲击最大正压力高达 250N，冲击最大切

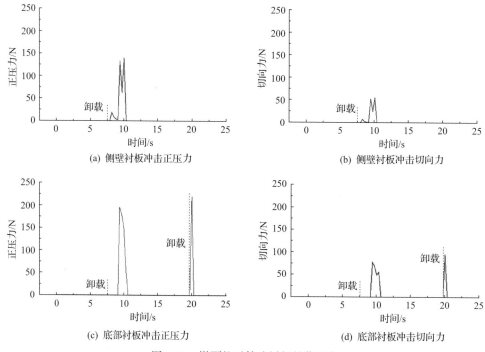

(a) 侧壁衬板冲击正压力　　　　　　　　(b) 侧壁衬板冲击切向力

(c) 底部衬板冲击正压力　　　　　　　　(d) 底部衬板冲击切向力

图 3-30　煤颗粒对箕斗衬板的作用力

向力约为 100N，这是由于卸载时，煤颗粒在短时间内 ($t = 0.167\text{s}$) 全部从下闸门涌出，势必会对下闸门附近的底部衬板造成更大的二次冲击。

2. 箕斗衬板冲击磨损规律及磨损预测

为了进一步分析箕斗在装载过程中的衬板冲击摩擦磨损特征，搭建了冲击摩擦磨损试验台，如图 3-31 所示。

(a) 总体结构　　　　　　　　　　　　(b) 箕斗

图 3-31　冲击摩擦磨损试验台

在搭建的冲击摩擦磨损试验台上开展箕斗冲击磨损试验，分析衬板的磨损量、冲击载荷及冲击磨损形貌随工况参数的变化规律，并对衬板的磨损深度及磨损分布区域进行预测。

图 3-32 为不同装载工况下箕斗衬板磨损量变化规律。

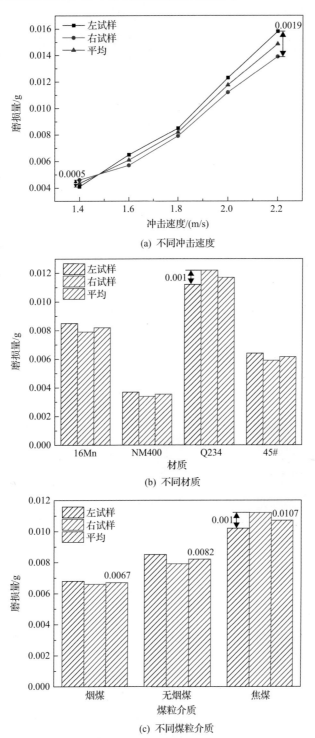

(a) 不同冲击速度

(b) 不同材质

(c) 不同煤粒介质

图 3-32　不同装载工况下箕斗衬板磨损量变化规律

随着煤颗粒冲击速度增大，衬板左、右试样磨损量及平均磨损量均增大；不同煤粒介质对衬板冲击磨损的影响由大到小为焦煤、无烟煤、烟煤；NM400 材质的衬板试样抗冲击性及耐磨性最好，Q234 材质的衬板试样抗冲击性能最差。

图 3-33～图 3-36 为不同装载工况下箕斗衬板冲击载荷变化规律。

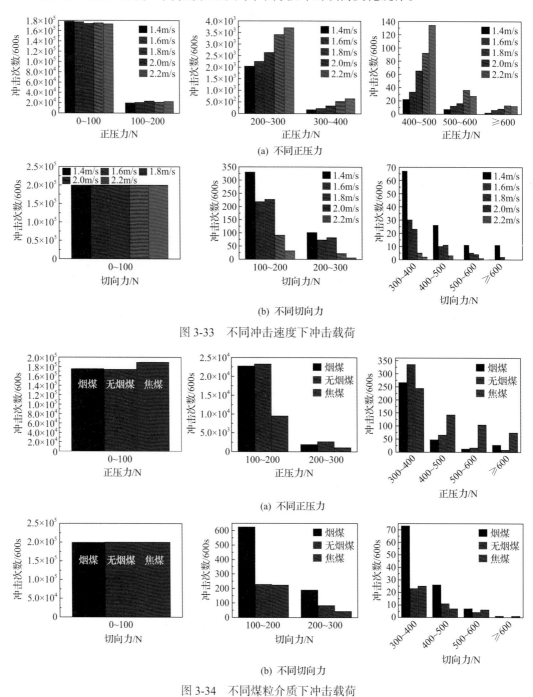

图 3-33　不同冲击速度下冲击载荷

图 3-34　不同煤粒介质下冲击载荷

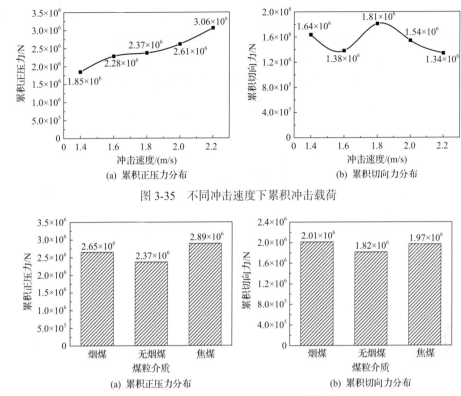

图 3-35　不同冲击速度下累积冲击载荷

图 3-36　不同煤粒介质下累积冲击载荷

各装载工况下，衬板所受的法向冲击载荷更大；随着煤颗粒冲击速度增大，衬板所受的法向冲击力呈显著增加趋势，切向冲击力则呈递减趋势；煤粒介质为烟煤时，衬板所受的法向冲击载荷最小，切向冲击载荷最大；煤粒介质为焦煤时，衬板所受的法向冲击载荷最大，切向冲击载荷最小。

图 3-37～图 3-40 为箕斗衬板磨损形貌及变化规律。

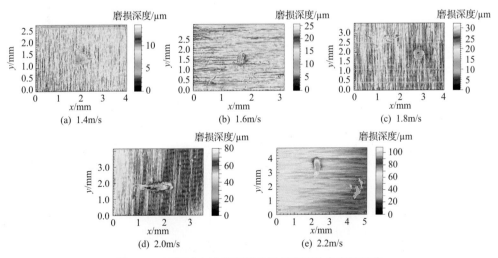

图 3-37　不同冲击速度下箕斗衬板表面冲击磨损形貌

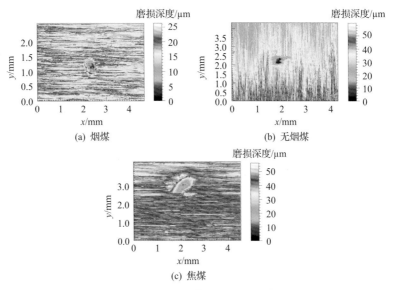

图 3-38　不同煤粒介质下箕斗衬板表面冲击磨损形貌

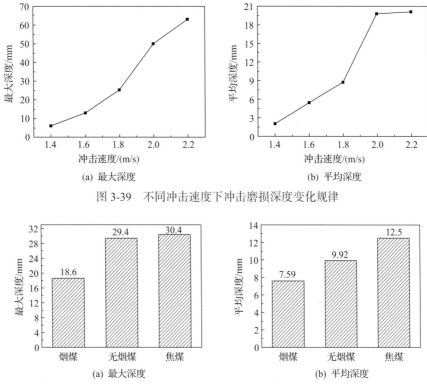

图 3-39　不同冲击速度下冲击磨损深度变化规律

图 3-40　不同煤粒介质下冲击磨损深度变化规律

　　随着煤颗粒冲击速度增大，衬板试样冲击坑最大深度及平均深度均显著增加，增幅趋势也基本相同；煤粒介质为焦煤时，煤颗粒对衬板的冲击破坏最严重，衬板表面冲击坑最深，面积最大。

　　结合衬板冲击磨损试验得到的平均磨损量、装载箕斗及其附属装载设备的工作参数，对实际装载冲击工况下箕斗侧壁衬板的磨损区域及磨损深度进行分析预测。

　　图 3-41 为箕斗侧壁衬板的累积接触能量与磨损深度云图。装载过程中煤颗粒对衬板的磨损主要发生于衬板的中上部及底部，煤颗粒切向摩擦作用造成的磨损区域大于法向冲击作用造成的磨损区域；定量输送机装载方式下，衬板的磨损现象更为严重，衬板的磨损主要由煤颗粒的法向冲蚀造成，切向的颗粒磨损作用较弱。

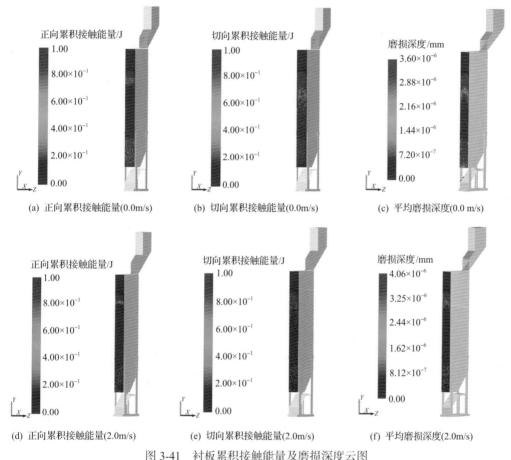

(a) 正向累积接触能量(0.0m/s)　　(b) 切向累积接触能量(0.0m/s)　　(c) 平均磨损深度(0.0 m/s)

(d) 正向累积接触能量(2.0m/s)　　(e) 切向累积接触能量(2.0m/s)　　(f) 平均磨损深度(2.0m/s)

图 3-41　衬板累积接触能量及磨损深度云图

　　图 3-42 为不同装载速度、煤颗粒粒度、装载量对衬板累积能量及磨损深度变化曲线。定量斗装载方式下，煤颗粒对衬板的法向冲击凿削作用较弱，但切向切削磨损较强，而采用定量输送机装载方式时，煤颗粒对衬板的法向冲击凿削作用较强，切向切削磨损较弱；同时煤颗粒粒度越大，煤颗粒对衬板的法向冲蚀作用越强，切向磨削作用越弱，相反煤颗粒粒度越小，煤颗粒对衬板的法向冲蚀作用越弱，而切向磨削作用越强。

　　衬板磨损主要由煤颗粒的法向冲击作用造成；采用定量输送机方式装载时，衬板的平均磨损深度较大，装载速度对衬板平均磨损深度影响较小；煤颗粒粒度对衬板平均磨损深度影响较大，随颗粒粒度增大，衬板平均磨损深度呈现增大趋势；衬板平均磨损深度随装载量增加同样呈加强态势，随着装载量的增大，衬板平均磨损深度显著上升。

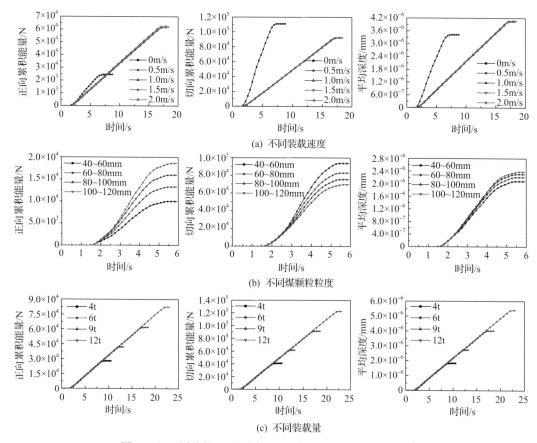

图 3-42　不同装载工况下衬板累积能量及磨损深度变化曲线

3.3　SAP 提升容器服役状态评价方法

3.3.1　SAP 提煤箕斗应力监测无线传感器网络技术

1. 基于箕斗承载特性的应力监测节点部署策略

为解决 SAP 提升系统的提煤箕斗服役状态监测问题，提出了大型箕斗应力监测无线传感器网络技术。在实际监测中，监测点密度需合理布置。当监测点达到一定数量后，监测区域过饱和，会造成传输时延，不但加大了监测网络负荷也降低了监测网络的时效性。因此为了合理布置无线传感器节点，提出了应力监测节点部署策略。

该策略从 SAP 提煤箕斗的结构特点和受力特性出发，选出箕斗本体应力较大或者位移较大的区域作为待监测区域。进一步地在这些待监测区域内，以各点的疲劳损伤度为依据，筛选出目标监测点。

按照上述策略，建立箕斗有限元模型，分析其负载情况下的应力应变情况如图 3-43 所示，仿真分析结果所选择得到的待监测区域如图 3-44 所示。具体过程如下。

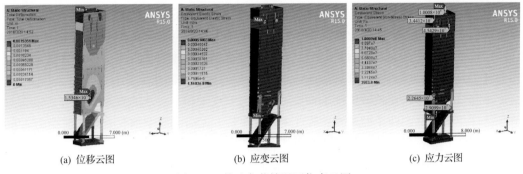

(a) 位移云图　　　　　　　(b) 应变云图　　　　　　　(c) 应力云图

图 3-43　箕斗负载情况下仿真云图

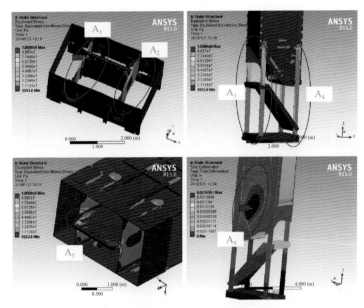

图 3-44　待监测区域

由图 3-43 所示的仿真结果可以看出，箕斗的最大应力出现在上盘悬挂装置的主吊板上，最大应变出现在箕斗下箱体的中下部中间区域。根据应力值和应变量这两个选取标准，由图 3-43(c) 可以看出，对于上盘结构，主吊板以及与之相连的两侧纵梁应力分布比较明显，应力值较高，尤其是主吊板钢丝绳的安装孔位置以及主吊板与纵梁连接处，因此选出图 3-44 中 A1、A2、A5 三个监测区域；对于立柱结构，应力较大主要在下立柱，应力值较高，因此选出图 3-44 中 A3、A4 两个监测区域。由图 3-43(a) 可以看出，在箕斗箱体侧面从下往上的第一、二根加强筋处位移最大，即变形最大，因而选出图 3-44 中 A6 所示的一个监测区域。综上，图 3-44 中的 6 个区域为根据箕斗在满载匀速情况下的仿真分析结果所选择得到的待监测区域。

2. 箕斗应力监测无线传感器网络性能测试

为了分析箕斗应力监测无线传感器网络的准确性、可靠性和实用性，需要进行箕斗应力监测无线传感器网络性能测试。测试包括两个方面内容：首先是无线应力监测网络的网络稳定性，即组网通信实验；其次是应力检测的可靠性，即应力测量实验。

以大型提煤箕斗为实测对象，分别在该箕斗上半段实体表面确定了 6 个无线应力传感器网络节点安装点，网络部署如图 3-45 所示。把该箕斗简化成长方体空间部署模型，节点 1 和节点 2 布置在长方体前端面中轴线上，节点 1 和节点 2 的直线距离为 2.5m，对应于箕斗主吊板上的两个监测点；节点 3 布置在长方体前侧面中轴线上距离前端面 4.9m 处，节点 4 布置在长方体后侧面中轴线上与节点 3 相对应位置；节点 5 布置在长方体上顶面中轴线上距前端面 7.9m 处，节点 6 布置在长方体上顶面中轴线与后端面相交处。依次将 Sink 节点安装在各点位，在每个点位进行组网测试，每个点位测试周期为 2min，获得了网络拓扑情况、通信质量曲线和监测点应变曲线(图 3-46～图 3-48)。测试结果表

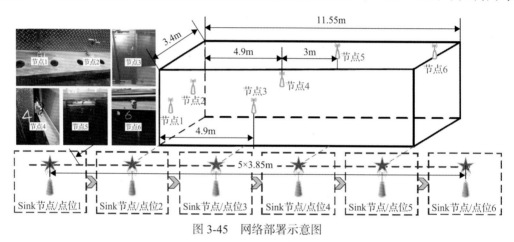

图 3-45 网络部署示意图

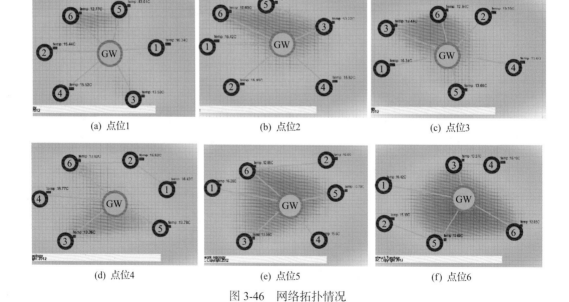

(a) 点位1   (b) 点位2   (c) 点位3

(d) 点位4   (e) 点位5   (f) 点位6

图 3-46 网络拓扑情况

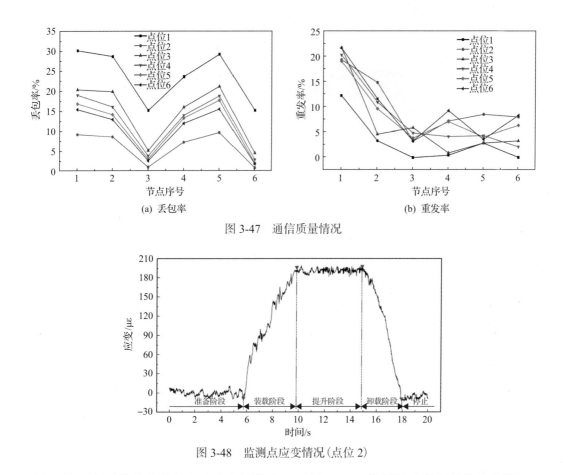

(a) 丢包率　　　　　　　　　(b) 重发率

图 3-47　通信质量情况

图 3-48　监测点应变情况(点位 2)

明该网络具备无线信息传输与应力监测能力,可用于 SAP 提煤箕斗的服役状态监测。

3.3.2　提升容器本体状态检测与可靠性评价

以 SAP 提升容器状态监测数据为基础,针对 SAP 提升容器性能退化的可靠性评估问题,提出了基于指数型变速率退化模型的时变可靠性评估方法。首先,针对提升容器不同退化模式(强度退化、刚度退化、磨损、腐蚀等),建立不同模式下的性能劣化模型(不同劣化速率);其次,基于不同退化模式下的可靠性功能函数,采用鞍点逼近方法进行时变可靠性评估,获得不同退化速率下的可靠性退化曲线;再次,考虑不同退化模式间的概率相关性,采用 Copula 理论构建不同模式间的联合失效概率模型,并结合系统可靠性理论建立多失效模式的系统可靠性模型(图 3-49);最后,对多失效模式共存下的目标结构系统可靠性进行评估,获得系统可靠性退化曲线(图 3-50)。

所述方法能够描述提升容器不同退化模式下的退化路径,并构建多失效模式的概率相关性,能够为 SAP 提升容器提供有效的状态检测和可靠性评价。

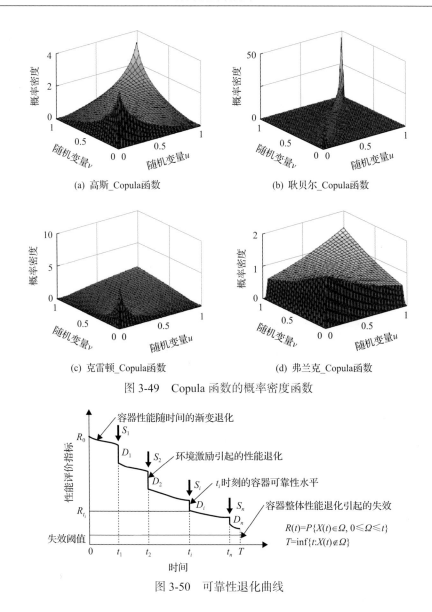

(a) 高斯_Copula函数   (b) 耿贝尔_Copula函数

(c) 克雷顿_Copula函数   (d) 弗兰克_Copula函数

图 3-49   Copula 函数的概率密度函数

图 3-50   可靠性退化曲线

3.4   SAP 提升系统智能化状态检测关键技术

3.4.1   深井刚罐道巡检机器人

在超深井、大惯量的工况背景下，刚罐道、提升钢丝绳等提升系统的关键部件需要长时间、高负载服役，准确高效的运行维护与故障检测技术十分必要。在刚罐道检测领域，国内外学者对刚罐道检测技术进行了大量研究，探索出几何测距法、专业仪器法、振动加速度法、惯性平台及运动梁等多种检测方法。按其测量工况和判别指标的不同，大致可分为静态测试法与动态测试法两大类[16]。静态测试法是指在提升容器停止或慢速运行时对罐道的几何外形、安装尺寸、倾斜弯曲等进行检测，具体测试方法包括几何测量法[17]、专业仪器法[18]。动态测试法主要通过分析提升容器的振动响应来实现刚罐道状态评价[19]。玄志成等分析了几种典型的罐道故障，通过频域和小波奇异性分析的方法对罐道状态进行检测和判断[20]。丁雪松利用小波包分解对容器振动信号进行降噪和重构，并以加速度幅值为特征实现了罐道的故障诊断[21]。然而几何测量法和专业仪器法无法反映提升容器运行时与罐道相互作用的动态特性，且无法检测罐道的局部故障。而动态测试法虽然能够有效描述提升容器运行中的动态响应，但传感器的布置和检测数据的获取比较困难。

在 SAP 提升系统中，由于刚罐道有效工作距离长、安装地质条件恶劣，在对大吨位提升容器导向限位的同时，容易受到多频次、大动量冲击，可能出现大尺寸错位、倾斜等缺陷。面对刚罐道过长的检测里程、恶劣的检测环境和难以肉眼辨别的故障类型，人工巡检已经很难实现有效检测。为此设计了面向 SAP 提升系统的磁吸附式刚罐道巡检机器人，并提出了基于机器人姿态变化的刚罐道故障识别方法。

1. 刚罐道巡检机器人结构设计

1) 刚罐道巡检机器人静力学分析

由于刚罐道巡检机器人需要搭载各种电子检测器件对刚罐道进行缺陷检测，其运动性能将直接影响检测效率。基于对本系统中的目标检测参量类别及检测方式考虑，机器人的结构设计主要围绕刚性接触、行进方向可控可调、轻量化、安全防爆四项设计要求展开，刚罐道巡检机器人结构如图 3-51 所示。

为确保刚罐道巡检机器人能够沿着刚罐道纵向移动，采用了磁轮吸附的移动方式，机器人受力分析如图 3-52 所示，mg 为机器人自重；F_{1i} 和 F_{2i} 分别为前、后永磁轮吸附力；f_i 为摩擦力；N 为支持力；L 为轮间距离；H 为质心到罐道表面的距离；A 为机器人质心；B 为机器人发生倾覆时的支点。

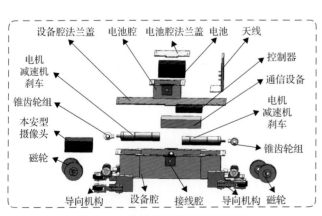

图 3-51　刚罐道巡检机器人结构

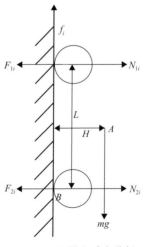

图 3-52　机器人受力分析

为保证机器人在运行过程中不会出现向下滑动或倾覆的情况，各参数应满足方程组：

$$\begin{cases} \sum_{i=1}^{2}F_{1i} + \sum_{i=1}^{2}F_{2i} = \sum_{i=1}^{2}N_{1i} + \sum_{i=1}^{2}N_{2i} \\ \sum_{i=1}^{4}f_i = \mu\left(\sum_{i=1}^{2}N_{1i} + \sum_{i=1}^{2}N_{2i}\right) \\ \sum_{i=1}^{4}f_i = kmg \end{cases}$$

$$\begin{cases} \sum_{i=1}^{2}F_{1i}L \geqslant mgH \\ \sum_{i=1}^{4}f_i \Big/ \sum_{i=1}^{2}N_{1i} + \sum_{i=1}^{2}N_{2i} < \varphi \end{cases} \tag{3-49}$$

式中，μ 为磁轮和罐道之间的摩擦系数；k 为安全系数；φ 为附着系数。

为确保机器人不脱离壁面、不倾覆及不打滑，经过计算，每个磁轮的吸附力应为500N。

2) 刚罐道巡检机器人防爆设计

鉴于刚罐道处于煤矿矿井这一特殊工作环境，刚罐道巡检机器人必须具备防爆功能，因此设计了多功能防爆腔体结构(图3-53)。该结构包括三部分，分别是接线腔、设备腔与电池腔。接线腔主要用于安置线路接头，通过接线腔将设备腔与外界联通；设备腔主要用于安装电源管理系统、控制板、继电器、电机控制器等电器元件；电池腔主要用来放置锂离子动力电池。按照国家相关规定，接线腔和设备腔需承受 1MPa 的压力，电池腔承受 1.5MPa 的压力。对于箱体的焊接，采用 690 钢材，其屈服强度为 690MPa，满足防爆需求。

多功能防爆腔体中的每个独立腔体都可以近似为一个矩形结构，发生爆炸时此结构的力学模型可简化为在整个板面上的均布载荷，如图 3-54 所示。根据弹性力学计算，最

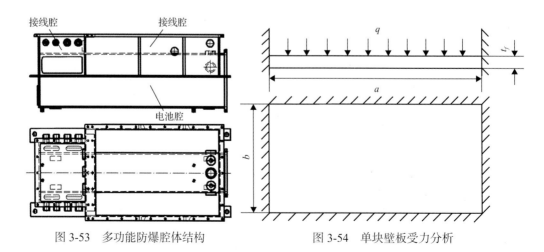

图 3-53　多功能防爆腔体结构　　　　　图 3-54　单块壁板受力分析

大应力点发生在矩形长边的中心位置，最大挠度位置发生在板面中心位置。为避免应力集中，设计时在板与板相交处靠圆角相交。

在实际设计中，当单边超过 300mm 的矩形薄壁板在满足强度时，还要考虑壳体变形，多采用焊接加强筋的方法来提高强度和刚度，如图 3-55 所示。同时，电机也应按照设备腔进行防爆设计，防爆结构如图 3-56 所示。

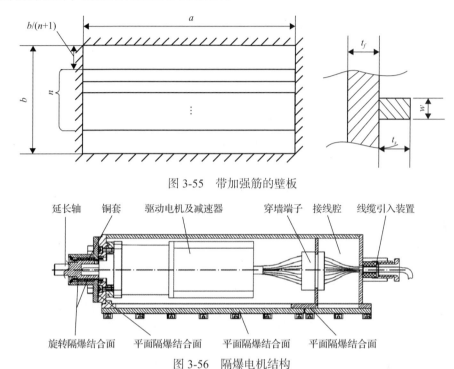

图 3-55　带加强筋的壁板

延长轴　铜套　驱动电机及减速器　穿墙端子　接线腔　线缆引入装置

旋转隔爆结合面　平面隔爆结合面　平面隔爆结合面　平面隔爆结合面

图 3-56　隔爆电机结构

3) 刚罐道巡检机器人样机

基于上述设计，共研制了 4 代刚罐道巡检机器人样机(图 3-57)：2017 年试制了第一

(a) 第一代(2017年)　　(b) 第二代(2019年)　　(c) 第三代(2020年)　　(d) 第四代(2021年)

图 3-57　刚罐道巡检机器人

代刚罐道巡检机器人，主要解决了机器人运动性能问题，基于 Halbach 磁阵列的吸附机构，实现了机器人的垂直攀爬运动；2019 年研发了第二代刚罐道巡检机器人，在机器人上搭载了加速度传感器和倾角传感器，开发了基于机器人姿态变化的刚罐道缺陷识别方法；2020 年设计了第三代刚罐道巡检机器人，在解决了巡检机器人的防爆设计问题和传动效率问题的同时，增加了机器人无线通信功能，可实现机器人的实时控制和无线视频传输；2021 年研发了第四代刚罐道巡检机器人，主要解决了机器人小型化和轻量化问题。第四代刚罐道巡检机器人的主要参数见表 3-4。

表 3-4　第四代刚罐道巡检机器人的主要参数

主要参数	数值
质量	36kg
尺寸	600mm×380mm×320mm
续航	≥1500m
速度	≥0.4m/s

2. 基于机器人姿态变化的刚罐道缺陷识别方法

1）检测原理

目前针对罐道缺陷的检测主要采用以下三种方法：几何测距法、专业仪器法和振动加速度法。其中几何测距法和专业仪器法，因具有检测点位多、检测点位空间跨度大、检测仪器数量多等问题，难以直接应用于巡检机器人。而振动加速度法可以依托巡检机器人作为检测平台，通过检测巡检机器人在刚罐道上运行时的位姿变化，表征刚罐道的形位特征，进而实现刚罐道缺陷识别。

振动加速度法检测原理如图 3-58 所示。在自然坐标系下，加速度传感器可以将 $X_0Y_0Z_0$ 通过旋转一定角度得到 $X_2Y_2Z_2$，并将重力加速度 g 沿 X_2 轴、Y_2 轴和 Z_2 轴分解为 g_x、g_y、g_z。设 $X_2Y_2Z_2$ 中 X 轴与该轴在 X_0OZ_0 平面上的投影夹角为 θ_X，$X_2Y_2Z_2$ 中 Y 轴与该轴在 X_0OZ_0 平面上的投影夹角为 θ_Y，$X_2Y_2Z_2$ 中 Z 轴与该轴在 X_0OZ_0 平面上的投影夹角为 θ_Z，则：

$$\begin{cases} \tan\theta_X = \dfrac{g_x}{\sqrt{(g_y \times g_y) + (g_z \times g_z)}} \\[3mm] \tan\theta_Y = \dfrac{g_y}{\sqrt{(g_x \times g_x) + (g_z \times g_z)}} \\[3mm] \tan\theta_Z = \dfrac{g_z}{\sqrt{(g_x \times g_x) + (g_y \times g_y)}} \end{cases} \tag{3-50}$$

由式（3-50）可知，利用刚罐道巡检机器人中目标参量的长度，即可求解引起刚罐道巡检机器人位姿变化的被测目标尺寸，从而实现刚罐道缺陷检测。

刚罐道缺陷类型主要包括四种：整体倾斜、接头错位、局部凸起（bulge，BG）、接头间隙(clearance, CR)，进一步的整体倾斜又可细分为向上倾斜(upward inclination, UI)和向下倾斜(downward inclination, DI)，接头错位也可分为向上错位(upward dislocation, UD)和向下错位(downward dislocation, DD)，如图 3-59 所示。

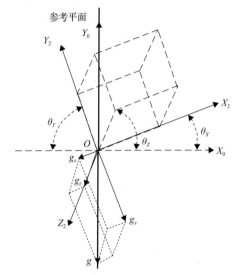

图 3-58 振动加速度法检测原理

序号	缺陷名称	缺陷类别	示意图
1	UI	向上倾斜	
2	DI	向下倾斜	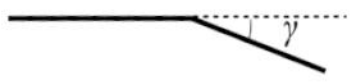
3	UD	向上错位	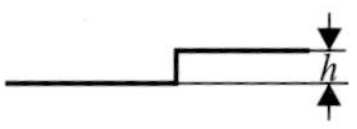
4	DD	向下错位	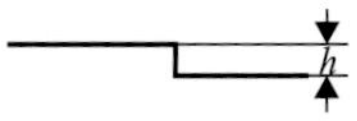
5	BG	局部凸起	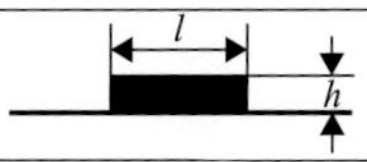
6	CR	接头间隙	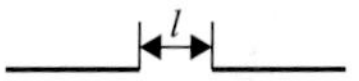

图 3-59 6 种典型刚罐道缺陷分类

根据以上分类，可将刚罐道巡检机器人通过 6 种罐道缺陷时的运动过程分为 5 种基本运动，即上坡运动(slope climbing motion, SC)、前轮上台阶运动(initial parallel up step motion, IU)、前轮下台阶运动(initial parallel down step motion, ID)、后轮上台阶运动(end parallel up step motion, EU)及后轮下台阶运动(end parallel down step motion, ED)。

①上坡运动

上坡运动示意图如图 3-60 所示，两罐道之间夹角为 γ，机器人轮距为 L，机器人与健康罐道之间的夹角为 θ，前后车轮高度差为 h_a，机器人轮子半径为 r，角速度为 w，则：

$$\begin{cases} \theta = \arcsin \dfrac{h_a}{L} \\ h_a = wrt \sin \gamma \end{cases} \tag{3-51}$$

②前轮上台阶运动

前轮上台阶运动示意图如图 3-61 所示，台阶高度为 h，r_0 是车轮和台阶接触点之间的半径，α_0 为车轮半径和 r_0 之间的夹角，则：

$$\begin{cases} \theta = S_{fr} \arcsin \dfrac{h_a}{L} \\ h_a = r \left(\sin(\alpha_0 + \alpha) - \sin(\alpha_0) \right) \\ \alpha_0 = \arcsin \left(\dfrac{r-h}{r} \right) \\ \alpha = wt \end{cases} \tag{3-52}$$

S_{fr} 是一个决定 θ 是正或者负的参数，当前轮上台阶时，其为 1，当后轮上台阶时，其为 -1，同时 α 的取值为

$$\alpha \in \left[0, \left(\frac{\pi}{2} - \alpha_0\right)\right] \tag{3-53}$$

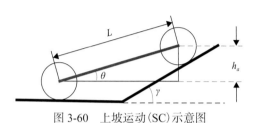

图 3-60　上坡运动(SC)示意图　　　图 3-61　前轮上台阶运动(IU)示意图

③前轮下台阶运动

同理，前轮下台阶运动示意图如图 3-62 所示，则：

$$\begin{cases} \theta = S_{fr} \arcsin \dfrac{h_a}{L} \\ h_a = -r(1 - \cos\alpha) \\ \alpha = wt \end{cases} \tag{3-54}$$

④后轮上台阶运动

同理，后轮上台阶运动如图 3-63 所示，则：

$$\begin{cases} \theta = S_{fr} \arcsin \dfrac{h_a}{L} \\ h_a = -r(1 - \sin(\alpha_0 - \alpha)) \\ \alpha_0 = \arcsin\left(\dfrac{r - h}{r}\right) \\ \alpha = wt \end{cases} \tag{3-55}$$

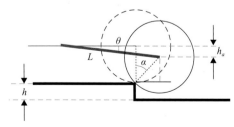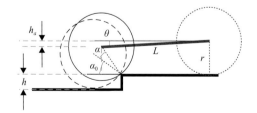

图 3-62　前轮下台阶运动(ID)示意图　　　图 3-63　后轮上台阶运动(EU)示意图

⑤后轮下台阶运动

同理，后轮下台阶运动如图 3-64 所示，则：

$$\begin{cases} \theta = S_{fr} \arcsin \dfrac{h_a}{L} \\[2mm] h_a = r\sin\left(\dfrac{\pi}{2} - \alpha\right) + h - r \\[2mm] \alpha = wt \end{cases} \tag{3-56}$$

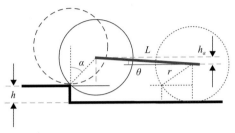

图 3-64　后轮下台阶运动(ED)示意图

根据以上运动分析，分别对以上 6 种典型罐道缺陷进行分析，不同尺寸和类型的缺陷与机器人姿态之间的关系如图 3-65 所示。

2) 性能测试

在淮北矿业集团邹庄煤矿进行了样机性能测试。

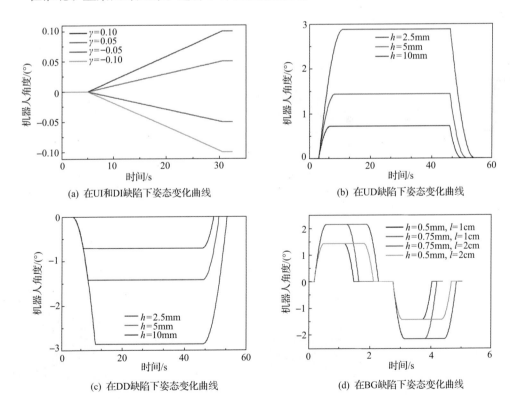

(a) 在UI和DI缺陷下姿态变化曲线

(b) 在UD缺陷下姿态变化曲线

(c) 在DD缺陷下姿态变化曲线

(d) 在BG缺陷下姿态变化曲线

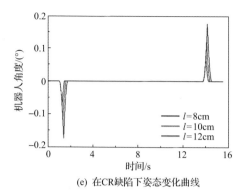

(e) 在CR缺陷下姿态变化曲线

图 3-65　6 种典型罐道缺陷与机器人姿态之间的关系

当机器人遇到接头错位缺陷时，如图 3-66 所示，机器人前轮和后轮在经过缺陷时所产生的传感器信号相同，而在经过不同尺寸大小的缺陷时，机器人所产生的信号有明显区别，缺陷尺寸越大机器人所能检测出来的信号波动越大。

当机器人遇到局部凸起缺陷时，如图 3-67 所示，机器人前、后轮所产生的传感器信号一致，但波动相对接头错位更小。

当机器人遇到整体倾斜缺陷时，如图 3-68 所示，机器人前、后轮所产生的传感器信号杂乱，此时传感器信号波动较为明显，且随着整体倾斜角度变化其信号波动也越剧烈。

通过所获得的传感器信号也能对罐道缺陷进行定性和定量分析，验证了所设计的巡检机器人能够满足预期设计目标。

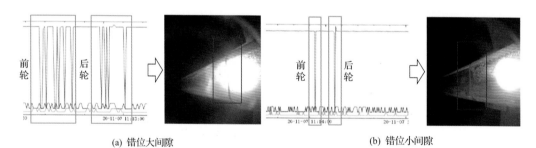

(a) 错位大间隙　　　　　　　　　　　　　　　　(b) 错位小间隙

图 3-66　接头错位

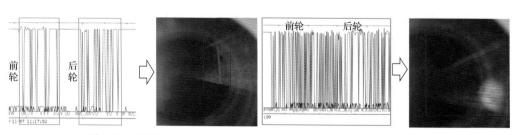

图 3-67　局部凸起　　　　　　　　　　图 3-68　整体倾斜

3. 现场试验

为测试研发的刚罐道巡检机器人否能满足 SAP 提升系统的无人化巡检需求，在大强煤矿(井深 1060m)进行了现场应用，如图 3-69 所示。

图 3-69　机器人现场安装照片

在井口处将巡检机器人安装于罐道上，操作人员在井口处通过无线通信设备将上位机的控制指令发送到机器人上，控制机器人对罐道进行巡检，同时机器人将采集到的传感器数据和视频信息上传到上位机中，如图 3-70 所示。

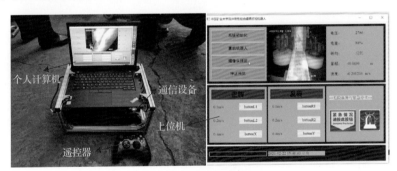

图 3-70　现场试验

试验时，为了充分测试机器人性能，设置单次巡检距离 1025m，其中，下行阶段长度为 825m，上行阶段长度为 200m。

在下行阶段，因机器人仅在垂直方向运动，因此 Z 轴加速度易受到机器人电机自身振动影响，其值不为 0，其值为一定值，机器人在 X 轴和 Y 轴方向上加速度值恒为 0，由此可知罐道健康状况良好，未发现缺陷存在(图 3-71)。同时，选取下行 90～105m 里程的加速度曲线进行观察，如图 3-72 所示，三轴加速度为一定值，证明所检测罐道无缺陷。

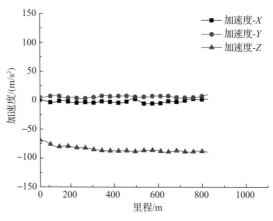

图 3-71　下行阶段(825m)加速度曲线

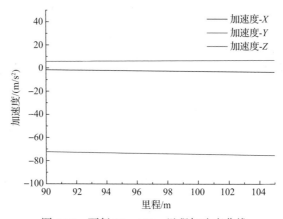

图 3-72　下行 90~105m 里程加速度曲线

在上行阶段，因机器人仅在垂直方向运动，因而其 Z 轴加速度易受到机器人电机自身振动影响，其值不为 0，机器人在 X 轴和 Y 轴方向上加速度恒为 0，而在 Z 轴方向上因机器人上行时需克服重力作用，在重力作用下电机振动的影响较下行阶段会大大减小，其值较下行阶段时稍小，但也是一定值，由此可知罐道健康状况良好，未发现缺陷存在(图 3-73)。同时，选取上行 90~105m 里程的加速度曲线进行观察，如图 3-74 所示，三轴加速度为一定值，证明所检测罐道无缺陷。

综合分析现场罐道照片，如图 3-75 所示，同时结合现场人工巡检结果，得出结论：大强煤矿生产运行时间较短，罐道健康状况较好，未发现罐道缺陷。

通过在大强煤矿千米井筒罐道现场试验，验证了所研发的刚罐道巡检机器人具备刚罐道智能化检测能力，能够满足 SAP 提升系统无人化检测的需求，提高了生产效率。

3.4.2　提升钢丝绳表面损伤图像识别技术

为了实现快速准确的钢丝绳损伤检测，国内外专家研发了多种检测方法和手段，按照其检测原理的不同，大致可以分为射线检测法[22]、电磁检测法[23-25]、声学检测法[26]、电涡流检测法[27]、机器视觉检测法[28,29]、振动检测法[30]、热成像法[31]等，其中电磁检测法和机器视觉检测法的发展较好，已有少量初级产品应用，但并未完全解决相关问题，而其他方法还处于理论研究阶段[32-35]。其中电磁检测法主要是通过检测金属截面积损失来判断钢丝绳的损伤，但其输出结果往往需要具有相关专业知识的技术人员读取和判

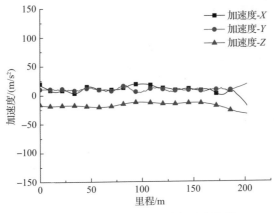

图 3-73　上行阶段（200m）加速度曲线

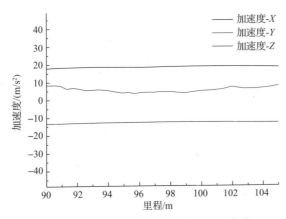

图 3-74　上行 90～105m 里程加速度曲线

图 3-75　现场罐道健康状况

断。而与电磁检测法相比,机器视觉检测法不仅能够快速准确地检测钢丝绳的损伤情况,其输出结果也更为直观。

1. 基于改进 YOLOv3 的钢丝绳表面损伤识别方法

根据 SAP 提升系统的实际工况,在钢丝绳服役过程中,由于摩擦、刮擦、碰撞、冲击、挤压等,钢丝绳会出现多种形式的损伤,如断丝、磨损等,并且这些早期损伤主要产生在钢丝绳表面。早期损伤在服役过程中会不断演化并加重,严重影响钢丝绳的机械强度和使用安全。钢丝绳表面形貌复杂,不同于一般平面,其不具备显著的统计特征和差别(随光照、油污等环境因素而变化),采用图像处理结合机器学习或数学建模的方法需要依赖大量的先验知识。因此,采用深度学习中的目标检测算法,直接对损伤特征进行自适应学习并对损伤类型进行高效识别和定位,从而实现端对端检测。

YOLO 将目标检测任务作为一个回归问题进行处理。将整张图片输入网络,即可得出目标的位置和类别。将图片输入网络后,通过卷积层、池化层、全连接层等进行计算,实现特征提取、像素缩减、类别与位置预测等。最后网络的输出结果为一个张量。

基于机器视觉和改进型深度目标检测算法 YOLOv3,本书提出如图 3-76 所示的钢丝绳表面损伤智能检测方法架构,包括数据采集、数据预处理和损伤检测三个部分。首先通过多个相机实时采集钢丝绳表面的周向图像,然后通过图像预处理获得钢丝绳时间序列图像,最后利用改进的 YOLOv3 对钢丝绳表面损伤进行识别。

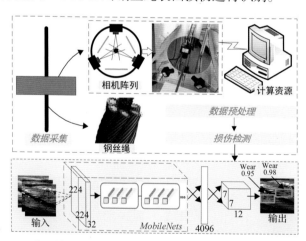

图 3-76　基于改进型 YOLOv3 的钢丝绳表面损伤智能检测方法架构

在数据采集过程中,首先在机架上布置 3 个呈 120°的相机,相机与钢丝绳的物距可调,相机型号可根据实际需求合理选择,如图 3-77 所示。

在采集到钢丝绳图像后,需要对图像进行预处理,以去除背景,并处理为规范的时间序列图像数据。图 3-78 为图像数据预处理过程,采用灰度投影法对钢丝绳图像进行投影,然后结合钢丝绳宽度对钢丝绳的感兴趣区域进行截取,最后分割为统一的大小。

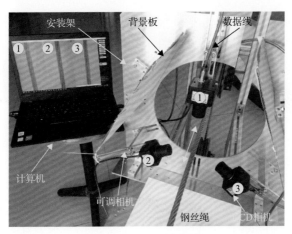

图 3-77 周向采集系统

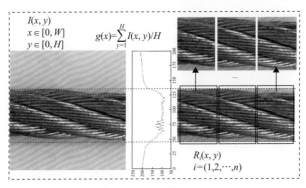

图 3-78 图像数据预处理

原 YOLOv3 的主干网络为 darknet53，该网络结构复杂，对于本任务来说，存在较大的冗余性。为对 YOLOv3 进行改进，将原有的主干网络 darknet53 改为 Mobilenet 轻型网络，以减小计算复杂度和模型大小，从而在满足检测精度的要求下减少对计算资源的需求，便于工业应用中的实际部署，改进型 YOLOv3 框架如图 3-79 所示。

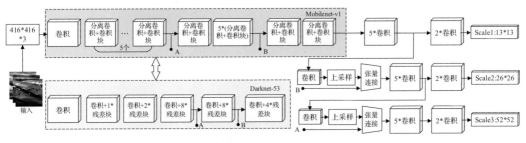

图 3-79 用于钢丝绳表面损伤识别的改进型 YOLOv3 框架

2. 钢丝绳表面损伤图像识别性能评价

1) 静态钢丝绳损伤检测试验

为了验证钢丝绳表面损伤检测算法的可行性，设计了静态钢丝绳损伤检测试验。试验系统如图 3-80 所示，包括高速相机、变倍镜头、多功能支架、偏振片、组合光源、计算机、图像采集软件等。为了衡量算法的性能，选用准确率 P、召回率 R、平均精度 mAP、时间 t 等评价指标进行性能评价，P、R、mAP 如下：

$$P = \frac{TP}{TP + FP} \tag{3-57}$$

$$R = \frac{TP}{TP + FN} \tag{3-58}$$

$$mAP = \frac{1}{c} \sum_{k=1}^{c} J(P, R)_k \tag{3-59}$$

式中，TP、FP、FN 分别为实际为正样本且检测结果为正的数量、实际为负样本且检测结果为正的数量、实际为正样本且检测为负的数量；k 为类别；$J(P, R)_k$ 为类别为 k 时 $P\text{-}R$ 曲线所构成的面积。试验的目的是快速检测和识别钢丝绳表面的断丝和磨损损伤，因此将 mAP 和计算时间 t 作为主要评价指标。

用改进型 YOLOv3 在所建立的数据集上进行训练和测试。试验过程中，使用的断丝和磨损数据，80%用于训练，10%用于测试，10%用于验证，健康样本在预测中使用。将训练迭代次数设为 100000 次，学习率设为 0.001，批尺寸设为 4，训练过程的损失 Loss 曲线和平均精度 mAP 曲线如图 3-81 所示。随着迭代次数的增加，Loss 曲线逐渐收敛，当达到 30000 次迭代时，损失趋于平缓；同时，mAP 曲线逐渐升高，当达到 40000 次迭代时，趋于平缓，最终达到 94%左右。结果表明，改进型 YOLOv3 在所建立的数据集上取得了较好的训练效果。

为了说明本方法的先进性，在相同的试验条件下进一步与其他常用 YOLO 目标检测算法进行对比分析，包括 YOLOv3（darknet53）、YOLOv3（Resnet34）、改进型 YOLOv3。训练过程及性能指标对比如图 3-82 所示。

图 3-80　试验系统

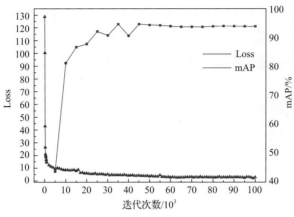

图 3-81　训练过程的 Loss 与 mAP 曲线

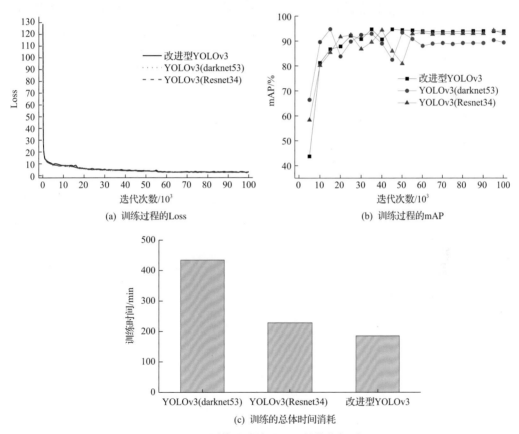

(a) 训练过程的Loss

(b) 训练过程的mAP

(c) 训练的总体时间消耗

图 3-82　不同算法训练过程及性能指标对比

从图 3-82 可以看出，各方法的训练过程中 Loss 的收敛过程相近，改进型 YOLOv3 的 mAP 略高于 YOLOv3(darknet53)和 YOLOv3(Resnet34)，且改进型 YOLOv3 的训练时间 t 最短。以上指标(mAP、t)对比结果说明，改进型 YOLOv3 在钢丝绳表面损伤的检测性能上优于传统的 YOLOv3(darknet53)和另一种基于主干网络 Resnet 的 YOLOv3(Resnet34)。各方法的预测结果如图 3-83 所示，最终试验结果对比见表 3-5。

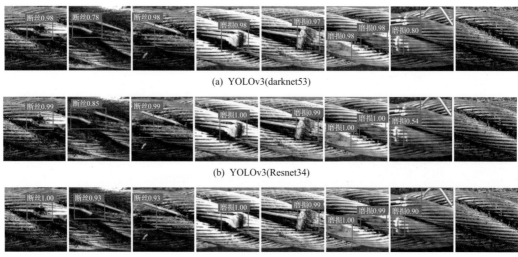

(a) YOLOv3(darknet53)

(b) YOLOv3(Resnet34)

(c) 改进型YOLOv3

图 3-83 不同算法检测结果对比图

表 3-5 YOLOv3 目标检测算法的对比

方法	mAP/%	图像每秒传输帧数/(f/s)	训练时间/min
YOLOv3(darknet53)	89.42	76	434.7
YOLOv3(Resnet34)	93	104	228.5
改进型 YOLOv3	93.92	116	185.5

从表 3-5 和图 3-83 可以看出，各方法都能准确地检测出钢丝绳表面的断丝和磨损损伤，但检测精度和速度存在一定差别。由于改变了算法的主干网路，改进型 YOLOv3 在性能上优于其他算法，其训练时间较短，检测速度较快，并且在平均精度上略高于 YOLOv3(darknet53) 和 YOLOv3(Resnet34)，说明轻量化网络 Mobilenet 更适用于本任务中损伤特征的自适应提取和学习。

2) 动态钢丝绳损伤检测试验

以上研究在静态条件下探明了深度目标检测算法应用于钢丝绳表面损伤检测的可行性，明确了以轻量化网络 Mobilenet 为主干网络的 YOLOv3 检测的高效性，本节进一步进行动态检测试验研究，以对本方法进行验证。

对于动态目标，应避免拖影现象的产生，而曝光时间和目标运行速度是产生拖影现象的两个重要因素。调整好镜头(0.35 倍光学倍率)和光源(90%亮度)，在 20%转速下(运行速度 376mm/s)，采用 125f/s 的帧频在不同曝光时间下采集动态图像，采集效果如图 3-84所示。由采集效果可知，随着曝光时间的降低，拖影现象明显减弱，当曝光时间为1/5000sec 时无拖影现象，且不拖影时的采集效果接近于静态采集。

基于以上不拖影条件下的参数设置，动态下采集新样本，并采用模型进行检测识别，检测结果如图 3-85 所示。由检测结果可知，该模型能够准确地检测出动态采集图像中的损伤及其位置，但当断丝断口过大且接近磨损形貌时易被判断为磨损损伤(图 3-85 右上角两幅图)，符合断丝/磨损耦合损伤的实际情况；同时所采集的动态图像与训练时的样

(a) 1/500 sec　　　　　　　　　　　(b) 1/1000 sec

(c) 1/2500 sec　　　　　　　　　　　(d) 1/5000 sec

图 3-84　不同曝光时间下采集效果

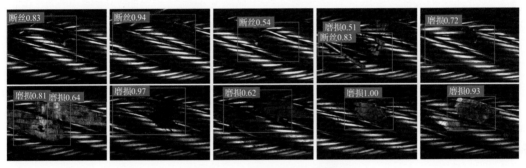

图 3-85　动态损伤检测结果

本相比，在光泽、明暗程度等方面存在一定差别，但仍能检测出损伤，说明了算法的鲁棒性。通过动态试验研究，验证了该方法的有效性。

综上，通过基于改进型 YOLOv3 的机器视觉方法，可快速检测出钢丝绳表面损伤的类型和位置，可以为 SAP 提升系统钢丝绳的安全运行提供支撑。

3.5　SAP 提升容器高速重载运行保障关键技术

3.5.1　深井大惯量提升系统永磁过卷保护方法

SAP 提升系统中的提升容器在井筒内做高速往复直线运动，具有显著的大惯量特征，具体表现为：提升距离更长（≥1000m）；提升速度更快（≥16m/s）；单次提升载荷更大（≥60t）。在这一背景下，对提升系统过卷保护装置提出了更高要求。国内外常用的提升容器过卷保护装置主要包括以下几种：摩擦式过卷保护装置、钢带式过卷保护装置及液压式过卷保护装置等[36, 37]。摩擦式过卷保护装置的工作原理是利用多个摩擦片之间压紧产生的摩擦力做功，将提升容器的动能转化为摩擦片热能散失[38, 39]。但此类装置在制动力要求较大时存在热衰退现象[40]，因此该装置一般用于小吨位提升容器的过卷保护。钢带式过卷保护装置主要是依靠金属材料受力发生塑性变形，吸收提升容器的动能，从而达到对提升容器进行制动的目的[41]。由于钢带式过卷保护装置在制动力要求较大时容易发生钢带断裂[42]，因此该装置通常不单独用于深井大惯量提升容器过卷保护。液压式过卷保护装置可通过调节节流阀出油口大小实现对制动力的调节，具有无回弹、缓冲平稳的优点。但当所需制动力较大时，液压缸在提升容器运动方向上尺寸较大，与其他方式相比需要更大的布置空间。

因此，为保障 SAP 提升系统的安全运行，围绕高速重载环境下 SAP 提升系统的安全运行需要，提出了深井大惯量提升系统永磁过卷保护方法，研究了深井永磁过卷保护系统制动动力学。

1. 提升容器永磁缓速系统理论模型

1) 永磁涡流缓速系统构建与缓速原理

为确保 SAP 提升系统的深井大惯量提升容器的运行安全，提出了深井大惯量提升系统永磁过卷保护方法，永磁过卷缓速系统结构如图 3-86 所示。永磁涡流缓速(permanent magnet eddy current braking，PMECB)系统主要由永磁体(permanent magnet，PM)、轭铁(back irons，BI)和导电金属板(conductor plates，CP)组成。磁感线由 PM 的 N 极发出，穿过气隙(Air gap，AG)进入 CP，再分为两部分向相反的方向穿过 AG，最终回到 PM 的 S 极。由于 CP 与 PM 之间存在相对运动，在 CP 内部有涡流产生。在涡流磁场与 PM 源磁场相互作用下，CP 受到阻碍其相对运动的阻力，进而形成制动力，实现缓速功能。永磁涡流缓速的二维模型如图 3-87 所示。

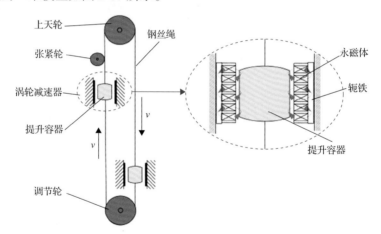

图 3-86　永磁过卷缓速系统结构示意图

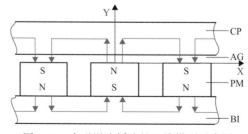

图 3-87　永磁涡流缓速的二维模型示意图

2) 永磁涡流缓速理论模型

图 3-88 为直线 PMECB 的二维分层模型，一般可将空间磁场分为五层，从上至下依

次为：厚度为无限大的空气层、厚度为 d_{CP} 的导体板层、厚度为 δ 的气隙层、厚度为 h_{PM} 的永磁体层和厚度为 d_{BI} 的轭铁层。在二维空间磁场中建立笛卡儿坐标系，由于磁通在 Z 方向的不变性，故只考虑 X-Y 平面中磁通量的变化，将各层材料属性均视作线性材质。利用 Rogowski 法以麦克斯韦（Maxwell）方程组为基础可建立直线 PMECB 的解析模型。直线 PMECB 中任意位置的制动力解析式及制动力密度表达式为

$$\Delta \vec{F}_{\text{braking}} = -\vec{J}_z \cdot \vec{B}_y^* = 2h^2 \pi f \sigma \left\| R_2 \cdot \mathrm{e}^{\alpha y} + S_2 \cdot \mathrm{e}^{-\alpha y} \right\|^2 \tag{3-60}$$

式中，$\vec{J}_z$ 为 z 方向的涡流密度；$\vec{B}_y^*$ 为 y 方向的磁通密度；h 为傅里叶展开次数；f 为气隙中的磁场变化频率；σ 为导体板电导率；R 和 S 为可调整的预设参数；α 为常量。

以解析模型为基础，利用多物理场耦合，构建了直线 PMECB 仿真模型。直线 PMECB 有限元模型如图 3-89 所示，其中 BI 为轭铁，PM 为永磁体，CP 为导体板。轭铁与永磁体直接接触，而永磁体与导体板之间存在一定宽度的气隙。永磁体布置方向为导体板相对运动方向。通过调整有限元模型中各部分的几何尺寸及材料参数，可以对不同尺寸、不同材料的直线 PMECB 的磁场、力场、制动力等关键参量进行有限元仿真（图 3-90），建立了永磁缓速系统的理论模型，为提升容器永磁缓速系统的构建奠定了理论基础。

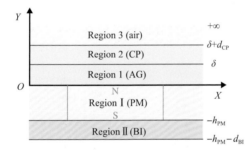

图 3-88　直线 PMECB 的二维分层模型

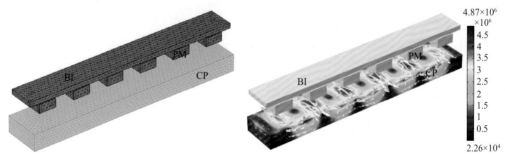

图 3-89　直线 PMECB 有限元模型　　　　图 3-90　导体板上的涡流分布

2. 影响永磁涡流缓速制动力的关键参数

当导体板相对运动速度在直线 PMECB 的临界速度范围内时，制动力与导体板相对运动速度呈正相关关系。因此当导体板相对运动速度一定时，制动力的大小主要受直线 PMECB 设计参数的影响，如永磁体极距、导体板厚度、永磁体种类、永磁体尺寸、导体板电导率和气隙宽度等。其中永磁体尺寸、导体板电导率与气隙宽度对制动力的影响

已经有相关专家进行了相对完善的研究。但永磁体极距和导体板厚度两项参数对制动力的影响仍然缺乏科学的理论依据。

1) 永磁体极距对制动力的影响

在直线 PMECB 设计过程中，当永磁体极距过大时，单位长度内布置的永磁体对数过少，气隙磁场频率降低，制动力减小，所需制动距离增大；而当极距过小时，单位长度内布置的永磁体对数过多，直线 PMECB 总质量增大，增加生产成本[43-46]。因此，永磁体极距是直线 PMECB 设计过程中的关键设计参数之一，选择一个合适的永磁体极距，不仅可以提高永磁体利用率，达到最优制动效果，也可以在保证制动力较大的同时尽可能地减少永磁体布置对数，以降低设备总质量及生产维护成本。

将永磁体极距与永磁体在导体板运动方向上的长度的比值定义为永磁体布置参数 k_1，定义参数 b_k：

$$b_k = \frac{F_{k1} - F_{1.2}}{F_{1.2}} \times 100\% \tag{3-61}$$

式中，F_{k1} 为制动力曲线中横坐标为 k_1 值时对应的制动力；$F_{1.2}$ 为 k_1 值为 1.2 时对应的制动力。设置导体板相对运动速度为 2.4m/s，导体板材料为铝合金，气隙宽度分别为 9mm、12mm、15mm，由 PMECB 理论模型和实际实验结果，得到不同气隙、不同速度、不同电导率条件下制动力和 b_k 随 k_1 值的变化曲线，仿真如图 3-91 所示，实验结果如图 3-92 所示。

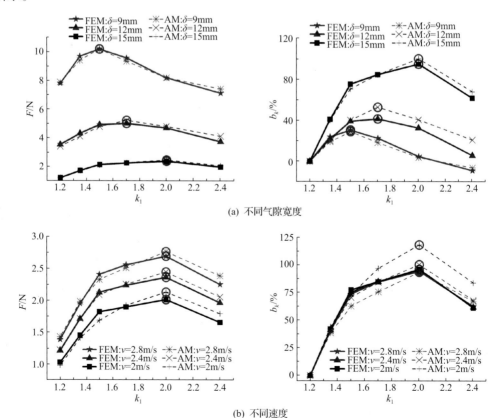

(a) 不同气隙宽度

(b) 不同速度

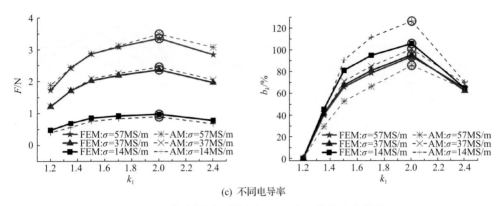

(c) 不同电导率

图 3-91　仿真结果：制动力和 b_k 随 k_1 值的变化曲线

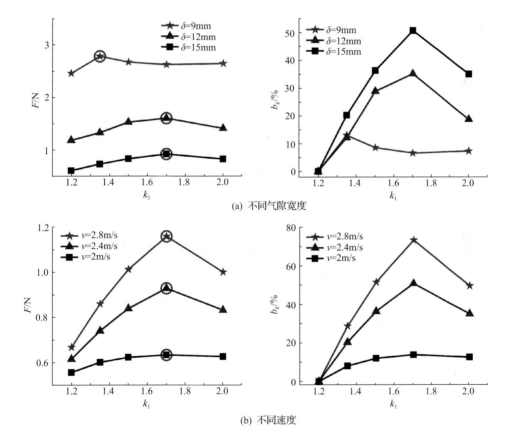

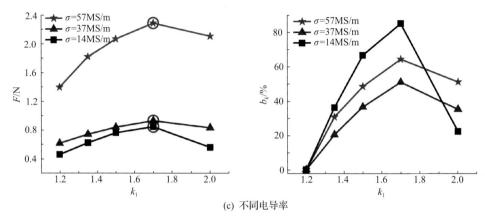

(c) 不同电导率

图 3-92　实验结果：制动力和 b_k 随 k_1 值的变化曲线

对比仿真结果与实验结果可以看出，在永磁体长度一定时，存在一个最优的永磁体极距使得制动力最大，制动效果最好；该最优永磁体极距的取值只与气隙宽度相关，而不受速度和导体板电导率的影响；永磁体极距的优化对于大气隙、低电导率条件下的直线 PMECB 制动力优化效果更明显，也具有更大的优化意义。

2) 导体板厚度对制动力的影响

在直线 PMECB 缓速过程中，制动力的大小与导体板内部产生的感应涡流强度直接相关，而当导体板厚度在涡流标准渗透深度范围内时，涡流强度受导体板厚度的影响较大，因此导体板厚度也是直接影响直线 PMECB 制动力大小的一个重要因素。导体板厚度过小，则制动力不足；导体板厚度过大，则直线 PMECB 的总质量越大，制造和维护成本就越高，不符合现代工业发展对于设备轻量化的要求。因此，选择一个既能满足制动力要求又能满足设备轻量化要求的最优导体板厚度是非常必要的。

当导体板厚度为 d_{CP}，涡流标准渗透深度为 δ_{ec}，导体板材料为铝合金时，依据 PMECB 仿真模型，分别得出不同速度、不同电导率下制动力随着 d_{CP}/δ_{ec} 的变化曲线，如图 3-93 所示。分析图 3-93 发现，各条曲线中最大导体板厚度均为 $1\times\delta_{ec}$ 左右，最优导体板厚度

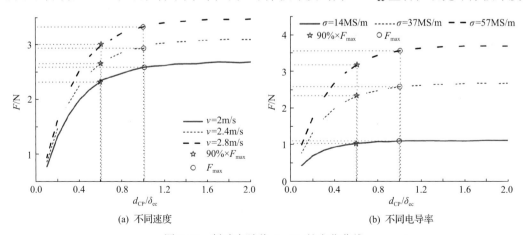

(a) 不同速度　　　　　　　　　　　　　　　(b) 不同电导率

图 3-93　制动力随着 d_{CP}/δ_{ec} 的变化曲线

则约为 $0.6 \times \delta_{ec}$，且该结论不受速度和导体板电导率影响。基于此，得出了最优导体板厚度与 δ_{ec} 之间的关系：

$$d_{CP} = 0.6 \cdot \delta_{ec} = \frac{0.6}{\sqrt{\pi \cdot \mu \cdot \sigma \cdot v / (2 \cdot L)}} \tag{3-62}$$

通过该经验公式，可以在不需要建立数学模型和大量数据的前提下确定最优导体板厚度，此时不仅可以获得较大的制动力（$90\% \times F_{max}$），同时也尽可能地减小了直线 PMECB 的设备质量，为提升容器永磁缓速系统的构建提供了设计基础。

3. 直线永磁涡流缓速装置结构优化

由于深井大惯量提升容器在运行过程中存在一定程度的振动或者摇摆现象，此时深井大惯量提升容器一旦与永磁体发生碰撞，永磁体极易发生破坏，从而导致缓速效果减弱，甚至缓速失效。为了保护永磁体不受损坏，需要深井大惯量提升容器和永磁体之间的气隙宽度足够大，以保证即使深井大惯量提升容器存在较大振动或者摇摆也不会与永磁体发生接触。然而，较大的气隙宽度将显著降低直线 PMECB 的制动力，使缓速效果变差。因此为解决大气隙条件下直线 PMECB 制动力不足、缓速效果差的问题，从结构优化的角度对直线 PMECB 制动力进行优化，提出了一种直线 PMECB 新结构，将该新结构命名为"H 型直线 PMECB"，该新结构在 SAP 提升系统大惯量、大气隙条件下仍然能够提供较大的制动力，保证良好的缓速效果。

图 3-94 为 H 型直线 PMECB 装置结构，H 型直线 PMECB 是在直线 PMECB 结构的基础上增加了若干个铁箔片（IF）。为了探究 H 型直线 PMECB 结构的缓速机理，通过等效磁路法对新结构建立了等效磁路模型（图 3-95），从理论角度解释了该新结构的气隙补偿机理。

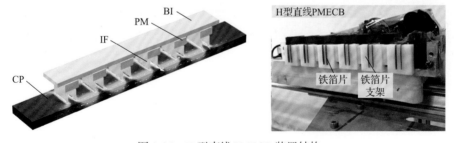

图 3-94　H 型直线 PMECB 装置结构

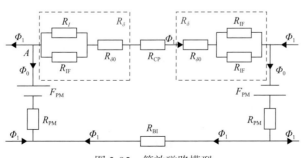

图 3-95　等效磁路模型

分析发现，IF 数量越多制动力越大，但随着 IF 数量增加，制动力的增幅越来越小。

通过对比仿真结果和实验结果发现(图 3-96)，H 型直线 PMECB 存在一个最优铁箔片布置参数，且该最优铁箔片布置参数具体值为 0.25；将 H 型直线 PMECB 的铁箔片布置参数设置为 0.25 后与常规直线 PMECB 进行缓速性能对比：H 型直线 PMECB 缓速性能明显优于常规直线 PMECB，其制动力约为常规直线 PMECB 制动力的 2～3 倍，基本解决了 SAP 提升系统大惯量条件下提升容器制动力不足的问题。

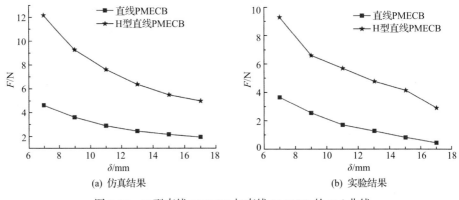

(a) 仿真结果　　　　　　　　　　(b) 实验结果

图 3-96　H 型直线 PMECB 与直线 PMECB 的 F-δ 曲线

4. 深井永磁过卷保护系统制动动力学

在深井大惯量提升容器过卷保护过程中，深井大惯量提升容器不仅受到首绳向上的拉力、尾绳向下的拉力、深井大惯量提升容器自身的重力，同时还受到 H 型直线 PMECB 过卷保护装置的制动力等。由于井筒环境复杂，深井大惯量提升容器受力情况复杂，因此将过卷保护过程中深井大惯量提升容器的受力情况进行简化计算，提升侧和下放侧深井大惯量提升容器的简化力学模型如图 3-97 所示。

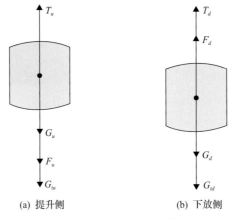

(a) 提升侧　　　　　　　(b) 下放侧

图 3-97　提升容器受力分析

由于深井大惯量提升容器的提升行程较大，尾绳长度也较大，因此在简化力学模型中不可忽略平衡尾绳的质量。根据图 3-97 中的受力分析，提升侧和下放侧深井大惯量提升容器的受力情况分别满足式 (3-63) 和式 (3-64)。

提升侧：

$$F_{s1} = G_u + F_u + G_{tu} - T_u = M_u \cdot a_u \tag{3-63}$$

下放侧：

$$F_{s2} = F_d + T_d - G_d - G_{td} = M_d \cdot a_d \tag{3-64}$$

式中，F_{s1}、F_{s2} 分别为提升侧、下放侧深井大惯量提升容器所受的合力；M_u、M_d 分别为提升侧、下放侧深井大惯量提升容器的总质量（自重与载重之和）；$G_u = M_u g$、$G_d = M_d g$ 分别为提升侧、下放侧深井大惯量提升容器的总重力；F_u、F_d 分别为 H 型直线 PMECB 对提升侧、下放侧深井大惯量提升容器的制动力；G_{tu}、G_{td} 分别为提升侧、下放侧深井大惯量提升容器下端尾绳的质量；T_u、T_d 分别为提升侧、下放侧深井大惯量提升容器所受提升钢丝绳的拉力；a_u、a_d 分别为提升侧、下放侧深井大惯量提升容器缓速过程中的减速度。提升侧、下放侧深井大惯量提升容器所受提升钢丝绳的拉力如下。

提升侧：

$$T_u = G_u + F_u + G_{tu} - M_u \cdot a_u = M_u \cdot (g - a_u) + F_u + G_{tu} \tag{3-65}$$

下放侧：

$$T_d = G_d + G_{td} - F_d + M_d \cdot a_d = M_d \cdot (g + a_d) - F_d + G_{td} \tag{3-66}$$

已知在深井大惯量提升容器速度变化曲线中，深井大惯量提升容器在缓速和止动两个阶段的运行距离之和为深井大惯量提升容器的实际过卷距离。提升侧、下放侧深井大惯量提升容器的过卷距离求解公式如下。

提升侧：

$$S_u = v_0 \cdot t - \frac{1}{2} \cdot a_u \cdot t^2 = v_0 \cdot t - \frac{1}{2 \cdot M_u} \left(M_u \cdot g + F_u + G_{tu} - T_u \right) \cdot t^2 \tag{3-67}$$

下放侧：

$$S_d = v_0 \cdot t - \frac{1}{2} \cdot a_d \cdot t^2 = v_0 \cdot t - \frac{1}{2 \cdot M_d} \left(F_d - G_{td} + T_d - M_d \cdot g \right) \cdot t^2 \tag{3-68}$$

式中，v_0 为提升容器初速度。

通常情况下，过卷距离越小则表示过卷保护效果越好。但是，当过卷距离过小时，说明过卷保护过程中深井大惯量提升容器的减速度绝对值过大，此时提升钢丝绳所受到的冲击力也过大。一旦该冲击力的大小超出了提升钢丝绳的最大承受能力，就会发生钢丝绳断丝甚至断裂现象，进而引发坠罐事故。因此，为保证钢丝绳不被破坏，必须保证钢丝绳所受张力满足钢丝绳自身的安全系数要求。

根据我国 2006 年修订的《重要用途钢丝绳》(GB 8918—2006)，单根钢丝绳最小破断拉力的计算公式为

$$P_{\min} = K_r \cdot d_r^2 \cdot R_{\min} \tag{3-69}$$

式中，K_r 为钢丝绳最小破断拉力系数；d_r 为钢丝绳公称直径；$R_{\min}$ 为钢丝绳公称抗拉强度。单根钢丝绳的最小破断拉力 $P_{\min}$ 与单根钢丝绳所能够承受的最大静张力 $F_{\max}$ 满足：

$$M_r \cdot F_{\max} = n_r \cdot K \cdot P_{\min} \tag{3-70}$$

式中，M_r 为钢丝绳安全系数；n_r 为提升钢丝绳的根数；K 为换算系数。

根据式(3-65)、式(3-69)及式(3-70)，H 型直线 PMECB 对提升侧、下放侧深井大惯量提升容器的制动力应分别满足以下公式。

提升侧：

$$F_u < F_{\max} - M_u \cdot (g - a_u) - G_{tu} \tag{3-71}$$

下放侧：

$$F_d > M_d \cdot (g + a_d) + G_{td} - F_{\max} \tag{3-72}$$

即提升侧：

$$F_u < \frac{1}{M_r} \cdot n_r \cdot K \cdot K_r \cdot d_r^2 \cdot R_{\min} - M_u \cdot (g - a_u) - G_{tu} \tag{3-73}$$

下放侧：

$$F_d > M_d \cdot (g + a_d) + G_{td} - \frac{1}{M_r} \cdot n_r \cdot K \cdot K_r \cdot d_r^2 \cdot R_{\min} \tag{3-74}$$

5. 深井大惯量提升容器过卷保护装置设计与分析

为了进一步落实 H 型直线 PMECB 在 SAP 提升容器过卷保护中的应用，着重考虑了其在工程应用中可能面临的气隙宽度问题、制动力问题、导体板温升问题，提出并设计了一种基于 H 型直线 PMECB 结构的过卷保护装置，研究了该装置的关键设计参数对上述问题的影响。

1) 提升容器与永磁体间气隙控制方法

根据深井大惯量提升容器和永磁体材料的特性，基于 H 型直线 PMECB 结构的过卷保护装置应具备以下特点。

(1) 尽可能地减小永磁体与深井大惯量提升容器之间的气隙宽度，以提高制动力。

(2) 使永磁体与深井大惯量提升容器之间的气隙宽度为一稳定值，不受提升容器振动

影响，避免制动力发生突变，影响缓速效果。

（3）保证深井大惯量提升容器与永磁体之间不发生碰撞，避免永磁体被破坏。

图 3-98 为基于 H 型直线 PMECB 结构的过卷保护装置设计方案。

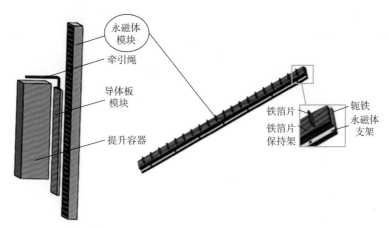

图 3-98　基于 H 型直线 PMECB 结构的过卷保护装置设计方案

永磁体模块固定在井筒壁上不发生移动，导体板模块沿井筒壁上的导轨做竖直方向的移动，牵引绳与导体板模块上端连接。为便于将基于 H 型直线 PMECB 结构的过卷保护装置应用在各类不同井筒深度、提升容器参数与运行速度的深井大惯量提升系统中，并且便于安装、维护，在基于 H 型直线 PMECB 结构的过卷保护装置方案设计过程中应该考虑将永磁体模块设计为多个子模块并列多排布置，以便于根据具体工况增减永磁体子模块数量，以调节制动力大小。该结构具有以下优点。

（1）在该结构中增加导体板模块代替深井大惯量提升容器作为 H 型直线 PMECB 结构中的导电金属板，将永磁体模块与深井大惯量提升容器之间的相对运动转变为永磁体模块与导体板模块之间的相对运动，并将导体板模块所受制动力通过牵引绳传递至深井大惯量提升容器上，从而解决了深井大惯量提升容器与永磁体间气隙过大引起的制动力衰减问题。

（2）导体板与井筒壁之间为滑移副连接，当导体板被深井大惯量提升容器带动向上运动时，其运动方向是沿一固定轨迹做上下移动，解决了深井大惯量提升容器与永磁体之间气隙宽度不恒定导致的制动力易发生突变的问题。

（3）永磁体与深井大惯量提升容器之间存在导体板模块，并且导体板模块与深井大惯量提升容器之间留有足够的安全距离，解决了深井大惯量提升容器碰撞易导致永磁体破坏的问题。

2）过卷保护装置制动能力研究

根据《煤矿安全规程》，提升容器过卷速度和过卷距离之间的关系应满足表 3-6 的要求。目前对于提升容器过卷速度≥10m/s 时的最小减速度尚未有明确规定，因此以过卷速度为 10m/s、最大过卷距离为 10m 对应的最小减速度为评价标准，对基于 H 型直线 PMECB

结构的过卷保护装置的缓速效果进行分析。

表 3-6　提升系统过卷保护要求

过卷速度/(m/s)	≤3	4	6	8	≥10
过卷距离/m	4.0	4.75	6.5	8.25	≥10.0

设置基于 H 型直线 PMECB 结构的过卷保护装置中永磁体子模块数量为 120 个（5 行，24 列），导体板尺寸为 8m×0.0105m×8m，通过对 H 型直线 PMECB 有限元模型进行仿真，得到深井大惯量提升容器运行速度为 6～20m/s 时基于 H 型直线 PMECB 结构的过卷保护装置的制动力曲线（图 3-99）和减速度曲线（图 3-100）。

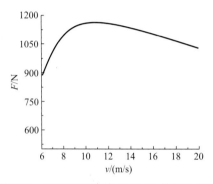

图 3-99　基于 H 型直线 PMECB 结构的过卷
保护装置制动力曲线

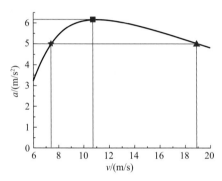

图 3-100　基于 H 型直线 PMECB 结构的过卷
保护装置减速度曲线

根据图 3-100，对于基于 H 型直线 PMECB 结构的过卷保护装置，当深井大惯量提升容器运行速度为 10.72m/s 时减速度达到最大值 6.17m/s^2＜a_{max}，该数值满足对所选钢丝绳的安全要求；当深井大惯量提升容器运行速度为 7.40m/s、18.82m/s 时对应的减速度均为 $a_{min}=5$m/s^2，满足对最小减速度的要求。这说明基于 H 型直线 PMECB 结构的过卷保护装置可用于过卷速度≤18.82m/s、提升容器总质量为 100t 的深井大惯量提升系统，并且其制动能力满足 SAP 提升系统过卷保护需求。

3）基于 H 型直线 PMECB 结构的过卷保护装置导体板热量分析

在深井大惯量提升容器过卷保护过程中，基于 H 型直线 PMECB 结构的过卷保护装置将提升容器动能转化为涡流热能散失在周围环境中。当单位时间内导体板动能变化量较大时，涡流发热量过大会引起导体板和周围环境迅速升温。一方面，导体板温度过高会改变导体板电导率，进而降低制动力；另一方面，当导体板内壁迅速升温时，导体板表面的一部分热量会以热辐射的形式传递到永磁体上，一旦永磁体实际工作温度超出其临界工作温度，则永磁体会出现不可逆的“失磁现象”，导致缓速失效。因此对基于 H 型直线 PMECB 结构的过卷保护装置进行热量分析对保证其平稳制动具有重要意义[47, 48]。

H 型直线 PMECB 在缓速过程中的热量传播路径主要有三种，即传导、对流和辐射。已知基于 H 型直线 PMECB 结构的过卷保护装置中导体板材料为材质均匀的金属材料，导热能力较强。根据其缓速原理，导体板热量是由涡流产生，因此在热量分析过程中通常认为导体板表面厚度为涡流标准渗透深度(standard depth of penetration，SDoP)的部分为发热源，发热源内部热量均匀分布，而超出涡流标准渗透深度的导体板部分与发热源之间的热量传递方式为热传导。通常基于 H 型直线 PMECB 结构的过卷保护装置的导体板厚度为 0.6×SDoP，在涡流标准渗透深度范围内，因此可以将导体板仅视为发热源，而不考虑热传导。

过卷保护装置的缓速过程是从深井大惯量提升容器运行速度为 18.82m/s 开始到速度降至 10m/s 为止。由导体板动能变化计算式计算得到基于 H 型直线 PMECB 结构的过卷保护装置在缓速过程中单侧导体板中涡流产生的总热量为 $6.35×10^6$J，求解得到导体板温升为 3.89℃。

综上，基于 H 型直线 PMECB 结构的过卷保护装置，将深井大惯量提升容器运行速度从 18.82m/s 降至 10m/s 产生的总热量能够使导体板升温 3.89℃。当深井大惯量提升容器总质量为 100t 时，在过卷保护过程中两种结构的导体板温升均较小，对 SAP 提升系统及提升环境的温度影响可以忽略，能够满足 SAP 提升系统的过卷保护需求。

3.5.2　深井罐道连接技术

在立井提升系统中，罐道的作用是限制提升容器水平方向的位移，保证竖直方向的平稳运行。按照结构和材质的不同，罐道可以分为刚性罐道和柔性罐道两种[49]。柔性罐道具有结构简单、安装维护方便等优点，但如果提升容器质量过大，或启动、停车时运行速度过快，会引起罐道绳的剧烈振荡，因此不适用于高速重载情况。而刚性罐道是由若干根导轨通过罐道梁相互刚性连接，并沿井筒全深度铺设。刚性罐道的主要优点是侧向弯曲和扭转强度大，罐道刚性强。刚性罐道能够满足深井高速重载的要求，因此刚性罐道在井筒装备中的应用更加广泛[50]。目前刚性罐道多采用多根空心钢首尾焊接组成[51]，单根罐道长达数百米或更长。但对于超深井而言，这种罐道连接方式使得罐道难以维护更换，安装精度也难以保证。

在 SAP 提升系统的超深井、大惯量背景下，现有罐道设计的直线度、平顺性、平整性等指标，达不到高速重载的提升容器对罐道的要求；超深井的罐道维护与维修工作也十分困难。针对这一问题，提出了一种新型罐道连接装置和连接方法(图 3-101)，罐道连接装置用于连接上罐道与下罐道。该方法将罐道连接装置单独分离出来，使传统罐道的导向功能、定位功能分别由各个罐道和对应的罐道连接装置承担。在确保安装精度的同时，使罐道各段相互独立，消除了相邻罐道之间的互相影响，避免了因上下罐道挤压引起的罐道变形，便于罐道维护调整和更换，为 SAP 提升系统的安全稳定运行提供了可靠保障。

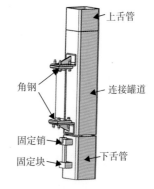

图 3-101　罐道连接装置示意图

参 考 文 献

[1] 寇保福, 刘邱祖, 刘春洋, 等. 矿井柔性提升系统运行过程中钢丝绳横向振动的特性研究[J]. 煤炭学报, 2015, 40(5): 1194-1198.

[2] 中华人民共和国能源部. JL 系列 立井大型多绳箕斗基本参数: MT/T 331—1993[S]. 北京: 中国标准出版社, 1993.

[3] 中华人民共和国能源部. JG 系列 立井大型多绳箕斗基本参数: MT/T 328—1993[S]. 北京: 中国标准出版社, 1993.

[4] 中华人民共和国能源部. JC 系列 立井大型多绳箕斗基本参数: MT/T 329—1993 [S]. 北京: 中国标准出版社, 1993.

[5] 董春青, 赵立红, 赵爱玲, 等. 大型多绳单层罐笼及承接装置的研制[J]. 煤矿机械, 2011, 32(10): 158-160.

[6] 景正利. 立井多绳大型罐笼结构型式及主要参数探讨[J]. 煤炭工程, 2004(10): 14-16.

[7] 苗成标. 泰安煤机公司承制特大型罐笼[J]. 煤矿机械, 2011, 32(9): 78.

[8] 齐德锋. 浅谈神华亿利黄玉川煤矿副立井提升系统[J]. 神华科技, 2011, 9(2): 39-42.

[9] 胡长华, 杜庆永, 张继玲. 特大型罐笼研究与应用[J]. 煤矿机械, 2010, 31(9): 124-125.

[10] 张锋. 黄玉川矿井副立井提升系统的装备特点[J]. 煤炭工程, 2010(3): 9-11.

[11] 邵元金, 闫君, 杨玉超. 焊接工艺对不锈钢焊接变形的影响[J]. 焊接技术, 2015, 44(4): 80-81.

[12] 邹永丰. 桥钢厚板焊接残余应力数值模拟及试验研究[D]. 成都: 西南交通大学, 2017.

[13] 王林涛, 朱真才, 钱俊梅. 上开式扇形闸门箕斗卸载装置参数分析与设计[J]. 矿山机械, 2006(12): 70-72, 5.

[14] 严明霞, 刘立. 上开式扇形闸门箕斗卸载曲轨曲线的参数优化[J]. 煤炭学报, 2007(10): 1102-1104.

[15] 谈兆丰, 何太龙. 箕斗卸载曲轨受力分析[J]. 中国矿山工程, 2012, 41(4): 1-3.

[16] 肖兴明, 王鹏, 黄继战. 立井罐道测试方法浅析[J]. 煤炭科学技术, 2004(12): 36-38.

[17] 陈艳梅. 竖井罐道变形测量简易方法及精度分析[J]. 西部探矿工程, 2003(4): 89-90.

[18] 隋惠权, 苏仲杰, 刘文生. 立井罐道测斜仪的研制[J]. 阜新矿业学院学报(自然科学版), 1994(4): 38-41.

[19] 王东权, 史天生, 郭晋蒲, 等. 立井刚性井筒装备与提升容器相互作用模拟试验研究[J]. 煤炭学报, 1998(2): 60-64.

[20] 玄志成, 李成荣, 付华, 等. 提升罐道故障诊断方法的研究[J]. 煤炭学报, 1999(5): 517-521.

[21] 丁雪松. 立井刚性罐道的振动特性研究[D]. 淮南: 安徽理工大学, 2017.

[22] Weischdel H R. The inspection of wire ropes in service: a critical review[J]. Materials Evaluation, 1985, 43(13): 1592-1605.

[23] Zhang D, Zhao M, Zhou Z, et al. Characterization of wire rope defects with gray level co-occurrence matrix of magnetic flux leakage images[J]. Journal of Nondestructive Evaluation, 2013, 32(1): 37-43.

[24] Kim J W, Park S. Magnetic flux leakage-based local damage detection and quantification for steel wire rope non-destructive evaluation[J]. Journal of Intelligent Material Systems and Structures, 2018, 29(17): 3396-3410.

[25] Kim J W, Park S. Magnetic flux leakage sensing and artificial neural network pattern recognition-based automated damage detection and quantification for wire rope non-destructive evaluation[J]. Sensors, 2018, 18(1): 109.

[26] Raišutis R, Kažys R, Mažeika L, et al. Ultrasonic guided wave-based testing technique for inspection of multi-wire rope structures[J]. NDT & E International, 2014, 62: 40-49.

[27] Cao Q, Liu D, He Y, et al. Nondestructive and quantitative evaluation of wire rope based on radial basis function neural network using eddy current inspection[J]. NDT & E International, 2012, 46: 7-13.

[28] Wang Z Q, Qiu R H, Yin S D. The detection system for elevator wire rope based on image processing[J]. Microcomputer Information, 2011(3): 41-43.

[29] 郭宁, 赵晓莉, 寇子明. 基于机器视觉的提升系统钢丝绳横向振动监测研究[J]. 煤炭技术, 2019, 38(1): 120-123.

[30] Kaczmarczyk S, Ostachowicz W. Transient vibration phenomena in deep mine hoisting cables [J]. Journal of Sound and Vibration, 2003, 262(2): 219-244.

[31] Krešák J, Peterka P, Kropuch S, et al. Measurement of tight in steel ropes by a mean of thermovision[J]. Measurement, 2014, 50: 93-98.

[32] 刘秀成. 磁致伸缩与磁弹一体化传感技术及其钢索检测应用研究[D]. 北京: 北京工业大学, 2013.

[33] 余道华, 李扬. 基于磁通量法的钢索拉力测量实验研究[J]. 电子质量, 2008(11): 25-27.

[34] 戴勇磊, 吴遐, 张雷, 孙利涛. 基于机器视觉的电梯钢丝绳缺陷检测方法[J]. 中国电梯, 2018, 29(7): 10-12.

[35] 侯振宁, 李记叶, 黄灵峰. 一种基于机器视觉的非接触式电梯钢丝绳缺陷检测技术[J]. 中国电梯, 2018, 29(1): 33-34, 37.

[36] 李瑞春, 张桂芹. 矿井提升设备使用与维护[M]. 北京: 机械工业出版社, 2013.

[37] Hansel J. Reliability and safety of mine hoist installations[J]. Journal of Konbin, 2010, 13(1): 187-196.

[38] 姚志强. 矿井提升系统钢带式缓冲装置的特性研究[D]. 淮南: 安徽理工大学, 2019.

[39] 张帅鹏. 立井提升钢带过卷缓冲装置特性与匹配研究[D]. 淮南: 安徽理工大学, 2017.

[40] 张国旺, 刘春孝. 2 种立井提升系统防止撞击、过卷缓冲、托罐保护装置的比较[J]. 煤矿机械, 2007(8): 134-136.

[41] 庞金华, 郑红晓, 刘员生, 等. HZSN 型提升机多功能过卷保护装置在超化矿的应用[J]. 中州煤炭, 2010(1): 59-60.

[42] 李军风. 立井提升过卷缓冲保护装置的结构型式及应用[J]. 煤矿安全, 2008(8): 68-70.

[43] 王金波, 衣丰艳, 胡东海, 等. 增矩双层定子永磁缓速器制动力矩计算与试验[J]. 山东交通科技, 2018, 1(1): 31-34.

[44] 李德胜, 叶乐志. 新型汽车永磁缓速器的设计与分析[C]//中国汽车工程学会. 2007 中国汽车工程学会年会论文集. 2007: 638-641.

[45] 赵小波, 姬长英, 黄亦其, 等. 永磁式涡流缓速器涡流分析与制动力矩计算[J]. 机械设计, 2008, 1(11): 62-65.

[46] 何仁, 赵万忠, 牛润新. 车用永磁式缓速器制动力矩的计算方法[J]. 交通运输工程学报, 2006, 1(4): 62-65.

[47] 叶乐志, 李德胜, 王跃宗, 等. 先进汽车缓速器理论与实验[M]. 北京: 机械工业出版社, 2013.

[48] Weijie W, Desheng L, Longxi Z, et al. Research on the influence of different stator materials on the braking torque of liquid-cooled eddy current retarder with dual salient poles[J]. Australian Journal of Mechanical Engineering, 2017, 15(2): 84-92.

[49] 张荣立, 何国纬, 李铎. 采矿工程设计手册[M]. 北京: 煤矿工业出版社, 2003.

[50] 杨天恩. 立井提升容器的水平振动研究及结构改进设计[D]. 淮南: 安徽理工大学, 2016.

[51] 中华人民共和国煤炭工业部. 立井罐道用冷弯方形空心型钢: MT/T 557—1996[S]. 北京: 中国标准出版社, 1997.

第4章　深井提升大功率传动控制关键技术

针对深井 SAP 提升系统大功率传动关键技术问题,探明了超长钢丝绳弹性阻尼作用下振荡机理,形成了 S 形速度曲线给定与加速度补偿相结合的行程控制解决方案以及一种基于电流预测脉冲宽度调制(pulse width modulation, PWM)的大功率电机转矩控制方法,提出了故障弱信号提取、故障快速定位、多源异构数据同步等新方法,提高了提升传动系统的可靠性,并研发了深井提升电控成套系统;基于 H 桥级联结构以及器件并联技术变流器内部电磁、热、力多场耦合的瞬态特性分析,提出了大功率叠层母排局部杂散电感测量及建模方法,以及基于门极电压调制的大功率绝缘栅双极型晶体管(insulated gate bipolar transistor, IGBT)智能驱动过压抑制方法,大幅提高了深井提升传动变流器的功率容量扩展能力及装置可靠性,并研制了 7MW 高压级联变流器。

4.1　深井 SAP 提升机械振荡传导机制及转矩表征研究

4.1.1　深井摩擦式提升系统纵向振荡建模

提升钢丝绳是提升机和提升载荷的纽带,造成提升钢丝绳纵向振荡的原因有很多,主要是机械制造缺陷和电机输出转矩脉动[1]。提升钢丝绳的纵向振荡动力学特性与钢丝绳的性能和运动参数密切相关[2-4]。提升深度加深、提升载荷加重和提升速度加快导致提升钢丝绳的质量、弹性和自重发生轴向变形,产生纵向张力[5]和纵向振荡运动,改变了提升系统动力学性能[6]。因此,为保障深井提升系统的安全稳定和可靠运行,有必要对提升钢丝绳的纵向振荡特性展开研究。

研究提升钢丝绳的纵向振荡特性,分析其动力学行为,必须先建立符合研究需求的提升钢丝绳纵向振荡模型。在对提升钢丝绳纵向振荡研究的过程中,根据提升钢丝绳研究重点的不同,其假设条件也不同,因此采取何种提升钢丝绳纵向振荡模型对后续提升钢丝绳纵向振荡抑制算法的研究至关重要。

目前,提升钢丝绳纵向振荡动力学模型一般将提升钢丝绳等效为单自由度模型、多自由度模型和连续体模型。单自由度模型和多自由度模型为集中参数的离散模型,连续体模型为离散参数的集中模型。当以提升载荷为研究对象时,由集中参数的离散模型推导出的特征方程为常微分方程或时变微分方程。其不仅能反映出提升载荷的振动状态,还更容易求解。对于单自由度模型,该模型将提升钢丝绳等效为无质量弹簧[7]或者将提升钢丝绳三分之一质量通过瑞利-里茨法(Reyleigh-Ritz method)等效在提升载荷上[8],其忽略了钢丝绳本身惯性力的影响,适用于提升距离比较短和提升速度慢的场合。当提升深度达到 2000m 时,提升钢丝绳的质量已经无法忽略,其惯性力对提升系统产生明显的

本章作者:王颖杰、何凤有、戴鹏、王福忠、邱玉林、史光辉、伍小杰

影响[9-11]，为更加接近提升钢丝绳的实际运行状态，常将其离散成由无数个质量—弹簧—阻尼模块组成的系统，各模块随提升运行状态的变化而变化。然而，现实中的提升钢丝绳是连续体，当以提升钢丝绳本体为研究对象分析其振荡特性时，一般建立提升钢丝绳离散参数的集中模型。离散参数的集中模型以弦线的轴向振动分析理论为基础，推导出模型参数在时间和空间连续分布的偏微分方程或泛函微分方程[12-17]。所推导的方程能更加近似地分析钢丝绳的振荡特性，但其求解过程很复杂，计算量比较大。基于上述模型，国内外学者对不同的研究重点开展了大量研究。

以提升高度 1500~2000m 的深井 SAP 提升系统为例，落地式多绳摩擦提升机的摩擦轮和调节轮之间的钢丝绳长度较短且长度固定，可忽略该段提升钢丝绳的惯性力影响，将其等效为与纵向钢丝绳平行的黏弹性体，因此，本节基于以下六个假设对提升钢丝绳进行建模和求解。

(1)钢丝绳纵向振荡引起的变形远小于整根提升钢丝绳的长度，钢丝绳的变形遵从胡克定律，同时其线密度 ρ、横截面积 A、弹性模量 E 保持不变。

(2)忽略钢丝绳的横向振荡和扭转振荡影响。

(3)假设提升钢丝绳为沿着钢丝绳轴向运动的黏弹性体，并且具有均匀分布的质量和一定阻尼。

(4)忽略提升机本体弹性，不计提升容器、提升载荷本体的弹性变化。

(5)假设提升系统不打滑，将电机和传动装置的质量和转动惯量等位到摩擦滚筒上。

(6)提升钢丝绳属于金属材料，提升钢丝绳作为弹性体对它施加一定的应力时，不仅会发生瞬时弹性应变，还会发生随时间变化的弹性蠕变。弹性蠕变随着时间的积累，属于不可恢复变形，因此假设运动中的提升钢丝绳在某一时刻只受瞬时弹性应变。

深井多绳摩擦 SAP 提升系统纵向振荡简化模型如图 4-1 所示，包括摩擦滚筒、提升侧与下放侧首绳、提升侧与下放侧尾绳和载荷等。

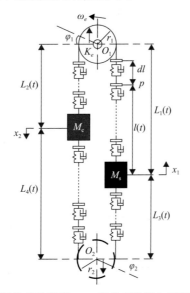

图 4-1　深井多绳摩擦 SAP 提升系统纵向振荡简化模型

图 4-1 中，$L_1(t)$ 和 $L_2(t)$ 对应提升侧和下放侧首绳长度；$L_3(t)$ 和 $L_4(t)$ 对应提升侧和下放侧尾绳长度。钢丝绳作为一个等效黏弹性体，各段钢丝绳对应的等效刚度系数分别为 k_1、k_2、k_3 和 k_4，等效阻尼系数分别为 c_1、c_2、c_3 和 c_4，等效刚度系数和等效阻尼系数随提升高度的变化而变化，同时 $k_1=EA/L_1(t)$、$k_2=EA/L_2(t)$、$k_3=EA/L_3(t)$ 和 $k_4=EA/L_4(t)$，其中 E 为钢丝绳弹性模量，A 为钢丝绳横截面积。$c_1=\mathrm{cs}k_1$、$c_2=\mathrm{cs}k_2$、$c_3=\mathrm{cs}k_3$ 和 $c_4=\mathrm{cs}k_4$，cs 是钢丝绳阻尼因子。M_s 为提升侧提升容器和载荷的质量；M_c 为下放侧提升容器和载重的质量。K_e、C_e 分别为等效在摩擦滚筒上的电机、传动装置等旋转体的抗扭转刚度和抗扭转阻尼，其对应的转动惯量为 J_1，滚筒半径为 r_1；电机机械角速度为 ω_e。为保证尾绳规律运行，在该提升装置底部添加一个具有一定质量的调节轮，其对应的转动惯量为 J_2，调节轮半径为 r_2。φ_1 和 φ_2 分别为滚筒和调节轮的转角。

假设深井多绳摩擦 SAP 提升系统的广义坐标为 $\boldsymbol{x}_i=[x_1,\ x_2,\ \varphi_1,\ \varphi_2]^{\mathrm{T}}$，其中，$x_1$ 和 x_2 分别为提升载荷和下放载荷的位移。深井多绳摩擦 SAP 提升系统纵向振荡方程可表示为

$$\frac{\mathrm{d}}{\mathrm{d}t}\left[\frac{\partial T}{\partial \dot{x}_i}\right]-\frac{\partial T}{\partial \dot{x}_i}+\frac{\partial U}{\partial x_i}+\frac{\partial D}{\partial \dot{x}_i}=Q_i \quad (i=1,2,3,4) \tag{4-1}$$

式中，T、U 和 D 分别为提升系统的总动能、总势能和总耗散能；Q_i 对应第 i 广义坐标的广义力。

提升系统的总动能包括钢丝绳动能、提升载荷和摩擦滚筒动能。采用瑞利-里茨法计算钢丝绳的动能。如图 4-1 所示，假设钢丝绳沿绳轴向均匀变化，在 $L_1(t)$ 上的任一点 p 处取一个微元段 $\mathrm{d}l$，则钢丝绳 p 处的速度为

$$\dot{x}(t)=\dot{x}_1+\frac{r_1\dot{\varphi}_1-\dot{x}_1}{L_1}l \tag{4-2}$$

已知点 p 处钢丝绳质量为 $\mathrm{d}m=\rho\mathrm{d}l$，则 $L_1(t)$、$L_2(t)$、$L_3(t)$ 和 $L_4(t)$ 段钢丝绳的动能为

$$T_{L_1}=\int_0^{L_1}\frac{1}{2}\mathrm{d}m\dot{x}^2=\int_0^{L_1}\frac{1}{2}\rho\left(\dot{x}_1+\frac{r_1\dot{\varphi}_1-\dot{x}_1}{L_1}l\right)^2\mathrm{d}l=\frac{1}{6}\rho L_1\left[(r_1\dot{\varphi}_1)^2+(r_1\dot{\varphi}_1)\dot{x}_1+\dot{x}_1^2\right] \tag{4-3}$$

$$T_{L_2}=\frac{1}{6}\rho L_2\left[(r_1\dot{\varphi}_1)^2+(r_1\dot{\varphi}_1)\dot{x}_2+\dot{x}_2^2\right] \tag{4-4}$$

$$T_{L_3}=\frac{1}{6}\rho L_3\left[\dot{x}_1^2+\dot{x}_1(r_2\dot{\varphi}_2)+(r_2\dot{\varphi}_2)^2\right] \tag{4-5}$$

$$T_{L_4}=\frac{1}{6}\rho L_4\left[(r_2\dot{\varphi}_2)^2+(r_2\dot{\varphi}_2)\dot{x}_1+\dot{x}_1^2\right] \tag{4-6}$$

则总动能为

$$
\begin{aligned}
T &= T_{L_1} + T_{L_2} + T_{L_3} + T_{L_4} + \frac{1}{2}M_s\dot{x}_1^2 + \frac{1}{2}M_c\dot{x}_2^2 + \frac{1}{2}J_1\dot{\varphi}_1^2 + \frac{1}{2}J_2\dot{\varphi}_2^2 \\
&= \frac{1}{6}\rho L_1\left[(r_1\dot{\varphi}_1)^2 + (r_1\dot{\varphi}_1)\dot{x}_1 + \dot{x}_1^2\right] + \frac{1}{6}\rho L_2\left[(r_1\dot{\varphi}_1)^2 + (r_1\dot{\varphi}_1)\dot{x}_2 + \dot{x}_2^2\right] \\
&\quad + \frac{1}{6}\rho L_3\left[\dot{x}_1^2 + \dot{x}_1(r_2\dot{\varphi}_2) + (r_2\dot{\varphi}_2)^2\right] + \frac{1}{6}\rho L_4\left[(r_2\dot{\varphi}_2)^2 + (r_2\dot{\varphi}_2)\dot{x}_1 + \dot{x}_1^2\right] \\
&\quad + \frac{1}{2}M_s\dot{x}_1^2 + \frac{1}{2}M_c\dot{x}_2^2 + \frac{1}{2}J_1\dot{\varphi}_1^2 + \frac{1}{2}J_2\dot{\varphi}_2
\end{aligned}
\tag{4-7}
$$

提升系统总势能包括重力势能和弹性势能，则总势能为

$$
\begin{aligned}
U &= M_s g x_1 - M_c g x_2 + \rho g L_1\frac{r_1\varphi_1 + x_1}{2} + \rho g L_3\frac{x_1 + r_2\varphi_2}{2} - \rho g L_2\frac{x_2 + r_1\varphi_1}{2} \\
&\quad - \rho g L_4\frac{r_2\varphi_2 + x_2}{2} + \frac{1}{2}K_e\varphi_1^2 + \frac{1}{2}k_1(r_1\varphi_1 - x_1 + f_1)^2 + \frac{1}{2}k_2(x_2 - r_1\varphi_1 + f_2)^2 \\
&\quad + \frac{1}{2}k_3(x_1 - r_2\varphi_2 + f_3)^2 + \frac{1}{2}k_4(r_2\varphi_2 - x_2 + f_4)^2
\end{aligned}
\tag{4-8}
$$

总耗散能为

$$
\begin{aligned}
D &= \frac{1}{2}C_e\dot{\varphi}_1^2 + \frac{1}{2}c_1\left(r_1\dot{\varphi}_1 - \dot{x}_1\right)^2 + \frac{1}{2}c_2\left(\dot{x}_2 - r_1\dot{\varphi}_1\right)^2 \\
&\quad + \frac{1}{2}c_3\left(\dot{x}_1 - r_2\dot{\varphi}_2\right)^2 + \frac{1}{2}c_4\left(r_2\dot{\varphi}_2 - \dot{x}_2\right)^2
\end{aligned}
\tag{4-9}
$$

式中，f_1、f_2、f_3 和 f_4 为提升系统在静止状态时，钢丝绳 $L_1(t)$、$L_2(t)$、$L_3(t)$ 和 $L_4(t)$ 的变形量，具体为

$$
\begin{aligned}
f_1 &= \frac{1}{k_1}(M_s + \frac{\rho L_1}{2} + \rho L_3)g \\
f_2 &= \frac{1}{k_2}(M_c + \frac{\rho L_2}{2} + \rho L_4)g \\
f_3 &= \frac{1}{k_3}\frac{\rho L_3}{2}g \\
f_4 &= \frac{1}{k_4}\frac{\rho L_4}{2}g
\end{aligned}
\tag{4-10}
$$

正常运行状况下，提升系统的外力来源于电动机提供的动力，则广义力为

$$
\boldsymbol{Q}_i = \left[0, 0, \Sigma Ma, 0\right]
\tag{4-11}
$$

式中，ΣM 为提升系统的变位质量，包括电机和传动装置的变位质量、摩擦滚筒的质量、提升容器的质量、提升载荷的质量和钢丝绳的质量等；a 为提升系统运行的线加速度。

将式(4-7)、式(4-8)、式(4-9)和式(4-10)代入式(4-1)，描述深井多绳摩擦 SAP 提升

系统纵向振荡的控制方程为

$$
\left[M_s + \frac{1}{3}\rho(L_1 + L_3)\right]\ddot{x}_1 + \frac{1}{6}\rho L_1 r_1 \ddot{\varphi}_1 + \frac{1}{6}\rho L_3 r_2 \ddot{\varphi}_2 + (k_1 + k_3)x_1
$$
$$
-k_1 r_1 \varphi_1 - k_3 r_2 \varphi_2 + (c_1 + c_3)\dot{x}_1 - c_1 r_1 \dot{\varphi}_1 - c_3 r_2 \dot{\varphi}_2 = 0
\tag{4-12}
$$

$$
\left[M_c + \frac{1}{3}\rho(L_2 + L_4)\right]\ddot{x}_2 + \frac{1}{6}\rho L_2 r_1 \ddot{\varphi}_1 + \frac{1}{6}\rho L_4 r_2 \ddot{\varphi}_2 + (k_2 + k_4)x_2
$$
$$
-k_2 r_1 \varphi_1 - k_4 r_2 \varphi_2 + (c_2 + c_4)\dot{x}_2 - c_2 r_1 \dot{\varphi}_1 - c_4 r_2 \dot{\varphi}_2 = 0
\tag{4-13}
$$

$$
\frac{1}{6}\rho L_1 r_1 \ddot{x}_1 + \frac{1}{6}\rho L_2 r_1 \ddot{x}_2 + \left[I_1 + \frac{1}{3}\rho r_1^2(L_1 + L_2)\right]\ddot{\varphi}_1 - k_1 r_1 x_1 - k_2 r_2 x_2
$$
$$
+\left[K_e + (k_1 + k_2)r_1^2\right]\varphi_1 - c_1 r_1 \dot{x}_1 - c_2 r_2 \dot{x}_2 + \left[C_e + (c_1 + c_2)r_1^2\right]\dot{\varphi}_1 = \sum Ma
\tag{4-14}
$$

$$
\frac{1}{6}\rho L_3 r_2 \ddot{x}_1 + \frac{1}{6}\rho L_4 r_2 \ddot{x}_2 + \left[I_2 + \frac{1}{3}\rho r_2^2(L_3 + L_4)\right]\ddot{\varphi}_2 - k_3 r_2 x_1 - k_4 r_2 x_2
$$
$$
+(k_3 + k_4)r_2^2 \varphi_2 - c_3 r_2 \dot{x}_1 - c_4 r_2 \dot{x}_2 + \left[(c_3 + c_4)r_2^2\right]\dot{\varphi}_2 = 0
\tag{4-15}
$$

由式(4-1)得到控制方程是4个非线性方程组,为便于求解分析,将式(4-11)～式(4-14)转化成线性二阶微分方程矩阵形式:

$$
[M][\ddot{X}] + [C][\dot{X}] + [K][X] = [Q]
\tag{4-16}
$$

式中,M、C、K、Q分别对应于广义坐标向量Q的质量矩阵、阻尼矩阵、刚度矩阵和广义力矩阵,各矩阵分别为

$$
M = \begin{bmatrix}
M_s + \dfrac{1}{3}\rho(L_1 + L_3) & 0 & \dfrac{1}{6}\rho L_1 r_1 & \dfrac{1}{6}\rho L_3 r_2 \\[2mm]
0 & M_c + \dfrac{1}{3}\rho(L_2 + L_4) & \dfrac{1}{6}\rho L_2 r_1 & \dfrac{1}{6}\rho L_4 r_2 \\[2mm]
\dfrac{1}{6}\rho L_1 r_1 & \dfrac{1}{6}\rho L_2 r_1 & I_1 + \dfrac{1}{3}\rho r_1^2(L_1 + L_2) & 0 \\[2mm]
\dfrac{1}{6}\rho L_3 r_2 & \dfrac{1}{6}\rho L_4 r_2 & 0 & I_2 + \dfrac{1}{3}\rho r_2^2(L_3 + L_4)
\end{bmatrix}
\tag{4-17}
$$

$$
K = \begin{bmatrix}
k_1 + k_3 & 0 & -k_1 r_1 & -k_3 r_2 \\
0 & k_2 + k_4 & -k_2 r_1 & -k_4 r_2 \\
-k_1 r_1 & -k_2 r_1 & K_e + (k_1 + k_2)r_1^2 & 0 \\
-k_3 r_2 & -k_4 r_1 & 0 & (k_3 + k_4)r_2^2
\end{bmatrix}
\tag{4-18}
$$

$$\boldsymbol{C} = \begin{bmatrix} c_1 + c_3 & 0 & -c_1 r_1 & -c_3 r_2 \\ 0 & c_2 + c_4 & -c_2 r_1 & -c_4 r_2 \\ -c_1 r_1 & -c_2 r_1 & C_e + (c_1 + c_2) r_1^2 & 0 \\ -c_3 r_2 & -c_4 r_1 & 0 & (c_3 + c_4) r_2^2 \end{bmatrix} \tag{4-19}$$

$$\boldsymbol{Q}_i = \left[0, 0, \sum Ma, 0 \right]^{\mathrm{T}} \tag{4-20}$$

考虑钢丝绳惯性力，则摩擦滚筒提升侧和下放侧摩擦钢丝绳的动张力分别为

$$S_{\text{up}} = M_s \left(g + \ddot{x}_1 \right) + \rho L_1 \left(g + \frac{\ddot{x}_1 + r_1 \ddot{\varphi}_1}{2} \right) + \rho L_3 \left(g + \frac{\ddot{x}_1 + r_2 \ddot{\varphi}_2}{2} \right) \tag{4-21}$$

$$S_{\text{down}} = M_c \left(g - \ddot{x}_2 \right) + \rho L_2 \left(g - \frac{\ddot{x}_2 + r_1 \ddot{\varphi}_1}{2} \right) + \rho L_4 \left(g - \frac{\ddot{x}_2 + r_2 \ddot{\varphi}_2}{2} \right) \tag{4-22}$$

由于摩擦式提升系统是靠摩擦滚筒衬垫和接触钢丝绳之间的摩擦力克服摩擦滚筒两侧钢丝绳的张力，向提升装置传递动力装置的动力。在不考虑摩擦滚筒和接触钢丝绳发生相对滑动的情况下，忽略摩擦力的影响，摩擦滚筒上的动力完全用于克服钢丝绳张力差。摩擦滚筒两侧钢丝绳的张力差为

$$\begin{aligned} S = S_{\text{up}} - S_{\text{down}} &= M_s \left(g + \ddot{x}_1 \right) + \rho L_1 \left(g + \frac{\ddot{x}_1 + r_1 \ddot{\varphi}_1}{2} \right) + \rho L_3 \left(g + \frac{\ddot{x}_1 + r_2 \ddot{\varphi}_2}{2} \right) \\ &\quad - \left[M_c \left(g - \ddot{x}_2 \right) + \rho L_2 \left(g - \frac{\ddot{x}_2 + r_1 \ddot{\varphi}_1}{2} \right) + \rho L_4 \left(g - \frac{\ddot{x}_2 + r_2 \ddot{\varphi}_2}{2} \right) \right] \end{aligned} \tag{4-23}$$

由式(4-16)很难得到精确的深井多绳摩擦 SAP 提升系统纵向振荡解析解，因此采用数值计算法求该二阶微分方程的解，具体做法是通过 MATLAB，运用求解函数 ode45 求微分方程近似解。在求解之前首先给出提升运行曲线和相关参数。

通常，假设提升系统是匀速运行，这与提升系统在现场实际运行状态是不相符的，尽管在一定程度上可以减小计算和分析工作量，但不能有效反映系统实际的提升运行状况。因此，根据实际情况设计提升系统理想运行曲线，便于分析研究问题的同时，真实有效地反映矿井提升运行状态。提升系统采用七段式 S 形曲线完成一个运行周期(提升或下放)，见表 4-1。

表 4-1　提升系统七段式运行曲线分段

阶段	时间	描述
1	$t_j = t_1$	以 j_m 将加速度由 0 缓慢增加至 a_m，完成起动过程
2	$t_a = t_2 - t_1$	以 a_m 匀加速运行，完成加速
3	$t_j = t_3 - t_2$	以 j_m 缓慢减加速过渡至匀速阶段
4	$t_v = t_4 - t_3$	匀速运行

阶段	时间	描述
5	$t_j=t_5-t_4$	以 j_m 缓慢减速过渡至匀加速阶段
6	$t_a=t_6-t_5$	以 a_m 匀加速运行，完成加速
7	$t_j=t_7-t_6$	以 j_m 缓慢减速至停车，完成停车过程

其中，t_j 为加加速度和减加速度所用时间；t_a 为匀加速度所用时间；t_v 为匀速运行阶段所用时间；j_m 为最大加加速度；a_m 为最大加速度；v_m 为最大速度；l_m 为最大提升高度。定义 t_i 为第 $i(i=1,2,3,4,5,6,7)$ 阶段结束时所对应的运行时间，则第 i 阶段结束时提升系统所对应的加速度、速度和位移分别为 a_i、v_i 和 l_i。接着，根据表 4-1 得出运行曲线对应的运行时间 t_i、加速度 a_i、速度 v_i 和位移 l_i。然后，根据提升系统设计要求和相关技术手册，得到提升系统相关数值求解参数。

在深井多绳摩擦 SAP 提升系统设计过程中，尾绳的作用主要是平衡滚筒两侧首绳质量，使电动机提供的动力主要用于提升载荷，所以相同长度的首绳和尾绳质量是相等的。一般首绳根数是尾绳根数的 2 倍，首绳的线密度是尾绳的一半，因此，为了方便计算，钢丝绳线密度和横截面积均为提升系统等效的线密度和横截面积。

针对提升最大速度 16.0m/s，最大加速度 0.75m/s²，最大加加速度 0.5m/s³，提升高度 1700m，对提升系统钢丝绳纵向振荡控制方程式求解，相应提升时和下放时载荷的振荡位移、振荡速度和振荡加速度如图 4-2 所示。

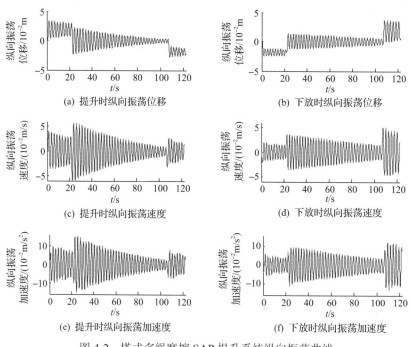

图 4-2　塔式多绳摩擦 SAP 提升系统纵向振荡曲线

由图 4-2 可知，不管是提升载荷还是下放载荷，在加速阶段，距离井底越近，振荡越严重，距离井口较近时，振荡幅值明显减小；当运行速度发生变化时，会引起较大的振荡，尤其在匀速起始阶段，振荡幅值比较大，最大振荡位移幅值达到 2cm，最大振荡速度幅值达到 5.7cm/s，最大振荡加速度幅值达到 15cm/s^2，但由于系统阻尼的存在，振荡幅值缓慢衰减；在匀速阶段，提升时的振荡幅值明显大于下放时的。同时，提升系统振荡频率很低，在整个运行周期内，其振荡频率均不超过 1Hz。

电动机为提升载荷提供的动力大小，可以通过摩擦滚筒两侧的张力差估测得到，如图 4-3 所示。

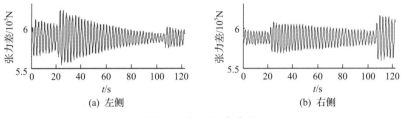

图 4-3　钢丝绳张力差

对比分析图 4-2 和图 4-3 可知，钢丝绳张力差和提升载荷的纵向振荡特性基本一致，张力差主要是由载荷和钢丝绳纵向振荡行为产生。因此，依据张力差可以估算出提升系统的负载力和负载转矩。

在提升系统运行过程中，提升钢丝绳的质量和刚度不断发生变化，因此提升系统振荡频率也将随着提升或下放的高度不断变化，为避免提升系统发生共振，准确掌握提升系统的振荡特性很必要。

由式(4-16)可知，提升系统的控制方程是非线性时变系统方程，很难得到准确的解析解。因此，为求解提升系统的固有频率，首先将非线性方程式(4-16)线性化，对应线性方程为

$$[M][\ddot{X}] + [C][\dot{X}] + [K][X] = 0 \tag{4-24}$$

钢丝绳阻尼系数很小，为方便分析，可将式(4-24)转化为

$$[\ddot{X}] + [M]^{-1}[K][X] = 0 \tag{4-25}$$

由二阶系统的时域响应特性得到提升系统固有角频率：

$$[w_i] = \det([M]^{-1}[K]) \tag{4-26}$$

将相应参数代入式(4-26)，并通过 $f_i = \omega_i/2\pi$ 得到提升系统随提升时间和提升深度变化的固有频率，如图 4-4 所示。

图 4-4(a)和(b)分别对应提升系统在提升和下放过程中的固有频率。1、2、3、4 分别代表提升系统的一阶固有频率、二阶固有频率、三阶固有频率和四阶固有频率。前两阶固有频率随着提升深度的增加略有增加，提升载荷距离井口越近，振荡频率越高。三阶固有频率和四阶固有频率受提升深度的影响比较大，变化比较明显。在提升过程中的

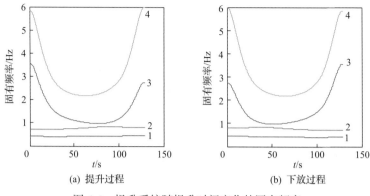

图 4-4　提升系统随提升时间变化的固有频率

起始位置，所对应的四阶频率分别为 0.4089Hz、0.7032Hz、3.2584Hz 和 5.4267Hz；在下放过程中的起始位置，所对应的四阶频率分别为 0.4467Hz、0.7976Hz、2.5130Hz 和5.5559Hz。由于系统惯量比较大，固有频率变化范围也比较小。正如图 4-2 所得到的，不管在提升过程还是下放过程，提升系统的纵向振荡频率很低，前两阶固有频率不超过 1Hz。

4.1.2　影响因素分析

　　针对提升钢丝绳运行时的安全性和稳定性影响因素问题，在前人研究的基础上，近几年有学者从不同角度展开研究。文献[5]通过瑞利-里茨法将钢丝绳三分之一质量等效在提升载荷上，通过仿真和有限元法，研究了深井提升钢丝绳在提升和下放过程中的动态张力特性以及滚筒的磨损情况。文献[18]考虑了钢丝绳惯性、弹性和阻尼沿绳索的连续分布，采用瑞利-里茨法建立了摩擦提升机钢丝绳的纵向振荡偏微分方程，分析了摩擦式提升机在装卸和抓取过程中箕斗的振动问题。但上述偏微分方程在求解时没有考虑边界条件。文献[4]将钢丝绳等效为黏弹性体，建立了无尾绳和有尾绳的提升容器黏弹性微振动方程，对加速和减速以及罐道缺陷造成的垂直振荡通过仿真分析和实验验证。文献[2]通过 Adams 有限元分析法研究了摩擦提升系统的纵向钢丝绳动力特性及其与摩擦滚筒的传动耦合效应。通过实验验证了钢丝绳的张力和纵向振动特性。该方法需要系统机械装置详细的机械参数，过程烦琐，比较适用于矿井提升钢丝绳、滚筒的导向轮等装置的机械结构设计阶段。文献[9]和[10]均利用拉格朗日方程建立了多绳摩擦提升系统五自由度数学模型，文献[10]通过仿真和实验验证了五自由度数学模型的有效性，文献[9]研究了在高速重载下提升机主轴结构对钢丝绳纵向振荡的影响。文献[6]、[19]运用经典的动坐标系法和哈密顿原理，建立了深井单筒缠绕式提升机提升钢丝绳的动力特性分布参数数学模型。该模型以非线性偏微分方程的形式描述了钢丝绳横向—纵向耦合动力响应，考虑了系统的非平稳特性，仿真确定了不同提升速度下矿井提升周期耦合共振区以及外部激励和自身参数激励对系统振荡特性的影响。文献[20]基于变质量非完整系统的哈密顿原理建立了矿井提升钢丝绳纵向和扭转振荡耦合数学模型，研究了提升装载冲击下钢丝绳的振荡特性。文献[21]建立了摩擦提升钢丝绳—容器系统垂直振荡模型，通过仿真和实验分析了容器垂直振荡的频率特性和来源。接着考虑到罐道与钢丝绳的弹性和罐耳的非线性，建立了六自由度提升容器耦合动力学模型，分析了罐道缺陷对垂直提升容器振荡的影响。文献[22]～[26]针对 1500～2000m 超深矿井多绳缠绕式提升系统展开了一系列研究，主要分析钢丝绳本身结构特性。根据不同需求，基于离散参数的集中模型和集中参数的离散模型建立提升钢丝绳的纵向振荡和横向振荡数学模型，数值计算和仿真验证了超深井系统振荡数学模型的正确性。

本章利用所建的深井多绳摩擦 SAP 提升系统纵向振荡模型，从运行状态参数变化、调节轮作用力和外部激励三个方面分析影响提升系统纵向振荡的各种因素及其影响程度，为进一步减小、抑制提升系统的纵向振荡提供理论支持。

1. 运行状态参数的影响

运行状态参数包括加加速度、加速度、速度和位移，研究背景所涉及的深井摩擦提升机不同于目前运行的矿井提升机的技术难点是：超深井、高速度、大载荷。因此以提升深度和提升速度为变量，分析深井摩擦提升机提升系统纵向振荡特性。

图 4-5(a) 为提升系统以不同最大提升深度提升载荷时对应的纵向振荡加速度波形，图 4-5(b) 为提升系统以不同最大提升深度下放载荷时对应的纵向振荡加速度波形。相应最大提升深度分别是 700m、1200m、1500m 和 1700m。图 4-5(a) 中，随着提升深度的加深，振荡幅值明显加大。下放过程中提升振荡幅值略小于提升过程，但随着提升深度的增加，提升载荷的稳定性越来越差。另外，通过求解提升系统固有频率和实际运行中的振荡频率发现，随着提升系统提升深度的加深，固有频率和实际频率均小于 1Hz，且随着提升深度的增加而减小。主要原因在于，随着提升深度的加深，系统广义刚度相对减小，系统中的阻尼相对减小，这也是随着提升的加深，提升载荷纵向振荡更严重的主要原因。

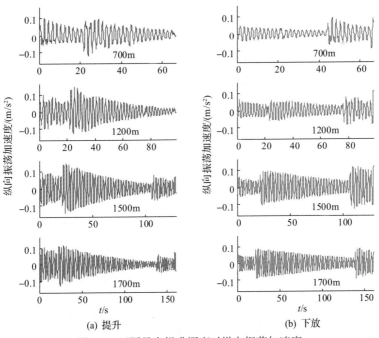

图 4-5　不同最大提升深度时纵向振荡加速度

图 4-6(a)为提升系统以不同最大提升速度提升载荷时对应的纵向振荡加速度波形，图 4-6(b)为提升系统以不同最大提升速度下放载荷时对应的纵向振荡加速度波形。相应最大提升速度分别是 8m/s、12m/s、16m/s 和 20m/s。提升系统在运行过程中(提升或下放)，提升速度越大，提升载荷纵向振荡幅值越大，振荡的时间越长。主要原因在于，随着提升深度的增加，提升钢丝绳的质量也相应增加，因此，其具有更大的惯量。随着提升速度的快速变化，系统广义刚度发生相应变化，在大惯量提升系统快速变化下，提升载荷稳定性减弱。

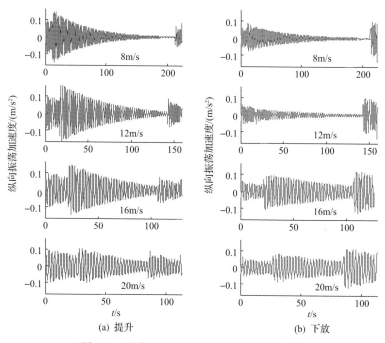

图 4-6　不同最大提升速度时纵向振荡加速度

提升系统的提升载荷质量和系统结构的受力情况有着密不可分的关系，随着提升深度的增加和提升速度的加快，提升系统对提升载荷质量的变化也更加敏感，因此，有必要对提升系统在不同提升载荷质量下的纵向振荡特性进行分析。

图 4-7(a)为提升系统提升不同质量的载荷时对应的纵向振荡加速度波形，图 4-7(b)为提升系统下放不同质量的载荷时对应的纵向振荡加速度波形。相应提升侧负载质量分别是 40t 和 60t。在运行过程(提升或下放)中，提升系统在某些载荷质量下纵向振荡幅值比较小，当载荷质量继续增加时，纵向振荡幅值略增加。

2. 调节轮的影响

SAP 提升系统在井底增加了一个动态调节轮，分析调节轮不同作用力对提升系统纵向振荡特性的影响。

图 4-8(a)为不同调节轮拉力提升时对应的纵向振荡加速度波形，图 4-8(b)为不同调节轮拉力下放时对应的纵向振荡加速度波形。相应调节轮拉力分别是 0，4×10^5gN 和

$8 \times 10^5 \text{gN}$。当调节轮上拉力足够大时，提升系统纵向振荡加速度幅值略减小，尤其在下放载荷时。另外，通过分析张力差和固有频率，随着调节轮拉力的增加，张力差对应的纵向振荡幅值减小，固有频率也相应降低。由此可知，当调节轮上拉力足够大时，在一定程度上可减小提升系统纵向振荡。

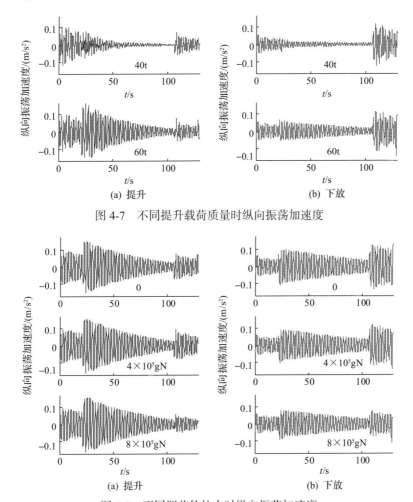

图 4-7　不同提升载荷质量时纵向振荡加速度

图 4-8　不同调节轮拉力时纵向振荡加速度

3. 外部激励的影响

SAP 提升系统运行时，其纵向振荡的结果除了本身结构特点的影响外，各种外部激励也是很重要的原因，尤其当某一激励和提升系统固有频率接近时，会发生共振现象，严重影响提升系统的稳定性和安全性，大大降低生产效率，增加煤矿事故发生的可能性。根据提升系统振荡的缘由，激励源主要包括机械振荡激励源和电气振荡激励源。机械振荡激励源包括：提升机传动结构与安装缺陷造成的振荡、土建结构引起的振荡和井道气流、地震与风震等。电气振荡激励源主要包括：电动机转子不平衡与电机固有特性造成的振荡、驱动控制与电网电源的波动和转速与电流测量装置的不足等。以上因素均可能造成运行中的提升系统发生振荡与噪声污染，如果这些外部因素持续恶化，还可能导致提升系统失稳。因此，为提高提升系统的安全性和稳定性，研究外部激励对提升系统动力学行为的影响具有重要意义。在提升系统中，电动机和传动装置是整个提升系统的动力源，电气振荡激励及其部分机械振荡激励是提升系统纵向振荡外部激励的重要因素。因此，考虑到研究重点，假设由于外部激励的干扰，提升系统纵向振荡控制方程中的广义力受到不同频率和幅值的参数激励，从而发生简谐振荡，其机理可表示为

$$F_{har} = \sum M \left[\sum_{i=1}^{n} A_m \sin(2\pi f_i t) \right] \quad (i = 1, 2, 3, \cdots, n) \tag{4-27}$$

在不同的参数激励频率 f_i（单位 Hz）下，对应的参数激励幅值为 A_m。

那么，含有外部激励的提升系统纵向振荡的控制方程广义力为

$$Q = \sum M \left[a + \sum_{i=1}^{n} A_m \sin(2\pi f_i t) \right] \quad (i = 1, 2, 3, \cdots, n) \tag{4-28}$$

由图 4-4 可知，在提升系统运行的起始位置，其前四阶固有频率分别约为 0.4Hz、0.7Hz、3Hz 和 5Hz。为研究系统共振现象，给出幅值为最大加速度 15% 的不同激励频率，激励频率分别为 0Hz、0.1Hz、0.4Hz、0.7Hz、3Hz、5Hz、10Hz、50Hz 和 100Hz，结果发现，当激励频率大于 3Hz 时，纵向振荡加速度几乎没有变化，因此，激励频率 10Hz、50Hz 和 100Hz 所对应的纵向振荡加速度不再给出，仿真结果如图 4-9 所示。

图 4-9(a) 为提升系统提升过程中外部激励频率不同时对应的纵向振荡加速度波形，图 4-9(b) 为下放过程中外部激励频率不同时对应的纵向振荡加速度波形。无论上提还是下放，当外部激励频率接近提升系统前两阶频率时，提升系统出现共振现象，但其振幅并没有快速发散，在提升系统阻尼作用下振幅逐渐减小；当外部激励频率接近二阶固有频率时，最大振荡幅值是未加激励时的 5 倍，共振现象发生时会造成比较大的振荡幅值；当外部激励频率远离系统固有频率时，没有共振现象；外部激励对三阶固有频率和四阶固有频率影响甚微，同时，提升深度的增加，提升载荷的加重，都会增加系统的惯量，并且三阶和四阶固有频率比较高，系统的大惯量在一定程度上能够抑制比较高的频率；外部激励频率对变速阶段载荷的影响远大于匀速阶段。

当外部激励频率为 3Hz 时，给出其不同幅值，分别占最大加速度的 0%、15%、35%、55% 和 75%，如图 4-10 所示。

图 4-10(a) 为提升系统提升过程中外部激励幅值不同时对应的纵向振荡加速度波形，图 4-10(b) 为下放过程中外部激励幅值不同时对应的纵向振荡加速度波形。无论提升还是下放，当外部激励幅值足够大时，接近系统三阶固有频率的外部激励造成系统纵向振荡加速度幅值增大，尤其在加速和减速阶段振荡比较严重。

当外部激励导致共振现象发生时，钢丝绳和载荷会发生大幅值的纵向振荡，严重影响钢丝绳的使用寿命。同时，提升系统发生严重共振时，会反作用于电动机，对驱动及其控制系统造成不利的影响，因此，应避免这种现象发生。

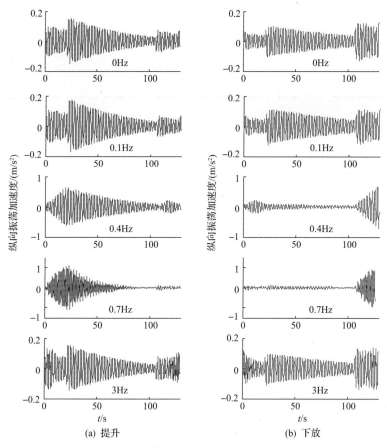

图 4-9　不同外部激励频率时纵向振荡加速度

4.1.3　基于加速度反馈补偿的矿井提升钢丝绳纵向振荡抑制策略

为抑制矿井提升机钢丝绳的纵向振荡，需要新的控制策略补偿钢丝绳纵向振荡导致的电流振荡，达到抑制矿井提升钢丝绳纵向振荡的目的。

钢丝绳纵向振荡抑制控制器的设计过程主要分为两步。第一步，获取补偿参数滚筒侧加速度；第二步，设计加速度实时补偿模块。

滚筒侧加速度获取过程如图 4-11 所示。根据提升系统纵向加速度的振荡频率范围设计低通滤波器的带宽，将角速度信号中的高频谐波频率滤除，得到含有钢丝绳振荡频率的滤波后角速度信号。接着根据采样时间计算得到待补偿加速度。其中，加速度计算模块内的加速度和角速度初始值为零。

根据电机机械运动方程和转矩方程设计加速度实时补偿模块，得到

$$T_e = \frac{3}{2} n_p \left(\psi_d i_q - \psi_q i_d \right) = Jpw_e + T_L + Bw_e \tag{4-29}$$

为分析方便，假设直轴电感 L_d 与交轴电感 L_q 相等。在同步旋转坐标系中，电机电流基波值为直流量，电机转速和负载转矩均值也是非周期量。因此，当负载转矩中含有波

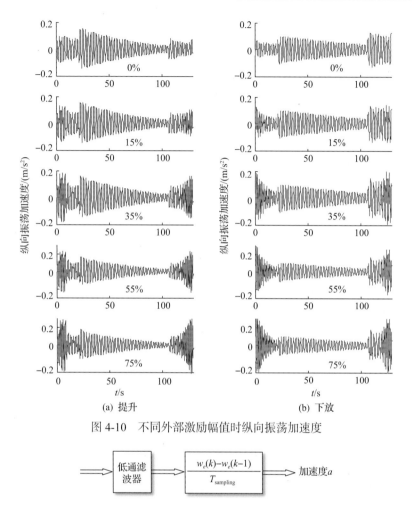

图 4-10　不同外部激励幅值时纵向振荡加速度

图 4-11　滚筒侧加速度获取过程示意图

动量时，可借助电子电路中常用的小信号分析法，得到以电流补偿为输出的传递函数：

$$\frac{\Delta i_q}{p\Delta w_e} = \frac{2B}{3n_p\psi_f}\left(\frac{1}{s} + \frac{J}{B}\right) \tag{4-30}$$

式中，Δi_q 为抑制负载波动的电流补偿量；$p\Delta\omega_e$ 为加速度误差。

　　当忽略摩擦转矩时，Δi_q 和 $p\Delta\omega_e$ 成正比。因此可通过 PI 控制器以加速度为输入量计算电流补偿量，将补偿量添加到电流环输入端。当然，当直轴电感 L_d 和交轴电感 L_q 不等时，可以先计算出电流补偿复矢量，然后通过电机旋转角度得到直轴电流补偿量和交轴电流补偿量。钢丝绳纵向振荡抑制控制器示意图如图 4-12 所示。

　　以 S 形运行曲线所对应的速度曲线作为控制器速度给定值。当提升和下放负载时，从电机相电流、电磁转矩、提升载荷加速度的变化情况验证钢丝绳振荡抑制策略效果。

　　当电机以最大提升速度 16m/s，以 S 形运行曲线提升和下放钢丝绳以及满载载荷时，按照基于加速度反馈补偿的钢丝绳纵向振荡抑制策略设计控制器，电机补偿前后电磁转矩如图 4-13 所示，补偿前后提升载荷加速度如图 4-14 所示。

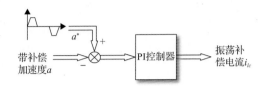

图 4-12　钢丝绳纵向振荡抑制控制器示意图

PI-比例积分

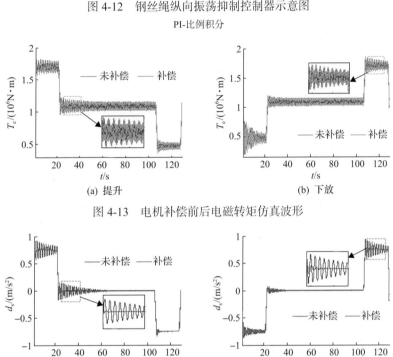

图 4-13　电机补偿前后电磁转矩仿真波形

图 4-14　波动负载下补偿前后提升载荷加速度

　　由图 4-13 可知，不管是提升还是下放，补偿后的电机电磁转矩中的低次负载脉动被降低，波形变得平滑。

　　图 4-14 中，在提升和下放负载过程中，尤其在变速阶段，纵向振荡幅值很大，经过补偿后，提升载荷加速度趋于额定值。因此，通过仿真验证，基于加速度反馈补偿的钢丝绳纵向振荡抑制策略能够基本上有效消除负载的变频率纵向振荡，从而安全稳定地提升和下放载荷，保证提升系统的稳定和安全。

4.2　深井提升电机转矩控制技术

4.2.1　传统同步电机电流预测 PWM 控制

　　PWM 预测控制(PWM predictive control，PPC)采用电机离散化模型计算使下一拍电流达到指令值的电压矢量，再利用 PWM 技术合成该电压矢量。图 4-15 给出永磁同步电机电流预测 PWM 控制原理图，其中转速外环使用常规的 PI 调节器，电流内环使用 PPC 控制器。电流 PPC 的原理是将指令电流值 $I^*(k)$ 和当前电机的运行状态 $I(k)$ 代入电流预测模型，从而计算使电机下一拍电流 $I(k+1)$ 精确跟随指令 $I^*(k)$ 所需作用的命令电压矢量 $U^*(k)$，将命令电压矢量通过 SVPWM，生成所需要的开关信号作用于逆变器开关器件，逆变器接收信号后开关器件动作产生三相电压并输出三相定子电流驱动电机。由该控制原理可知，电流 PPC 控制器由于没有约束条件和反馈矫正环节，电流跟踪效果只取决于电流预测模型的准确性。

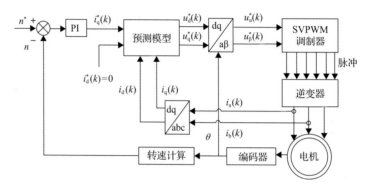

图 4-15　电流预测 PWM 控制原理图

永磁同步电机的三相电压方程，用如下矩阵表示：

$$\begin{bmatrix} u_a \\ u_b \\ u_c \end{bmatrix} = \begin{bmatrix} R_s & 0 & 0 \\ 0 & R_s & 0 \\ 0 & 0 & R_s \end{bmatrix} \begin{bmatrix} i_a \\ i_b \\ i_c \end{bmatrix} + p \begin{bmatrix} \psi_a \\ \psi_b \\ \psi_c \end{bmatrix} \tag{4-31}$$

式中，u_a、u_b、u_c 为定子三相电压；R_s 为每相定子绕组的电阻；i_a、i_b、i_c 为定子三相电流；p 为微分算子；ψ_a、ψ_b、ψ_c 为三相绕组的磁链。

永磁同步电机三相绕组磁链方程可写为

$$\begin{bmatrix} \psi_a \\ \psi_b \\ \psi_c \end{bmatrix} = \begin{bmatrix} L_{aa} & L_{ab} & L_{ac} \\ L_{ba} & L_{bb} & L_{bc} \\ L_{ca} & L_{cb} & L_{cc} \end{bmatrix} \begin{bmatrix} i_a \\ i_b \\ i_c \end{bmatrix} + \psi_f \begin{bmatrix} \cos\theta_e \\ \cos(\theta_e - 120°) \\ \cos(\theta_e + 120°) \end{bmatrix} \tag{4-32}$$

式中，L_{aa}、L_{bb}、L_{cc} 为三相绕组各自的自感，其余电感是绕组间的互感。

由于自感和互感值与电机转子角度相关，并且难以测量，故可以看出永磁同步电机在 abc 三相静止坐标系下的模型具有多变量、非线性、强耦合的特点，这不仅增加了系统动态和稳态分析的难度，也不利于电机控制算法设计，工程上经常使用永磁同步电机在 dq 同步旋转坐标系下的模型进行控制算法设计。

abc 三相静止坐标系下的永磁同步电机经过两次坐标变换，可以得到 dq 同步旋转坐标系下的模型。首先将 abc 三相静止坐标系下的模型变为 αβ 两相静止坐标系下的模型：

$$\begin{cases} u_\alpha = \dfrac{\mathrm{d}\psi_\alpha}{\mathrm{d}t} + R_s i_\alpha \\[3mm] u_\beta = \dfrac{\mathrm{d}\psi_\beta}{\mathrm{d}t} + R_s i_\beta \end{cases} \tag{4-33}$$

磁链方程：

$$\begin{bmatrix} \psi_\alpha \\ \psi_\beta \end{bmatrix} = \begin{bmatrix} L_\alpha & L_{\alpha\beta} \\ L_{\beta\alpha} & L_\beta \end{bmatrix} \begin{bmatrix} i_\alpha \\ i_\beta \end{bmatrix} + \psi_f \begin{bmatrix} \cos\theta_e \\ \sin\theta_e \end{bmatrix} \tag{4-34}$$

为方便推导，令初始转子磁链角为零，即 $\theta_e = \omega_e t$。

由式(4-33)和式(4-34)可得 αβ 静止坐标系下的永磁同步电机标量数学模型：

$$\begin{cases} u_\alpha = R_s i_\alpha + L_\alpha \dfrac{\mathrm{d}i_\alpha}{\mathrm{d}t} - \omega_e \psi_f \sin\theta_e \\[3mm] u_\beta = R_s i_\beta + L_\beta \dfrac{\mathrm{d}i_\beta}{\mathrm{d}t} + \omega_e \psi_f \cos\theta_e \end{cases} \tag{4-35}$$

式中，u_α、u_β 分别为 αβ 轴定子电压分量；i_α、i_β 分别为 αβ 轴定子电流分量；ψ_α、ψ_β 分别为定子磁链 αβ 轴分量；L_α、L_β 为绕组在 αβ 轴的自感；$L_{\alpha\beta}$、$L_{\beta\alpha}$ 为两轴间的互感。

此模型有一定的简化，然而电感 L_α、L_β 实际上仍然和转子位置角度有关，是变量，因此系统仍旧是非线性时变系统。所以要继续进行坐标变换，得到两相同步旋转坐标系下数学模型。这里用到 Park 变换，Park 变换将 αβ 两相静止坐标系下的电压或电流变换成 dq 同步旋转坐标系下的电压或电流。设 d 轴和 α 轴夹角为 θ，则有

$$\begin{bmatrix} f_d \\ f_q \end{bmatrix} = \begin{bmatrix} \cos\theta & -\sin\theta \\ \sin\theta & \cos\theta \end{bmatrix} \begin{bmatrix} f_\alpha \\ f_\beta \end{bmatrix} \tag{4-36}$$

再根据静止坐标系下的电压和磁链方程，可推导出永磁同步电机在 dq 同步旋转坐标系下的电压和磁链方程：

$$\begin{cases} u_d = \dfrac{\mathrm{d}\psi_d}{\mathrm{d}t} - \omega_e \psi_q + R_s i_d \\[3mm] u_q = \dfrac{\mathrm{d}\psi_q}{\mathrm{d}t} + \omega_e \psi_d + R_s i_q \end{cases} \tag{4-37}$$

$$\begin{cases} \psi_d = L_d i_d + \psi_f \\ \psi_q = L_q i_q \end{cases} \tag{4-38}$$

式中，u_d、u_q 分别为 dq 轴定子电压分量；i_d、i_q 分别为 dq 轴定子电流分量；ψ_d、ψ_q 分别为定子磁链 dq 轴分量；R_s 为每相定子绕组的电阻。

在 dq 同步旋转坐标系下的模型，其同步电感值 L_d、L_q 和转子位置角度无关，是线

性时不变系统。将式(4-38)代入式(4-37)中，移项可以得到 dq 同步旋转坐标系下永磁同步电机标量模型如式(4-39)所示：

$$
\begin{cases}
\dfrac{di_d}{dt} = -\dfrac{R_s}{L_s}i_d + \dfrac{u_d}{L_s} + \omega_e i_q \\[3mm]
\dfrac{di_q}{dt} = -\dfrac{R_s}{L_s}i_q + \dfrac{u_q}{L_s} - \omega_e i_d - \omega_e \dfrac{\psi_f}{L_s}
\end{cases}
\tag{4-39}
$$

为了方便应用复数坐标系，定义定子电压、定子电流复矢量为

$$
\begin{cases}
\boldsymbol{U}_{\alpha\beta} = u_\alpha + ju_\beta \\[2mm]
\boldsymbol{I}_{\alpha\beta} = i_\alpha + ji_\beta
\end{cases}
\tag{4-40}
$$

由式(4-39)和式(4-40)可得αβ静止坐标系下的永磁同步电机复矢量数学模型如下：

$$
\boldsymbol{U}_{\alpha\beta} = R_s \boldsymbol{I}_{\alpha\beta} + Lp\boldsymbol{I}_{\alpha\beta} + j\omega_e \psi_f e^{j\theta_e}
\tag{4-41}
$$

式中，p 为微分算子。

式(4-41)中的转子磁链耦合项相对于逆变器采样周期内的电压变化较慢，为方便分析和设计控制器，此处可将其认为是一个常量。设等效反电动势 $\boldsymbol{E}_{\alpha\beta}$，并将式(4-41)αβ静止坐标系下的永磁同步电机的复矢量模型写成传递函数形式，如下所示：

$$
\boldsymbol{E}_{\alpha\beta} = \boldsymbol{U}_{\alpha\beta} - j\omega_e \psi_f e^{j\theta_e}
\tag{4-42}
$$

$$
\boldsymbol{G}_P^s(s) = \frac{\boldsymbol{I}_{\alpha\beta}(s)}{\boldsymbol{E}_{\alpha\beta}(s)} = \frac{1}{R_s} \cdot \frac{1}{\tau_s s + 1}
\tag{4-43}
$$

式中，τ_s 为永磁同步电机电磁时间常数，$\tau_s = L_s / R_s$。

复矢量αβ静止坐标系与 dq 同步旋转坐标系间的变换，有以下公式：

$$
\begin{cases}
\boldsymbol{M}_{dq} = m_d + jm_q \\[2mm]
\boldsymbol{M}_{\alpha\beta} = e^{j\theta}\boldsymbol{M}_{dq} = e^{j\omega_e t}\boldsymbol{M}_{dq} \\[2mm]
p\boldsymbol{M}_{\alpha\beta} = p\left(e^{j\omega_e t}\boldsymbol{M}_{dq}\right) = e^{j\omega_e t}\left(p + j\omega_e\right)\boldsymbol{M}_{dq}
\end{cases}
\tag{4-44}
$$

由式(4-44)可知，αβ 坐标系中的微分算子 p 经过复矢量坐标同步旋转变换(即 Park 变换)到 dq 坐标系时变成了 $p+j\omega_e$。最终可以得到永磁同步牵引电机在 dq 同步旋转坐标系下的复矢量模型，为

$$
\boldsymbol{U}_{dq} = R_s \boldsymbol{I}_{dq} + L_s p\boldsymbol{I}_{dq} + j\omega_e L\boldsymbol{I}_{dq} + j\omega_e \psi_f
\tag{4-45}
$$

传统方法一般利用前向差分法对式(4-45)进行离散化，如式(4-46)所示：

$$pI_{dq} \approx \frac{I_{dq}(k+1) - I_{dq}(k)}{T_s} \tag{4-46}$$

由电流 PWM 预测控制的原理，取

$$I_{dq}^*(k) = I_{dq}(k+1) \tag{4-47}$$

式中，$I_{dq}^*(k)$ 为 k 时刻指令电流复矢量。

结合式(4-45)、式(4-46)和式(4-47)可以推导出传统电流预测 PWM 控制复矢量形式预测模型如下：

$$U_{dq}^*(k) = \frac{L_s}{T_s}\left(I_{dq}^*(k) - I_{dq}(k)\right) + \left(R_s + j\omega_e(k)L_s\right)I_{dq}(k) + j\omega_e(k)\varphi_f \tag{4-48}$$

从建模过程可知，传统电流预测 PWM 模型在建模过程中只考虑电机一个控制对象，忽略了逆变器部分。实际上，由图 4-15 可知，永磁同步电机采样控制系统中的控制对象还包含逆变器部分，其中逆变器通过 SVPWM 环节与电流调节器相连。SVPWM 环节存在零阶保持器的延时，在 PWM 模型中可将该部分延时归入逆变器部分，看作逆变器延时。当开关频率较高时，采样周期 T_s 较小，逆变器延时对电流预测模型准确度影响不大。但低开关频率下，采样周期 T_s 相对较大，忽略逆变器延时将使所建电流预测模型与实际模型误差较大，大大降低 PWM 预测控制性能，甚至可能出现电流控制结果不收敛，引起失稳。

4.2.2　改进同步电机电流预测 PWM 控制

永磁同步电机控制系统通常采用规则采样，可认为其为采样控制系统。逆变器部分可以被看作一个零阶保持器，其传递函数为

$$G_h(s) = \frac{1 - e^{-T_s s}}{s} \tag{4-49}$$

式中，T_s 为采样周期，这里等同于逆变器开关器件开关周期。

将逆变器与永磁同步电机一起作为被控对象，进行一体化复矢量建模，并对其复矢量模型进行离散化。

图 4-16 给出一体化建模前永磁同步电机电流控制系统。

前文已说明将转子磁链耦合项近似为常数项，因此可将该项前移到逆变器模型之前，认为前移后该项不变。由上述内容，给出转子磁链耦合项前移后，逆变器-永磁同步电机一体的 z 域复矢量模型，如式(4-50)所示：

$$G_p^s(z) = \frac{I_{\alpha\beta}(z)}{E_{\alpha\beta}^*(z)} = Z\left\{G_p^s(s)G_h(s)\right\} = \frac{1}{R_s} \cdot \frac{1 - e^{-T_s/\tau_s}}{z - e^{-T_s/\tau_s}} \tag{4-50}$$

式中，$E_{\alpha\beta}^*$ 为转子磁链耦合项前移后的等效命令反电动势。

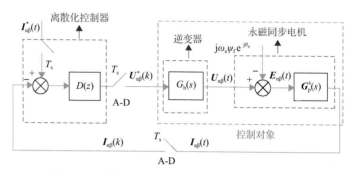

图 4-16　一体化建模前永磁同步电机电流控制系统

图 4-17 给出逆变器-永磁同步电机离散复矢量一体化建模后电流控制系统。由式(4-50)可以进一步得到 αβ 坐标系下的永磁同步电机离散域复矢量模型：

$$I_{\alpha\beta}(k) = \mathrm{e}^{-T_\mathrm{s}/\tau_\mathrm{s}} I_{\alpha\beta}(k-1) + \frac{1-\mathrm{e}^{-T_\mathrm{s}/\tau_\mathrm{s}}}{R_\mathrm{s}} E_{\alpha\beta}^*(k-1) \tag{4-51}$$

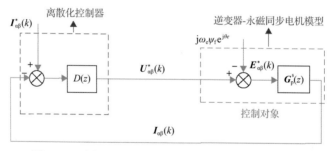

图 4-17　逆变器-永磁同步电机离散复矢量一体化建模

其中，

$$E_{\alpha\beta}^*(k-1) = U_{\alpha\beta}^*(k-1) - \mathrm{j}\omega_\mathrm{e}(k-1)\psi_\mathrm{f}\mathrm{e}^{\mathrm{j}\theta_\mathrm{e}(k-1)} \tag{4-52}$$

由于实际控制系统一般工作在 dq 同步旋转坐标系下，需要将该模型转换为 dq 同步旋转坐标系下模型。以转子磁链定向，那么离散域复矢量 αβ-dq 坐标变换公式为

$$\begin{cases} \theta_\mathrm{e}(k) = \theta_\mathrm{e}(k-1) + \omega_\mathrm{e}(k-1)T_\mathrm{s} \\ M_{\alpha\beta}(k) = \mathrm{e}^{\mathrm{j}\theta_\mathrm{e}(k)} M_\mathrm{dq}(k) \end{cases} \tag{4-53}$$

根据式(4-51)和式(4-53)，可得 dq 同步旋转坐标系下的永磁同步电机离散域复矢量模型：

$$I_\mathrm{dq}(k) = \mathrm{e}^{-\mathrm{j}\omega_\mathrm{e}(k-1)T_\mathrm{s}} \left[\mathrm{e}^{-T_\mathrm{s}/\tau_\mathrm{s}} I_\mathrm{dq}(k-1) + \frac{1-\mathrm{e}^{-T_\mathrm{s}/\tau_\mathrm{s}}}{R_\mathrm{s}} E_\mathrm{dq}^*(k-1) \right] \tag{4-54}$$

其中，

$$\boldsymbol{E}_{dq}^{*}(k-1) = \boldsymbol{U}_{dq}^{*}(k-1) - j\omega_{e}(k-1)\psi_{f} \tag{4-55}$$

在低开关频率时，逆变器延时已经不能忽略，而本节将逆变器和永磁同步电机进行一体化建模，充分考虑了该延时因素，将为低开关频率时永磁同步电机的电流预测 PWM 控制提供更准确模型。

前面已经推导了 dq 同步旋转坐标系下的永磁同步电机离散域复矢量模型。由式(4-42)、式(4-54)、式(4-55)可得基于该模型的复矢量形式电流预测模型：

$$\boldsymbol{U}_{dq}^{*}(k) = \left(\frac{R_{s}b}{1-a} + j\frac{R_{s}c}{1-a}\right)\boldsymbol{I}_{dq}^{*}(k) - \frac{R_{s}a}{1-a}\boldsymbol{I}_{dq}(k) + j\omega_{e}(k)\varphi_{f} \tag{4-56}$$

式中，

$$\begin{cases} a = e^{-T_{s}/\tau_{s}} \\ b = \cos(\omega_{e}(k)T_{s}) \\ c = \sin(\omega_{e}(k)T_{s}) \end{cases} \tag{4-57}$$

为了方便看出各个变量之间的关系，将式(4-56)改写成标量形式：

$$\begin{cases} u_{d}^{*}(k) = \dfrac{R_{s}b}{1-a} \cdot i_{d}^{*}(k) - \dfrac{R_{s}a}{1-a} \cdot i_{d}(k) - \dfrac{R_{s}c}{1-a} \cdot i_{q}^{*}(k) \\ u_{q}^{*}(k) = \dfrac{R_{s}b}{1-a} \cdot i_{q}^{*}(k) - \dfrac{R_{s}a}{1-a} \cdot i_{q}(k) + \dfrac{R_{s}c}{1-a} \cdot i_{d}^{*}(k) + \omega_{e}(k)\psi_{f} \end{cases} \tag{4-58}$$

由于该预测模型基于逆变器与永磁同步电机一体化模型，考虑了逆变器延时影响，理论上较传统的电流预测模型更加精确。

4.2.3 仿真验证

采用传统的基于 s 域建模的双 PI 电流调节器控制时，在低开关频率 500Hz 下已经不能很好地控制转速及电流，需要设计新的电流调节器。通过仿真发现(图 4-18)，基于离

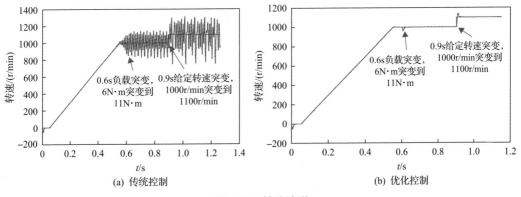

图 4-18 转速波形

散域建模的电流预测 PWM 控制相比传统电流预测 PWM 控制具有以下优点：电流谐波小，降低 10%，转矩脉动有所改善，系统抗扰性优势明显，动态性能也较佳，在给定转速、负载突变情况下都能很快地恢复稳定，而传统电流预测 PWM 控制在给定转速突变时出现振荡稳定性不佳的情况。由于电流预测 PWM 控制非常依赖所建立的电机模型，从仿真结果可以看出本章基于离散域复矢量建立的电机模型较传统的电机模型更准确。

4.3　深井提升大功率传动变流技术

4.3.1　大功率变流器多场耦合分析及优化设计

深井提升变流器功率达 7MW，大功率电力电子系统与小功率系统有不同，很多在小功率系统中并不突出的特征被凸现出来，如 IGBT 的瞬态开关特性、主电路瞬态换流回路、回路中的杂散参数、脉冲瞬态过程、电磁能量过渡过程等，这些特征都集中体现在短时间尺度的电磁能量变换瞬态换流过程中，尤其是各换流回路的时间常数不同，常造成变换不协调、能量不平衡，而导致器件和系统损坏。以往采用常规的理想开关器件、集中电路参数、纯电路学拓扑、线性控制系统、平均化模型、小信号分析、开关函数等分析方法不能解释和解决这些现象和问题。为此，为提高深井提升大功率变流器系统运行可靠性，需要深入分析变流器系统多场耦合瞬态特性，同时采用一定的控制技术，以此来指导变流器设计研发。

大功率二极管箝位型三电平变频器广泛应用于中压交流传动领域，也是高压五电平级联大功率变流装置的基本组成单元，变流模块设计的关键环节是功率器件的布局和叠层母线的应用。在变流器研制过程中需要对功率器件进行必要的测试，以掌握功率器件的瞬态特性以及安全工作区。二极管箝位型三电平变频器桥臂一共存在 4 种暂态换流回路，对于单个逆变器而言，任一时刻只能存在一种开关暂态换流过程。当背靠背三电平的整流器和逆变器的功率器件布局在同一块母排上时，由于整流器和逆变器 PWM 脉冲开关函数的不相关性，在实际运行时两者会存在一定的电磁耦合影响，对功率器件的可靠运行造成一定的威胁。目前对于 IGBT 开关暂态分析基本都是针对单个逆变器而言，而对于多逆变器共叠层母排结构的暂态分析研究相对缺乏。

大功率电力电子变流装置中母排的杂散电感对功率器件的开关特性有重要影响[27,28]。叠层母排相比传统的铜排具有杂散电感低、电流分布均匀、电磁干扰(electro magnetic interference，EMI)辐射少的优点，能够有效抑制各功率器件的关断电压尖峰[29-31]，减小功率器件的开关损耗。叠层母排的结构如图 4-19 所示，是将两层或多层铜排叠在一起，铜板层与层之间用绝缘材料进行电气隔离，通过相关工艺加工将导电层和绝缘层压制成一个整体。因此叠层母排具有系统集成度高、装配简单、可靠性高的优点，目前已经取代传统铜排成为电力电子装置中的主要连接件[32-34]。

由于叠层母排的杂散电感和载流分布对母排本身以及系统的电气性能影响巨大，因此需要了解其杂散参数的产生机理，并较为精确地提取换流回路中的杂散电感，以便进一步优化母排设计，提高系统的可靠性。现代变流器设计的一个重要课题就是设计和制

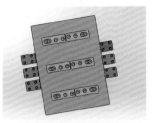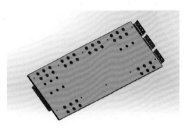

图 4-19 叠层母排三维视图

造具有低电感特性的母排。目前对叠层母排的研究主要分为以下几个方面。

①叠层母排设计方法研究现状

由于电力电子变流器具有不同的拓扑结构和功率等级，因此叠层母排的布局和设计也存在很大的不同。为了获得最优的母排设计，需要考虑变流装置具体的拓扑结构以及换流路径。

文献[31]基于不同的变流器结构和换流回路，对两层、三层、多层母排的设计进行研究和评估，同时考虑了集肤效应、邻近效应对寄生参数的影响，最后给出了叠层母排优化设计原则。文献[32]通过实验和仿真，从电流密度、分布及散热等多个方面对比了五种不同的叠层母排，给出了大功率叠层母排的设计方法流程图，对于大功率叠层母排设计具有很好的借鉴意义。

针对具体的电路拓扑文献[33-35]对大功率三电平逆变器的叠层母排进行研究，并提出了设计与建模方法。文献[36]分析了五电平逆变器的叠层母排的设计方法。对于单个换流回路的逆变器母排设计相对容易，而对于存在多个换流回路的逆变器，由于功率器件的布局不同，很容易出现功率器件换流回路杂散电感的不对称性，导致功率器件开关暂态承受不同的电、热应力，因此需要考虑额外的吸收电路以及散热设计。文献[37]、[38]通过对母排开口或打孔方法，实现不同功率器件换流回路杂散电感的对称分布。

②叠层母排杂散电感建模方法研究现状

精确的母排杂散电感模型，不仅可以通过时域仿真研究母排寄生参数对功率器件的开关特性影响问题，还可以采用频域仿真预测功率变换器的 EMI 问题，因此母排杂散电感建模对于大功率电力电子装置的设计具有重要的意义。

针对大功率变流系统母排结构具有尺寸大、距离长的特征[39,40]，目前普遍采用的建模分析方法为部分元等效电路(partial element equivalent circuit，PEEC)方法。PEEC 方法为复杂结构导体的电路建模提供了一种途径，它基于积分形式的麦克斯韦(Maxwell)方程，将大尺寸导体分割成适当数量的小导体(部分电路单元)计算部分参数，是一种有效的电路建模方法。基于 PEEC 方法，不仅可以对大功率叠层母排进行建模[41-45]，还可以对大功率 IGBT 模块内部的芯片布局及绑定线排布进行分析[46-48]，用来指导大功率 IGBT 模块的封装设计。文献[49]、[50]采用 PEEC 思想将母排划分为多个电感、电阻元素段，通过电学基本原理建立母排阻抗模型，并在 InCa 软件中进行验证，对于深入理解母排电感作用机理具有重要意义。文献[39]基于 H 桥逆变器，详细分析了开关暂态下的电流行为，针对不同的电流路径构建了母排的自感和互感模型，通过仿真和参数测量对其进行了验证。

③叠层母排杂散电感提取方法研究现状

母排杂散电感的提取一般采用计算法和测量法。计算法通常用来指导母排的前期设计，测量法主要是为了验证母排设计是否合理，杂散电感是否在规定范围之内。计算法分为解析计算法[33]和数值计算法[31,49]。解析计算法适合规则导体，当母排结构复杂时，解析计算法精度降低，有时可能无法求解。数值计算法又可以分为有限差分法、有限元法、矩量法、PEEC 法等[51-53]，此类方法已经集成在相关的电磁仿真软件中[50]，给用户带来了极大方便。

测量法分为直接测量法和间接测量法。直接测量法主要采用阻抗分析仪测量母排杂散电感，这种方法主要针对无源器件，母排的杂散电感与 IGBT 换流暂态密切相关，因此采用阻抗分析仪并不能准确地评估母排杂散电感。文献[39]采用单端口 S 参数扫描仪实现杂散电感提取；文献[54]采用时域反射原理进行母排杂散电感的提取。以上两种方法都采用了价格昂贵的测量仪器，不适合工程人员应用，针对直接测量法的一些问题，目前更实用的是采用间接测量法。

间接测量法主要是抓取 IGBT 开关暂态电压、电流波形，运用基本的电路原理与器件伏安特性得到相应杂散参数。采用间接测量法对 IGBT 测量时还可评估功率器件的安全工作区。工业上普遍采用的杂散电感提取方法是通过双脉冲实验在 IGBT 第二次开通暂态进行杂散电感提取[55]，该方法虽然存在一定的误差，但是已经满足工业应用的要求。文献[56]对 IGBT 的关断和开通过程进行了详细分析，指出了关断过程中反并联二极管正向恢复电压对开关管电压尖峰的影响，通过换流过程分析选取了适用于提取杂散参数的时间段进行杂散电感计算。这种方法对杂散电感上的电压计算较准，但对电流波形的形状敏感度高，对计算时间段的选取要求较高，时间段选取过小时测量误差较大，时间段选取过大时，关于 di/dt 的近似关系又难以成立。在此基础上，文献[57]基于 IGBT 开关瞬态过程，对于适合于杂散电感提取的阶段进行了分析，并采用积分方法实现杂散电感的提取。文献[58]提出了一种优化的积分形式的母排杂散电感提取方法，在传统积分法的基础上考虑杂散电阻和测量偏置两个影响因素，提高了计算的准确度。

本节以级联型五电平变频器 H 桥单元叠层母排作为研究对象，首先采用 PEEC 方法，建立了母排的等效电路模型；其次结合实验对整流器和逆变器功率器件开关暂态电磁耦合问题进行分析，并建立了 IGBT 耦合过压模型；最后针对存在过压风险的换流回路，提出了一种基于现场可编程门阵列(field programmable gate array，FPGA)的脉冲延时暂态解耦方法，并通过实验进行了验证。

1. 级联型五电平变频器 H 桥单元叠层母排结构[59]

级联型五电平变频器 H 桥单元叠层母排结构如图 4-20 所示，每一个桥臂为二极管箝位型三电平桥臂。

五电平 H 桥单元整流器和逆变器的每相功率器件安装在同一个叠层母排，每个母排有独立的支撑电容，在实际工作中，整流器和逆变器的工作模式正好相反，分别向(从)支撑电容输送(抽取)能量。两者在控制上没有关联，且存在共同的换流回路，因此存在一定的电磁耦合问题，影响功率器件的安全工作区。

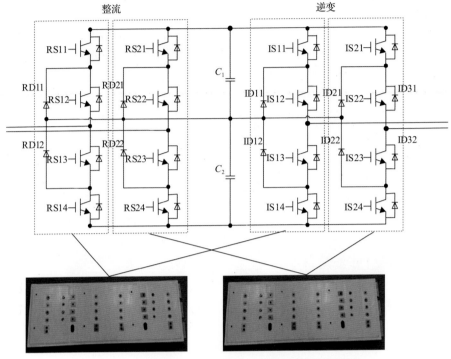

图 4-20 级联型五电平变频器 H 桥单元叠层母排结构

功率器件采用 Infineon 半桥 IGBT 模块 FF1400R17IP4，对于三电平桥臂而言，IGBT 模块分配如图 4-21(a)所示，S1 和 Da 采用一个 IGBT 模块，S4 和 Db 采用一个 IGBT 模块，S2 和 S3 采用一个 IGBT 模块。功率器件在叠层母排上的布局如图 4-21(b)所示，一共包含 6 个 IGBT 模块，母排上部 3 个 IGBT 模块(R-IGBT1、R-IGBT2 和 R-IGBT3)构成的桥臂作为整流器桥臂，下部 3 个 IGBT 模块(I-IGBT1、I-IGBT2 和 I-IGBT3)构成的桥臂作为逆变器桥臂。

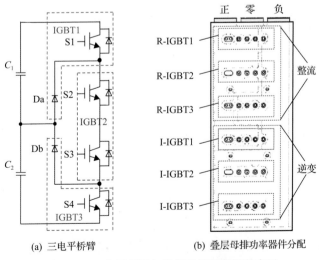

(a) 三电平桥臂   (b) 叠层母排功率器件分配

图 4-21 三电平桥臂与叠层母排功率器件布局

2. 母排等效电路建模[59]

叠层母排分为 3 层，如图 4-22 所示，正母排和负母排在上层，中间为零母排，功率器件的连接母排在下层。

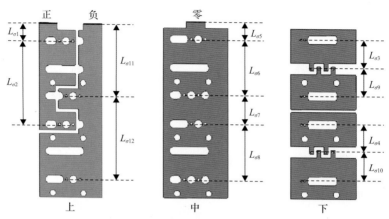

图 4-22　母排结构及电感划分

根据图 4-21 和图 4-22 的叠层母排功率器件布局和电感划分，采用 PEEC 方法，画出如图 4-23 所示的母排等效电路，整个叠层母排一共包括 12 个局部杂散电感 $L_{\sigma 1} \sim L_{\sigma 12}$。

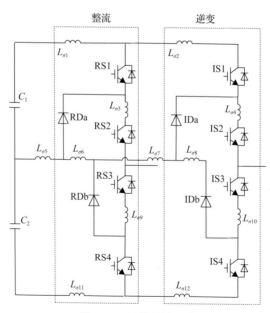

图 4-23　母排等效电路

三电平一共存在 4 个开关暂态换流回路，将整流器的 4 个换流回路定义为 R-CCLA、R-CCLB、R-CCLC 和 R-CCLD，分别对应功率器件 RS1、RS2、RS3 和 RS4。各回路杂散电感之和分别用 $L_{\sigma R1}$、$L_{\sigma R2}$、$L_{\sigma R3}$ 和 $L_{\sigma R4}$ 表示，满足式 (4-59)：

$$
\begin{cases}
L_{\sigma R1} = L_{\sigma 1} + L_{\sigma 5} \\
L_{\sigma R2} = L_{\sigma 3} + L_{\sigma 5} + L_{\sigma 9} + L_{\sigma 11} \\
L_{\sigma R3} = L_{\sigma 1} + L_{\sigma 3} + L_{\sigma 5} + L_{\sigma 6} + L_{\sigma 9} \\
L_{\sigma R4} = L_{\sigma 5} + L_{\sigma 6} + L_{\sigma 11}
\end{cases}
\tag{4-59}
$$

同理将逆变器的 4 个换流回路分别定义为 I-CCLA、I-CCLB、I-CCLC 和 I-CCLD，分别对应功率器件 IS1、IS2、IS3 和 IS4。各回路的杂散电感之和分别用 $L_{\sigma I1}$、$L_{\sigma I2}$、$L_{\sigma I3}$ 和 $L_{\sigma I4}$ 表示，满足式(4-60)：

$$
\begin{cases}
L_{\sigma I1} = L_{\sigma 1} + L_{\sigma 2} + L_{\sigma 5} + L_{\sigma 6} + L_{\sigma 7} \\
L_{\sigma I2} = L_{\sigma 4} + L_{\sigma 5} + L_{\sigma 6} + L_{\sigma 7} + L_{\sigma 10} + L_{\sigma 11} + L_{\sigma 12} \\
L_{\sigma I3} = L_{\sigma 1} + L_{\sigma 2} + L_{\sigma 4} + L_{\sigma 5} + L_{\sigma 6} + L_{\sigma 7} + L_{\sigma 8} + L_{\sigma 10} \\
L_{\sigma I4} = L_{\sigma 5} + L_{\sigma 6} + L_{\sigma 7} + L_{\sigma 8} + L_{\sigma 11} + L_{\sigma 12}
\end{cases}
\tag{4-60}
$$

由式(4-59)和式(4-60)可知，有些杂散电感既存在于整流器的 4 个换流回路又存在于逆变器的 4 个换流回路。由此得出，所研究母排一共存在 16 种暂态耦合路径。表 4-2 列出了各回路相互影响的耦合杂散电感，用符号 $L_{\sigma RxIy}$ 表示，x、y 取值范围为 1～4，代表 CCLA、CCLB、CCLC 和 CCLD 4 个回路。

表 4-2　整流、逆变回路耦合杂散电感

换流回路	I-CCLA	I-CCLB	I-CCLC	I-CCLD
R-CCLA	$L_{\sigma R1I1}$	$L_{\sigma R1I2}$	$L_{\sigma R1I3}$	$L_{\sigma R1I4}$
R-CCLB	$L_{\sigma R2I1}$	$L_{\sigma R2I2}$	$L_{\sigma R2I3}$	$L_{\sigma R2I4}$
R-CCLC	$L_{\sigma R3I1}$	$L_{\sigma R3I2}$	$L_{\sigma R3I3}$	$L_{\sigma R3I4}$
R-CCLD	$L_{\sigma R4I1}$	$L_{\sigma R4I2}$	$L_{\sigma R4I3}$	$L_{\sigma R4I4}$

由式(4-59)和式(4-60)容易得出所有的耦合杂散电感：

$$
\begin{cases}
L_{\sigma R1I1} = L_{\sigma R1I3} = L_{\sigma 1} + L_{\sigma 5} \\
L_{\sigma R1I2} = L_{\sigma R1I4} = L_{\sigma 5} \\
L_{\sigma R2I1} = L_{\sigma R2I3} = L_{\sigma 5} \\
L_{\sigma R2I2} = L_{\sigma R2I4} = L_{\sigma 5} + L_{\sigma 11} \\
L_{\sigma R3I1} = L_{\sigma R3I3} = L_{\sigma 1} + L_{\sigma 5} + L_{\sigma 6} \\
L_{\sigma R3I2} = L_{\sigma R3I4} = L_{\sigma 5} + L_{\sigma 6} \\
L_{\sigma R4I1} = L_{\sigma R4I3} = L_{\sigma 5} + L_{\sigma 6} \\
L_{\sigma R4I2} = L_{\sigma R4I4} = L_{\sigma 5} + L_{\sigma 6} + L_{\sigma 11}
\end{cases}
\tag{4-61}
$$

3. 三电平四象限换流模态分析[59]

在不同的工况下，三电平变流器的功率器件承受的过压应力以及开关损耗不同。

如图 4-24 所示，定义三电平输出的电压 U_{out} 和电流 I_{out} 方向，蓝色代表输出 PWM 电压的基波，红色代表输出电流。根据电压和电流方向划分，三电平变流器工作在 4 个区域。

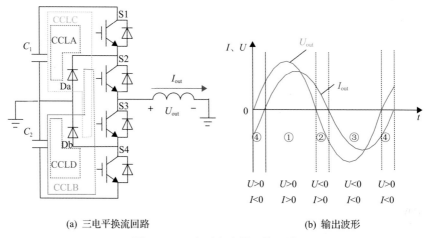

(a) 三电平换流回路　　　　　　　(b) 输出波形

图 4-24　三电平变流器工作区域

当逆变器输出电压、电流方向相同，即工作在区域①和③时，IGBT S1 和 S4 作为开关管斩波负载电流，构成两个小换流回路，分别为 CCLA 和 CCLD。当逆变输出电压、电流方向相反，即逆变器工作在区域②和④时，IGBT S2 和 S3 作为开关管斩波负载电流，构成两个大换流回路，分别为 CCLB 和 CCLC。

以三电平能量互馈模式进行实验，研究整流器和逆变器之间的电磁耦合关系。当整流器和逆变器同时工作时，整流器从电网吸收能量，逆变器将能量馈送给电网。图 4-25 为整流器和逆变器输出电压和电流波形，可以看出对于逆变器来说，电压和电流同相位，对于整流器来说相位相反。整流模式下 S2 和 S3 作为开关管斩波负载电流，逆变模式下 S1 和 S4 作为开关管斩波负载电流。

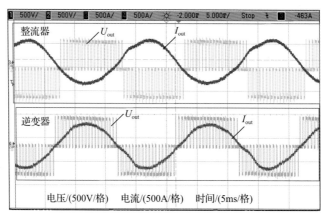

图 4-25　三电平变流器四象限工作波形

　　为了便于观测整流器和逆变器功率器件存在的瞬态耦合关系，采用差分探头测量器件 RS3 和 IS1 集电极电压。图 4-26(a)为器件 RS3 和 IS1 集电极电压波形，以及正母线电流 I_{dc}^{+} 波形，可以看出在能量互馈模式下正母线电流双向流动。图 4-26(b)为局部放大波形，当 RS3 处于关断稳态时，IS1 开关暂态会在 RS3 两端耦合一定的电压尖峰，说明母排结构存在一定的电磁耦合关系。

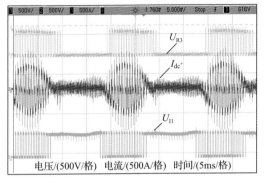

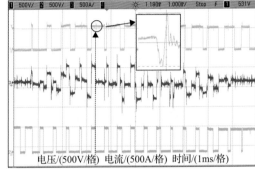

(a) 能量双向流动波形　　　　　　　　　　　　　(b) 局部放大波形

图 4-26　RS3 和 IS1 电磁耦合波形

4. 开关暂态电磁耦合分析[59]

1) 暂态耦合简化电路

　　通过上面分析可知整流器桥臂和逆变器桥臂一共存在 16 种暂态耦合换流路径，如图 4-27 所示。

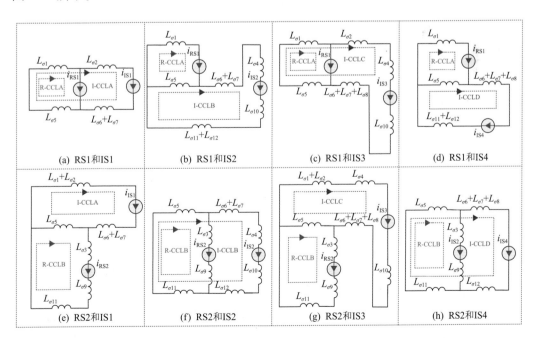

(a) RS1和IS1　　　(b) RS1和IS2　　　(c) RS1和IS3　　　(d) RS1和IS4

(e) RS2和IS1　　　(f) RS2和IS2　　　(g) RS2和IS3　　　(h) RS2和IS4

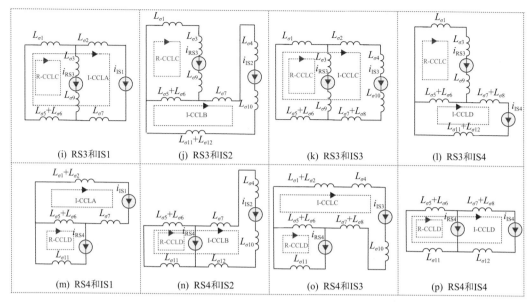

图 4-27　16 种暂态耦合换流路径

其中 8 种耦合电路存在共同的换流路径，对应图 4-27 中的 (a)、(c)、(f)、(h)、(i)、(k)、(n) 和 (p)，相应的耦合电感分别为 $L_{\sigma R1I1}$、$L_{\sigma R1I3}$、$L_{\sigma R2I2}$、$L_{\sigma R2I4}$、$L_{\sigma R3I1}$、$L_{\sigma R3I3}$、$L_{\sigma R4I2}$ 和 $L_{\sigma R4I4}$。

为了分析方便，将开关耦合电路进一步简化，如图 4-28 所示。定义简化后的两回路开关器件分别为 S1 和 S2，暂态换流回路分别为 CCLI 和 CCLII。其中 $L_{\sigma 1}$ 是 CCLI 和 CCLII 回路共同的杂散电感。

2) 暂态分析

暂态分析时，可以将 IGBT 开关电压波形分为 4 个区域，对应 IGBT 不同的开关状态：①关断稳态，②开通暂态，③导通稳态，④关断暂态。实际分析时，可以假设其中一个功率器件的电压波形相对时间轴静止，定义该器件为静止器件。另一个器件开关暂态会在 $L_{\sigma 1}$ 上产生耦合电压 U_{couple}，该电压随时间轴左右移动，会叠加到静止器件上，类似于图 4-29。这样，对暂态耦合问题的分析，可以转化为分析耦合电压 U_{couple} 在不同区域对静止器件的暂态影响问题。

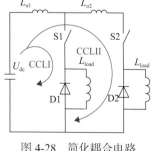

图 4-28　简化耦合电路

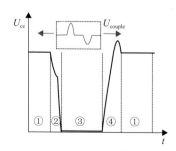

图 4-29　IGBT 开关状态区域

①关断稳态耦合分析

当器件 S1 处于①区(关断稳态)时,CCLI 回路电流 $i_1=0$。简化电路如图 4-30(a)所示,S2 开关动作会在杂散电感 $L_{\sigma1}$ 上产生耦合电压。因此 S1 器件两端的电压 U_{S1} 为

$$U_{S1} = U_{dc} \pm U_{couple} \tag{4-62}$$

式中, U_{dc} 为直流母线电压;耦合电压为 $U_{couple}=L_{\sigma1}\cdot(di_2/dt)$。

同理,当 S2 处于①区时,CCLII 回路电流 $i_2=0$,简化电路如图 4-30(b)所示,S1 开关动作会在杂散电感 $L_{\sigma1}$ 上产生电压。由于 $i_2=0$,因此 S2 器件两端电压 U_{S2} 为

$$U_{S2} = U_{dc} \pm V_{couple} \tag{4-63}$$

式中,耦合电压为 $U_{couple}=L_{\sigma1}\cdot(di_1/dt)$。

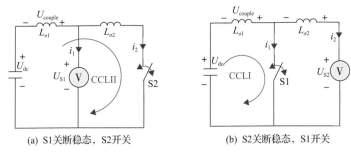

(a) S1关断稳态,S2开关　　　　　　(b) S2关断稳态,S1开关

图 4-30　①区简化电路

通过上面分析可知,S1(或 S2)工作在关断稳态时,受另一个器件 S2(或 S1)的开关暂态影响,也会承受一定的电压尖峰。电压尖峰的大小取决于主动器件的开关暂态电流变化率及耦合电感 $L_{\sigma1}$。

图 4-31 为 S2 处于关断稳态①区时,受 S1 开关暂态影响的电压和电流波形。S1 开通暂态,反向恢复电流的前边沿会在 S2 上叠加缺口电压,反向恢复电流的后边沿会在 S2 上产生过电压尖峰。S1 关断暂态也会在 S2 上叠加电压尖峰。可以看出当 S2 处于①区

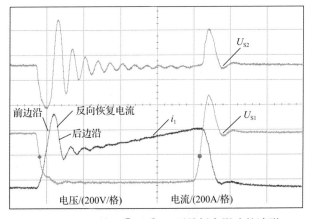

图 4-31　S2 处于①区受 S1 开关暂态影响的波形

时，S1 开关暂态有两次电压尖峰叠加到 S2 上。前一个电压尖峰大小取决于续流二极管 D1 的反向恢复特性。后一个电压尖峰的大小取决于 S1 的关断特性。由于在同一个系统中，功率器件的额定电压都一样，因此只要保证功率器件 S1 和 D1 过压在允许范围内，处于关断稳态时的 S2 就不会存在过压风险。

②导通稳态

当器件 S2 处于导通稳态时，器件两端电压 $U_{S2}=0$，另一个器件开关动作对处于导通稳态的器件没有影响。

③开通暂态耦合分析

当器件 S1 处于开通暂态，S2 动作时，简化电路如图 4-32(a)所示，此时 S1 器件两端电压 U_{S1} 为

$$U_{S1} = U_{dc} - L_{\sigma1}\frac{\mathrm{d}i_1}{\mathrm{d}t} \pm U_{couple} \tag{4-64}$$

式中，耦合电压为 $U_{couple}=L_{\sigma1}\cdot(\mathrm{d}i_2/\mathrm{d}t)$。

同理，当器件 S2 处于开通暂态，S1 动作时，简化电路如图 4-32(b)所示，S2 器件两端电压 U_{S2} 为

$$U_{S2} = U_{dc} - (L_{\sigma1} + L_{\sigma2})\frac{\mathrm{d}i_2}{\mathrm{d}t} \pm U_{couple} \tag{4-65}$$

式中，耦合电压为 $U_{couple}=L_{\sigma1}\cdot(\mathrm{d}i_1/\mathrm{d}t)$。

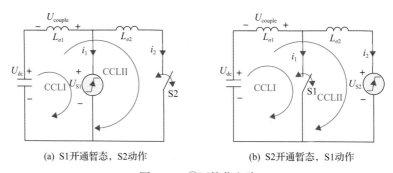

(a) S1开通暂态，S2动作　　　　　　　　(b) S2开通暂态，S1动作

图 4-32　②区简化电路

通过上面分析可知，当 S1(或 S2)处于开通暂态，另一个器件 S2(或 S1)也处于开通暂态时，会进一步减小 S1(或 S2)开通暂态电压 U_{S1}(或 U_{S2})，相当于 IGBT 零电压开通，能够减小开通损耗。当 S2(或 S1)处于关断暂态时，受耦合电压的影响，V_{S1} 和 V_{S2} 会有一定程度的增加，增加了器件的开通损耗。

图 4-33(a)为 S2 处于②区，未受 S1 开关影响的波形，可以看出在 S2 开通暂态，电压 U_{S2} 和二极管 D2 两端电压 U_{D2} 之间有一定的缺口电压，该缺口电压即为 S2 开通暂态在耦合电感 $L_{\sigma1}$ 上的电压。图 4-33(b)为 S2 处于开通暂态，S1 处于关断暂态的电压波形。可以看出电压 U_{S2} 和 U_{D2} 之间的缺口电压有一定的减小，主要原因是 S1 关断暂态与 S2

开通暂态在耦合电感 $L_{\sigma 1}$ 上的电压方向相反。由于此时 S2 处于开通暂态，S1 关断对 S2 影响不存在过压风险，只是在一定程度上增加了开通损耗。

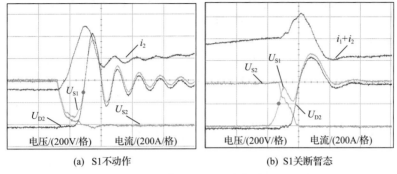

(a) S1不动作　　　　　　　　(b) S1关断暂态

图 4-33　S2 处于②区受 S1 关断暂态影响的波形

图 4-34 为 S2 处于②区受 S1 开通暂态影响的波形，通过对比图 4-33(a) 和 (b) 波形可以看出电压 U_{S2} 和 U_{D2} 之间的缺口电压明显增大，主要原因是 S1 开通暂态与 S2 开通暂态在耦合电感上的电压方向相同。两个器件同时处于开通暂态时，对功率器件没有过压风险，但能够减小开通损耗。

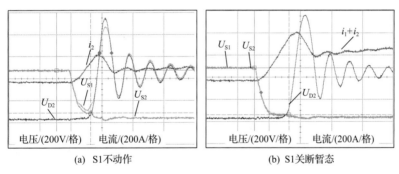

(a) S1不动作　　　　　　　　(b) S1关断暂态

图 4-34　S2 处于②区受 S1 开通暂态影响波形

④关断暂态耦合分析

当器件 S1 处于关断暂态④区，S2 开关动作时，简化电路如图 4-35(a) 所示，此时 S1 两端电压 U_{S1} 为

$$U_{S1} = U_{dc} + L_{\sigma 1}\frac{\mathrm{d}i_1}{\mathrm{d}t} \pm U_{couple} \tag{4-66}$$

式中，耦合电压为 $U_{couple} = L_{\sigma 1}\cdot(\mathrm{d}i_2/\mathrm{d}t)$。

当器件 S2 处于关断暂态④区，S1 开关动作时，简化电路如图 4-35(b) 所示，此时 S2 两端电压 U_{S2} 为

$$U_{S2} = U_{dc} + (L_{\sigma 1} + L_{\sigma 2})\frac{\mathrm{d}i_2}{\mathrm{d}t} \pm U_{couple} \tag{4-67}$$

式中，耦合电压为 $U_{\text{couple}} = L_{\sigma 1} \cdot (\mathrm{d}i_1 / \mathrm{d}t)$。

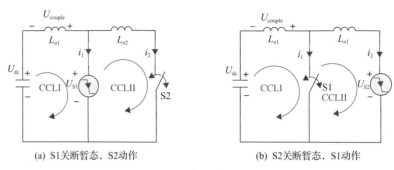

(a) S1关断暂态，S2动作　　　　　　　　(b) S2关断暂态，S1动作

图 4-35　④区简化电路

通过上面分析可知，当 S1（或 S2）处于关断暂态，另一个器件 S2（或 S1）处于开通暂态时，会在一定程度上减小 S1（或 S2）关断电压 U_{S1}（或 U_{S2}），当 S2（或 S1）也处于关断暂态时，受耦合电压的影响 U_{S1}（或 U_{S2}）会有一定程度的增加，增加了过压风险。图 4-36(a) 为 S2 处于关断暂态，S1 没有开关动作时的波形，图 4-36(b) 为 S2 和 S1 同时关断波形，可以看出受 S1 关断暂态的影响，S2 两端电压明显增加，对 S2 器件的安全运行造成一定的影响。而 S2 处于④区受 S1 开通暂态影响的实验与之前的情况类似，对功率器件没有过压风险。

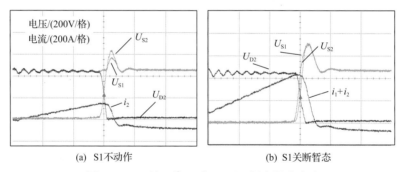

(a) S1不动作　　　　　　　　　　(b) S1关断暂态

图 4-36　S2 处于④区受 S1 开通暂态影响波形

3）暂态耦合函数

根据上面的分析，耦合电感上的感应电压方向与 IGBT 开通暂态和关断暂态相对应。为了建立统一的 IGBT 开关暂态耦合函数，可定义 IGBT 二值暂态开关函数 s：

$$s = \begin{cases} 1 & (\text{关断暂态}) \\ -1 & (\text{开通暂态}) \end{cases} \tag{4-68}$$

根据开关暂态函数，建立背靠背三电平整流器和逆变器桥臂所有 IGBT 过压耦合函数：

$$\begin{bmatrix} \boldsymbol{U}_{\text{R1-4}} \\ \boldsymbol{U}_{\text{I1-4}} \end{bmatrix} = \frac{1}{2} U_{\text{dc}} + s \cdot \begin{bmatrix} \boldsymbol{L}_{\sigma \text{R1-4}} & \boldsymbol{M}_{\sigma \text{RI}} \\ \boldsymbol{M}_{\sigma \text{RI}} & \boldsymbol{L}_{\sigma \text{I1-4}} \end{bmatrix} \cdot p \begin{bmatrix} \boldsymbol{I}_{\text{R1-4}} \\ \boldsymbol{I}_{\text{I1-4}} \end{bmatrix} \tag{4-69}$$

式中，p 为微分算子，$\mathrm{d}/\mathrm{d}t$；$U_{R1\text{-}4}$、$U_{I1\text{-}4}$、$I_{R1\text{-}4}$、$I_{I1\text{-}4}$ 分别为整流器 4 个开关器件和逆变器 4 个开关器件的电压、电流矩阵，满足式(4-70)：

$$
U_{R1\text{-}4} = \begin{bmatrix} U_{R1} \\ U_{R2} \\ U_{R3} \\ U_{R4} \end{bmatrix} \quad
U_{I1\text{-}4} = \begin{bmatrix} U_{I1} \\ U_{I2} \\ U_{I3} \\ U_{I4} \end{bmatrix} \quad
I_{R1\text{-}4} = \begin{bmatrix} i_{R1} \\ i_{R2} \\ i_{R3} \\ i_{R4} \end{bmatrix} \quad
I_{I1\text{-}4} = \begin{bmatrix} i_{I1} \\ i_{I2} \\ i_{I3} \\ i_{I4} \end{bmatrix} \tag{4-70}
$$

$L_{\sigma R1\text{-}4}$、$L_{\sigma I1\text{-}4}$、$M_{\sigma RI}$ 分别为整流器换流回路杂散电感矩阵、逆变器换流回路杂散电感矩阵及耦合电感矩阵，满足式(4-71)：

$$
\begin{cases}
L_{\sigma R1\text{-}4} = \begin{bmatrix} L_{\sigma R1} & 0 & 0 & 0 \\ 0 & L_{\sigma R2} & 0 & 0 \\ 0 & 0 & L_{\sigma R3} & 0 \\ 0 & 0 & 0 & L_{\sigma R4} \end{bmatrix} \\[20pt]
L_{\sigma I1\text{-}4} = \begin{bmatrix} L_{\sigma I1} & 0 & 0 & 0 \\ 0 & L_{\sigma I2} & 0 & 0 \\ 0 & 0 & L_{\sigma I3} & 0 \\ 0 & 0 & 0 & L_{\sigma I4} \end{bmatrix} \\[20pt]
M_{\sigma RI} = \begin{bmatrix} L_{\sigma R1I1} & -L_{\sigma R1I2} & L_{\sigma R1I3} & -L_{\sigma R1I4} \\ -L_{\sigma R2I1} & L_{\sigma R2I2} & -L_{\sigma R2I3} & L_{\sigma R2I4} \\ L_{\sigma R3I1} & -L_{\sigma R3I2} & L_{\sigma R3I3} & -L_{\sigma R3I4} \\ -L_{\sigma R4I1} & L_{\sigma R4I2} & -L_{\sigma R4I3} & L_{\sigma R4I4} \end{bmatrix}
\end{cases} \tag{4-71}
$$

由式(4-69)可知，每个功率器件 IGBT 两端的电压不仅与自身的换流暂态相关联，也与其他回路的功率器件开关状态相关。

5. 共叠层母排暂态过压解耦方法[59]

1) 暂态解耦方法

通过仔细分析图 4-27 中的 16 条暂态耦合换流路径，其中(a) RS1 和 IS1；(c) RS1 和 IS3；(f) RS2 和 IS2；(h) RS2 和 IS4；(i) RS3 和 IS1；(k) RS3 和 IS3；(n) RS4 和 IS2；(p) RS4 和 IS4，一共 8 种换流回路存在共同的换流路径，即同时具有图 4-35 电路的特征，换流路径存在共同部分。此类电路，IGBT 同时处于关断暂态时，存在一定的过压风险。其他的换流暂态路径虽然也存在一定的电磁耦合影响，但是没有过压风险，可以不对其进行处理。

因此，需要对 IGBT 触发脉冲进行一定的处理，避免两个器件同时关断。图 4-37 为背靠背三电平共叠层母排电磁瞬态解耦基本框图。将原有的整流器的 12 路脉冲 R-PWM[0..11]和逆变器的 12 路脉冲 I-PWM[0..11]经过解耦后变为 I-PWM`[0..11]和 I-PWM`

[0..11]，再分别触发整流器的 12 个 IGBT RS1～RS12 和逆变器的 12 个 IGBT IS1～IS12。

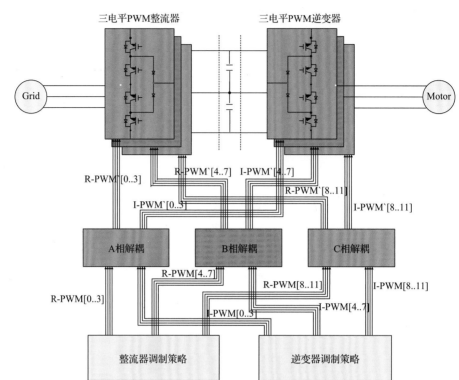

图 4-37　背靠背三电平共叠层母排电磁瞬态解耦基本框图

以 A 相为例，分析每相解耦模块的具体功能。解耦处理的目的是对存在耦合的功率器件进行延时处理，避免同时关断。解耦模块的内部逻辑如图 4-38 所示，包含延时处理模块和逻辑运算模块。延时处理模块完成对输入信号的延时处理。对于 A 相，需要延时处理的器件包括（RS1、IS1）、（RS1、IS3）、（RS3、IS1）、（RS3、IS3）、（RS2、IS2）、（RS2、IS4）、（RS4、IS2）和（RS4、IS4）。由于整流器或逆变器的任一器件都与对方的两个器件相耦合，因此单个 PWM 信号会经过两个延时处理模块。延时处理模块只对关断边沿信号进行延时处理，相当于加长了开通信号的长度，因此对于单个 PWM 信号经过两个延时处理后，通过或运算即可还原原解耦后的输入信号 PWM`。

2）软件延时处理方法

延时处理模块完成对两个输入信号关断边沿的自动错位处理。当延时处理模块输入端接收到的 pwm1 和 pwm2 两个脉冲触发信号的关断边沿时间差在 Δt 范围内时，延时处理模块起作用，如果关断边沿时间差大于 Δt，延时处理模块不起作用。由于要处理的脉冲都在 1μs 之内，要求处理器速度非常快，因此一般采用可编程逻辑器件 FPGA 或复杂可编程逻辑器件（complex programmable logic device，CPLD）进行延时逻辑处理。图 4-39 为延时逻辑处理时序图，当关断边沿信号时间差在 Δt 范围内时，需要进行处理。同时优先对在 Δt 时间内滞后的脉冲信号进行延时处理。

采用高频时钟检测输入端的信号 pwm1 和 pwm2 下降沿，主要分以下三种情况。

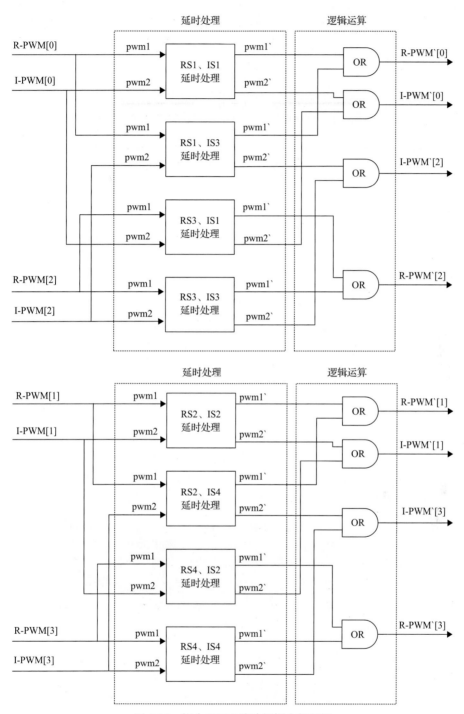

图 4-38 耦合 PWM 脉冲解耦内部逻辑

(1) 如果首先检测到输入端的信号 pwm1 为下降沿时，置位中间变量 sig 信号为高电平，sig 高电平时间为延时处理时间 Δt，在 sig 为高电平期间不再对输入端信号 pwm2 的下降沿进行检测，此时对输入信号进行逻辑运算，得出输出信号 pwm2`=pwm2 & sig，

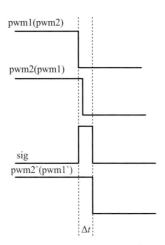

图 4-39　延时逻辑处理时序图

pwm1`=pwm1。

（2）如果首先检测到输入端的信号 pwm2 为下降沿，置位中间变量 sig 信号为高电平，在 sig 为高电平期间不再对输入端的信号 pwm1 的下降沿进行检测，此时对输入信号进行逻辑运算，得出输出信号 pwm1`=pwm1 & sig，pwm2`=pwm2。

（3）当同时检测到输入端的信号 pwm1 和 pwm2 为下降沿时，可以选择任一信号作延时处理。

Δt 的时间选取要根据换流回路测量确定，对于大功率系统一般在 200～300ns。

3）实验波形

IGBT 在不同状态下的电磁耦合关系已经在前面有所描述，本部分主要针对不同的脉冲延时时间对过压的影响问题进行实验分析。图 4-40 为三电平变流装置共叠层母排实验平台，实验采用的功率器件及测量仪器见表 4-3。

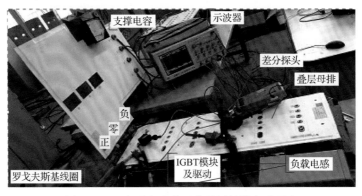

图 4-40　三电平变流装置共叠层母排实验平台

由于三电平存在 16 种暂态换流回路，只对其中一个回路进行分析。图 4-41（a）为无耦合 S1 的关断过压波形，关断 150A 电流时的过压在 150V 左右。图 4-41（b）为 S1 和 S2 同时关断时的波形，母线电流在 420A 左右，此时 S1 的关断过电压在 300V 左右。将 S2

表 4-3　共叠层母排实验平台实验设备

设备	型号
IGBT 模块	FF1400R17IP4
IGBT 驱动	2SP0320V2A0
罗戈夫斯基线圈	CWT30B
差分探头	N2891A
示波器	MSO8064A
负载电感	普通电缆(7μH 左右)

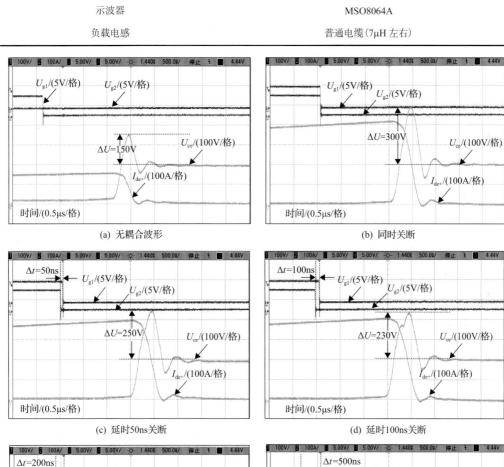

(a)　无耦合波形　(b)　同时关断
(c)　延时50ns关断　(d)　延时100ns关断
(e)　延时200ns关断　(f)　延时500ns关断

图 4-41　不同延迟时间的关断过压耦合波形

的关断时间延时 50ns、100ns、200ns 和 500ns 后的波形分别对应图 4-41(c)、(d)、(e)、(f)。可以看出随着延时的增加，S1 器件的关断过电压逐渐降低，关断延时 200ns 和 500ns 已经无本质区别。对于大功率 IGBT 的关断死区时间一般设置为 3～5μs，因此延时关断 0.2μs 对于 IGBT 是可靠的。

图 4-42 为采用软件延时脉冲序列后的延时波形，原有的两路信号 pwm1 和 pwm2 相差 50ns，经过 FPGA 处理后，pwm1`无变化，pwm2`信号相比原来的 pwm2 延时 150ns，和 pwm1 相差 200ns。

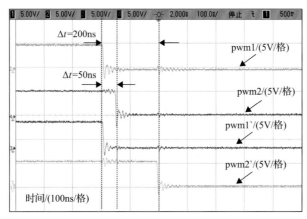

图 4-42　脉冲延时波形

6. 大功率变流器电热耦合特性分析[60]

功率模块的结温监测对大功率变流器系统的安全运行至关重要，而基于电-热耦合模型的器件结温计算方法在大功率应用场合获得广泛应用，电-热耦合模型的关键是变频器损耗的计算和等效热网络模型的建立。以一种特定结构的大功率三电平变流器散热系统为例，研究一种利用 ANSYS 软件提取特定散热系统热网络模型参数的方法。

1) 三电平变流器散热系统分析及建模

① IGBT 模块等效热网络模型

大功率 IGBT 模块通常由不同材料堆叠而成，图 4-43 为大功率 IGBT 模块的封装结构及散热系统示意图。IGBT 模块分别由铜基板、直接覆铜衬底(direct copper bonded,

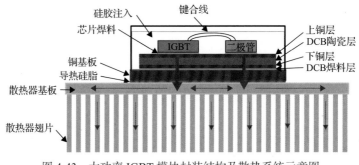

图 4-43　大功率 IGBT 模块封装结构及散热系统示意图

DCB）、硅芯片和各层焊料组成。模块中各芯片通过键合线连接，DCB 陶瓷可以保证 IGBT 模块与基板良好的绝缘性能，通常材料为 Al₂O₃ 或 AlN。另外，为了保证芯片良好的散热性能，IGBT 和二极管芯片通过硅胶注入的方式塑封，由于硅胶导热性能差，使芯片产生的热量主要向下传导，也正因为如此，IGBT 的散热模型可以用一维热网络模型来近似等效。IGBT 模块基板通过导热硅脂紧贴安装在散热器上，使用导热硅脂的目的是保证 IGBT 模块基板和散热器良好接触，从而减小接触热阻。

热网络模型的基本原理是将热特性的热阻、热容、温度、热流等分别用电学中的电阻、电容、电压、功率来比拟。IGBT 模块中，IGBT 和二极管芯片产生的热量向下传导到基板，则 IGBT 芯片和基板必然存在温度差，将 IGBT 模块的结壳热阻定义为

$$R_{\text{thjc}} = \frac{T_{\text{vj}} - T_{\text{c}}}{P} \tag{4-72}$$

式中，R_{thjc} 为稳态热阻；T_{vj} 为 IGBT 或二极管芯片的结温；T_{c} 为 IGBT 模块的基板温度；P 为芯片的热损耗。

由于 IGBT 芯片产生的热量传导到基板需要一定的时间，因此引入热容来比拟，则瞬态热阻抗定义为

$$Z_{\text{thjc}} = \frac{T_{\text{vj}}(t) - T_{\text{c}}(t)}{P} \tag{4-73}$$

式中，$T_{\text{vj}}(t)$ 和 $T_{\text{c}}(t)$ 分别为芯片结温和基板温度的瞬时值。

常用的热网络模型有两种，连续网络热路模型（Cauer 模型）和局部网络热路模型（Foster 模型），两种模型如图 4-44 所示。

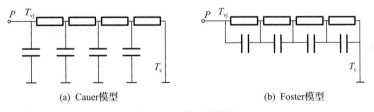

(a) Cauer模型　　　　　　　　　(b) Foster模型

图 4-44　热网络模型

Cauer 模型可以反映 IGBT 模块真实的物理传热过程，其中热阻、热容可以根据 IGBT 模块各层材料的物理属性和热属性计算得到，且每层材料对应一组 RC 单元，该模型可用于求解 IGBT 模块各层材料的温度，热模型中各节点对应真实的节点温度，但是该模型计算复杂，需要考虑每层材料真实的散热路径。Foster 模型的每个 RC 单元不再与每层材料对应，且 RC 参数可以通过模块的散热曲线拟合得到，RC 单元的个数也可以根据需求进行调整，一般 4 阶 RC 网络即可模拟 IGBT 模块的真实散热过程，通常器件商家提供的 IGBT 模块结壳热阻抗即 4 阶 RC 网络。

②变流器风冷散热系统分析与等效热网络模型

散热系统是大功率变流器的关键部分，散热系统的好坏直接影响着变流器的功率等

级和运行安全。一般大功率变流器散热方式包括强迫风冷、水冷、热管散热等，强迫风冷散热器因环境条件限制少而被广泛使用，其中比较常用的风冷散热方式为抽风式散热，根据轴流风机安装位置的不同又可分为顶置式和背负式两种，两种安装结构如图 4-45 所示，顶置式风冷散热系统只需要一个大功率风机，但是柜体内各散热器风速不均匀，背负式风冷散热系统需要多个小功率轴流风机，散热相对均匀。

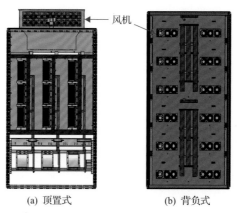

(a) 顶置式　　　　　　(b) 背负式

图 4-45　变流器风冷散热系统

目前，对于大功率变流器的散热系统设计已有较多研究，一般都根据 IGBT 最大限制结温和变流器在最大工况下对应的功率损耗确定散热器的热阻值，进而设计散热器的类型、尺寸、翅片数目、风机功率等，最后利用热仿真软件进行验证和优化。

散热器的散热方式包括热传导、对流换热和辐射换热，IGBT 模块芯片产生的热量以热传导的方式传到散热器基板和翅片，散热器翅片再通过对流换热进行冷却，通常散热器辐射换热很小，散热器设计中可以不考虑。对流散热的牛顿冷却公式为

$$P = hA(T_s - T_\infty) \tag{4-74}$$

式中，T_s 为物体的温度；T_∞ 为流体的温度；A 为物体对流换热的表面积；h 为对流换热系数，与流体的类型、流速等有关。

根据式(4-73)，增加散热器的面积和风速可以提高散热器的散热能力。同样，可以定义散热器的瞬态热阻抗为

$$Z_{thha} = \frac{T_h(t) - T_a(t)}{P} \tag{4-75}$$

式中，T_h 和 T_a 分别为散热器和环境的温度，当热功率一定时，经过一段时间后散热器温度会达到稳态，此时的热阻抗等于稳态热阻 R_{thha}。

另外，根据前面的分析，IGBT 模块基板和散热器基板间会有一层导热硅脂。同样地，定义 IGBT 模块基板到散热器的瞬态热阻抗为

$$Z_{thch} = \frac{T_c(t) - T_h(t)}{P} \tag{4-76}$$

式中，T_c 和 T_h 分别为 IGBT 模块基板和散热器的温度。通常导热硅脂的时间常数很小，可以用稳态热阻 R_{thch} 代替。

根据以上分析，IGBT 模块和散热器总体 Foster 模型如图 4-46 所示。

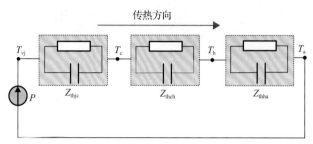

图 4-46　IGBT 模块和散热器总体 Foster 模型

在以往的研究中通常将 IGBT 和散热器分开建模，或者忽略散热器模型，通过假设一定的散热器温度进行分析，实际上 IGBT 模块芯片的温度和散热器温度会有耦合影响，因为散热器的类型、大小、风速会改变 IGBT 模块的传热路径，从而改变 IGBT 模块的热阻抗，在以往的研究中往往忽略了这一点。另外，不同的温度测试点也会得到不同的热阻抗。因此，为了更准确地反映 IGBT 模块的结温，IGBT 模块和散热器的热阻抗建模不能彼此分开，必须建立整个系统的热网络模型。

③IGBT 模块及散热系统 ANSYS 仿真模型

目前，有限元分析被广泛应用于变流器散热系统设计和可靠性分析中，由于 IGBT 芯片和二极管芯片封装在模块内部，芯片结温不易测量，而利用 ANSYS Icepak 软件建立 IGBT 模块的三维模型可以直观地反映各芯片的结温。

为了保证有限元热仿真的精度，必须准确地建立 IGBT 模块及散热器的实体模型，以 Infineon 公司 FF1400R17IP4 模块和特定尺寸的散热器为例进行有限元分析和热阻抗参数的提取。通过 Infineon 官网可以很方便地查阅到 IGBT 模块的几何尺寸及热参数，所研究的 FF1400R17IP4 模块各层材料厚度及热参数见表 4-4。

表 4-4　FF1400R17IP4 模块各层材料厚度及热参数

层/材料	厚度/mm	密度/(kg/m³)	特征热[J/(kg·K)]	热导率/[W/(m·K)]
芯片(Si)	0.2/0.19	2330	705	150
芯片焊料	0.05	7400	230	50
上铜层(Cu)	0.3	8960	390	401
DCB(Al₂O₃)	0.381	3800	880	25
下铜层(Cu)	0.3	8960	390	401
DCB 焊料	0.1	7400	230	50
铜基板(Cu)	3	8960	390	401

根据 IGBT 模块的实际尺寸，应用 ANSYS Icepak 软件建立 IGBT 模块实体模型，如

图 4-47 所示。为了建立"干净"的热网络模型，通常一些不影响 IGBT 模块散热特性的几何特征可以被忽略，本节中忽略了芯片键合线、铜引线等对 IGBT 模块散热的影响。

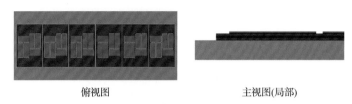

俯视图　　　　　　　　　　　　　主视图(局部)

图 4-47　IGBT 模块实体模型

实际应用中，大多材料的热属性会随温度发生变化，尤其是硅的热导率对温度较敏感，在有限元仿真中需要考虑硅材料热导率变化对 IGBT 模块热阻抗的影响，通常硅的温度特性可近似地表示为

$$\lambda = 24 + 1.87 \times 10^6 \cdot T^{-1.69} (\text{W/m} \cdot \text{K}) \tag{4-77}$$

IGBT 芯片和二极管芯片结温一般为 -50～150℃，在该范围内其他材料的热导率可近似地认为不随温度变化。

在 ANSYS Icepak 软件中通过设置不同的边界条件和热载荷可以对 IGBT 模块进行热仿真，通过测试 IGBT 模块在阶跃功率下的温度变化曲线，再根据式(4-73)可求得 IGBT 模块各芯片的热阻抗。图 4-48 为三种边界条件下二极管芯片的结温变化曲线和结壳热阻抗曲线。三种边界条件如下。case1：设置 IGBT 模块基板底部温度恒定 T_c=80℃，二极管芯片损耗 Pdiode=1200W(并联六个芯片总损耗)。case2：设置 IGBT 模块基板底部温度恒定 T_c=80℃，二极管芯片损耗 Pdiode=600W。case3：设置 IGBT 模块基板底部温度恒定 T_c=30℃，二极管芯片损耗 Pdiode=1200W。三种边界条件下的热阻抗曲线几乎重合，这也证明了 IGBT 模块的热阻抗与热载荷条件无关。

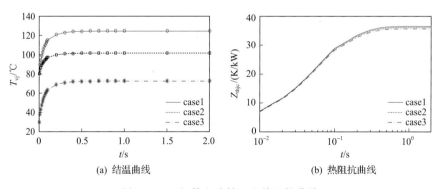

(a) 结温曲线　　　　　　　　　　　(b) 热阻抗曲线

图 4-48　二极管芯片结温和热阻抗曲线

三种边界条件下二极管芯片的稳态结温不同，由于仿真中设置硅芯片的热导率随温度变化，因此热阻抗曲线也不相同，但是从图 4-48(b) 中可以看到三种情况下的热阻抗差值很小，这是因为硅芯片体积较小，IGBT 芯片和二极管芯片厚度分别为 0.19mm 和

0.2mm，芯片的热阻抗只占 Z_{thjc} 的一小部分，因而芯片总的结壳热阻抗不会有太大变化。因此，由材料热导率变化引起的 IGBT 模块热阻抗变化可以忽略。

同样，根据实际散热系统几何参数，建立散热器有限元模型如图 4-49 所示，以一台兆瓦(MW)级变频器用散热系统为例进行研究，图 4-49(a) 为逆变器一相桥臂的散热器和功率器件分布图。散热系统采用背负式风冷散热，风机类型为德国 EBM3214JH3 轴流风机，通过其官网可以获得风机的风压曲线，可用于热仿真分析。图 4-50 为散热器有限元仿真的速度矢量图。

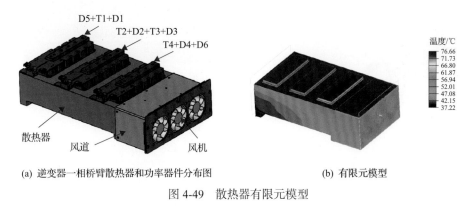

(a) 逆变器一相桥臂散热器和功率器件分布图　　　　　(b) 有限元模型

图 4-49　散热器有限元模型

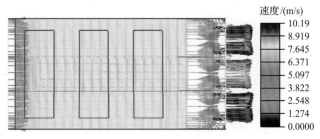

图 4-50　散热器速度矢量有限元仿真图

为了使 IGBT 模块和散热器充分接触，IGBT 模块基板和散热器间涂抹有导热硅脂，并使用螺栓固定。散热器和导热硅脂的热参数见表 4-5。

表 4-5　散热器和导热硅脂材料属性

材料	尺寸/mm	密度/(kg/m³)	特征热/[J/(kg·K)]	热导率/[W/(m·K)]
散热器(Al)	460×260×100	2800	903	237
导热硅脂	0.05	2810	753	1

2) 考虑热耦合影响的三电平变流器热网络模型

①IGBT 芯片耦合热网络模型

为了提高IGBT模块的额定电流,大功率IGBT模块的每个IGBT和二极管由多个IGBT芯片和二极管芯片并联组成,有的 IGBT 模块还由两个 IGBT 串联构成双管半桥结构,模

块内各芯片距离很近，因此必须考虑各芯片之间的热耦合影响。下面仍以 FF1400R17IP4
模块为例分析其热耦合效应，并建立其耦合热网络模型。

图 4-51 为 FF1400R17IP4 模块的外部和内部结构图，该模块为两个 IGBT 串联结构，
其中每个 IGBT 由 12 个 IGBT 芯片和 6 个二极管芯片并联组成，芯片平均分布在 6 块
DCB 板上。IGBT 芯片型号为 IGC136T170S8RH2，额定电流为 117.5A，二极管芯片型号
为 SIDC130D170H，额定电流为 235A。

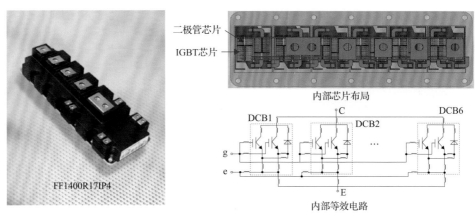

图 4-51　FF1400R17IP4 模块结构图

由于不同 DCB 板上的芯片距离相比到基板的距离较远，通常不同 DCB 板上各芯片
之间的热耦合影响可以忽略，但是从图 4-51 可以看到，IGBT 模块每个 DCB 板上分布有
多个芯片，包括 4 个 IGBT 芯片和 2 个二极管芯片，各芯片距离较近，它们之间的热耦
合影响较大。同一 DCB 板上的 4 个 IGBT 芯片两两并联，且型号完全相同，并联芯片工
作时流过相同大小的电流，因此并联的 2 个芯片可作为一个整体进行研究，记同一 DCB
板上各芯片分别为 chip1、chip2、chip3 和 chip4，如图 4-52 所示。

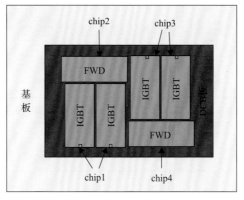

图 4-52　IGBT 模块内部芯片分布
FWD-续流二极管

图 4-53 为基板温度 $T_c = 80℃$ 下对 chip1 和 chip2 施加热载荷时的结温分布情况，可
以看到，单独对芯片 chip2 施加 100W（共 600W）热载荷时芯片稳态结温为 100.27℃，再

对组成 chip1 芯片的两个并联 IGBT 芯片分别施加 50W（共 600W）热载荷时 chip2 稳态结温为 102.21℃，由于热耦合的影响，chip2 结温上升了 2℃左右。

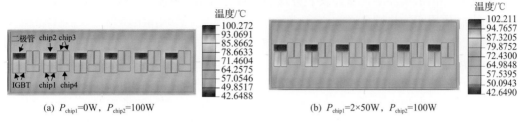

（a）$P_{chip1}=0W$，$P_{chip2}=100W$　　　　　　（b）$P_{chip1}=2×50W$，$P_{chip2}=100W$

图 4-53　芯片热耦合有限元仿真

各芯片之间的热耦合影响可用耦合热阻抗表示为

$$Z_{jcxy} = \frac{T_{jchipx} - T_c}{P_y} \tag{4-78}$$

式中，Z_{jcxy}（x，y 取 1，2，3，4）为芯片 chip$y$ 对 chip$x$ 的耦合热阻抗；T_{jchipx} 为 chip$x$ 的结温；P_y 为 chip$y$ 的热功率。

各芯片之间热耦合情况如图 4-54 所示，图中 Z_{jcxy}（$x=y$）为不考虑热耦合影响时各芯片的热阻抗。

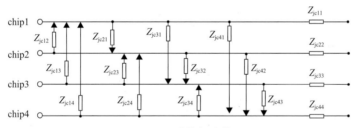

图 4-54　芯片热耦合模型

各芯片结温计算式可表示为矩阵形式：

$$\begin{bmatrix} T_{jchip1} \\ T_{jchip2} \\ T_{jchip3} \\ T_{jchip4} \end{bmatrix} = \begin{bmatrix} Z_{jc11} & Z_{jc12} & Z_{jc13} & Z_{jc14} \\ Z_{jc21} & Z_{jc22} & Z_{jc23} & Z_{jc24} \\ Z_{jc31} & Z_{jc32} & Z_{jc33} & Z_{jc34} \\ Z_{jc41} & Z_{jc42} & Z_{jc43} & Z_{jc44} \end{bmatrix} \begin{bmatrix} P_{chip1} \\ P_{chip2} \\ P_{chip3} \\ P_{chip4} \end{bmatrix} + T_c \tag{4-79}$$

记 $\boldsymbol{Z}_{jc}$ 为芯片耦合热阻抗矩阵，则 $\boldsymbol{Z}_{jc}$ 为

$$\boldsymbol{Z}_{jc} = \begin{bmatrix} Z_{jc11} & Z_{jc12} & Z_{jc13} & Z_{jc14} \\ Z_{jc21} & Z_{jc22} & Z_{jc23} & Z_{jc24} \\ Z_{jc31} & Z_{jc32} & Z_{jc33} & Z_{jc34} \\ Z_{jc41} & Z_{jc42} & Z_{jc43} & Z_{jc44} \end{bmatrix} \tag{4-80}$$

②IGBT 模块耦合热网络模型

为了节省大功率变流器散热系统的空间，提高系统功率密度，通常会将多个 IGBT 模块安装在一个散热器上，这种安装方式必然存在着散热器水平方向的热量传递，这就需要考虑各模块间的热耦合影响。

图 4-55 为两种铝制散热器及 IGBT 模块分布图，第一种分布方式中 IGBT 模块安装方向与散热器风向平行，这种情况下 IGBT 模块之间的热耦合作用较小，主要为水平方向的热量传递。由于 IGBT 模块具有一定的尺寸，这种安装方式可能造成 IGBT 模块内部并联芯片结温的较大差值，温度不均会影响并联芯片的均流，进而引起部分芯片过热。第二种分布方式中 IGBT 模块与散热器风向垂直，IGBT 模块内部并联芯片结温基本相等，这种安装方式下各模块间的热耦合影响较大，处于出风口位置的 IGBT 模块由于流体温度较高，受热耦合影响最为严重。

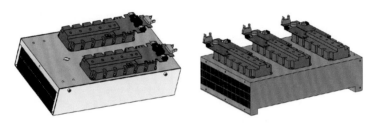

图 4-55　散热器结构及 IGBT 模块分布

以第二种散热器结构和 IGBT 模块安装方式为例进行研究，一个散热器恰好对应三电平变流器的一相，记 3 个 IGBT 模块分别为 igbt1、igbt2 和 igbt3。给 3 个 IGBT 模块分别设置相同的热载荷（1200W），有限元仿真结果如图 4-56 所示，处于出风口附近的 igbt3 受热耦合影响温度最高。经仿真分析，IGBT 模块间热耦合影响的大小与模块内部的总损耗有关，受模块内各芯片损耗分布影响较小。

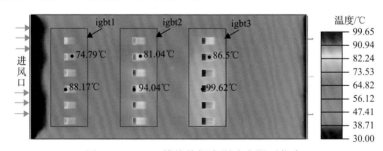

图 4-56　IGBT 模块热耦合影响有限元仿真

各 IGBT 模块间热耦合影响的大小可以用耦合热阻抗来表示，定义 IGBT 模块间的耦合热阻抗为

$$Z_{\text{haxy}} = \frac{T_{\text{hx}} - T_{\text{a}}}{P_{\text{igbty}}} \tag{4-81}$$

式中，Z_{haxy}（x、y 取 1、2、3）为 igbt$y$ 模块对 igbt$x$ 模块的耦合热阻抗；T_{hx} 为 igbt$x$ 对应的

散热器温度；T_a 为环境温度；P_{igbty} 为 igbty 的热功率。

用 Z_{ha11}、Z_{ha22}、Z_{ha33} 分别表示不考虑热耦合影响时各 IGBT 模块对应的散热器和环境间的热阻抗，则散热器的热网络模型如图 4-57 所示。

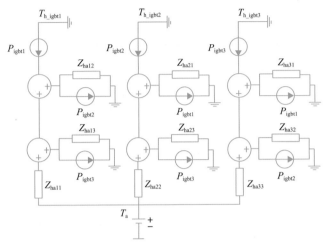

图 4-57　散热器热网络模型

根据图 4-57，各 IGBT 模块散热器网络节点温度为

$$
\begin{bmatrix} T_{h\_igbt1} \\ T_{h\_igbt2} \\ T_{h\_igbt3} \end{bmatrix} = \begin{bmatrix} Z_{h11} & Z_{h12} & Z_{h13} \\ Z_{h21} & Z_{h22} & Z_{h23} \\ Z_{h31} & Z_{h32} & Z_{h33} \end{bmatrix} \begin{bmatrix} P_{igbt1} \\ P_{igbt2} \\ P_{igbt3} \end{bmatrix} + T_a
\tag{4-82}
$$

同样地，记 $\boldsymbol{Z}_{ha}$ 为模块间耦合热阻抗矩阵，可表示为

$$
\boldsymbol{Z}_{ha} = \begin{bmatrix} Z_{ha11} & Z_{ha12} & Z_{ha13} \\ Z_{ha21} & Z_{ha22} & Z_{ha23} \\ Z_{ha31} & Z_{ha32} & Z_{ha33} \end{bmatrix}
\tag{4-83}
$$

3) 三电平变流器散热系统瞬态热阻抗参数提取

利用有限元分析法提取散热系统瞬态热阻抗的基本原理是获取 IGBT 模块芯片在单位阶跃功率下的瞬态热阻抗曲线，再通过数学拟合方式获得对应的 RC 网络参数。其基本步骤如下。

(1) 给出温度网络节点的定义，不同的温度参考点测取的瞬态热阻抗曲线不同。

(2) 对 IGBT 模块芯片施加一定的阶跃功率，获得各网络节点的温升曲线。

(3) 根据瞬态热阻抗的定义获得各节点间瞬态热阻抗曲线。

(4) 利用数学拟合方式求得 RC 网络参数，即 Foster 热网络参数。

由于大功率 IGBT 模块具有一定的体积，且内部为多芯片串并联方式，传统的基板温度、散热器温度等测量点不再适用，研究中将 IGBT 模块和散热器作为一个整体进行分析，各部分温度测量点可以根据需求进行定义，只需要保证热网络模型的连续性即可。根据前面的分析，IGBT 模块和散热器间存在热耦合影响，为了保证热网络模型的准确性，IGBT 模块和散热器必须作为一个整体进行研究。每个 FF1400R171P4 模块内部由两个 IGBT 和两个二极管组成，每个 IGBT 和二极管又由多个芯片并联组成，仿真中将各并联芯片的平均温度作为芯片的结温 T_{vj}，将基板底部中心位置作为基板温度测量点，其正下方距离散热器基板表面 2mm 处作为散热器温度测量点。

根据前面的分析，所建立的三电平变流器每相的耦合热网络模型如图 4-58 所示。实际上所建立的热网络模型是一种三维热网络模型，综合考虑了散热系统内部各种耦合热影响后，热网络模型中各测量点的温度可反映变流器散热系统真实的温度分布规律。图 4-58 中 T_{h1}、T_{h2}、T_{h3} 为三个 IGBT 模块对应的散热器温度测量值，T_{c1}、T_{c2}、T_{c3} 为三个 IGBT 模块基板的温度测量值，$T_{\_vj}$ 为 IGBT 模块内各并联芯片的平均温度值。

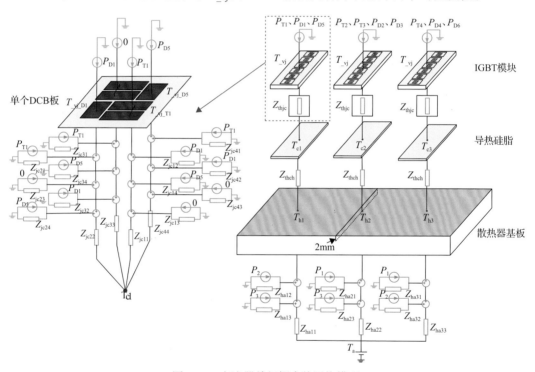

图 4-58　变流器单相耦合热网络模型

为了建立散热系统的 Foster 模型，需要对各节点的热阻抗曲线进行 RC 网络参数提取。n 阶 RC 网络的单位阶跃响应可表示为

$$a(t)=\sum_{i=1}^{n} R_i \cdot \left(1-\mathrm{e}^{-t/(R_i \cdot C_i)}\right) \tag{4-84}$$

式中，n 为 RC 网络的阶数；R_i 为等效热阻；C_i 为等效热容。利用该函数拟合各节点的瞬态热阻抗曲线即可对 RC 网络参数进行提取，RC 网络参数的阶数可以根据拟合效果确定。需要注意的是，当用 n 阶 RC 网络拟合瞬态热阻抗时，中间 RC 网络节点没有任何意义。

为了提取各芯片间的耦合热阻抗参数，分别对 T2 和 D2 输入 600W 阶跃功率，并记录 T2、D2、T3、D3 芯片、IGBT 模块基板、散热器的温升曲线，仿真时环境温度设置为 30℃。图 4-59 为两种阶跃功率下各温度监测点的温升曲线。

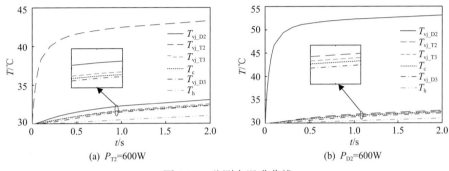

图 4-59　监测点温升曲线

从图 4-59 中可以看到，各芯片之间的热耦合影响较小，但仍存在一定的影响，这是因为各芯片之间的距离相对芯片到基板的厚度较大，热源芯片的热量主要向下传导到基板，因此水平方向的热耦合作用较小。在图 4-59(a) 中，当设置 T2 的每个芯片功率为 50W(共 600W) 时，D2 芯片的结温甚至低于模块基板的温度，因此它们之间的热耦合影响可以忽略，即热耦合矩阵中 Z_{jc41} 为零。同理，根据图 4-59(b) 可得 Z_{jc42} 为零，由对称关系，Z_{jc24} 和 Z_{jc23} 也为零。

由式(4-81)求得各温度监测点间的热阻抗曲线如图 4-60 所示，IGBT 模块结-壳热阻抗经过约 200ms 后达到稳态热阻抗值，IGBT 和二极管稳态热阻抗分别为 18.2K/kW 和 34.42K/kW，与 Infineon 公司的产品数据手册提供参数相近。利用式(4-81)对热阻抗曲线进行拟合即可对热网络参数进行提取，IGBT 模块内耦合热网络参数见表 4-6。

表 4-6　RC 网络参数

Z_{th}	R_i/(K/kW)	C_i/(kJ/K)	Z_{th}	R_i/(K/kW)	C_i/(kJ/K)
	0.04829	3.396		27.97	18.78
Z_{jc11}、Z_{jc33}	13.23	18.62	Z_{jc22}、Z_{jc44}	3.194	4.137
(Z_{thjc_T})	3.79	4.329	(Z_{thjc_D})	2.389	553.9
	1.151	566.8		1.112	4.209
Z_{jc21}、Z_{jc43}	0.1369	0.2731	Z_{jc31}、Z_{jc13}	0.3137	0.6595
	1.186	3.17		0.0726	0.6475
Z_{jc12}、Z_{jc34}	0.2417	0.0220	Z_{jc32}、Z_{jc14}	0.5097	0.0017
	0.7342	1.373		0.3742	0.6283
	12.31	3.101		9.943	3.198
Z_{ha11}	4.998	34.36	Z_{ha22}	2.982	1.388
	3.658	1.647		5.714	29.45
	4.99	35.82	Z_{ha21}	9.352	16.96
Z_{ha33}	3.988	1.517	Z_{ha31}	7.724	30.98
	11.62	3.353	Z_{ha32}	9.02	19.41
	2.292	0.3238	Z_{ha13}	1.481	162.55
Z_{thch}	0.5302	9.835	Z_{ha23}	4.311	35.31

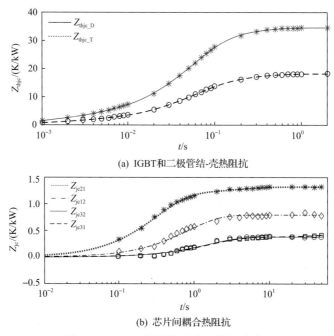

(a) IGBT和二极管结-壳热阻抗

(b) 芯片间耦合热阻抗

图 4-60　IGBT 模块结-壳热阻抗拟合曲线

图 4-61 为三种热载荷条件下 IGBT 模块基板和散热器间的热阻抗曲线。三种条件下热阻抗曲线基本重合，说明 IGBT 模块与散热器间的热阻抗与 IGBT 模块内的热源分布无关，Z_{thch} 拟合获得的 RC 网络参数在表 4-6 中给出。

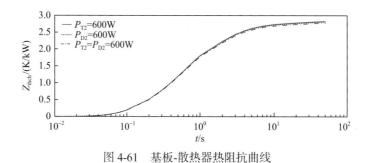

图 4-61　基板-散热器热阻抗曲线

为了获得散热器中各 IGBT 模块间耦合热阻抗 Z_{ha} 及对应的 RC 网络参数，分别对 3 个 IGBT 模块输入 1200W 热功率(分别为 $P_{T1}=600W$、$P_{D1}=600W$；$P_{T2}=600W$、$P_{D2}=600W$；$P_{T4}=600W$、$P_{D4}=600W$)，分别记录散热器温度监测点的温升曲线并利用式(4-78)求得热阻抗曲线。

图 4-62 为散热器及 IGBT 模块间的耦合热阻抗曲线，不同 IGBT 模块对应的散热器-环境热阻抗大小与其在散热器上的相对位置有关，分别对 3 个 IGBT 模块施加热载荷时，中间 IGBT 模块的热阻抗最小，散热性能最好。另外，靠近出风口位置的 IGBT 模块受热耦合影响最为严重，与前文理论分析一致。利用式(4-78)拟合的 RC 网络参数见表 4-6，为了达到最好的拟合效果分别使用了不同阶 RC 网络。

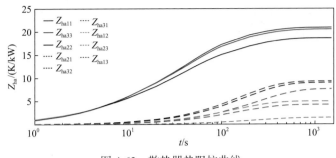

图 4-62　散热器热阻抗曲线

4) 三电平变流器电-热耦合模型分析

大功率变流系统中 IGBT 模块的结温监测对于系统安全运行具有重要意义，由于大功率 IGBT 模块的封装特性，芯片结温很难利用测量仪器直接测得。通过建立整个系统的电-热耦合模型可用于变流器复杂工况下功率器件的结温估算，同时电-热耦合模型将变流器的电气特性和热特性联系起来，为变流器的热控制奠定了基础，很多学者将变流器热控制作为目标，极大地提高了变流器性能，提高了系统的可靠性。以三电平逆变器为例，根据前文的损耗计算模型和热网络模型建立系统的电-热耦合模型，并对逆变器复杂工况下的损耗和 IGBT 结温进行分析。

① 三电平变流器电-热耦合模型

电-热耦合模型的基本思路是根据变换器的运行状态确定变换器中 IGBT 模块的损耗值，即变换器的电特性，再将损耗数据作为热网络模型的输入，根据环境温度反推器件的结温。由于 IGBT 模块的功率损耗具有温度依赖性，因此将热网络模型的结温计算结果作为下一周期的损耗计算参数。基于电-热耦合模型的三电平变流器 IGBT 结温计算方法如图 4-63 所示，图中 $d_1 \sim d_{12}$ 为各 IGBT 的导通占空比。

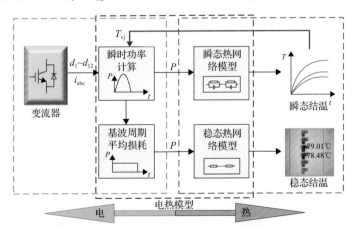

图 4-63　三电平变流器电-热耦合模型

根据图 4-63，利用电-热耦合模型提取 IGBT 结温的算法流程如下。

(1) 根据采集到的负载电流和各 IGBT 占空比信息确定各器件在一个开关周期内的工作状态。

（2）利用建立的 IGBT 模块损耗数学模型计算各器件在一个开关周期内的平均损耗。

（3）将单开关周期平均损耗作为瞬态热网络模型的输入用于计算各器件的结温。

（4）各器件结温计算结果反馈到损耗计算模型，用于计算下一个开关周期的平均损耗。

通过对单开关周期损耗进行累加求和，可计算基波周期内的平均损耗，进而提取功率器件的平均结温。

②大功率双三电平互馈实验方法

通常将大功率交直交变频器用作大功率电机的电源，为了测试变频器性能需要有大功率的实验电机，还需要为电机提供大功率机械负载，整个实验系统会非常庞大。为了研究大功率变流器在不同工况下的电热耦合特性，采用双三电平互馈实验方法，其主电路拓扑如图 4-64 所示。

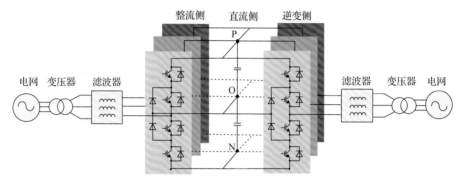

图 4-64　双三电平互馈实验主电路拓扑图

互馈实验采用两个背靠背三电平拓扑，其中一个作为可控整流器，采用双闭环矢量控制，主要用于调节直流母线电压和中点电位平衡，另一个采用电压外环开环控制，通过改变给定电流大小即可达到改变逆变器电流的目的。通过改变给定电流极性还可以改变逆变器的工作状态，使逆变器工作在整流状态。

图 4-65 为互馈实验平台逆变侧控制框图，为了避免无功电流对电网的影响，系统采用"$i_d=0$"控制。另外，根据 IGBT 开关信号和直流母线电压进行网侧电压重构实现了无网侧电压传感器控制，很大程度上节约了成本，同时系统采用虚拟磁链定向控制使控制系统更加稳定。

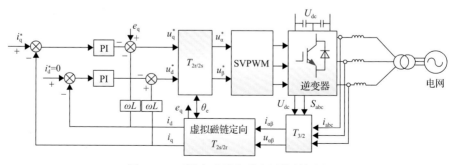

图 4-65　互馈实验平台逆变侧控制框图

③三电平逆变器电-热耦合模型仿真分析

利用 MATLAB/Simulik 工具搭建三电平逆变器电-热耦合模型，仿真参数设置为：直流母线电压 U_{dc}=1800V；网侧电抗器 L_s=0.7H；直流侧电容 C=5000μF；整流器网侧变压器为 6000V/1000V；逆变器侧变压器为 1140V/6000V；调制策略均采用 SVPWM。

根据前面分析，散热器的时间常数较大，需要几分钟才可以达到稳态温度，为了减小 MATLAB 的仿真时长，散热器采用稳态热阻模型，并将逆变器平均损耗值作为稳态热网络的热源。图 4-66 为逆变器 a 相桥臂各 IGBT 和二极管平均损耗及结温随电流变化规律，开关频率为 1kHz，输出电流基波频率为 50Hz。由于仿真中采用单位功率因数控制，只给定了有功电流，因此 IGBT 模块内的反并联二极管损耗几乎为零，图 4-66(a) 给出了 a 相桥臂 IGBT 和箝位二极管的平均损耗变化规律。各器件损耗随负载电流增大而增加，且电流越大，损耗增加趋势越明显。

图 4-66(b) 为各器件平均结温随电流变化曲线，由于 IGBT 模块间的热耦合影响，T4 和 D6 平均结温最高。随着负载电流的增大，热耦合影响也增大，当负载电流在 500～1400A 时，T4 比同等功率损耗的 T1 平均结温高 5～15℃，当负载电流为 1400A 时，T4 最高平均结温达到 113℃。

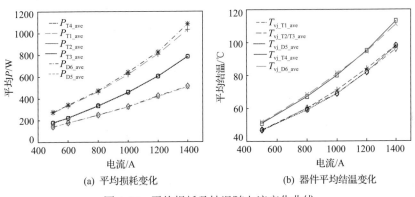

(a) 平均损耗变化　　　　　　　(b) 器件平均结温变化

图 4-66　平均损耗及结温随电流变化曲线

根据图 4-66，三电平逆变器上下桥臂结构对称，上下桥臂相对应器件损耗差值主要是由芯片结温引起。受 IGBT 模块间热耦合影响，T4 管结温比 T1 管结温高，较高的结温也造成了 IGBT 较大的功率损耗。相同情况下，D6 和 D5 管损耗差值却很小，这是由二极管的负温度系数引起的，当电流较小时，二极管的导通压降随温度升高而减小，降低了二极管的导通损耗，即使较高温度下 D6 管的开关损耗较大，但二者的总损耗几乎相同。T2 管和 T3 管为一个 IGBT 模块内的芯片，因此结温和功率损耗也相近。因此，变换器上下桥臂中对应位置的器件损耗差值较小。

图 4-67 为 i_a=1000A，电流基波周期 f=50Hz 时，T1、T2 和 D5 管的单开关周期平均损耗曲线图，功率器件的开关周期平均损耗达到几千瓦，由于上下桥臂对应器件损耗相近，图 4-67 仅给出了上桥臂 T1、T2 和 D5 管的损耗情况。从图 4-67 中可以看到，各器件在一个电流周期内间断工作，也必然会造成功率器件结温的波动，各器件结温波动情况如图 4-68 所示。

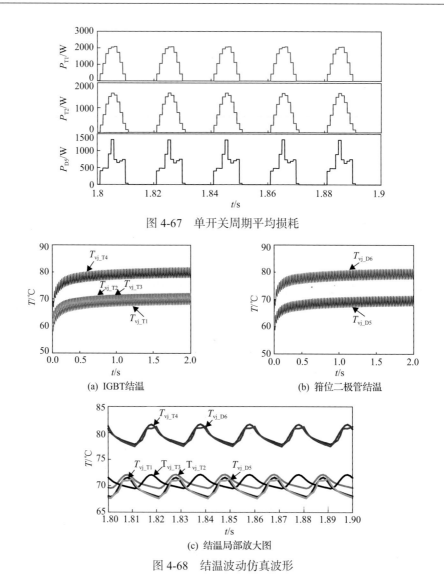

图 4-67　单开关周期平均损耗

(a) IGBT结温

(b) 箝位二极管结温

(c) 结温局部放大图

图 4-68　结温波动仿真波形

仿真中散热器使用稳态热网络模型，相当于散热器温度恒定，由于 IGBT 模块基板和散热器间热容的影响，基板温度需要经过约 2s 的时间达到稳态温度，同时各芯片结温也会随基板温度升高，当基板温度达到稳态后各芯片结温在稳态结温附近波动。结合图 4-67 和图 4-68 可知，T4、D6 分别与 T1、D5 损耗值相近，但是稳态结温却有很大区别，其主要原因是各器件在散热器上安装的位置不同，T4 和 D6 的较高结温是由各 IGBT 模块间的热耦合作用引起的。

从图 4-68(c)可以看到，各器件结温波动范围约±2.5℃，稳态时各器件结温呈周期性波动，且波动周期与基波周期一致。

变流器中各功率器件的结温波动范围与负载电流、基波周期和开关频率有关。图 4-69为不同负载电流下 T1 和 D6 的结温仿真图，仿真设置电流基波频率为 50Hz，开关频率为 1kHz。在 2s 和 4s 时有功电流从 500A 变为 800A 和 1000A，仿真中为了减小仿真时长同样忽略了散热器的温升过程，实际上各器件结温达到稳态需要很长的时间。图 4-69 中，随着负载电流的增加，器件结温升高，而且结温波动范围也会有所增加，不过结温波动增加幅度较小，电流从 500A 增大到 1000A 时结温波动增加约±1.5℃。

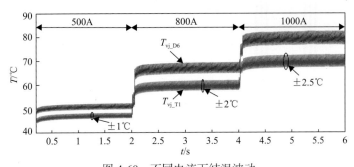

图 4-69　不同电流下结温波动

图 4-70 为不同基波频率下器件的平均损耗和结温波动仿真图，仿真中负载电流为 1000A，开关频率为 1kHz。随着基波频率的增大，IGBT 和二极管的平均损耗变化很小，因此不同基波频率下各器件的稳态结温基本相同，但是结温波动范围会随着基波频率的减小而增大。图 4-70(b)给出了 T1 和 D6 的结温波动情况，可以看出基波频率较低时结温波动较大，10Hz 基波频率时 D6 结温波动约±6℃，T1 结温波动约±5℃。

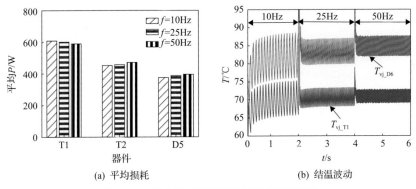

(a) 平均损耗　　　　　　　　　(b) 结温波动

图 4-70　不同基波频率下的损耗和结温变化

实际应用中，当逆变器带电机负载运行时通常启动电流很大，而基波频率又较低，二者都会造成较大的结温波动，极有可能超过器件的临界结温而造成器件损坏。因此对于频繁启动的电动机负载工况必须对其器件的瞬态结温进行实时监测。

大功率逆变器的损耗很大一部分是功率器件的开关损耗，当开关频率增加时，各器件的损耗也必然会成倍增加。图 4-71 为开关频率 $f_{sw}=1$kHz 和 $f_{sw}=2$kHz 时对应的平均损耗和结温比较图，仿真中给定有功电流为 1000A，电流基波频率为 50Hz。可以看到各器件的导通损耗随开关频率变化较小，但开关损耗明显增大，2kHz 时各器件开关损耗约为 1kHz 时的 2 倍，且功率器件的结温也有明显的升高，T4 和 D6 的结温升高约 20℃。

由于 T4 管受热耦合作用影响比较严重，图 4-72 给出了两种开关频率下 T4 管的结温波动，当开关频率较高时器件的结温波动也较大。

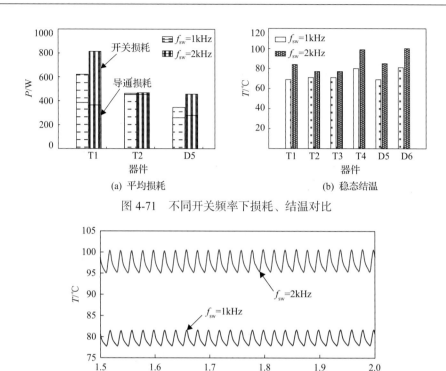

(a) 平均损耗 　　　　(b) 稳态结温

图 4-71　不同开关频率下损耗、结温对比

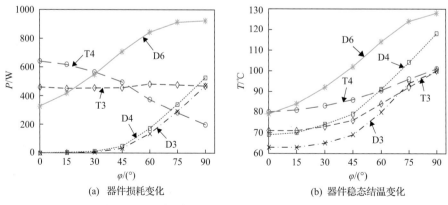

图 4-72　不同开关频率下 T4 管结温波动图

以上仿真分析均为单位功率因数下的分析结果，只给定了变流器的有功电流，实际应用中变流器负载功率因数多变，不同的功率因数必然会影响变流器的损耗分布。由于下桥臂器件受热耦合影响较大，图 4-73 给出了逆变器 a 相下桥臂各器件的功率损耗和稳态结温随负载功率因数角(φ)变化的曲线。

(a) 器件损耗变化 　　　　(b) 器件稳态结温变化

图 4-73　不同功率因数角下各器件损耗及结温分布

当$\varphi=0°$时，下桥臂电流路径主要为 T3-T4 回路和 T3-D6 回路，同时 T4 开关损耗较大，因此 T4 管损耗最大，由于 IGBT 模块间的热耦合影响，T4 和 D6 结温最高。当φ在$0°\sim90°$变化时，T4 管损耗不断减小，其他各管损耗均呈增大趋势，总损耗也呈增大趋势，各器件结温均不断升高，其中 D6 和 D4 结温变化最快，升高约 50℃，主要原因是上桥臂各器件损耗几乎也同等增大，各器件间的热耦合作用更大。

4.3.2　大功率并联型变流器高性能调制技术

作为一种理想的额定电流扩容拓扑结构，两台直接并联型变流器广泛应用于大功率、大电流等场合。本节首先分析并联型变流器的工作基本原理，建立并联型变流器的数学模型，对并联型变流器桥侧电压进行等效，推导并联型变流器的基本空间矢量平面图。该空间矢量分布与三电平拓扑的空间矢量分布情况一致，但相比于三电平拓扑的 27 种矢量组合，并联型变流器包含的矢量组合为 64 种，具有更高的冗余度。此外，本节针对两台并联型变流器系统的重要指标零序环流的成因进行讨论，归纳零序环流与不同矢量组合之间的关系，分析传统的交错载波 SVPWM［交错空间矢量脉宽调制（interleaved space vector pulse width modulation，ISVM）］和现有的环流优化的交错载波矢量调制策略［主动零状态脉宽调制（active zero state pulse width modulation，AZSPWM）、修正的间断脉宽调制（modified discontinuous pulse width modulation，MDPWM）和三电平空间矢量脉宽调制（three level space vector pulse width modulation，TLSVPWM）］的工作原理，并推导上述调制策略在载波调制框架下的调制波形式。结果表明，现有上述 4 种矢量调制方法等效为不同共模分量注入。同时，本节通过实验对所述的各种调制策略的实现方法与理论分析进行验证，为实际应用场合提供指导[61]。

1. 两台并联型变流器基本运行原理

基本空间电压矢量分析如图 4-74 所示。

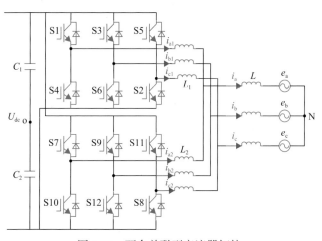

图 4-74　两台并联型变流器拓扑

图 4-74 为两台直接并联型变流器拓扑，两台两电平变流器直流侧连接至同一直流母线电容上，交流侧则通过电抗器实现并联。其中 $E=[e_a\ e_b\ e_c]$ 表示负载电压；$I=[i_a\ i_b\ i_c]$ 表示并联电流；$I_1=[i_{a1}\ i_{b1}\ i_{c1}]$ 和 $I_2=[i_{a2}\ i_{b2}\ i_{c2}]$ 分别表示两台变流器的三相电流。A、B 和 C 表示变流器各相并联点，A1、B1 和 C1 表示第 1 台变流器桥侧输出点，A2、B2 和 C2

表示第 2 台变流器桥侧输出点；N 表示电网中性点；L、L_1、L_2 分别表示负载侧电感和变流器桥侧电感，一般情况下为避免系统参数不对称引入低频环流，通常令 $L_1=L_2$；C 为直流侧储能电容；S1～S12 表示 12 个开关管。

现分别用 s_{a1}、s_{b1}、s_{c1} 和 s_{a2}、s_{b2}、s_{c2} 表示两台变流器 a、b、c 三相桥臂 12 个开关管（S1～S12）的状态。s_x（x=a1,b1,c1,a2,b2,c2）为单极性开关函数，$s_x=1$ 表示 x 相上桥臂开关器件导通，下桥臂开关器件关断；$s_x=0$ 表示 x 相上桥臂开关器件关断，下桥臂开关器件导通。因此，对于并联变流器，其桥侧输出电压为

$$\begin{cases} U_{A1o} = s_{a1}U_{dc} - \dfrac{U_{dc}}{2} \\[2mm] U_{A2o} = s_{a2}U_{dc} - \dfrac{U_{dc}}{2} \\[2mm] U_{B1o} = s_{b1}U_{dc} - \dfrac{U_{dc}}{2} \\[2mm] U_{B2o} = s_{b2}U_{dc} - \dfrac{U_{dc}}{2} \\[2mm] U_{C1o} = s_{c1}U_{dc} - \dfrac{U_{dc}}{2} \\[2mm] U_{C2o} = s_{c2}U_{dc} - \dfrac{U_{dc}}{2} \end{cases} \tag{4-85}$$

式中，o 点为电容中性点。

定义并联变流器等效输出电压为

$$\begin{cases} U_{aN} = \dfrac{U_{A1N} + U_{A2N}}{2} \\[2mm] U_{bN} = \dfrac{U_{B1N} + U_{B2N}}{2} \\[2mm] U_{cN} = \dfrac{U_{C1N} + U_{C2N}}{2} \end{cases} \tag{4-86}$$

式中，a、b 和 c 为等效并联点，则并联变流器等效输出电压满足

$$\begin{cases} U_{aN} = U_{ao} + U_{oN} = \dfrac{U_{A1o} + U_{A2o}}{2} - U_{No} \\[2mm] U_{bN} = U_{co} + U_{oN} = \dfrac{U_{B1o} + U_{B2o}}{2} - U_{No} \\[2mm] U_{cN} = U_{bo} + U_{oN} = \dfrac{U_{C1o} + U_{C2o}}{2} - U_{No} \end{cases} \tag{4-87}$$

式中，U_{No} 为两台并联型变流器的共模电压，由于并联变流器等效输出电压满足 $U_{aN}+U_{bN}+U_{cN}=0$，将其代入式（4-87），则共模电压 U_{No} 表达式为

$$U_{No} = \frac{s_{a1} + s_{a2} + s_{b1} + s_{b2} + s_{c1} + s_{c2}}{6} U_{dc} - \frac{U_{dc}}{2} = \frac{U_{N1o} + U_{N2o}}{2} \tag{4-88}$$

式中，U_{N1o} 和 U_{N2o} 为两台变流器各自的共模电压，其表达式为

$$\begin{cases} U_{N1o} = \dfrac{s_{a1} + s_{b1} + s_{c1}}{3} U_{dc} - \dfrac{U_{dc}}{2} \\ U_{N2o} = \dfrac{s_{a2} + s_{b2} + s_{c2}}{3} U_{dc} - \dfrac{U_{dc}}{2} \end{cases} \tag{4-89}$$

将式(4-88)代入式(4-87)可以得到并联变流器等效输出电压：

$$\begin{cases} U_{aN} = \dfrac{2s_{a1} + 2s_{a2} - s_{b1} - s_{b2} - s_{c1} - s_{c2}}{6} U_{dc} \\ U_{bN} = \dfrac{2s_{b1} + 2s_{b2} - s_{a1} - s_{a2} - s_{c1} - s_{c2}}{6} U_{dc} \\ U_{cN} = \dfrac{2s_{c1} + 2s_{c2} - s_{a1} - s_{a2} - s_{b1} - s_{b2}}{6} U_{dc} \end{cases} \tag{4-90}$$

对式(4-90)进行 Clarke 变换，得到三相电压在两相静止坐标系(αβ 坐标系)下的电压分量和开关函数之间的关系式：

$$\begin{cases} u_{\alpha} = \dfrac{2s_{a1} + 2s_{a2} - s_{b1} - s_{b2} - s_{c1} - s_{c2}}{6} U_{dc} = \dfrac{2u_a - u_b - u_c}{3} \\ u_{\beta} = \dfrac{s_{b1} + s_{b2} - s_{c1} - s_{c2}}{2\sqrt{3}} U_{dc} = \dfrac{u_b - u_c}{\sqrt{3}} \end{cases} \tag{4-91}$$

式中，u_{α} 和 u_{β} 分别为三相电压在α轴和β轴的电压分量；u_a、u_b 和 u_c 为交流侧三相电压。

开关函数$(s_{a1}, s_{b1}, s_{c1}, s_{a2}, s_{b2}, s_{c2})$共有 $2^6 = 64$ 种组合，形成了 64 个基本电压矢量。这些基本电压矢量可以看作由两台变流器各自的两电平基本电压矢量合成得到，将不同的开关状态组合代入式(4-90)和式(4-91)，可得两台并联型变流器基本空间矢量平面和基本空间矢量表和矢量组合如图 4-75、表 4-7 和表 4-8 所示。

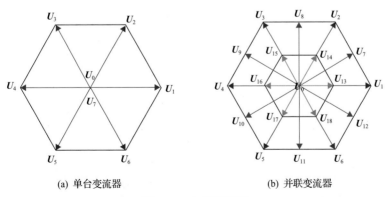

(a) 单台变流器　　　　　　　　(b) 并联变流器

图 4-75　矢量平面图

表 4-7　两台并联型变流器基本空间矢量表

矢量	u_{aN}	u_{bN}	U_{cN}	u_α	u_β
U_0	0	0	0	0	0
U_{13}	$U_{dc}/3$	$-U_{dc}/6$	$-U_{dc}/6$	$U_{dc}/3$	0
U_{14}	$U_{dc}/6$	$U_{dc}/6$	$-U_{dc}/3$	$U_{dc}/6$	$\sqrt{3}U_{dc}/6$
U_{15}	$-U_{dc}/6$	$U_{dc}/3$	$-U_{dc}/6$	$-U_{dc}/6$	$\sqrt{3}U_{dc}/6$
U_{16}	$-U_{dc}/3$	$U_{dc}/6$	$U_{dc}/6$	$-U_{dc}/3$	0
U_{17}	$-U_{dc}/6$	$-U_{dc}/6$	$U_{dc}/3$	$-U_{dc}/6$	$-\sqrt{3}U_{dc}/6$
U_{18}	$U_{dc}/6$	$-U_{dc}/3$	$U_{dc}/6$	$U_{dc}/6$	$-\sqrt{3}U_{dc}/6$
U_7	$U_{dc}/2$	0	$-U_{dc}/2$	$U_{dc}/2$	$\sqrt{3}U_{dc}/6$
U_8	0	$U_{dc}/2$	$-U_{dc}/2$	0	$\sqrt{3}U_{dc}/3$
U_9	$-U_{dc}/2$	$U_{dc}/2$	0	$-U_{dc}/2$	$\sqrt{3}U_{dc}/6$
U_{10}	$-U_{dc}/2$	0	$U_{dc}/2$	$-U_{dc}/2$	$-\sqrt{3}U_{dc}/6$
U_{11}	0	$-U_{dc}/2$	$U_{dc}/2$	0	$-\sqrt{3}U_{dc}/3$
U_{12}	$U_{dc}/2$	$-U_{dc}/2$	0	$U_{dc}/2$	$-\sqrt{3}U_{dc}/6$
U_1	$2U_{dc}/3$	$-U_{dc}/3$	$-U_{dc}/3$	$2U_{dc}/3$	0
U_2	$U_{dc}/3$	$U_{dc}/3$	$-2U_{dc}/3$	$U_{dc}/3$	$\sqrt{3}U_{dc}/3$
U_3	$-U_{dc}/3$	$2U_{dc}/3$	$-U_{dc}/3$	$-U_{dc}/3$	$\sqrt{3}U_{dc}/3$
U_4	$-2U_{dc}/3$	$U_{dc}/3$	$U_{dc}/3$	$-2U_{dc}/3$	0
U_5	$-U_{dc}/3$	$-U_{dc}/3$	$2U_{dc}/3$	$-U_{dc}/3$	$-\sqrt{3}U_{dc}/3$
U_6	$U_{dc}/3$	$-2U_{dc}/3$	$U_{dc}/3$	$U_{dc}/3$	$-\sqrt{3}U_{dc}/3$

表 4-8　两台并联型变流器的矢量组合

第二台变流器矢量	第一台变流器矢量							
	U_0	U_1	U_2	U_3	U_4	U_5	U_6	U_7
U_0	U_0	U_{13}	U_{14}	U_{15}	U_{16}	U_{17}	U_{18}	U_0
U_1	U_{13}	U_1	U_7	U_{14}	U_0	U_{18}	U_{12}	U_{13}
U_2	U_{14}	U_7	U_2	U_8	U_{15}	U_0	U_{13}	U_{14}
U_3	U_{15}	U_{14}	U_8	U_3	U_9	U_{16}	U_0	U_{15}
U_4	U_{16}	U_0	U_{15}	U_9	U_4	U_{10}	U_{17}	U_{16}
U_5	U_{17}	U_{18}	U_0	U_{16}	U_{10}	U_5	U_{11}	U_{17}
U_6	U_{18}	U_{12}	U_{13}	U_0	U_{17}	U_{11}	U_6	U_{18}
U_7	U_0	U_{13}	U_{14}	U_{15}	U_{16}	U_{17}	U_{18}	U_0

图 4-75 的基本矢量平面与三电平变流器一致，形成了 19 种不同输出的基本空间电压矢量，同样分为零矢量 U_0、短矢量 U_{13}～U_{18}、中矢量 U_7～U_{12} 和长矢量 U_1～U_6 四类。但相比三电平拓扑的 27 种矢量组合，并联变流器矢量组合总共有 64 种，因此并联变流器具有更高的矢量冗余度，可以通过排列组合实现对变流器输出性能的优化。图 4-75 中各基本矢量对应的两台两电平逆变器的矢量组合见表 4-7。

对于两台并联型变流器，直流侧采用了非隔离型的共直流母线结构，为零序环流提供了通路。当两台变流器系统硬件参数不能完全一致或者控制信号无法完全同步时，便会产生零序环流。零序环流会增加系统损耗和开关应力，是影响系统寿命和运行状况的重要指标。

零序环流的定义为

$$i_0 = i_{a2} + i_{b2} + i_{c2} = -(i_{a1} + i_{b1} + i_{c1}) \tag{4-92}$$

定义第二台变流器流向第一台变流器为电流正方向。

对于并联变流器有

$$\begin{cases} L_1 \dfrac{di_{a1}}{dt} + R_1 i_{a1} - s_{a1} U_{dc} - \dfrac{U_{dc}}{2} = L_2 \dfrac{di_{a2}}{dt} + R_2 i_{a1} - s_{a2} U_{dc} - \dfrac{U_{dc}}{2} \\[2mm] L_1 \dfrac{di_{b1}}{dt} + R_1 i_{b1} - s_{b1} U_{dc} - \dfrac{U_{dc}}{2} = L_2 \dfrac{di_{b2}}{dt} + R_2 i_{b1} - s_{b2} U_{dc} - \dfrac{U_{dc}}{2} \\[2mm] L_1 \dfrac{di_{c1}}{dt} + R_1 i_{c1} - s_{c1} U_{dc} - \dfrac{U_{dc}}{2} = L_2 \dfrac{di_{c2}}{dt} + R_2 i_{c1} - s_{c2} U_{dc} - \dfrac{U_{dc}}{2} \end{cases} \tag{4-93}$$

将式(4-92)代入式(4-93)并三式相加，即可得到零序环流表达式为

$$(L_1 + L_2) \frac{di_0}{dt} + (R_1 + R_2) i_0 = (s_{a2} + s_{b2} + s_{c2} - s_{a1} - s_{b1} - s_{c1}) U_{dc} = 3(u_{N2o} - u_{N1o}) \tag{4-94}$$

从式(4-94)可以看出，两台变流器的共模电压差是零序环流的根本原因。将并联变流器的环流表达式转换为平均值模型，得到：

$$(L_1 + L_2) \frac{di_0}{dt} = (d_{z2} - d_{z1}) U_{dc} \tag{4-95}$$

式中，$d_{z2} = d_{a2} + d_{b2} + d_{c2}$ 为第二台变流器各相占空比之和；$d_{z1} = d_{a1} + d_{b1} + d_{c1}$ 为第一台变流器各相占空比之和，平均值模型如图 4-76 所示。

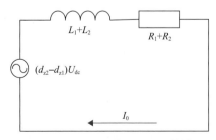

图 4-76　并联变流器环流平均值模型

在两台并联型变流器系统中，为使并联的两台变流器工作状态、输出电流保持均衡，常会使得电路参数对称即 $L_1=L_2$，$R_1=R_2$，且在调制环节中每台变流器需要合成的参考电压矢量是保持一致的，因此开关周期内满足 $d_{a2}=d_{a1}$，$d_{b2}=d_{b1}$，$d_{c2}=d_{c1}$。由此两台变流器之间始终满足 $(d_{z2}-d_{z1})U_{dc}=0$，开关周期内零序环流平均值为 0，这使得系统中的低频零序环流得以抑制。而瞬时的共模电压差则直接由每一时刻 6 个桥臂的开关状态决定，因此不同矢量组合的使用将会对高频零序环流造成影响。

每个基本空间矢量对零序环流的影响由其开关状态组合决定，可以表示为

$$\Delta i_0 = \int \frac{s_{a2}+s_{b2}+s_{c2}-s_{a1}-s_{b1}-s_{c1}}{L_1+L_2} U_{dc}dt = \frac{U_{dc}T_x}{L_1+L_2}(s_{a2}+s_{b2}+s_{c2}-s_{a1}-s_{b1}-s_{c1})$$

$$(4-96)$$

式中，T_x 为该矢量的作用时间。

定义 k^* 表示零序环流变化率，将其以 $U_{dc}/(L_1+L_2)$ 进行标幺化有

$$k^* = s_{a2}+s_{b2}+s_{c2}-s_{a1}-s_{b1}-s_{c1}$$

$$(4-97)$$

式中，k^* 按照其大小可以分为 0、±1、±2 和±3 四类，各基本矢量组合零序环流变化率见表 4-9。长矢量只具有环流变化率为 0 的矢量组合，中矢量只具有环流变化率为±1 的矢量组合；短矢量具有环流变化率为 0、±1 和±2 的矢量组合；零矢量具有环流变化率为 0、±1 和±3 的矢量组合。

表 4-9 不同矢量组合下零序环流变化率

第二台变流器矢量	第一台变流器矢量							
	U_0	U_1	U_2	U_3	U_4	U_5	U_6	U_7
U_0	0	−1	−2	−1	−2	−1	−2	−3
U_1	+1	0	−1	0	−1	0	−1	−2
U_2	+2	+1	0	+1	0	+1	0	−1
U_3	+1	0	−1	0	−1	0	−1	−2
U_4	+2	+1	0	+1	0	+1	0	−1
U_5	+1	0	−1	0	−1	0	−1	−2
U_6	+2	+1	0	+1	0	+1	0	−1
U_7	+3	+2	+1	+2	+1	+2	+1	0

由此可见，由于不同的调制策略会使用不同的基本空间矢量组合或不同的矢量序列，因此会形成不同的高频零序环流特性。高频零序环流仅由调制策略所使用的矢量及序列所决定，因此只能通过调制方法进行优化。

2. 两台并联型变流器环流优化调制策略

对于两台并联型变流器系统，传统的环流抑制主要采用破坏环流回路的方法，即采用隔离型并联型变流器拓扑，但隔离型并联型变流器会增加隔离变流器或直流电容，造成系统体积过大，实用性大大降低。对于直接并联型变流器，如果时刻保证两台变流器

各相开关状态一致，则零序环流可被消除，但这种调制方式输出并联电流谐波较大，电流品质较差。因此并联型变流器一般不采用完全同步的调制方法，而是采用基于移相 180° 的交错载波的调制方法，这样可以提高系统等效的开关频率，从而有效提高输出电流品质。然而，交错载波造成并联型变流器之间存在瞬时共模电压差，该差值作用在共模电感上，便会产生高频的零序环流。

通常，零序环流峰值和有效值是零序环流评估的两个重要考核指标。零序环流峰值直接影响桥侧共模电感体积，减小零序环流峰值，所需的共模电感体积也减小，有利于提高系统的功率密度。因此在设计变流器系统时，需要考虑零序环流峰值在所有运行工况下的最大值，并基于此选择共模电感。此外，零序环流有效值是衡量共模电感热特性的一个重要参数，在相同峰值情况下，较小的有效值意味着较小的共模电感热损耗，有利于系统效率的提高。由表 4-9 可以看出，两台并联型变流器系统各空间矢量对零序环流的影响具有冗余度，因此可以通过制定合理的调制策略对零序环流进行优化，进而提升系统性能。

两台并联型变流器传统的调制策略主要为交错空间矢量脉宽调制（ISVM），但该调制策略使用了 $k=\pm3$ 的矢量，从而引入了较大的零序环流峰值。现有的环流优化的调制策略主要包括主动零状态脉宽调制（AZSPWM）、修正的间断脉宽调制（MDPWM）和三电平空间矢量脉宽调制（TLSVPWM），本节对它们进行讨论，计算基于交错载波调制的调制波统一形式，并给出实现方法。

1）ISVM

两台并联型变流器基于移相 180° 交错载波调制原理如图 4-77 所示。

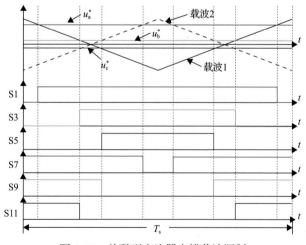

图 4-77　并联型变流器交错载波调制

三相调制波分别与载波 1 比较从而得到第一台变流器三相桥臂开关管的驱动信号；同时，三相调制波与载波 1 移相了 180° 的载波 2 比较得到第二台变流器三相桥臂开关管的驱动信号。两台变流器具有相同的调制波并保持一致的开关动作规则，因此可仅对第一台进行讨论。

两电平变流器的空间矢量调制由于其高直流母线电压利用率在两电平拓扑中得到了广泛应用。以 0～60°的第一扇区为例，两电平空间矢量调制在前半开关周期内使用的矢量序列为 U_0—U_1—U_2—U_7。并联型变流器 ISVM 在两台变流器各自使用两电平矢量调制的基础上，通过将第二台变流器的载波设定为与第一台变流器的载波交错180°，得到前半开关周期矢量序列，见表 4-10，其中并联矢量括号内为零序环流变化率。

表 4-10 0～60°内 ISVM 前半开关周期矢量序列

0～30°	并联矢量	$U_0(+3)$	$U_7(+1)$	$U_1(0)$	$U_7(-1)$	$U_0(-3)$
	矢量组合	(U_0,U_7)	(U_1,U_2)	(U_1,U_1)	(U_2,U_1)	(U_7,U_0)
30°～60°	并联矢量	$U_0(+3)$	$U_7(+1)$	$U_2(0)$	$U_7(-1)$	$U_0(-3)$
	矢量组合	(U_0,U_7)	(U_1,U_2)	(U_2,U_2)	(U_2,U_1)	(U_7,U_0)

0～30°内 ISVM 调制策略的开关时序如图 4-78 所示。

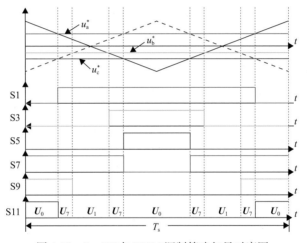

图 4-78 0～30°内 ISVM 调制策略矢量时序图

根据伏秒平衡原理，0～30°区域内各矢量占空比应满足：

$$\begin{cases} U_{7\alpha}d_7 + U_{1\alpha}d_1 = u_{r\alpha} \\ U_{7\beta}d_7 = u_{r\beta} \\ d_0 + d_7 + d_1 = 1 \end{cases} \tag{4-98}$$

将

$$\begin{cases} u_{r\alpha} = (2u_{ra} - u_{rb} - u_{rc})/3 \\ u_{r\beta} = \sqrt{3}(u_{rb} - u_{rc})/3 \end{cases}$$

与各矢量在两相静止坐标系下的分量代入式(4-98)并标幺化，解得各矢量占空比为

$$\begin{cases} d_0 = 1 + \dfrac{1}{2}u_{rc}^* - \dfrac{1}{2}u_{ra}^* \\[2mm] d_7 = u_{rb}^* - u_{rc}^* \\[2mm] d_1 = -\dfrac{3}{2}u_{rb}^* \end{cases} \tag{4-99}$$

结合其矢量序列，0～30°内各相占空比表达式为

$$\begin{cases} d_a = 1 - \dfrac{d_0}{2} = \dfrac{1}{2} + \dfrac{1}{2}u_{ra}^* - \dfrac{1}{4}(u_{ra}^* + u_{rc}^*) \\[2mm] d_b = \dfrac{1}{2} - \dfrac{d_1}{2} = \dfrac{1}{2} + \dfrac{1}{2}u_{rb}^* - \dfrac{1}{4}(u_{ra}^* + u_{rc}^*) \\[2mm] d_c = \dfrac{d_0}{2} = \dfrac{1}{2} + \dfrac{1}{2}u_{rc}^* - \dfrac{1}{4}(u_{ra}^* + u_{rc}^*) \end{cases} \tag{4-100}$$

30°～60°区域内各矢量占空比满足：

$$\begin{cases} U_{7\alpha}d_7 + U_{2\alpha}d_2 = u_{r\alpha} \\ U_{7\beta}d_7 + U_{2\beta}d_2 = u_{r\beta} \\ d_0 + d_7 + d_2 = 1 \end{cases} \tag{4-101}$$

同样可以解得

$$\begin{cases} d_0 = 1 + \dfrac{1}{2}u_{rc}^* - \dfrac{1}{2}u_{ra}^* \\[2mm] d_7 = u_{ra}^* - u_{rb}^* \\[2mm] d_2 = \dfrac{3}{2}u_{rb}^* \end{cases} \tag{4-102}$$

结合其矢量序列，30°～60°内各相占空比表达式为

$$\begin{cases} d_a = 1 - \dfrac{d_0}{2} = \dfrac{1}{2} + \dfrac{1}{2}u_{ra}^* - \dfrac{1}{4}(u_{ra}^* + u_{rc}^*) \\[2mm] d_b = \dfrac{1}{2} + \dfrac{d_2}{2} = \dfrac{1}{2} + \dfrac{1}{2}u_{rb}^* - \dfrac{1}{4}(u_{ra}^* + u_{rc}^*) \\[2mm] d_c = \dfrac{d_0}{2} = \dfrac{1}{2} + \dfrac{1}{2}u_{rc}^* - \dfrac{1}{4}(u_{ra}^* + u_{rc}^*) \end{cases} \tag{4-103}$$

同理可对其他扇区进行计算，最终三相占空比可以统一为

$$d_x = \dfrac{1}{2} + \dfrac{1}{2}u_{rx}^* - \dfrac{1}{4}\left(u_{r\,max}^* + u_{r\,min}^*\right) \quad (x = a, b, c) \tag{4-104}$$

对于 ISVM，进行调制时的开关动作规则为：调制波大于等于载波时 $s_x=1$；调制波

小于载波时 $s_x=0$，由此三相调制波与占空比的关系式为

$$u_x^* = d_x \quad (x = \text{a,b,c}) \tag{4-105}$$

所以，ISVM 三相调制波最终可统一为

$$u_x^* = \frac{1}{2} + \frac{1}{2}u_{\text{r}x}^* - \frac{1}{4}\left(u_{\text{r max}}^* + u_{\text{r min}}^*\right) \quad (x = \text{a,b,c}) \tag{4-106}$$

由此可见，ISVM 调制策略可通过为三相调制波中注入共模分量实现：

$$u_x^* = \frac{1}{2} + \frac{1}{2}u_{\text{r}x}^* + u_{\text{cm}}^* \quad (x = \text{a,b,c}) \tag{4-107}$$

注入的共模分量表达式为

$$u_{\text{cm}}^* = -\frac{1}{4}\left(u_{\text{r max}}^* + u_{\text{r min}}^*\right) \tag{4-108}$$

2）AZSPWM

AZSPWM 通过采用两个非零矢量组合的零矢量代替 ISVM 中原有的零矢量，将最大的零序环流变化率从±3 降为±1，有效地降低了零序环流峰值。

第一扇区内 AZSPWM 调制策略前半开关周期矢量序列见表 4-11，0～30°区域内 AZSPWM 的开关时序如图 4-79 所示。

表 4-11　0～60°内 AZSPWM 前半开关周期矢量序列

0～30°	并联矢量	$U_0(+3)$	$U_7(+1)$	$U_1(0)$	$U_7(-1)$	$U_0(-3)$
	矢量组合	(U_0, U_7)	(U_1, U_2)	(U_1, U_1)	(U_2, U_1)	(U_7, U_0)
30°～60°	并联矢量	$U_0(+3)$	$U_7(+1)$	$U_2(0)$	$U_7(-1)$	$U_0(-3)$
	矢量组合	(U_0, U_7)	(U_1, U_2)	(U_2, U_2)	(U_2, U_1)	(U_7, U_0)

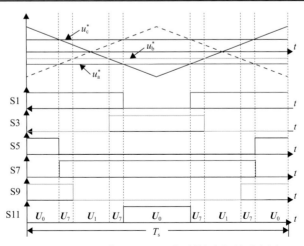

图 4-79　0～30°内 AZSPWM 调制策略矢量时序图

根据表 4-11 的矢量序列对三相占空比进行计算, 可以发现 AZSPWM 和 ISVM 的计算一致, 同样满足式 (4-102) ~ 式 (4-107), 因此最终三相占空比表达式亦可统一为

$$d_x = \frac{1}{2} + \frac{1}{2}u_{rx}^* - \frac{1}{4}\left(u_{rmax}^* + u_{rmin}^*\right) \quad (x = a, b, c) \tag{4-109}$$

式中, $-\left(u_{rmax}^* + u_{rmin}^*\right)\big/4$ 为注入的共模分量。

对比图 4-78 和图 4-79 可知, AZSPWM 具有与 ISVM 不同的开关动作规则。

将当载波处于减计数时达到调制波则 s_x 由 0 切换为 1, 增计数时达到调制波则 s_x 由 1 切换为 0 的开关动作规则记为规则 1; 反之将当载波处于减计数时达到调制波则 s_x 由 1 切换为 0, 增计数时达到调制波则 s_x 由 0 切换为 1 的开关动作规则记为规则 2。

对于 0~30° 区域, AZSPWM 调制 b 相为规则 1, a 相和 c 相为规则 2, 其各相调制波对应满足:

$$\begin{cases} u_a^* = 1 - d_a = \frac{1}{2} + \frac{1}{2}u_{ra}^* - \frac{1}{4}(u_{ra}^* + u_{rc}^*) - \frac{3}{2}u_{ra}^* \\ u_b^* = d_b = \frac{1}{2} + \frac{1}{2}u_{rb}^* - \frac{1}{4}(u_{ra}^* + u_{rc}^*) \\ u_c^* = 1 - d_c = \frac{1}{2} + \frac{1}{2}u_{rc}^* - \frac{1}{4}(u_{ra}^* + u_{rc}^*) - \frac{3}{2}u_{rc}^* \end{cases} \tag{4-110}$$

由此可见, 虽然 AZSPWM 调制策略和 ISVM 调制策略占空比一致, 但其调制波表达式不一致, 类似于两电平 PWM 变流器中的 AZSPWM 调制策略, 存在两种不同的调制波。

由于当相桥臂采用不同的开关动作规则时, 相调制波与占空比呈现不同的关系:

$$u_x^* = \begin{cases} d_x & (\text{规则}1) \\ 1 - d_x & (\text{规则}2) \end{cases} \tag{4-111}$$

对处于规则 1 的相, 其调制波表达式可统一为

$$u_x^* = d_x = \frac{1}{2} + \frac{1}{2}u_{rx}^* - \frac{1}{4}\left(u_{rmax}^* + u_{rmin}^*\right) \tag{4-112}$$

对于处于规则 2 的相, 其调制波表达式可统一为

$$u_x^* = 1 - d_x = \frac{1}{2} + \frac{1}{2}u_{rx}^* + \frac{1}{4}\left(u_{rmax}^* + u_{rmin}^*\right) - u_{rx}^* \tag{4-113}$$

由此可见, AZSPWM 的调制波可由两组注入分量求得注入分量 u_{cm}^*; 根据相桥臂开关动作规则的不同呈现出与注入分量不同的关系, 表达式分别为

$$\begin{cases} u_{cm1}^* = -\frac{1}{4}(u_{rmax}^* + u_{rmin}^*) \\ u_{cm2}^* = \frac{1}{4}(u_{rmax}^* + u_{rmin}^*) - u_{rx}^* \end{cases} \tag{4-114}$$

不同扇区对应使用的注入分量见表 4-12。

表 4-12　AZSPWM 调制波各相注入分量

各相扇区	I	II	III	IV	V	VI
a 相	u_{cm2}^*	u_{cm2}^*	u_{cm2}^*	u_{cm1}^*	u_{cm1}^*	u_{cm1}^*
b 相	u_{cm1}^*	u_{cm1}^*	u_{cm2}^*	u_{cm2}^*	u_{cm2}^*	u_{cm1}^*
c 相	u_{cm2}^*	u_{cm1}^*	u_{cm1}^*	u_{cm1}^*	u_{cm2}^*	u_{cm2}^*

对表 4-12 中的分区条件进行研究，可得到各相使用的注入分量以及开关动作规则设定的简化判定条件为：对于 a 相，当 $u_{rb}^* \geqslant u_{rc}^*$ 时，注入分量为 u_{cm2}^*，当 $u_{rb}^* < u_{rc}^*$ 时，注入分量为 u_{cm1}^*；对于 b 相，当 $u_{rc}^* \geqslant u_{ra}^*$ 时，注入分量为 u_{cm2}^*，当 $u_{rc}^* < u_{ra}^*$ 时，注入分量为 u_{cm1}^*；对于 c 相，当 $u_{ra}^* \geqslant u_{rb}^*$ 时，注入分量为 u_{cm2}^*，当 $u_{ra}^* < u_{rb}^*$ 时，注入分量为 u_{cm1}^*。u_{cm1}^* 对应使用规则 1，u_{cm2}^* 对应使用规则 2。

3）MDPWM

MDPWM 通过改变矢量序列，使得任意开关周期内总有一相桥臂处于箝位状态，而另外两相中存在一相中增加一次开关动作，由此实现了在任意开关周期的矢量序列中仅有零序电流变化率为 ±1 的中矢量会引入零序环流，其他矢量均为 $k=0$，以此降低了零序环流峰值。

第一扇区内 MDPWM 调制策略前半开关周期矢量序列见表 4-13，0～30°区域内 MDPWM 的开关时序如图 4-80 所示。

表 4-13　0～60°内 MDPWM 前半开关周期矢量序列

0～30°	并联矢量	$U_7(+1)$	$U_1(0)$	$U_0(0)$	$U_1(0)$	$U_7(-1)$
	矢量组合	(U_1,U_2)	(U_1,U_1)	(U_0,U_0)	(U_1,U_1)	(U_2,U_1)
30°～60°	并联矢量	$U_7(+1)$	$U_2(0)$	$U_0(0)$	$U_2(0)$	$U_7(-1)$
	矢量组合	(U_1,U_2)	(U_2,U_2)	(U_7,U_7)	(U_2,U_2)	(U_2,U_1)

结合表 4-13，MDPWM 调制策略在 0～30°内满足式(4-99)和式(4-100)，求得其三相占空比表达式为

$$
\begin{cases}
d_a = 1 - d_0 = \dfrac{1}{2} + \dfrac{1}{2}u_{ra}^* - \dfrac{1}{2}u_{rc}^* - \dfrac{1}{2} \\[2mm]
d_b = 1 - \dfrac{d_7}{2} = \dfrac{1}{2} + \dfrac{1}{2}u_{rb}^* - \dfrac{1}{2}u_{rc}^* - \dfrac{1}{2} \\[2mm]
d_c = 0 = \dfrac{1}{2} + \dfrac{1}{2}u_{rc}^* - \dfrac{1}{2}u_{rc}^* - \dfrac{1}{2}
\end{cases}
\tag{4-115}
$$

在 30°～60°区域内，MDPWM 调制策略满足式(4-102)和式(4-103)，求得三相占空比表达式为

$$
\begin{cases}
d_a = 1 = \dfrac{1}{2} + \dfrac{1}{2}u_{ra}^* - \dfrac{1}{2}u_{ra}^* + \dfrac{1}{2} \\[2mm]
d_b = d_2 + \dfrac{d_7}{2} = \dfrac{1}{2} + \dfrac{1}{2}u_{rb}^* - \dfrac{1}{2}u_{ra}^* + \dfrac{1}{2} \\[2mm]
d_c = d_0 = \dfrac{1}{2} + \dfrac{1}{2}u_{rc}^* - \dfrac{1}{2}u_{ra}^* + \dfrac{1}{2}
\end{cases}
\tag{4-116}
$$

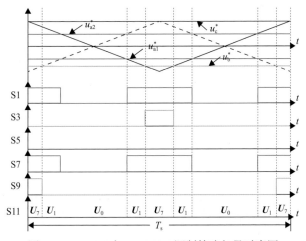

图 4-80　0～30°内 MDPWM 调制策略矢量时序图

同理可对其他扇区进行计算，最终三相占空比可以统一为

$$
d_x = \frac{1}{2} + \frac{1}{2}u_{rx}^* + u_{cm1}^* \quad (x = a,b,c)
\tag{4-117}
$$

其中：

$$
u_{cm1}^* =
\begin{cases}
-\dfrac{1}{2}(u_{rmin}^* + 1) & (u_{rmid}^* \leqslant 0) \\[3mm]
\dfrac{1}{2}(1 - u_{rmax}^*) & (u_{rmid}^* > 0)
\end{cases}
\tag{4-118}
$$

式中，u_{rmid}^* 为最小相调制波 u_{rmin}^* 和最大相调制波 u_{rmax}^* 的中间值。

观察图 4-80 的时序图可以发现，在 0～30°内 c 相开关管处于箝位状态，而 a 相会有两次开关动作，因此 a 相存在两个调制波 u_{a1}^* 和 u_{a2}^*，对于 u_{a1}^* 使用规则 1，u_{a2}^* 使用规则 2，b 相使用规则 1，c 相使用规则 2。

因此，该区域 MDPWM 的 4 个调制波为

$$
\begin{cases}
u_{a1}^* = \dfrac{d_1 + d_7}{2} = \dfrac{d_a}{2} = \dfrac{1}{4}u_{ra}^* - \dfrac{1}{4}u_{rc}^* = \dfrac{1}{2} + \dfrac{1}{2}u_{ra}^* - \dfrac{1}{4}\left(2 + u_{rc}^* + u_{ra}^*\right) \\[2mm]
u_{a2}^* = 1 - \dfrac{d_1 + d_7}{2} = 1 - \dfrac{d_a}{2} = \dfrac{1}{2} + \dfrac{1}{2}u_{ra}^* + \dfrac{1}{4}\left(2 + u_{rc}^* - 3u_{ra}^*\right) \\[2mm]
u_b^* = d_b = \dfrac{1}{2} + \dfrac{1}{2}u_{rb}^* - \dfrac{1}{2}u_{rc}^* - \dfrac{1}{2} \\[2mm]
u_c^* = 1 - d_c = 1 = \dfrac{1}{2} + \dfrac{1}{2}u_{rc}^* - \dfrac{1}{2}u_{rc}^* + \dfrac{1}{2}
\end{cases}
\tag{4-119}
$$

$30° \sim 60°$ 内同样可以计算得到 4 个调制波表达式为

$$
\begin{cases}
u_a^* = 1 - d_a = \dfrac{1}{2} + \dfrac{1}{2}u_{ra}^* - \dfrac{1}{2}u_{ra}^* - \dfrac{1}{2} \\[2mm]
u_b^* = d_b = \dfrac{1}{2} + \dfrac{1}{2}u_{rb}^* - \dfrac{1}{2}u_{ra}^* + \dfrac{1}{2} \\[2mm]
u_{c1}^* = \dfrac{1}{2} - \dfrac{1}{2}d_0 = \dfrac{1}{2} + \dfrac{1}{2}u_{rc}^* + \dfrac{1}{4}(-2 + u_{ra}^* - 3u_{rc}^*) \\[2mm]
u_{c2}^* = \dfrac{1}{2} + \dfrac{1}{2}d_0 = \dfrac{1}{2} + \dfrac{1}{2}u_{rc}^* + \dfrac{1}{4}(2 - u_{ra}^* - u_{rc}^*)
\end{cases}
\tag{4-120}
$$

同理对其他扇区进行计算,发现 MDPWM 在不同的扇区具有双调制波的相不同,当 $u_{rmin}^* \leqslant 0$ 时,最大相具有双调制波 u_{max1}^* 和 u_{max2}^*;当 $u_{rmin}^* > 0$ 时,最小相具有双调制波 u_{min1}^* 和 u_{min2}^*。

由于双调制波相的调制波计算和开关动作设定规则与单调制波相不同,因此分开进行讨论,首先讨论双调制波相的情况。

当 $u_{rmin}^* \leqslant 0$ 时,双调制波形式可表示为

$$
\begin{cases}
u_{max1}^* = \dfrac{1}{2} + \dfrac{1}{2}u_{rmax}^* + u_{cmax1}^* \\[2mm]
u_{max2}^* = \dfrac{1}{2} + \dfrac{1}{2}u_{rmax}^* + u_{cmax2}^*
\end{cases}
\tag{4-121}
$$

当 $u_{rmin}^* > 0$ 时,双调制波形式可表示为

$$
\begin{cases}
u_{min1}^* = \dfrac{1}{2} + \dfrac{1}{2}u_{rmin}^* + u_{cmin1}^* \\[2mm]
u_{min2}^* = \dfrac{1}{2} + \dfrac{1}{2}u_{rmin}^* + u_{cmin2}^*
\end{cases}
\tag{4-122}
$$

由此,各相调制波可由不同的注入分量求得,这些注入分量表达式见表 4-14。

根据表 4-14 的定义,双调制波相的注入分量在全线性调制区域内满足:

$$\begin{cases} u_{cmax1}^* < u_{cmax2}^* \\ u_{cmin1}^* < u_{cmin2}^* \end{cases} \tag{4-123}$$

因此调制波在线性调制范围内满足：

$$\begin{cases} u_{max1}^* < u_{max2}^* \\ u_{min1}^* < u_{min2}^* \end{cases} \tag{4-124}$$

表 4-14 MDPWM 调制波各相注入分量

判定条件	双调制波相注入分量
$u_{mid}^* \leqslant 0$	$u_{cmax1}^* = -\frac{1}{4}(2 + u_{rmin}^* + u_{rmax}^*)$ $\quad$ $u_{cmax2}^* = \frac{1}{4}(2 + u_{rmin}^* - 3u_{rmax}^*)$
$u_{mid}^* > 0$	$u_{cmin1}^* = -\frac{1}{4}(2 - u_{rmax}^* + 3u_{rmin}^*)$ $\quad$ $u_{cmin2}^* = \frac{1}{4}(2 - u_{rmax}^* - u_{rmin}^*)$

因此，对于 MDPWM 中双调制波相的开关动作规则而言，若双调制波相为最大相，调制波 u_{max1}^* 一定对应于规则 1，u_{max2}^* 一定对应于规则 2；若双调制波相为最小相，u_{min1}^* 一定对应于规则 2，u_{min2}^* 一定对应于规则 1。

对于单调制波相，当相桥臂采用不同的开关动作规则时，相调制波与占空比满足式(4-108)，调制波可由两组不同的注入信号求得

$$\begin{cases} u_{cm1}^* = \begin{cases} -\dfrac{1}{2}(u_{rmin}^* + 1) & (u_{rmid}^* \leqslant 0) \\ \dfrac{1}{2}(1 - u_{rmax}^*) & (u_{rmid}^* > 0) \end{cases} \\ u_{cm2}^* = -u_{cm1}^* - u_{rx}^* \end{cases} \tag{4-125}$$

注入分量的选择和开关动作规则的设定与 AZSPWM 相同，即对于 a 相，当 $u_{rb}^* \geqslant u_{rc}^*$ 时，注入分量为 u_{cm2}^*，当 $u_{rb}^* < u_{rc}^*$ 时，注入分量为 u_{cm1}^*；对于 b 相，当 $u_{rc}^* \geqslant u_{ra}^*$ 时，注入分量为 u_{cm2}^*，当 $u_{rc}^* < u_{ra}^*$ 时，注入分量为 u_{cm1}^*；对于 c 相，当 $u_{ra}^* \geqslant u_{rb}^*$ 时，注入分量为 u_{cm2}^*，当 $u_{ra}^* < u_{rb}^*$ 时，注入分量为 u_{cm1}^*。u_{cm1}^* 对应使用规则 1，u_{cm2}^* 对应使用规则 2。

4）TLSVPWM

前 3 种调制策略在 0～30°内使用的矢量序列是相同的，TLSVPWM 参考三电平中的一种调制策略，将任意 0～30°划分为两个子区域，各个扇区内采用不同的矢量序列，保证任意开关周期内仅使用零序环流变化率为±1 和 0 的矢量组合，从而降低了零序环流峰值。TLSVPWM 在 0～60°内的子区域划分如图 4-81 所示。

因为需要进行子区域判定，故需要求解各子区域分界线满足的方程。子区域 1 和子区域 2 的分界线满足：

$$u_{r\beta} = \sqrt{3}\left(u_{r\alpha} - \frac{U_{dc}}{3}\right) \tag{4-126}$$

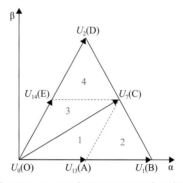

图 4-81 0～60°内 TLSVPWM 扇区划分

子区域 3 和子区域 4 的分界线满足

$$u_{r\beta} = \frac{\sqrt{3}}{6}U_{dc} \tag{4-127}$$

子区域 1 和子区域 3 的分界线满足

$$u_{r\beta} = \frac{\sqrt{3}}{3}u_{r\alpha} \tag{4-128}$$

参考矢量在两相静止坐标系下的电压满足

$$\begin{cases} u_{r\alpha} = (2u_{ra} - u_{rb} - u_{rc})/3 \\ u_{r\beta} = \sqrt{3}(u_{rb} - u_{rc})/3 \end{cases} \tag{4-129}$$

并将三相电压以直流母线 $U_{dc}/2$ 为基准进行标幺化得到，则式 (4-126)～式 (4-128) 可化为如下形式。

子区域 1 和子区域 2 的分界线满足

$$u_{ra}^* - u_{rb}^* = 1 \tag{4-130}$$

子区域 3 和子区域 4 的分界线满足

$$u_{rb}^* - u_{rc}^* = 1 \tag{4-131}$$

子区域 1 和子区域 3 的分界线满足

$$u_{rb}^* = 0 \tag{4-132}$$

将式 (4-130)～式 (4-132) 推广到整个矢量平面，最终各扇区子区域的三条分界线表

达式可以统一为

$$\begin{cases} u_{rmax}^* - u_{rmid}^* = 1 \\ u_{rmid}^* - u_{rmin}^* = 1 \\ u_{rmid}^* = 0 \end{cases} \tag{4-133}$$

第一扇区内 TLSVPWM 调制策略前半开关周期矢量序列见表 4-15，0～30°区域内 TLSVPWM 的开关时序如图 4-82 所示。

表 4-15　0～60°内 TLSVPWM 前半开关周期矢量序列

子区域 1	并联矢量	$U_0(-1)$	$U_{13}(0)$	$U_7(+1)$	$U_7(-1)$	$U_{13}(0)$	$U_0(+1)$
	矢量组合	(U_6,U_3)	(U_6,U_2)	(U_1,U_2)	(U_2,U_1)	(U_2,U_6)	(U_3,U_6)
子区域 2	并联矢量	$U_{13}(0)$	$U_7(+1)$	$U_1(0)$	$U_7(-1)$	$U_{13}(0)$	
	矢量组合	(U_6,U_2)	(U_1,U_2)	(U_1,U_1)	(U_2,U_1)	(U_2,U_6)	
子区域 3	并联矢量	$U_0(-1)$	$U_{14}(0)$	$U_7(+1)$	$U_7(-1)$	$U_{14}(0)$	$U_0(+1)$
	矢量组合	(U_6,U_3)	(U_1,U_3)	(U_1,U_2)	(U_2,U_1)	(U_3,U_1)	(U_3,U_6)
子区域 4	并联矢量	$U_{14}(0)$	$U_7(+1)$	$U_2(0)$	$U_7(-1)$	$U_{14}(0)$	
	矢量组合	(U_1,U_3)	(U_1,U_2)	(U_2,U_2)	(U_2,U_1)	(U_3,U_1)	

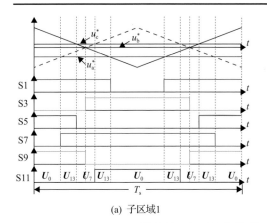

(a) 子区域1

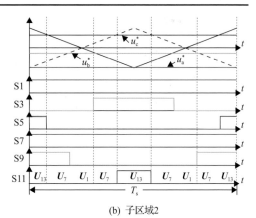

(b) 子区域2

图 4-82　0～30°内 TLSVPWM 调制策略矢量时序图

根据伏秒平衡原理，子区域 1 内各矢量占空比应满足

$$\begin{cases} U_{7\alpha}d_7 + U_{13\alpha}d_{13} = u_{r\alpha} \\ U_{7\beta}d_7 = u_{r\beta} \\ d_7 + d_{13} + d_0 = 1 \end{cases} \tag{4-134}$$

将

$$\begin{cases} u_{r\alpha} = (2u_{ra} - u_{rb} - u_{rc})/3 \\ u_{r\beta} = \sqrt{3}(u_{rb} - u_{rc})/3 \end{cases}$$

与各矢量在两相静止坐标系下的分量代入式(4-134)并标幺化解得各矢量占空比为

$$\begin{cases} d_7 = u_{rb}^* - u_{rc}^* \\ d_{13} = u_{ra}^* + u_{rc}^* - 2u_{rb} \\ d_0 = 1 + u_{rb}^* - u_{ra}^* \end{cases} \tag{4-135}$$

结合其矢量序列，子区域 1 内各相占空比表达式为

$$\begin{cases} d_a = 1 - \dfrac{1}{2}d_0 = \dfrac{1}{2} + \dfrac{1}{2}u_{ra}^* - \dfrac{1}{2}u_{rb}^* \\ d_b = \dfrac{1}{2} = \dfrac{1}{2} + \dfrac{1}{2}u_{rb}^* - \dfrac{1}{2}u_{rb}^* \\ d_c = \dfrac{1}{2} - \dfrac{1}{2}d_7 = \dfrac{1}{2} + \dfrac{1}{2}u_{rc}^* - \dfrac{1}{2}u_{rb}^* \end{cases} \tag{4-136}$$

经过计算发现，各大扇区内的子区域 1 和子区域 3 占空比表达式可以统一为

$$d_x = \dfrac{1}{2} + \dfrac{1}{2}u_{rx}^* - \dfrac{1}{2}u_{rmid}^* \quad (x = a, b, c) \tag{4-137}$$

根据伏秒平衡原理，子区域 2 内各矢量占空比应满足

$$\begin{cases} U_{7\alpha}d_7 + U_{13\alpha}d_{13} + U_{1\alpha}d_1 = u_{r\alpha} \\ U_{7\beta}d_7 = u_{r\beta} \\ d_7 + d_{13} + d_1 = 1 \end{cases} \tag{4-138}$$

将

$$\begin{cases} u_{r\alpha} = (2u_{ra} - u_{rb} - u_{rc})/3 \\ u_{r\beta} = \sqrt{3}(u_{rb} - u_{rc})/3 \end{cases}$$

与各矢量在两相静止坐标系下的分量代入式(4-138)并标幺化解得各矢量占空比为

$$\begin{cases} d_7 = u_{rb}^* - u_{rc}^* \\ d_{13} = 2 + u_{rc}^* - u_{ra}^* \\ d_1 = -1 + u_{ra}^* - u_{rb}^* \end{cases} \tag{4-139}$$

结合其矢量序列，子区域 2 内各相占空比表达式为

$$\begin{cases} d_{\text{a}} = 1 = \dfrac{1}{2} + \dfrac{1}{2}u_{\text{ra}}^{*} - \dfrac{1}{2}u_{\text{ra}}^{*} + \dfrac{1}{2} \\[2mm] d_{\text{b}} = \dfrac{1}{2} - \dfrac{1}{2}d_{1} = \dfrac{1}{2} + \dfrac{1}{2}u_{\text{rb}}^{*} - \dfrac{1}{2}u_{\text{ra}}^{*} + \dfrac{1}{2} \\[2mm] d_{\text{c}} = \dfrac{1}{2}d_{13} = \dfrac{1}{2} + \dfrac{1}{2}u_{\text{rc}}^{*} - \dfrac{1}{2}u_{\text{ra}}^{*} + \dfrac{1}{2} \end{cases} \tag{4-140}$$

经过计算发现，各大扇区内的子区域 2 占空比表达式可以统一为

$$d_{x} = \frac{1}{2} + \frac{1}{2}u_{\text{rx}}^{*} - \frac{1}{2}u_{\text{rmax}}^{*} + \frac{1}{2} \quad (x = \text{a,b,c}) \tag{4-141}$$

同理对各大扇区子区域 4 的占空比进行求解，其表达式可统一为

$$d_{x} = \frac{1}{2} + \frac{1}{2}u_{\text{rx}}^{*} - \frac{1}{2}u_{\text{rmin}}^{*} - \frac{1}{2} \quad (x = \text{a,b,c}) \tag{4-142}$$

将三相占空比统一表示为

$$d_{x} = \frac{1}{2} + \frac{1}{2}u_{\text{rx}}^{*} + u_{\text{cm1}}^{*} \quad (x = \text{a,b,c}) \tag{4-143}$$

由于子区域 1 和子区域 3 内占空比表达式一致，因此可以不用进行区分，则线性调制范围内 TLSVPWM 的各扇区判定条件及 u_{cm1}^{*} 表达式见表 4-16。

表 4-16　TLSVPWM 调制各扇区判定条件及 u_{cm1}^{*} 表达式

子区域	判定条件	u_{cm1}^{*}
1 和 3	$u_{\text{rmax}}^{*} - u_{\text{rmid}}^{*} < 1,\ u_{\text{rmid}}^{*} - u_{\text{rmin}}^{*} < 1$	$-\dfrac{1}{2}u_{\text{rmid}}^{*}$
2	$u_{\text{rmax}}^{*} - u_{\text{rmid}}^{*} > 1$	$-\dfrac{1}{2}u_{\text{rmax}}^{*} + \dfrac{1}{2}$
4	$u_{\text{rmid}}^{*} - u_{\text{rmin}}^{*} > 1$	$-\dfrac{1}{2}u_{\text{rmin}}^{*} - \dfrac{1}{2}$

同样，当相桥臂采用不同的开关动作规则时，相调制波与占空比满足式(4-111)，因此 TLSVPWM 的调制波可由两组不同的注入信号求得

$$\begin{cases} u_{\text{cm1}}^{*} = \begin{cases} -\dfrac{1}{2}u_{\text{rmid}}^{*} & (u_{\text{rmax}}^{*} - u_{\text{rmid}}^{*} < 1,\ u_{\text{rmid}}^{*} - u_{\text{rmin}}^{*} < 1) \\[2mm] -\dfrac{1}{2}u_{\text{rmax}}^{*} + \dfrac{1}{2} & (u_{\text{rmax}}^{*} - u_{\text{rmid}}^{*} > 1) \\[2mm] -\dfrac{1}{2}u_{\text{rmin}}^{*} - \dfrac{1}{2} & (u_{\text{rmid}}^{*} - u_{\text{rmin}}^{*} > 1) \end{cases} \\[8mm] u_{\text{cm2}}^{*} = -u_{\text{cm1}}^{*} - u_{\text{rx}}^{*} \end{cases} \tag{4-144}$$

对于 TLSVPWM 调制策略，各相注入分量的选择以及开关动作规则的设定与 AZSPWM 相同，判定过程如下。

对于 a 相，当 $u_{rb}^* \geq u_{rc}^*$ 时，注入分量为 u_{cm2}^*，当 $u_{rb}^* < u_{rc}^*$ 时，注入分量为 u_{cm1}^*。

对于 b 相，当 $u_{rc}^* \geq u_{ra}^*$ 时，注入分量为 u_{cm2}^*，当 $u_{rc}^* < u_{ra}^*$ 时，注入分量为 u_{cm1}^*。

对于 c 相，当 $u_{ra}^* \geq u_{rb}^*$ 时，注入分量为 u_{cm2}^*，当 $u_{ra}^* < u_{rb}^*$ 时，注入分量为 u_{cm1}^*。

u_{cm1}^* 对应使用规则 1，u_{cm2}^* 对应使用规则 2。

综合对上述的 4 种调制策略三相调制波的求解，可以看出所有调制策略的相调制波均可统一为参考电压分量和注入分量叠加的形式，即：

$$u_x^* = \frac{1}{2} + \frac{1}{2}u_{rx}^* + u_{cm}^* \quad (x = \mathrm{a,b,c}) \tag{4-145}$$

第一扇区中 4 种调制策略的注入分量见表 4-17。

表 4-17　第一扇区中 4 种调制策略的注入分量

调制方式	注入分量 u_{cm}^*			
	子区域 1	子区域 2	子区域 3	子区域 4
ISVM	$-\dfrac{1}{4}(u_{rmax}^* + u_{rmin}^*)$			
AZSPWM	$u_{cm1}^* = -\dfrac{1}{4}\left(u_{rmax}^* + u_{rmin}^*\right)$　$u_{cm2}^* = -u_{cm1}^* - u_{rx}^*$			
MDPWM	$\begin{cases} u_{cm1}^* = -\dfrac{1}{2}u_{rmin}^* - \dfrac{1}{2} \\ u_{cm2}^* = -u_{cm1}^* - u_{rx}^* \\ u_{cmax1}^* = -\dfrac{1}{4}(2 + u_{rmin}^* + u_{rmax}^*) \\ u_{cmax2}^* = \dfrac{1}{4}(2 + u_{rmin}^* - 3u_{rmax}^*) \end{cases}$		$\begin{cases} u_{cm1}^* = -\dfrac{1}{2}u_{rmax}^* + \dfrac{1}{2} \\ u_{cm2}^* = -u_{cm1}^* - u_{rx}^* \\ u_{cmin1}^* = -\dfrac{1}{4}(2 + u_{rmax}^* + u_{rmin}^*) \\ u_{cmin2}^* = \dfrac{1}{4}(2 + u_{rmax}^* - 3u_{rmin}^*) \end{cases}$	
TLSVPWM	$u_{cm1}^* = -\dfrac{1}{2}u_{rmid}^*$　$u_{cm2}^* = -u_{cm1}^* - u_{rx}^*$	$u_{cm1}^* = -\dfrac{1}{2}u_{rmax}^* + \dfrac{1}{2}$　$u_{cm2}^* = -u_{cm1}^* - u_{rx}^*$	$u_{cm1}^* = -\dfrac{1}{2}u_{rmid}^*$　$u_{cm2}^* = -u_{cm1}^* - u_{rx}^*$	$u_{cm1}^* = -\dfrac{1}{2}u_{rmin}^* - \dfrac{1}{2}$　$u_{cm2}^* = -u_{cm1}^* - u_{rx}^*$

由表 4-17 可以看出，基于载波实现的 4 种不同的电压矢量空间调制策略本质上可以等效为注入分量的不同。通过对三相调制波注入不同的分量，并结合不同的开关动作规则设置，即可实现上述 4 种调制策略。

5）4 种调制策略不同的优势与劣势

对于调制策略实现难度而言，ISVM 调制策略由于不需要扇区判定，且注入分量在全矢量平面内统一，因此实现较为简单；AZSPWM 仅比 ISVM 多了开关动作规则设置的环节；MDPWM 的注入分量需要根据 u_{rmid}^* 的极性进行计算，且其存在多次开关的相桥臂，需要计算的注入分量和调制波数目较多；TLSVPWM 则存在 3 种不同的注入分量，因此需要更烦琐的扇区判定过程。

对于零序环流性能，在低调制度 $m \in \left[0, \sqrt{3}/3 \right]$，MDPWM 调制策略零序环流性能最优；在中调制度 $m \in \left[\sqrt{3}/3, (32\sqrt{3} - 24)/39 \right]$，TLSVPWM 调制策略最优；在高调制度 $m \in \left[(32\sqrt{3} - 24)/39, 2\sqrt{3}/3 \right]$，AZSPWM 和 TLSVM 调制策略零序环流性能一致，优于 MDPWM；ISVM 在全线性调制范围内零序环流峰值均为最大，且环流峰值最大值为其他 3 种调制策略的 3 倍，环流性能最差。

对于纹波性能，TLSVPWM 调制策略采用了邻近三矢量合成的原则，误差矢量相比其他 3 种调制策略均会变小，因此其纹波性能在全线性调制范围内优于 ISVM、AZSPWM 和 MDPWM。

对于开关次数与开关损耗，TLSVPWM 调制策略由于在子区域 2 和 4 中总开关次数变小，因此在高调制度 $m \in [2/3, 2\sqrt{3}/3]$ 工况下优于其他 3 种调制策略，低调制度范围 4 种调制策略总开关次数一致；MDPWM 的总开关次数虽然和 ISVM、AZSPWM 一致均为 24 次，但是由于 MDPWM 会有相桥臂多次动作的特性，使得对于使用相同功率开关管的情况下，MDPWM 能运行的最大开关频率仅能达到同条件下其他调制方式最大开关频率的一半。

对于共模电压峰值，ISVM、AZSPWM 和 TLSVPWM 调制策略均为 $\pm U_{dc}/6$，仅是 MDPWM 调制策略的 1/3。

综上所述，针对系统不同的运行工况和对性能指标的要求，可以根据以上分析选取适合的调制策略。在系统运行于高调制度工况下，TLSVPWM 因其低零序环流峰值、低电流纹波有效值以及低总开关次数的性能，优于其他 3 种调制策略。

3. 实验验证

为了验证不同调制策略对并联型变流器各项性能指标的影响，在实验室内搭建了一个两台两电平并联的实验平台，该装置电路拓扑如图 4-83 所示。三相二极管整流器与两个三相桥式全控逆变器同时并联在同一个直流电容上。三相二极管整流器将交流电网电压整流成直流电压。两台全控逆变器对应相之间插入单相电感，用于抑制高频环流。逆变器并联输出点的负载为三个电阻。

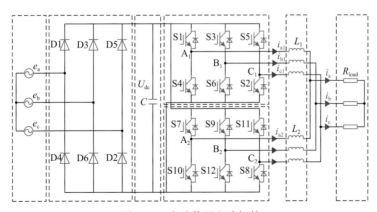

图 4-83　实验装置电路拓扑

如图 4-84 所示，实验平台由控制器、信号调理电路、PCB 板载电流采样电路、电压采样电路、IGBT 及其驱动电路、散热器及其风扇、通信接口、辅助供电电路、直流侧电容以及叠层母排组成。如图 4-84(b) 所示，叠层母排由三层绝缘层与两层母排层组成。正负两层母排分别连到 IGBT 和直流侧电容。

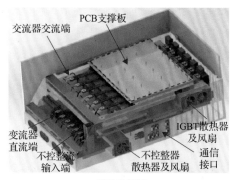

(a) 整体结构图　　　　　　　　　　　　　　(b) 叠层母排连接示意图

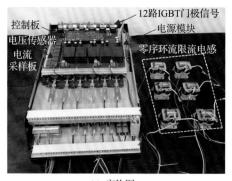

(c) 实物图

图 4-84　实验装置

实验通过软件编写对调制波注入不同的共模分量，实现不同的调制方式。由于本节主要内容为研究各种调制策略对于并联型变流器关键指标的影响，本实验采用简单的并联型变流器控制，实验具体参数见表 4-18。

表 4-18　实验参数

直流母线电压 U_{dc}	开关频率 f_{sw}	并联电感 L_1/L_2	负载电阻 R
200V	5kHz	5.2mH	9Ω

图 4-85～图 4-88 给出了调制度为 0.4 时，4 种调制策略对应的三相并联电流、零序环流、电流纹波和单相调制波的实验结果。

4 种调制策略中 ISVM 具有最大零序环流峰值，而 MDPWM 的零序环流峰值最小；对比电流纹波性能，ISVM、AZSPWM 和 MDPWM 差距不大，TLSVPWM 优于其他调制策略。

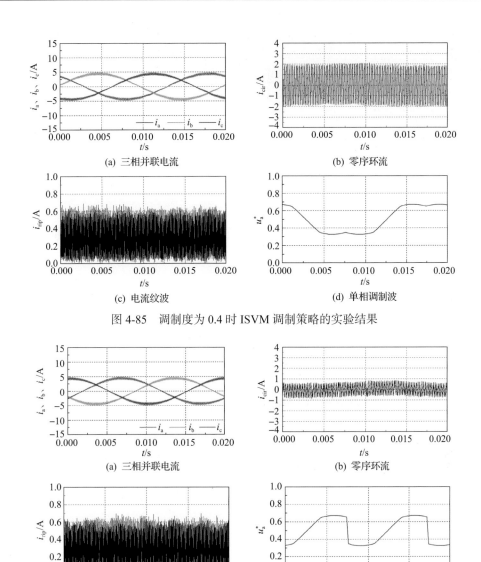

(a) 三相并联电流　　　　　　　　　(b) 零序环流

(c) 电流纹波　　　　　　　　　　(d) 单相调制波

图 4-85　调制度为 0.4 时 ISVM 调制策略的实验结果

(a) 三相并联电流　　　　　　　　　(b) 零序环流

(c) 电流纹波　　　　　　　　　　(d) 单相调制波

图 4-86　调制度为 0.4 时 AZSPWM 调制策略的实验结果

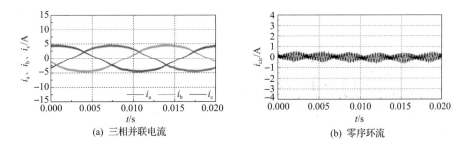

(a) 三相并联电流　　　　　　　　　(b) 零序环流

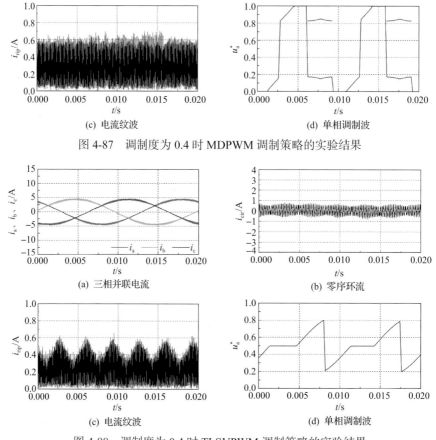

(c) 电流纹波　　　　　　　　　　　　　　(d) 单相调制波

图 4-87　调制度为 0.4 时 MDPWM 调制策略的实验结果

(a) 三相并联电流　　　　　　　　　　　　(b) 零序环流

(c) 电流纹波　　　　　　　　　　　　　　(d) 单相调制波

图 4-88　调制度为 0.4 时 TLSVPWM 调制策略的实验结果

图 4-89～图 4-92 给出了调制度为 0.8 时，4 种调制策略对应的三相并联电流、零序环流、电流纹波和单相调制波的实验结果。

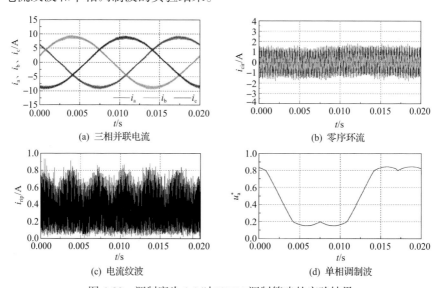

(a) 三相并联电流　　　　　　　　　　　　(b) 零序环流

(c) 电流纹波　　　　　　　　　　　　　　(d) 单相调制波

图 4-89　调制度为 0.8 时 ISVM 调制策略的实验结果

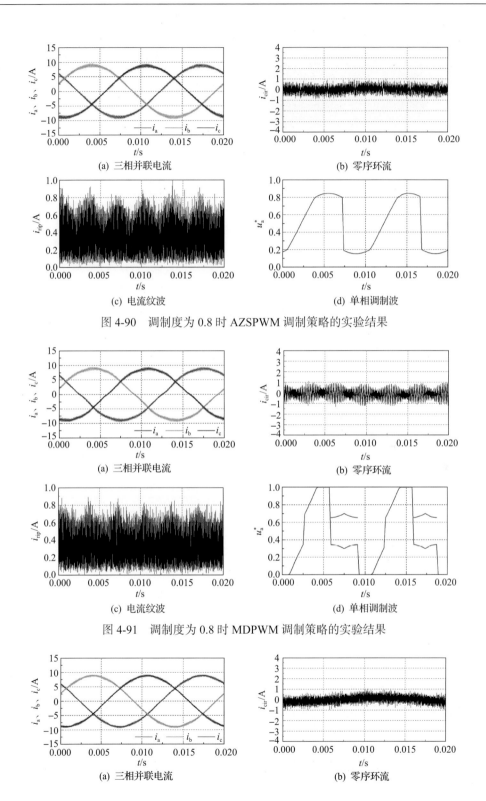

(a) 三相并联电流

(b) 零序环流

(c) 电流纹波

(d) 单相调制波

图 4-90　调制度为 0.8 时 AZSPWM 调制策略的实验结果

(a) 三相并联电流

(b) 零序环流

(c) 电流纹波

(d) 单相调制波

图 4-91　调制度为 0.8 时 MDPWM 调制策略的实验结果

(a) 三相并联电流

(b) 零序环流

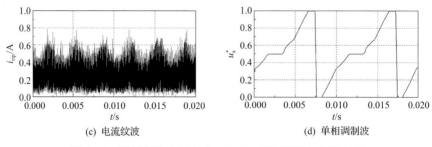

(c) 电流纹波　　　　　　　　　　　(d) 单相调制波

图 4-92　调制度为 0.8 时 TLSVPWM 调制策略的实验结果

由图 4-89～图 4-92 可知，在调制度为 0.8 时，对比零序环流性能，ISVM 依然具有最大零序环流峰值，TLSVPWM 和 AZSPWM 的零序环流峰值已经小于 MDPWM；对比电流纹波性能，ISVM、AZSPWM 和 MDPWM 差距不明显，TLSVPWM 则优于其他调制策略。

图 4-93～图 4-96 给出了调制度为 1.0 时，4 种调制策略对应的三相并联电流、零序环流、电流纹波和单相调制波的实验结果。

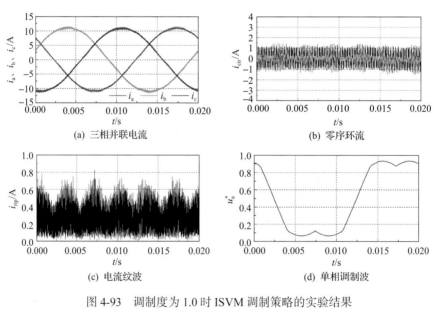

(a) 三相并联电流　　　　　　　　　(b) 零序环流

(c) 电流纹波　　　　　　　　　　　(d) 单相调制波

图 4-93　调制度为 1.0 时 ISVM 调制策略的实验结果

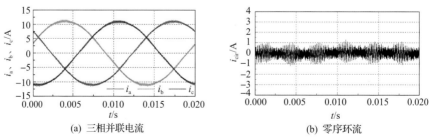

(a) 三相并联电流　　　　　　　　　(b) 零序环流

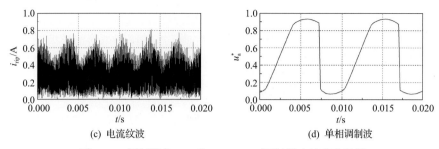

(c) 电流纹波　　　　　　　　　　　(d) 单相调制波

图 4-94　调制度为 1.0 时 AZSPWM 调制策略的实验结果

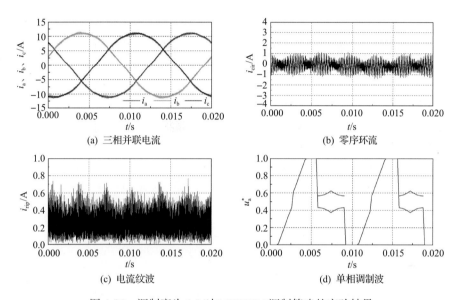

(a) 三相并联电流　　　　　　　　　　(b) 零序环流

(c) 电流纹波　　　　　　　　　　　(d) 单相调制波

图 4-95　调制度为 1.0 时 MDPWM 调制策略的实验结果

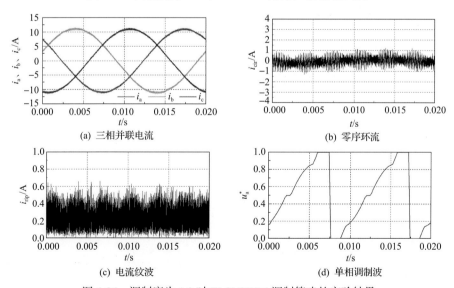

(a) 三相并联电流　　　　　　　　　　(b) 零序环流

(c) 电流纹波　　　　　　　　　　　(d) 单相调制波

图 4-96　调制度为 1.0 时 TLSVPWM 调制策略的实验结果

由图 4-93～图 4-96 可知，在调制度为 1.0 时，对比零序环流性能，由于接近线性调制度饱和值，4 种调制策略的零序环流峰值已经较为接近，ISVM 的环流特性相对较差，其他 3 种调制策略差别不明显；对比电流纹波性能，4 种调制策略的纹波特性也较为接近，TLSVPWM 略优于其他调制策略。

由实验结果看出，由于不同调制策略使用了不同的共模注入分量，所以调制波波形也不同，反映了注入分量对系统调制策略的实现和系统指标优化的意义。

图 4-97 给出了调制度为 0.8 时，4 种调制策略下的共模电压的实验结果。由实验结果对比可知，MDPWM 调制策略的共模电压为其他调制策略的 3 倍。

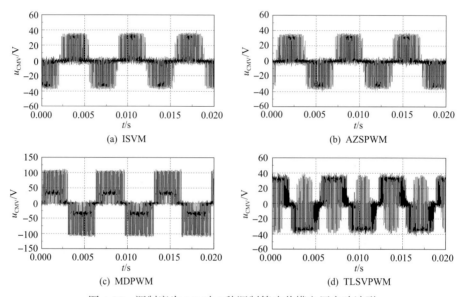

图 4-97　调制度为 0.8 时 4 种调制策略共模电压实验波形

在不同调制度工况下对 4 种调制策略进行实验，得到了零序环流峰值、零序环流有效值和电流纹波有效值关于调制度的实验结果 (图 4-98～图 4-100)。零序环流峰值实验结果表明，在低调制度下，MDPWM 零序环流峰值最小；在高调制度下，AZSPWM 和 TLSVPWM 一致，均最小；ISVM 调制策略在全范围内零序环流峰值最大，且零序环流峰值最大值为其他调制策略的 3 倍。

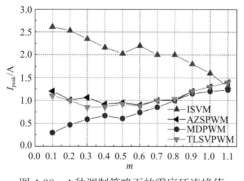

图 4-98　4 种调制策略下的零序环流峰值

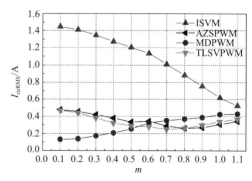

图 4-99　4 种调制策略下的零序环流有效值

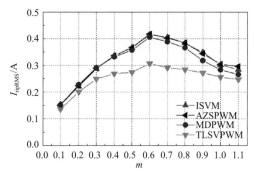

图 4-100　4 种调制策略下的电流纹波有效值

4.3.3　大功率变流器并网适应性研究

1. 网侧变流器低开关频率控制技术

PWM 整流器具有较高的电能转换效率，可实现功率双向流动，已被广泛地应用在金属轧制、矿井提升、船舶推进、机车牵引等领域。随着器件电压升高、功率加大，开关损耗增加。为提高装置的输出功率，一般需降低功率器件的开关频率，如西门子公司 SM150 系列中压变频器，容量为 1~5MV·A 时，功率器件采用 HV-IGBT，其开关频率在 300~500Hz。

开关频率的降低，导致信号采样以及 PWM 发波延时增大，会在 dq 坐标系下引入交叉耦合，使系统复杂化，设计难度增加，从而影响系统的控制性能，而常规的前馈解耦已无法满足系统的解耦需求。目前，针对低开关频率下网侧变流器的高性能控制问题，国内外学者的研究工作主要分为两方面。

一方面，从控制策略的角度考虑。利用比例谐振(proportional resonance，PR)调节器在静止坐标系下进行控制，避开了耦合问题。但系统的动态性能无法与在 dq 坐标系下采用 PI 调节器控制相媲美。也有学者提出了静止坐标系下模型预测控制，但模型预测存在开关频率不固定问题。学者提出了复矢量调节器对系统进行解耦，该调节器较为复杂。另一方面，从 PI 调节器参数整定考虑。在旋转坐标系下采用 PI 调节器，忽略系统的交叉耦合，将系统看成一个二阶的单输入单输出系统，得到了一套参数设计方法。但有的学者指出了这种近似的不合理性，并给出了基于多输入多输出系统根轨迹的参数设计方法，提高了系统的动态性能，但该方法并没有消除系统的耦合。

针对上述方法的不足，本节在充分考虑了系统延时后，首先建立了 dq 坐标系下网侧变流器的传递函数阵模型。接着定义耦合度函数，对系统各环节以及采用常规前馈解耦闭环系统的耦合程度进行分析，得出常规前馈解耦在低开关频率下耦合严重，已无法满足系统控制要求。然后结合串联解耦合状态反馈，提出了一种新型的解耦控制策略。最后搭建小功率模拟实验平台，进行低开关频率实验验证，实验结果验证了本节所提策略的有效性和可行性。

图 4-101 为两电平网侧变流器的拓扑结构，根据基尔霍夫定律，得到系统在 dq 坐标系下交流侧的电路方程为

$$\begin{bmatrix} u_{\mathrm{d}} \\ u_{\mathrm{q}} \end{bmatrix} = \begin{bmatrix} Lp + R & -\omega_{\mathrm{s}}L \\ \omega_{\mathrm{s}}L & Lp + R \end{bmatrix} \begin{bmatrix} i_{\mathrm{d}} \\ i_{\mathrm{q}} \end{bmatrix} + \begin{bmatrix} e_{\mathrm{d}} \\ e_{\mathrm{q}} \end{bmatrix} \tag{4-146}$$

式中，L 为滤波器电感；R 为滤波器电感等效电阻；e_{d}、e_{q} 分别为电网电压矢量的 d、q 分量；u_{d}、u_{q} 分别为三相整流器交流侧电压矢量的 d、q 分量；i_{d}、i_{q} 分别为三相整流器交流侧电流矢量的 d、q 分量；p 为微分算子；ω_{s} 为电网角频率。

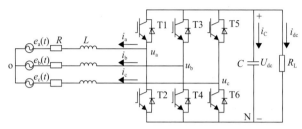

图 4-101　两电平网侧变流器拓扑

电流控制在 dq 坐标系下为一多输入多输出(multiple input and multiple output, MIMO)系统，为了揭示系统中各变量的耦合作用，采用传递函数阵对系统进行描述，式(4-146)转化为

$$\boldsymbol{I}(s) = \boldsymbol{G}_{\mathrm{u}}(s)\boldsymbol{U}(s) - \boldsymbol{G}_{\mathrm{u}}(s)\boldsymbol{E}(s) \tag{4-147}$$

其中

$$\begin{cases} g_{\mathrm{u}11}(s) = g_{\mathrm{u}22}(s) = \dfrac{sL + R}{(sL + R)^2 + \omega_{\mathrm{s}}^2 L^2} \\[4mm] g_{\mathrm{u}12}(s) = -g_{\mathrm{u}21}(s) = \dfrac{\omega_{\mathrm{s}}L}{(sL + R)^2 + \omega_{\mathrm{s}}^2 L^2} \end{cases} \tag{4-148}$$

式中，$\boldsymbol{I}(s) = \begin{bmatrix} i_{\mathrm{d}}(s) & i_{\mathrm{q}}(s) \end{bmatrix}^{\mathrm{T}}$ 为三相整流器交流侧电流矢量；$\boldsymbol{U}(s) = \begin{bmatrix} u_{\mathrm{d}}(s) & u_{\mathrm{q}}(s) \end{bmatrix}^{\mathrm{T}}$ 为三相整流器交流侧电压矢量；$\boldsymbol{E}(s) = \begin{bmatrix} e_{\mathrm{d}}(s) & e_{\mathrm{q}}(s) \end{bmatrix}^{\mathrm{T}}$ 为电网电压矢量。

为了便于分析，传递函数阵均采用统一的形式来表示矩阵中的元素，如：

$$\boldsymbol{G}_{\mathrm{a}}(s) = \begin{bmatrix} g_{\mathrm{a}11}(s) & g_{\mathrm{a}12}(s) \\ g_{\mathrm{a}21}(s) & g_{\mathrm{a}22}(s) \end{bmatrix} \tag{4-149}$$

在实际系统中，PWM 的产生和信号采样都存在延时，尤其在低开关频率下，该延时不可忽略，因此有必要考虑该延时对系统的影响。一般地，该延时取 $\tau_{\mathrm{d}} = 0.75/f_{\mathrm{sw}}$，$f_{\mathrm{sw}}$ 为开关频率。本节主要分析系统在低频段的性能，因此将该延时近似看成一个一阶惯性环节 $G_{\tau}(s)$。此时，在 dq 坐标系下，实际的三相整流器交流侧电压矢量 $\boldsymbol{U}(s)$ 为

$$\boldsymbol{U}(s) = \boldsymbol{G}_{\tau}(s)\boldsymbol{U}^*(s) \tag{4-150}$$

其中

$$\begin{cases} g_{\tau 11}(s) = g_{\tau 22}(s) = \dfrac{\tau_{\mathrm{d}} s + 1}{(\tau_{\mathrm{d}} s + 1)^2 + \omega_{\mathrm{s}}^2 \tau_{\mathrm{d}}^{\ 2}} \\[4mm] g_{\tau 12}(s) = -g_{\tau 21}(s) = \dfrac{\omega_{\mathrm{s}} \tau_{\mathrm{d}}}{(\tau_{\mathrm{d}} s + 1)^2 + \omega_{\mathrm{s}}^2 \tau_{\mathrm{d}}^{\ 2}} \end{cases} \tag{4-151}$$

式中，$\boldsymbol{U}^*(s) = [u_{\mathrm{d}}^*(s) \quad u_{\mathrm{q}}^*(s)]^{\mathrm{T}}$ 为电流调节器输出的参考电压矢量。

将电网电压矢量 $\boldsymbol{E}(s)$ 视为扰动，令其为 $[0 \quad 0]^{\mathrm{T}}$，得电流控制系统被控对象传递函数阵为

$$\boldsymbol{G}_{\mathrm{p}}(s) = \boldsymbol{G}_{\mathrm{u}}(s) \boldsymbol{G}_{\tau}(s) \tag{4-152}$$

式中，$\boldsymbol{G}_{\mathrm{p}}(s)$ 的各元素为

$$\begin{cases} g_{\mathrm{p}11}(s) = g_{\mathrm{p}22}(s) = \dfrac{(sL+R)(\tau_{\mathrm{d}} s + 1) - \omega_{\mathrm{s}}^2 L \tau_{\mathrm{d}}}{\left[(sL+R)^2 + \omega^2 L^2\right]\left[(\tau_{\mathrm{d}} s + 1)^2 + \omega^2 \tau_{\mathrm{d}}^{\ 2}\right]} \\[4mm] g_{\mathrm{p}12}(s) = -g_{\mathrm{p}21}(s) = \dfrac{(sL+R)\omega_{\mathrm{s}} \tau_{\mathrm{d}} + (\tau_{\mathrm{d}} s + 1)\omega_{\mathrm{s}} L}{\left[(sL+R)^2 + \omega_{\mathrm{s}}^2 L^2\right]\left[(\tau_{\mathrm{d}} s + 1)^2 + \omega_{\mathrm{s}}^2 \tau_{\mathrm{d}}^{\ 2}\right]} \end{cases} \tag{4-153}$$

电流控制系统被控对象结构框图如图 4-102 所示。由式 (4-153) 可知，系统存在两处交叉耦合，分别为 $\boldsymbol{G}_{\mathrm{u}}(s)$ 和 $\boldsymbol{G}(s)$ 非对角线上的元素引入，由后续分析可知，延时 τ_{d} 所引入的耦合将随开关频率的降低愈加严重。

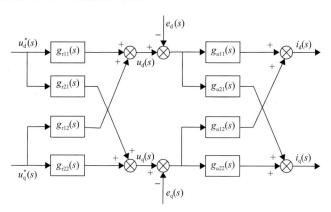

图 4-102　电流控制系统被控对象结构框图

电流控制系统结构框图如图 4-103 所示，$\boldsymbol{G}_{\mathrm{r}}(s)$ 为电流调节器的传递函数阵，$\boldsymbol{I}^*(s) = [i_{\mathrm{d}}^*(s) \quad i_{\mathrm{q}}^*(s)]^{\mathrm{T}}$ 为三相整流器交流侧给定电流矢量，则整个电流控制系统闭环传递函数阵为

$$\boldsymbol{G}_{\mathrm{c}}(s) = \dfrac{\boldsymbol{I}(s)}{\boldsymbol{I}^*(s)} = [\boldsymbol{I} + \boldsymbol{G}_{\mathrm{p}}(s)\boldsymbol{G}_{\mathrm{r}}(s)]^{-1} \boldsymbol{G}_{\mathrm{p}}(s)\boldsymbol{G}_{\mathrm{r}}(s) \tag{4-154}$$

式中，I 为单位矩阵。

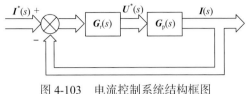

图 4-103　电流控制系统结构框图

为揭示系统中各变量间的耦合关系，有必要对式(4-154)所描述的系统进行展开，如式(4-155)所示：

$$\begin{cases} i_d(s) = g_{c11}(s)i_d^*(s) + g_{c12}(s)i_q^*(s) \\ i_q(s) = g_{c21}(s)i_d^*(s) + g_{c22}(s)i_q^*(s) \end{cases} \tag{4-155}$$

式(4-155)表明，三相整流器交流侧电流矢量的 d 轴分量 $i_d(s)$ 由 $i_d^*(s)$ 和 $i_q^*(s)$ 共同决定，传递函数分别为 $g_{c11}(s)$ 和 $g_{c12}(s)$；同样，q 轴分量 $i_q(s)$ 也由 $i_d^*(s)$ 和 $i_q^*(s)$ 共同决定，传递函数分别为 $g_{c21}(s)$ 和 $g_{c22}(s)$。d、q 轴分量之间的交叉耦合作用由传递函数阵非对角线上的元素引入。注意到，本节讨论的传递函数阵都满足 $g_{11}(s) = g_{22}(s)$，$g_{12}(s) = -g_{21}(s)$，定义耦合度函数 $\lambda(j\omega)$ 为

$$\lambda(j\omega) = \frac{|g_{12}(j\omega)|}{|g_{11}(j\omega)| + |g_{12}(j\omega)|}$$

耦合度函数 $\lambda(j\omega)$ 所描述的意义是，耦合通道对输出变量的控制作用所占的比例。当 $\lambda(j\omega) = 0$，说明传递函数阵非对角线上的元素为 0，系统不存在耦合；当 $\lambda(j\omega) = 1$，说明传递函数阵主对角线上的元素为 0，系统的输出完全由耦合通道及其输入决定，系统严重耦合。可见，函数 $\lambda(j\omega)$ 能够形象地对系统的耦合度进行描述。

将延时环节传递函数阵 $G_\tau(s)$ 代入函数 $\lambda(j\omega)$，可得在不同开关频率下延时环节耦合度与角频率 ω 的关系，如图 4-104 实线所示。由图 4-104 可知，延时环节耦合严重，且随着开关频率的降低，$\lambda(j\omega)$ 增大，耦合程度愈加严重。

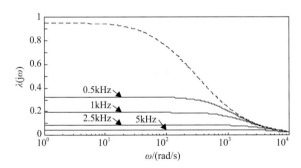

图 4-104　不同开关频率下各环节耦合度频率响应曲线

由式(4-130)可知，$G_u(s)$ 环节与开关频率无关，其耦合度频率响应曲线如图 4-104

虚线所示。由图 4-104 可知，$G_u(s)$ 环节的耦合度曲线在延时环节的耦合度曲线之上，为系统的主要耦合，且在低频段 $\lambda(j\omega)$ 接近于 1，系统的耦合严重。

进一步地，将式（4-154）代入函数 $\lambda(j\omega)$，可得在不同开关频率下电流控制系统被控对象耦合度与角频率 ω 的关系，如图 4-105 所示。由图 4-105 可知，当 $\omega < \omega_s$ 时，电流控制系统被控对象的耦合程度随着开关频率的降低得到改善；当 $\omega > \omega_s$ 时，电流控制系统被控对象的耦合程度随着开关频率的降低愈加严重，这可由式（4-153）主通道 $g_{p11}(s)$ 的分子存在 $-\omega_s^2 L\tau_d$ 来解释。尽管如此，在低频段，电流控制系统被控对象的耦合程度仍很严重。

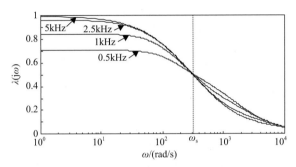

图 4-105　不同开关频率下电流控制系统被控对象耦合度频率响应曲线

通常在 dq 坐标系下，采用 PI 调节器对电流控制系统进行控制，用 K_{iP} 表示比例控制系数，K_{iI} 表示积分控制系数，其传递函数阵为

$$G_r(s) = \left(K_{iP} + \frac{K_{iI}}{s} \right) I \tag{4-156}$$

为分析电流控制系统的闭环耦合度，将式（4-154）和函数 $\lambda(j\omega)$ 代入式（4-156），可得不同开关频率下电流闭环控制系统耦合度与角频率 ω 的关系，如图 4-106 所示。对比图 4-105 和图 4-106 可知，加入 PI 调节器后电流闭环控制系统的耦合程度得到改善。但随着开关频率的降低，系统的耦合程度愈加严重，在低开关频率下，仍需对系统进行解耦。

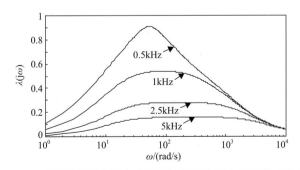

图 4-106　不同开关频率下电流闭环控制系统耦合度频率响应曲线

目前，PI 调节器多采用前馈解耦控制策略，对式（4-146）中的耦合项 $-\omega_s Li_q$ 与 $\omega_s Li_d$

进行补偿，其结构框图如图 4-107 所示。加入常规的前馈解耦后，电流控制系统的闭环传递函数阵为

$$G_c(s) = \left[I + \left(G_p^{-1}(s) - D_f(s) \right)^{-1} G_r(s) \right]^{-1} \times \left(G_p^{-1}(s) - D_f(s) \right)^{-1} G_r(s) \qquad (4\text{-}157)$$

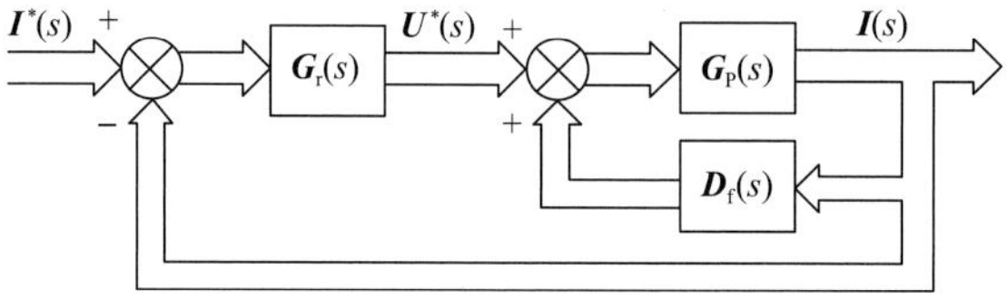

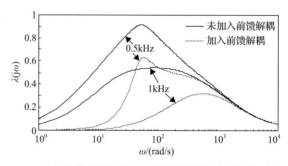

图 4-107　带前馈解耦 PI 调节器电流控制系统结构框图

图 4-107 中 $D_f(s)$ 为前馈解耦补偿矩阵，其传递函数阵为

$$D_f(s) = \begin{bmatrix} 0 & \omega_s L \\ -\omega_s L & 0 \end{bmatrix} \qquad (4\text{-}158)$$

将式 (4-158) 代入函数 $\lambda(j\omega)$，可得在不同开关频率下加入前馈解耦后电流控制系统耦合度与角频率 ω 的关系。为分析常规的前馈解耦对电流控制系统的补偿效果，作出加入前馈解耦前后电流控制系统耦合度频率响应曲线，如图 4-108 所示。由图 4-108 可知，加入前馈解耦后，系统的耦合程度得到进一步改善。但是在开关频率较低时，耦合度 $\lambda(j\omega)$ 仍然接近于 1，因此有必要对系统进一步补偿。

图 4-108　加入前馈解耦前后电流控制系统耦合度频率响应曲线

由上述分析可知，在低开关频率下，电流控制系统存在严重的交叉耦合，而常规的前馈解耦控制策略已无法满足系统的控制要求。现代控制理论指出，只要保证多变量控制系统传递函数阵对角化即可实现对系统的解耦，目前，常用的方法有串联解耦和状态反馈法，前文提到的前馈解耦属于状态反馈法。理论上，解耦补偿矩阵可以为任意形式，只要保证解耦后系统传递函数阵为对角阵即可，此时可按任意理想的系统去设计。然而，考虑到解耦补偿矩阵的实现以及系统本身的特性问题，在设计解耦补偿矩阵时应保留系统主通道的特性，即本节所研究的系统解耦后应为

$$G_d(s) = \frac{1}{(sL+R)(\tau_d s + 1)} I \qquad (4\text{-}159)$$

针对本节所研究的电流控制系统，若采用状态反馈对系统进行解耦，所需的输出反馈补偿矩阵含有一阶微分环节，不利于系统的执行；而采用串联解耦所需的解耦补偿矩阵为保留系统主通道的特性导致系统存在正实数极点，给 PI 调节器的参数整定带来很大困难的同时也削弱了系统的鲁棒性。因此，本节结合串联解耦和状态反馈法，提出一种新型的解耦控制策略，其结构框图如图 4-109 所示，图中 $\boldsymbol{G}_s(s)$ 为串联解耦补偿矩阵，$\boldsymbol{H}(s)$ 为负反馈矩阵。

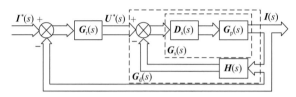

图 4-109　新型解耦控制结构框图

根据上述的要求，串联解耦补偿矩阵 $\boldsymbol{G}_s(s)$ 需满足：$\boldsymbol{D}_s(s)$ 主对角线元素为 1；$\boldsymbol{G}_p(s)\boldsymbol{D}_s(s)$〔记为 $\boldsymbol{G}_s(s)$〕为对角阵，即：

$$\begin{cases} d_{s11}(s) = d_{s22}(s) = 1 \\ g_{p11}(s)d_{s12}(s) + g_{p12}(s)d_{s22}(s) = 0 \\ g_{p21}(s)d_{s11}(s) + g_{p22}(s)d_{s21}(s) = 0 \end{cases} \tag{4-160}$$

结合式(4-160)，可得 $\boldsymbol{D}_s(s)$ 为

$$\begin{cases} d_{s11}(s) = d_{s22}(s) = 1 \\ d_{s12}(s) = -d_{s21}(s) = \dfrac{(sL+R)\omega_s\tau_d + (\tau_d s + 1)\omega_s L}{\omega_s^2 L\tau_d - (sL+R)(\tau_d s + 1)} \end{cases} \tag{4-161}$$

采用串联解耦后，$\boldsymbol{G}_s(s)$ 为

$$\boldsymbol{G}_s(s) = \frac{1}{(sL+R)(\tau_d s + 1) - \omega_s^2 L\tau_d}\boldsymbol{I} \tag{4-162}$$

注意到 $\boldsymbol{G}_s(s)$ 存在正实数极点，这给 PI 调节器的参数整定带来很大困难的同时也削弱了系统的鲁棒性。因此，本节采用负反馈对其进行校正，结合图 4-109 和式(4-162)，所需的负反馈矩阵 $\boldsymbol{H}(s)$ 为

$$\boldsymbol{H}(s) = \boldsymbol{G}_d^{-1}(s) - \boldsymbol{G}_s^{-1}(s) = \omega_s^2 L\tau_d \boldsymbol{I} \tag{4-163}$$

由上述分析可知，在未解耦之前电流控制系统是一个多变量、强耦合系统，这无疑增加了电流调节器参数整定的难度。加入解耦补偿矩阵即负反馈校正后，电流控制对象传递函数阵如式(4-162)所示，实现了对角化，保留了系统主通道的特性，并且 dq 轴对称，利于 PI 调节器参数进行整定。

搭建两电平网侧变流器进行实验验证。其中，核心控制器为 NI 公司的高性能 NI cRIO-

9024，IGBT 使用 Infineon 公司的 K15T1202，驱动芯片为 IR2233。具体的实验参数为：交流侧电感 6mH，直流侧电容 3300μF，直流侧负载 30Ω→20Ω，电网线电压有效值 50V，直流侧电压给定 100V→120V。

采用所提出的新型解耦控制策略，系统开关频率为 1kHz，按典型 I 型系统设计电流环 PI 调节器，K_{iP}=4，K_{iI}=250。将电流的 d、q 轴分量通过 NI9263-D/A 模块输出到示波器上，并采集交流与直流电压、交流电流，同时采用 Fluke43B 电能质量分析仪得到网侧电流的总畸变率(total distortion rate, THD)及电压、电流相量图，实验结果如图 4-110 所示。

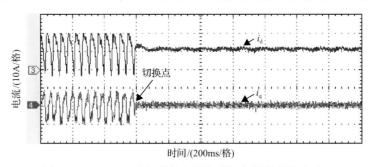

图 4-110 1kHz 下常规前馈解耦与所提解耦控制策略对比

图 4-110 给出了系统加入常规前馈解耦切换到所提解耦控制策略网侧电流 d、q 分量波形。由图 4-110 可知，采用常规前馈解耦，在低开关频率下系统不稳定，切换到所提解耦控制策略后系统稳定运行，说明所提解耦控制策略在低开关频率下能够保证系统的稳定运行。图 4-111 给出了稳态 A 相整流器侧输出电压与网侧电流。由图 4-111 可知，在一个电网周期内，整流器侧输出电压开关波动作 20 次，系统开关频率为 1kHz。图 4-112 给出了稳态时网侧电压与电流波形，图 4-113 给出了网侧电压与电流相量图及 A 相网侧电流 THD。由图 4-112 和图 4-113 可知，网侧电压与电流同相位，系统以单位功率运行，电流谐波 THD 仅为 3.3%，其中 21 次、41 次等谐波为开关频率次或整数倍次附近谐波。图 4-114 给出了在直流侧负载突变和电压突变情况下，网侧电流 dq 轴分量及电压响应。由图 4-114(a)可知，直流侧负载从 30Ω 突变到 20Ω 时，直流侧电压跌落后快速恢复，网侧电流 d 轴分量快速增加，同时 q 轴分量基本保持不变；由图 4-114(b)可知，直流侧电压从 100V 突变到 120V 时，网侧电流 d 轴分量快速增加，而 q 轴分量基本保持不变，说明了本节所提的解耦控制策略，在直流侧负载突变和电压突变的情况下，均可有效地消除系统的耦合。

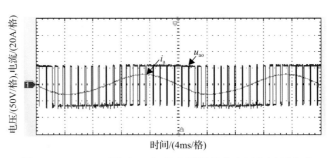

图 4-111 1kHz 下稳态 A 相整流器侧输出电压与网侧电流

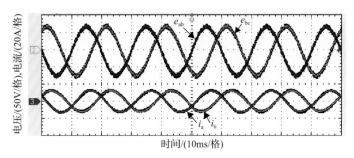

图 4-112　1kHz 下稳态网侧电压与电流波形

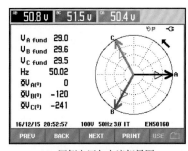

(a) 网侧电压与电流相量图

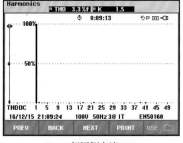

(b) A 相网侧电流THD

图 4-113　1kHz 下网侧电压与电流相量图及 A 相网侧电流 THD

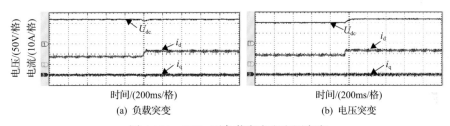

(a) 负载突变　　　　　　　　　　　(b) 电压突变

图 4-114　1kHz 下负载突变和电压突变

为进一步验证所提解耦控制策略在更低开关频率下的有效性，在系统开关频率为 500 Hz 下，进行了相同的实验，电流环 PI 调节器参数为：$K_{iP}=2$，$K_{iI}=125$。

图 4-115 给出了网侧电压与电流相量图及 A 相网侧电流 THD。由图 4-115(a)可知，当开关频率低至 500Hz 时，系统仍能以单位功率因数运行。但由图 4-115(b)可知，开关频率附近次谐波随开关频率的降低往低频移动，导致电流谐波总畸变率加重。图 4-116

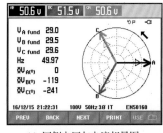

(a) 网侧电压与电流相量图　　　　　(b) A相网侧电流THD

图 4-115　500 Hz 下网侧电压与电流相量图及 A 相网侧电流 THD

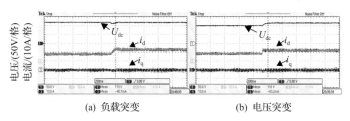

(a) 负载突变　　　　　　　　　　(b) 电压突变

图 4-116　　500 Hz 下负载突变和电压突变

给出了在直流侧负载突变和电压突变情况下,网侧电流 dq 轴分量及电压响应。由图 4-116 可知, 当开关频率低至 500Hz 时, 所提解耦控制策略在负载突变和电压突变的情况下, 仍能有效地消除系统的耦合。但此时, 电流谐波畸变率较为严重, 这是因为整流器侧输出的开关波电压谐波向低频移动。这些问题主要需要从输出滤波器和 PWM 调制算法方面进行改进, 不是本节研究的重点。

2. 网侧变流器模型预测控制的预测偏差反馈矫正方法

随着现代微处理器技术的发展,近年来模型预测控制(model predictive control, MPC)技术在电力电子、电机驱动领域得到了广泛的研究和运用。MPC 技术作为一种非线性控制技术, 有着动态响应快、控制环路简单、控制调制一体等特点, 在电力电子变换器的电流跟踪控制中有很大的优势。在每一个控制周期中, MPC 算法根据被控对象的数学模型预测出变流器所有的开关组合对应的未来状态, 通过定义的价值函数对不同开关组合作用下的预测结果进行在线评估, 并将最优的开关组合作为变流器的输出。所以建立被控对象准确的数学模型极为重要。

在网侧变流器中, 并网电抗器受到电流、温度及磁饱和程度等因素的影响, 其 R、L 参数在系统运行过程中会不可避免地产生变化。电路参数的变化将导致控制系统参数的标称值与系统实际参数值的不匹配, 影响被控对象数学模型的准确性。此外 MPC 作为一种非线性控制技术, 在对被控对象系统方程离散化的过程中也不可避免地引入模型偏差。同时, 网侧变流器实际运行中传感器受到温漂等影响采样值与实际值也会存在偏差影响模型准确性。模型建立的不准确进而会导致 MPC 算法中控制目标的预测值和实际值产生偏差。以上各种因素引起的 MPC 算法的预测偏差会导致逆变器开关组合的误选择, 进一步影响模型预测控制的稳定性和鲁棒性, 降低系统的控制品质。

对于模型不匹配的问题, 将模型参数的不匹配作为系统的扰动量, 采用 Luenberger 观测器通过前馈补偿来消除系统扰动, 但是该控制策略基于定频式模型预测控制, 存在参数不匹配的问题, 不适用于有限状态模型预测控制。采用最小二乘法估测线路电感和电阻参数值, 但该方法精度不高、易受扰动影响且计算量大。采用扩张状态观测器估计实际扰动, 并通过前馈补偿消除扰动影响, 但是该算法结构复杂、计算耗时长, 对控制器的性能要求高。基于三相电压型网侧变流器建立了简化的电感观测器, 利用电感的观测值实时修正系统电感参数, 提高了系统在电路电感 L 变化时的鲁棒性。但是该策略忽略了电路阻抗 R 摄动的影响。着重分析电路参数 R 和 L 摄动分别对 MPC 稳态精度和动态性能的影响, 但并没有给出解决方式。有学者提出了一种自适应鲁棒 MPC 算法, 通过估计电感的等效电阻值,增强了系统的鲁棒性。

以三相电压型网侧变流器为对象,全面分析电路参数 R、L 变化,MPC 系统方程离散化以及采样误差对 MPC 电流预测误差的影响机理。针对 MPC 算法在被控对象数学模型不准确引起性能恶化的问题,提出一种基于预测偏差反馈矫正的 MPC 方法,并对预测偏差的抑制效果进行稳态分析。该反馈控制算法结构简单、运算量小,对模型 R、L 参数不匹配,MPC 离散化误差以及采样偏差导致的预测偏差均具有良好的抑制效果。实验验证了理论分析和所提方法的正确性。

网侧变流器的电路拓扑如图 4-117 所示。其中 u_{sa}、u_{sb}、u_{sc} 为三相电网电压,i_a、i_b、i_c 为三相并网电流,u_{ca}、u_{cb}、u_{cc} 为逆变器输出的相电压,R 和 L 分别为并网电抗器的电阻和电感。

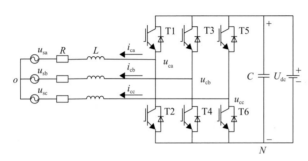

图 4-117　网侧变流器电路拓扑

在两相静止坐标系下建立网侧变流器数学模型的矢量形式:

$$L\frac{\mathrm{d}\boldsymbol{i}_{\alpha,\beta}}{\mathrm{d}t} + R\boldsymbol{i}_{\alpha,\beta} = \boldsymbol{u}_{c(\alpha,\beta)} - \boldsymbol{u}_{s(\alpha,\beta)} \tag{4-164}$$

式中,$\boldsymbol{u}_c$ 为逆变器输出电压矢量;$\boldsymbol{u}_s$ 为电网电压矢量;$\boldsymbol{i}$ 为并网电流矢量;R 和 L 分别为并网电抗器的电阻和电感。

并网电流的预测是基于系统的离散模型,故需要使用前向差分法对数学模型式(4-164)离散化。假设系统的采样周期为 T_s,则在 k 时刻系统的离散化模型为

$$\boldsymbol{i}_{\alpha,\beta}^{pre}(k+1) = \left(1 - T_s\frac{R}{L}\right)\boldsymbol{i}_{\alpha,\beta}(k) + \frac{T_s}{L}\left[\boldsymbol{u}_{c(\alpha,\beta)}(k) - \boldsymbol{u}_{s(\alpha,\beta)}(k)\right] \tag{4-165}$$

在网侧变流器中,MPC 的主要控制目标为并网电流。MPC 算法的控制框图如图 4-118 所示。

通过检测 k 时刻的并网电流值 $i_{\alpha,\beta}(k)$ 和电网电压值 $u_{s(\alpha,\beta)}(k)$,结合每一个可能的逆变器输出电压矢量 $\boldsymbol{u}_{c(\alpha,\beta)}(k)$,通过系统离散化方程预测出对应的下一时刻并网电流值。

通过将并网电流预测值与指令电流值相比对得到价值函数 J:

$$J = \left\| \boldsymbol{i}_{\alpha,\beta}^{ref}(k+1) - \boldsymbol{i}_{\alpha,\beta}^{pre}(k+1) \right\| \tag{4-166}$$

选择出价值函数最小的矢量对应的开关量作为逆变器的输出量。

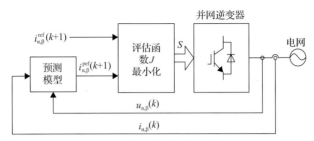

图 4-118　MPC 算法的控制框图

S-开关信号

预测模型作为 MPC 策略中关键的一环，其与实际系统的一致性非常关键。当预测模型建立不准确、参数变化等时，电流的预测值 $\pmb{i}^{\text{pre}}(k+1)$ 和实际值 $\pmb{i}^{\text{rel}}(k+1)$ 将会产生较大偏差，此偏差会导致逆变器开关量的误选择，即所选输出电压矢量 $\pmb{S}$ 不是使得评价函数 J 最小的开关量，进而导致系统的电流跟踪误差增大。

电流预测偏差主要包括三个方面：①线路 R、L 参数变化引起的预测模型参数和实际物理参数的不匹配；②基于系统离散化方程的预测模型与实际系统连续模型的偏差；③系统的采样误差。

实际网侧变流器参数标称值与实际值之间不可避免地存在测量误差，而且在运行过程中，其电阻 R 和电感 L 参数值受到温升、损耗和磁饱和的影响也会发生变化。而且在不同频率电流下，电抗器的电感和电阻值都会有差别，如图 4-119 所示。

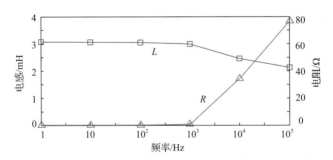

图 4-119　不同频率下某一 3mH 电抗器电阻电感变化曲线

为了单独分析线路参数不匹配时系统的预测偏差，先忽略离散化引起的预测偏差。定义 R_0、L_0 分别为预测模型中设定的线路电阻和电感参数，R 和 L 为线路实际的电阻和电感参数，其中 $R=R_0+\tilde{R}$，$L=L_0+\tilde{L}$。$\tilde{R}$ 和 $\tilde{L}$ 分别为实际电阻和电感相对于模型参数的偏差量。定义系统 $k+1$ 时刻的电流预测偏差 $\Delta(k+1)$，则：

$$\Delta_{\alpha,\beta}(k+1) = \pmb{i}^{\text{pre}}_{\alpha,\beta}(k+1) - \pmb{i}^{\text{rel}}_{\alpha,\beta}(k+1) \tag{4-167}$$

结合式(4-166)和式(4-167)，得到线路参数不匹配时系统的预测偏差如下：

$$\Delta_{\alpha,\beta}(k+1) = \frac{T_{\text{s}}}{L_0(L_0+\tilde{L})}\left[(\tilde{R}L_0 - R_0\tilde{L})\pmb{i}_{\alpha,\beta}(k) + \tilde{L}\pmb{u}_{\text{c}(\alpha,\beta)}(k) - \tilde{L}\pmb{u}_{\text{c}(\alpha,\beta)}(k)\right] \tag{4-168}$$

式 (4-168) 表明,在线路参数不匹配时,电流预测偏差不仅仅和线路的实际 R、L 参数有关,而且和 k 时刻并网电流矢量、电网电压矢量及系统选择的电压输出矢量有关。

将电流预测偏差 $\Delta_{\alpha,\beta}(k+1)$ 分为 $\Delta_{\alpha,\beta}^{\mathrm{s}}(k+1)$ 和 $\Delta_{\alpha,\beta}^{\mathrm{d}}(k+1)$ 两个部分:

$$\Delta_{\alpha,\beta}^{\mathrm{s}}(k+1) = \frac{T_{\mathrm{s}}}{L_0(L_0+\tilde{L})}\Big[(\tilde{R}L_0 - R_0\tilde{L})\boldsymbol{i}_{\alpha,\beta}(k) - \tilde{L}\boldsymbol{u}_{\mathrm{s}(\alpha,\beta)}(k)\Big] \tag{4-169}$$

$$\Delta_{\alpha,\beta}^{\mathrm{d}}(k+1) = \frac{T_{\mathrm{s}}}{L_0(L_0+\tilde{L})}\Big[\tilde{L}\boldsymbol{u}_{\mathrm{c}(\alpha,\beta)}(k)\Big] \tag{4-170}$$

在一定的线路参数下, $\Delta_{\alpha,\beta}^{\mathrm{s}}(k+1)$ 只和并网电流矢量以及电网电压矢量相关,电网电压矢量在大电网情况下通常为一个幅值固定,以工频 50Hz 的速度顺时针旋转的矢量;而并网电流矢量在网侧变流器稳态运行中幅值近似恒定,相角和电网电压矢量相同。所以转换到 αβ 坐标系下, $\Delta_{\alpha,\beta}^{\mathrm{s}}(k+1)$ 则变成幅值一定且将近似按 50Hz 周期变化的正弦交流量。

而 $\Delta_{\alpha,\beta}^{\mathrm{d}}(k+1)$ 只和网侧变流器的输出电压矢量相关,为预测偏差中的非周期变化部分。网侧变流器在稳态运行过程中输出电压矢量是跳变的,所以转换到 αβ 坐标系下, $\Delta_{\alpha,\beta}^{\mathrm{d}}(k+1)$ 也是随着输出电压矢量变化的非周期量。

R、L 参数的变化致使模型中的电流预测值发生偏差。参数变化程度越大,预测偏差越大。而在大功率场合下输出电流较大,由图 4-120、图 4-121 可知,即使是 R 和 L 微小的变化也会导致很大的电流预测偏差。

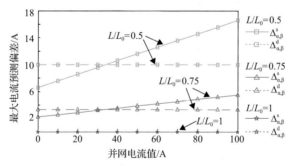

图 4-120　电感变化时预测偏差和电流关系图

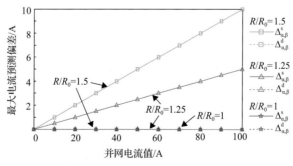

图 4-121　电阻变化时预测偏差和电流关系图

图 4-120 表现了 R 匹配（$R=R_0=10\Omega$），$L_0=10\text{mH}$，L 变化时最大电流预测偏差随电流变化关系。图 4-121 表现了 L 匹配（$L=L_0=5\text{mH}$），$R_0=10\Omega$，R 变化时最大电流预测偏差随电流变化关系。可见，在同一直流侧和网侧电压等级下，预测偏差的周期部分随电流增大而增大，而非周期部分不随电流变化，跟电感参数不匹配程度相关，与电阻变化无关。

在网侧变流器中，MPC 算法通过系统的离散方程预测下一时刻的并网电流。然而实际的网侧变流器并不是一个离散系统，而是一个连续系统，在一个离散周期 T_s 中，并网电流和电网电压均是连续变化的。这就使得基于系统离散模型得到的下一时刻电流预测值和实际值产生了偏差。为了详细分析这一偏差，这里假设系统电路参数匹配。

$\boldsymbol{u}_{\text{s}(\alpha,\beta)}$ 和 $\boldsymbol{i}_{\alpha,\beta}$ 是不变的，而实际系统的 $\boldsymbol{u}_{\text{s}(\alpha,\beta)}$ 和 $\boldsymbol{i}_{(\alpha,\beta)}$ 是连续变化的。为了便于对比分析，将预测周期 T_s 等分成 M 份：

$$\begin{cases} \boldsymbol{i}_{\alpha,\beta}\left(k+\dfrac{1}{M}\right) = \boldsymbol{i}_{\alpha,\beta}(k) + \dfrac{T_s}{ML_0}\Big[u_{\text{c}(\alpha,\beta)}(k) - u_{\text{s}(\alpha,\beta)}(k) - \boldsymbol{i}_{\alpha,\beta}(k)R_0\Big] \\ \vdots \\ \boldsymbol{i}_{\alpha,\beta}\left(k+\dfrac{i}{M}\right) = \boldsymbol{i}_{\alpha,\beta}\left(k+\dfrac{i-1}{M}\right) + \dfrac{T_s}{ML_0}\Big[u_{\text{c}(\alpha,\beta)}(k) - u_{\text{s}(\alpha,\beta)}\left(k+\dfrac{i-1}{M}\right) - \boldsymbol{i}_{\alpha,\beta}\left(k+\dfrac{i-1}{M}\right)R_0\Big] \\ \vdots \\ \boldsymbol{i}_{\alpha,\beta}(k+1) = \boldsymbol{i}_{\alpha,\beta}\left(k+\dfrac{M-1}{M}\right) + \dfrac{T_s}{ML_0}\Big[u_{\text{c}(\alpha,\beta)}(k) - u_{\text{s}(\alpha,\beta)}\left(k+\dfrac{M-1}{M}\right) - \boldsymbol{i}_{\alpha,\beta}\left(k+\dfrac{M-1}{M}\right)R_0\Big] \end{cases}$$

$$(4\text{-}171)$$

将式（4-171）逐项相加，得到：

$$\boldsymbol{i}_{\alpha,\beta}(k+1) = \boldsymbol{i}_{\alpha,\beta}(k) + \dfrac{T_s}{ML_0}\Bigg[M\boldsymbol{u}_{\text{c}(\alpha,\beta)}(k) - \sum_{j=0}^{M-1}\boldsymbol{u}_{\text{s}(\alpha,\beta)}\left(k+\dfrac{j}{M}\right) - R_0\sum_{j=0}^{M-1}\boldsymbol{i}_{\alpha,\beta}\left(k+\dfrac{j}{M}\right)\Bigg]$$

$$(4\text{-}172)$$

根据式（4-172），当 M 趋向于无穷大时，可得系统在 $k+1$ 时刻电流的真实值：

$$\begin{cases} \boldsymbol{i}_{\alpha,\beta}^{\text{rel}}(k+1) = \boldsymbol{i}_{\alpha,\beta}(k) + \dfrac{T_s}{L_0}\boldsymbol{u}_{\text{c}(\alpha,\beta)}(k) + \sigma \\ \sigma = \dfrac{T_s}{L_0}\boldsymbol{u}_{\text{s}}\left(k+\dfrac{T_s}{2}\right) + \dfrac{T_s}{L_0}\boldsymbol{i}\left(k+\dfrac{T_s}{2}\right)R_0 \end{cases}$$

$$(4\text{-}173)$$

那么依据式（4-172）、式（4-173），可得离散化模型引入的预测偏差：

$$\Delta_{\alpha,\beta}(k+1) = \dfrac{T_s}{L_0}\Bigg[\boldsymbol{u}_{\text{s}}(k) - \boldsymbol{u}_{\text{s}}\left(k+\dfrac{T_s}{2}\right)\Bigg] + \dfrac{T_s R_0}{L_0}\Bigg[\boldsymbol{i}(k) - \boldsymbol{i}\left(k+\dfrac{T_s}{2}\right)\Bigg] \qquad (4\text{-}174)$$

在 k 到 $k+1$ 时刻离散化偏差的矢量分析图，如图 4-122 所示。

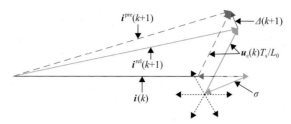

图 4-122　离散化偏差产生的矢量分析图

结合式(4-173)，由图 4-122 可以发现，$k+1$ 时刻离散化偏差 $\Delta(k+1)$ 是一个幅值固定，和并网电流同步旋转的矢量。为了和前一部分分析的预测偏差区分开来，这里将由系统模型离散化引入的偏差 $\Delta_{\alpha,\beta}(k+1)$ 表示为 $\Delta_{\alpha,\beta}^{\mathrm{m}}(k+1)$。

网侧变流器在运行过程中，电压电流传感器受温漂等因素的影响，会导致采样值和实际值产生误差。这种偏差在一定工作环境下为常量，在相邻两次控制周期中也是保持恒定的，故将其表示为 $\Delta_{\alpha,\beta}^{\mathrm{n}}(k+1)$。

由前述可以得到系统在 k 时刻的电流预测总偏差为

$$\Delta_{\alpha,\beta}(k) = \left(\Delta_{\alpha,\beta}^{\mathrm{s}}(k) + \Delta_{\alpha,\beta}^{\mathrm{m}}(k) + \Delta_{\alpha,\beta}^{\mathrm{n}}(k) \right) + \Delta_{\alpha,\beta}^{\mathrm{d}}(k) \tag{4-175}$$

式中，$\Delta_{\alpha,\beta}^{\mathrm{s}}(k)$、$\Delta_{\alpha,\beta}^{\mathrm{m}}(k)$、$\Delta_{\alpha,\beta}^{\mathrm{n}}(k)$ 都是电流预测偏差中的周期部分。它们的矢量和转换到 $\alpha\beta$ 坐标系下可以写成如下形式，称为 k 时刻的正弦稳态电流预测偏差：

$$\Delta_{\alpha,\beta}^{\mathrm{steady}}(k) = A\sin\left(100\pi \cdot kT_{\mathrm{s}} + \varphi_{\alpha,\beta} \right) + \Delta_{\alpha,\beta}^{\mathrm{n}} \tag{4-176}$$

由式(4-175)和式(4-176)可知，当线路参数和电压电流等级保持不变时，A 是一个常数。$\Delta_{\alpha,\beta}^{\mathrm{n}}(k)$ 是一个常量，而离散周期 T_{s} 又很小，故在相邻两次预测控制周期中，预测偏差中的周期部分 $\Delta_{\alpha,\beta}^{\mathrm{steady}}(k)$ 近似不变。

$\Delta_{\alpha,\beta}^{\mathrm{d}}(k)$ 则是 k 时刻电流预测偏差中的非周期部分，转换到 $\alpha\beta$ 坐标系下可以写成

$$\Delta_{\alpha,\beta}^{\mathrm{dyn}}(k) = \frac{T_{\mathrm{s}}}{L_0(L_0 + \tilde{L})} \left[\tilde{L} u_{\mathrm{c}(\alpha,\beta)}(k) \right] \tag{4-177}$$

在相邻两次预测控制周期，由于逆变器的输出电压矢量相差较大，所以在相邻两次预测控制周期中预测偏差的非周期部分 $\Delta_{\alpha,\beta}^{\mathrm{dyn}}$ 变化较大。

为了消除网侧变流器电流预测偏差，针对电流预测偏差的成分特点，提出一种基于预测偏差反馈矫正的 MPC 算法。主要原理是通过上一时刻的预测偏差值 $\Delta_{\alpha,\beta}(k)$ 去预测下一时刻的预测偏差值 $\Delta_{\alpha,\beta}(k+1)$，并将其代入系统模型中，完成对系统模型矫正，系统控制框图如图 4-123 所示。

由于任意 k 时刻和 $k+1$ 时刻的预测偏差为

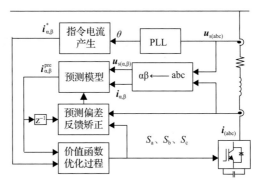

图 4-123　系统控制框图

PLL-锁相环；S_a、S_b、S_c-开关信号

$$\begin{cases} \Delta_{\alpha,\beta}(k) = \Delta_{\alpha,\beta}^{\text{steady}}(k) + \Delta_{\alpha,\beta}^{\text{dyn}}(k) \\ \Delta_{\alpha,\beta}(k+1) = \Delta_{\alpha,\beta}^{\text{steady}}(k+1) + \Delta_{\alpha,\beta}^{\text{dyn}}(k+1) \end{cases} \tag{4-178}$$

由于稳态时预测偏差 $\Delta_{\alpha,\beta}^{\text{steady}}$ 在连续两次预测周期中近似不变，即可以认为

$$\Delta_{\alpha,\beta}^{\text{steady}}(k) \approx \Delta_{\alpha,\beta}^{\text{steady}}(k+1) \tag{4-179}$$

所以将式(4-178)中两式相减，表示为如下形式：

$$\Delta_{\alpha,\beta}(k+1) = \Delta_{\alpha,\beta}(k) + \left[\Delta_{\alpha,\beta}^{\text{dyn}}(k+1) - \Delta_{\alpha,\beta}^{\text{dyn}}(k) \right] \tag{4-180}$$

将式(4-177)代入式(4-180)中，得到：

$$\Delta_{\alpha,\beta}(k+1) = \Delta_{\alpha,\beta}(k) + K_{\alpha,\beta} \left[\boldsymbol{u}_{c(\alpha,\beta)}(k+1) - \boldsymbol{u}_{c(\alpha,\beta)}(k) \right] \tag{4-181}$$

即系统在 $k+1$ 时刻的预测偏差，为其在 k 时刻的预测偏差加上由 k 和 $k+1$ 时刻逆变器输出电压差引起的电流偏差的一个修正量，其中 $K_{\alpha,\beta}$ 为 $\alpha\beta$ 坐标系下逆变器输出电压对电流预测偏差的修正系数：

$$K_{\alpha,\beta} = \frac{T_s \tilde{L}}{L_0(L_0 + \tilde{L})} \tag{4-182}$$

可见在系统线路参数和预测控制周期确定的情况下，$K_{\alpha,\beta}$ 为一个常量。由于 $\tilde{L}$ 是系统的线路电感扰动量，是不确定的，要计算它又要引入状态观测器，使得系统更加复杂。考虑在相邻几个预测控制周期中，$K_{\alpha,\beta}$ 可以认为是相对稳定的，所以这里通过前两个预测控制周期中的数据计算出 $K_{\alpha,\beta}$ 的值：

$$K_{\alpha,\beta} = \frac{\Delta_{\alpha,\beta}(k) - \Delta_{\alpha,\beta}(k-1)}{u_{c(\alpha,\beta)}(k) - u_{c(\alpha,\beta)}(k-1)} \tag{4-183}$$

　　然而，这样直接实时更新计算会出现分母为零的现象，导致系统不稳定，考虑 $K_{\alpha,\beta}$ 的变化主要由线路电感参数变化引起，而线路电感的变化频率远低于预测频率，所以，这里仅仅在分母 $u_{c(\alpha,\beta)}(k)-u_{c(\alpha,\beta)}(k-1)$ 大于设定的阈值时对 $K_{\alpha,\beta}$ 进行计算更新，否则沿用上一次计算得到的 $K_{\alpha,\beta}$，故获取反馈量控制框图如图 4-124 所示。推荐阈值设为逆变器输出电压最大值一半，具体原因见后。

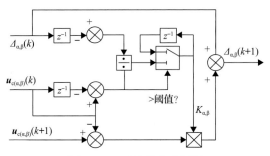

图 4-124　反馈量获取框图

　　得到下一时刻的预测偏差后将其代入预测模型中，修正原有的模型，以使实际的预测偏差降低，达到良好的预测控制效果。

　　预测偏差的周期部分为式(4-176)，则相邻两个预测周期中，稳态偏差值为式(4-184)：

$$\Delta_{\alpha,\beta}^{\text{steady}}(k+1)-\Delta_{\alpha,\beta}^{\text{steady}}(k)=A\sin[100\pi(k+1)+\varphi_{\alpha,\beta}]-A\sin[100\pi(k)+\varphi_{\alpha,\beta}] \quad (4\text{-}184)$$

化简得到：

$$\Delta_{\alpha,\beta}^{\text{steady}}(k+1)-\Delta_{\alpha,\beta}^{\text{steady}}(k)=2A\sin\left(50\pi T_{s}\right)\cos\left[100\pi\left(k+\frac{1}{2}\right)+\varphi_{\alpha,\beta}\right] \quad (4\text{-}185)$$

　　可见预测偏差的周期部分，在两个相邻预测周期中差别很小。差值是一个同频率波动的量，其幅值衰减为原来的 $2\sin\left(50\pi T_{s}\right)$。

　　然而实际系统总的预测偏差降低效果要稍微差一点。这是由于逆变器输出电压对电流预测偏差的修正系数 $K_{\alpha,\beta}$，是基于相邻两次预测偏差的正弦稳态部分相同计算得到的，而实际并不完全相同，这就致使修正系数 $K_{\alpha,\beta}$ 的计算存在误差：

$$\Delta K_{\alpha,\beta}=\frac{2A\sin\left(50\pi T_{s}\right)\cos\left[100\pi\left(k+\frac{1}{2}\right)+\varphi_{\alpha,\beta}\right]}{u_{c(\alpha,\beta)}(k)-u_{c(\alpha,\beta)}(k-1)} \quad (4\text{-}186)$$

　　综上所述，引入该反馈矫正系统后，系统的实际预测偏差不仅包括式(4-186)，而且存在修正系数 $K_{\alpha,\beta}$ 计算不准确引起的预测偏差如式(4-187)：

$$\Delta=\frac{2A\sin\left(50\pi T_{s}\right)\cos\left[100\pi\left(k+\frac{1}{2}\right)+\varphi_{\alpha,\beta}\right]}{V_{\alpha,\beta}}*u_{c(\alpha,\beta)}(\text{max}) \quad (4\text{-}187)$$

　　由式(4-187)可知，修正系数误差 $K_{\alpha,\beta}$ 引起的最大电流预测偏差 Δ 与修正系数计算时引入的阈值 V 有关，V 越小，引入的偏差越大；同时 V 越大，则修正系数的更新越慢。权衡考虑，这里将阈值设为逆变器输出电压最大值的一半。此时引入反馈后系统的最大电流预测偏差为原来的 $6\sin(50\pi T_s)$ 倍。表4-19给出了不同控制频率下基于预测偏差反馈矫正的 MPC 方法对于预测偏差的抑制效果。

表 4-19　偏差抑制比

控制频率/kHz	5	10	15	20	50
抑制比/%	18.8	9.4	6.3	4.7	1.8

　　基于预测偏差反馈矫正的 MPC 方法是基于假设前一时刻预测偏差的周期分量等于后一时刻预测偏差的周期分量，然而实际上二者之间是存在微小误差的，这使得该方法无法完全消除预测偏差，但是理论及实验分析表明该方法能对预测偏差产生良好的抑制效果。

　　为了验证所提方法的控制效果，构建一套两电平网侧变流器系统实验平台。系统采用 NI 公司的 C-rio 9030 控制器作为核心控制器。网侧变流器系统通过 6mH 的电抗器和三相调压器与电网相连。两电平网侧变流器系统实验平台实验参数见表4-20。

表 4-20　两电平网侧变流器系统实验平台实验参数

参数	数值
直流侧电压/V	100
交流侧线电压/V	60
并网电流幅值/A	5
并网电感/mH	6
并网电阻/Ω	1
电网频率/Hz	50

　　图4-125为并网电抗器电感标称值从 6mH 变为 2mH 前后，采用常规 MPC 方法的两相电流波形。由图4-125可知，电感参数的不匹配降低了 MPC 控制器的控制精度，致使

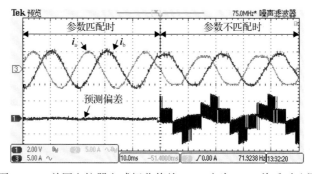

图 4-125　并网电抗器电感标称值从 6mH 变为 2mH 前后对比图

并网电流预测偏差明显变大，引起逆变器输出电压的误选择，进而导致并网电流波形畸变严重。

图 4-126 为电感标称值从 6mH 变为 2mH 前后，基于预测偏差反馈矫正的 MPC 方法中 K_α 的识别效果图，可见当系统电感参数不匹配时，所提算法中 K_α 的识别效果良好。

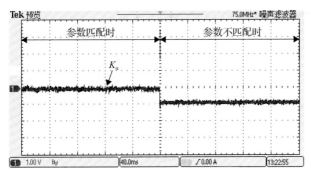

图 4-126　K_α 的识别效果图

图 4-127 为电感标称值为 2 mH 时，加入所提的算法前后，系统的预测偏差和 a 相并网电流跟踪效果图。可见加入所提算法后，预测偏差明显降低，进而并网电流波形畸变率也明显降低，电流跟踪效果变好。

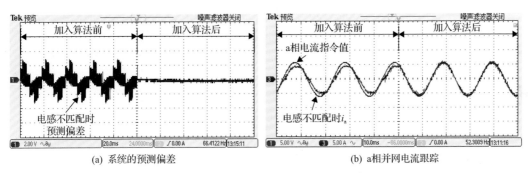

(a) 系统的预测偏差　　　　　　　　　　(b) a相并网电流跟踪

图 4-127　预测偏差和 a 相并网电流跟踪效果图

为了验证所提算法对电阻参数不匹配的抑制效果，图 4-128 为并网电感参数匹配，并网电阻标称值为 10Ω 时，加入算法前后电流预测偏差和并网电流跟踪效果图。由图 4-128 可见，电阻参数不匹配时系统的预测偏差明显，而且在并网电流峰值处较大，导致并网

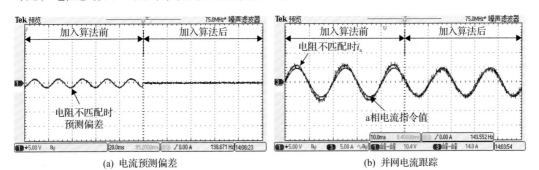

(a) 电流预测偏差　　　　　　　　　　(b) 并网电流跟踪

图 4-128　并网电感参数匹配图

电流跟踪效果恶化。加入所提算法后预测偏差得到了有效的抑制，电流跟踪效果明显改善。

图 4-129 为线路参数都匹配时，加入算法前后的预测偏差。可见参数匹配时系统仍然存在离散化过程中引入的预测偏差，此部分预测偏差和预测控制周期与系统离散化周期有关，此实验中预测频率为 10kHz，故此部分预测偏差较小，加入算法后依然得到了有效的抑制。

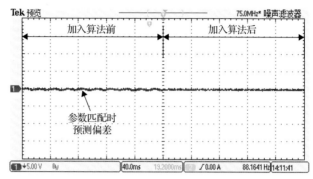

图 4-129　加入算法前后的预测偏差

在分析参数偏差、MPC 离散化误差以及采样偏差对三相并网变换器模型预测控制的影响。提出了一种基于预测偏差反馈矫正的 MPC 方法来修正系统的预测模型，提高电力电子变换器模型预测控制方式的鲁棒性。该算法结构简单、运算量小，通过稳态分析及实验验证表明，能同时对模型 R、L 参数不匹配、MPC 离散化误差以及采样偏差引起的电流预测偏差进行良好的抑制。

3. 级联 U-Cell 拓扑直流电压控制策略

无功功率补偿是电力系统的重要组成部分，能够校正功率因数，改善电压调整率，提高系统动静态稳定性。无功功率补偿常用的拓扑是级联 H 桥，然而，级联 H 桥拓扑使用较多的开关器件，因此其成本较高，器件损耗也较高。本节研究一种新型拓扑——级联 U-Cell。级联 U-Cell 拓扑是在级联 H 桥拓扑的基础上改进所得，输出相同电平数时，级联 U-Cell 比级联 H 桥使用更少的开关器件，且其通态损耗比级联 H 桥少很多，总损耗明显降低。

1) 级联 U-Cell 的拓扑结构及数学模型

① 级联 U-Cell 的拓扑结构

级联 U-Cell 是在级联 H 桥拓扑基础上进行一些改进，改进过程如图 4-130 所示。

级联 H 桥由子模块连接而成，每个子模块有一个电容和四个开关管，对应位置的开关管满足开通关断互补的关系。级联 U-Cell 由子模块和半模块连接而成，每个子模块有一个电容和两个开关管，且电容极性在连接过程中保持不一致。半模块没有电容[图 4-130(c) 最右侧]，同样在对应位置的开关管满足开通关断互补关系。

在输出同样电平数时，级联 U-Cell 和级联 H 桥需要同样数量的子模块数，级联 U-Cell 仅多半个模块。在级联 H 桥中，每个功率器件承受的电压为 U_{dc}（U_{dc} 为电容电压），级联 U-Cell 两端开关管（即 U-Cell1 和 Half U-Cell）承受电压为 U_{dc}，中间的开关管承受电压（即

U-Cell2 和 U-Cell3)为 $2U_{dc}$。由图 4-130 可知,在输出同样多电平数时,级联 U-Cell 使用更少的功率开关器件,各种多电平变换器使用功率开关器件数量见表 4-21。

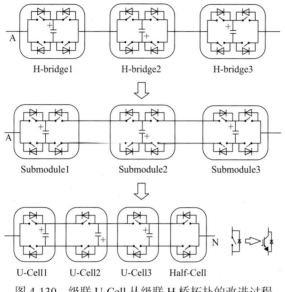

图 4-130　级联 U-Cell 从级联 H 桥拓扑的改进过程

表 4-21　多电平变换器使用功率开关器件数量(单相)

参数	二极管箝位	飞跨电容	级联 H 桥	级联 U-Cell
电平数	$2N+1$	$2N+1$	$2N+1$	$2N+1$
电容	$2N$	$2N$	N	N
二极管	$2(N-1)$	0	0	0
功率开关	$4N$	$4N$	$4N$	$2(N+1)$

②开关状态

链式静止同步补偿器(static synchronous compensator,STATCOM)的主电路由链式变流器与连接电抗器组成,链式变流器通过连接电抗器接入电网,连接电抗器主要用于滤除网侧电流谐波。

在相同电压等级下,星形连接的链式 STATCOM 每相链路需要串联的 U-Cell 模块较少,因此本节选择星形连接的链式 STATCOM 作为研究对象。五电平级联 U-Cell STATCOM 星形连接的拓扑结构如图 4-131 所示。其中 U_s 为电网相电压有效值,I_{ca} 为 A 相补偿相电流有效值,U_{ca} 为变换器 A 相输出电压基波有效值。

此拓扑每相共有 6 个功率开关,其中 S1 和 S2,S3 和 S4,S5 和 S6 是互补状态,所以共有 8 种开关状态,其中 3 种电平存在冗余开关状态,对 U_{dc} 和 $-U_{dc}$ 的两种电平进行轮换以实现电容电压平衡,为了降低开关损耗,对 0 电平不选择轮换。选择相应开关状态输出相应的电平,开关状态表见表 4-22。其中 U_{dc1} 为电容 C_1 两端的电压,U_{dc2} 为电容

C_2 两端的电压，$2U_{dc}=U_{dc1}+U_{dc2}$ 表示两个电容电压之和。

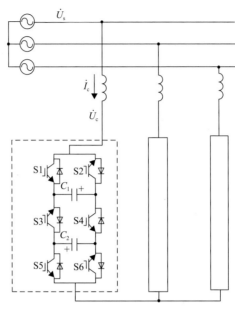

图 4-131　级联 U-Cell 变换器

表 4-22　两模块级联 U-Cell 含冗余开关状态的状态表

开关状态	S1	S2	S3	S4	S5	S6	输出电平
1	0	1	1	0	0	1	$2U_{dc}$
2	0	1	1	0	1	0	U_{dc1}
3	1	0	1	0	0	1	U_{dc2}
4	1	0	1	0	1	0	0
5	1	0	0	1	0	1	$-U_{dc1}$
6	0	1	0	1	1	0	$-U_{dc2}$
7	1	0	0	1	1	0	$-2U_{dc}$

2) U-Cell 直流侧电容电压平衡策略

① 调制算法

多电平逆变器相对于两电平具有输出电压谐波含量低、控制灵活、输出电压的相位和幅值易于调节等特点，适用于高压、大功率的应用场合。载波同相叠层调制策略应用于三相三线变流器时有比载波移相脉宽调制(carrier phase-shifting-PWM，CPS-PWM)更优秀的消谐特性，有利于减少输出滤波器的尺寸，在采用载波移相的调制算法时，较难实现冗余开关状态的自动轮换，而采用载波叠层的调制策略，结合本节提出的控制波概念，可以比较方便地实现冗余开关状态的自动轮换，因此更易实现均压。基于此，本节采用载波同相叠层的调制策略。多电平调制有如下特点，对于输出 N 电平的多电平变换器需要 $(n-1)$ 个载波，若多电平拓扑中每相有 $2(n-1)$ 个功率开关器件，则可以实现每个载波控制一对互补的功率开关器件。然而，级联 U-Cell 拓扑的开关器件和载波无此对应关系，采用改进型载波同相叠层调制算法，调制过程如下，调制波与四个载波同时比较大小，根据调制波大于载波个数选择相应开关状态，此种算法和传统载波叠层本质一致，仅实现方式有差异。

②冗余开关状态轮换改进型载波同相叠层正弦脉宽调制

由表 4-22 可知，在输出 U_{dc}、$-U_{dc}$ 电平时，开关状态具有冗余状态且各有两个，在两个载波周期内轮换这两种开关状态，以此来实现每相两个电容充放电的均衡，可以达到相内电容电压平衡的控制目的，调制过程波形图如图 4-132 所示。

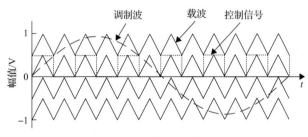

图 4-132　调制过程波形图

基于以上分析，冗余开关状态轮换的改进型载波同相叠层正弦脉宽调制 (sinusoidal pulse width modulation，SPWM) 调制过程如下。

(1)调制波大于 4 个载波选择开关状态 1 输出电平 $2U_{dc}$。

(2)在调制波大于 3 个载波时，若控制波为 1 选择开关状态 2，否则选择 3，轮换输出电平分别为 U_{dc1} 和 U_{dc2}。

(3)在调制波大于 2 个载波时，选择开关状态 4 输出电平分别为 0。

(4)在调制波大于 1 个载波时，若控制波为 1 选择开关状态 5，否则选择 6，轮换输出电平分别为 $-U_{dc1}$ 和 $-U_{dc2}$。

(5)调制波大于 0 个载波选择开关状态 7 输出电平 $-2U_{dc}$。

③基于轮换调制算法的相内电容电压平衡分析

选择三角载波的频率为 5kHz。首先，以电容充电过程为例，设级联 U-Cell STATCOM 工作在容性工况，当系统达到稳态后，分别设正弦调制信号波和补偿电流为

$$u_r = m\sin(\omega_r t) \tag{4-188}$$

$$i_c = I_m \sin\left(\omega_r t + \frac{\pi}{2}\right) = I_m \cos(\omega_r t) \tag{4-189}$$

接着分两种情况讨论：情况 1，调制比 $0 \leqslant m < 0.5$；情况 2，调制比 $0.5 \leqslant m < 1$。

对于情况 1：在图 4-133 中，根据三角关系可以得到

$$\frac{m\sin(\omega_r t_1)}{0.5} = \frac{\Delta x_1}{0.0001} \tag{4-190}$$

$$\frac{m\sin(\omega_r t_2)}{0.5} = \frac{\Delta x_2}{0.0001} \tag{4-191}$$

可以求解出：

$$\Delta x_1 = 2 \times 10^{-4} m \sin(\omega_r t_1) \tag{4-192}$$

$$\Delta x_2 = 2 \times 10^{-4} m \sin(\omega_r t_2) \tag{4-193}$$

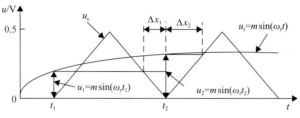

图 4-133　$0 \leqslant m < 0.5$ 轮换调制说明

由此可以看出，Δx_1 和 Δx_2 非常小，认为在这段时间电流不会突变，则采用轮换调制算法，在两个载波周期电容 C_1、C_2 充电量分别为

$$Q_{c_1} = i_c(t_1) \times \Delta x_1 = 1 \times 10^{-4} m I_m \sin(2\omega_r t_1) \tag{4-194}$$

$$Q_{c_2} = i_c(t_2) \times \Delta x_2 = 1 \times 10^{-4} m I_m \sin(2\omega_r t_2) \tag{4-195}$$

又因 $t_2 = t_1 + 0.0002$，代入式 (4-177) 和式 (4-178) 之后作差可得

$$\Delta Q = Q_{c_2} - Q_{c_1} \approx 4 \times 10^{-8} m I_m \cos(2\omega_r t_1) \approx 0 \tag{4-196}$$

对于情况 2：在图 4-134，与情况 1 使用类似的方法可以解出：

$$\Delta x_1 = 2 \times 10^{-4} - 4 \times 10^{-4} m \sin(\omega_r t_1) \tag{4-197}$$

$$\Delta x_2 = 2 \times 10^{-4} - 4 \times 10^{-4} m \sin(\omega_r t_2) \tag{4-198}$$

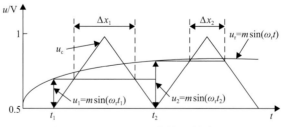

图 4-134　$0.5 \leqslant m < 1$ 轮换调制说明图

两个载波周期电容，C_1、C_2 充电量分别为

$$Q_{c_1} = i_c(t_1) \times \Delta x_1 = 2 \times 10^{-4} m I_m [\cos(\omega_r t_1) - \sin(2\omega_r t_1)] \tag{4-199}$$

$$Q_{c_2} = i_c(t_2) \times \Delta x_2 = 2 \times 10^{-4} m I_m [\cos(\omega_r t_2) - \sin(2\omega_r t_2)] \tag{4-200}$$

$$\Delta Q = Q_{c_2} - Q_{c_1} \approx 2\times10^{-4} mI_{\mathrm{m}} \cos[\omega_r(t_1 + 2\times10^{-3})] - \cos(\omega_r t_1) \tag{4-201}$$

$$\approx -4\times10^{-6} mI_{\mathrm{m}} \cos(\omega_r t_1) - 6.28\times10^{-6} \sin(\omega_r t_1) \approx 0$$

同样 Q_{c_1} 和 Q_{c_2} 十分接近。由于电容充放电具有对称性，电容放电过程的理论推导与此类似，本节不再赘余。

通过两种情况的分析，从理论上证明了在理想情况下基于冗余开关状态轮换的 SPWM 调制算法可以实现相内电容电压平衡。

④基于开关状态叠加有功电压矢量的相内电容电压平衡分析

轮换调制算法较好地解决了相内电容电压的不平衡，但装置在实际运行过程中会出现各 U-Cell 模块单元损耗有差异、控制信号有延迟等问题，这也会造成直流侧电容电压不平衡，为了提高系统可靠性，必须加入控制算法。

对于一端口模块在调制波叠加与电流同相位电压矢量，可以改变模块的有功，进而调整模块内电容电压。而级联 U-Cell 每个模块为两端口模块。为此，本节对叠加有功电压矢量控制方法进行改进，提出一种基于开关状态叠加有功电压矢量的控制算法。在选定任意一个开关状态后，级联 U-Cell 为一个端口模块，根据模块中的电容选择相应的有功电压矢量。相内电容电压平衡控制的控制框图如图 4-135 所示。

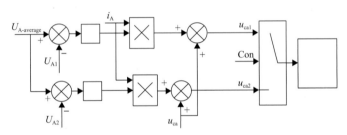

图 4-135　相内电容电压平衡控制的控制框图

将输出电压分别叠加到与相应载波对应的调制波上。其中 $U_{\mathrm{A\text{-}average}}$ 是 A 相电容电压平均值，U_{A1} 和 U_{A2} 分别为 A 相两个电容电压，i_{A} 为 A 相电流，u_{ca} 是 A 相顶层双闭环解耦控制输出的调制波电压，u_{ca1}、u_{ca2} 分别为叠加有功电压矢量后的调制波电压。

在调制波与载波 2、3 比较时，会输出 $-U_{\mathrm{dc}}$、0 和 U_{dc} 三种电平，五种开关状态，以输出正电平 U_{dc} 为例，此电平有两种开关状态，以载波为单位通过控制波进行轮换。控制波选择某一种开关状态，调制波叠加此开关状态中电容所需电压矢量，改变此电容充放电时间，同时会改变 0 电平作用时间，但 0 电平作用，电容保持不充电也不放电状态，因此叠加的有功电压矢量需和载波 2、3 比较。

以 A 相为例，假设电容电压低于平均值为正，电流流入变换器为正，有功电压矢量大于 0 为正，表 4-23 为调制波与载波 2 比较过程的情况，若电容 C_1 的电压 U_{dc1} 低于平均值，而电容 C_2 的电压高于平均值，且电流为流入情况，调整充放电时间动态过程如图 3-122 所示，其他情况与此类似，本节不再做具体论证。

图 4-136 中，u_r 为未叠加有功电压矢量的调制波，电容 C_1 充电时间为 x_1，电容 C_2 充电时间为 x_2，由表 4-23 可看出电容 C_1 需叠加有功电压矢量为正，则调制 u_r 波上移 Δx_1，

充电时间变为 x_1'，电容 C_1 电压低于平均值，充电时间变长，电容电压会上升，电容 C_2 需叠加有功电压矢量为负，则调制波平均值，充电时间变短，则对应的放电时间就会变长，电容电压会下降，因此基于开关状态叠加有功电压矢量的控制算法可以实现相内电容电压平衡控制。

表 4-23 调制波与载波 2 比较过程的情况

参数	电压偏差	电流	有功电压矢量
U_{dc1}	+	+	+
U_{dc2}	−	+	−

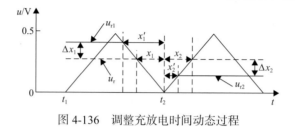

图 4-136 调整充放电时间动态过程

对级联 U-Cell 型 STATCOM 的电容电压采用分层控制的策略，如图 4-137 所示。总体的电容电压平衡控制采用双闭环解耦控制，电压外环用来控制系统中电容电压的平均

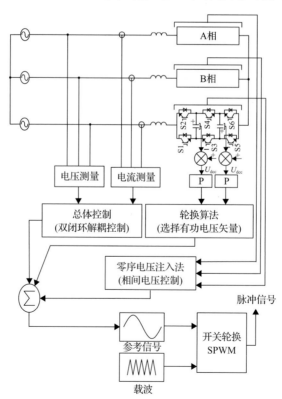

图 4-137 级联 U-Cell 型 STATCOM 总体控制框图

值，电压外环的输出作为有功电流的给定，通过控制有功电流来调节电容电压的平均值，无功电流的给定是由电网所接负载的性质和大小决定，其目标是使所有 U-Cell 模块的电容电压平均值达到设定值；相内的电容电压控制采用基于开关状态叠加有功电压矢量的方法，其目的是使此相中的每个电容电压等于此项电容电压平均值；本节主要研究电网电压对称的情况下，即实际运行时三相电网的不平衡度很低。因此，采用注入零序电压的控制方法实现相间电容电压的平衡控制，其目的为每相电容电压的平均值相等。

⑤U-Cell 任意奇数电平电容电压的平衡策略

以上是对五电平级联 U-Cell 进行调制分析，假设任意电平数为 $2n+1$（$n\geqslant2$ 且为正整数），需要 $2n$ 个三角载波，且这些载波垂直分布。级联 U-Cell 一个模块有 n 个电容可以输出 $2n+1$ 个电平，其中有 n 个正电平、n 个负电平和一个 0 电平，正负电平开关状态分别对应互补，因此只需分析非负电平情况即可。经过推导可以得出输出非负电平对应开关状态个数见表 4-24。

表 4-24　$2n+1$ 电平级联 U-Cell 调制信息

输出电平	开关状态个数	控制波阶梯数
0	2	2
U_{dc}	n	n
$2U_{dc}$	$\dfrac{1}{2}\left[\dfrac{2n^2-1}{4}+(-1)^{n-2}\dfrac{1}{4}\right]$	$\dfrac{1}{2}\left[\dfrac{2n^2-1}{4}+(-1)^{n-2}\dfrac{1}{4}\right]$
$3U_{dc}$	$\dfrac{1}{2}\left[\dfrac{2n^2-4n+1}{4}+(-1)^{n-3}\dfrac{1}{4}\right]$	$\dfrac{1}{2}\left[\dfrac{2n^2-4n+1}{4}+(-1)^{n-3}\dfrac{1}{4}\right]$
…	…	…
iU_{dc}	$\dfrac{1}{2}\left[\dfrac{2(n-i)^2+8(n-i)+7}{4}+(-1)^{n-i}\dfrac{1}{4}\right]$	$\dfrac{1}{2}\left[\dfrac{2(n-i)^2+8(n-i)+7}{4}+(-1)^{n-i}\dfrac{1}{4}\right]$
…	…	…
$(n-1)U_{dc}$	2	2
nU_{dc}	1	1

基于此，输出 $2n+1$ 电平则需要 $n-1$ 个控制波。控制波是周期性阶梯波，阶梯个数和对应开关状态相等，如图 4-138 所示。

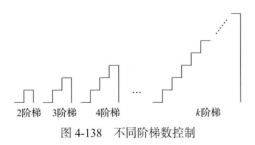

2阶梯　　3阶梯　　4阶梯　　…　　k阶梯

图 4-138　不同阶梯数控制

根据调制波落在载波划分的区域获得相应输出电平的开关个数，进而选择对应的控制波进行轮换，控制波实现开关状态轮换的过程如图 4-139 所示。

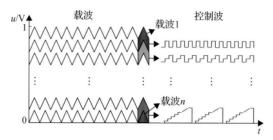

图 4-139　开关状态轮换控制过程

与五电平 U-Cell 的控制类似，采用基于开关状态叠加有功电压矢量的控制算法实现级联 U-Cell 任意奇数电平的相内电容电压平衡。与载波 n、$n+1$ 比较，输电平为 0、$\pm U_{dc1}$、$\pm U_{dc2}$、$\cdots$、$\pm U_{dcn}$。0 电平作用，电容保持不充电不放电状态，可以调制单个电容电压，控制框图如图 4-140 所示。

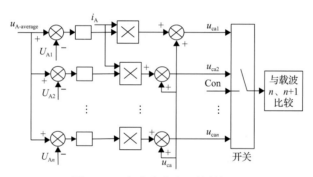

图 4-140　相内电容电压控制框图

3) 仿真和实验验证

① 仿真验证

为了进一步分析级联 U-Cell STATCOM 控制策略的稳、动态性能，本节在 MATLAB 软件中的 Simulink 环境下进行中压仿真，补偿容量为 200kvar，且系统工作在容性工况，分别进行以下仿真。模块损耗一致情况下，未采用轮换调制算法和采用轮换调制算法的仿真；模块损耗不一致情况下，未加入控制算法过渡到加入控制算法的仿真；三相补偿电流仿真。仿真系统参数见表 4-25。

表 4-25　仿真系统参数

参数	符号	取值	单位
补偿容量	S	200	kvar
电网线电压	u_{sab}	1140	V
电网频率	f	50	Hz
直流侧电容	C	3300	μF
滤波电抗器电感	L	5	mH

参数	符号	取值	单位
级联模块数		2	个
载波频率	f_c	5000	Hz
直流侧电容电压	U_{dc}	700	V

以 A 相为例，未采用轮换调制算法时的电容电压仿真波形如图 4-141(a) 所示，可以看出 A 相两个电容电压波动不一致，导致直流侧电容电压不平衡，电容 C_1 波动为 650～800V，在采用轮换算法后的电容电压仿真波形如图 4-141(b) 所示，可以看出 A 相两个电容电压完全重合且波动值也有所减少，电容 C_2 波动为 650～750V。从仿真角度验证了轮换调制算法实现相内电容电压平衡的可行性。

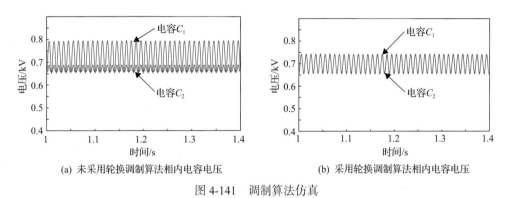

(a) 未采用轮换调制算法相内电容电压　　　　　　(b) 采用轮换调制算法相内电容电压

图 4-141　调制算法仿真

在采用轮换调制算法条件下，电容 C_1 并联 4kΩ电阻，而电容 C_2 并联 2kΩ电阻，此时未加入控制算法，电容电压出现不平衡现象，在 1.1s 加入控制算法后，经历 0.2s 电容电压实现平衡，验证了基于开关状态叠加有功电压矢量控制算法的可行性(图 4-142)。

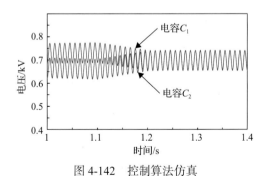

图 4-142　控制算法仿真

级联 U-Cell STATCOM 补偿无功电流为 200A 三相电流波形如图 4-143 所示，且 A 相电流谐波畸变率为 1.36%，其他两相畸变率与此类似，实现较好的补偿效果。

②实验验证

搭建可扩展多电平实验平台，控制器使用 NI Compact-RIO 9030(内置 FPGA)。以

LabVIEW 图形化编程界面作为 NI Compact-RIO 控制器的开发环境，可扩展多电平实验平台包括多个不同电路功能的模块、信号调理模块、Compact-RIO 控制器模块、电平转换模块等，以及各种板卡，有 9220 采样板卡、9215 发波板卡等。进行低压验证实验，交流侧相电压幅值为 70V，补偿电流幅值 10A，为了实现调制比为 0.8，提高基波含有量，直流侧给定电压 54V，实验系统参数见表 4-26。

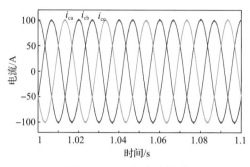

图 4-143　三相电流波形

表 4-26　可扩展多电平实验平台实验系统参数

参数	符号	取值	单位
补偿容量	S	1050	var
电网线电压	u_{sab}	86	V
电网不平衡度		0.6	%
电网谐波		2.9	%
直流侧电容	C	3300	μF
滤波电抗器电感	L	5	mH
级联模块数		2	个
载波频率	f_c	5000	Hz
直流侧电容电压	U_{dc}	54	V

　　未采用轮换调制算法相内电容电压中，A 相电容电压波动不一致，电容 C_1 波动为 50~60V，如图 4-144(a)所示，采用轮换调制算法相内两电容电压波动一致，且波动为 52~56V，实现了电容电压平衡，降低了单个电容电压的二倍频波动，如图 4-144(b)所示。因此，实验验证了冗余开关状态轮换实现相内电容电压平衡的可行性。

　　为了验证控制算法的可行性，实验过程中，电容 C_1、C_2 并联电阻分别为 3kΩ 和 1.5kΩ，模拟级联 U-Cell STATCOM 实际运行过程中两模块损耗的不一致。未加入控制算法电容电压不平衡，加入控制算法后，大约 0.2s 就实现电容电压平衡。实验波形如图 4-145 所示，控制算法具有较好的快速性和稳定性。无功补偿电流波形如图 4-146 所示，实现了较好的补偿效果。

　　输出功率变化时，暂态情况下直流电压的实验结果如图 4-147 所示。在输出电流由 5A 跳变到 10A 的过程中，电容 C_1、C_2 的电压很快稳定(大约 10ms)，稳定后电容电压波动略有提升，这符合理论分析，可以得出控制系统具有良好的暂态性能。

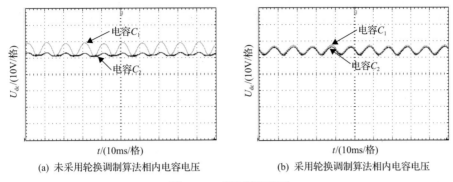

(a) 未采用轮换调制算法相内电容电压   (b) 采用轮换调制算法相内电容电压

图 4-144 调制算法实验

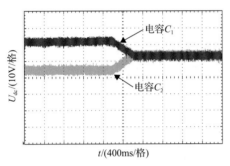

图 4-145 控制算法实验波形

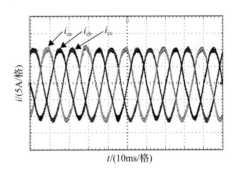

图 4-146 三相补偿电流波形

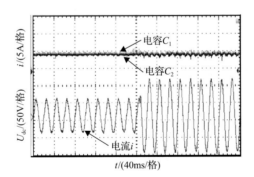

图 4-147 输出功率变化时直流电压

　　级联 U-Cell STATCOM 新拓扑使用较少开关器件实现更多电平输出，器件损耗低，补偿效率高，从经济和效益角度考虑具有深广的研究意义。冗余开关状态轮换的调制策略不仅解决了直流侧电容电压不平衡，使得器件损耗更均匀化，开关状态叠加有功电压矢量解决了因器件实际损耗差异等造成的不平衡，调制和控制的双重调控较好提高了系统的可靠性和稳定性。本节进行了仿真和试验验证，结果表明该方法控制效果良好，该方法是有效和可行的。

4.3.4　大功率变流器故障诊断和远程维护技术

1. 基于门极电荷 Q_g 的大功率 IGBT 智能驱动故障诊断方法

功率器件 IGBT 及驱动电路是电力电子系统最容易发生故障的部分，数字型 IGBT 智能驱动除了能够实现 IGBT 开关轨迹的最优控制外，还需具备完善的保护与故障诊断功能。目前常见的 IGBT 故障主要包括短路故障和开路故障。

短路故障时间短，对系统的破坏性大，因此 IGBT 驱动板上都集成了相关硬件保护。但随着功率半导体技术的发展，IGBT 芯片的热容参数逐渐减小，导致其短路耐受能力降低，因此对 IGBT 短路保护时间提出了更高的要求。同时由于 IGBT 也存在多种短路故障类型，如果能进一步区分 IGBT 的具体故障类型，对于故障分析具有重要意义。IGBT 发生开路故障时，不会导致系统立即崩溃，但会降低系统的性能，如不能及时发现，会引起更大的事故。目前关于 IGBT 开路故障的研究热点基本都是基于软件算法类，此类方法需要占用中央处理器 (central processing unit，CPU) 资源，且诊断时间较长，不利于系统的可靠运行。同时，造成 IGBT 开路故障的原因不同，带来的故障现象和影响有所不同，因此，对于 IGBT 开路故障既期望以最快的速度进行故障识别，更需要准确定位故障原因。

1) IGBT 寄生电容分布

IGBT 开关暂态门极充放电电流主要取决于内部寄生电容。当 IGBT 发生过流或短路故障时，集电极电压和电流的变化都会影响内部寄生电容的大小，进而影响门极充放电电荷。因此以门极电荷作为特征参数进行故障检测，首先需要从物理层面对 IGBT 内部电容的形成机理进行分析。

沟槽栅 IGBT 是最新一代 IGBT 门极结构，主要对沟槽栅 IGBT 内部分布电容进行分析，平面栅的寄生电容分布与沟槽栅极类似。图 4-148 为沟槽栅 IGBT 单个元胞内部结构的寄生电容分布示意图。

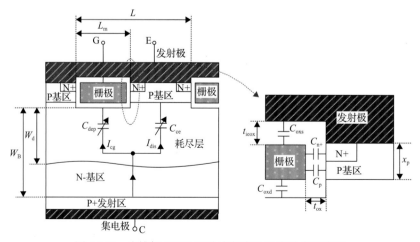

图 4-148　沟槽栅 IGBT 芯片内部寄生电容分布示意图

图 4-148 中 C_{ge} 为栅极和发射极寄生电容，包括栅极与 N+源区和 P 型基区交叠部分形成的电容 C_{n+}、C_p，以及栅极和发射极交叠部分形成的电容 C_{oxs}。由于 N+源区和 P 型基区为高掺杂浓度，可假设这些电容主要由氧化层电容决定。

因此栅极和发射极寄生电容 C_{ge} 为

$$C_{ge} = C_{n+} + C_p + C_{oxs} = 2 \cdot A_{ges}\left(\frac{\varepsilon_{ox}}{t_{ox}}\right) + 2 \cdot A_{gec}\left(\frac{\varepsilon_{ox}}{t_{ox}}\right) + A \cdot a_i\left(\frac{\varepsilon_{ox}}{t_{ieox}}\right) \quad (4\text{-}202)$$

式中，A_{ges} 为栅极与 N+源区交叠面积；A_{gec} 为栅极与 P 型基区交叠面积；A 为 IGBT 芯片的有效导电面积；a_i 为 IGBT 芯片单个元胞栅极宽度 L_m 与整个元胞宽度 L 的比例，满足 $a_i = L_m/L$；t_{ox} 为栅极与 N+源区和 P 型基区之间氧化层的厚度；t_{ieox} 为栅极与发射极绝缘氧化层厚度；ε_{ox} 为氧化层介电常数。

通过上面分析可知，栅极和发射极寄生电容 C_{ge} 主要为氧化层电容，因此可以假定栅极电压与集电极电压无关。

C_{gc} 为栅极和集电极寄生电容，也称为米勒电容，由栅极与 N-基区交叠的氧化层电容 C_{oxd} 和栅极氧化层下方的耗尽层电容 C_{dep} 串联而成，如：

$$C_{gc} = \frac{C_{oxd} \cdot C_{dep}}{C_{oxd} + C_{dep}} \quad (4\text{-}203)$$

式中，C_{oxd} 为氧化层电容，不随外部栅极电压和集电极电压变化；C_{dep} 为耗尽层电容，主要与耗尽层深度相关，由式(4-204)决定：

$$C_{dep} = \frac{\varepsilon_{si} A a_i}{W_d} \quad (4\text{-}204)$$

式中，ε_{si} 为硅的介电常数；W_d 为耗尽层深度，由泊松方程决定：

$$W_d = \sqrt{\frac{2\varepsilon_{si} U_d}{q N_{eff}}} = \sqrt{\frac{2\varepsilon_{si}\left(U_{ce} - U_{ge}\right)}{q N_{eff}}} \quad (4\text{-}205)$$

式中，N_{eff} 为耗尽层的有效掺杂浓度；U_d 为耗尽层两端电压；q 为单位电子电荷，通过式(4-205)可知，耗尽层深度主要取决于 IGBT 的集电极发射极电压 U_{ce} 以及耗尽层内的有效掺杂浓度。

将式(4-205)代入式(4-204)可以得出耗尽层电容 C_{dep} 为

$$C_{dep} = A a_i \sqrt{\left(\frac{q \cdot N_{eff} \cdot \varepsilon_{si}}{2\left(U_{ce} - U_{ge}\right)}\right)} \approx A a_i \sqrt{\left(\frac{q \cdot N_{eff} \cdot \varepsilon_{si}}{2 \cdot U_{ce}}\right)} \quad (4\text{-}206)$$

由式(4-206)可知，耗尽层电容 C_{dep} 由 IGBT 的集电极发射极电压 U_{ce} 和耗尽层的效掺杂浓度 N_{eff} 决定。N_{eff} 主要取决于流过耗尽层的电流浓度，主要是因为 IGBT 在开关暂态过程中，电压和电流会有交叠部分。只有 IGBT 处于关断稳态时，耗尽层掺杂浓度才固定不变，由 N-基区自身的掺杂浓度决定。

当 IGBT 的集电极发射极电压 U_{ce} 较低时，栅极下方的耗尽层宽度几乎为 0，此时 C_{dep} 趋于无穷大，因此米勒电容 C_{gc} 主要由 C_{oxd} 决定。当集电极发射极电压 U_{ce} 较高时，米勒电容 C_{gc} 由 C_{oxd} 和 C_{dep} 串联组成。根据以上分析，米勒电容 C_{gc} 可按式 (4-207) 取值：

$$C_{gc} = \begin{cases} C_{oxd} & (U_{ce} \leqslant U_{ge}) \\ \dfrac{C_{oxd} \cdot C_{dep}}{C_{oxd} + C_{dep}} & (U_{ce} > U_{ge}) \end{cases} \tag{4-207}$$

集电极发射极电容 C_{ce} 主要由 P 型基区下方的耗尽层电容决定，满足式 (4-208)，由于 IGBT 门极开关行为主要与输入电容相关，因此不对 C_{ce} 作进一步分析。

$$C_{dep} = \frac{\varepsilon_{si} A (1 - a_i)}{W_d} \tag{4-208}$$

通过以上分析，画出考虑寄生电容参数的 IGBT 等效电路，如图 4-149 所示。其中 C_{ge} 和 C_{oxd} 为氧化层电容，与栅极电压和集电极电压无关。C_{dep} 和 C_{ce} 是 IGBT 开关暂态耗尽层空间电荷作用的结果，因此与 IGBT 集电极偏置电压密切相关。

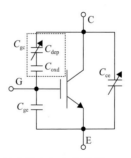

图 4-149　考虑寄生电容参数的 IGBT 等效电路

2) IGBT 开通门极电荷数学模型

IGBT 过流或短路故障一般只发生在 IGBT 开通暂态或导通稳态。因此为了评估 IGBT 过流下的门极电荷行为，只对正常开通瞬态下 IGBT 门极电荷行为进行数学分析。IGBT 开通暂态是一个非线性过程，如图 4-150 所示。为了便于建模分析，一般将 IGBT 开通过程分为四个阶段。

① 开通延迟阶段 ($t_0 \sim t_1$)

t_0 时刻之前，IGBT 处于关断状态。为了保证 IGBT 可靠关断，门极电压一般为负偏置电压 U_{ee}。t_0 时刻，IGBT 接收到门极开通信号，门极电压 U_{ge} 从负压 U_{ee} 变为正压 U_{cc}。此时芯片内部门极发射极电压 U_{ge} 表达式为

$$U_{ge}(t) = U_{ee} + (U_{cc} - U_{ee}) \cdot \left(1 - e^{-(t - t_0)/\tau_1}\right) \tag{4-209}$$

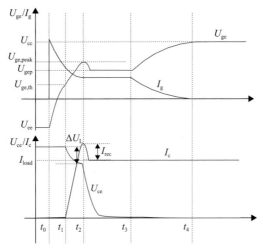

图 4-150　IGBT 开通暂态门极充电波形

式中，τ_1 为 $t_0 \sim t_1$ 阶段 RC 充电时间常数。由于该阶段 U_{ce} 还没有下降，米勒电容 C_{gc} 主要取决于耗尽层电容 C_{dep}，同时由于 C_{dep} 相比 C_{ge} 非常小，因此该阶段主要对 C_{ge} 充电，相应的时间常数 τ_1 为

$$\tau_1 = \left(R_{g,on} + R_{g,int} \right) \cdot C_{ge} \tag{4-210}$$

式中，$R_{g,on}$ 为门极开通电阻；$R_{g,int}$ 为 IGBT 模块内部门极电阻。该阶段的门极电流表达式为

$$I_g(t) = \frac{U_{cc} - U_{ge}(t)}{R_{g,on} + R_{g,int}} = \frac{U_{cc} - U_{ee}}{R_{g,on} + R_{g,int}} \cdot e^{-(t-t_0)/\tau_1} \tag{4-211}$$

在 $t_0 \sim t_1$ 时间内对式(4-211)进行积分，可得该阶段的门极电荷 Q_{gon1} 为

$$Q_{gno1} = \int_{t_0}^{t_1} I_g(t)\mathrm{d}t = \frac{U_{cc} - U_{ee}}{R_{g,on} + R_{g,int}} \int_{t_0}^{t_1} e^{-(t-t_0)/\tau_1}\mathrm{d}t = \frac{U_{cc} - U_{ee}}{R_{g,on} + R_{g,int}} \cdot \tau_1 \left(1 - e^{\frac{-(t_1-t_0)}{\tau_1}} \right) \tag{4-212}$$

②电流上升阶段($t_1 \sim t_2$)

t_1 时刻，IGBT 栅极电压 U_{ge} 达到 IGBT 的开启阈值电压 $U_{ge,th}$，集电极电流 I_c 开始上升至负载电流 I_{load}。由于回路杂散电感和开通 $\mathrm{d}i/\mathrm{d}t$ 作用，存在一定的电压缺口 ΔV_L。该阶段由于 U_{ce} 还没有明显下降，可以近似认为米勒电容 C_{gc} 依然很小。因此，该过程的门极充电时间常数 τ_2 与阶段一相同，相应的门极电荷 Q_{gon2} 为

$$Q_{gno2} = \int_{t_1}^{t_2} I_g(t)\mathrm{d}t = \frac{U_{cc} - U_{ge,th}}{R_{g,on} + R_{g,int}} \cdot \tau_1 \left(1 - e^{\frac{-(t_2-t_1)}{\tau_1}} \right) \tag{4-213}$$

t_2 时刻，达到二极管反向恢复电流的峰值，此时门极电压也呈现一定的小尖峰 $U_{ge,pek}$，

该电压值由式(4-214)决定：

$$U_{\mathrm{ge,peak}} = U_{\mathrm{ge,th}} + \frac{I_{\mathrm{rec}} + I_{\mathrm{load}}}{g_{\mathrm{m}}} \qquad (4\text{-}214)$$

式中，I_{rec} 为二极管反向恢复电流峰值；I_{load} 为负载电流；g_{m} 为 IGBT 等效跨导系数。

③米勒平台阶段($t_2 \sim t_3$)

IGBT 集电极电流 I_{c} 在 t_2 时刻过后很短的时间内恢复至负载电流 I_{load}，二极管开始承受反向压降，IGBT 集电极电压迅速下降。此时，IGBT 门极电压 U_{ge} 维持在米勒平台 U_{gep} 不变，由式(4-215)决定：

$$U_{\mathrm{gep}} = U_{\mathrm{ge,th}} + \frac{I_{\mathrm{load}}}{g_{\mathrm{m}}} \qquad (4\text{-}215)$$

由于该阶段 U_{ge} 保持不变，门极电流 I_{g} 不再向 C_{ge} 充电，主要流向米勒电容 C_{gc}。同时由于该过程中 IGBT 很快进入电压拖尾阶段，因此该阶段的米勒电容 C_{gc} 主要由氧化层电容 C_{oxd} 决定，该过程的门极电流表达式为

$$I_{\mathrm{g}}(t) = \frac{U_{\mathrm{cc}} - U_{\mathrm{gep}}}{R_{\mathrm{g,on}} + R_{\mathrm{g,int}}} \qquad (4\text{-}216)$$

在 $t_2 \sim t_3$ 时间内，对门极电流积分，可以得到米勒平台阶段门极电荷 Q_{gno3} 为

$$Q_{\mathrm{gno3}} = \int_{t_2}^{t_3} I_{\mathrm{g}} \mathrm{d}t = \int_{t_2}^{t_3} \frac{U_{\mathrm{cc}} - U_{\mathrm{gep}}}{R_{\mathrm{g,on}} + R_{\mathrm{g,int}}} \mathrm{d}t = \frac{U_{\mathrm{cc}} - U_{\mathrm{gep}}}{R_{\mathrm{g,on}} + R_{\mathrm{g,int}}} (t_3 - t_2) \qquad (4\text{-}217)$$

该阶段负载电流越大，IGBT 米勒平台电压越高，相应的门极电流平台越低，因此该阶段的门极电荷随电流的增大而减小。

④剩余充电阶段($t_3 \sim t_4$)

该阶段 IGBT 已完全从有源区进入饱和区，由于在第三阶段结束时，门极电压 U_{ge} 还未达到驱动电路的正偏置电压 U_{cc}，因此 U_{ge} 继续上升，门极电流呈指数衰减。该阶段和第一阶段类似，但是由于 IGBT 已经进入饱和阶段，因此米勒电容主要取决于 C_{oxd}，该阶段的门极电流表达式为

$$I_{\mathrm{g}}(t) = \frac{U_{\mathrm{cc}} - U_{\mathrm{gep}}}{R_{\mathrm{g,on}} + R_{\mathrm{g,int}}} \cdot \mathrm{e}^{-(t-t_3)/\tau_4} \qquad (4\text{-}218)$$

在 $t_3 \sim t_4$ 时间内对式(4-218)进行积分，可得该阶段的门极电荷：

$$Q_{\mathrm{gno4}} = \int_{t_3}^{t_4} I_{\mathrm{g}}(t) \mathrm{d}t = \frac{U_{\mathrm{cc}} - U_{\mathrm{gep}}}{R_{\mathrm{g,on}} + R_{\mathrm{g,int}}} \int_{t_3}^{t_4} \mathrm{e}^{-(t-t_3)/\tau_4} \mathrm{d}t = \frac{U_{\mathrm{cc}} - U_{\mathrm{gep}}}{R_{\mathrm{g,on}} + R_{\mathrm{g,int}}} \cdot \tau_4 \left(1 - \mathrm{e}^{\frac{-(t_4 - t_3)}{\tau_4}} \right)$$

$$(4\text{-}219)$$

式中，该阶段的时间常数 τ_4 为

$$\tau_4 = \left(R_{g,on} + R_{g,int} \right) \cdot \left(C_{ge} + C_{oxd} \right) \tag{4-220}$$

综上可知，IGBT 正常开通下总的门极电荷 $Q_{gno,all}$ 为

$$Q_{gno,all} = Q_{gno1} + Q_{gno2} + Q_{gno3} + Q_{gno4} \tag{4-221}$$

表 4-27 概括了 IGBT 开通 4 个阶段与门极电荷相对应的门极电压、电容及时间常数。

表 4-27 不同阶段下的 IGBT 门极行为

门极电荷	U_{ge} 电压	电容	时间常数	时间
Q_{gno1}	$U_{ge} < U_{ge,th}$	C_{ge}	τ_1	$t_0 \sim t_1$
Q_{gno2}	$U_{ge,th} < U_{ge} < U_{gep}$	C_{ge}	τ_2	$t_1 \sim t_2$
Q_{gno3}	$U_{ge} = U_{gep}$	C_{oxd}	τ_3	$t_2 \sim t_3$
Q_{gno4}	$U_{ge} > U_{gep}$	$C_{ge} // C_{oxd}$	τ_4	$t_3 \sim t_4$

3）IGBT 故障分析

① 过流、短路故障分析

a. 开通瞬态过流行为

将 IGBT 开通瞬态发生的过流或短路故障统称为开通瞬态过流行为。根据 IGBT 开通瞬态是否发生退饱和行为，可以进一步将短路故障分为一类短路故障和二类短路故障。当短路回路的杂散电感较大时，IGBT 开通 $\mathrm{d}i/\mathrm{d}t$ 变缓，会首先进入导通状态，然后再发生退饱和，类似于后面介绍的二类短路故障。为了精确区分两类短路故障，本章将 IGBT 完全开通之后发生的退饱和行为定义为二类短路故障，在此之前发生的退饱和行为定义为一类短路故障。介于一类短路故障和正常开通电流之间的为一般过流故障。图 4-151 为 IGBT 正常开通、过流故障及短路故障行为对比示意图。

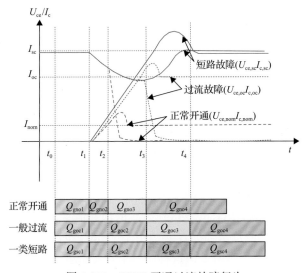

图 4-151 IGBT 开通过流故障行为

结合图 4-151，按照前述分析方法，对 IGBT 开通过流故障和一类短路故障的门极电荷变化进行分段分析。

阶段一 $(t_0 \sim t_1)$：由于 IGBT 门极电压 U_{ge} 还未达到开启阈值电压 $U_{ge,th}$，因此该阶段过流故障对应的门极电荷 Q_{goc1} 和一类短路故障对应的门极电荷 Q_{gsc1} 与正常开通门极电荷一样，满足 $Q_{gno1}=Q_{goc1}=Q_{gsc1}$。

阶段二 $(t_1 \sim t_2)$：该阶段都对应三种开通行为的集电极电流上升过程。对于正常开通，t_2 时刻到了负载电流 I_{nom}。而对于过流故障和一类短路故障，电流还要以不变的 di/dt 继续上升。由于该时间段三种开通行为 U_{ce} 及 I_c 都一致，因此相应的门极电荷也基本一致，即 $Q_{gno2}=Q_{goc2}(t_1 \sim t_2)=Q_{gsc2}(t_1 \sim t_2)$。

阶段三 $(t_2 \sim t_3)$：该阶段对应正常开通的米勒平台阶段，相应的门极电荷为 Q_{gno3}。但是对于过流故障电流 $I_{c,oc}$ 和短路故障电流 $I_{c,sc}$ 依然处于上升阶段，且满足 $I_{c,oc}=I_{c,sc}>I_{c,nom}$，相应的门极电压满足 $U_{ge,oc}=U_{gp,sc}>U_{gep,nom}$。由式 (6-15) 可以得出该过程门极电荷关系：$Q_{gno3}>Q_{goc2}(t_2 \sim t_3)=Q_{gsc2}(t_2 \sim t_3)$。

阶段四 $(t_3 \sim t_4)$：对于正常开通行为，IGBT 已经完全进入导通状态，此时集电极电流 $I_{c,nom}$ 主要取决于外部负载，弱化了 U_{ge} 对 $I_{c,nom}$ 的控制，相应的门极电流呈指数衰减。对于过流故障，该阶段对应米勒平台阶段 $U_{gep,oc}$，门极电流也呈现平台过程，但是该平台要明显低于正常开通行为 $t_2 \sim t_3$ 时间段的门极电流平台。因此两种开通门极电流会存在交叉点时刻 t_x，在此之前两者满足 $I_{c,oc}<I_{c,nom}$，门极电荷 $Q_{goc3}(t_3 \sim t_x)<Q_{gno4}(t_3 \sim t_x)$，在此之后满足 $I_{c,oc}>I_{c,nom}$，$Q_{goc3}(t_x \sim t_4)>Q_{gno4}(t_x \sim t_4)$。对于短路故障电流 $I_{c,sc}$ 依然继续上升，与过流故障相比该过程 $I_{c,sc}>I_{c,oc}$，相应的门极电压关系为 $U_{gep,oc}<U_{ge,sc}$，因此门极电荷关系为 $Q_{goc3}>Q_{gsc3}$。综上分析可知，在 $t_3 \sim t_x$ 时间内，$Q_{gno3}>Q_{goc2}(t_3 \sim t_x)>Q_{gsc3}(t_3 \sim t_x)$，在 $t_4 \sim t_x$ 时间内，$Q_{goc2}(t_x \sim t_4)>Q_{gno3}>Q_{gsc3}(t_x \sim t_4)$。

通过以上分段描述，可以在 $t_3 \sim t_4$ 时间段内采集门极电荷的变化，进行过流故障或短路故障诊断。

b. 导通状态过流行为

IGBT 在导通状态同样会发生普通过流故障或二类短路故障。由于普通过流故障不会导致 IGBT 发生退饱和，短时间内不会对 IGBT 造成损坏，因此可以在下一个 PWM 开通瞬态进行故障检测。二类短路故障是指对于已经处于饱和导通状态的 IGBT，由于外部故障导致的电流急剧增大发生退饱和行为。图 4-152 为典型的 IGBT 二类短路故障行为示意图，可以将其分为 3 个阶段进行分析。

阶段一 $(t_0 \sim t_1)$：电流上升阶段。t_0 时刻 IGBT 发生二类短路故障，电流急剧上升，但电流还没有达到明显退饱和值，此时 IGBT 导通压降略微增加。由于该阶段的 du/dt 变化缓慢，虽然会通过米勒电容反向对门极充电，但充电电流非常小，可以忽略不计，因此该阶段门极电荷无明显变化。

阶段二 $(t_1 \sim t_2)$：t_2 时刻 IGBT 电流达到明显退饱和值，U_{ce} 迅速上升，IGBT 进入退饱和过程，过高的 du/dt 会通过米勒电容 C_{gc} 向门极充电，因此门极电压有一定程度的增加，进一步增大了集电极电流，由于该过程门极电压 U_{ge} 超过了外部供电电压 U_{cc}，产生了反向门极电流，因此该阶段门极电荷出现负值，适合故障检测。

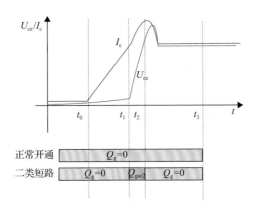

图 4-152　IGBT 二类短路故障行为示意图

阶段三（$t_2 \sim t_3$）：IGBT 完全进入有源区，门极电压 U_{ge} 恢复至正常值，集电极电流有所下降，与回路寄生电感相互作用，在 IGBT 两端产生一定的过压尖峰。该阶段 IGBT 同时承受高压和大电流，因此需要尽快将 IGBT 关断。

综上分析，IGBT 发生二类短路故障时，门极电流会出现负值，相应的积分电路会反向积分，而正常开通稳态 IGBT 门极电荷几乎为 0。因此只要在 IGBT 通态阶段实时采集门极电荷，一旦出现负值，即可判别出 IGBT 发生了二类短路故障。

②开路故障分析

相对于短路故障而言，当电力电子系统中 IGBT 发生开路故障时，不会导致系统立即崩溃，但是会降低系统的功能，如不能及时发现，会造成二次故障。造成 IGBT 开路故障的主要原因包括驱动断线引起的门极开路故障、门极失效引起的开路故障、功率循环冲击导致的绑定线脱落等。

a. 驱动断线引起的门极开路故障

目前，IGBT 外部电气连接方式主要包括焊接方式、弹簧连接方式、压接连接方式、接插件连接方式及螺丝连接方式等。由于控制端子安装不当或长时间的机械受力，会造成接插件松动、弹簧连接疲劳等问题，这些问题都会造成 IGBT 驱动连接开路故障，所有的这类故障都归类到驱动断线故障。此类故障由于驱动信号无法可靠地触发 IGBT，是 IGBT 开路故障的典型原因。同时 IGBT 门极由于没有可靠的负电压偏置，容易误开通。如果不及时发现，容易造成灾难性故障。门极驱动断线等效电路如图 4-153 所示。由于 IGBT 在导通稳态或关断稳态时门极电流为 0，因此门极开路故障只适合在开关暂态进行检测。

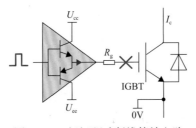

图 4-153　门极驱动断线等效电路

b. 门极失效引起的开路故障

由前述 IGBT 栅极失效机理可知，栅极失效后主要表现为栅极和发射极短路或漏电流增加，等效电路如图 4-154 所示。当栅极出现短路时，门极电流 I_g 急剧增加，门极电流积分电路会在短时间内进入饱和状态。当出现栅极漏电故障时，积分电路也会在一定时间内进入饱和状态。当 IGBT 出现此类故障时，门极电流都会一直存在，因此，此类故障适合在 IGBT 导通稳态或关断稳态时进行检测。

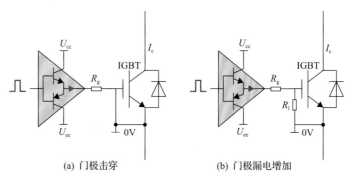

(a) 门极击穿　　　　(b) 门极漏电增加

图 4-154　门极失效等效电路

c. 功率循环冲击导致的绑定线脱落

大功率 IGBT 模块为了增大电流驱动能力，内部一般采用芯片并联结构，根据输出电流的大小，并联芯片的数量不同。芯片与芯片以及外部的电气连接方式一般采用铝绑定线。图 4-155 为 IGBT 模块内部封层结构图。

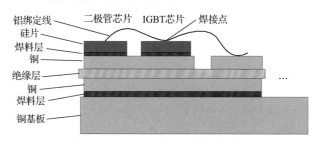

图 4-155　IGBT 模块内部封层结构图

IGBT 在功率循环应用过程中，尤其是在频繁大电流开关状态下，结温波动较剧烈。由于绑定线与硅片焊接点的热膨胀系数不同，会产生一定的机械应力，长时间工作会导致模块的焊料层或绑定线开裂，严重时会导致绑定线脱落。单根绑定线的脱落对 IGBT 开关暂态几乎没什么影响，但会增加其他绑定线的电流，加速其老化过程。当 IGBT 某个芯片的发射极绑定线全部脱落时，相当于门极驱动回路处于开路状态，该芯片无法正常打开，此时开关暂态 IGBT 门极电流会有明显变化。IGBT 绑定线脱落故障，在稳态时门极电流也为 0，因此只适合开关暂态进行检测。

4) IGBT 在线故障诊断策略

基于门极电荷 Q_g 的 IGBT 在线故障诊断主要完成两个功能：其一，在尽短的时间内检查出故障，实施相应保护方案；其二，进一步定位故障具体类型，便于故障分析。通过以上对 IGBT 各种故障分析，将不同故障情况下的门极电荷变化情况，以及与之对应的检测时间总结于表 4-28 中。定义正常开通和关断的门极电荷分别为 $Q_{g,on}$ 和 $Q_{g,off}$。

表 4-28　IGBT 故障诊断分类

故障分类	详细故障	检测区间	电荷大小
短路	一般过流故障	开通暂态	$0 < Q_g < Q_{g,on}$
	一类短路	开通暂态	$0 < Q_g < Q_{g,on}$
	二类短路	开通稳态	$Q_g < 0$
开路	门极开路	开关暂态	$Q_g \approx 0$
	门极短路	开通稳态	$Q_g > 0$
		关断稳态	$Q_g < 0$
	门极漏电	开通稳态	$Q_g > 0$
		关断稳态	$Q_g < 0$
	局部绑定线脱落	开通暂态	$0 < Q_g < Q_{g,on}$
		关断暂态	$-Q_{g,off} < Q_g < 0$

　　按照图 4-156，定义门极电流积分区间Ⅰ、Ⅱ、Ⅲ、Ⅳ，分别对应开通暂态、开通稳态、关断暂态和关断稳态四个阶段。为了避免开关暂态门极电流对稳态时的影响，需要在开通和关断暂态结束后将积分电路进行复位。同时，为了保证积分电路零漂对开关暂态测量结果的影响，需要在开关暂态开始前将积分电路进行复位。

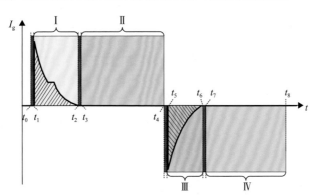

图 4-156　IGBT 门极电流积分区间

　　图 4-157 为单个 PWM 开关周期的门极电荷积分流程图，为了保证在整个开关周期内都能有效对门极电荷进行检测，希望积分复位电路的时间越快越好。IGBT 开关暂态门极充放电时间主要由门极电阻和功率器件的特性决定，导通稳态和关断稳态的积分时间取决于 IGBT 的开关频率。

　　根据表 4-28，在不同的积分区间对门极电荷进行采集，即可区分 IGBT 的三大类，7 种详细故障。大功率 IGBT 变流装置控制回路上电一般要早于功率回路，因此在功率回路上电之前，可以对 IGBT 进行故障自检。IGBT 上电前自检过程可以将 IGBT 损坏风险大大降低，自检过程主要实现门极开路、门极短路、门极漏电、局部绑定线脱落故障检测。自检完成后，如果出现异常，记录当前故障，并停机检查。自检通过后可以允许功率回路上电，变流装置开始运行。图 4-158 为 IGBT 故障诊断流程图。

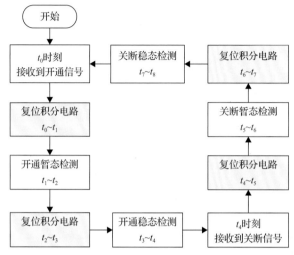

图 4-157　单个 PMW 开关周期门极电荷积分流程图

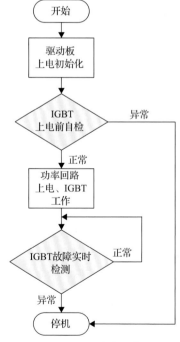

图 4-158　IGBT 故障诊断流程图

图 4-159 为 IGBT 上电前自检流程图，在 Ⅰ 和 Ⅲ 积分区间实施门极开路和局部绑定线脱落故障诊断，在 Ⅱ 和 Ⅳ 积分区间实施门极短路和门极漏电故障诊断。

为了更精确地区分门极短路和门极漏电两种故障，取两次采集时间的门极电荷变化

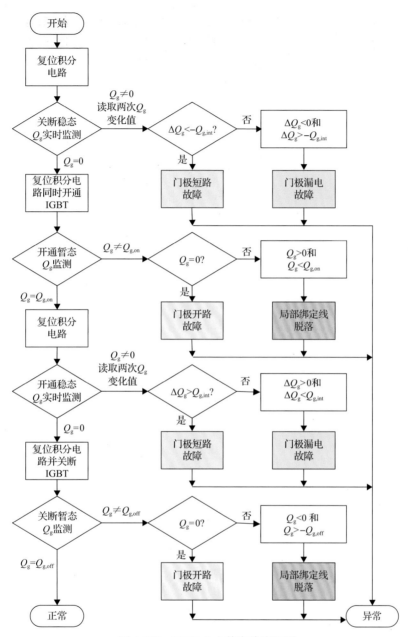

图 4-159 IGBT 上电前自检流程图

值 ΔQ_g 作为特征参数。假设在 Δt 时间内，门极短路故障对应的电荷变化值为 Q_{gB}，门极漏电故障对应的电荷变化值为 Q_{gL}。因此可以取 Q_{gB} 和 Q_{gL} 的中间值 $Q_{g,int}$ 作为分界点，识别两种故障。当 $\Delta Q_g > Q_{g,int}$ 时，为门极短路故障；当 $\Delta Q_g > 0$ 且 $\Delta Q_g < Q_{g,int}$ 时，为门极漏电故障。对于门极开路和局部芯片绑定线脱落故障，首先定义正常开通暂态和关断暂态门极电荷分别为 $Q_{g,on}$ 和 $Q_{g,off}$。当在开关暂态采集到的门极电荷几乎为 0 时，可以确定为门极开路故障，当门极电荷介于 0 和 $Q_{g,on}$、$Q_{g,off}$ 之间时为绑定线脱落故障。

图 4-160 为 IGBT 在线实时故障诊断流程图。在 I 积分区间，对门极开路、过流和

一类短路故障进行实时检测，在Ⅱ积分区间对二类短路、门极短路、门极漏电故障进行实时检测，在Ⅲ积分区间对门极开路和局部绑定线脱落进行实时检测，在Ⅳ积分区间对门极短路和门极漏电进行实时检测。

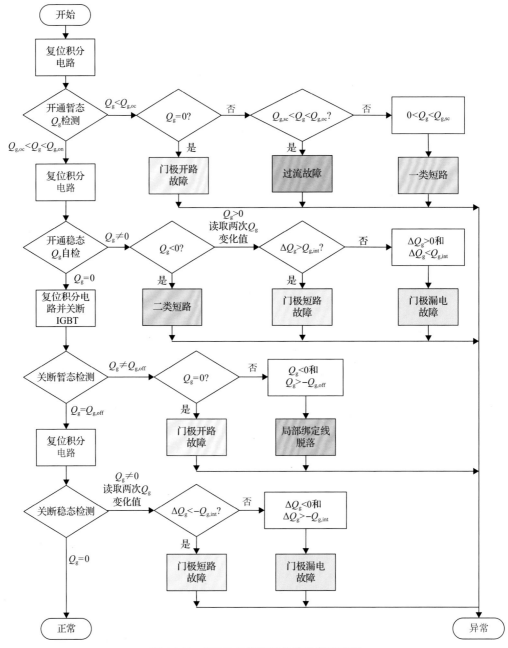

图 4-160　IGBT 在线实时故障诊断流程图

　　IGBT 运行过程中对门极开路、门极短路、门极漏电、局部绑定线脱落故障诊断方法与自检过程相同，因此重点对 IGBT 的过流故障和短路故障进行说明。根据 IGBT 故障时的门极电荷大小，可以将开通暂态门极电荷分为两个区间，以 $Q_{g,oc}$ 作为正常开通门极电荷与过流门极电荷的分界点，以 $Q_{g,sc}$ 作为短路与过流门极电荷的分界点。因此当门极电荷 $Q_g < Q_{g,sc}$ 时为短路故障，当 $Q_{g,sc} < Q_g < Q_{g,oc}$ 时为过流故障，当 $Q_{g,oc} < Q_g < Q_{g,on}$ 时为正常开通。

5) 实验与分析

① 硬件方案

IGBT 门极电荷检测的原理如图 4-161 所示。驱动电路的核心处理器采用 FPGA。通过采样门极分流器 $R_{g,shunt}$ 上的电压还原电流。调理电路由高速差分放大器 OP1 和高速积分电路 OP2 组成。差分放大器完成电流检测功能，输出电压信号 U_{Ig} 代表门极电流信号。积分电路的输出电压信号 U_{Qg} 代表门极电荷信号。积分电容两侧并联高速复位开关 S1，由 FPGA 实时控制。AD 采集电路完成实时门极电荷采集。

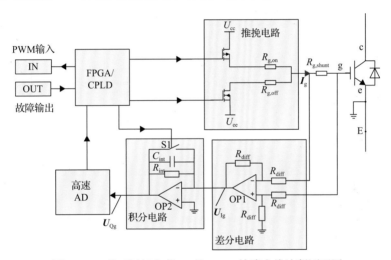

图 4-161　基于门极电荷 Q_g 的 IGBT 故障在线诊断原理图

② 过流故障实验

IGBT 过流实验采用常规的双脉冲测试方案，采用的 IGBT 为 FF650R17IE4，主要关注开通瞬态集电极电流 I_c 对门极电荷的影响。图 4-162 为 IGBT 在母线电压为 500V 的情况下，不同开通负载电流的门极波形。按照前述故障分析，以 200A 开通波形作为参考，进行分段说明，以 1100A 作为过流故障点。可以看出在 $t_0 \sim t_1$ 和 $t_1 \sim t_2$ 时间内所有的波形保持一致。在 $t_2 \sim t_3$ 时间段内，门极电流信号 U_{Ig} 的下降幅度随集电极电流 I_c 的增大而增大，导致门极电荷上升速率降低，不同负载电流下的门极电荷开始出现差异。在 t_3 时刻之后，门极电流信号继续下降，但下降速率随 I_c 增大而减小，导致在 t_x 时刻，正常开通 (200A) 时的开通门极电流与过流 (1100A) 时的开通门极电流出现交叉点，门极电荷差异开始逐渐缩小，门极电荷最终趋于一致。由此可知，$t_3 \sim t_x$ 区间最容易实现过流故障检测。

③ 短路故障实验

采用常规的双脉冲实验，对短路故障进行实验，一类短路实验方案如图 4-163 (a) 所

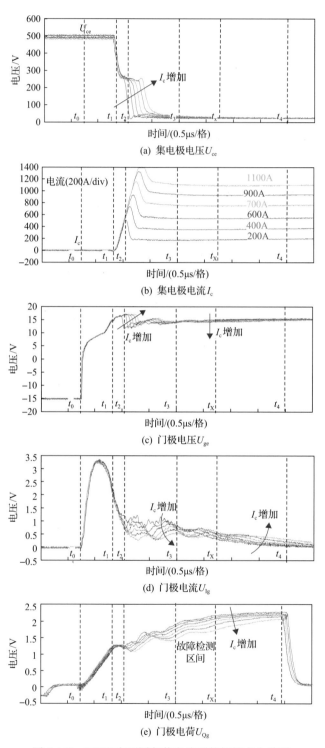

图 4-162　IGBT 在不同负载电流下的门极充电波形

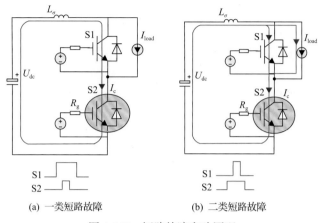

(a) 一类短路故障　　　　　　　(b) 二类短路故障

图 4-163　短路故障实验原理

示，首先开通上管 IGBT S1，随后对下管 S2 施加开通信号，观察 S2 的开关行为。二类短路实验方案如图 4-163(b)所示，首先开通 S2，在 S2 导通过程中对 S1 施加开通信号，观察 S2 的开关行为。为了保证两类实验 S2 优先进入退饱和状态，S1 的门极电压应略高于 S2 的门极电压。

一类短路故障实验波形如图 4-164(a)所示，t_1 时刻 S2 开通，在 t_2 时刻短路电流达到 2kA，IGBT 发生退饱和现象，t_3 时刻 IGBT 检测到故障信息并将 IGBT 关闭。二类短路故障实验波形如图 4-164(b)所示，t_4 时刻 S2 开通，t_2 时刻 S1 的开通导致 S2 发生二类短路，短路电流急剧增加，t_3 时刻 IGBT 检测到故障信息并将 IGBT 关闭。两类故障检测时间在 2μs 左右，不存在盲区时间，因此速度非常快。

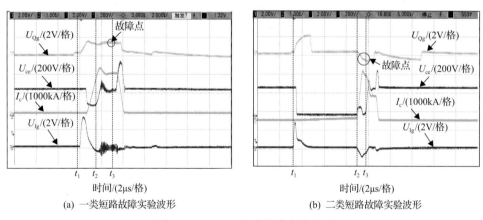

(a) 一类短路故障实验波形　　　　　　　(b) 二类短路故障实验波形

图 4-164　IGBT 短路故障实验波形

④开路故障实验

a. 门极失效故障

按照图 4-154 所示等效电路，分别在 IGBT 开通稳态和关断稳态对门极实施故障模拟。图 4-165(a)和(b)分别对应开通稳态和关断稳态的门极短路故障。t_1 时刻发生门极击穿故障，此时门极电流采集信号 U_{Ig} 急剧增大，门极电荷信号 U_{Qg} 迅速进入饱和状态。图 4-165(c) 和 (d) 分别对应开通稳态和关断稳态的门极漏电故障。相比短路故障，漏电故障电流增加缓慢，主要取决于门极失效情况。门极漏电和门极短路检测本质上是一样的，只是在相同时间内，门极电流以及积分后的电荷大小不同。但鉴于 IGBT 稳态下的门极电流几乎为 0，因而这两种故障都可以很容易判别出来。

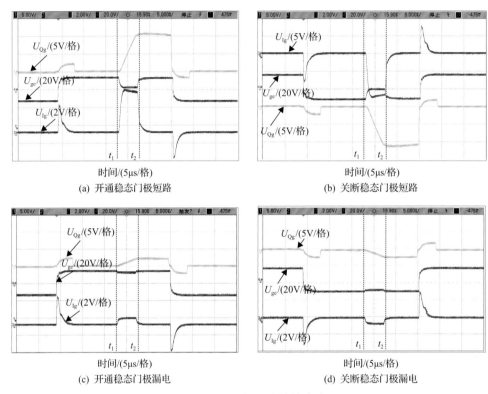

图 4-165　IGBT 门极失效故障波形

b. 门极开路故障

门极开路故障检测相对简单，在 IGBT 开通瞬态或关断瞬态，一旦检测到门极电荷几乎为 0，可以认为门极出现开路故障。图 4-166 为典型的门极开路故障波形，可以看出

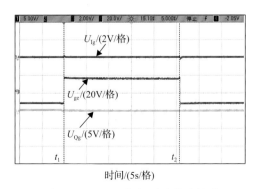

图 4-166　IGBT 门极开路故障波形

开关瞬态门极电流信号 U_{Ig} 和门极电荷信号 U_{Qg} 保持不变。

　　c. 局部绑定线脱落故障

　　为了模拟 IGBT 内部绑定线脱落故障，以 FF1400R17IP4 模块作为研究对象，采用内部剪线方式模拟键合引线脱落对门极电荷的影响。图 4-167(a) 为该模块内部结构和功率芯片的布局，一共有 6 个 DCB。每个 DCB 上有 2 个 IGBT 芯片和 1 个二极管芯片。IGBT 芯片的发射极和二极管芯片的阳极采用铝绑定线对外连接。模块内部等效电路如图 4-167(b) 所示。

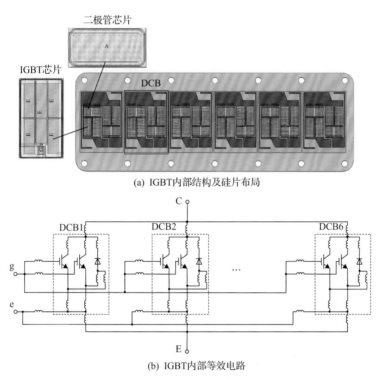

(a) IGBT内部结构及硅片布局

(b) IGBT内部等效电路

图 4-167　IGBT 内部结构及内部等效电路(FF1400R17IP4)

　　图 4-168 为依次剪掉一个 DCB 上 IGBT 芯片发射极绑定线后的开关暂态门极电压 U_{ge}、驱动电路采集到的门极电流 U_{Ig} 和电荷 U_{Qg} 信号波形。可以发现，随着剪掉绑定线

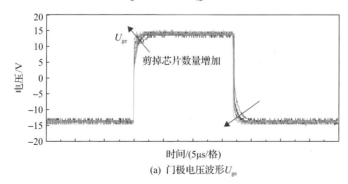

(a) 门极电压波形U_{ge}

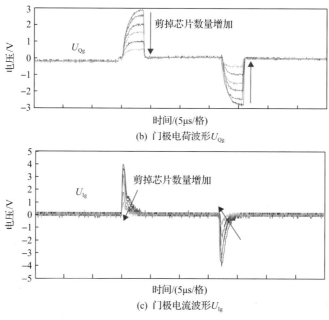

图 4-168　IGBT 绑定线脱落故障实验波形

芯片数量的增加，门极电流呈比例逐渐减小。积分后的门极电荷也按比例衰减，因此，只要在 IGBT 开关暂态设置合理的检测阈值就可以诊断出绑定线脱落故障。

2. 基于三层贝叶斯网络的逆变器故障诊断

在证据不完备的情况下进行故障诊断推理是实际遇到的经常性问题，结合现场技术人员的知识和经验，提出三层贝叶斯智能故障推理模型（a three-layer Bayesian intelligent fault inference model，BIFIM）。该模型第一层为逆变器的运行情况，第二层为逆变器的故障情况，第三层为逆变器的故障症状。结果表明：提出的策略可以使用不完备的证据推理故障的概率，证据完备程度不同，故障的推理能力也不同，尤其是在一些不完备的证据信息展示出和完备证据相同的推理结果。

1) 贝叶斯网络推理算法流程

贝叶斯网络推理的流程如图 4-169 所示。首先，根据现场技术人员的知识和经验或结构学习算法，建立贝叶斯网络结构。通过获得的数据样本，可以用参数算法或经验方法计算根节点的先验概率。而对于叶节点，由于数据量大，参数算法适用于获取条件概率。其次，通过收集到的症状信息获取证据信息，通过消息传递更新每个节点的消息。最后，计算查询节点的概率分布，需要计算查询节点是否出现的概率。

2) BIFIM 构建

BIFIM 的第二层由 A 相故障、B 相故障、C 相故障和 DC-link 故障四个节点组成。各相故障可能由上开关故障和下开关故障引起，各桥臂的故障可能是该开关的 OC 故障或该驱动脉冲的故障，故有四个父节点。直流环节的故障可能是由两个电容器的故障或

电容器参数老化、变弱引起的，有三个父节点。因此，逆变器的 BIFIM 拓扑如图 4-170
所示。

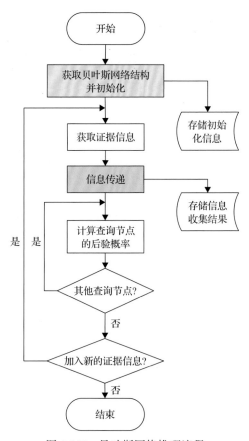

图 4-169 贝叶斯网络推理流程

如图 4-171 所示，通过统计数据和实际经验，得到了贝叶斯网络的先验似然性和条件似然性。结合实验数据，通过 BIFIM 推理出故障概率值。

3) 诊断推理结果

为了进一步分析，在不完备证据的基础上不断添加证据，使之最终趋于完备。表 4-29 列出了在 $X_{20}=X_{22}=X_{24}=X_{26}=T$（图 4-172）这组不完备信息下不断添加证据信息得到的推理结果对比。

从表 4-29 和图 4-173 来看，从 1~8 号故障变量的总体趋势来看，随着证据信息的增加，故障层节点的概率不断变化，概率值逐步接近完备情况下的值。对于 1~7 号不完备信息情况，除 1 号外，其余 6 种情况的推断结果与 8 号相似。对于 8 号完备证据可以发现，X_{17}、X_{19} 故障出现的概率曲线和 X_{16}、X_{18} 的概率曲线明显偏离，而 X_{17} 的概率为 79.12%，接近 80%，据此可以修正判定结论 X_{17}、X_{19} 同时发生。恰恰说明，8 号推论的结果与 2~7 号证据一致，也印证了所提出的模型对不完备证据信息的强大推理能力。

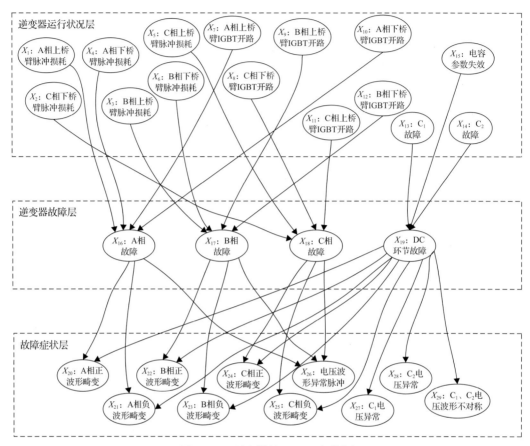

图 4-170 逆变器的 BIFIM 拓扑图

表 4-29 证据不完备程度不同对应的推理结果对比

编号	节点状态											结果概率对比			
	X_{20}	X_{21}	X_{22}	X_{23}	X_{24}	X_{25}	X_{26}	X_{27}	X_{28}	X_{29}	X_{13}	X_{16}	X_{17}	X_{18}	X_{19}
1	T		T		T		T					0.4837	0.5386	0.3474	0.7254
2	T		T	T	T		T					0.4122	0.7273	0.3055	0.8108
3	T	F	T	T	T		T					0.3269	0.7444	0.3430	0.6857
4	T	F	T	T	T		T		T			0.2366	0.7734	0.2620	0.9441
5	T	F	T	T	T		T	F	T			0.3436	0.7390	0.3580	0.6387
6	T	F	T	T	T		T	F	T		T	0.2656	0.7641	0.2881	0.8609
7	T	F	T	T	T		T	F	T	T		0.2282	0.7761	0.2545	0.9680
8	T	F	T	T	T	F	T	F	T	T		0.2306	0.7912	0.1149	0.9563

注：T 为发生；F 为不发生。

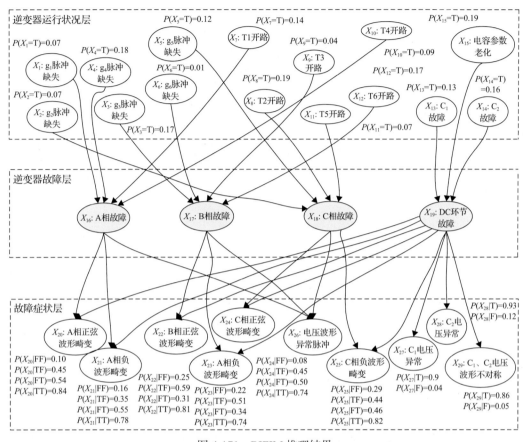

图 4-171　BIFIM 推理结果

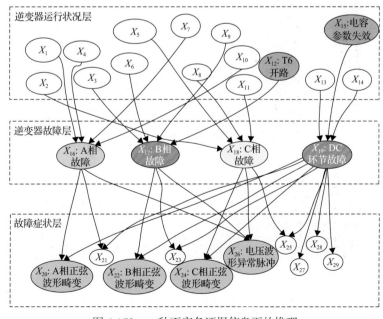

图 4-172　一种不完备证据信息下的推理

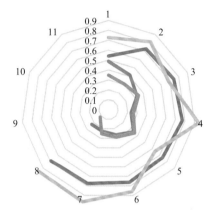

图 4-173　证据不完备程度不同对应的推理

3. 基于物联网的深井提升传动系统远程维护实验系统

如图 4-174 所示,实验系统关键设备有变频器及其控制系统、永磁变频同步电机和异步电机(含磁粉制动器和程控控制器)构成的双机拖动系统、运行状态监测平台三部分构成,用于模拟提升机传动系统的运行及运行时可能发生的故障,并由动态信号测试分析系统采集故障信号。其中三相变频器采用交直交变频方式,逆变环节为三电平中点箍位型结构。

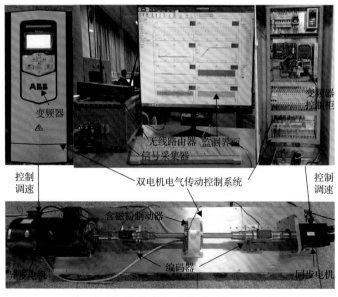

图 4-174　基于物联网的深井提升传动系统远程维护实验系统

运行状态监测平台有传感器、数据采集器和主机三部分,主要用来采集变频器和电机的各种工作状态信号、数据,并实时处理、显示、存储,同时可以实现有线网络和无线网络远程多客户的监测功能，如图 4-175 所示。

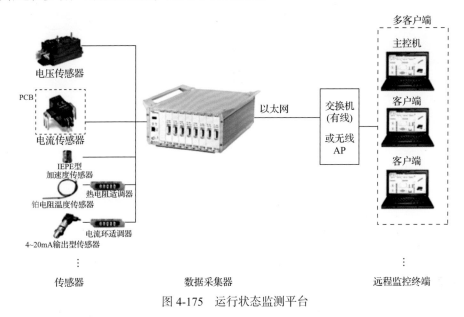

图 4-175　运行状态监测平台

4.3.5　大功率变流器研制

矿井不断向深井化开采，与之配套的电机和传动装置的功率需求越来越大，传统的三电平方案受元器件耐压等级限制，系统电压无法提升，高达几千安的电流对于变流器的设计制造难度急剧增加，成本高昂。深井 SAP 提升系统可抑制横向摆动，超千米提升需要变流器尽可能地减小转矩脉动，级联多电平高压变频器因具有电压高、电流小、电平数多和输出电压谐波小的优势，结合高性能控制算法是深井 SAP 提升系统的较好解决方案。为此，研制了 10kV/7MW 大功率级联多电平高压变频器，并结合高性能矢量控制技术，解决了深井提升机大功率传动用变频器。

1. 变流器设计方案

根据 10kV/7MW 的功率需求，可计算出设计参数见表 4-30。

表 4-30　设计参数

项目	参数
额定功率	7MW
额定电压	10kV
单元额定输出电流	405A
单元额定输出电压	690V
相电压	5773V
所需串联级数	8.3（取 9）

项目	参数
单个单元功率	260kW
单元输入电压	550V
单元额定输入电流	303A

研发的 10kV 高压变频器串联单元级数为 9 级，变频器主电路如图 4-176 所示。具有

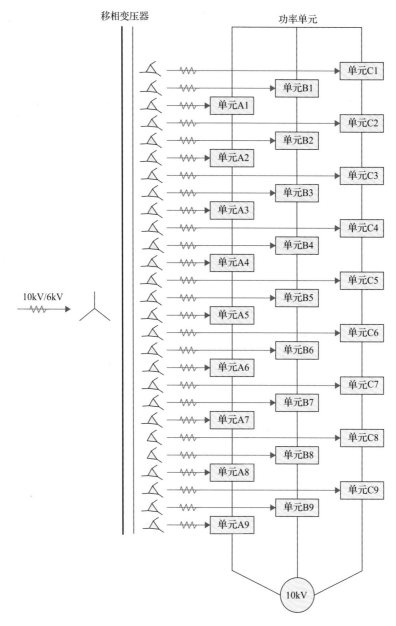

图 4-176　10kV 高压变频器主电路

相同标号的 3 组副边绕组，分别向同一级的三个功率单元供电。第一级内每个功率单元的一个输出端连接在一起形成星型连接点，另一个输出端则与下一级功率单元的输出端相连，以此方式，将同一相的所有功率单元串联在一起，形成一个星形连接的三相高压电源，驱动电动机运行。

功率单元拓扑结构如图 4-177 所示，整流侧为三相全桥整流，功率器件为 IGBT，具有四象限能量回馈能力，逆变部分为单相 H 桥结构，功率器件为 IGBT，直流部分为电容器，作用为稳定直流母线电压，防止因负载突变造成直流母线电压大幅度波动。每个单元网侧三相进线和直流母线相互独立，逆变侧串联连接形成高压输出。

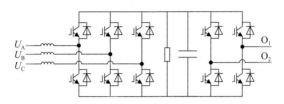

图 4-177 功率单元拓扑结构

实测变频器输出波形如图 4-178 所示，线电压可以达到 37 电平，输出电压接近正弦波形，输出电压、电流谐波小。

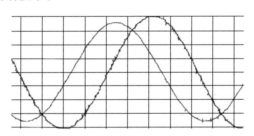

图 4-178 变频器输出 AB 线电压(红色)及 C 相电流波形(蓝色)

(1)整流部分：根据项目实际需求，在评估英飞凌 1700V/1000A-2400A 不同封装型号 IGBT，不同工作频率下的功耗、尺寸、价格、驱动装置、驱动功耗等的基础上，整流部分主功率器件选用 FF1000R17IE4 型号 IGBT，结构形式为单管非并联，可兼容 1400A IGBT，整流电流最大可达 933A，变流器功率可拓展至 12MW。

(2)逆变部分：根据项目实际需求，在评估英飞凌 1700V/1000A-2400A 不同封装型号 IGBT，不同工作频率下的功耗、尺寸、价格、驱动装置、驱动功耗等的基础上，确定逆变部分主功率器件选用 FF1000R17IE4 型号 IGBT,结构形式为双管并联，可兼容 2×1400 并联 IGBT，逆变电流最大可达 1500A，变流器功率可拓展至 12MW。

(3)IGBT 驱动电路采用光电隔离方案，并配合高可靠大功率低耦合驱动电源，双通道独立驱动并联 IGBT，具有输入欠压封锁、输出欠压封锁、短路保护、软关断、故障反馈等功能，将核心驱动电路板与 IGBT 接口电路分离设计，较传统的电磁隔离方案具有更高的抗干扰性，可有效保护 IGBT。

(4)母线支撑电容采用金属薄膜电容，电压波动取±150V，容值分别按整流滤波、逆变滤波计算，取两者最大值，确定为 18000μF，选择为减小电压尖峰，电容连接采用复合母排。

(5)控制板包括整流控制板、逆变控制板和 2 块电源板，从直流侧取电经开关调制后分别向整流板和控制板提供控制电源，整流控制板主要负责三相电压/电流采样和整流 PWM 控制，逆变控制板主要负责接收主控制器光纤下发指令和逆变 IGBT 控制。

(6)功率单元输入端采用电子式传感器代替传统的熔断器，可实现精确的软件保护及分级保护，避免了熔断器的保护不准确、不能同时兼顾短路及过载和维护困难等问题。

直流支撑环节设计方案。DC-Link 直流支撑电容的选取除了考虑满足无功吸收维持直流电压稳定外，还需要结合其应用环境确保长期可靠稳定运行。考虑到直流电压为 900～1000V，传统的电解电容额定电压只能达到450V，需要多只串联并设置均压电路才能满足要求，同时其内部采用电解液，在高温高压环境下易于损坏，长时间使用后存在漏液的风险，而金属薄膜电容耐压值直接可以满足直流电压(1200V)的要求，无需串联使用，不需要设置均压电路，设计简单，系统损耗更低，具有局部击穿自愈功能，寿命更加长久。

变频器功率单元电气原理如图 4-179 所示。

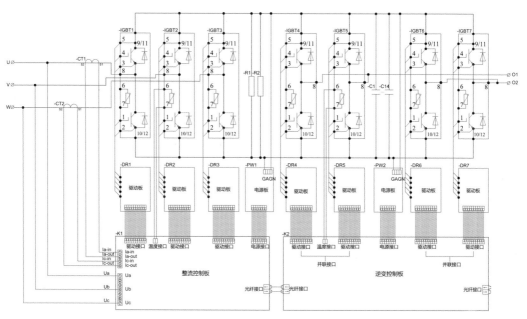

图 4-179　变频器功率单元电气原理

根据整流和逆变分别计算，容值取两者的最大值 18000μF，每只电容容值 600μF，共计 30 只，按 5 行 6 列排布，电容单元三维方案如图 4-180 所示。

驱动电路设计方案。目前应用于高 538B 变频行业的 IGBT 驱动方案按隔离方式分为两种：①电磁隔离；②光电隔离。

采用电磁隔离方案的 IGBT 驱动厂家主要有 PI(美国)、InPower(德国)、青铜剑(中国)。采用电磁隔离方案的 IGBT 驱动产品类型主要有即插即用的驱动板和驱动核。即插即用的驱动板可直接按照要求安装后即可使用，驱动核需用户根据要求设计相应的驱动

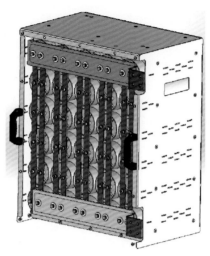

图 4-180　电容单元三维方案

适配板才可使用。采用电磁隔离方案的变压器需特殊的抗干扰设计，变压器类型主要有磁环变压器、平面变压器、无核变压器。采用电磁隔离方案的 IGBT 驱动输入一般为电压型信号，通过高频电磁转换方式进行高低压侧的信号交换。采用电磁隔离方案的 IGBT 驱动具有功耗低，发热量小，驱动信号反应速度快，易于将多种功能电路集成于一个芯片，但存在成本较高、易受电磁干扰的特点。采用电磁隔离方案的 IGBT 驱动对抗电磁干扰设计要求较高。

采用光电隔离方案的 IGBT 驱动厂家主要有 AVAGO（美国和新加坡）、SHARP/三菱/富士（日本）。采用光电隔离方案的 IGBT 驱动产品类型主要有光电隔离芯片、厚膜电路。采用光电隔离方案的 IGBT 驱动需用户根据要求设计相应的驱动电路才可使用。采用光电隔离方案的 IGBT 驱动输入一般为电流型信号，通过光电转换方式进行高低压侧的信号交换。采用光电隔离方案的 IGBT 驱动功耗大、驱动信号响应速度较慢、元器件较多，但设计灵活、成本较低、抗电磁干扰能力较强。

为提高产品可靠性，降低系统成本，增强 IGBT 驱动电路的抗电磁干扰能力，自主研发大功率 IGBT 驱动采用光电隔离方案。自主研发大功率 IGBT 驱动可应用于 1700V/2000A 以下 IGBT 场合，具有双通道独立驱动、输入欠压封锁、输出欠压封锁、短路保护、软关断、故障反馈等功能。自主研发的 IGBT 驱动将驱动电路中易受电磁干扰的电路集中在核心电路板，核心电路板通过增强抗电磁干扰设计提高可靠性，核心驱动电路板可做到在极端情况下不损坏；自主研发的 IGBT 驱动将接口电路分离设计，并配合自主研发的高可靠大功率低耦合驱动电源，从而提高 IGBT 驱动装置的抗电磁干扰能力。自主研发的大功率 IGBT 驱动提高了 IGBT 驱动电路性能和可靠性，明显降低了系统成本，实现了低成本高可靠的效果。其原理如图 4-181 所示。

自主研发的 IGBT 驱动与 PI 公司 2SP0115 基本电气参数和稳态性能参数对比见表 4-31。

经测试验证，自主研发的驱动电气参数和动态性能指标均与 PI 公司的 2SP0115T 相当，测试结果见表 4-32。

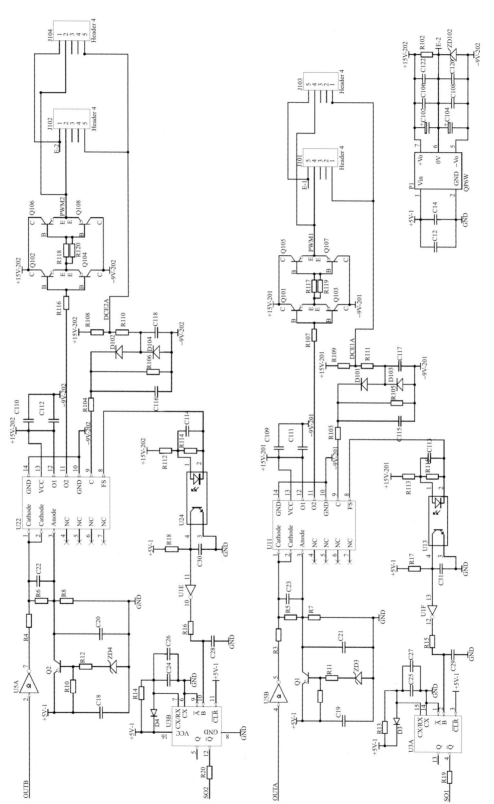

图4-181 驱动电路原理

表 4-31　基本电气参数和稳态性能参数对比

项目	自主研发 IGBT 驱动	2SP0115T
PWM 输入电压/V	15	15
GE 开通电压/V	15	15
GE 关断电压/V	−8.7	−9.2
SOX 正常电压/V	5	5
SOX 故障反馈电压/V	0.8	0.7
SOX 故障反馈电流/mA	20	20
原副边隔离电压 AC/V	4000	5000

表 4-32　测试结果

项目	自主研发 IGBT 驱动	2SP0115T
开通延迟时间/ns	420	110
关断延迟时间/ns	186	140
开通上升时间/ns	132	24
关断下降时间/ns	48	21
故障信号延迟时间/μs	6.6	6.8
原边故障信号保持时间/ms	5（可调）	130（可调）
欠压保护/V	12.3	12.1
欠压恢复/V	12.8	12.7

单元控制系统供电设计方案。传统的功率单元控制电源供电通常采用单元输入侧交流取电方案。单元输入侧交流取电方案经单元输入侧整流滤波后形成直流控制电源，其电路简单成本低，但其控制电源易受电网波动影响，高压主电源断电时供电随之丢失，但直流侧因存在支撑电容，在 10～20s 内直流侧电压仍较高，由于无法输出驱动负向电压，IGBT 状态不稳定，存在误动作的风险，同时单元控制板失电后无法向主控发送相关数据，维护人员无法获取直流电压信息，有可能造成触电风险。

采用宽电压单端反激式开关电源设计方案，其原理如图 4-182 所示，直接从直流母线取电，将其调制为单元所需的控制电源，不需要从外部引线，结构简单，适应 150～1500V 的直流电压输入，供电稳定可靠，可在安全直流电压范围内持续提供 IGBT 负向驱动电压，IGBT 关断可靠，同时实时检测直流电压，作为直流电压指示。

寄生电感抑制措施。IGBT 关断时功率电路中寄生电感会产生与电源电压叠加的尖峰电压，尖峰电压的高低与关断电流和功率回路寄生电感有关。对于大功率变流器，其关断电流大，功率电路寄生电感越大，其产生的尖峰电压就越高，增加开关损耗，严重情况是尖峰电压超过 IGBT 电压耐受，损坏 IGBT。

降低尖峰电压的有效措施是减小线路的杂散电感。本方案采用叠层母排的设计，其结构是将多层铜排叠在一起，铜板层与层之间用绝缘材料进行电气隔离，通过相关工艺将导电层和绝缘层压制成一个整体。叠层母排结构示意图如图 4-183 所示。

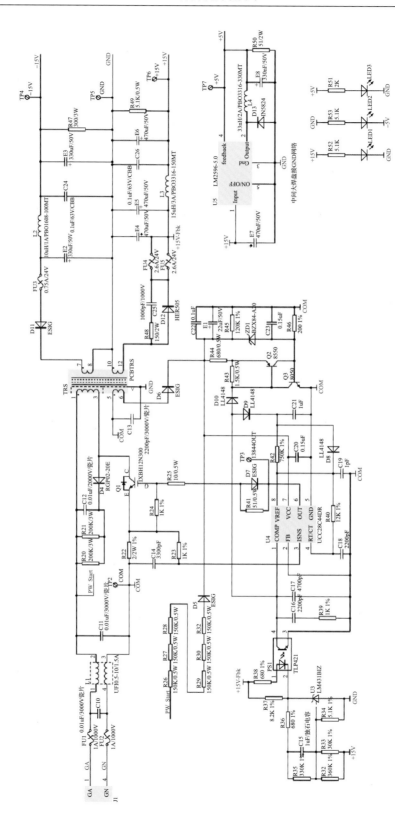

图4-182 宽电压单端反激式开关电源原理

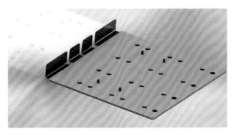

图 4-183　叠层母排结构示意图

叠层母排结构使磁场相互抵消，线路分布电感大幅降低，与传统电缆连接不同，其界面为扁平结构，导电层的表面积大，载流量大，空间小，易于布置。功率单元整体布局如图 4-184 所示。

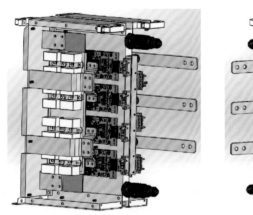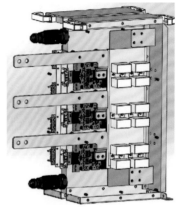

图 4-184　功率单元整体布局

1) 整体通信框架

该变流器包括控制机的 2 类数字信号处理器(digital signal processor, DSP)、1 类 FPGA、3 类 CPLD 芯片程序，触摸屏程序，以及功率单元的 2 类 CPLD、1 类 DSP 芯片程序，共计 10 个程序。

控制器核心为主 CPU(MCPU)板，负责核心的矢量控制算法，从 CPU(SCPU)板负责逻辑处理、保护功能以及外部接口，PWM 板负责与底层各单元通信采集和下发控制数据，具有几级功率单元的通信架构及数据流向如图 4-185 所示。

2) 背板总线通信及双 CPU 架构

控制机背板总线如图 4-186 所示，其中总线定义如下。

Bus-XD[0-15]：数据公共总线。

Bus-GPIO20～23：主从 CPU 通信控制线。

Bus-GPIO15/29：数字输入/输出(digital input/output, DIO)板控制线。

ADRST/ADCONV/CSAD1～3n/XRDn/BUSY1～3：用于模拟量输入(analog input, AI)读取控制。

CSDAn/LDACn/DARSTn/Bus-A0～1/XRWn：用于模拟量输出(analog output, AO)

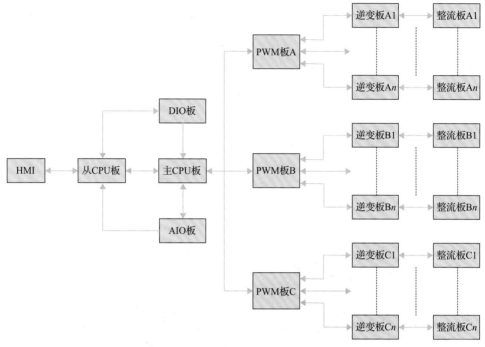

图 4-185　通信架构及数据流向图

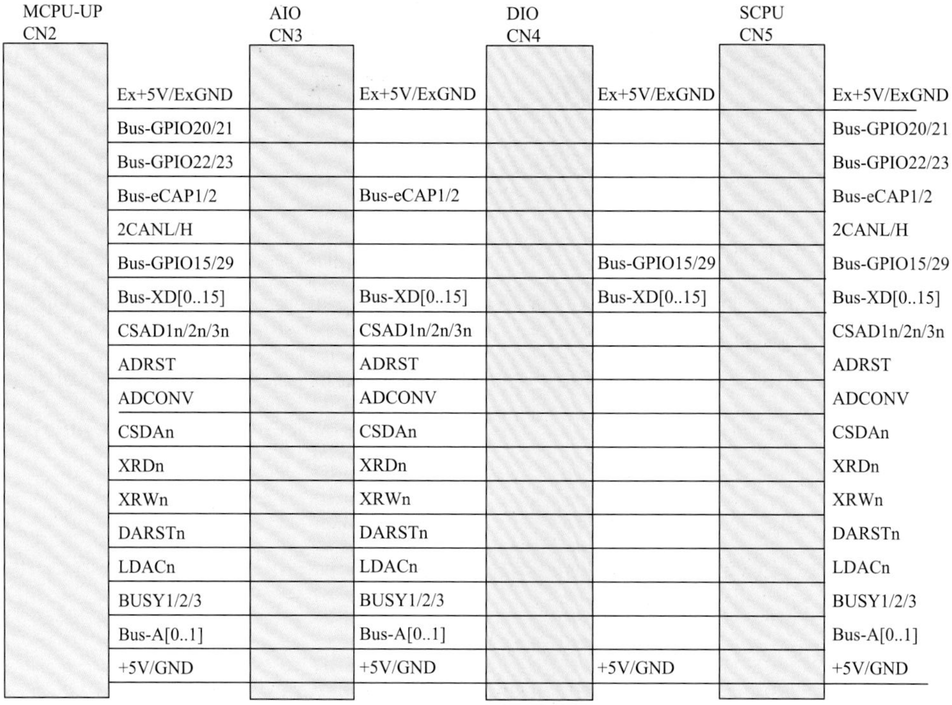

MCPU-UP CN2	AIO CN3	DIO CN4	SCPU CN5
Ex+5V/ExGND	Ex+5V/ExGND	Ex+5V/ExGND	Ex+5V/ExGND
Bus-GPIO20/21			Bus-GPIO20/21
Bus-GPIO22/23			Bus-GPIO22/23
Bus-eCAP1/2	Bus-eCAP1/2		Bus-eCAP1/2
2CANL/H			2CANL/H
Bus-GPIO15/29		Bus-GPIO15/29	Bus-GPIO15/29
Bus-XD[0..15]	Bus-XD[0..15]	Bus-XD[0..15]	Bus-XD[0..15]
CSAD1n/2n/3n	CSAD1n/2n/3n		CSAD1n/2n/3n
ADRST	ADRST		ADRST
ADCONV	ADCONV		ADCONV
CSDAn	CSDAn		CSDAn
XRDn	XRDn		XRDn
XRWn	XRWn		XRWn
DARSTn	DARSTn		DARSTn
LDACn	LDACn		LDACn
BUSY1/2/3	BUSY1/2/3		BUSY1/2/3
Bus-A[0..1]	Bus-A[0..1]		Bus-A[0..1]
+5V/GND	+5V/GND	+5V/GND	+5V/GND

图 4-186　控制机背板总线图

写入控制。

　　考虑到外设数据总线 BUS-XD，在多种场合下均需用到，所以在时间规划上，需慎重考虑主从通信、DIO 通信、AIO 通信三者之间的关系(图 4-187)。

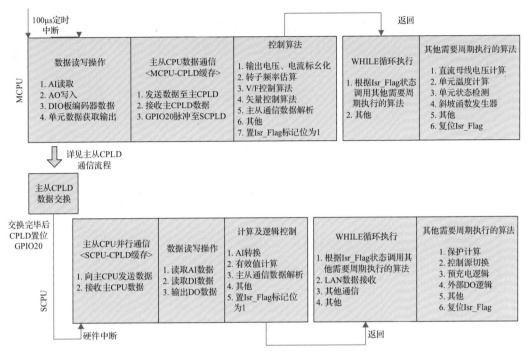

图 4-187　主从通信、DIO 通信、AIO 通信三者之间的关系图

　　MCPU 采用增强脉冲宽度调制模块(ePwm)定时中断(暂定 100us),中断程序依次执行数据采集(单元数据读写、AIO 读写、SPC 读取、主从数据通信<读写主 CPLD 缓存>)、控制算法,最后置位 Isr_Flag,中断执行完毕后,程序转入主循环,其他功能根据 Isr_Flag 状态周期执行。

　　当 MCPU 完成数据采集操作后,置位其中一根通用输入输出(general-purpose input/output,GPIO)线(GPIO20)使主从 CPLD 进行数据交换,数据同步完毕后 SCPU-CPLD 置位 GPIO20,使 SCPU 进入硬件中断,SCPU 依次执行数据采集(主从数据通信<读写从 CPLD 缓存>、AI 读取及 DIO 读写)、数据计算和逻辑运算等功能,中断执行完毕后,程序转入主循环,用于执行外部的通信及其他功能。

　　3)功率单元通信方案

　　功率单元通信方案采用光纤通信,PWM 板与每个功率单元均有两根光纤连接,一根负责下行通信,一根负责上行通信。

　　光纤通信,采用串行通信模式,每个数据发送包括起始位、地址位、数据位、校验位、结束位,格式如图 4-188 所示。

图 4-188　起始位、地址位、数据位、校验位、结束位图

其上行及下行通信协议见表 4-33。

表 4-33　上行及下行通信协议

下行通信协议		
地址位	数据类型	说明
010000	同步信号	
010001	控制命令	
010010	调制波数值	
010011	开关频率	
010100	IGBT 死区时间设置	
010101	逆变温度保护报警值	
010110	逆变温度保护故障值	
100000	整流板电压 PID 之 K_p	
100001	整流板电压 PID 之 K_i	
100010	整流板电流 PID 之 K_p	传输参数是实际设定的 1000 倍
100011	整流板电流 PID 之 K_i	
100100	整流板电流给定	
100101	整流板直流侧电压设定	
100110	整流板积分初始值	
100111	整流板额定电流	
101000	整流温度保护报警值	
101001	整流温度保护故障值	
上行通信协议		
地址位	数据类型	说明
100000	整流单元程序版本号	
100001	逆变板程序版本号	
100010	单元电压	
100011	电压逆变板状态	
100100	单元温度	
100101	单元整流板状态	传输参数是实际设定的 1000 倍
100110	单元输入电流	
100111	开关频率	
101000	IGBT 死区时间设置	
101001	逆变温度保护报警值	
101010	逆变温度保护故障值	

上行通信协议		
地址位	数据类型	说明
110000	整流板电压 PID 之 K_p	
110001	整流板电压 PID 之 K_i	
110010	整流板电流 PID 之 K_p	
110011	整流板电流 PID 之 K_i	
110100	整流板电流给定	
110101	整流板直流侧电压设定	传输参数是实际设定的 1000 倍
110110	整流板积分初始值	
110111	整流板额定电流	
111000	整流温度保护报警值	
111001	整流温度保护故障值	

4) 有源前端整流控制软件

传统的有源前端(active front end，AFE)整流通常采用硬件电路产生同步信号，然后通过软件中断来计算得到网侧相位角，因为没有频率信号，精度不是特别高，且容易受到电网波动。AFE 整流控制分为直流电压外环和电流内环，直流环采用 PI 调节，电流环传统采用电流滞环控制，控制简单，但电流响应速度较慢。电流滞环控制框图如图 4-189 所示。

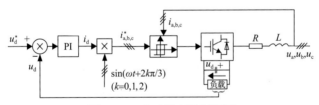

图 4-189　电流滞环控制框图

电网相位信号获取采用虚拟磁链控制方法，将整流电路网侧等效看作一台电动机，模拟电机磁链控制的方法获取网侧频率及相位，不需要网侧电压传感器和同步锁相电路，跟随实际电网频率，精度和跟随性更好，快速 PI 调节，抵抗电网波动能力强。

直流电压和电流控制采用 dq 矢量变换 AFE 整流解耦控制策略，控制框图如图 4-190 所示，直流电压外环保持不变，电流内环则根据虚拟磁链得到网侧相位角，将网侧电流解耦为有功电流和无功电流分别进行控制，其与传统的电流滞环控制方法相比，可实现有功/无功完全解耦，控制更加精确，电网功率因数可调，电流响应速度快，直流电压波动小，电流趋于正弦，电流谐波小。

5) 电机矢量控制软件

对于大功率同步电动机，采用气隙磁链定向控制的同步电动机功率因数高，可以实

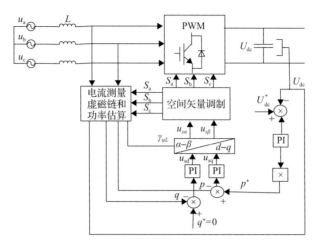

图 4-190 dq 矢量变换 AFE 整流控制框图

现单位功率因数运行，负载增加时定子电压幅值维持不变，有利于提高大容量同步电动机的利用率，减小变流装置及变压器的容量。因此，大功率同步电动机调速系统一般采用气隙磁链定向矢量控制方式。

图 4-191 为同步电动机矢量控制系统的控制框图。

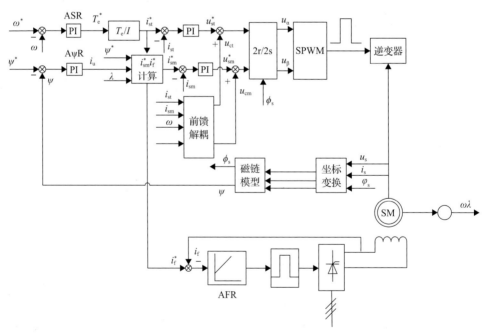

图 4-191 同步电动机矢量控制系统的控制框图

将采样到的电机电流分解为励磁分量和转矩分量，分别进行闭环控制；外环为转速环和磁链环，转速环调节出的转矩给定与转矩反馈电流形成闭环控制；磁链反馈值由电机模型计算出，并与磁链给定值进行闭环运算，闭环调节的结果与磁链给定值、转矩电流给定值计算出转子励磁电流和定子 M 轴电流分量。控制结果要保证电机功率因数为 1，转矩、转速响应速度快。整个电励磁同步电动机矢量控制系统由坐标变换单元、转速和位置检测单元、磁链观测单元、电压前馈补偿单元、励磁控制单元和 SPWM 单元等组成。

经采用两台低速电机对拖试验验证，模拟提升机负载快速加减速运行，试验结果表明采用气隙磁链定向矢量控制方式具有动态响应快、功率因数高等特点。

2. 样机工业试验

为对所设计的功率单元进行验证，试制了一台功率单元样机，包括功率单元、电容单元，同时试制了一个配套的单元试验台。功率单元样机如图 4-192 所示。

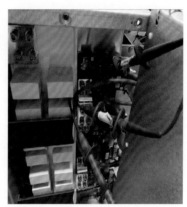

图 4-192　功率单元样机

功率单元样机试验内容及目的见表 4-34。

表 4-34　功率单元样机试验内容及目的

试验内容	试验目的
绝缘测试	测试功率单元的绝缘状况
控制功能测试	测试功率单元控制回路
单双脉冲测试	测试功率单元大电流及短路工作特性
空载测试	测试功率单元主回路
额定电流测试	测试功率单元满载性能
温升测试	测试 IGBT 模块损耗及温升
保护功能测试	测试功率单元各项保护功能
环境试验	测试环境因素对单元影响

单元单双脉冲测试方案如图 4-193 所示。通过调整电感量和脉宽时间，控制流过功率单元的电流值，逐步测试至 IGBT 驱动器保护动作，以检测 IGBT 在大电流和短路情况下的工作特性，主要指标体现为驱动工作特性、关断电压尖峰等参数。试验结果详见表 4-35、表 4-36、图 4-194～图 4-196。

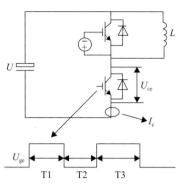

图 4-193 单元单双脉冲测试方案

表 4-35 单双脉冲测试数据

U_{dc}/V	T_{on1}/μs	T_{on2}/μs	U_{ce}/V	I_p/A
	15	15	1160	1380
1020	15	25	1180	1820
	15	30	1130	2020
	15	35	1170	2260

表 4-36 功率单元满载温升测试记录 （单位：℃）

记录点	测温点 1	测温点 2	测温点 3	测温点 4	测温点 5	测温点 6	113（出水）	111（进水）	室温
1	19.9	19.5	18.4	20.9	21.3	19.6	18.5	17.3	16.6
2	19.9	19.5	18.4	20.9	21.2	13.0	18.5	17.3	16.5
3	19.9	19.5	18.3	20.9	21.2	10.9	18.5	17.3	16.5
4	19.9	19.5	18.3	20.9	21.2	23.9	18.5	17.3	16.5
5	19.8	19.5	18.3	20.9	21.2	17.6	18.5	17.3	16.5
6	19.8	19.4	18.3	20.9	21.2	18.5	18.5	17.2	16.6
7	19.8	19.4	18.3	20.9	21.2	14.3	18.5	17.3	16.5
8	19.8	19.4	18.3	20.8	21.2	20.4	18.4	17.3	16.5
9	19.8	19.4	18.3	20.8	21.2	24.1	18.5	17.3	16.5
10	19.8	19.4	18.3	20.8	21.2	22.7	18.4	17.2	16.6

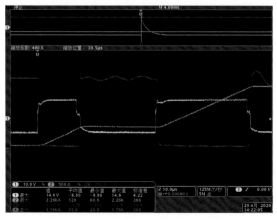

图 4-194 功率单元双脉冲试验波形

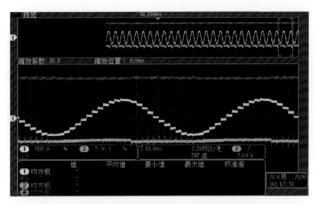

图 4-195　功率单元额定电流测试波形

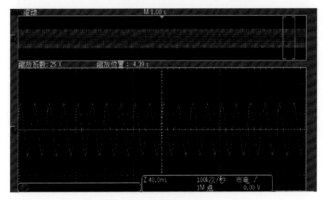

图 4-196　极限电流测试曲线（2000A）

　　试验结果表明，该功率单元在大电流甚至短路工况下均表现出较优特性，IGBT 模块承受电压尖峰在合理范围内，满负荷工作条件下温升值较低，整体达到预期设计目标。

　　整机性能试验情况。变流器整机性能试验依托原有的低速电机对拖机组和为该项目建设的三联对拖机组，三联对拖机组包括 1 台 2000kW 双绕组同步电机以及 2 台 1000kW 异步电动机，以及配套的高压开关柜、变压器、切换柜、端子箱等，落地点在中信重工伊滨电液基地 1#厂房，为其配备了一条专用的 10kV 高压电源，可用于模拟提升机运行工况开展整机对拖、转矩响应、双电机负荷平衡等各项性能试验。

　　三联机组主接线图如图 4-197 所示。

　　三联机组和低速电机对拖机组设备实物图如图 4-198 所示。

　　负载对拖测试曲线：拖动单台电机，模拟提升机速度曲线快速加减速，可以看出单独驱动电机时速度完全处于跟随状态，无超调和滞后现象（图 4-199）。

　　转矩阶跃响应试验：转矩环单独工作情况下，直接给定 100%额定转矩，测量实际转矩电流上升时间，测得响应时间 9.64ms（图 4-200）。

　　1000kW 低速直联电机满载拖动验证试验：两台 6kV 1000kW 6Hz 低速直联电机对拖，模拟提升机速度曲线，实现 7s 快速加速至额定转速，然后 7s 快速减速至爬行速度。试验波形如图 4-201 所示，可以看出加减速过程中转速和转矩电流均较为稳定，基本没有波动，波形正弦度非常好，并且系统功率因数接近为 1。

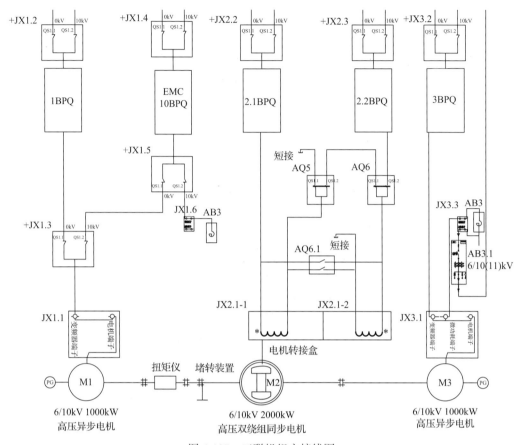

图 4-197　三联机组主接线图

图 4-198　三联机组和低速电机对拖机组设备实物图

双 1000kW 电机转矩平衡试验：通过两台变频器分别驱动两台 1000kW 电机，负载力矩由另一台 2000kW 双绕组电机提供，模拟提升机速度曲线，观测两台电机在加减速各阶段的转矩电流分配情况。试验波形如图 4-202 所示，可以看出两台电机的电流始终保持一致，偏差率小于 0.1%，转矩平衡效果较好。

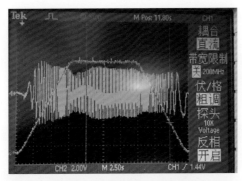

图 4-199　负载对拖测试曲线图

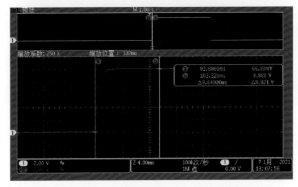

图 4-200　转矩阶跃响应试验曲线图

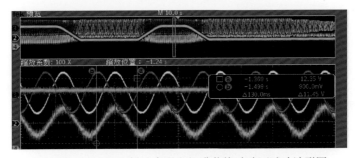

图 4-201　1000kW 低速直联电机满载拖动验证试验波形图

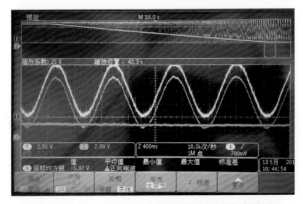

图 4-202　双 1000kW 电机转矩平衡试验波形图

四象限运行试验：采用双电机对拖方案，速度给定方向保持不变，分别调整陪试变频器的转矩给定为+100%和-100%，使试验变频器分别处于电动运行(1象限)和发电运行(4象限)两种工况，分别测得两种象限运行工况下的网侧电流、电压波形如图4-203所示，可以看出电动运行(1象限)和发电运行(4象限)情况下电压/电流正弦度好，无明显畸变，电动运行相位接近，发电运行时相位相反，功率因素较高。

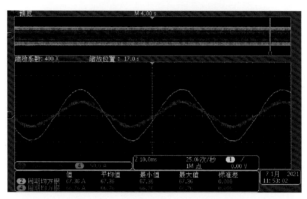

图4-203　四象限运行试验波形图

4.4　深井SAP提升高精度行程控制技术

4.4.1　深井提升行程控制技术研究

1. 提升系统的速度给定方式综述

行程控制是矿井提升机控制系统的关键组成部分，它的性能不但决定了提升容器的停车定位的精度，还会影响提升机系统的运行安全性和可靠性。在煤矿生产过程中，有些事故，如过卷事故主要是对提升机行程监测的不准确和各种开关失灵造成的，因此行程控制的精确性对提升机的安全运行具有重要的作用。矿井提升机是大功率、高速、大转矩负荷设备，运行时会根据工艺要求不断地进行起动、等速和减速控制。控制过程具有周期性，这样就可以通过程序来实现行程的控制。提升机运行速度的控制，要求综合考虑工艺要求、机-电传动特性的速度参考信号，这对提升机自动化和安全运行是十分必要的。

目前为了获得理想的速度给定曲线，均采用计算机来完成速度给定信号的计算。提升机控制系统中采用的给定方式主要有以下三类。

①时间给定方式

实现时间给定方式的措施有两种：无触点方式和有触点方式。无触点方式采用电子电路的给定积分器；有触点方式常用的是平面控制器给定装置。

②行程给定方式

行程给定方式就是按行程原则产生速度给定信号，早期是采用凸轮板给定方法，即由凸轮板控制自整角机(或旋转变压器)的输出电压。目前已有不少提升机电控系统采用电子线路或计算机来实现按行程原则产生速度给定信号，即首先通过轴编码器检测提升容器的行程，然后根据行程和期望的速度图，由电子线路或计算机产生速度给定信号。

③对加速度限制的给定方式

部分提升系统的速度给定电路同时考虑了对加速度导数的限制。限制加速度变化率对提升机运行过程的优点是在加速阶段可以有效地减小有功和无功冲击，使提升机的运行更平稳，安全可靠，降低电动机的温升，改善对电网供电的影响。但该方法不但限制加速度，还限制加速度的变化率，参数不易调整，设计比较复杂。

当调速系统的机械特性具有足够的硬度时，时间给定和行程给定两种给定方式的效果基本是一样的，但是当负载的波动比较大时，两种给定方式的效果就有差别。对于时间给定方式，负载波动时，若系统的静差较大，其实际速度是波动的，在加减速阶段运行距离是变化的，而行程给定方式，在负载波动时，减速段的距离基本不变。所以行程给定方式比时间给定方式的效果更好，因此本系统采用行程给定方式。

所谓行程给定，即按行程原则产生速度给定信号，也就是按提升容器在井筒中的实际位置来确定速度给定信号的大小。对提升机运行速度的控制必须要有一个按速度要求而确定可靠的控制参考信号，也就是转速调节系统中的"速度给定信号"，才能保证准确可靠地完成提升任务。

提升机在运行时有各种不同的运行速度，比如提升机在减速阶段，如果仅仅靠时间给定，就需要对各种确定的速度设置多个减速点开关，使提升系统的控制复杂化。而采用手动控制方式，虽然能控制给定信号的大小，但是很难控制其减速的时刻及减速度，这些都将影响提升容器准确安全地到达井口。采用行程给定，在减速至停车阶段，根据提升容器到停车点的距离 ΔS 来确定速度给定信号，如果 ΔS 大，那么相应的由行程原则产生的速度给定信号就大；如果 ΔS 小，那么由其产生的速度给定信号就小。根据提升容器到停车点的距离，就可以由行程原则产生速度给定信号，该速度给定信号与提升机运行的速度和时间无关，仅仅同提升容器所处的位置有关。提升容器可以按照该速度给定信号减速运行并安全准确地停车，从而克服时间给定方式下提升容器到达井口停车不准的缺点。

速度给定信号由行程原则产生，所以如何确定行程参数就尤为重要，行程参数的产生主要是根据实际系统的要求确定加速行程、全速行程、减速行程、爬行和停车行程。在这 4 个参数中，加速行程和全速行程取决于在安全条件允许下系统效率的发挥，而减速行程和停车行程却关系到系统的安全性和可靠性，是系统工作的关键参数。以图 4-204 所示的三段速度图为例，分析提升系统运行在减速点至停车点区间内行程参数给定的情况。

在图 4-204 中，设其最大提升速度为 V_{max}、加速度为 a_1、减速度为 a_2。当提升容器进入减速区间 $(t_2 \sim t_3)$ 后，提升机的运行速度 V 及从原点开始所运行的行程 S_t 表达式分别是

$$V = V_{max} - a_2(t - t_2) \tag{4-222}$$

$$S_t = \frac{1}{2}a_1 t_1^2 + V_{max}(t_2 - t_1) + V_{max}(t - t_2) - \frac{1}{2}a_2(t - t_2)^2 \qquad (4\text{-}223)$$

一个提升周期中容器的行程为一个固定的数值：

$$S_{t3} = \frac{1}{2}a_1 t_1^2 + V_{max}(t_3 - t_1) - \frac{1}{2}a_2(t_3 - t_2)^2 \qquad (4\text{-}224)$$

在 $v\text{-}t$ 坐标系中，它表示整个梯形图的面积，当矿井井筒深度确定后，S_{t3} 就是一个固定的数值。

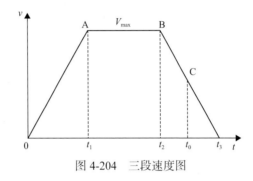

图 4-204　三段速度图

减速点 t_0 时刻容器距停车点 t_3 时刻的行程为

$$\Delta S = V_{max}(t_3 - t_2) - V_{max}(t - t_2) - \frac{1}{2}a_2(t_3 - t_2)^2 + \frac{1}{2}a_2(t - t_2)^2$$

$$= \frac{1}{2a_2}\left[V_{max}^2 - 2a_2 V_{max}(t - t_2) + a_2^2(t - t_2)^2\right] \qquad (4\text{-}225)$$

$$= \frac{1}{2a_2}V^2$$

得到速度表达式为

$$V = \sqrt{2a_2 \cdot \Delta S} \qquad (4\text{-}226)$$

通过以上分析可知，在恒减速情况下，提升容器停车点的行程ΔS 与提升机运行速度 V 是二次函数关系，行程给定原则正是建立在这种函数关系基础上的。根据式(4-226)，在确定了满足提升系统要求的减速度 a_2 情况下，只需要检测到提升容器在井筒中某一位置(必须在减速点至停车点区间内)距停车点的行程ΔS，就可以计算出相应的速度信号，通过速度给定电路将其转化为相应的电信号后作为给定信号输出。

2. 按照行程原则的速度给定方法

梯形速度图是我国提升机运行中广泛采用的一种速度图，如图 4-205 所示。这种典型的速度图虽然可以满足基本的控制需要，但存在很多缺点，如对电网造成有功和无功的冲击，影响整个电网系统的正常运行；对提升系统机械部分产生动态冲击，造成钢丝绳的摆动增大、纵向振荡增强，影响提升机运行稳定性。造成这些影响的主要原因就是折线形速度曲线过渡不平滑，在速度转折处的加速度变化率过大。

　　为了解决上述问题，实现速度曲线的平滑过渡，采用 S 形速度给定曲线，提高提升机在运行时的安全性、高效性和舒适性。可以根据现场生产需求在线修改系统的相关控制参数，以满足生产期望的光滑速度曲线。

　　依据速度变化特性的差异可以将常用的提升机的运行速度曲线划分成不同的运行方式，五段式速度曲线是在提升机中最常用、最典型的运行方式，三段式速度曲线可作为五段式速度曲线的特例。提升循环的五个阶段是指启动加速段、匀速段、减速段、匀速爬行段和制动停车段，五个阶段构成了提升机的一个完整工作周期。若提升机在工作过程中可以使速度稳定在最大速度 V_{max}，将此刻产生的速度曲线称为理想 S 形速度曲线，如图 4-206 所示，其中，$0 \sim t_3$ 为启动阶段，$t_3 \sim t_4$ 为减速段，t_7 之后为爬行和停车段。V_{max} 是最大速度，V_p 是爬行速度，r_m 是加速度变换率。

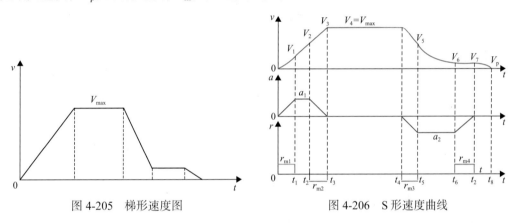

图 4-205　梯形速度图　　　　　　　　　图 4-206　S 形速度曲线

　　构建的 S 形速度曲线是在维持恒定最大运行速度 V_{max} 并且加速度为固定值的基础上进行的。然而在实际生产过程中提升机运行时受许多因素影响，比如提升机的运行速度不可能维持在 V_{max} 不波动，提升量的不同以及调速装置控制误差等都可能使 V_{max} 发生变化。此外，导致速度曲线改变的原因有减速点、速度变化及其变化率等。所以进行 S 形速度曲线控制时，应当将众多因素所造成的影响考虑在内，来最大限度地保障提升机的安全、高效、稳定运行。

　　对于减速阶段提升机速度曲线如图 4-207 所示，各时段的行程计算式如下。

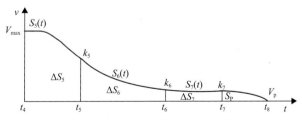

图 4-207　减速阶段提升机速度曲线

减速阶段 I（$t_4 \leqslant t \leqslant t_5$）：

$$S_5(t) = S_4 + V_{max}(t_1 - t_4) - \frac{1}{6}r_{m3}(t - t_4)^3 \tag{4-227}$$

减速阶段 II $(t_5 \leqslant t \leqslant t_6)$:

$$S_6(t) = S_5 + V_5(t - t_5) - \frac{1}{2}a_2(t - t_5)^2 \tag{4-228}$$

减速阶段 III $(t_6 \leqslant t \leqslant t_7)$:

$$S_7(t) = S_6 + V_6(t - t_6) - \frac{1}{2}a_2(t - t_6)^2 + \frac{1}{6}r_{m4}(t - t_6)^3 \tag{4-229}$$

当提升容器运行到爬行点后，就会按照预定的恒定速度进入低速运行段，减速阶段行程距离为

$$\Delta S_5 = V_{max}(t_5 - t_4) - r_{m3}(t_5 - t_4)^3/6 = V_{max}a_2/r_{m3} - a_2^3/(6r_{m3}^2) \tag{4-230}$$

$$\Delta S_6 = (V_5^2 - V_6^2)/(2a_2) \tag{4-231}$$

下面根据 V_{max} 值的改变对行程控制算法进行分析。

减速阶段 I 、II 、III 及爬行段中的行程距离分别记作 ΔS_5 、ΔS_6 、ΔS_7 及 S_p，那么总行程距离可表示为 $S_j = \Delta S_5 + \Delta S_6 + \Delta S_7 + S_p$。在实际工作过程中，最大运行速度 V_{max} 是一个变值，在给定值的附近波动。当 V_{max} 大于最大给定速度时，减速点提前；当 V_{max} 低于最大给定速度时，减速点后移，通过减速点来保证爬行距离维持恒定。在匀速运行时，行程控制器对实际运行时的最大速度 V_{max} 进行监测，计算出 ΔS_5 、ΔS_6 和 ΔS_7，也就可以求出减速点的位置。

通常行程给定多采用由控制系统计算出提升容器实际位置，利用硬件减速开关或软件内设定系统减速点。当提升容器运行到减速点后，由控制系统按照设定参数产生五段式速度给定曲线。当提升机的运行速度低于最大速度时，就会产生较大的爬行段，这样就降低了提升机的运行效率。要使提升机达到最优的运行效率，就需要根据提升机的实际运行速度及行程，来实时地计算提升机的 S 形减速曲线。利用这种方法产生的速度图为三段式速度图，其减速度是固定的，但减速点是变化的，因此无需设置固定的减速点开关。因此在一定的速度范围内，提升机都可以按照行程所产生的速度给定信号减速运行并且能实现准确停车。

在提升量为 22t/斗的工况下，按五段式速度图运行和按无爬行段的三段式速度图运行，电动机的提升能力见表 4-37。

表 4-37 不同运行方式下电动机的提升能力对比

行程类型	有爬行段	无爬行段
等效力/kN	236.23	233.49
功率/kW	2952.84	2918.63
单位提升能力/t	723.75	833.07

续表

行程类型	有爬行段	无爬行段
矿井不均衡系数	1.10	1.10
单日提升时间/h	20.00	20.00
年生产时间/d	340.00	340.00
年提升能力/t	4479091	5149890

从以上计算可知，系统按照五段式速度图运行，提升量按 22t/斗计算，电动机功率应为 2952.84kW，当电动机实际功率为 3200kW，基本满足 10%功率储备系数的要求。而按照三段式速度图(无爬行段)，提升量按 22t/斗计算，电动机功率应为 2918.63kW，电动机实际功率为 3200kW，满足 10%功率储备系数的要求。并且此时提升机在时间上最优，可以保证提升机运行效率最高。有爬行段的系统年提升能力为 447.9 万 t，而无爬行段的系统年提升能力增加至 515.0 万 t。

行程控制器包括 S 形速度给定发生器、位置控制器、速度控制器和力矩预控制等部分，与传动系统的电流控制器共同构成提升机多闭环控制系统。

①位置控制器

位置控制器设置为比例控制器。S 形速度给定发生器输出的设定位置作为位置控制器的设定值输入，来自位置编码器反馈回来的所选提升容器的实际位置作为位置控制器的实际值输入，位置控制器的输出作为附加的速度设定值。位置控制器实时调节速度给定值，确保提升机按照设计曲线运行，使实际位置精确跟随设定位置，实现位置闭环控制。

②速度控制器

速度控制器设置为比例积分控制器。S 形速度给定发生器输出的速度给定作为主速度设定值，加上位置控制器输出的速度动态校正值，共同作为速度控制器的设定值输入，速度编码器反馈的箕斗(罐笼)的速度作为速度控制器的速度反馈，速度控制器输出转矩设定值。速度控制器的控制目标是使实际速度跟随给定速度。

③力矩预控制

主要在速度控制器输出设定转矩之后直接加上预给定力矩，生成的转矩控制值传送给传动系统，再由传动的电流控制器使电机输出的实际转矩跟随设定转矩。预制力矩由载荷预置力矩、加速度预置力矩、机械预置力矩三部分组成，其载荷预置力矩使转矩控制器即刻输出可以抵消载荷的力矩设定值，其实际速度可快速准确地跟随设定速度，使提升机快速平稳地启动，有效减小或消除启动时的倒车现象，从而提高安全性和效率；加速度预置力矩用于在加速或减速时提供预制力矩，用来减小加减速时的速度跟随滞后，减小或消除加减速段结束时的速度超调；机械预置力矩用于补偿两个箕斗的自重差和首尾绳的质量差。

行程控制原理如图 4-208 所示。为了保证行程控制的精度，系统在 S 形速度给定发生器和位置控制器的基础上引入位置闭环控制，位置闭环原理是通过对积分器的串联运算，计算出给定速度设定值、加速度设定值和位置设定值。在矿井提升机的导向轮和滚筒上分别装设一台轴编码器，用来发出脉冲序列信号，对轴编码器发出脉冲进行记数以及量化处理，由此可求出箕斗或罐笼的行程 S 和运行速度 V_f，再根据提升行程以及其他既定参数，通过 S 和 V 的函数关系式能够实时求解出具有 S 形曲线的速度给定值 V，然后将其输入全数字调节系统中，实现对提升机的监视保护。

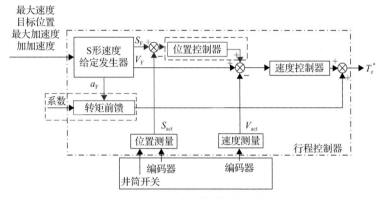

图 4-208　行程控制原理图

3. 比例调节和前馈调节相结合的行程控制方法

提升机在运行过程中对动态和静态性能要求较高，为保证运行的平稳、减小负载和电源波动对运行的影响，采用 PID 调节器进行闭环速度控制。按照偏差的比例、积分和微分进行控制的 PID 控制器具有原理简单、易于实现，同时具有稳态精度较高、鲁棒性较好的特点。

常规 PID 控制系统原理框图如图 4-209 所示，系统由 PID 控制器和被控对象组成。

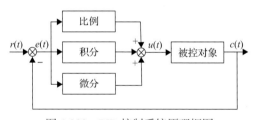

图 4-209　PID 控制系统原理框图

PID 控制器是一种线性控制器，它根据给定值 $r(t)$ 与实际输出值 $c(t)$ 构成控制偏差：$e(t) = r(t) - c(t)$。将偏差的比例（P）、积分（I）和微分（D）通过线性组合构成控制量，对被控对象进行控制，其控制规律为

$$u(t) = K_P \left[e(t) + \frac{1}{T_I} \int_0^t e(t)\mathrm{d}t + T_D \frac{\mathrm{d}e(t)}{\mathrm{d}t} \right] \qquad (4-232)$$

式中，K_P 为比例增益；T_I 为积分时间常数；T_D 为微分时间常数；$u(t)$ 为控制量；$e(t)$ 为偏差。

PID 控制器各校正环节的作用如下。

（1）比例环节即时成比例地反映控制系统的偏差信号 $e(t)$，偏差一旦产生，控制器立即产生控制作用，以减少偏差。比例系数 K_P 的作用在于加快系统的响应速度，提高系统的调节精度；K_P 越大，系统的响应速度越快，系统的调节精度越高，也就是对偏差的分辨率越高，但过大将产生超调，甚至导致系统不稳定。K_P 过小，则会降低调节精度，尤其是使响应速度缓慢，从而延长调节时间，使系统静态、动态特性变坏。

（2）积分环节作用的强弱取决于积分时间常数 T_I，T_I 越大，积分作用越弱，反之则越强。积分作用系数 T_I 的作用在于消除系统的稳态误差，提高系统的无差度。T_I 越大，系统静态误差消除越大，但 T_I 过大，在响应过程的初期会产生积分饱和现象，从而引起响应过程较大超调；若 T_I 过小，将使系统静差难以消除，影响系统的调节精度。

（3）微分环节能反映偏差信号的变化趋势。微分时间常数 T_D 的作用在于改善系统的动态特性。因为 PID 控制器的微分作用环节是响应系统偏差的变化率，其作用主要是在响应过程中抑制偏差向任何方向变化，并能在偏差信号变得太大之前，在系统中引入一个有效的早期修正信号，从而加快系统的动作速度，减小调节时间，对偏差变化进行提前预报。但 T_D 过大，则会使响应过程过分提前制动，从而延长调节时间，而且系统的抗干扰性能较差。

在实际应用控制中，根据需要将比例、积分、微分组合构成 P、PI、PID 控制器，在调节器的输入端出现突变扰动信号的瞬间，调节器的比例控制和微分控制起作用，在比例作用基础上的微分作用，使调节器产生很强的调节作用，调节器的输出立即产生大幅度的突变。此后，调节器的微分作用逐件减弱，而比例控制一直发挥作用，与此同时，积分作用随时间的累积而逐渐增强，直到消除系统的静差。比例系数、积分时间、微分时间三者必须根据被控对象的特征合理配合才能充分发挥各自的优点，满足控制系统的要求。

在计算机控制系统中数字控制器的设计是将连续函数离散化，用数值逼近的方法。当采样周期相当短时，用求和代替积分、用后向差分代替微分，使模拟离散化变为差分方程。数字的控制算法有位置型控制算法、增量型控制算法。位置型控制算法要累加偏差，计算较繁，通常控制器采用增量型控制算法。

数字 PID 增量控制算式为

$$u(k) = u(k) - u(k-1) = K_P \left[e(k) - e(k-1) \right] + K_I e(k) + K_D \left[e(k) - 2e(k-1) + e(k-2) \right]$$

$$(4\text{-}233)$$

式中，$K_P = \dfrac{1}{\delta}$ 称为比例增益；$K_I = K_P \dfrac{T}{T_I}$ 称为积分增益；$K_D = K_P \dfrac{T_D}{T}$ 称为微分增益。

PID 控制器传递函数的表示形式为

$$G_C(s) = K_P \left(1 + \frac{1}{T_I s} + T_D s \right) \tag{4-234}$$

PID 调节器可以利用 PLC 或变频器中带有的数字 PID 控制器，为达到理想的控制效果，通过自整定可运算出合理的 K_P、K_I、K_D 三个参数，保证提升系统控制过程稳定，对给定值的变化能迅速又平稳地跟踪，超调量小，振荡次数少，并能克服扰动使静差减小。PID 控制器相对 PI 控制器和 PD 控制器来说，综合了 PI 控制器与 PD 控制器的优点，积分作用可以消除静差，微分作用可以缩小超调量，反应加快。

取轴编码器反馈的转速信号构成的闭环调速系统，使转速最大限度地受负载变化、电源电压波动等干扰因素影响最小，加宽了系统调速范围，稳速精度大幅提高，有平稳的启、制动性能。系统能根据检测的反馈值，自动调整转速，并对设定的转速进行稳定控制。PID 控制系统流程框图如图 4-210 所示。

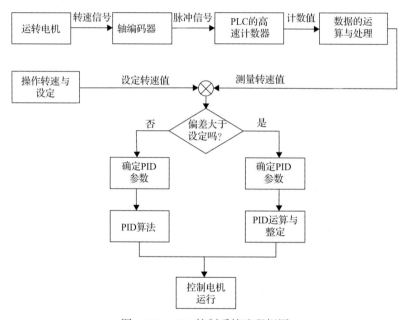

图 4-210　PID 控制系统流程框图

高精度、高性能控制场合仅采用传统的反馈型 PID 控制已难以满足实际工艺的要求，因而引入前馈控制十分必要。反馈控制的特点是当被控过程受到扰动后，需等待被控变量出现偏差时，控制器才开始补偿扰动对被控变量的影响。前馈控制则无须等到扰动引起被控变量出现偏差，而是直接利用测量到的扰动量去补偿扰动对被控变量的影响。因而，可将前馈控制与反馈控制结合起来，构成前馈/反馈控制系统，既发挥了前馈控制作用及时的优点，又保持了反馈控制能克服多个扰动和具有对被控变量实行反馈检验的优势。

在矿井提升机行程控制回路中引入前馈环节，分析前馈和反馈对过程输出方差的影响，求取最优的过程输出方差，并可得到控制器的最优参数。前馈/反馈控制系统结构如图 4-211 所示，其中不可测扰动 $a(t)$ 和可测扰动 $w(t)$ 是均值为 0、方差为常数且相互独立的时间序列，t 和 d 分别为可测扰动和过程的延迟，$G^*(q^{-1})$ 为无延迟的电机模型，$K(q^{-1})$ 为前馈控制器。

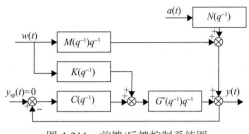

图 4-211　前馈/反馈控制系统图

系统的输出方差包括前馈控制器最优和非最优时可测扰动造成的方差、反馈通道中可测扰动引起的方差、反馈控制器最优和非最优时可测和不可测扰动引起的方差等。对于前馈无法消除的扰动，必须通过反馈控制消除，因而反馈控制也受到前馈控制的影响。因此，前馈控制器最优时，反馈控制器也达到最优，此时系统的输出方差最小。

验证比较控制器的性能，可建立仿真模型如下：

$$G^*(q^{-1})q^{-b} = \frac{0.1}{1-0.8q^{-1}}q^{-6} \tag{4-235}$$

$$N(q^{-1}) = \frac{1-0.2q^{-1}}{1-q^{-1}} \tag{4-236}$$

$$M(q^{-1}) = \frac{1-0.6q^{-1}}{1-q^{-1}}q^{-5} \tag{4-237}$$

不可测扰动 $a(t)$ 和可测扰动 $w(t)$ 的方差分别为 0.001 和 0.01，前馈作用在动态过程以后可以全部补偿可测扰动对过程输出的影响。使用 PI 调节器，仿真结果见表 4-38。

表 4-38　控制器性能及参数

情景	PI 控制器参数		控制器最优输出方差	实际输出方差 k_1=2.3，k_2=2.1
	k_1	k_2		
无前馈	1.704	−1.523	0.218	0.238
加前馈	0.797	−0.613	0.145	0.151

引入最优前馈后，系统的性能指标计算如下：

$$\eta = \frac{\sigma^2_{\text{opt,ff/fb}}}{\sigma^2_{\text{y}}} = \frac{0.145}{0.151} = 96.0\% \tag{4-238}$$

式中，$\sigma^2_{\text{opt,ff/fb}}$ 为带前馈的反馈控制器最优时可测和不可测扰动的输出方差；σ^2_{y} 为带前馈的反馈控制器最优时可测和不可测扰动的实际输出方差。系统的性能指标为 0.96，表明此时系统的调节性能良好。

由表 4-38 可知，在没有引入前馈时，PI 控制回路可以达到的最优输出方差（$\sigma^2_{\text{opt,fb}}$）为

0.218；而引入前馈后，控制回路可以达到的最优输出方差为 0.145。控制回路性能的改善可表示为

$$\Delta\sigma = \frac{\sigma_{\mathrm{opt,fb}}^2 - \sigma_{\mathrm{opt,ff/fb}}^2}{\sigma_{\mathrm{opt,fb}}^2} = \frac{0.218 - 0.145}{0.218} = 33.5\% \qquad (4\text{-}239)$$

由式(4-239)可知，在引入前馈控制后，系统的性能得到了显著改善。针对带前馈的 PI 控制回路，计算了在最优的前馈反馈控制器作用下系统能够达到的最小方差。实例仿真结果表明，带前馈通道的反馈 PI 控制较传统的反馈 PI 控制具有更优越的控制性能、更快速的输出响应和更精确的给定跟踪。因而，将前馈/反馈 PI 控制应用于高性能矿井提升机行程控制系统是切实可行的。

图 4-212 为在传统的转速电流双闭环基础上加入行程控制，在转速环外加入位置控制，对转速给定进行实时补偿，要求能够提高系统的动态性能，减小转速到达稳态的时间。对比加入行程控制前后的电磁转矩、转速波形，可以看出加入行程控制能够提高系统的动态响应。

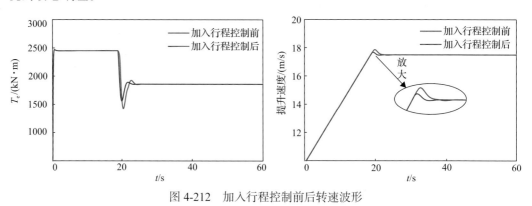

图 4-212　加入行程控制前后转速波形

4.4.2　深高速提升容器位置监测技术

1. 行程测量基本方法

在矿井提升系统中，通常采用编码器间接测量行程，其中滚筒和编码器的连接方式如图 4-213 所示。

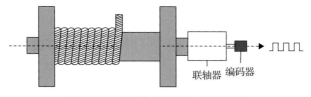

图 4-213　滚筒与编码器连接示意图

图 4-213 中，矿井提升机滚筒和编码器同轴连接，编码器随滚筒转动，输出相应数量的脉冲，利用输出脉冲数来间接计算滚筒转动的圈数，进而计算矿井提升机的行程。

2. 基于速度自适应的同步开关时滞补偿方法

通过对安装在滚筒轴侧的轴编码器发出的脉冲信号进行计数，间接检测容器的实际位置。由于摩擦式提升机通过摩擦衬垫和钢丝绳压力之间产生的摩擦力传递电机转矩，钢丝绳在摩擦衬垫上的滑动、钢丝绳的弹性形变、滚筒衬垫磨损以及编码器脉冲计数误差等因素都会造成提升容器行程检测的误差。为了降低以上原因产生的行程检测误差，通常在井筒中设置同步开关，为了保证系统安全运行，同步开关设置在系统最大运行速度对应的减速点之前。当提升容器实际通过同步开关时，磁性接近开关的出点动作，发出同步信号。该信号将系统计算的行程值强制设定为同步位置，从而减少行程检测误差。行程检测同步校正原理如图 4-214 所示。

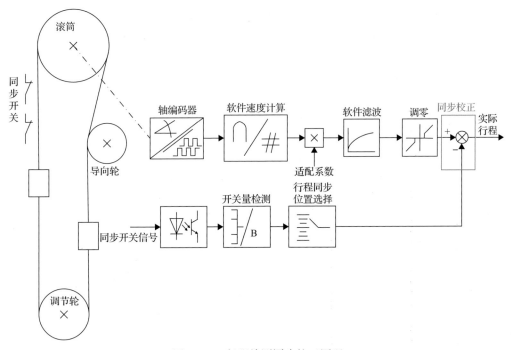

图 4-214 行程检测同步校正原理

磁性同步开关的触点为机械开关，由开始吸合到闭合的过程需要一定的时间，行程检测存在 30~50ms 的延迟，在同步开关吸合过程中提升机仍在运行，行程值仍在变化，就会导致行程测量值和实际行程值存在一定的误差。在同步开关吸合时间一定的情况下，检测时提升机速度越快，行程检测误差越大，存在的行程误差若不进行补偿，会使行程控制系统无法达到预期的控制效果，导致停车位置不准。如图 4-215 所示，模拟了三种不同速度下，同步开关吸合过程所导致的行程检测误差，可以看出，提升速度越快，行程检测误差越大，这是因为在同步开关吸合时间一定的条件下，井筒瞬时速度越快，单位时间所变化的行程越大，行程检测误差也就越大。

采用速度自适应同步开关时滞补偿给定行程和实际行程比较曲线如图 4-216 所示，实际行程可以很好地跟随给定行程曲线。

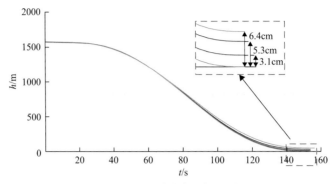

图 4-215　不同速度下行程误差

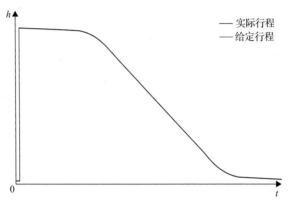

图 4-216　给定行程和实际行程比较曲线

参 考 文 献

[1] 张国华, 于克勇. 钢丝绳对电梯垂直振动的影响分析[J]. 金属制品, 2016, 42(1): 43-46.

[2] Guo Y, Zhang D, Chen K, et al. Longitudinal dynamic characteristics of steel wire rope in a friction hoisting system and its coupling effect with friction transmission[J]. Tribology International, 2018, 119: 731-743.

[3] Crespo R S, Kaczmarczyk S, Picton P, et al. Modelling and simulation of a stationary high-rise elevator system to predict the dynamic interactions between its components[J]. International Journal of Mechanical Sciences, 2018, 137: 24-45.

[4] 李占芳. 矿井提升系统振动特性及典型故障诊断研究[D]. 徐州: 中国矿业大学, 2008.

[5] Wang D, Wang D. Dynamic contact characteristics between hoisting rope and friction lining in the deep coal mine[J]. Engineering Failure Analysis, 2016, 64: 44-57.

[6] Kaczmarczyk S, Ostachowicz W. Transient vibration phenomena in deep mine hoisting cables. Part 1: mathematical model[J]. Journal of Sound and Vibration, 2003, 262(2): 219-244.

[7] 肖林京. 矿井提升设备钢丝绳载荷系统纵向振动的研究[J]. 矿山机械, 1995(1): 18-20.

[8] 严世榕, 闻邦椿. 下放容器时提升钢丝绳的动力学仿真[J]. 煤炭学报, 1998(5): 84-88.

[9] 刘义, 陈国定, 李济顺. 主轴弹性对摩擦提升系统纵向振动特性影响的研究[J]. 机械科学与技术, 2017, 36(4): 547-552.

[10] 吴娟, 寇子明, 王有斌. 落地式多绳摩擦提升系统动态特性研究[J]. 煤炭学报, 2015, 40(S1): 252-258.

[11] 刚宪约. 曳引电梯系统动态理论及动力学参数优化方法研究[D]. 杭州: 浙江大学, 2005.

[12] Wickerj A, Motec D J R. Current research on the vibration and stability of axially-moving materials[J]. Journal of Sound & Vibration, 1988, 259(2): 445-456.

[13] 陈立群, Zu J W. 轴向运动弦线的纵向振动及其控制[J]. 力学进展, 2001, 31(4): 535-546.

[14] Zhu W D, Ni J. Energetics and stability of translating media with an arbitrarily varying length[J]. Journal of Vibration and Acoustics, 2000, 122（3）: 295-304.

[15] Zhang P, Bao J H, Zhu C M. Dynamic analysis of hoisting viscous damping string with time-varying length[J]. Journal of Physics: Conference Series, 2013, 448: 012011.

[16] Ponomareva S V, Horssen W T V. On the transversal vibrations of an axially moving continuum with a time-varying velocity: transient from string to beam behavior[J]. Journal of Sound & Vibration, 2009, 325（4）: 959-973.

[17] Chen L, Zhao W, Ding H. On galerkin discretization of axially moving nonlinear strings[J]. Acta Mechanica Solida Sinica, 2009, 22（4）: 369-376.

[18] Chi M, Xiao X M, Wu J, et al. Study on longitudinal vibration of friction hoist skips based on Ritz series[C]//2010 International Conference on Mechanic Automation and Control Engineering, 2010: 683-685.

[19] Kaczmarczyk S, Ostachowicz W. Transient vibration phenomena in deep mine hoisting cables. Part 2: numerical simulation of the dynamic response[J]. Journal of Sound and Vibration, 2003, 262（2）: 245-289.

[20] 曹国华, 朱真才, 彭维红, 等. 变质量提升系统钢丝绳轴向-扭转耦合振动特性[J]. 振动与冲击, 2010, 29（2）: 64-68, 221-222.

[21] 蒋玉强. 立井刚性罐道系统的非线性耦合特性及状态评估研究[D]. 徐州: 中国矿业大学, 2011.

[22] 张鹏. 超深矿井提升系统钢丝绳多层缠绕关键问题的研究[D]. 重庆: 重庆大学, 2015.

[23] 吴水源. 缠绕式多点提升系统钢丝绳变形失谐动力学分析及主动控制[D]. 重庆: 重庆大学, 2016.

[24] 罗宇驰. 超深矿井提升机卷筒及钢丝绳变形失谐分析及优化[D]. 重庆: 重庆大学, 2016.

[25] 李晓光. 超深矿井提升钢丝绳特性及接触行为研究[D]. 重庆: 重庆大学, 2016.

[26] 巫显照. 超深矿井缠绕提升系统动态特性理论与实验研究[D]. 重庆: 重庆大学, 2017.

[27] Lounis Z, Rasoanarivo I, Davat B. Minimization of wiring inductance in high power IGBT inverter[J]. IEEE Transactions on Power Delivery, 2000, 15（2）: 551-555.

[28] Beukes H J, Enslin J H R, Spee R. Busbar design considerations for high power IGBT converters[C]//Power Electronics Specialists Conference, 1997: 847-853.

[29] 易荣, 赵争鸣.受杂散电感影响的大容量变换器中 IGCT 关断特性研究[J].中国电机工程学报, 2007（31）: 115-120.

[30] Khan M, Magne P, Bilgin B, et al. Laminated busbar design criteria in power converters for electrified power train applications[C]//2014 IEEE Transportation Electrification Conference and Expo（ITEC）, 2014: 1-6.

[31] Caponet M C, Profumo F R, Doncker R W D, et al. Low stray inductance bus bar design and construction for good EMC performance in power electronic circuits[J]. IEEE Transactions on Power Electronics, 2002, 17（2）: 225-231.

[32] Zare F, Ledwich G F. Reduced layer planar busbar for voltage source inverters[J]. IEEE Transactions on Power Electronics, 2002, 17（4）: 508-516.

[33] Chen C, Pei X, Shi Y, et al. Modeling and optimization of high power inverter three-layer laminated busbar[C]//Energy Conversion Congress and Exposition. IEEE, 2012: 1380-1385.

[34] Chen C, Pei X, Chen Y, et al. Investigation, evaluation, and optimization of stray inductance in laminated busbar[J]. IEEE Transactions on Power Electronics, 2014, 29（7）: 3679-3693.

[35] Callegaro A D, Guo J, Eull M, et al. Bus bar design for high-power inverters[J]. IEEE Transactions on Power Electronics, 2018, 33（3）: 2354-2367.

[36] 汪鋆, 杨兵建, 徐枝新, 等. 750kVA 高功率密度二极管钳位型三电平通用变流模块的低感叠层母线排设计[J]. 中国电机工程学报, 2010, 30（18）: 47-54.

[37] Popova L, Musikka T, Juntunen R, et al. Modeling of low inductive busbars for medium voltage three-level NPC inverter[C]//IEEE Power Electronics and Machines in Wind Applications, 2012: 1-7.

[38] Bryant A T, Vadlapati K K, Starkey J P, et al. Current distribution in high power laminated busbars [C]//Proceedings of the 2011 14th European Conference on Power Electronics and Applications, EPE, 2011: 1-10.

[39] Dong Y, Luo H, Sun P, et al. Engineering design for structure and bus bar of 1.2MVA hybrid clamped five-level converter

module[C]//Proceedings of the 2014 IEEE Applied Power Electronics Conference and Exposition, 2014.

[40] Guichon J M, Aim'e J, Schanen J L, et al. How to spare nano-henries[C]//Conference Record - IAS Annual Meeting, 2006: 1865-1869.

[41] Pasterczyk R J, Martin C, Guichon J M, et al. Planar busbar optimization regarding current sharing and stray inductance minimization[C]//Proceedings of the 2005 European Conference on Power Electronics and Applications, 2005: 1-9.

[42] Zhang N, Wang S, Zhao H. Develop parasitic inductance model for the planar busbar of an IGBT H bridge in a power inverter[J]. IEEE Transactions. on Power Electronics, 2015, 30(12): 6924-6933.

[43] 易荣, 赵争鸣, 袁立强. 高压大容量变换器中母排的优化设计[J]. 电工技术学报, 2008(8): 94-100.

[44] Schanen J L, Clavel E, Roudet J. Modeling of low inductive busbar connections[J]. IEEE Industry Applications Magazine, 1996, 2(5): 39-43.

[45] Heeb H, Ruehli A E. Three-dimensional interconnect analysis using partial element equivalent circuits[J]. IEEE Transactions on Circuits and Systems I Fundamental Theory and Applications, 1992, 39(11): 974-982.

[46] Daroui D, Stevanović I, Cottet D, et al. Bus bar simulations using the PEEC method[C]//26th International Review of Progress in Applied Computational Electromagnetics ACES Tampere, Finland, 2010: 25-29.

[47] Yuan L, Li G, Yu H, et al. Improvement for planar bus bars of high power inverters based on segmented evaluation of stray parameters[C]//International Conference on Electrical Machines and Systems. Busan, Korea, 2013: 1782-1787.

[48] Li F, Huang L, Sun X, et al. PEEC modeling of complex DC buses in high power converters[J]. Tsinghua Univ (Sci & Tech), 2009, 49(8): 1089-1092.

[49] Xing K, Lee F C, Boroyevich D. Extraction of parasitics within wire-bond IGBT modules[C]//In Proceedings APEC'98 Thirteenth Annual Applied Power Electronics Conference and Exposition, 1998: 497-503.

[50] Consoli A, Gennaro F, John V, et al. Effects of the internal layout on the performance of IGBT power modules[C]//In Proc. COPEB, Brazil, Sep. 1999.

[51] 陈材, 裴雪军, 陈宇, 等. 基于开关瞬态过程分析的大容量变换器杂散参数抽取方法[J]. 中国电机工程学报, 2011, 31(21): 40-47.

[52] 冯高辉, 袁立强, 赵争鸣, 等. 基于开关瞬态过程分析的母排杂散电感提取方法研究[J]. 中国电机工程学报, 2014, 34(36): 6442-6449.

[53] 金祝锋, 李威辰, 胡斯登, 等. 大容量电力电子装置中母排杂散电感提取方法的优化研究[J]. 电工技术学报, 2017, 32(14): 1-7.

[54] Martin C, Schanen J L, Guichon J M, et al. Analysis of electromagnetic coupling and current distribution inside a power module[J]. IEEE Transactions on Industry Applications, 2007, 43(4): 893-901.

[55] 王青, 卢林辉. 功率变换器叠层母排优化设计[J]. 电力与能源, 2013, 34(1): 34-38.

[56] Ansys Ansoft Maxwell 2D/3D software, Ansoft. [2023-12-22]. http://www.ansoft.com/.

[57] Zhu H, Hefner A R, Lai J S. Characterization of power electronics system interconnect parasitics using time domain reflectometry[J]. IEEE Transactions on Power Electronics, 1999, 14(4): 622-628.

[58] Eupec Marketing Department. Measurement of the circuit stray inductance Lσ. Warstein: european Power Semiconductor and Electronics Company, 1999.

[59] 耿程飞. 大功率 IGBT 变流装置电磁瞬态分析及智能驱动研究[D]. 徐州: 中国矿业大学, 2018.

[60] 周肖飞. 大功率三电平变流器电-热耦合特性分析研究[D]. 徐州: 中国矿业大学, 2019.

[61] 冯婧. 载波化电压空间矢量调制技术在两电平及类三电平变流器中的应用[D]. 徐州: 中国矿业大学, 2020.

第5章 深井提升高速重载安全制动关键技术

针对深井 SAP 提升高速重载安全制动关键技术问题，提出了深井高速重载大惯量提升机 S 形制动速度柔性控制策略及安全制动控制方法；揭示了制动摩擦界面的热-应力耦合特性及损伤机理，探究了制动摩擦噪声和颤振特性，研发了高摩擦性能的制动闸瓦材料和同步多通道恒减速智能制动系统；提出了制动系统可靠性预计及可靠性分配方法，形成了制动系统健康评价与智能维护体系。

5.1 深井高速重载提升制动动力学

5.1.1 提升机制动系统基础理论

提升机制动系统是提升机中不可或缺的重要组成部分，同时也是安全保障的最后一道防线。制动系统由制动器、液压系统和控制系统组成[1]。

1. 制动系统功能

提升机制动系统用于提升机停止时可靠地闸住提升机，同时在紧急制动时应能使提升机按照设定进行快速停止。在提升机使用过程中，其制动工况主要有以下两种类型。

(1)工作制动，是指提升机或提升绞车在正常运转过程中实现减速和停车的制动。停止运转时，制动装置应能可靠地闸住提升机，保证任何情况下提升机均不能转动。

(2)紧急制动，也称安全制动，是指当发生突发性事故或意外情况时，制动装置应能迅速且合乎安全要求地闸住提升机制动盘，避免事故的恶性扩大和蔓延。

2. 盘形制动器结构与工作原理

盘形制动器具有反应速度快、结构相对紧凑简单、可按需要灵活增减闸的副数等优点。目前大多数提升机采用的是盘形制动器，盘形制动器结构示意图如图 5-1 所示。

盘形制动器工作原理为：当液压缸排出高压油液时，碟形弹簧利用预压缩的恢复张力，使活塞杆带动闸瓦左移，闸瓦与制动盘慢慢贴合，此时制动器处于制动状态；当高压油液充入液压缸时，若活塞受到的液压力大于碟形弹簧的压缩力时，碟形弹簧压缩，活塞开始向右移动，带动闸瓦离开制动盘，引起制动器松闸。根据以上工作原理可以看出，提升机盘形制动器属于事故保安型制动器，其工作方式是油缸充油引起松闸、油缸泄油引起施闸，这种工作方式可以确保在液压控制系统发生故障的情况下，制动器能够自行抱闸以保证安全[2]。当实际安装在提升机上使用时，采用如下方式实现对提升机的制动，即采用螺栓把数个单独的盘形制动器成对固定安装在支架上，在制动时其通过夹

本章作者：刘大华，孟国营，孙富强，王大刚，孟庆睿，汪爱明，张伟，刘贺伟

持制动盘而产生制动力矩，由此完成制动过程。制动器的现场使用图如图 5-2 所示。

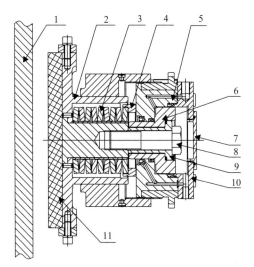

图 5-1　油缸后置式盘形制动器结构示意图

1-制动盘；2-制动器体；3-碟型弹簧；4-弹簧底座；5-油缸；6-活塞；7-制动器防尘罩；8-缸接螺栓；
9-活塞内套；10-制动器盖；11-制动闸瓦

图 5-2　制动器的现场使用图

3. 《煤矿安全规程》对制动装置的要求

《煤矿安全规程》对制动装置的要求[3]如下。

（1）对于立井和30°以上的斜井提升机，要求其工作制动和紧急制动的最大制动力矩，都不得小于提升（或下放）最大静载荷静力矩的 3 倍。

（2）对于立井和30°以上的斜井提升机，紧急制动时，全部机械的减速度：在下放重载时，不得小于 1.5m/s²；在提升重载时，不得超过 5m/s²。

（3）保险闸或保险闸第一级由保护回路断电起至闸瓦接触到制动盘的空动时间不得超过 0.3s。

（4）盘形制动闸的闸瓦与制动盘之间的间隙应不大于 2mm，一般在 0.5～1.5mm。

（5）制动盘两侧断面全跳动公差值，摩擦轮直径小于 4m 时，应不大于 0.5mm；摩擦轮直径大于 4m 时，应不大于 0.7mm。

(6) 对于摩擦轮式提升机，在工作制动和紧急制动的情况下，要求全部机械的减速度不得超出钢丝绳的滑动极限；而在下放重载的情况下，要求必须检测减速度的最低极限，在提升重载时，必须检测减速度的最高极限。

4. 提升机的紧急制动方式

由于矿井提升机工况复杂，提升速度快，提升载荷较大，因而在紧急制动时，常用的制动方式有恒力矩制动和恒减速度制动两种。恒力矩制动是指在制动过程中制动力矩不发生改变，也就是常用的二级制动。恒力矩制动在不同工况下制动减速度变化大，紧急制动过程中可能发生钢丝绳打滑现象，降低了设备的安全性能和使用寿命。恒减速制动是指制动减速度始终按预先设定的减速度进行制动，即使紧急制动时也不会随负荷和工况的变化而改变，从而可以实现紧急制动时响应速度快、平稳性好和安全性高[4,5]。深矿井提升机制动系统多采用恒减速制动系统。

5. E143A 型同步多通道恒减速电液制动系统工作原理

E143A 型同步多通道恒减速电液制动系统具有减速度恒值闭环自动控制功能。在安全制动时，可在各种载荷、速度、工况下，使提升机按照给定的恒定减速度进行制动。在检测装置检测到实际减速度偏离给定值的情况下，通过电液闭环制动控制系统的反馈调节和补偿作用，保持制动过程中减速度恒定不变，达到恒减速制动的效果。E143A 型电液制动系统具有多通道恒减速的制动功能，在任何情况下均能保证恒减速制动效果，增加了系统的可靠性。

E143A 型同步多通道恒减速电液制动系统工作原理如图 5-3 所示。提升机开始工作前，首先启动液压系统，液压泵向蓄能器充油；当其压力达到要求的数值后，压力继电器 JP1-3 产生动作，电磁换向阀 G1、G3、G4 得电，比例溢流阀给定的压力将根据操作手柄进行调整，此时液压泵向制动器供油；制动器因压力油的作用而打开，然后提升机开始正常运行。当提升机存在故障，要求系统必须紧急制动时，比例溢流阀、电动机、电磁换向阀 G1 断电，液压泵停止供油，此时制动器的油压快速降至比例溢流阀调定的贴闸压力，然后根据实际减速度和制动系统压力的信号，双闭环制动控制系统将对电液伺服阀进行控制，使其阀芯发生右移、处于中间位置或者发生左移，也就是说，向油箱排油，导致系统压力下降，或者电液伺服阀阀芯位处中间，处于全关闭状态，或者由蓄能器供油，导致系统压力上升。通过这种控制方式使制动减速度保持在恒定水平，直至系统全部停车，电磁换向阀 G3、G4 断电，提升机处于全抱闸状态。

5.1.2　盘形制动器动力学分析

1. 盘形制动器受力分析

盘形制动器活塞运动时受力分析如图 5-4 所示。活塞受到碟形弹簧的压力 f_2、油液产生的压力 f_1、运动过程中的摩擦阻力 f_3，以及给制动盘的正压力的反力[6]。

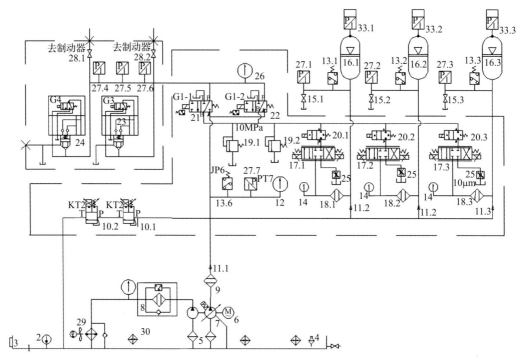

图 5-3　E143A 型同步多通道恒减速电液制动系统工作原理图

1-油箱；2-电子温度控制器；3-液位计；4-金属注油通气器；5，8，9，18-滤油器；6-电动机；7-液压泵；10-比例溢流阀；
11-单向阀；12-电接点压力表；13-压力继电器；14，26-压力表；15，28-截止阀；16-蓄能器；17-比例方向阀；19-溢流
阀；20，21，22，23，24-电磁换向阀；25-节流阀；27-压力传感器；29-冷却器；30-加热器

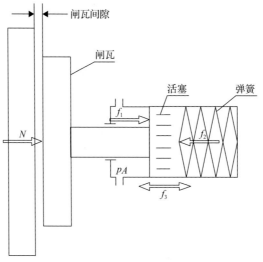

图 5-4　盘形制动器活塞运动时受力分析

1）油液对活塞的压力

油液对活塞产生的压力计算公式为

$$f_1 = pA \tag{5-1}$$

式中，p 为制动系统压强；A 为制动油缸面积。

2) 弹簧力

理想状态下，碟形弹簧的压力 f_2 满足胡克定律，即：

$$f_2 = K_t(x_0 + x) \tag{5-2}$$

式中，K_t 为碟形弹簧刚度；x_0 为碟形弹簧预压缩量；x 为碟形弹簧位移。

3) 摩擦力

活塞运动时主要产生两种摩擦力：一种是活塞与缸体之间相互运动产生的摩擦力，另一种是活塞与液压油之间的摩擦力，也就是液压油阻力。

活塞与缸体之间的动摩擦力：

$$f_v = C_v \frac{dx}{dt} \tag{5-3}$$

式中，C_v 为活塞的速度阻尼系数；x 为活塞运动的位移，等于碟形弹簧的位移。

黏滞性阻尼：

$$f = C_f \frac{dx}{dt} \tag{5-4}$$

式中，C_f 为油液的黏性阻尼系数。

运动过程中的摩擦阻力 f_3 为

$$f_3 = f_v + f = (C_v + C_f)\frac{dx}{dt} \tag{5-5}$$

4) 制动力

在弹簧力大于油液对活塞的压力和摩擦力之和时，制动器闸瓦和制动盘之间就产生了正压力 N，忽略了制动器闸瓦与制动盘的变形，其值为

$$N = \begin{cases} f_2 - f_1 \pm f_3 \pm m\dfrac{d^2x}{dt^2} & (\delta = 0) \\ 0 & (\delta > 0) \end{cases} \tag{5-6}$$

式中，正负号表示活塞运动方向与弹簧力方向相反还是相同；δ 为制动器开闸间隙；m 为制动器活塞及闸瓦质量。

2. 盘形制动器状态方程

根据制动器的工作原理，可以把制动器的运动分为开闸过程、合闸过程、临界接触和制动过程。

1）开闸过程

当高压油液充入制动油缸时，如果活塞受到的液压力大于碟形弹簧的压缩力，碟形弹簧将被压缩，活塞开始发生移动，使得闸瓦与制动盘分离，这个过程称为制动器开闸过程。开闸过程中，油液产生的压力克服弹簧力和摩擦力使活塞运动，其运动方程为

$$f_1 - f_2 - f_3 = m\frac{\mathrm{d}v}{\mathrm{d}t} \tag{5-7}$$

2）合闸过程

当高压油液从制动油缸流出时，如果活塞受到的液压力小于碟形弹簧的压缩力，碟形弹簧伸长，活塞开始移动，带动闸瓦靠近制动盘，这个过程称为制动器的合闸过程。合闸过程中，弹簧力克服油液产生的压力和摩擦力使活塞运动，其运动方程为

$$f_2 - f_3 - f_1 = m\frac{\mathrm{d}v}{\mathrm{d}t} \tag{5-8}$$

3）临界接触

盘形制动器闸瓦与制动盘刚好接触即临界接触。临界接触时的液压油压力 p_t 称为临界油压，开闸过程中的临界油压称为开闸油压，合闸过程中的临界油压称为贴闸油压（贴闸皮压力），由于摩擦力的存在，制动器的开闸油压和贴闸油压不同。临界接触时制动力为零。

4）制动过程

在制动器油腔油压小于临界接触油压时，即 p 满足 $0 \leqslant p < p_t$ 时，制动器闸瓦和制动盘之间就产生了正压力，有制动正压力的过程称为制动过程。

综上所述，制动器制动时从最大开闸间隙处开始运动，合闸过程中活塞的运动方向为正，忽略制动器闸瓦及制动盘的弹性变形，则活塞的运动方程为

$$f_2 - f_1 - f_3 - N = m\frac{\mathrm{d}^2 x}{\mathrm{d}t^2} \tag{5-9}$$

把式（5-1）、式（5-2）和式（5-5）代入式（5-9），得

$$K_t(x_0 + x) - pA - B\frac{\mathrm{d}x}{\mathrm{d}t} - N = m\frac{\mathrm{d}^2 x}{\mathrm{d}t^2} \tag{5-10}$$

式中，B 为活塞运动的黏性摩擦系数，$B = C_v + C_f$。

根据式（5-10）可以得到制动器工作时的状态方程：

$$\begin{cases} \dot{x}_1 = x_2 \\ \dot{x}_2 = \dfrac{1}{m}\left[K(x_{\max} - x_1) - N - Ap + B\dot{x}_1\right] \end{cases}$$

式中，x_1 为制动器活塞位移；x_2 为制动器活塞速度；x_{max} 为碟形弹簧的最大压缩量，$x_{max} = x_2 + \delta$；m 为制动器活塞及闸瓦质量；K 为制动器弹簧刚度；N 为制动器闸瓦和制动盘之间的正压力；A 为活塞腔的有效作用面积，即制动油缸面积。

5.1.3　提升系统制动动力学分析

1. 提升系统的静阻力

提升系统的静阻力包括静力和矿井阻力。静力包括提升容器、载荷质量、钢丝绳质量以及尾绳质量产生的重力；矿井阻力包括罐耳与罐道之间的摩擦阻力、提升容器在井筒中运行时的空气阻力、钢丝绳在天轮和摩擦轮上弯曲时的挠性阻力及天轮轴承的运行阻力[7,8]等。

1) 静力计算

提升系统的静力计算：

$$F_j = F_{js} - F_{jx} \tag{5-11}$$

式中，F_{js} 为提升机提升侧静拉力：

$$F_{js} = [Q_s + Q_Z + N_1 P_k H_C + (N_2 q_k - N_1 P_k)(H_h + x)]g \tag{5-12}$$

F_{jx} 为提升机下放侧静拉力：

$$F_{jx} = [Q_x + Q_Z + N_1 P_k H_C + (N_2 q_k - N_1 P_k)(H_h + H - x)]g \tag{5-13}$$

式中，Q_s 为提升侧容器的载荷，kg；Q_x 为下放侧容器的载荷，kg；Q_Z 为提升容器的质量，kg；H_C 为钢丝绳悬垂高度，m；H 为提升高度，m；H_h 为尾绳环高度，m；N_1 为提升钢丝绳根数；g 为重力加速度，m/s^2；x 为坐标轴，提升钢丝绳任意一点距离提升机卷筒(或天轮)中心线的高度；P_k 为提升钢丝绳单位长度质量，kg；N_2 为尾绳根数；q_k 为尾绳单位长度质量，kg。

2) 矿井阻力

矿井阻力主要包括空气阻力和罐道与罐耳之间的摩擦阻力。空气阻力计算需要根据空气动力学方程，其计算过程较为复杂，必须考虑罐笼运动时风流速度的变化、空气对罐笼侧表面的摩擦、罐笼层间的涡流等因素，罐道与罐耳的摩擦阻力包括罐道变形、罐笼偏装、地球旋转、尾绳和提升钢丝绳扭转等因素[9]，这些阻力难以精确计算，国内设计中通常用简化的矿井阻力计算公式：

$$F_Z = f \cdot F_j \tag{5-14}$$

式中，F_j 为提升系统静力，kg；f 为矿井阻力系数。

对于首尾绳等重的摩擦式提升机，静阻力为

$$F = F_j + F_Z = (1+f)F_j = kQg \tag{5-15}$$

式中，k 为静阻力系数，箕斗提升时取 $k=1.15$，罐笼提升时取 $k=1.2$；Q 为提升载荷，kg。

2. 提升系统总变位质量的计算

由于提升系统中有做直线运动的部件，也有做旋转运动的部件，因此需要用到总变位质量，其含义是采用集中在卷筒圆周表面的假想的当量质量代替提升系统所有运动部分的质量[9]。

在实际的提升系统中，不需要变位的情况，提升载荷、钢丝绳、容器这几个部分都具有与卷筒圆周相同的速度。需要遵循动能相等的原则进行质量变位的情况为提升机(其中包括减速器)、电动机转子及天轮这三个部分。

提升系统的总变位质量为

$$\sum M = Q + 2Q_Z + N_1 P_k L_t + N_2 q_k L_p + N m_t + m_j + m_d \tag{5-16}$$

式中，L_t 为提升钢丝绳总长度，m；L_p 为平衡钢丝绳总长度，m；N 为导向轮或天轮的组数，kg；m_t 为导向轮或天轮的变位质量(含 SAP 提升尾绳张紧轮变位质量)，kg；m_j 为提升机(包括减速器)的变位质量，kg；m_d 为电动机的变位质量，kg。

3. 提升机减速度动力学建模

根据达朗贝尔原理，提升机紧急制动时，作用在提升机卷筒上的力矩平衡方程为[10]

$$M_Z \pm M_J = M_d \tag{5-17}$$

式中，M_Z 为制动力矩；M_J 为静阻力矩；M_d 为提升系统惯性力矩。

$$M_Z = 2n(K_m x_0 - P_l A_p)\mu R_z \tag{5-18}$$

$$M_J = kmgR_j \tag{5-19}$$

$$M_d = \sum ma R_j \tag{5-20}$$

式中，K_m 为弹簧组刚度，N/m；x_0 为弹簧预压长度，m；P_l 为紧急制动时制动系统压力，Pa；A_p 为制动油缸面积，m^2；μ 为闸瓦摩擦系数；R_z 为制动半径，m；k 为矿井静阻力系数，箕斗取 $k=1.15$；m 为提升载荷质量，kg；g 为重力加速度，m/s^2；R_j 为卷筒半径，m；$\sum m$ 为提升系统总的变位质量，kg；a 为重载提升减速度，m/s^2；n 为制动器对数。

将式 (5-18)～式 (5-20) 代入式 (5-17) 得

$$a = \frac{(K_m x_0 - P_l A_p)\mu R_z \pm kmgR_j}{\sum m \cdot R_j} \tag{5-21}$$

4. 动态力矩演化分析

将提升系统各部件质量(提升容器、提升钢丝绳、尾绳、摩擦轮、天轮、电机转子)变位到摩擦轮上，则作用在制动器滚筒上的等价力矩为

$$T = M + (F_2 - F_1) \cdot R \tag{5-22}$$

式中，T 为等价力矩；F_1、F_2 为与摩擦轮相切处提升、下放侧钢丝绳静张力；R 为摩擦轮半径；M 为提升系统惯性力矩。

在深井提升系统制动过程中，提升钢丝绳承受动张力作用，将制动过程中与摩擦轮相切处提升侧、下放侧钢丝绳动张力 S_1、S_2 代入式(5-22)可得

$$T = \left[\sum m \cdot a - (S_1 - S_2) \right] \cdot R \tag{5-23}$$

式中，$\sum m$ 为提升系统总变位质量，仅考虑摩擦轮、天轮及电机转子的质量；a 为制动减速度；S_1、S_2 为与摩擦轮相切处提升侧、下放侧钢丝绳动张力。

在提升机盘形制动器紧急制动过程中，紧急力矩建立时间通常较短，且制动后制动正压力基本保持恒定，因此忽略制动力矩建立时间，则与摩擦轮切点处提升侧、下放侧提升钢丝绳动张力为

$$S_1 = \frac{a}{g} \cdot F_1 \cdot \left(1 - \frac{1 + 0.72a}{1 + a} \cdot \cos(\omega \cdot t + \psi) \right) + F_1 \tag{5-24}$$

$$S_2 = \frac{a}{g} \cdot F_2 \cdot \left(1 - \frac{1 + 0.72a}{1 + a} \cdot \cos(\omega \cdot t + \psi) \right) + F_2 \tag{5-25}$$

$$C_1 = \sqrt{\frac{E \cdot A}{\rho}} \tag{5-26}$$

$$\beta = \sqrt{\frac{\alpha}{1 + \dfrac{\alpha}{3}}} \tag{5-27}$$

$$\omega = \frac{\beta \cdot C_1}{l} \tag{5-28}$$

$$\psi = \arctan \frac{\alpha}{\beta} \tag{5-29}$$

式中，g 为重力加速度，9.8m/s^2；a 为制动减速度，3.8m/s^2；t 为紧急制动时间，当制动减速度由悬垂提升钢丝绳顶端切点处传递至容器端时设为零时刻，s；l 为紧急制动过程中提升钢丝绳悬垂长度，紧急制动过程中悬垂绳长变化对动张力 S_1、S_2 影响较小，故假设紧急制动过程中两侧提升钢丝绳悬垂长度恒定；α 为提升钢丝绳质量与终端载荷(容器、有效载荷和尾绳的质量之和)的比值；C_1 为弹性波在悬垂提升钢丝绳中的传播速度，

m/s；E 为提升钢丝绳弹性模量；A 为提升钢丝绳横断面积；ρ 为提升钢丝绳每米质量，kg/m；β 为固有值；ω 为钢丝绳张力差波动频率；ψ 为初相位。

通过式(5-24)～式(5-29)获得不同提升阶段(加速、匀速和减速阶段)紧急制动过程中提升侧、下放侧提升钢丝绳动张力演化特性，代入式(5-23)可获得不同提升阶段紧急制动过程中提升机等效力矩演化。

针对提升深度 1500m，最大提升速度 20m/s 的深井提升系统，通过式(5-24)～式(5-29)得到紧急制动过程中提升侧与下放侧钢丝绳动张力 S_1 和 S_2，进而得到两侧钢丝绳动张力差 $(S_1–S_2)$，如图 5-5 所示，图中三条曲线分别对应加速、匀速、减速提升阶段。

由图 5-5 可知，不同提升时刻钢丝绳动张力差均呈现动态特性，匀速阶段钢丝绳动张力差波动频率小于加速及减速阶段，这是由于提升过程中提升钢丝绳悬垂长度 l 减小，而下放侧提升钢丝绳悬垂长度 l 增加，故由式(5-30)可知：

$$\omega = \sqrt{\dfrac{E \cdot A \cdot g}{l \cdot \left(Q + \dfrac{1}{3} \cdot \rho \cdot l \right)}} \qquad (5\text{-}30)$$

提升侧制动过程中钢丝绳动张力波动频率随提升时刻增加，而下放侧波动频率则减小，两侧动张力做差时，动张力差波动频率由频率较大者决定，因此匀速阶段制动过程钢丝绳动张力差波动频率最小；减速阶段，提升侧钢丝绳长度较短，因此提升侧钢丝绳动张力波动频率较高，但由于提升侧终端质量较大，因此提升侧动张力波动频率较相同钢丝绳长度时下放侧动张力小，故图 5-5 中减速阶段钢丝绳动张力差波动频率略小于加速度阶段钢丝绳动张力差波动频率。提升过程中，由于提升侧提升载荷较下放侧大，故制动初始时刻，即提升系统处于提升与制动过渡阶段时，提升侧钢丝绳动张力大于下放侧，动张力差为正值；但由于提升载荷的惯性，提升侧钢丝绳张力将减小，而下放侧钢丝绳张力将增加，故制动初期动张力差呈下降趋势。

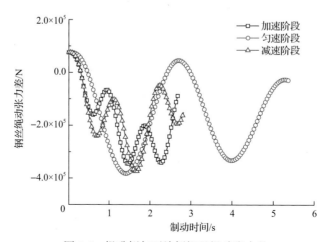

图 5-5　提升侧与下放侧钢丝绳动张力差

将钢丝绳动张力差代入式 (5-23)，得到如图 5-6 所示不同提升时刻紧急制动下动态力矩。

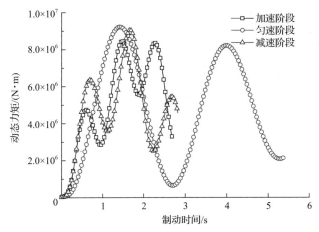

图 5-6 不同提升时刻紧急制动下动态力矩

由图 5-6 可知，由于钢丝绳动张力的动态特性，深井提升机不同提升时刻紧急制动动态力矩同样呈现动态特性，且紧急制动下的动态力矩波动频率呈现动张力差波动频率相同规律，即加速与减速阶段紧急制动下的动态力矩波动频率大于匀速阶段。紧急制动下的动态力矩变化规律与钢丝绳动张力差变化规律相反，随着制动时间的增加，加速及减速阶段紧急制动下的动态力矩呈现波动状上升趋势，而匀速阶段呈现波动状下降趋势。故不同提升时刻紧急制动下的动态力矩变化范围相差不大，根据实际经验，减速阶段制动容易出现打滑，因此频率变化的快慢对制动性能影响较大。

5.1.4 主要液压元器件数学模型

1. 电液比例方向阀

电液比例方向阀作为液压放大元件，兼有流量控制和方向控制两种功能，既可以通过调节阀口开度大小实现对流体流量大小的控制，又可以实现流体换向的功能。电液比例方向阀可以分为电液比例方向流量阀和电液比例方向节流阀两种，这种划分方式是根据电液比例方向阀的控制性能进行的[11]。对于前者，与调速阀类似，其输出流量不受负载压力和供油压力变动的影响，输出流量与控制信号成比例。而对于后者，通过该阀的流量与阀的压降有关，阀芯位移与控制信号成比例。本节研究的恒减速制动系统中电液比例方向阀为后者。

位移电反馈式电液比例方向阀的输入与位移传感器测量得到的主阀芯位移形成闭环控制，位移传感器将其检测到的主阀芯位移信号转换为电信号，然后通过与输入的控制信号比较后，传送到比例放大器的输入端[12]。电反馈可以对反馈增益进行调节，并可进行 PID 或状态反馈校正，通过这种方式可以改善静态和动态特性。除此之外，上述闭环中还包括滑阀的液动力、比例电磁铁的磁滞效应、摩擦力等干扰。电液比例方向阀的原理方框图如图 5-7 所示。

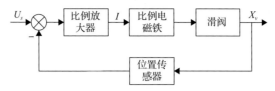

图 5-7　电液比例方向阀的原理方框图

比例电磁铁是电液比例方向阀的电-机械转换元件，其将由比例控制放大器发出的电信号转换为位移或力。比例电磁铁中线圈电流、电磁吸力和衔铁位移的特性决定着比例电磁铁的动态特性[13]。

线圈电流动态过程受到衔铁运动速度和线圈动态电感影响，其微分方程可表示为[14]

$$U_s(t) = L_d \frac{\mathrm{d}i(t)}{\mathrm{d}t} + i(t)R_s + K_v \frac{\mathrm{d}X_v(t)}{\mathrm{d}t} \tag{5-31}$$

式中，L_d 为线圈动态电感；R_s 为线圈和放大器内阻；K_v 为速度反电动势系数。

对式 (5-31) 进行拉普拉斯变换得到：

$$U_s(s) = L_d sI(s) + R_s I(s) + K_v sX_v(s) \tag{5-32}$$

当比例电磁铁在线性区工作时，其输出力可用式 (5-33) 来近似表示：

$$F_d(t) = K_I i(t) - K_y X_v(t) \tag{5-33}$$

式中，K_I 为比例电磁铁的电流增益，$K_I = \partial F_d / \partial i$；$K_y$ 为比例电磁铁的位移力增益和调零弹簧刚度之和，$K_y = \partial F_d / \partial y + K_{sy}$，$K_{sy}$ 为比例电磁铁调零弹簧刚度。

对式 (5-33) 进行拉普拉斯变换得到：

$$F_d(s) = K_I I(s) - K_y X_v(s) \tag{5-34}$$

电液比例方向阀阀芯的力平衡方程为

$$F_d(t) = m_f \frac{\mathrm{d}^2 x_v(t)}{\mathrm{d}t^2} + C_f \frac{\mathrm{d}x_v(t)}{\mathrm{d}t} + K_{fy} P_f x_v(t) \tag{5-35}$$

式中，m_f 为滑阀组件质量；$x_v(t)$ 为滑阀位移；C_f 为滑阀芯的动态阻尼系数；P_f 为滑阀的控制油压力；K_{fy} 为与 P_f 有关的液动力的等效刚度。

对式 (5-35) 进行拉普拉斯变换得到：

$$F_d(s) = m_f s^2 X_v(s) + C_f sX_v(s) + K_f y P_f X_v(s) \tag{5-36}$$

由式 (5-34)、式 (5-35) 和式 (5-36) 得到以比例放大器的控制电压为输入，电液比例方向阀阀芯的位移为输出的传递函数方框图如图 5-8 所示。

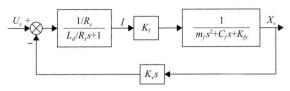

图 5-8　滑阀的传递函数方框图

根据图 5-8 可得出电液比例方向阀阀芯的传递函数为

$$\frac{X_v(s)}{U_s} = \frac{\dfrac{K_1}{R_s}\dfrac{1}{K_{fy}P_f + K_y}}{\left(\dfrac{s}{\omega_e} + 1\right)\left(\dfrac{s^2}{\omega_m^2} + \dfrac{2\xi_m}{\omega_m} + 1\right) + \dfrac{K_1}{R_s}\dfrac{1}{K_{fy}P_f + K_y}K_v s} \tag{5-37}$$

式中，ω_e 为控制线圈的转折频率；ξ_m 为衔铁阀芯的无因次阻尼比；ω_m 为衔铁阀芯组件的固有频率。分别由下式确定：

$$\omega_e = R_s / L_d$$

$$\xi_m = \frac{C_f}{2}\sqrt{\frac{1}{m_f(K_{fy}P_f + K_y)}}$$

$$\omega_m = \sqrt{\frac{K_{fy}P_f + K_y}{m_f}}$$

由于电磁铁控制线圈的转折频率比铁阀芯组件的固有频率高，因此，电液比例方向阀阀芯的位移可以简化为二阶环节：

$$\frac{X_v(s)}{U_s} = \frac{K_b\left(\omega_{mf}^2 + \dfrac{2\xi_{mf}}{\omega_{mf}}s + 1\right)}{s^2} \tag{5-38}$$

式中，K_b 为电液比例方向阀增益；ω_{mf} 为电液比例方向阀固有频率；ξ_{mf} 为电液比例方向阀的阻尼比。确定公式分别如下：

$$K_b = \frac{1}{K_y + K_{yf}P_f}$$

$$\omega_{mf} = \sqrt{\frac{1}{m_f K_b}}$$

$$\xi_{mf} = \frac{C_f + K_b}{2}\sqrt{\frac{K_b}{m_f}}$$

通常可以把位移传感器当作比例环节，其传递函数为

$$\frac{U_f(s)}{X_v(s)} = K_0 \tag{5-39}$$

在检测低频响应的元件，如滑阀、液压缸时，由于与低频响应元件的固有频率相比，比例放大器和比例电磁铁的线圈的固有频率较高，其对系统特性产生的影响相对很小，因而在工程实际中可忽略比例放大器和比例电磁铁的一阶滞后特性。在低频工作区域，比例放大器和比例电磁铁的线圈常常被看作一个比例环节，其等效环节为

$$W_1(s) = \frac{K_e K_I}{R_s} \tag{5-40}$$

式中，R_s 为线圈和比例放大器内阻；K_e 为电压放大系数；K_I 为比例电磁铁电流增益。

综上，电液比例方向阀的传递函数方框图如图 5-9 所示。

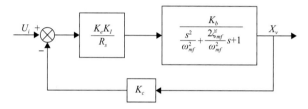

图 5-9　电液比例方向阀的传递函数方框图

根据电液比例方向阀的传递函数方框图可得其传递函数：

$$\frac{X_v}{U_i} = \frac{\dfrac{K_e K_I}{R_s} K_b}{s\left(\dfrac{s^2}{\omega_{mf}^2} + \dfrac{2\xi_{mf}}{\omega_{mf}} s + 1\right) + \dfrac{K_I K_e}{R_s} K_b K_0} \tag{5-41}$$

当电磁比例方向阀未通电时，阀芯处于中位，此时阀芯的四个台肩将油流通道遮盖封住，此时所有油路处于封闭状态。当电磁阀的电磁线圈通电后，阀芯开始移动，此过程中台肩与油流通道间的开口变大，其油流通道面积也变大，压力和流量随阀芯位移发生变化。

对于四通比例方向阀，其每个阀口均可当作可变非线性阻尼器，由阀芯位移引起的开口量 x 可对其阻尼进行调节。对于滑阀式方向阀，设滑阀从阀体中的位移动值为 x，阀口的压力降为 Δp，则通过阀口的流量为

$$Q = Kx\sqrt{\Delta p} \tag{5-42}$$

式中，K 为阀口的综合系数。

对于正遮盖的 H 型比例方向阀，设四个阀口的综合系数分别为 K_{21}、K_{13}、K_{24}、K_{34}，

阀芯的遮盖量均为 x_0，则根据式 (5-42) 可推导出四个阀口的流量方程分别为

$$
\begin{cases}
Q_1 = K_{21} \begin{cases} (x-x_0)\sqrt{|p_2-p_1|} \\ 0 \end{cases} - K_{13} \begin{cases} (x-x_0)\sqrt{|p_1-p_3|} & (x-x_0)>0 \\ 0 & \text{other} \end{cases} \\[4mm]
Q_2 = K_{21} \begin{cases} (x-x_0)\sqrt{|p_2-p_1|} \\ 0 \end{cases} - K_{24} \begin{cases} (x-x_0)\sqrt{|p_4-p_2|} & (x-x_0)>0 \\ 0 & \text{other} \end{cases} \\[4mm]
Q_3 = K_{34} \begin{cases} (x-x_0)\sqrt{|p_3-p_4|} \\ 0 \end{cases} - K_{13} \begin{cases} (x-x_0)\sqrt{|p_1-p_3|} & (x-x_0)>0 \\ 0 & \text{other} \end{cases} \\[4mm]
Q_4 = K_{34} \begin{cases} (x-x_0)\sqrt{|p_3-p_4|} \\ 0 \end{cases} - K_{24} \begin{cases} (x-x_0)\sqrt{|p_4-p_2|} & (x-x_0)>0 \\ 0 & \text{other} \end{cases}
\end{cases}
\tag{5-43}
$$

2. 液压管路数学模型

液压制动系统在恒减速安全制动时，需要根据实际测量到的减速度 (速度) 大小来调节制动器内的油压，调节油压的方式是向制动器内供油或从制动器排油，这样就会导致管路内流体频繁换向流动，管路的动态特性就会对恒减速制动效果产生影响，因此有必要研究管路的动态特性。

当管内传递一个瞬变或脉冲压力信号时，可能会引起如下现象：信号时延、信号幅值放大或衰减、随频率增加的相移等[15]。究其原因，主要是管道分布参数效应造成的[16-19]。管道中油的摩擦力、质量和可压缩性等因素是沿管道分布的，对于这种分布参数情况，需要使用管路的分布参数模型进行描述[20,21]。

在刚性、圆形、光滑传输管道内，设 $P_0(s)$ 和 $P_1(s)$、$Q_1(s)$ 分别为管道入口和出口压力、流量，则可压缩黏性流体与流体压力及流量的分布参数模型为

$$
\begin{bmatrix} P_0(s) \\ Q_0(s) \end{bmatrix} = \begin{bmatrix} \mathrm{ch}\,\Gamma(s) & Z_c(s)\,\mathrm{sh}\,\Gamma(s) \\ Z_c(s)^{-1}\,\mathrm{sh}\,\Gamma(s) & \mathrm{ch}\,\Gamma(s) \end{bmatrix} \begin{bmatrix} P_1(s) \\ Q_1(s) \end{bmatrix}
\tag{5-44}
$$

式中，$\Gamma(s)$ 为传播算子，$\Gamma(s)=\gamma(s)l$；$Z_c(s)$ 为特征阻抗，$Z_c(s)=\sqrt{Z(s)/Y(s)}$。$\gamma(s)$ 为传播常数，$\gamma(s)=\sqrt{Z(s)Y(s)}$，$Z(s)$ 为串联阻抗，$Y(s)$ 为并联导纳。

在流体管道分布参数模型中，管道的几何参数及其中流体的参数决定串联阻抗和并联导纳。管道的频率特性主要是分析串联阻抗 $Z(s)$ 和并联导纳 $Y(s)$。学者已推导出三种频率模型，分别为无损模型、线性摩擦模型和耗散模型，这三种模型的区别主要是在计算过程中是否考虑流体的黏性和热传递效应。对于无损模型，计算时仅考虑流体的惯性和弹性作用；对于线性摩擦模型，计算时不考虑热传递效应，与无损模型相比只增加了与平均瞬态速度成正比的黏性摩擦损失项。对于耗散模型，即分布摩擦模型，它同时考虑了流体的热传递和黏性效应，被看作是分析流体管道的精确模型。三种模型的串联阻抗 $Z(s)$ 和并联导纳 $Y(s)$ 数学表达式分别如下。

无损模型：

$$\begin{cases} Z(s) = \left(\dfrac{\rho}{A} \right) s \\[3mm] Y(s) = \left(\dfrac{A}{\rho \alpha^2} \right) s \end{cases}$$

线性摩擦模型：

$$\begin{cases} Z(s) = \dfrac{\rho}{A} \left(s + \dfrac{8\pi\mu}{A} \right) \\[3mm] Y(s) = \left(\dfrac{A}{\rho \alpha^2} \right) s \end{cases}$$

耗散模型：

$$\begin{cases} Z(s) = \dfrac{\rho}{A} s \left[1 - \dfrac{2J_i(\mathrm{j}r\sqrt{s/v})}{\mathrm{j}r\sqrt{s/v}\,J_0(\mathrm{j}r\sqrt{s/v})} \right]^{-1} \\[3mm] Y(s) = \left(\dfrac{A}{\rho \alpha^2} \right) s \end{cases}$$

式中，ρ 为流体密度；μ 为流体速度；r 为管道内径；J_i 为第一类第 i 阶贝赛尔函数；A 为管道横截面积；α 为波传播速度；v 为运动黏度。

尽管耗散模型计算精确，但是其串联阻抗中含有贝赛尔函数[22,23]，且在管路的数学模型中，其传递矩阵各元素还含有复变量的双曲函数。综合考虑，本节选择了相对简单且精度很高的 Tirkha 一阶惯性的近似模型[24]，用它来近似计算串联阻抗，根据 Oldenburger 提出的双曲函数无穷乘积级数展开这一近似算法，计算该双曲函数。实践证明，这种模型可以在简化计算的同时也能够保证计算的精度。

1）Tirkha 一阶惯性的近似模型

在耗散模型的串联阻抗数学表达式中，令

$$Z(s) = \dfrac{\rho}{A} s \left[1 - \dfrac{2J_1(\mathrm{j}r\sqrt{s/v})}{\mathrm{j}r\sqrt{s/v}\,J_0(\mathrm{j}r\sqrt{s/v})} \right]^{-1} \approx 1 + \dfrac{8}{\lambda^2} + \dfrac{4v}{r^2} \sum_{i=1}^{3} \dfrac{m_i}{s + n_i v / r^2}$$

式中，$\lambda = r\sqrt{s/v}$。

再令 $s^* = \lambda^2$ 可以得到：

$$N(s) \approx 1 + \dfrac{8}{s^*} + 4 \sum_{i=1}^{3} \dfrac{m_i}{s^* + n_i}$$

那么，液压管道分布参数模型中的串联阻抗简化为

$$Z(s) = \frac{\rho}{A} s \left[N(s) \right] = \frac{\rho}{A} s \left(1 + \frac{8}{s^*} + 4 \sum_{i=1}^{3} \frac{m_i}{s^* + n_i} \right) \tag{5-45}$$

2) 双曲函数的无穷乘积级数展开

双曲函数无穷乘积级数展开是由 Oldenburger 率先提出的, 可将双曲函数展开为如下形式:

$$\mathrm{ch}\,\Gamma = \prod_{i=1}^{\infty} \left\{ 1 - \frac{\Gamma^2}{\pi^2 (i - 1/2)^2} \right\} \tag{5-46}$$

$$\mathrm{sh}\,\Gamma = \Gamma * \prod_{i=1}^{\infty} \left\{ 1 + \frac{\Gamma^2}{\pi^2 i^2} \right\} \tag{5-47}$$

双曲函数展成无穷乘积后, 收敛速度快而且不存在发散问题。在一般工程应用中, 仅利用较少的项数就能满足精度要求。

3) 数学模型中传递矩阵基本元素的近似

根据 Tirkha 一阶惯性的近似模型, 且利用 Oldenburger 近似算法将双曲函数级数展开, 得到管道传递矩阵基本元素的近似表达式为[25]

$$\mathrm{ch}\,\Gamma = \prod_{t=1}^{n} \left(\frac{s^{*2}}{\omega_{nt}^2} + \frac{2\xi_{nt}}{\omega_{nt}} s^* + 1 \right) \tag{5-48}$$

$$\frac{1}{Z_c} \mathrm{sh}\,\Gamma \approx \frac{D_n s^*}{Z_0} \prod_{t=1}^{\infty} \left(\frac{s^{*2}}{\omega_{nt}^2} + \frac{2\xi_{nt}}{\omega_{nt}} s^* + 1 \right) \tag{5-49}$$

$$Z_x \mathrm{sh}\,\Gamma \approx Z_0 D_n \left[\frac{\left(1 + \frac{s^*}{u_1}\right)\left(1 + \frac{s^*}{u_2}\right) \cdots \left(1 + \frac{s^*}{u_m}\right)}{\left(1 + \frac{s^*}{p_1}\right)\left(1 + \frac{s^*}{p_2}\right) \cdots \left(1 + \frac{s^*}{p_{m-1}}\right)} \right] \prod_{t=1}^{\infty} \left(\frac{s^{*2}}{\omega_{nt}^2} + \frac{2\xi_{nt}}{\omega_{nt}} s^* + 1 \right) \tag{5-50}$$

式中, u_i 和 p_i、ω_{ni} 和 ξ_{nt} 取值详见表 5-1 和表 5-2。

表 5-1　u_i 和 p_i 取值表

i	u_i	p_i	i	u_i	p_i
1	5.7932	26.3743	6	1597.858	4618.124
2	30.4805	72.8032	7	4664.976	13061.11
3	77.6015	187.424	8	13681.61	40082.5
4	196.352	536.625	9	40220.68	118153
5	552.437	1570.602	10	118390.5	

表 5-2 ω_{ni} 和 ξ_{nt} 取值表

λ_c 或 λ_s	ω_{ni}	ξ_{nt}	λ_c 或 λ_s	ω_{ni}	ξ_{nt}
50	148.7297	0.0633	550	1701.06	0.0176
100	303.3264	0.0433	600	1857.05	0.0168
150	456.7792	0.0348	650	2013.195	0.0161
200	611.6939	0.0299	700	2169.186	0.0155
250	766.8952	0.0266	750	2325.318	0.015
300	922.2915	0.0241	800	2481.487	0.0145
350	1077.837	0.0223	850	2637.689	0.014
400	1233.504	0.0208	900	2793.922	0.0136
450	1389.273	0.0195	950	2950.183	0.0133
500	1545.13	0.0185	1000	3106.471	0.0129

5.1.5 恒减速制动系统建模分析

根据恒减速制动时的工作原理，可得到提升机制动系统控制原理方框图如图 5-10 所示。

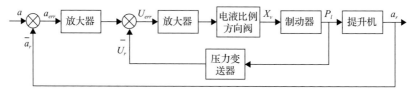

图 5-10 提升机制动系统控制原理方框图

1. 电液比例方向阀控制制动器建模

1) 电液比例方向阀建模

根据前述，电液比例方向阀的电压位移传递函数如式(5-38)所示。

2) 电液比例方向阀的线性化流量方程[26]

$$Q_L = K_{qs}x_v - K_v p_l \tag{5-51}$$

式中，Q_L 为电液比例方向阀的负载流量；x_v 为电液比例方向阀的阀芯位移；K_{qs} 为电液比例方向阀的流量-位移增益；K_v 为电液比例方向阀的流量-压力系数；p_l 为负载压力，Pa。

3) 制动器活塞的受力方程

$$A_p P_l = m_t \frac{\mathrm{d}^2 x_p}{\mathrm{d}^2 t} + B_t \frac{\mathrm{d}x_p}{\mathrm{d}t} + K_m x_p + K_m x_0 \tag{5-52}$$

式中，A_p 为活塞有效工作面积；P_l 为液压腔压力；m_t 为活塞驱动的工作部件质量(包括活塞、制动器闸瓦及连接螺栓); x_p 为活塞位移; x_0 为弹簧预压缩长度; B_t 为黏性阻尼系数; K_m 为弹簧刚度。

4) 制动器液压缸内的流量连续方程

$$Q_L = A_p \frac{\mathrm{d}x_p}{\mathrm{d}t} + C_i P_l + \frac{V_t}{\beta_e} \frac{\mathrm{d}P_l}{\mathrm{d}t} \tag{5-53}$$

式中, C_i 为活塞泄漏系数; V_t 为液压缸工作腔和进油管路内的油液体积; β_e 为油液的体积模量。

对式 (5-42)~式 (5-44) 取增量并进行拉普拉斯变换, 得

$$Q_L = K_{qs} X_v + K_v P_l \tag{5-54}$$

$$A_p P_l = m_t X_p s^2 + B_t X_p s + K_m X_p \tag{5-55}$$

$$Q_L = A_t s X_p + C_i P_l + \frac{V_t}{\beta_e} P_l s \tag{5-56}$$

由式 (5-54)~式 (5-56) 得到如图 5-11 所示的电液比例方向阀制动器传递函数方框图。

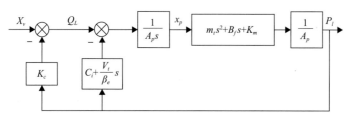

图 5-11　电液比例方向阀制动器传递函数方框图

根据方框图的运算法则, 可以得到以电液比例方向阀阀芯位移 x_v 为输入, 制动器充油腔压力 P_l 为输出的传递函数为

$$\frac{P_l}{x_v} = \frac{K_{qs}(m_t s^2 + B_t s + K_m)}{\left(K_{ce} + \dfrac{V_t}{4\beta_e}s\right)(m_t s^2 + B_t s + K_m) + A_p^2 s}$$

$$= \frac{\dfrac{K_{qs}}{A_p^2}(m_t s^2 + B_t s + K_m)}{\dfrac{V m_t}{4\beta_e A_p^2}s^3 + \left(\dfrac{K_{ce} m_t}{A_p^2} + \dfrac{B_t V_t}{4\beta_e A_p^2}\right)s^2 + \left(1 + \dfrac{B_t K_{ce}}{A_p^2} + \dfrac{K_m V_t}{4\beta_e A_p^2}\right)s + \dfrac{K_{ce} K_m}{A_p^2}} \tag{5-57}$$

式中, K_{ce} 为总的流量压力系数, $K_{ce} = K_v + C_i$。

由于系统满足 $\dfrac{B_t K_{ce}}{A_p^2} \ll 1$、$\dfrac{K_m}{K_h} \ll 1$、$\left(\dfrac{K_{ce}\sqrt{K_m m_t}}{A_p^2}\right)^2 \ll 1$ 三个条件，因而式(5-57)可简化为

$$\frac{P_l}{x_v} = \frac{\dfrac{K_{qs}X_v}{K_{ce}K_m}(ms^2 + B_t s + K_m)}{\left(\dfrac{s}{\omega_r}+1\right)\left(\dfrac{s^2}{\omega_h^2} + \dfrac{2\xi_h}{\omega_h} + 1\right)} \tag{5-58}$$

式中，ω_r 为惯性环节转折频率，rad/s，$\omega_r = \dfrac{K_m K_{ce}}{A_p^2}$；$\omega_h$ 为阀控缸的固有频率，rad/s，

$\omega_h = \sqrt{\dfrac{4\beta_e A_p^2}{V_t}} = \sqrt{\dfrac{K_h}{m_t}}$，$K_h$ 为液压缸的液压弹簧刚度，N/m，$K_h = \dfrac{4\beta_e A_p^2}{Vt}$；$\xi_h$ 为阀控缸

的阻尼比，$\xi_h = \dfrac{K_{ce}}{A_p}\sqrt{\dfrac{\beta_e m_t}{V_t}} + \dfrac{B_t}{4A_p}\sqrt{\dfrac{V_t}{\beta_e m_t}}$。

2. 提升机减速度建模

对式(5-58)取增量并进行拉普拉斯变换，得

$$\frac{a}{P_l} = \frac{-A_p \mu R_z}{\sum m R_j} \tag{5-59}$$

3. 变送器及放大器建模

以制动器压力 P_l 为输入，压力比较器反馈电流 I_r 为输出的传递函数为比例环节，即：

$$\frac{I_r}{P_l} = K_p \tag{5-60}$$

以减速度偏差 a_{err} 为输入，控制电流 I_e 为输出的放大器可视为比例环节，即：

$$\frac{I_e}{a_{err}} = K_b \tag{5-61}$$

以电流偏差 I_{err} 为输入，控制电流 I 输出的放大器可视为比例环节，即：

$$\frac{I}{I_{err}} = K_e \tag{5-62}$$

综上所述，提升机制动系统传递函数方框图如图5-12所示。

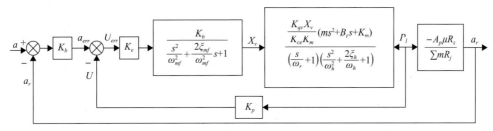

图 5-12　提升机制动系统传递函数方框图

4. 仿真实验

1）仿真模型搭建

从提升机制动系统传递函数方框图可以看出，制动系统是 0 型系统。0 型系统不能跟随斜坡信号，其单位阶跃信号输入时，系统存在稳态偏差，此类系统一般需要 PI 或 PID 校正。本节采用双 PID 控制方法，在 Simulink 中搭建仿真模型时需注意，因为加速度均为负值，因此平台搭建时应注意正负号，搭建好的仿真模型如图 5-13 所示。

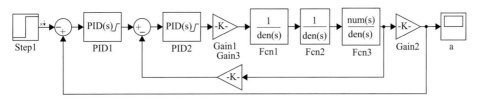

图 5-13　提升机制动系统仿真模型

2）参数的选择

仿真模型中各参数的计算过程从略，各参数的取值见表 5-3。

表 5-3　仿真模型参数取值

序号	名称	单位	数量	序号	名称	单位	数量
1	K_{qs}	m³/(mA·s)	8.34×10^{-5}	12	ξ_h		0.0488
2	K_v	m³/(Pa·s)	1.3×10^{-9}	13	ω_m	rad/s	753.6
3	C_i	m³/(Pa·s)	4.5×10^{-13}	14	ξ_m		0.63
4	β_e	Pa	1.60×10^{9}	15	K_d	m/mA	0.001
5	A_p	m²	0.26944	16	m	kg	28 000
6	B_t	(N·s)/m	0.45	17	R_j	m	4.54
7	K_m	N/m	3.3×10^{8}	18	R_z	m	2.45
8	V_t	m³	0.0025	19	μ		0.3
9	m_t	kg	160	20	k		1.15
10	ω_r	rad/s	5.918	21	$\sum m$	kg	238863.56
11	ω_h	rad/s	34081.76				

3）恒减速度仿真

设定减速度为 3.5m/s^2，仿真结果如图 5-14 所示，双 PID 控制系统满足紧急制动时减速度的控制要求。

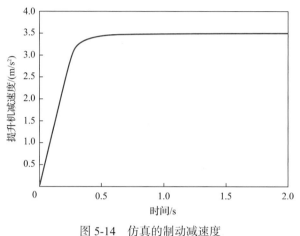

图 5-14 仿真的制动减速度

5.2 高摩擦性能的制动闸瓦材料

5.2.1 摩擦制动试验台设计

1. 缩比试验理论基础

根据相似关系和相似原理设计的缩比模型与原始模型具有相似性，缩比模型的数据也具有真实性与可靠性。因此，在保证参数相似或相等的前提下，利用摩擦制动试验台进行试验，所测出的数据和台架试验所测数据具有相同的规律性。

1）缩比试验需要考虑的物理量

设计和搭建摩擦制动试验台需要考虑如下物理量：闸瓦性质及其几何尺寸、制动盘材料、摩擦半径、摩擦线速度、摩擦面积、制动力、制动比压和系统转动惯量等。

2）各物理量相似关系

根据几何学相似、运动学相似以及动力学相似的基本原理，摩擦制动试验台与矿井提升机的准则为：①摩擦副结构形式与材料属性一致，即在试验中使用相同的闸瓦；②摩擦半径处线速度相等；③制动减速度相等；④制动比压相等；⑤闸瓦单位面积消耗摩擦功相等。

3）相似系数

相似系数需要根据相似约束关系进行选择。几何学相似系数是相似关系的基础，因此首先需要考虑几何相似关系，如摩擦面积之比、制动半径之比等。

定义相似物理量和矿井提升机与摩擦制动试验台各相似系数，见表 5-4、表 5-5。

表 5-4　相似物理量参数

项目名称	矿井提升机	摩擦制动试验台
电机转速	n_1	N_2
等效转动惯量	J_{dx1}	J_{dx2}
制动比压	P_1	P_2
摩擦半径处速度	v_1	v_2
摩擦半径	r_1	r_2
制动力矩	M_1	M_2
摩擦面数	C_1	C_2
单个闸瓦的摩擦面积	S_1	S_2
闸瓦单位面积消耗摩擦功	E_1	E_2
制动减速度	α_1	α_2

表 5-5　相似系数

项目名称	关系定义	符号定义
摩擦半径之比	r_2/r_1	T_r
电机转速之比	n_2/n_1	T_n
制动线速度之比	v_2/v_1	T_v
摩擦面数之比	C_2/C_1	T_C
单个闸瓦摩擦面积之比	S_2/S_1	T_S
闸瓦单位面积摩擦功之比	E_2/E_1	T_E
制动减速度之比	α_2/α_1	T_α
制动比压之比	P_2/P_1	T_F
制动力矩之比	M_2/M_1	T_M
等效转动惯量之比	J_{dx1}/J_{dx2}	T_J

①制动初速度相似系数 T_v。

摩擦半径处线速度与电机转速关系如下所示：

$$v_1 = \frac{2\pi r_1 n_1}{60} \tag{5-63}$$

$$v_2 = \frac{2\pi r_2 n_2}{60} \tag{5-64}$$

联立式(5-63)和式(5-64)，可得

$$\frac{v_2}{v_1} = \frac{r_2 n_2}{r_1 n_1} \tag{5-65}$$

根据表 5-5 中的相似系数，可得

$$T_v = T_r \cdot T_n \tag{5-66}$$

根据摩擦制动试验台与矿井提升机线速度相等，可得

$$T_v = T_r \cdot T_n = 1 \tag{5-67}$$

②等效转动惯量相似系数 T_J

闸瓦单位面积消耗的摩擦功：

$$E_1 = \frac{\frac{1}{2}J_{dx1}(\omega_{10}^2 - \omega_{1t}^2)}{C_1 S_1} \tag{5-68}$$

$$E_2 = \frac{\frac{1}{2}J_{dx2}(\omega_{20}^2 - \omega_{2t}^2)}{C_2 S_2} \tag{5-69}$$

联立式(5-68)和式(5-69)，可得

$$\frac{E_2}{E_1} = \left(\frac{n_2}{n_1}\right)^2 \frac{J_{dx2} \cdot C_1 \cdot S_1}{J_{dx1} \cdot C_2 \cdot S_2} \tag{5-70}$$

式中，ω_{10} 为矿井提升机紧急制动开始时的角速度；ω_{1t} 为矿井提升机紧急制动结束时的角速度；ω_{20} 为摩擦制动试验台紧急制动开始时的角速度；ω_{2t} 为摩擦制动试验台紧急制动结束时的角速度。

根据表 5-8 中的相似系数，可得

$$T_E = \frac{T_n^2 \cdot T_J}{T_C \cdot T_S} \tag{5-71}$$

在矿井提升机与摩擦制动试验台中，闸瓦单位面积消耗摩擦功相等，可得

$$T_E = \frac{T_n^2 \cdot T_J}{T_C \cdot T_S} = 1 \tag{5-72}$$

联立式(5-67)和式(5-72)，可得

$$T_J = T_r^2 \cdot T_C \cdot T_S \tag{5-73}$$

③制动比压相似系数 T_F

闸瓦承受制动比压：

$$P_1 = \frac{F_1}{S_1} \tag{5-74}$$

$$P_2 = \frac{F_2}{S_2} \tag{5-75}$$

联立式(5-74)和式(5-75)，可得

$$\frac{P_1}{P_2} = \frac{F_2 \cdot S_1}{S_2 \cdot F_1} \tag{5-76}$$

根据表 5-5 中的相似系数，可得

$$T_P = \frac{T_F}{T_S} \tag{5-77}$$

在矿井提升机与摩擦制动试验台中，闸瓦承受制动比压相等，可得

$$T_P = \frac{T_F}{T_S} = 1$$

即：

$$T_P = T_S \tag{5-78}$$

④制动力矩相似系数 T_M

制动力矩：

$$M_1 = \frac{J_1 \alpha_1}{r_1} \tag{5-79}$$

$$M_2 = \frac{J_2 \alpha_2}{r_2} \tag{5-80}$$

联立式(5-79)和式(5-80)，可得

$$\frac{M_2}{M_1} = \frac{J_2 \cdot \alpha_2 \cdot r_1}{J_1 \cdot \alpha_1 \cdot r_2} \tag{5-81}$$

根据表 5-5 中的相似系数，可得

$$T_M = \frac{T_J \cdot T_\alpha}{T_r} \tag{5-82}$$

由于制动减速度相等，可得

$$T_\alpha = \frac{T_M T_r}{T_J} = 1$$

即：

$$T_M = \frac{T_J}{T_r} \tag{5-83}$$

2. 试验台搭建

根据相似关系和原理，并结合表 5-6 中多绳摩擦式矿井提升机［JKMD-5×4(III)］参数，搭建摩擦制动试验台。

表 5-6　矿井提升机参数

项目名称	参数
单个闸瓦摩擦表面积/m^2	0.0416
摩擦面数	24
最大制动正压力/kN	160～200
最大制动比压/MPa	1.6～2.0
最大提升速度/(m/s)	20
摩擦盘直径/m	5

随着提升载重增加，要求提升机制动系统提供更大的制动正压力，这将导致闸瓦在制动过程中需要更大的制动比压。已知矿井提升机最大额定载重为 60t[27]，其技术参数见表 5-7。

表 5-7　提升系统技术参数

项目名称	参数
天轮质量/t	39.4
提升机质量/t	32.2
电动机质量/t	9.52
有效载重/t	60
提升机最大静张力差/t	91.68
提升高度/m	≤1000

3. 摩擦制动试验台参数确定

1) 转动惯量确定

在一个系统中，存在 m 个移动部件和 n 个转动部件。m_i、v_i 和 F_i 分别为移动部件质量(kg)、速度(m/s)和额定负荷(N)；J_j、n_j 和 T_j 分别为转动部件转动惯量(kg·m^2)、转速

(r/min)和力矩(N·m)。

系统总动能:

$$E = \frac{1}{2}\sum_{i=1}^{m} m_i \cdot v_i^2 + \frac{1}{2}\sum_{j=1}^{n} J_j \cdot \omega_j^2 \tag{5-84}$$

等效总动能:

$$E_{dx} = \frac{1}{2} J_{dx} \cdot \omega_d^2 \tag{5-85}$$

根据动能相等原则,则 $E_{dx}=E$,则等效转动惯量为

$$J_{dx} = \sum_{i=1}^{m} m_i \left(\frac{v_i}{\omega_d}\right)^2 + \sum_{j=1}^{n} J_j \left(\frac{\omega_j}{\omega_d}\right)^2 \tag{5-86}$$

式中, ω_d 为执行元件输出轴的转速,rad/s。

2)提升机等效转动惯量

将表 5-6 和表 5-7 中数据代入式(5-84)和式(5-85),可得满载时,矿井提升机等效转动惯量:

$$J_{dx}^{满} = (32.2 + 60 + 91.68)\times 1000 \times 2.5^2 + \left(\frac{1}{2}\times 39.4 \times 1000 \times 2.5^2\right) = 1272375(\text{kg}\cdot\text{m}^2)$$

空载时,矿井提升机等效转动惯量:

$$J_{dx}^{空} = (32.2 + 91.68)\times 1000 \times 2.5^2 + \left(\frac{1}{2}\times 39.4 \times 1000 \times 2.5^2\right) = 897375(\text{kg}\cdot\text{m}^2)$$

3)飞轮转动惯量确定

摩擦制动试验台中,制动方式为双侧双面制动,根据式(5-83)和式(5-85),可得

$$J_2 = J_{dx} \cdot K_J = J_1 \cdot K_r^2 \cdot K_C \cdot K_S \tag{5-87}$$

将数据代入式(5-87),可得

$$J_2 = 1272375 \times \left(\frac{1}{16.75}\right)^2 \times \frac{2}{24} \times 0.015 = 5.67(\text{kg}\cdot\text{m}^2)$$

4)飞轮尺寸的确定

摩擦制动试验台的等效转动惯量为 5.67kg·m²,由于转动轴、轴承及电机的转动惯量可忽略不计,则飞轮转动惯量为 5.67kg·m²。

根据圆盘转动惯量计算公式:

$$J = \frac{1}{2} m \cdot r^2 \qquad (5\text{-}88)$$

飞轮材料选用 45 号钢，密度 7850kg/m³，将已知数据代入式(5-88)，可得圆盘半径 $r = 0.296$m，考虑到加工难度及装配精度等问题，确定将 5.67kg·m² 转动惯量分给两个飞轮，具体规格见表 5-8。

表 5-8　飞轮规格

名称	厚度/mm	直径/mm	转动惯量/(kg·m²)
飞轮 1	60	0.27	4
飞轮 2	60	0.215	1.67

5) 转速确定

矿井提升机实际提升过程中，最大提升速度可达 20m/s。在此速度下，矿井提升机主轴转速为

$$n_1 = \frac{v_1}{2\pi r_1} \qquad (5\text{-}89)$$

将已知数据代入式(5-89)，可得矿井提升机主轴转速为

$$n_1 = \frac{20}{2\pi \times 2.5} \approx 76(\text{r/min})$$

查阅相关资料[28]，摩擦制动试验台制动盘的摩擦直径一般为 300～400mm，本节设计制动盘的摩擦直径为 300mm。由表 5-6 可知，矿井提升机摩擦半径为 2500mm。摩擦制动试验台的摩擦半径为 150mm，则摩擦半径相似系数与转速相似系数为

$$T_r = \frac{1}{T_n} = \frac{2500}{150} = \frac{1}{16.75}$$

根据表 5-5 相似系数可得摩擦制动试验台电机转速：

$$T_n = \frac{n_2}{n_1} = 16.75$$

$$n_2 = n_1 \cdot T_n = 76 \times 16.75 = 1280(\text{r/min})$$

6) 电机功率确定

在进行闸瓦常规摩擦试验时，根据《矿井提升机和矿用提升绞车盘形制动器闸瓦》(JB/T 3721—2015) 4.1 中要求，在施加制动比压 0.98MPa 时需要电机带动摩擦盘转动，此时摩擦半径线速度为 7.5m/s，所需要电机转速为 $n_3 = 477.7$r/min。

摩擦制动试验台所能产生的最大制动力矩为

$$M = P \cdot S \cdot \mu \cdot r \tag{5-90}$$

式中，M 为制动力矩，N·m；P 为制动比压，MPa；S 为摩擦表面积，m^2；r 为摩擦半径，m；μ 为摩擦系数，$0.2 \leqslant \mu \leqslant 0.6$。

将已知数据代入式(5-90)，可得 $M = 225 N \cdot m$。

所需最大电机功率：

$$P_{\text{电机}} = \frac{M \cdot n}{9550} \tag{5-91}$$

将已知数据代入式(5-91)，可得 $P_{\text{电机}} = 11.3 kW$。

7) 摩擦盘尺寸

摩擦盘材料为 16Mn，是一种高强度耐磨钢，可以承受加载过程中较大的冲击力，其通过螺栓与法兰连接；法兰通过两个平键与转动轴连接，可以承受较大制动力矩。摩擦盘规格见表 5-9。

表 5-9　摩擦盘规格

外径/mm	摩擦直径/mm	厚度/mm
350	300	25

8) 闸瓦尺寸确定

虽然单侧单面加载加工与安装方便，但与矿井提升机盘形制动器加载结构有较大差距，所以考虑双侧双面液压缸加载的机械结构。一方面，保证制动中试验台的平稳；另一方面，制动过程与实际制动工况类似，使试验结果有参考意义。

摩擦制动试验台闸瓦试样规格：长×宽×高为 $25^{0}_{-0.5}\,mm \times 25^{0}_{-0.5}\,mm \times (10 \pm 0.2)\,mm$，2 块。

矿井提升机制动闸瓦摩擦面积为 $0.0416 m^2/$个×24 个。

矿井提升机与摩擦制动试验台的摩擦面积相似系数为

$$T_S = \frac{S_2}{S_1} = \frac{0.000625}{0.0416} = 0.015 \tag{5-92}$$

9) 制动正压力确定

根据式(5-73)和式(5-87)以及表 5-6 中的数据，可得

$$F_2 = F_1 \cdot T_F = P_1 \cdot S_1 \cdot T_S = 2 \times 10^6 \times 0.0416 \times 0.015 \times 2 = 2496(N)$$

10) 转动轴直径确定

根据式(5-93)可以计算摩擦制动试验台转动轴的最小直径：

$$d_{\min} = A \times \sqrt[3]{\frac{P}{n}} \tag{5-93}$$

转动轴材料为 45 号钢，通过查询机械设计手册可知 $A=115$，则：

$$d_{min} = 115 \times \sqrt[3]{\frac{P_N}{n_2}} = 115 \times \sqrt[3]{\frac{22}{1280}} = 29.7 (\text{mm})$$

考虑到摩擦制动试验台转速高，飞轮转动惯性大，为保证安全，传动轴最小直径为 50mm。

综上所述，矿井提升机与摩擦制动试验台各参数与相似系数见表 5-10。

表 5-10　矿井提升机与摩擦制动试验台各参数与相似系数

项目名称	摩擦制动试验台	矿井提升机	相似系数
摩擦半径/mm	150	2500	$T_r=1{:}16.75$
主轴转速/(r/min)	1280	61	$T_n=16.75{:}1$
摩擦半径速度/(m/s)	20	20	$T_v=1{:}1$
摩擦面个数	2	24	$T_C=1{:}12$
单个闸瓦摩擦面积/m²	0.000625	0.0416	$T_S=0.015{:}1$
制动减速度/(m/s²)	3.6	3.6	$T_a=1{:}1$
制动正压力/N	2496	98800×24	$T_F=1{:}950$
摩擦系数	0.2～0.6	0.2～0.6	
制动力矩/(N·m)	225	948480	$T_M=1{:}4215.5$
系统转动惯量/(kg·m²)	5.67	1272375	$T_J=1{:}224405$
制动比压/MPa	1.6～2.0	1.6～2.0	$T_P=1{:}1$

4. 试验台总体方案

根据上述理论和已知参数，搭建摩擦制动试验台，包括动力、惯量、摩擦、制动及信号采集系统五部分。其测试原理如图 5-15 所示，结构如图 5-16 所示，试验台实物如图 5-17 所示。

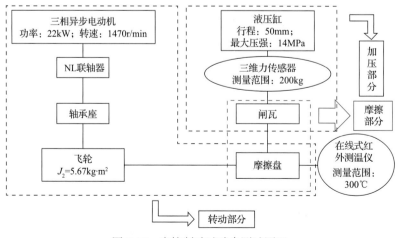

图 5-15　摩擦制动试验台测试原理

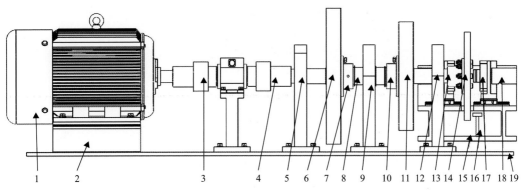

图 5-16　摩擦制动试验台结构示意图

1-电动机；2-电动机底座；3-NL 齿轮联轴器 1；4- NL 齿轮联轴器 2；5-轴承座 1；6-惯性飞轮 1；7-飞轮与转动轴连接转置 1；8-转动轴；9-轴承座 2；10-飞轮与转动轴连接装置 2；11-惯性飞轮 2；12-轴承座 3；13-法兰盘；14-摩擦盘；15-液压加载装置底座；16-在线式红外测温仪；17-三维力传感器；18-液压油缸；19-安装底板

图 5-17　摩擦制动试验台实物

1-动力部分；2-惯量部分；3-摩擦和加载部分

5.2.2　深井提升机闸瓦-制动盘热力耦合及颤振动力学研究

1. 闸瓦-制动盘热力耦合模型建模

基于缩比试验机，构建闸瓦-制动盘热力耦合的有限元模型。三维模型采用 Creo 软件建立，有限元模型采用 ABAQUS 软件构建。闸瓦与制动盘的尺寸参数与材料参数见表 5-11。闸瓦制动盘几何形状如图 5-18 所示。闸瓦的平均摩擦半径为 150mm，闸瓦幅角为 20°。

表 5-11　闸瓦与制动盘的参数

主要部件	内径/mm	外径/mm	厚度/mm
闸瓦	260	330	10
制动盘	260	340	10

根据煤矿现场使用的制动器实际情况，所选闸瓦材料为 WSM-3 型提升机无石棉闸瓦，目前在提升机盘形制动器上使用十分普遍，各项性能参数(表 5-12)均满足制动要求。

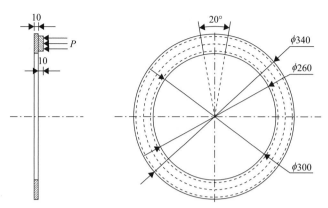

图 5-18　闸瓦制动盘几何形状(mm)

表 5-12　闸瓦与制动盘的性能参数

项目	闸瓦	制动盘
密度/(kg/m³)	2250	7850
杨氏模量/(N/mm²)	3.1×10^9	2.09×10^9
泊松比	0.25	0.3
热膨胀系数/(10^{-5}/K)	3	1.2
热导率/[W/(m·K)]	1.4	58
比热容/[J/(kg·K)]	2550	460

　　矿井提升机在深井提升过程中，最大提升速度可达 20m/s。在闸瓦与制动盘接触开始，此时系统的转矩 $M_2 = \mu F_2 R_2$，又有 $M_2 = J_2\alpha_2$，于是可以得到：

$$\alpha_2 = \frac{\mu F_2 R_2}{J_2}$$

　　取摩擦系数为 0.4，可以得到紧急制动工况下制动盘的角减速度为 29.63rad/s²，由于制动盘的摩擦半径为 0.15m，故可以得到制动盘以 4.44m/s² 的减速度减速到零。经计算，制动盘初始角速度 ω =133.33rad/s。整个制动过程制动盘的角速度为

$$\omega = (133.33 \sim 29.6)\,t$$

式中，t 为制动时间，ω 为制动盘转速。

　　整个制动过程中制动比压保持 1.6MPa 不变。

　　制动盘在转动过程中，摩擦所消耗的动能大部分转化成摩擦热。热量在接触面之间产生不均匀的消散，导致闸瓦与制动盘之间温度分布不均匀，同时受制动正压力影响，制动盘上各个节点处的压力是时刻变化的，致使闸瓦与制动盘的应力场分布不均。而在摩擦制动的整个过程中，温度场与应力场相互作用、相互影响，需要同时求解温度场与应力场。因此需要采用 ABAQUS 的完全热力耦合模块分析闸瓦-制动盘的动态摩擦制动问题。

　　制动盘与闸瓦均采用六面体扫略划分方式，单元类型均为 C3D8RT 三维热力耦合单

元。其中，制动盘含有 4050 个节点和 2880 个单元，闸瓦含有 210 个节点和 120 个单元。闸瓦与制动盘网格划分如图 5-19 所示。

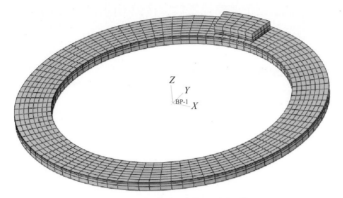

图 5-19　闸瓦与制动盘网格划分图

制动盘与闸瓦的六面体网格划分并不是均匀划分。因为在接触表面附近温度与应力的变化率比较大，需要更细的单元得到更精确的解，故在接触表面附近区域网格划分较密集。制动盘采用对称模型，这样可以减少一半的计算量，因制动盘与闸瓦的热力耦合分析为高度的非线性分析，所以为了使模型求解收敛，将闸瓦与制动盘相互接触的地方网格节点对应起来。

对于制动盘，因摩擦面暴露在空气中，故在其摩擦面上施加对流热换系数。建立中心点，用连续耦合的方式约束制动盘，通过定义中心点的运动来定义制动盘的转向及转速。在闸瓦的上表面施加均布压力，同时允许闸瓦在制动法向上移动，其他方向的自由度全部约束。整个模型的初始环境温度设置为 20℃。

2. 摩擦系数的确定

在闸瓦-制动盘热力耦合模型中，闸瓦与制动盘采用的材料分别为 WSM-3 型无石棉闸瓦与 Q345 合金钢，材料参数见表 5-12。利用中信重工 JF151E 闸瓦摩擦火花试验台开展相关摩擦试验，确定了闸瓦与制动盘之间的摩擦系数。JF151E 闸瓦摩擦火花试验台如图 5-20 所示。

(a) JF151E闸瓦摩擦火花试验台　　　　　　　　　　　　　(b) 闸瓦试样

图 5-20　JF151E 闸瓦摩擦火花试验台与闸瓦试样

　　本次试验采用控制变量试验，即在转速一定的情况下考虑不同比压与不同温度下闸瓦的摩擦系数的变化。试验比压分别设置为 1.6MPa、1.7MPa、1.8MPa、1.9MPa、2.0MPa，测量不同比压在不同摩擦温度下的摩擦系数，得到不同比压下闸瓦的摩擦系数随温度变化与不同温度下闸瓦的摩擦系数随比压变化如图 5-21、图 5-22 所示。

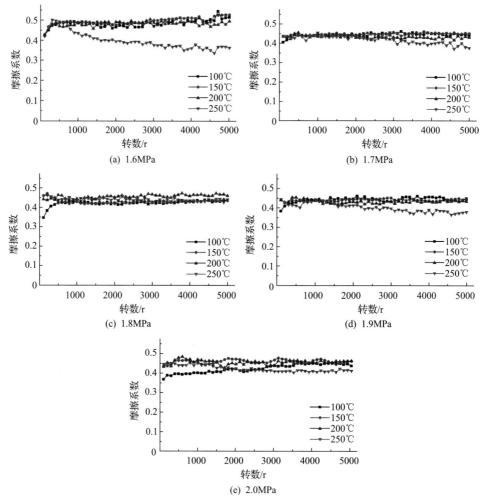

图 5-21　不同比压下闸瓦的摩擦系数随温度变化图

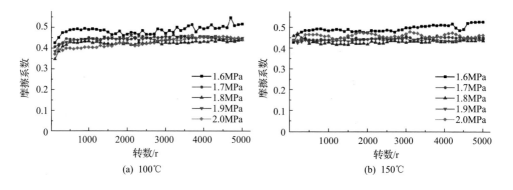

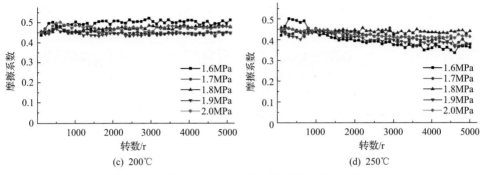

(c) 200℃　　　　　　　　　　　　　(d) 250℃

图 5-22　不同温度下闸瓦的摩擦系数随比压变化图

根据试验测得三个不同比压所对应的平均摩擦系数为 0.423，由于试验存在一定的误差，且已有研究者测得该类型闸瓦的摩擦系数多低于 0.4，因此，综合实际制动工况与前人数据结果，设定模型中闸瓦与制动盘之间的摩擦系数为 0.4。

3. 分析步设置

紧急制动过程中热力耦合求解采用的分析步为温度-位移耦合分析步，整个模型求解过程分为四个分析步，见表 5-13。其中 $\omega = 133.33 \sim 29.6t$，$t$ 为制动时间，ω 为制动盘转速。施加制动工况前，先施加小载荷与低转速，使闸瓦与制动盘之间建立起接触关系，然后再设置相应的制动工况参数。

表 5-13　紧急制动过程模型求解分析步加载表

分析步	比压/Pa	转速/(rad/s)	时间/s
1	10	0	0.001
2	1.6×10^6	1	0.001
3	1.6×10^6	133.33	0.001
4	1.6×10^6	ω	4.5

此种参数下的工况为紧急制动工况，紧急制动过程模型加载如图 5-23 所示。

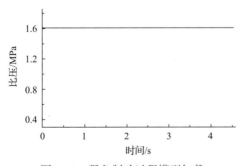

图 5-23　紧急制动过程模型加载

4. 闸瓦-制动盘热力耦合结果及分析

在紧急制动工况下，制动 1.32s 时闸瓦与制动盘的等效应力与温度场云图如图 5-24

和图 5-25 所示。

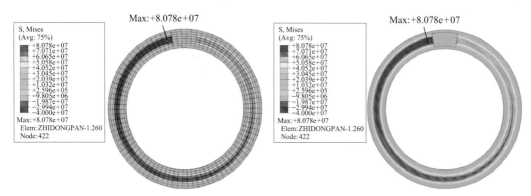

图 5-24　紧急制动工况下闸瓦-制动盘在制动 1.32s 时的等效应力云图

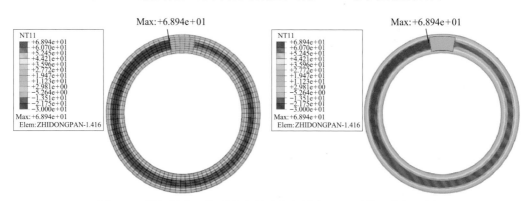

图 5-25　紧急制动工况下闸瓦-制动盘在制动 1.32s 时的温度场云图

由图 5-24 与图 5-25 可见，在制动 1.32s 时刻，闸瓦-制动盘总体的最大应力为 80.78MPa，出现在制动盘 422 号节点处，此时最高温度为 68.94℃，出现在制动盘 416 号节点处。图中红色区域为其所代表类型数值的最高区域，由此可以看出，在制动盘的中间摩擦接触区域温度高、应力大，并且顺着摩擦区域的径向方向向两侧逐渐降低。同时，在制动盘的中心摩擦接触区域，温度与应力的数值大小顺着闸瓦与制动盘的接触区域呈现环状逆时针递减趋势，这是因为制动盘逆时针旋转，并且在法向方向上受到恒定载荷的影响。

为了分析制动盘温度场与应力场的径向分布规律，在制动盘表面摩擦接触区域处等弧度的方向上选取 7 个节点 A、B、C、D、E、F、G，如图 5-26 所示。对应的摩擦半径分别为 0.135m、0.140m、0.145m、0.150m、0.155m、0.160m、0.165m。图 5-27、图 5-28 分别为紧急制动工况下制动盘表面径向温度、等效应力分布图。

从图 5-27 与图 5-28 可以看出，在整个摩擦制动过程中，制动盘表面摩擦接触区域的温度与等效应力均呈现锯齿状的分布趋势，这是因为在制动过程中，闸瓦与制动盘接触区域随着制动盘的旋转而不断发生变化，经过摩擦接触的部分区域在下一次的接触发生到来之前会与空气产生热对流换热，并且在制动过程中，制动盘摩擦表面因摩擦生热产生的热量会通过热传导的方式传递给制动盘内部。同时，在制动过程中制动盘的转速逐渐下降，因此，在制动盘上同一片接触区域内，制动后期制动盘相邻两次与闸瓦发生接触的时间间隔要比制动前期的时间间隔长，进而导致制动盘表面温度与等效应力的变化周期随着制动时间的递增而越来越长。

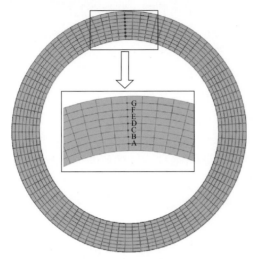

图 5-26 制动盘表面径向采样节点分布图

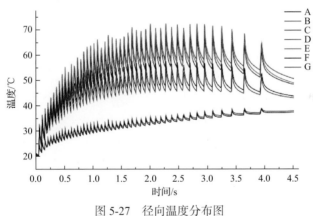

图 5-27 径向温度分布图

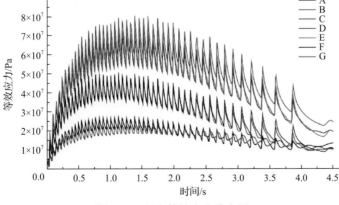

图 5-28 径向等效应力分布图

　　制动盘的最高温度并不是出现在制动结束时刻,而是出现在制动过程中的某一时刻。这是因为这一时刻制动摩擦生热产生的热量与制动盘表面的对流换热以及热传导所消耗的热量达到了平衡状态。在制动前期,制动盘转速较高,摩擦生热产生的热量大,因此制动盘的温度上升速度比较快。制动后期,制动盘的转速逐渐降低,摩擦产生的热量小于制动盘因对流换热与热传导所消耗的热量,因此这个阶段摩擦表面温度随时间呈下降趋势。

　　对比不同半径处的温度场与等效应力场可以发现,在选择的 7 个节点中,因为节点 D 处于摩擦接触区域的中心,中心区域四周的小范围也属于摩擦区域,整个区域温度相对较高,故受热传导的影响较小,所以节点 D 处的温度与等效应力均最高。节点 C 与节点 E 处的温度与等效应力曲线较节点 D 略有降低,但二者的数值大小与趋势基本保持一致。节点 B 与节点 F 处的温度与等效应力的数值大小与趋势也基本保持一致,但整体较节点 C、E 也有所降低。节点 A 与节点 H 的温度与等效应力大小均处于最小值,但二者趋势大致保持一致。整体的温度与等效应力的趋势呈现由节点 D 沿径向方向向两侧递减,这也与制动盘摩擦表面的云图反映的情况保持一致。

　　参照制动盘温度场与应力场的径向分布规律的分析方法,在闸瓦表面摩擦接触区域处等弧度的方向上选取 7 个节点 A′、B′、C′、D′、E′、F′ 及 G′,如图 5-29 所示。在闸瓦上选取的 7 个节点与在制动盘表面上选的 7 个节点在初始状态下保持重合,因此各个节点的摩擦半径与制动盘上所选择的对应节点的摩擦半径保持一致。图 5-30 与图 5-31 分别为紧急制动工况下闸瓦表面径向温度与等效应力分布图。

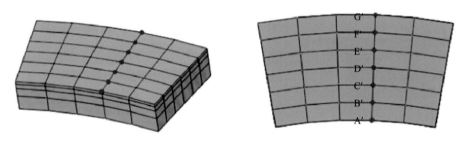

图 5-29　闸瓦表面径向采样节点分布图

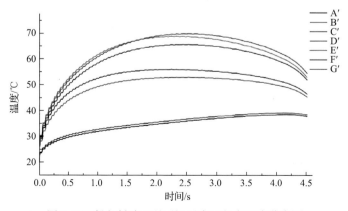

图 5-30　紧急制动工况下闸瓦表面径向温度分布图

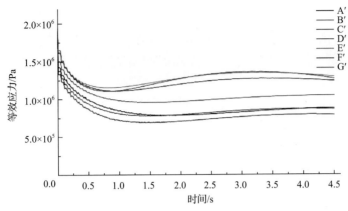

图 5-31　紧急制动工况下闸瓦表面径向等效应力分布图

从图 5-30 中可以看出，在制动前期，闸瓦的摩擦表面温度上升比较快，且越靠近闸瓦的平均摩擦半径处温度上升越快。这是由于这一阶段制动盘转速快，摩擦产生的热量比较多，热量在短时间内快速积累。制动中期，闸瓦的摩擦表面温度上升比较缓慢并且在这一阶段的某一时刻达到最高。这是因为这一阶段制动盘的转速下降，较制动初期摩擦产生的热量有所降低并且与闸瓦自身热传导所损耗的热量达到平衡。制动后期，闸瓦的摩擦表面温度整体上呈下降趋势。这是由于这一阶段制动盘转速较低，闸瓦表面因摩擦产生的热量小于热传导与对流换热所损耗的热量，因此温度下降。

对比图 5-30 中不同节点的温度可以发现，越是靠近平均摩擦半径处的节点其温度的幅值就越大。这也与制动盘表面选择的节点所反映的趋势保持一致。对比图 5-27 与图 5-28 可以得到，闸瓦的摩擦表面温度并不像制动盘那样呈锯齿状分布。这是由于制动盘的摩擦区域是呈环状分布，与闸瓦的摩擦面产生接触的区域是时刻变化的，而闸瓦的摩擦面是始终与制动盘的摩擦面产生接触，两者差异在于制动盘的摩擦面通过与空气对流换热损失的热量较多，而闸瓦的摩擦面因在制动过程中时刻与制动盘接触，故在对流换热上损失的热量比较少。

从图 5-31 中可以看出，闸瓦表面的等效应力大致呈先下降后平稳的趋势。制动开始时刻，由于均布载荷在第二个分析步直接由 0.00001MPa 变为 1.6MPa 且时间间隔极小，故此时闸瓦表面的等效应力最大。随着制动过程的进行，闸瓦表面的等效应力逐渐下降并趋于平稳。同时在平稳状态阶段，依然是在平均摩擦半径处等效应力达到最大，这与制动盘上各个节点反映的等效应力幅值大致保持一致。

与分析制动盘温度场与应力场的径向分布规律类似，在制动盘表面平均摩擦半径上选择一个节点，记为节点 1，在制动盘的厚度方向上顺着节点 1 连续选择其余四个节点。节点 1、2、3、4、5 与制动盘摩擦面的距离分别为 0mm、0.94mm、2.548mm、5.298mm、10mm。图 5-32 为制动盘平均摩擦半径上轴向采样节点分布图。图 5-33、图 5-34 分别为紧急制动工况下制动盘平均摩擦半径上轴向温度、等效应力分布图。

从图 5-33 中可以看出，在制动过程中，闸瓦与制动盘之间所产生的热量主要作用在摩擦接触面上，这使得在轴向方向上产生的温度梯度较大，摩擦面上的温度要远高于内部，且越靠近摩擦面，温度越高。由于节点 1 处于摩擦面上，摩擦生热产生热流的输入

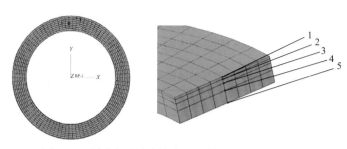

图 5-32　制动盘平均摩擦半径上轴向采样节点分布图

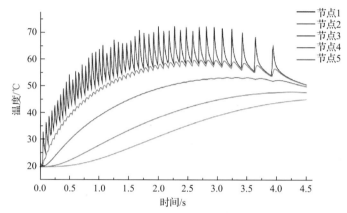

图 5-33　紧急制动工况下制动盘平均摩擦半径上轴向温度分布图

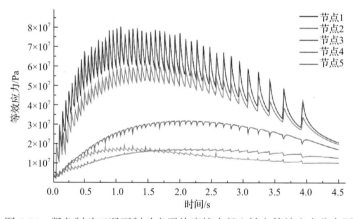

图 5-34　紧急制动工况下制动盘平均摩擦半径上轴向等效应力分布图

与对流换热交替进行，节点升温降温交替进行，导致温度曲线呈锯齿状。节点 2 距离摩擦接触面比较近，在该节点上温度曲线趋势与节点 1 的整体趋势保持一致，但该节点位于制动盘的内部，其摩擦热流输入主要靠制动盘的热传导作用，另外对流换热对其产生的作用大大降低，因此，该节点升温降温过程中的降温作用大大降低，故温度曲线虽呈现锯齿状，但与节点 1 相比锯齿状不明显。节点 3、4、5 因为距摩擦接触面的距离依次增加，故摩擦生热产生的热量经热传导传递到三个节点也逐渐降低。而越远离摩擦接触面，对流换热的作用就越小，因此这三个节点的温度曲线呈平滑状上升，且最高温度产生的时间点也越来越接近制动结束时刻，同时也说明了热传递具有滞后现象。

参照制动盘温度场与应力场的轴向分布规律的分析方法，在闸瓦摩擦面的平均摩擦半径上选择节点 1′，该节点在初始状态时与上文提到的节点 1 重合。同在制动盘上选择节点一样，在闸瓦的厚度方向上顺着节点 1′连续选择其余四个节点 2′～5′。节点 1′、2′、3′、4′、5′与闸瓦摩擦面的距离分别为 0mm、0.940mm、2.548mm、5.298mm、10mm。图 5-35 为闸瓦平均摩擦半径上轴向采样节点分布图。图 5-36、图 5-37 分别为紧急制动工况下闸瓦平均摩擦半径上轴向温度、等效应力分布图。

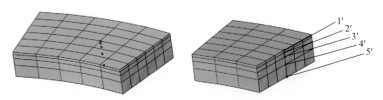

图 5-35　闸瓦平均摩擦半径上轴向采样节点分布图

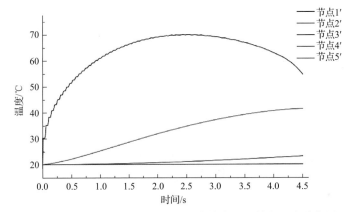

图 5-36　紧急制动工况下闸瓦平均摩擦半径上轴向温度分布图

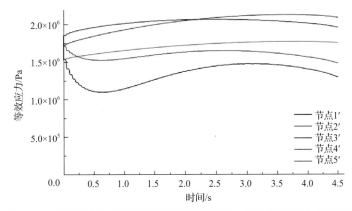

图 5-37　紧急制动工况下闸瓦平均摩擦半径上轴向等效应力分布图

从图 5-36 中可以看出，在制动过程中，闸瓦的温度曲线在轴向上分布的梯度较大。尤其是远离闸瓦摩擦接触面的节点，几乎不受摩擦面温度的影响。与上文描述相同，接触面上的节点 1′因摩擦生热产生热流输入导致温度快速上升，但在制动后期由于制动速度下降，摩擦面热流输入降低从而导致摩擦温度有所下降。同时，由于热传递具有滞后现象，节点 2′的温度曲线一直呈上升趋势，但是温度曲线上升较为缓慢。这是因为闸瓦的热导率较小，导热性较差。因此在距离闸瓦摩擦面 2.548mm 处的节点 3′，在整个制动过程中其温度曲线上升十分缓慢，而在距离闸瓦摩擦面更远的节点 4′、5′处，其温度曲线一直停留在初始设置的环境温度处而未产生任何改变。

从图 5-37 可以看出，节点 1′与节点 2′处的等效应力曲线大致呈先下降后平稳的趋势。距离摩擦面稍远的节点 3′、节点 4′以及节点 5′处的等效应力曲线一直比较平稳。从数值上看，制动过程中闸瓦的最大等效应力并不是发生在闸瓦的摩擦接触面上，而是在闸瓦的内部。制动前期，节点 3′处等效应力最大，制动后期，节点 4′处的等效应力最大。

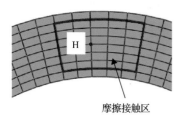

图 5-38　参考点 H

为了方便各种不同工况参数的对比，在制动盘表面选择一节点 H 作为参考节点，通过 H 点的输出数据对不同工况参数下的温度场与应力场作对比分析。图 5-38 为参考点 H 所在位置。

在紧急制动工况的基础上，通过单一改变制动比压增加两种制动工况 B1、B2。其中，B1、B2 工况的制动比压分别是 1.8MPa、2.0MPa。对比参考点 H 处的温度和等效应力，得到结果如图 5-39、图 5-40 所示。

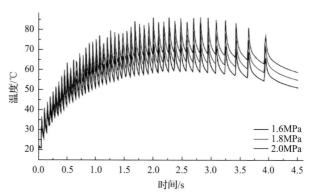

图 5-39　不同制动比压下 H 点的温度曲线图

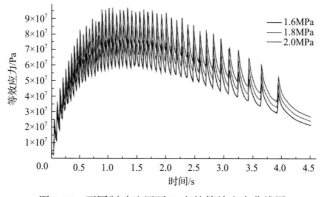

图 5-40　不同制动比压下 H 点的等效应力曲线图

从图 5-39 和图 5-40 可以看出，制动比压对制动盘的温度场与应力场影响比较大。随着制动比压的增大，制动盘的温度与应力都显著增加。

基于紧急制动工况，通过改变制动盘的制动初速度，分析不同的制动初速度对制动盘温度场、应力场的影响。在紧急制动工况下，制动盘制动初速度为 20m/s，现增加两种不同工况 C1、C2，仅改变制动盘的初始速度，其中 C1 工况对应的制动初速度为 15m/s，C2 工况为 25m/s。

对比图 5-41、图 5-42 不同制动初速度下的温度、等效应力曲线可知，制动初速度增大后，温度场与应力场均大幅度增加。制动初速度对制动盘的温度场与应力场的影响非常显著。制动初速度越大，制动盘的温度与应力越大，但不同的制动初速度所对应的温度场与应力场趋势保持一致。另外，不同的制动初速度所对应的制动力矩也将不同，制动初速度越大，需要的制动力矩也就越大，越易产生制动不稳定，进而出现颤振现象。

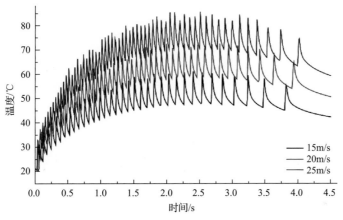

图 5-41　不同制动初速度下的温度曲线图

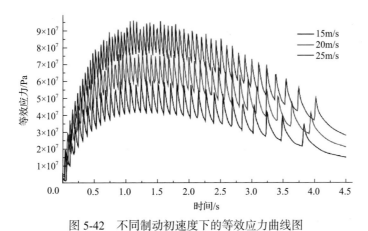

图 5-42　不同制动初速度下的等效应力曲线图

5. 闸瓦-制动盘颤振的动力学分析理论背景

基于自制的缩比摩擦制动试验台的结构，构建了双自由度盘形制动器动力学模型，如图 5-43 所示。

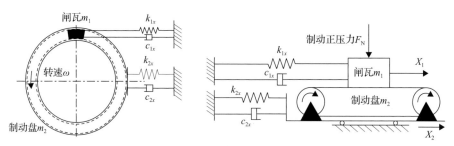

图 5-43　双自由度盘形制动器动力学模型

盘形制动器 X 方向上的动力学方程为

$$\begin{cases} m_1\ddot{x}_1 + c_{1x}\dot{x}_1 + k_{1x}x_1 = F_{fx}(v_0 + \dot{x}_2 - \dot{x}_1) \\ m_2\ddot{x}_2 + c_{2x}\dot{x}_2 + k_{2x}x_2 = -F_{fx}(v_0 + \dot{x}_2 - \dot{x}_1) \end{cases} \tag{5-94}$$

在该模型中，m_1 表示闸瓦质量，m_2 表示制动盘质量。闸瓦与制动盘分别通过刚度系数为 k_{1x}、k_{2x} 的弹簧与阻尼系数为 c_{1x}、c_{2x} 的阻尼单元限制在 X 方向。其中，k_{1x}、c_{1x} 分别为闸瓦刚度与阻尼，k_{2x}、c_{2x} 分别为制动盘的刚度与阻尼。正压力通过闸瓦施加在制动盘上，制动盘在摩擦力的作用下停止工作。其中，F_{fx} 表示摩擦力，记相对滑动速度 $v_r = v_0 + \dot{x}_2 - \dot{x}_1$，于是，闸瓦与制动盘摩擦面的摩擦力可以表示为

$$F_{fx}(v_r) = \mu(v_r)|F_N|\mathrm{sgn}(v_r) \tag{5-95}$$

根据 1990 年 Popp 和 Stelter 在对黏滑运动振动与噪声的研究中[29]，确定了以上公式的三个修正系数，其中 $\delta = 0.05$，$\gamma = 0.03$，$\eta = 0.0000134637$。

$$\mu(v_r) = \begin{cases} \dfrac{1-\delta}{1-\gamma(v_r)} + \delta + \eta(v_r)^2 & (v_r > 0) \\[2mm] \dfrac{1-\delta}{1-\gamma(v_r)} - \delta - \eta(v_r)^2 & (v_r < 0) \end{cases} \tag{5-96}$$

将盘形制动器动力学方程改写为状态方程：

$$\begin{cases} X_1 = x_1 \\ V_1 = \dot{x}_1 \\ X_2 = x_2 \\ V_2 = \dot{x}_2 \end{cases} \tag{5-97}$$

$$\begin{cases} \dot{X}_1 = V_1 \\ \dot{V}_1 = \dfrac{1}{m_1}[F_{fx}(v_r) - c_1 V_1 - k_1 X_1] \\ X_2 = V_2 \\ \dot{V}_2 = \dfrac{1}{m_2}[-F_{fx}(v_r) - c_2 V_2 - k_2 X_2] \end{cases} \tag{5-98}$$

根据式(5-94)~式(5-98)，利用 MATLAB 仿真分析制动盘与闸瓦之间的摩擦颤振特性。

6. 制动参数对闸瓦-制动盘颤振的影响

闸瓦与制动盘的颤振与制动过程中各个制动参数有着很大的关系，因此对于闸瓦-制动盘的颤振研究应从制动参数入手，探究制动参数对闸瓦-制动盘颤振的影响。本小节采用控制变量法，通过改变制动比压、制动初速度、各部件的阻尼参数等依次研究其对闸瓦-制动盘颤振的影响。在参数的选择上，几何参数均按照第 3 章中模型的参数选取，其余参数均以定性研究的方式进行选取。

1) 制动初速度对闸瓦-制动盘颤振的影响

本小节定性分析影响闸瓦-制动盘颤振的因素，分析不同制动参数下闸瓦-制动盘的颤振特性。参数仿真设定如下：k_1=1N/m，k_2=1N/m，c_1=0.1N·s/m，c_2=0.1N·s/m，m_1=0.035kg，m_2=2.959kg，N=10N，分别取制动初速度 v_0 为 10m/s、20m/s，对比分析制动初速度对闸瓦-制动盘颤振的影响。仿真结果如图 5-44、图 5-45 所示。

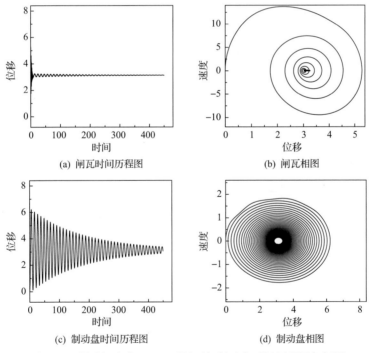

(a) 闸瓦时间历程图　　　　　　(b) 闸瓦相图

(c) 制动盘时间历程图　　　　　　(d) 制动盘相图

图 5-44　制动初速度 10m/s 时闸瓦与制动盘时间历程图与相图

由图 5-44 可知，该工况下闸瓦与制动盘均存在颤振现象。从时间历程图上看，制动初期闸瓦与制动盘的振动要比制动后期的幅度大，随着制动过程的进行，闸瓦与制动盘的振动逐渐降低。而相图上显示的螺旋线圈数较多，说明达到稳定状态的周期较长，但整个过程仍处于持续振动状态。

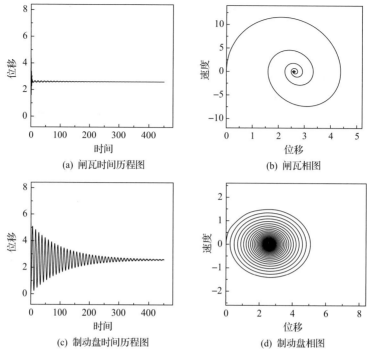

(a) 闸瓦时间历程图　　　　　　　　　(b) 闸瓦相图

(c) 制动盘时间历程图　　　　　　　　(d) 制动盘相图

图 5-45　制动初速度 20m/s 时闸瓦与制动盘时间历程图与相图

图 5-45 与图 5-44 的趋势类似，从时间历程图上看，制动初期闸瓦与制动盘的振动幅度较大但整体幅值有所减小，且随着制动过程的进行，闸瓦与制动盘的振动快速降低直至平稳。而相图上显示的螺旋线圈数有所减少，且螺旋线的半径也有大幅度的缩小，说明达到稳定状态的周期较短且振动幅值也较小，即制动后期达到了稳定状态。

2) 制动压力对闸瓦-制动盘颤振的影响

采用定性分析，给定不同的制动压力，运用控制变量法研究制动压力的变化对闸瓦与制动盘颤振现象的影响。参数仿真设定如下：k_1=1N/m，k_2=1N/m，c_1=0.1N.s/m，c_2=0.1N·s/m，m_1=0.035kg，m_2=2.959kg，v_0=20m/s，分别取制动压力为 80N、120N、180N。对比各自的时间历程图与相图分析制动压力对闸瓦-制动盘颤振的影响。仿真结果如图 5-46～图 5-48 所示。

从闸瓦与制动盘的时间历程图上看，随着制动压力的不断增大，闸瓦与制动盘的位移幅值也增大。制动压力较小时，闸瓦的初始位移幅值较大，但很快便会达到稳定状态；制动压力较大时，闸瓦的位移幅值基本上一直处于等振幅的振动状态。制动盘的位移幅值总体趋势与闸瓦类似，但在相同的制动压力下，制动盘的位移幅值比闸瓦的位移幅值大，且在较小的制动压力下，制动盘达到稳定状态的时间要比闸瓦所需的时间长。另外，制动盘位移幅值达到等幅值振动状态所需的制动压力要比闸瓦位移幅值达到等幅值振动状态所需的制动压力大。

从闸瓦与制动盘的相图上看，当制动压力较小时，闸瓦与制动盘均处于较为稳定的状态。随着制动压力增大，闸瓦与制动盘之间的运动状态逐渐由纯滑动变为黏滑运动状

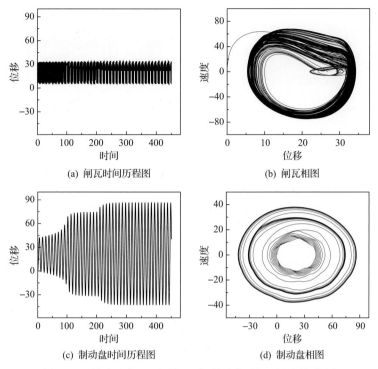

(a) 闸瓦时间历程图　　　　(b) 闸瓦相图

(c) 制动盘时间历程图　　　(d) 制动盘相图

图 5-46　制动压力 80N 时闸瓦与制动盘时间历程图与相图

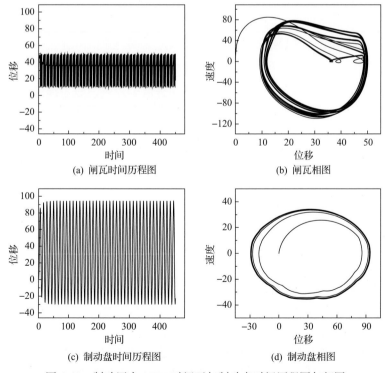

(a) 闸瓦时间历程图　　　　(b) 闸瓦相图

(c) 制动盘时间历程图　　　(d) 制动盘相图

图 5-47　制动压力 120N 时闸瓦与制动盘时间历程图与相图

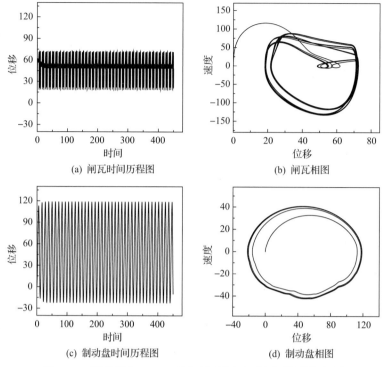

(a) 闸瓦时间历程图   (b) 闸瓦相图

(c) 制动盘时间历程图   (d) 制动盘相图

图 5-48　制动压力 180N 时闸瓦与制动盘时间历程图与相图

态,且随着制动压力的继续增大,这种黏滑运动状态所持续的时间也逐渐增长。制动压力较大时,闸瓦与制动盘之间的振动较为剧烈,振动状态较为复杂,并且闸瓦相图呈现扇贝状,而制动盘相图逐渐趋于不规则椭圆环状。

3) 阻尼参数对闸瓦-制动盘颤振的影响

阻尼材料是将固体机械振动能转变为热能而耗散的材料,具有内消耗的特点。本小节给定不同阻尼参数,运用控制变量法定性研究阻尼参数的变化对闸瓦与制动盘颤振现象的影响。参数仿真设定如下:k_1=1N/m,k_2=1N/m,m_1=0.035kg,m_2=2.959kg,v_0=20m/s,N=10N。保证 c_1=0.1N·s/m,c_2 分别取 0.1N·s/m、0.4N·s/m,对比各自的时间历程图与相图分析阻尼参数对闸瓦-制动盘颤振的影响。图 5-49 和图 5-50 分别为不同阻尼参数下闸瓦与制动盘的时间历程图与相图。

从闸瓦与制动盘的时间历程图曲线可以看出,随着阻尼的增大,闸瓦与制动盘均由振幅逐渐增大的状态变为等振幅振动状态,然后逐渐变为振幅逐渐减小直至稳定状态,并且阻尼较大时闸瓦与制动盘达到稳定状态的时间要远小于阻尼较小时其达到稳定状态的时间。另外可以明显看出,制动盘达到稳定状态的时间要远大于闸瓦达到稳定状态的时间。

4) 刚度参数对闸瓦-制动盘颤振的影响

从工程力学的角度,刚度指某种构件或结构抵抗变形的能力。制动工况相同的条件下不同的刚度参数可能对制动系统的制动性能产生较大的影响。本小节给定不同刚度参数,运用控制变量法定性研究刚度参数的变化对闸瓦与制动盘颤振现象的影响。参数仿

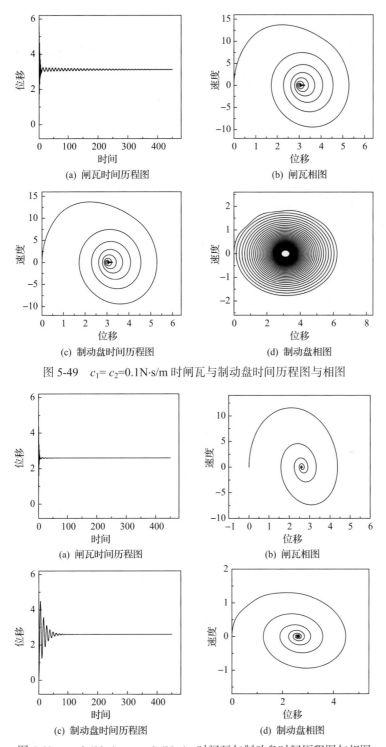

(a) 闸瓦时间历程图　　　　　　　(b) 闸瓦相图

(c) 制动盘时间历程图　　　　　　(d) 制动盘相图

图 5-49　$c_1=c_2=0.1\text{N·s/m}$ 时闸瓦与制动盘时间历程图与相图

(a) 闸瓦时间历程图　　　　　　　(b) 闸瓦相图

(c) 制动盘时间历程图　　　　　　(d) 制动盘相图

图 5-50　$c_1=0.1\text{N·s/m}$，$c_2=0.4\text{N·s/m}$ 时闸瓦与制动盘时间历程图与相图

真设定如下：$m_1=0.035\text{kg}$，$m_2=2.959\text{kg}$，$c_1=0.1\text{N·s/m}$，$c_2=0.1\text{N·s/m}$，$v_0=20\text{m/s}$，$N=10\text{N}$，分别取 $k_1=0.5\text{N/m}$、$k_2=1\text{N/m}$；$k_1=1\text{N/m}$，$k_2=5\text{N/m}$ 对比各自的时间历程图与相图分析刚

度参数对闸瓦-制动盘颤振的影响。图 5-51 与图 5-52 分别为不同刚度参数下闸瓦与制动盘的时间历程图与相图。

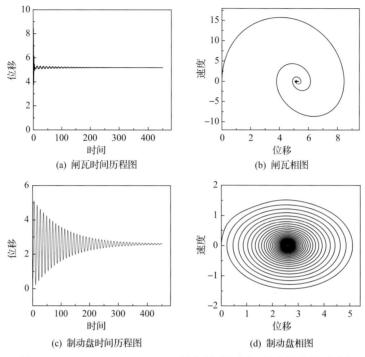

图 5-51 $k_1=0.5\text{N/m}$，$k_2=1\text{N/m}$ 时闸瓦与制动盘时间历程图与相图

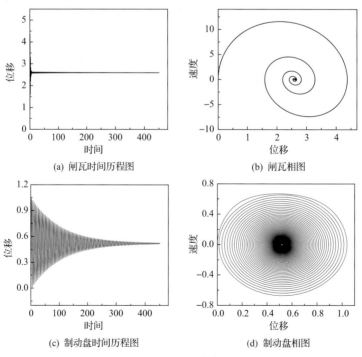

图 5-52 $k_1=1\text{N/m}$，$k_2=5\text{N/m}$ 时闸瓦与制动盘时间历程图与相图

从闸瓦与制动盘的时间历程图可以看出，在刚度较小的情况下，闸瓦初始位移幅值较大，随后保持某一较低幅值振动直至后期趋于稳定状态；与闸瓦类似，制动盘初始位移幅值也较大，其振动幅值虽一直保持下降趋势但整体减小的速度比闸瓦幅值减小的速度慢。随着刚度增大，闸瓦与制动盘的时间历程图曲线的趋势性变化不大，但它们各自的位移幅值却一直减小，且振动的频率一直增加。刚度较大时，闸瓦达到稳定阶段的时间极小，几乎可以忽略不计，而制动盘达到稳定阶段的时间变化不大。

5.2.3　材料选择及力学性能测试方法

1. 原材料选择及其比例

树脂基闸瓦材料由多种组分经混料和热压成型所制备，作为一种复合材料，多种原材料经物理混合或化学结合后可以具有不同于原材料的性质，其性能受组分配比和制备工艺等多方面影响。树脂基闸瓦材料一般由三部分组成：黏结剂、增强材料和填料。基于现有闸瓦材料配方，本节所选原材料种类及其比例见表 5-14，表中每份具由相同的质量且份数之和并不等于 100。

表 **5-14**　组分名称及比例

组分类型	组分名称	添加份数	组分名称	添加份数
黏结剂	酚醛树脂	10～16	丁腈橡胶	5～11
增强纤维	氧化铝陶瓷纤维	10～16	海泡石	10～16
	硅藻土	8～14	硅灰石	20～26
	玻璃纤维	10～20	碳纤维	5～10
填料	硬脂酸	2	锆英石	6
	导电炭黑	3～5	人造云母	5
	硫酸钡	10～22	高岭土	4
	石墨	1～7	三氧化二锑	4
	蛭石粉	3～7	氧化铅	3
	石墨烯	5～10		

2. 力学性能测试方法

为评价自制闸瓦材料性能，以及与 WSM-3 型闸瓦材料的力学性能进行对比，所需测量参数为密度、洛氏硬度、弹性模量、泊松比和冲击强度。

1）密度

(1) 取三块树脂基闸瓦材料。

(2) 利用天平测出第一块闸瓦材料的质量 m_1，精确到 0.001g。

(3) 利用游标卡尺测出第一块闸瓦材料长、宽、高的平均值 l_1、w_1 和 h_1，精确到 0.001cm。

(4)求出第一块树脂基闸瓦材料的密度(g/cm³)；再测得其他两块闸瓦材料的密度，取平均值为闸瓦材料密度。

2) 洛氏硬度

利用 THBRVP-187.5E 型数显布洛维硬度计，并根据《摩擦材料洛氏硬度试验方法》(GB/T 5766—2007)中的 M 标尺测量闸瓦材料的硬度。根据标准要求，使用洛氏硬度的 M 标尺，其规格见表 5-15。

表 5-15　洛氏硬度标尺(M 标尺)

标尺	钢球直径/mm	初试验力/N	主试验力/N	总试验力/N
M	6.35	98.07	882.6	980.7

3) 弹性模量

利用微机控制生物疲劳试验机和松下公司生产的 HL-G103-A5 位移传感器，并根据《塑料 压缩性能的测定》(GB/T 1041—2008)中的要求测量闸瓦材料的弹性模量。HL-G103-A5 位移传感器的测量范围为±4mm，分辨率为 0.5μm。

4) 冲击强度

利用 XJJ-50 悬臂梁冲击试验机，并根据《摩擦材料冲击强度试验方法》(GB/T 33835—2017)中的要求测试闸瓦材料的冲击强度。XJJ-50 悬臂梁冲击试验机的技术参数见表 5-16。

表 5-16　XJJ-50 悬臂梁冲击试验机的技术参数

项目名称	参数
摆锤能量/J	7.5
摆锤仰角/(°)	160
支撑间距/mm	60

闸瓦材料的冲击强度：

$$\alpha_k = \frac{A_k}{b \times d} \tag{5-99}$$

式中，α_k 为冲击强度，J/cm² 或 kJ/cm²；A_k 为消耗冲击功，J；b 为宽度，cm；d 为厚度，cm。

5.2.4　闸瓦材料配方优化及对比试验

1. 试验设计

1) 试验设计方法

树脂基闸瓦材料由多种组分组成，为探究不同组分对闸瓦材料力学性能和摩擦学性能的影响规律，需要设计多组对比试验。常用的试验设计方法有全面试验设计、正交试验设计和均匀试验设计等。

均匀试验设计是数论方法中的"伪蒙特卡罗方法"的一个应用，其是由方开泰和王元两位数学家所首创的。均匀试验设计是从整体试验范围内利用均匀散布选出某些具有代表性的试验点进行试验设计，它与正交试验设计相比具有明显的优势。当进行多因素试验设计时，正交试验设计的次数会明显高于均匀试验设计。

2) 均匀试验设计步骤

均匀试验设计分为以下几个步骤。

(1) 明确试验需要考察的指标，如摩擦系数、体积磨损率和摩擦盘表面温升等，确定试验所需要设计的因素数目。

(2) 选择对指标影响较大的因素。

(3) 根据所需要的因素水平设计试验次数，在均匀试验设计中，因素水平等于试验次数。

(4) 选择合适的均匀设计表，并根据设计表排布因素水平。

(5) 明确试验方案，进行试验操作。

对于试验结果明确的试验可用直接观察法，对于比较复杂的试验结果需要采用回归分析法进行分析。

3) 因素选择及其水平排布

本小节所制备的树脂基闸瓦材料的组分多达十几种，每种成分对其力学性能和摩擦学性能的影响程度各不相同，但是由于试验条件限制，并不能对所有组分进行均匀试验设计。利用前人研究成果和配方参数表，本节挑选 12 种组分并以它们为研究对象进行均匀试验设计，见表 5-17。

表 5-17　组分选择

因素试验	酚醛树脂	丁腈橡胶	蛭石粉	导电炭黑	陶瓷纤维	石墨	海泡石	硅灰石	硫酸钡	硅藻土
1	10.0	5.0	3.0	3.0	10.0	1.0	10.0	20.0	10.0	8.0
2	10.5	5.5	3.5	3.5	10.5	1.5	10.5	20.5	11.0	8.5
3	11.0	6.0	4.0	4.0	11.0	2.0	11.0	21.0	12.0	9.0
4	11.5	6.5	4.5	4.5	11.5	2.5	11.5	21.5	13.0	9.5
5	12.0	7.0	5.0	5.0	12.0	3.0	12.0	22.0	14.0	10.0
6	12.5	7.5	5.5	5.5	12.5	3.5	12.5	22.5	15.0	10.5
7	13.0	8.0	6.0	6.0	13.0	4.0	13.0	23.0	16.0	11.0
8	13.5	8.5	6.5	6.5	13.5	4.5	13.5	23.5	17.0	11.5
9	14.0	9.0	7.0	7.0	14.0	5.0	14.0	24.0	18.0	12.0
10	14.5	9.5	7.5	7.5	14.5	5.5	14.5	24.5	19.0	12.5
11	15.0	10.0	8.0	8.0	15.0	6.0	15.0	25.0	20.0	13.0
12	15.5	10.5	8.5	8.5	15.5	6.5	15.5	25.5	21.0	13.5

选择均匀设计表 $U_{12}^*(12^{10})$，对表 5-17 中的因素及其水平进行排布，见表 5-18，因素的排布结果和水平分布见表 5-19。表 5-18 和表 5-19 中横排序号 1～10 分别代表酚醛树脂、丁腈橡胶、蛭石粉、导电炭黑、陶瓷纤维、石墨、海泡石、硅灰石、硫酸钡和硅藻土。

表 5-18　均匀设计表 $U_{12}^*(12^{10})$

因素试验	1	2	3	4	5	6	7	8	9	10
1	1	2	3	4	5	6	8	9	10	12
2	2	4	6	8	10	12	3	5	7	11
3	3	6	9	12	2	5	11	1	4	10
4	4	8	12	3	7	11	6	10	1	9
5	5	10	2	7	12	4	1	6	11	8
6	6	12	5	11	4	10	9	2	8	7
7	7	1	8	2	9	3	4	11	5	6
8	8	3	11	6	1	9	12	7	2	5
9	9	5	1	10	6	2	7	3	12	4
10	10	7	4	1	11	8	2	12	9	3
11	11	9	7	5	3	1	10	8	6	2
12	12	11	10	9	8	7	5	4	3	1

表 5-19　组分均匀设计表

因素试验	1	2	3	4	5	6	7	8	9	10
1	10.0	5.5	4.0	4.5	12.0	3.5	13.5	24.0	19.0	13.5
2	10.5	6.5	5.5	6.5	14.5	6.5	11.0	22.0	16.0	13.0
3	11.0	7.5	7.0	8.5	10.5	3.0	15.0	20.0	13.0	12.5
4	11.5	8.5	8.5	4.0	13.0	6.0	12.5	24.5	10.0	12.0
5	12.0	9.5	3.5	6.0	15.5	2.5	10.0	22.5	20.0	11.5
6	12.5	10.5	5.0	8.0	11.5	5.5	14.0	20.5	17.0	11.0
7	13.0	5.0	6.5	3.5	14.0	2.0	11.5	25.5	14.0	10.5
8	13.5	6.0	8.0	5.5	10.0	5.0	15.5	23.0	11.0	10.0
9	14.0	7.0	3.0	7.5	12.5	1.5	13.0	21.0	21.0	9.5
10	14.5	8.0	4.5	3.0	15.0	4.5	10.5	25.5	18.0	9.0
11	15.0	9.0	6.0	5.0	11.0	1.0	14.5	23.5	15.0	8.5
12	15.5	10.0	7.5	7.0	13.5	4.0	12.0	21.5	12.0	8.0

2. 配方优化

1) 配方性能

根据表 5-19 所制的 12 组闸瓦材料的力学性能，包括密度、硬度、弹性模量、泊松比和冲击强度等，如图 5-53 所示。

测试结果表明配方 7 的密度和硬度最大，配方 2 的弹性模量最大，配方 4 的泊松比最大，配方 3 的冲击强度最大。

使用摩擦制动试验台测量其摩擦学性能，测得摩擦系数均值、摩擦盘表面温升和磨损量如图 5-54 所示。

利用式 (5-100) 对图 5-54 (b) 的摩擦盘表面温升进行处理，可以得到 12 组配方的摩擦盘表面温升率，见表 5-20。

$$\Delta TS = \frac{\Delta T}{2\pi R \cdot N \cdot F} \tag{5-100}$$

式中，ΔTS 为摩擦盘表面温升率，10^{-4}℃/(N·m)；ΔT 为摩擦盘表面温升，℃。

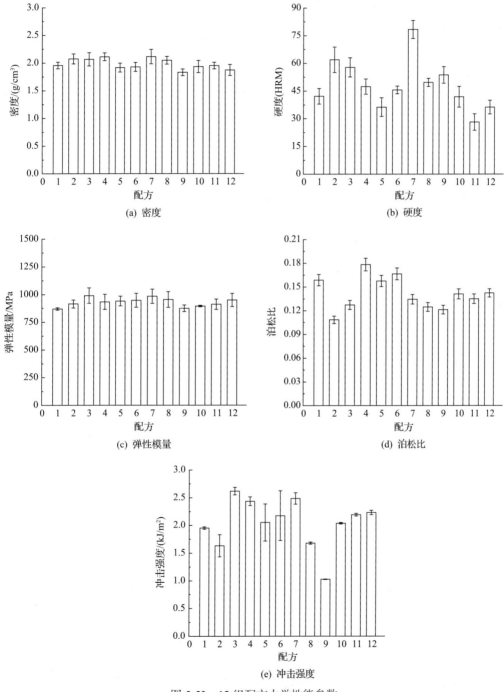

图 5-53　12 组配方力学性能参数

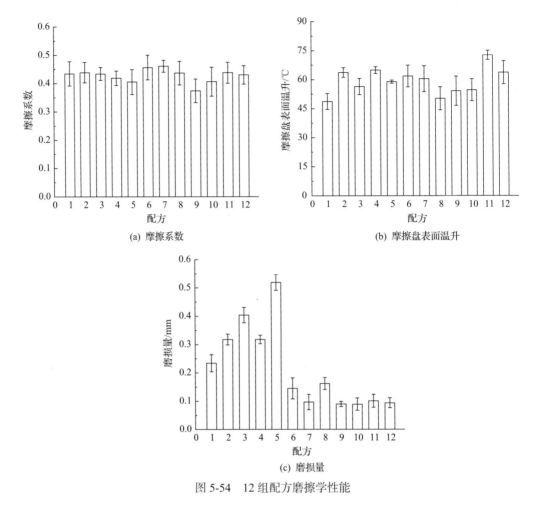

(a) 摩擦系数

(b) 摩擦盘表面温升

(c) 磨损量

图 5-54　12 组配方磨擦学性能

表 5-20　12 组配方的摩擦盘表面温升率

配方	1	2	3	4	5	6	7	8	9	10	11	12
摩擦盘表面温升率/[10^{-4}℃/(N·m)]	1.30	1.68	1.50	1.79	1.68	1.56	1.51	1.33	1.68	1.56	1.92	1.71

对图 5-54(c)的磨损量进行处理，可得到 12 组配方的体积磨损率，见表 5-21。

表 5-21　12 组配方的体积磨损率

配方	1	2	3	4	5	6	7	8	9	10	11	12
体积磨损率/[10^{-7}cm³/(N·m)]	3.89	5.23	6.71	5.48	9.24	2.29	1.52	2.68	1.74	1.58	1.66	1.58

由图 5-54(a)、表 5-20 和表 5-21 可知，配方 6 和配方 7 的摩擦系数较高，配方 1 和配方 8 的温升率较低，配方 7、配方 10 和配方 12 的体积磨损率较低。

2)基础配方优化

综合评价可知，在 12 组配方中，配方 7 的摩擦系数接近摩擦系数期望值且比较稳定，体积磨损率低和闸瓦材料的热导性较好；并且配方 7 闸瓦材料的摩擦系数为 0.46，体积

磨损率为 $1.52\times10^{-7}\mathrm{cm^3/(N\cdot m)}$，满足《矿井提升机和矿用提升绞车盘形制动器闸瓦》(JB/T 3721—2015)中规定的摩擦系数$\geqslant0.45$，体积磨损率$\leqslant2.5\times10^{-7}\mathrm{cm^3/(N\cdot m)}$的要求。

为制备性能较好的闸瓦材料，在配方 7 的基础上进行优化，通过添加不同的增强或改性填料来改善其力学性能和摩擦学性能。

① 添加材料

选用石墨烯、碳纤维和玻璃纤维作为闸瓦材料改良的添加材料。以配方 7 为基础配方，并将石墨烯、碳纤维和玻璃纤维三种摩擦性能改良材料添加到这 9 组配方中，制备 9 组闸瓦材料，并测试它们的力学性能和摩擦学性能，每组配方的添加含量见表 5-22。

表 5-22　配方序号说明

序号	原始配方	石墨烯/g	碳纤维/g	玻璃纤维/g
1		—	—	—
2		5	—	—
3		—	5	—
4	基础配方 7	—	—	10
5		5	5	10
6		10	5	10
7		5	10	10
8		5	5	15
9		10	10	15

② 试验结果

制动过程中，闸瓦热斑点温度与材料弹性模量的关系可利用 NEWCOMB 公式来表示：

$$\mathrm{pt} = K\cdot\mu\cdot P^{1/4}\cdot V^{1/2}$$

式中，pt 为热斑点温度，℃；K 为与弹性模量有关的常数。

可以看出随制动比压、制动初速度及改性后闸瓦材料摩擦系数的增加，若要减小制动盘和闸瓦材料的热损伤并降低热斑点的最高温度，需要适当降低闸瓦材料的弹性模量。

9 组配方的力学性能参数(密度、硬度、弹性模量、泊松比和冲击强度)如图 5-55 所示。

由图 5-55(a)可知，添加石墨烯、碳纤维和玻璃纤维减小了基础配方 7(序号 1)的密度，这是由于石墨烯、碳纤维和玻璃纤维密度均小于配方 7 的密度。由图 5-55(b)可知，添加石墨烯和玻璃纤维降低了基础配方 7(序号 1)的硬度，随着添加含量的增加，闸瓦材料的硬度持续减小。由图 5-55(c)、(d)可知，添加石墨烯、碳纤维和玻璃纤维增加了基础配方 7(序号 1)的弹性模量和泊松比。由图 5-55(e)可知，添加石墨烯、碳纤维和玻璃纤维都提高了基础配方 7(序号 1)的冲击强度，添加少量石墨烯和碳纤维时，闸瓦材料的冲击强度提高并不明显。

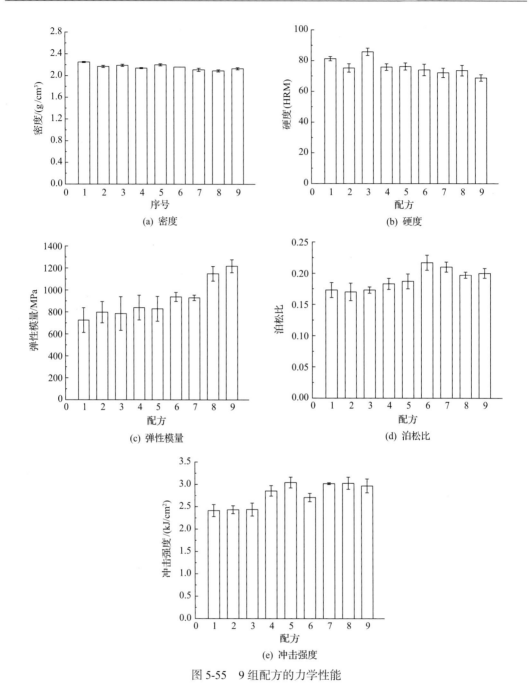

图 5-55 9 组配方的力学性能

对 9 组配方的摩擦系数、摩擦盘表面温升率和体积磨损率等摩擦学性能参数进行测试，如图 5-56 所示。

由图 5-56 可知，添加石墨烯提高了基础配方 7(序号 1)的摩擦系数，降低了体积磨损率和摩擦盘表面温升率，并且随石墨烯含量的增加，摩擦系数持续增加，摩擦盘表面温升率和体积磨损率持续减小；添加碳纤维使摩擦系数、体积磨损率和摩擦盘表面温升率下降，但若碳纤维含量增加，摩擦系数、摩擦盘表面温升率和体积磨损率反而会提高，但其摩擦系数仍低于基础配方；同时添加不同含量的石墨烯、碳纤维和玻璃纤维的序号6 的摩擦系数最高且体积磨损率最低。摩擦系数和体积磨损率是闸瓦材料摩擦学性能最重要的两个参数。

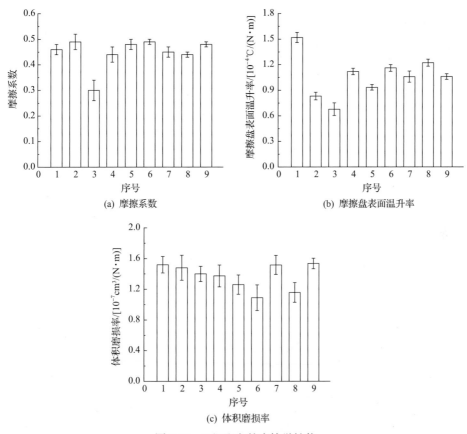

图 5-56　9 组配方的摩擦学性能

综上所述，序号 6 为所需优化配方，其摩擦学性能最优，其与基础配方 7（序号 1）的摩擦学性能对比见表 5-23。自制优化闸瓦材料的配方见表 5-24。

③ 表面形貌

从前述可知，添加石墨烯、碳纤维和玻璃纤维的配方表现出较好的力学性能和摩擦学性能。利用 FEI QuantaTM 250 扫描电子显微镜对 5 组闸瓦材料的表面放大 250 倍后拍摄表面形貌（图 5-57），探究不同填料对闸瓦材料表面形貌的影响规律。

由图 5-57（a）可知，基础配方 7 的摩擦表面存在较深凹坑，形成大面积氧化铝膜且分布不均，沿滑动方向存在较深犁沟。在摩擦过程中，闸瓦材料基体的黏合性在高温和压力等耦合作用下会退化，从而导致闸瓦材料容易产生磨屑并脱落。氧化铝膜表面成为摩擦表面的"高点"，突起的氧化铝膜与摩擦盘表面充分接触，在氧化铝膜表面附近会附着脱落的金属粉末，并且在剪切力持续作用下氧化铝膜会脱落，导致体积磨损率上升。摩擦盘表面并不是完全光滑，摩擦盘表面存在条状突起，且其硬度大于闸瓦材料硬度，硬度较低的闸瓦材料在摩擦过程中受到犁沟摩擦阻力，在滑动中推挤闸瓦材料表面，使之发生塑性变形并形成犁沟。

表 5-23　优化前后对比

名称	摩擦系数	体积磨损率/[$10^{-7}cm^3$/(N·m)]	摩擦盘表面温升率/[$10^{-4}℃$/(N·m)]
序号1	0.46	1.53	1.53
序号6	0.49	1.09	1.16

表 5-24　自制优化闸瓦材料配方

组分	含量/%	组分	含量/%
酚醛树脂	9	硬脂酸	1.5
丁腈橡胶	3.5	锆英石	4
蛭石粉	4.5	云母	3.5
导电炭黑	2	高岭土	2.5
陶瓷纤维	9.5	三氧化二锑	2.5
石墨	3.5	氧化铅	2
海泡石	8	石墨烯	4
硅灰石	17.5	碳纤维	2
硫酸钡	9.5	玻璃纤维	4
硅藻土	7		

(a) 基础配方7

(b) 基础配方7+5g石墨烯

(c) 基础配方7+5g碳纤维

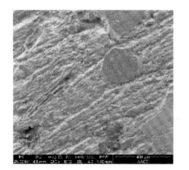

(d) 基础配方7+10g玻璃纤维

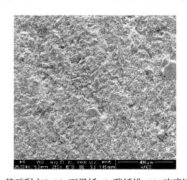

(e) 基础配方7+10g石墨烯+5g碳纤维+10g玻璃纤维

图 5-57　5组配方表面形貌

从图 5-57(b)可知,添加石墨烯使闸瓦材料表面凹坑和犁沟深度减少,氧化铝膜减小且均匀分布在闸瓦材料表面。由于石墨烯粉末直径较小且软,在摩擦过程中脱落形成石墨颗粒,容易附着于氧化铝膜上,石墨颗粒具有很好的润滑性,易形成转移膜,降低闸瓦材料的体积磨损率。石墨烯偏软且密质比小,其在闸瓦材料中均匀分布,使闸瓦材料的摩擦表面硬度降低,与摩擦盘表面接触较温和,降低了凹坑的深度。石墨烯热导率高,摩擦热传导较快,使闸瓦材料的温度增加减缓,从而降低高温对闸瓦材料摩擦学性能的影响。添加石墨烯可以提高闸瓦材料抵抗裂纹和出现脆性断裂的能力,降低闸瓦材料的体积磨损率。

由图 5-57(c)可知,添加碳纤维是闸瓦材料氧化铝膜面积减小且分布不均匀,表面凹坑增多且加深。由于碳纤维为微米级条状物,本身不具有黏性,且其密质比较小,在闸瓦材料中均匀分布,若其受较大剪切力脱落后,更容易带动周围颗粒脱落,形成较深凹坑。碳纤维的硬度大于树脂基体,基体在磨损后导致碳纤维裸露出来,摩擦盘与碳纤维进行摩擦,在摩擦后碳纤维脱落形成附着于氧化铝膜的摩擦膜,起到润滑作用,降低闸瓦材料的体积磨损率。

由图 5-57(d)可知,玻璃纤维呈束状分布,若裸露的玻璃纤维与摩擦盘接触,很容易使其周围物料掉落,在摩擦表面形成凹坑。玻璃纤维的弹性模量大于树脂基体,在磨损过程中,其会承受较大拉压和剪切力,起到保护周围基体的作用,使周围颗粒不易脱落,降低闸瓦材料的体积磨损率。当玻璃纤维发生整体脱落时,其对闸瓦材料造成更大的破坏,所以仅需要添加适量的玻璃纤维。

由图 5-57(e)可知,添加石墨烯、碳纤维和玻璃纤维三种材料的配方,其摩擦表面基本不存在犁沟,氧化铝膜面积明显减小且均匀分布。这说明添加石墨烯、碳纤维和玻璃纤维可以提高闸瓦材料的耐磨性和改善闸瓦材料表面形貌。

④表面元素

利用扫描电子显微镜配套的 QuantaX 400 能谱仪对 5 组闸瓦材料的表面放大 100 倍后进行元素分布和含量的测试,探究不同配方的闸瓦材料的摩擦表面元素差异。

不同配方 Fe、Al 元素对比曲线如图 5-58 所示。

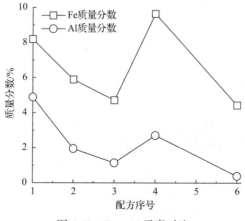

图 5-58　Fe、Al 元素对比

由图 5-58 中可以看出,Fe 元素和 Al 元素分布具有一致性。Al 元素主要来源于配方组分中的氧化铝粉,Fe 元素来源于 16Mn 摩擦盘。氧化铝膜表面及周围有黏着磨损痕迹,可以推断摩擦盘表面金属磨损主要是由于闸瓦材料表面所形成的氧化铝膜。氧化铝膜成为闸瓦材料摩擦表面的"高点",提高闸瓦材料的表面粗糙度。在滑动过程中,氧化铝膜表面粗糙度小且其高于周围摩擦接触面,与摩擦盘表面接触充分,导致摩擦盘表面磨损,使金属磨屑与闸瓦材料表面在高温和高压等耦合作用下结合,导致摩擦盘表面 Fe 元素含量上升。序号 6 配方的 Fe 元素的含量明显减小,说明自制优化配方可以明显减小摩擦盘的磨损,减轻闸瓦材料的金属镶嵌现象。

图 5-59 为不同闸瓦材料表面元素分布图。沿箭头方向为滑动方向,黑色膜主要成分为氧化铝。

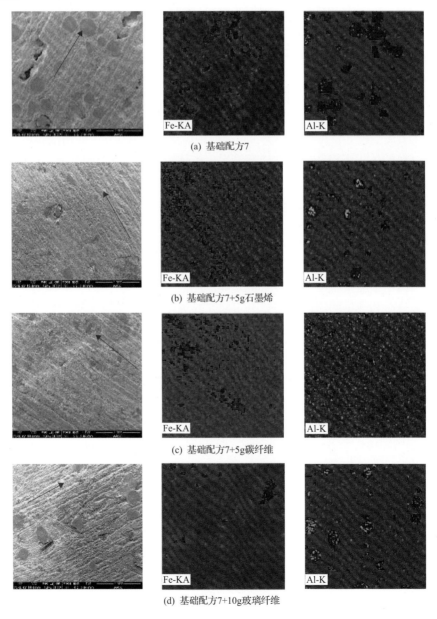

(a) 基础配方7

(b) 基础配方7+5g石墨烯

(c) 基础配方7+5g碳纤维

(d) 基础配方7+10g玻璃纤维

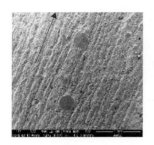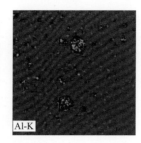

(e) 基础配方7+10g石墨烯+5g碳纤维+10g玻璃纤维

图 5-59　闸瓦材料表面元素分布图

由图 5-59(a)可知，基础配方 7 的摩擦表面存在大量的凹坑与氧化铝膜，摩擦过程中磨料脱落导致闸瓦材料的体积磨损率增大，并且凹坑的存在影响了闸瓦材料表面的元素分布。大量的氧化铝膜分布于摩擦表面，且其高于周围摩擦表面并形成高点，与摩擦盘接触充分，当受到摩擦阻力时容易脱落，导致体积磨损率上升，易造成摩擦盘表面磨损，导致闸瓦材料表面的 Fe 元素含量增加。

由图 5-59(b)可知，添加石墨烯使基础配方 7 表面的凹坑、犁沟和氧化铝薄膜减少，仅出现几个小面积氧化铝膜，Fe 元素在氧化膜周围分布较集中。石墨烯使闸瓦材料的硬度降低，在摩擦过程中，氧化铝薄膜更易发生相对滑动和塑性流动，使氧化铝膜面积减小。石墨烯在磨损过程中掉落的石墨颗粒可以起到润滑作用，降低了闸瓦材料的体积磨损率。

由图 5-59(c)可知，Al 元素分布均匀，但并未看到大面积氧化铝膜而且膜变小并均匀分布在闸瓦表面。闸瓦材料在摩擦过程中，其基体首先会得到磨损，并逐渐裸露出碳纤维，碳纤维在闸瓦材料表面形成硬质点，硬质点会与摩擦盘表面进行摩擦，在摩擦过程中起到保护作用，使闸瓦材料体积磨损率下降。

由图 5-59(d)可知，添加玻璃纤维使闸瓦材料表面的氧化铝薄膜和凹坑减少。玻璃纤维呈束状分布于摩擦盘表面，玻璃纤维头部与摩擦盘接触部分会在剪切力作用下脱落，形成凹坑。由于玻璃纤维的耐磨性和抗断裂的能力较好，其会在摩擦表面占据一定位置，对周围氧化铝膜的形成产生影响。由于不能添加过多玻璃纤维，其他位置的氧化铝膜不受影响，从而导致添加有玻璃纤维的闸瓦材料的摩擦表面氧化铝薄膜相对多。

由图 5-59(e)可知，添加石墨烯、碳纤维和玻璃纤维三种填料减小了基础配方 7 表面的氧化铝膜面积。Fe 元素同样沿滑动方向分布，但 Fe 元素含量明显减小，由此可推断自制优化闸瓦材料对摩擦盘的损伤减小，提高了摩擦盘的使用寿命，并降低了金属镶嵌对闸瓦材料摩擦学性能的影响。

3. 与现有闸瓦材料性能对比

1)力学性能对比

自制的优化闸瓦材料与两种WSM-3型闸瓦材料的力学性能对比结果如图5-60所示。

由图 5-60(a)和(b)可知，自制优化闸瓦材料(序号 1)的密度和硬度均大于两种WSM-3 型闸瓦材料(序号 2、序号 3)。由前文可知，并未发现闸瓦材料密度与摩擦学性能的明显规律。而硬度过大，会加剧摩擦盘表面的磨损，因此，自制优化配方需要适当降低硬度。

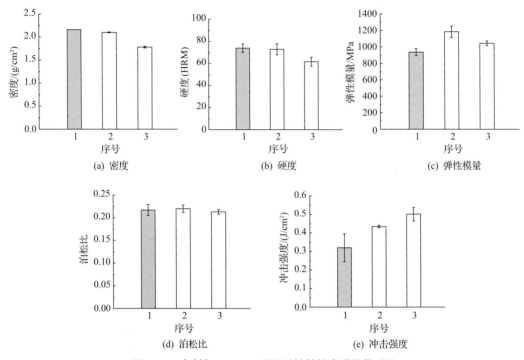

图 5-60　自制与 WSM-3 型闸瓦材料的力学性能对比

由图 5-60(c)可知，自制优化闸瓦材料的弹性模量低于两种 WSM-3 型闸瓦材料。

由图 5-60(d)可知，自制优化闸瓦材料的泊松比大于 WSM-3 型闸瓦材料(序号 3)，小于 WSM-3 型闸瓦材料(序号 2)。在制动比压保持不变时，弹性模量过高，会使闸瓦材料出现有效摩擦面积减小或偏磨等现象，以及会使闸瓦材料的热斑温度升高，甚至会超过树脂基体的热分解温度，使闸瓦材料的摩擦学性能衰退；弹性模量过低，会使闸瓦材料的变形大，经过频繁的分合闸，闸瓦材料容易出现裂纹或塑性断裂等破坏现象。通常，合成闸瓦材料的弹性模量小于 1.5×10^3MPa。所以，自制优化闸瓦材料和两种 WSM-3 型闸瓦材料均符合使用要求。

由图 5-60(e)可知，自制优化闸瓦材料的冲击强度低于两种 WSM-3 型闸瓦材料。若冲击强度过低，在反复分合闸过程中，闸瓦材料会出现脆性断裂和裂纹等破坏问题。但自制闸瓦材料的冲击强度满足《矿井提升机和矿用提升绞车盘形制动器闸瓦》(JB/T 3721—2015)中对闸瓦材料冲击强度大于 0.3048J/cm^2 的要求。

2) 摩擦学性能对比

利用摩擦制动试验台对自制优化闸瓦材料和两种 WSM-3 型闸瓦材料的摩擦学性能进行对比，如图 5-61 所示。

由图 5-61(a)可知，自制优化闸瓦材料的摩擦系数均高于两种 WSM-3 型闸瓦材料。在提升速度、提升载重和制动比压保持不变时，摩擦系数大，则摩擦力与制动力矩增大，提升机制动时间减小，制动距离缩短，保证了矿井提升的安全。

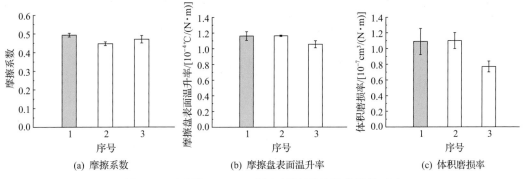

(a) 摩擦系数   (b) 摩擦盘表面温升率   (c) 体积磨损率

图 5-61 自制与 WSM-3 型闸瓦材料的摩擦学性能对比

由图 5-61(b)可知，自制优化闸瓦材料的摩擦盘表面温升率大于 WSM-3 型闸瓦材料（序号 3），等于 WSM-3 型闸瓦材料（序号 2）。温升率高表明闸瓦材料热导率差，因此，自制优化闸瓦材料热传导性能略低于 WSM-3 型闸瓦材料（序号 3）。

由图 5-61(c)可知，自制优化闸瓦材料的体积磨损率大于序号 3 的 WSM-3 型闸瓦材料，小于序号 2 的 WSM-3 型闸瓦材料。体积磨损率大说明闸瓦材料的耐磨性差，因此，自制优化闸瓦材料的耐磨性在测试闸瓦材料中处于中等水平。

综上所述，两种 WSM-3 型闸瓦材料的性能差异较大；自制优化闸瓦材料的摩擦学性能与 WSM-3 型闸瓦材料（序号 2）相接近，差于 WSM-3 型闸瓦材料（序号 3）。因此，本节对闸瓦材料的改性有一定的意义和参考价值，但是还需进一步的优化，以缩小与 WSM-3 型闸瓦材料（序号 3）的差距。虽然进行了小样品对比试验，其结果并不能准确反映全尺寸下的摩擦学性能，因此，对自制优化闸瓦材料还需进一步优化。

根据《矿井提升机和矿用提升绞车盘形制动器闸瓦》(JB/T 3721—2015)中对闸瓦材料摩擦学性能的要求：摩擦系数$\geqslant 0.45$，体积磨损率$\leqslant 2.5 \times 10^{-7} cm^3/(N\cdot m)$。三种闸瓦材料都满足使用要求。但是，自制优化闸瓦材料仅进行了缩比小样的摩擦试验，并未进行全尺寸的摩擦试验，不能探究其在矿井提升机中的摩擦学规律。因此，进行全尺寸闸瓦材料的摩擦试验也是今后关注的方向。

5.2.5 闸瓦材料制动摩擦学性能

1. 制动工况参数

由式(5-101)可知，随着矿井开采深度加大，提升高度增加，提升速度越来越大。

$$v_{max} = 0.6\sqrt{H} \tag{5-101}$$

式中，v_{max} 为最大提升速度，m/s；H 为提升高度，m。

矿井提升机的最大提升速度高达 20m/s。利用摩擦制动试验台模拟矿井提升机的紧急制动工况，探究在此过程中闸瓦材料的摩擦学性能。

摩擦制动试验台的摩擦盘达到规定初速度时的电机转速为

$$n_r = \frac{60v}{2\pi r} \tag{5-102}$$

式中，n_r 为电机转速，r/min；v 为制动初速度，m/s。

已知电机额定转速为 1470r/min，利用式(5-102)并根据所需制动初速度，可以求出变频器输出频率，见表 5-25。

表 5-25　不同制动初速度下的变频器输出频率

制动初速度/(m/s)	电机转速/(r/min)	变频器输出频率/Hz
8	510	17.35
12	764	26
16	1020	34.7
20	1280	43.54

已知闸瓦材料摩擦表面积 $S=25\text{mm}\times25\text{mm}$，根据所需制动比压可以求出制动正压力，见表 5-26。

表 5-26　制动正压力

制动比压/MPa	0.98	1.58	2
制动正压力/N	612.5	987.5	1250

2. 性能评价参数

对制动摩擦学性能的评价参数一般包括摩擦系数、制动时间、制动距离及摩擦盘表面温度。摩擦系数反映出紧急制动摩擦试验中摩擦力和制动力矩的大小；在提升速度、额定载重和制动比压不变时，摩擦系数越大，制动时间和制动距离越短；在紧急制动过程中，摩擦表面会产生大量的摩擦热使摩擦盘温度和闸瓦材料温度上升。温度过高会影响制动盘和闸瓦材料的力学性能和摩擦学性能，从而导致摩擦系数出现热衰退现象，影响制动器的制动性能。摩擦盘表面温度反映紧急制动摩擦过程中摩擦制动试验台的动能转化为摩擦热能的情况，并反映闸瓦材料的热传导能力。

1) 摩擦系数

在紧急制动试验中，对闸瓦材料摩擦系数的评价参数有均值和稳定系数。

① 摩擦系数均值

在紧急制动摩擦试验中，摩擦系数均值反映摩擦系数的平均水平。在制动比压保持不变时，其大小决定摩擦力和制动力矩的大小，最能反映在紧急制动过程中闸瓦材料的摩擦性能。

摩擦系数均值的计算可参考式(5-103)：

$$\bar{\mu} = \frac{1}{n}\sum_{i=1}^{n}\mu_i \tag{5-103}$$

式中，$\bar{\mu}$ 为紧急制动试验 II 阶段的摩擦系数均值；n 为紧急制动试验 II 阶段的摩擦系数采集点总量；i 为紧急制动试验 II 阶段中第 i 个数据采集点。

②摩擦系数稳定系数 $\Delta \mu s$

在紧急制动摩擦试验中，摩擦系数稳定系数反映摩擦系数的波动程度，其能反映制动平稳性。摩擦系数稳定系数越大，说明摩擦系数在制动过程中波动越大，制动越不平稳；稳定系数越小，说明摩擦系数在制动中波动越小，制动越平缓。使用与求摩擦系数均值一样的处理方法，求取 II 阶段中摩擦系数的稳定系数。

摩擦系数稳定系数的计算可参考式(5-104)：

$$\Delta \mu s = \sqrt{\sum_{i=1}^{n}\left(\mu_i - \overline{\mu}\right)^2 \Big/ n} \Big/ \overline{\mu} \tag{5-104}$$

2) 制动时间和制动距离

在紧急制动试验中，制动时间与多种因素有关，如制动初速度、制动比压、摩擦系数和载重量等。本节主要研究在紧急制动摩擦试验中制动初速度和制动比压对闸瓦材料摩擦系数和摩擦盘表面温度的影响规律。在紧急制动摩擦试验中，摩擦系数是动态变化的，制动减速度随之变化，为方便计算，做如下简化：将制动过程看作匀减速运动，假定制动减速度与制动时间成反比，制动距离只与制动初速度和制动时间有关，制动减速度和制动距离可参考式(5-105)和式(5-106)计算：

$$a = \frac{v}{t} \tag{5-105}$$

$$s = vt - \frac{1}{2}at^2 \tag{5-106}$$

式中，a 为制动减速度，m/s^2；t 为制动时间，s；s 为制动距离，m；

将式(5-105)和式(5-106)进行联立，可得

$$s = \frac{1}{2}vt \tag{5-107}$$

3) 摩擦盘表面温度

摩擦盘表面温度反映闸瓦材料和摩擦盘在制动过程中的热学特性。本节以摩擦盘表面最大温升作为评价摩擦盘表面温度的性能参数，其反映紧急制动过程中，系统动能转化为摩擦热能的情况。摩擦热是由于闸瓦材料在紧急制动过程中与摩擦盘紧密贴合，将系统的动能通过摩擦转化为热能。摩擦热能在紧急制动过程中以三种途径耗散：一部分传导至摩擦盘中，通过摩擦盘内部的热传导、表面与空气的热对流耗散掉；一部分从摩擦面直接耗散到空气中；一部分传导至闸瓦材料中，通过闸瓦材料内部的热传导、闸瓦表面与空气的热对流耗散以及闸瓦表面与夹具的热交换。在紧急制动摩擦试验中，环境温度变化不大，摩擦热耗散到空气中的速率基本保持不变。因此，闸瓦材料和摩擦盘的热学性能会对摩擦盘表面摩擦热的耗散产生重要的影响，若闸瓦材料热导性好，则其散热能力更强，更多的摩擦热会通过闸瓦材料进行耗散，使摩擦盘表

面的温度上升减缓。

3. 制动摩擦学性能研究

在紧急制动摩擦试验中，闸瓦材料与摩擦盘通过接触面的摩擦力将摩擦制动试验台的动能转化为热能从而使摩擦盘减速停车。在紧急制动摩擦试验中，需要保证制动力矩可靠，制动力矩是由闸瓦材料与摩擦盘的摩擦行为产生，在制动比压为定值时，摩擦系数均值越大，摩擦力和制动力矩越大，摩擦制动试验台更快停车制动。开展不同制动工况下闸瓦材料制动摩擦学性能的研究，探究不同制动工况对闸瓦材料摩擦学性能的影响规律。

1) 摩擦系数与摩擦盘表面温升变化曲线

为模拟不同制动初速度和制动比压下矿井提升机的紧急制动工况，本节设置 3 种制动初速度和 3 种制动比压(制动初速度分别为 12m/s、16m/s 和 20m/s，制动比压分别为 0.98MPa、1.58MPa 和 2.00MPa)，共进行 9 种工况的紧急制动摩擦试验，各工况摩擦系数和摩擦盘表面温升变化曲线如图 5-62 所示。

由图 5-62 可知，在紧急制动摩擦试验中，摩擦系数和摩擦盘表面温升随时间呈现动态变化。在紧急制动开始时，闸瓦和摩擦盘处于分离状态，在制动正压力作用下，它们会迅速接触，在这一过程中，接触面积从 0 瞬间增加，摩擦系数在短时间内迅速上升，并且摩擦系数在制动开始时会出现一个峰值。紧急制动初期，闸瓦在较短时间内与制动

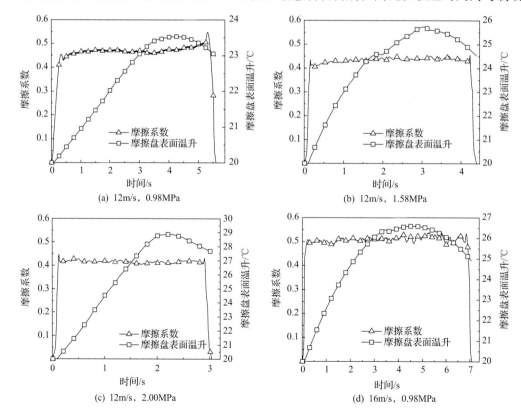

(a) 12m/s, 0.98MPa　　　　　　　　　　(b) 12m/s, 1.58MPa

(c) 12m/s, 2.00MPa　　　　　　　　　　(d) 16m/s, 0.98MPa

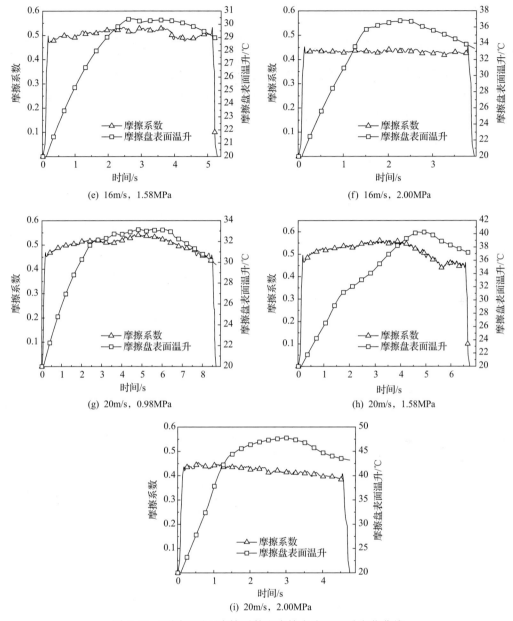

图 5-62　不同工况下摩擦系数和摩擦盘表面温升变化曲线

盘相贴合, 闸瓦将会受到冲击力的作用, 此时, 闸瓦所受制动比压高于设定值; 并且在冲击载荷作用下, 闸瓦与摩擦盘的实际接触面积会增大。

由式(5-108)可知, 随着实际接触面积的增加, 摩擦系数会增加, 故在紧急制动初期, 摩擦系数会出现一个峰值。

$$\mu = \frac{\tau A_r}{pA} \tag{5-108}$$

式中, τ 为摩擦界面切应力, MPa; A_r 为实际接触面积, m^2; p 为制动压力, Pa; A 为名义接触面积，m^2。

由图 5-63 可知，在紧急制动中间阶段，摩擦系数的变化具有连续性和规律性。此阶段中，制动正压力趋于稳定，闸瓦与制动盘的接触面积逐渐接近最大值，摩擦系数呈现稳定变化趋势。在紧急制动将要结束时，摩擦系数会突然增大并出现一个峰值。在摩擦盘将要停止转动时，闸瓦材料与摩擦盘表面的相对滑动速度趋向于 0，它们之间的摩擦行为会由动摩擦转化为静摩擦，由于闸瓦材料静摩擦系数大于动摩擦系数，所以当制动快要结束时摩擦系数会出现一个峰值。在紧急制动摩擦试验中，摩擦盘表面温度均逐渐升至最高然后降低。

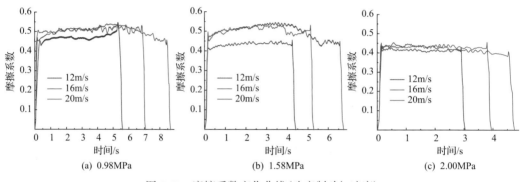

图 5-63　摩擦系数变化曲线（改变制动初速度）

2）制动初速度对摩擦学性能的影响

①制动初速度对摩擦系数的影响

对图 5-63 中数据处理后，可以得到 12 组工况下的摩擦系数均值与摩擦系数稳定系数变化曲线，如图 5-64 和图 5-65 所示。

由图 5-64 可知，在保持制动比压不变（分别为 0.98MPa、1.58MPa 和 2.00MPa）时，随着制动初速度的增加，树脂基闸瓦材料的摩擦系数均值都呈现先减小后增加又减小的变化规律。在所有制动工况中，闸瓦材料的摩擦系数均值都超过 0.4，且均在制动初速度

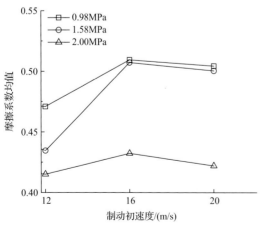

图 5-64　摩擦系数均值随制动初速度变化

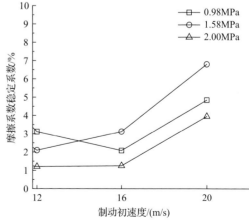

图 5-65　摩擦系数稳定系数随制动初速度变化

为 16m/s 时取得最大值，在制动初速度为 12m/s 时取得最小值，制动比压为 0.98MPa 和 1.58MPa 时摩擦系数均值超过 0.5。

根据大量试验数据，克拉盖尔斯基提出摩擦力与速度的关系公式：

$$F_f = (a + bv)\mathrm{e}^{-cv} + d \tag{5-109}$$

式中，F_f 为摩擦力；v 为速度，m/s；a，b，c，d 为与材料属性和工况有关的常数。

当速度变化为 0.004～25m/s 时，摩擦力随速度和比压的变化规律为：随着速度增加，摩擦系数会取得最大值；随着压力增加，摩擦系数最大值会减小。随着制动初速度增加，除了在 12m/s 时摩擦系数减小，摩擦系数整体变化规律与式(5-109)基本吻合。

由图 5-65 可知，在制动比压保持不变时，随着制动初速度增加，树脂基闸瓦材料的摩擦系数稳定系数都呈现先减小后增大的规律。在制动初速度为 12～16m/s 时，闸瓦材料的摩擦系数稳定系数取得最小值，这说明在此速度区间下，提升机紧急制动过程制动力矩的波动较小。而在 20m/s 时摩擦系数波动较大，说明在速度较高时，闸瓦材料的摩擦系数不稳定，使提升机在制动过程中出现顿挫感，给提升系统带来冲击。

②制动初速度对摩擦盘表面温度的影响

制动摩擦热是影响闸瓦材料摩擦学性能最重要的外在因素，在摩擦过程中，当温度超过 250℃时，闸瓦材料的树脂基体会出现热分解以及闸瓦材料摩擦学性能衰退等现象。9 种工况下摩擦盘表面温度曲线如图 5-66 所示。

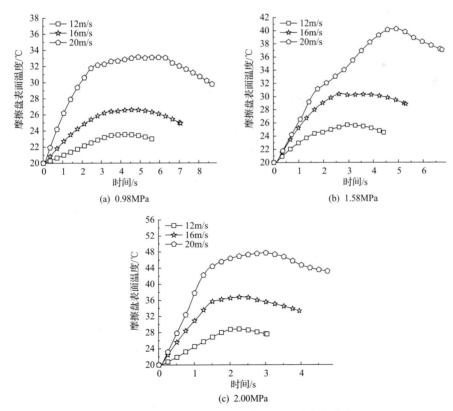

图 5-66　摩擦盘表面温度随制动初速度变化曲线

对图 5-66 处理后,可以得到摩擦盘表面温升随制动初速度的变化曲线,如图 5-67 所示。

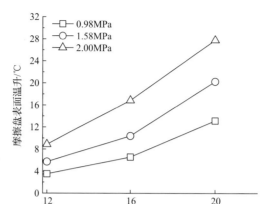

图 5-67　摩擦盘表面温升随制动初速度变化曲线

由图 5-66 可知,在保持制动比压为 0.98MPa 时,随着制动初速度的增加,摩擦盘表面温升逐渐增加。当从 12m/s 增加至 16m/s 时,摩擦盘表面最大温度增加 3.1℃;当从 16m/s 增加至 20m/s 时,摩擦盘表面最大温度增加 4.5℃。这说明,随着制动初速度的增加,摩擦盘表面最大温度增加越来越快。由于摩擦制动试验台的动能与速度的平方成正比,当制动初速度分别为低速和高速时,在它们的基础上增加相同速度,则高速工况下会增加更多动能。因此,随着提升速度越来越高,对闸瓦材料的耐热性有了更高的要求。

由图 5-67 可知,在所有紧急制动试验中,摩擦盘表面最大温升均不超过 30℃,但是由于试验条件限制,不能实时测量摩擦表面温度,因此不能确定摩擦接触面的具体温度值。根据热传导和热扩散理论,可以推断摩擦接触面的温升会更高,可能会出现远超基体分解温度的"热斑点"。由于闸瓦材料并不是严格均质的,因此摩擦热会在其摩擦表面上分布不均,导致局部温度过高,容易使闸瓦材料失效。

3)制动比压对摩擦学性能的影响

①制动比压对摩擦系数的影响

为探究制动比压对摩擦系数均值和稳定系数的影响规律,提取各工况的摩擦系数曲线,组成 9 种工况下摩擦系数曲线,如图 5-68 所示。

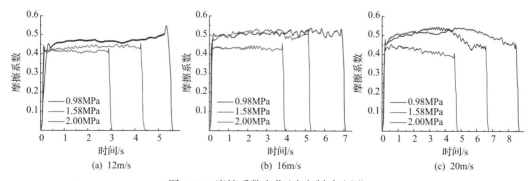

图 5-68　摩擦系数变化(改变制动比压)

由图 5-68 可知，在制动初速度 12m/s 时，随着制动比压的增加，摩擦系数减小；在制动初速度 16m/s 时，随着制动比压的增加，摩擦系数减小；在制动初速度 20m/s 时，随着制动比压的增加，摩擦系数减小；在所有工况参数下，瞬时摩擦系数均超过 0.4。

由图 5-69 可知，在 16～20m/s 高制动初速度工况下，当制动比压从 0.98MPa 提高到 1.58MPa 时，闸瓦材料的摩擦系数均值变化较小，且均大于 0.5。而在 12m/s 的制动初速度下，摩擦系数均值随制动比压的变化比较明显，呈现明显下降趋势。在所有制动初速度下，制动比压 0.98MPa 时，摩擦系数均值均取得最大值。

由图 5-70 可知，保持制动初速度为定值时，制动比压对摩擦系数稳定系数的影响具有不确定性。在 16～20m/s 制动初速度下，稳定系数随制动比压增加呈先增加后减小。在 12m/s 制动初速度下，稳定系数随制动比压持续减小。在所有制动初速度工况下，摩擦系数稳定系数在 2MPa 时均取得最小值，此时摩擦系数最稳定，制动过程比较平稳。随着制动比压增加，摩擦接触面的实际接触面积随着制动比压的增加而增加，当制动比压超过某一值时，随着制动比压提高，实际接触面积变化较小，从而使摩擦系数降低，但是提高了摩擦系数的稳定性。在 0.98MPa 制动工况下，摩擦系数不稳定；在 2MPa 制动工况下，摩擦系数比较稳定。因此，对于高速提升工况，适当提高制动比压至 2MPa 是合理的。由于试验条件等原因限制，对于制动比压超过 2MPa 的制动工况，还需要进一步验证。

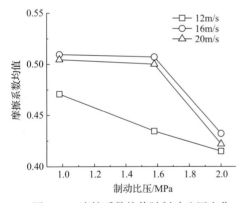
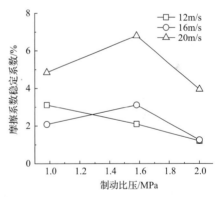

图 5-69　摩擦系数均值随制动比压变化　　　图 5-70　摩擦系数稳定系数随制动比压变化

②制动比压对摩擦盘表面温度的影响

9 种工况下摩擦盘表面温度变化曲线如图 5-71 所示。

对图 5-71 中数据处理，可以得到摩擦盘表面温升随制动比压的变化曲线，如图 5-72 所示。

由图 5-72 可知，在制动初速度保持不变时，摩擦盘表面温升与制动比压呈正相关关系，且随着制动比压的增加，摩擦盘表面温升增加更快。当制动初速度保持不变时，每次紧急制动摩擦试验中摩擦制动试验台的动能变化不大或保持不变，随着制动比压增大，摩擦力和制动力矩增加，使制动时间和制动距离减少，在整个制动过程中摩擦盘和闸瓦、闸瓦与环境的热交换减少，则摩擦盘表面温度迅速升高且摩擦盘表面温升增加。因此，

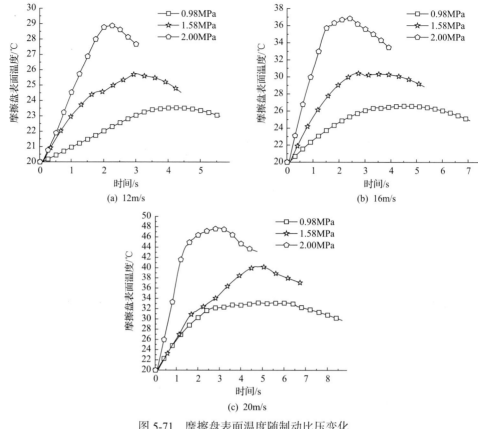

图 5-71　摩擦盘表面温度随制动比压变化

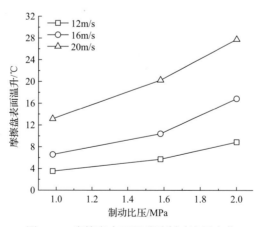

图 5-72　摩擦盘表面温升随制动比压变化

随着提升速度的提高，动能增加，若制动时间越短则单位时间和单位位移内产生的热量越多，这将对闸瓦材料和制动盘的热性能和摩擦性能产生重要的影响。因此，需要根据提升速度，设定合适的制动比压，使摩擦热更合理耗散，以保证闸瓦材料在制动过程中摩擦学性能的稳定性。

5.3 制动闸瓦振动及制动摩擦行为特性

5.3.1 制动闸瓦振动特性

1. 盘形制动器动力学模型

盘形制动器制动时，相对滑动的制动闸瓦与制动盘接触表面之间的作用力的法向分量为碰撞力，切向分量为摩擦力。由碰撞函数可知，碰撞力与物体的刚度和阻尼有关，即：

$$F_n = K\delta^n + C\frac{\mathrm{d}\delta}{\mathrm{d}t} \tag{5-110}$$

式中，K 为接触刚度；C 为接触阻尼；n 为刚度贡献指数；δ 为穿透深度。

相对滑动物体的彼此接触表面之间的作用力切向分量称为摩擦力。通过精密快速测量手段发现脱离黏着状态的最大静摩擦力常常显著大于动摩擦力，即两物体由黏着状态变为滑动状态时，两物体之间的摩擦力常常大幅度降低。目前摩擦力模型研究的主要为宏观与微观的研究角度。宏观研究角度主要针对光滑、非光滑以及转化摩擦力模型进行研究，而微观角度主要针对两物体之间摩擦接触问题以及故障分析及诊断方面进行分析。针对盘形制动器的制动摩擦行为，通常是根据库仑摩擦来进行计算，摩擦力的大小与摩擦系数和碰撞力成正比，即：

$$F_f = \mu F_n \tag{5-111}$$

式中，μ 为摩擦系数；F_n 为碰撞力。

结合碰撞函数与库仑摩擦模型，可以对盘形制动器制动闸瓦的动力学响应进行分析，提取其振动信息。

参考顾桥煤矿摩擦式提升系统参数，开展提升高度 1500m、最大提升速度 20m/s 深井提升系统紧急制动动力学研究。运用 ADAMS 多体动力学软件构建深井提升机盘形制动器多体动力学分析模型，如图 5-73 所示，两个制动盘对称固定在滚筒的两侧，每个制

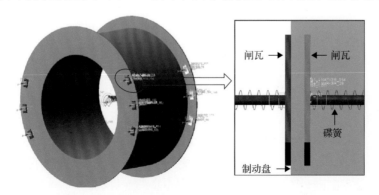

图 5-73 深井提升机盘形制动器多体动力学分析模型

动盘上分别有 6 对闸瓦对称放置在制动盘两侧，制动闸瓦沿制动盘圆周方向的夹角为 20°，滚动制动盘平均摩擦半径为 5m，厚度为 70mm，制动闸瓦摩擦面积为 0.1m²，厚度为 30mm。制动闸瓦由于深井提升机钢丝绳长度较大，直接在软件中进行建模不仅不易实现，且计算所耗费的时间较多，因此，仅建立了盘形制动器动力学模型。

2. 制动闸瓦的振动特性

制动闸瓦的振动加速度可以用来评价制动闸瓦的振动现象，图 5-74 为制动闸瓦在三个方向上的加速度随时间的变化曲线，可以看出，在 X、Y 两个方向上，制动闸瓦的振动幅度比较轻微，在与制动压力相同的 Z 方向上，制动闸瓦发生了非常明显的剧烈振动，制动闸瓦的加速度在时域范围内一小段时间内首先发生了振动冲击效应，此时闸瓦的振动幅度较小且迅速衰减，随后一直发生周期性振动。制动闸瓦的振动以 Z 方向为主。图 5-75 为使用自制的摩擦制动试验台开展紧急制动试验所获得的制动闸瓦在 Z 方向上的受力信号，结合图 5-74(c) 可以看出，仿真与试验值均呈现剧烈的上下波动，规律基本一致，因此，利用该动力学模型可以开展制动闸瓦的振动分析。

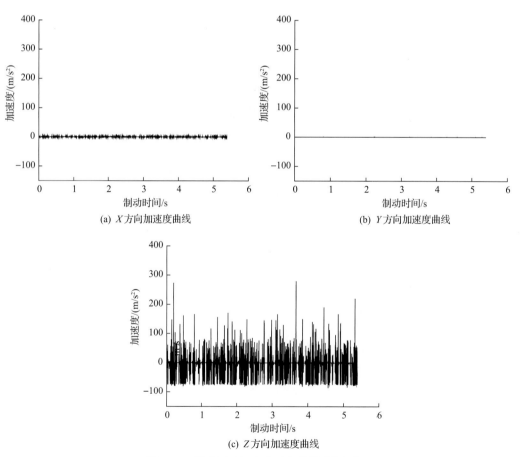

(a) X 方向加速度曲线　　　　　　　　(b) Y 方向加速度曲线

(c) Z 方向加速度曲线

图 5-74　制动闸瓦加速度时程曲线(仿真值)

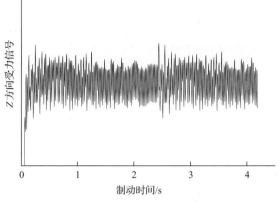

图 5-75　制动闸瓦 Z 向受力时程曲线(试验值)

为了更好地开展制动闸瓦振动特性的分析，首先对所建模型的闸瓦进行编号，如图 5-76 所示。滚筒与两个制动盘固定连接，每个制动盘分别有 6 对制动闸瓦对称安装在制动盘两侧，安装在制动盘 1 两侧的 6 对闸瓦编号为 1～6，安装在制动盘 2 两侧的 6 对闸瓦编号为 7～12，对应地，闸瓦组 1 和 7、2 和 8、3 和 9、4 和 10、5 和 11、6 和 12 在 Z 方向上分别位于同一直线上。将制动盘远离滚筒方向的面定义为外面，靠近滚筒方向的面定义为内面。定义第 x 对闸瓦中与制动盘外面贴合的为 x-1，与内面贴合的为 x-2。

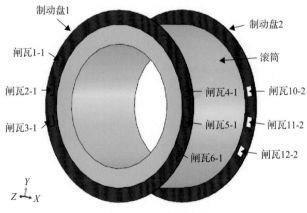

图 5-76　闸瓦编号示意图

选取 M =31 000kg，V =20m/s，a =0.75m/s²，对匀速阶段制动工况下的各闸瓦振动数据进行分析，如图 5-77 和图 5-78 所示。可以看出，当深井提升机紧急制动时，12 对闸瓦在 Z 方向均发生了明显的振动现象。在制动初期，由于制动压力施加到制动闸瓦上，闸瓦与制动盘首先受压形变并产生冲击作用，因此各个闸瓦在此阶段的振动作用均出现了相似的振动现象。此后，各个闸瓦的振动加速度基本上都在–80～80m/s² 的范围内上下波动，并在某些时刻振动加速度会接近零值，这可能是因为制动闸瓦与制动盘之间发生了黏滑振动。此外，在远离制动盘的方向也少量出现了较大的加速度，这可能是因为随着制动的进行，闸瓦与制动盘的振动频率发生或者接近了共振，导致了短时间内加速度瞬间增大。

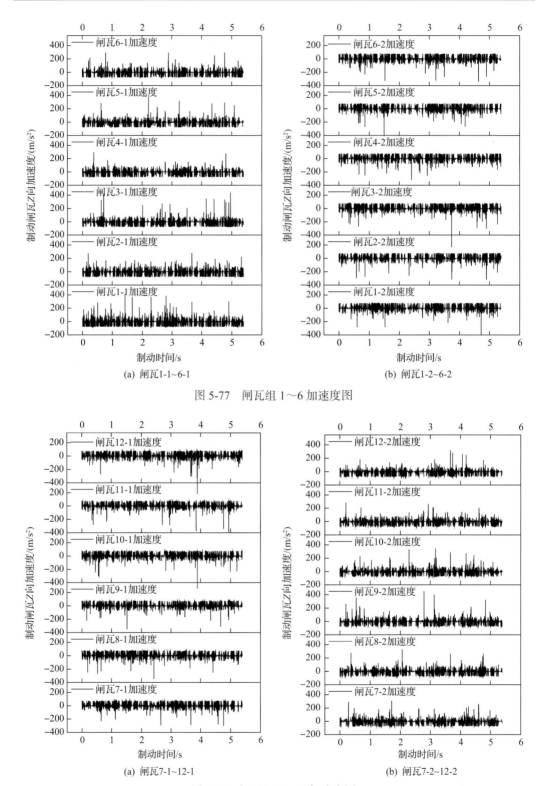

(a) 闸瓦1-1~6-1

(b) 闸瓦1-2~6-2

图 5-77　闸瓦组 1～6 加速度图

(a) 闸瓦7-1~12-1

(b) 闸瓦7-2~12-2

图 5-78　闸瓦组 7～12 加速度图

5.3.2　制动闸瓦热-应力分布规律

1. 制动多场耦合分析模型

1) 几何尺寸参数

在深井提升机中，滚筒一般与两个制动盘相连接。为了提高计算效率，对提升机制动器模型进行简化，采取动力学分析模型中的一个制动盘与制动闸瓦结构进行有限元分析。运用 ABAQUS 软件来建立制动盘-制动闸瓦多场耦合分析模型，如图 5-79 所示。在平均摩擦半径为 5m 的制动盘的两侧，对称安装有 12 对制动闸瓦，相邻两闸瓦在圆周方向的夹角为 20°，制动闸瓦与制动盘的结构尺寸参数见表 5-27。

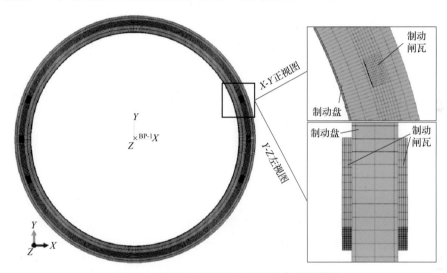

图 5-79　制动盘-制动闸瓦多场耦合分析模型

表 5-27　制动盘与制动闸瓦尺寸参数

部件	外径长度/mm	外径宽度/mm	厚度/mm
制动盘	5400	4600	140
制动闸瓦	380	244	30

2) 材料参数

参考煤矿矿井提升机的实际使用情况，选用中实洛阳工程塑料有限公司生产的无石棉树脂基闸瓦以及 16Mn 合金钢制动盘的材料数据为有限元分析模型的材料赋值，材料参数见表 5-28。

3) 网格划分

采用三维实体线性积分单元(C3D8RT)对制动盘与制动闸瓦进行网格划分，划分后的网格模型如图 5-79 所示，制动盘有 75200 个单元及 92800 个节点，每个制动闸瓦有 600 个单元及 856 个节点。为了提高运算效率和计算结果的准确性，对制动盘与制动闸瓦的摩擦接触区域的网格进行加密，对非摩擦接触区域的网格尺寸进行增大，如图 5-79 中

X-Y 正视图所示；对制动盘轴向网格划分采用偏置加密，使得靠近摩擦接触区域的网格尺寸较小，远离摩擦接触区域的网格尺寸较大，如图 5-79 中 Y-Z 左视图所示。

表 5-28　制动盘与制动闸瓦材料参数

参数	制动盘	制动闸瓦
密度/(kg/m³)	7850	1788
杨氏模量/(N/m²)	2.2×10^{17}	4.92×10^{15}
比热容/[J/(kg·K)]	460	1332.5～1541.4
泊松比	0.3	0.232
热膨胀系数/(10^{-5}·K^{-1})	1.2	6.541～12.258
热传导系数[W/(m·K)]	58	1.629～1.712

4）接触与边界条件

为实现多场耦合分析的计算，各制动闸瓦与制动盘之间接触控制方法采用主从面方法（surface to surface），判断接触状态的跟踪方法为有限滑动（finite sliding）。各制动闸瓦与制动盘之间的摩擦力模型采用双线性（库仑）摩擦模型，对制动盘与制动闸瓦之间施加稳定后的摩擦系数，结合前文的测试结果，摩擦系数取 0.4。

为实现紧急制动动作，对制动闸瓦和制动盘的边界条件分别进行定义。限制所有制动闸瓦上表面在 X、Y 方向的移动自由度以及沿 X、Y、Z 轴的旋转自由度，保留其在制动力方向（Z 方向）的自由度；在制动盘质心处设置一个参考节点，将制动盘的圆周内表面与该参考节点的位移/旋转自由度完全耦合，限制制动盘轴向中心面的 X、Y、Z 方向的自由度以及沿 X、Y 轴的旋转自由度，保留其沿 Z 轴旋转的自由度。

为了模拟常温工作环境，对制动盘与所有制动闸瓦施加初始温度为 20℃。此外，在紧急制动过程中，制动盘表面与空气存在对流换热作用，对流换热系数的计算公式如下，并施加到制动盘表面：

$$h = \begin{cases} 0.7\left(\dfrac{\lambda_a}{d_a}\right)Re^{0.55} & (Re \leqslant 2.4 \times 10^5) \\ 0.04\left(\dfrac{\lambda_a}{d_a}\right)Re^{0.8} & (Re \geqslant 2.4 \times 10^5) \end{cases} \tag{5-112}$$

$$Re = \frac{v_a \rho_a d_a}{3.6\mu_a} \tag{5-113}$$

式中，Re 为雷诺数；v_a 为制动盘转速；ρ_a 为空气密度；d_a 为制动盘外径；μ_a 为空气黏度；λ_a 为空气导热系数。

结合动力学分析获取的制动闸瓦振动加速度并拟合公式，通过赋值曲线将制动闸瓦的振动作用转化为振动制动力，对制动闸瓦施加振动边界条件，制动闸瓦的时变制动压力如图 5-80 所示，振动边界条件施加示意图如图 5-81 所示。

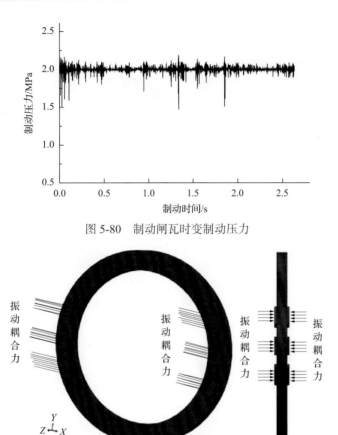

图 5-80　制动闸瓦时变制动压力

图 5-81　制动闸瓦振动边界条件施加示意图

2. 制动器热-应力分布规律

为探究紧急制动时制动闸瓦与制动盘的热-应力分布规律，选取提升质量 $m=$ 31000kg、提升速度 $a=0.75\text{m/s}^2$ 以及提升速度为 20m/s 的匀速阶段进行紧急制动有限元分析。4.380s 时的温度与应力云图如图 5-82 所示。

由图 5-82 可知，在制动盘逆时针转动的紧急制动过程中，制动盘-闸瓦应力和温度的最大值分别为 $1.151\times10^8\text{Pa}$ 和 102.1℃，均出现在制动盘平均半径位置附近；制动盘平均摩擦半径位置较两侧的应力水平高。从摩擦接触区开始，沿制动盘的转动方向，温度和等效应力均逐渐增大，且在闸瓦对 3、闸瓦对 6 与制动盘摩擦区域达到最大值，以制动盘的质心为圆心，制动产生的热-应力呈中心对称的分布规律。这是因为每经过一块闸瓦的摩擦区域，动能转化为摩擦热，且制动盘和闸瓦的接触区域都存在着较高的接触应力和较差的热对流效应。摩擦热从每块闸瓦的摩擦进口逐渐叠加到摩擦出口，当制动盘摩擦区域从闸瓦对 1 和 4 的摩擦出口转出后，由于制动盘与空气的热对流效应较差且与闸瓦对 2 和闸瓦对 5 距离较近，在进入闸瓦 2 和闸瓦 5 的摩擦入口处时仍有大量热量尚未散去，并且闸瓦与制动盘摩擦再次产生热量，导致了沿旋转方向制动盘上摩擦接触区域的温度与热应力叠加。由于闸瓦 3 与闸瓦 4、闸瓦 6 与闸瓦 1 之间距离较远，制动盘拥有较长的时间与空气进行热交换，因此温度与应力在该区域沿旋转方向递减。

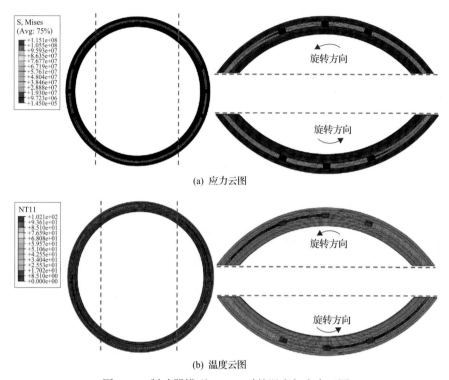

(a) 应力云图

(b) 温度云图

图 5-82　制动器模型 4.380s 时的温度与应力云图

图 5-83 为各制动闸瓦摩擦面在 4.380s 时的等效应力云图，图中蓝色箭头代表制动闸瓦相对于制动盘的滑动方向。在制动闸瓦的摩擦接触面上也存在沿旋转方向的应力累积效应，从闸瓦 1 至闸瓦 3 以及从闸瓦 4 至闸瓦 6，应力水平逐渐增高，最大应力值达到 3.56MPa；各制动闸瓦等效应力分布规律以制动盘质心为圆心也呈现出近似中心对称现象。各制动闸瓦在与制动盘相对滑出侧应力均达到最大。

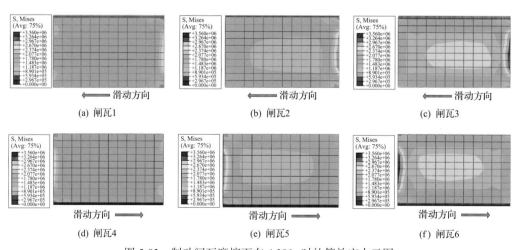

(a) 闸瓦1　　　　　　(b) 闸瓦2　　　　　　(c) 闸瓦3

(d) 闸瓦4　　　　　　(e) 闸瓦5　　　　　　(f) 闸瓦6

图 5-83　制动闸瓦摩擦面在 4.380s 时的等效应力云图

对闸瓦随紧急制动时间的应力云图进行分析，发现其等效应力分布规律存在较大变化。以闸瓦 6 为例，分析紧急制动过程不同时刻的应力分布规律，如图 5-84 所示。可以看出，在制动初期制动闸瓦与制动盘相对滑入侧出现了较大应力集中，随着制动的进行，闸瓦该侧应力集中现象随着制动时间的增加逐渐消散并在闸瓦另一侧出现了逐渐增加的应力集中现象，随后在 4.380s 时达到了最大并开始降低。这可能是因为：在制动初期，制动压力施加在闸瓦上使其与高速旋转的制动盘接触并发生形变，制动盘区域不断从闸瓦边缘滑入摩擦接触区域时产生了楔入效应；随着制动的进行，制动速度不断减小且闸瓦与制动盘的相互作用逐渐稳定，闸瓦与制动盘相对滑出侧的应力随着摩擦面的累积作用逐渐增加；在制动末期，闸瓦与制动盘的相对滑动速度很小，摩擦接触面间的交互作用逐渐下降，闸瓦表面的应力开始逐渐减小。

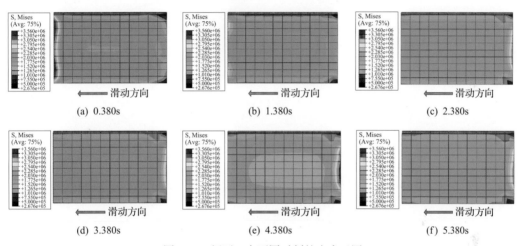

图 5-84　闸瓦 6 在不同时刻的应力云图

图 5-85 为各制动闸瓦在 4.380s 时的温度云图，沿滑动方向各闸瓦的摩擦热分布规律与等效应力分布规律相同，各制动闸瓦均形成了头部凹陷的类似矩形的温度分布带。沿

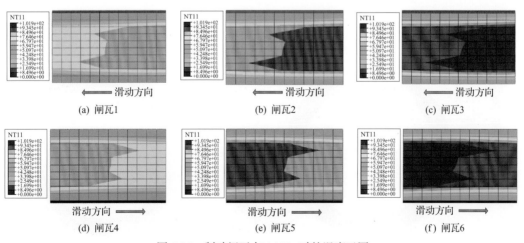

图 5-85　制动闸瓦在 4.380s 时的温度云图

与制动盘相对滑动反方向摩擦热逐渐累积并在闸瓦与制动盘相对滑出侧达到最高。此外，在制动闸瓦远离制动盘圆心的半侧摩擦热总是较靠近制动盘圆心的半侧温度高，这是由矩形闸瓦的形状特点形成的。

图 5-86 为制动盘与矩形闸瓦的摩擦接触示意图，图中蓝色实线包围的区域代表制动盘与闸瓦会发生摩擦的区域，黑色虚线为平均摩擦半径，当制动盘转动单位角度并与矩形闸瓦进行摩擦时，闸瓦的上半部(红色与黑色虚线间区域)总是与更大面积的制动盘进行摩擦，因此热量在上半部的累积总是大于下半部分(黑色与蓝色虚线间区域)。由于摩擦热是产生于摩擦接触面并向温度更低处进行传导与辐射，闸瓦的摩擦温度分布并未出现随剖切深度不同而变化的现象。

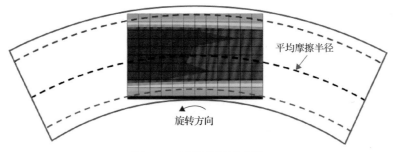

图 5-86　摩擦接触示意图

5.3.3　不同提升工况下的制动摩擦行为对比

1. 横减速制动与恒力矩制动工况对比

如图 5-87 与图 5-88 所示，对恒力矩与恒减速制动方式下的制动摩擦行为进行探究，发现恒减速制动系统对应的制动副热应力效应显著减小，这是因为恒减速制动系统减速度小、制动时间长、制动平稳，而恒力矩制动系统则由于制动力矩恒定，制动减速度持续变化，制动平稳性差。

2. 传统提升系统与 SAP 提升系统制动对比

为探究传统提升系统与 SAP 提升系统恒减速制动下制动副摩擦行为的差异，采用学

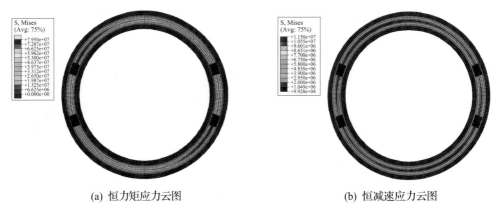

(a) 恒力矩应力云图　　　　　　　　　　(b) 恒减速应力云图

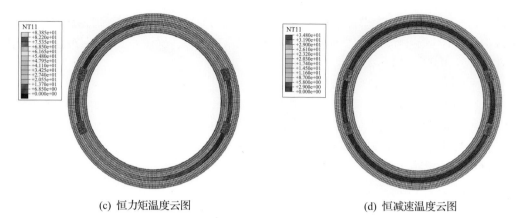

(c) 恒力矩温度云图　　　　　　　　　(d) 恒减速温度云图

图 5-87　恒力矩与恒减速制动热应力云图

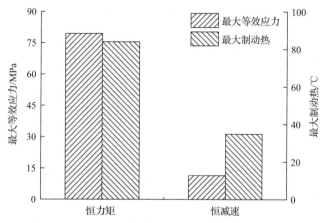

图 5-88　恒力矩与恒减速制动最大制动热-应力对比

者 Wang 等建立的 SAP 提升系统动力学分析模型[30]，对其动态力矩进行计算，并结合上文中的动力学模型及有限元模型，对 SAP 提升系统紧急制动摩擦行为进行计算，如图 5-89、图 5-90 所示。可以看出，采用 SAP 提升系统的制动摩擦行为更为理想，与传统提升系统相比，SAP 提升系统制动副最大等效应力、制动温度降低 19%、4.7%。

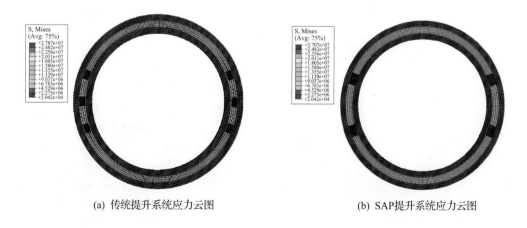

(a) 传统提升系统应力云图　　　　　　　　(b) SAP提升系统应力云图

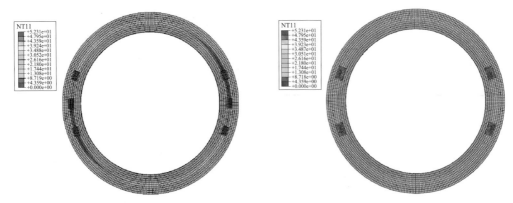

(c) 传统提升系统温度云图　　　　　　　　　　(d) SAP提升系统温度云图

图 5-89　传统提升系统与 SAP 提升系统恒减速制动热-应力云图

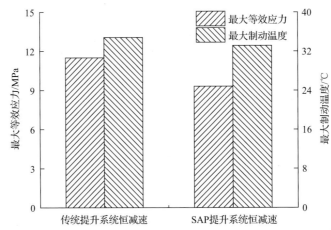

图 5-90　传统提升系统与 SAP 提升系统恒减速制动最大制动热-应力对比

3. SAP 提升系统不同提升高度工况对比

为探究不同提升高度下 SAP 提升系统紧急制动时制动摩擦面间的摩擦行为，分别对 1000m、1500m 及 2000m 提升高度下的制动摩擦行为进行计算，得到其等效应力云图与温度云图，如图 5-91 所示。不同提升高度的最大制动热-应力变化如图 5-92 所示。

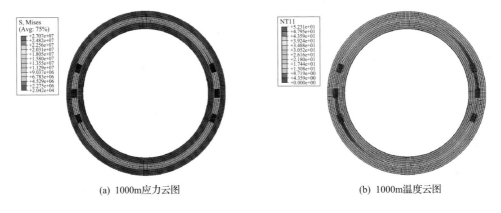

(a) 1000m应力云图　　　　　　　　　　　　(b) 1000m温度云图

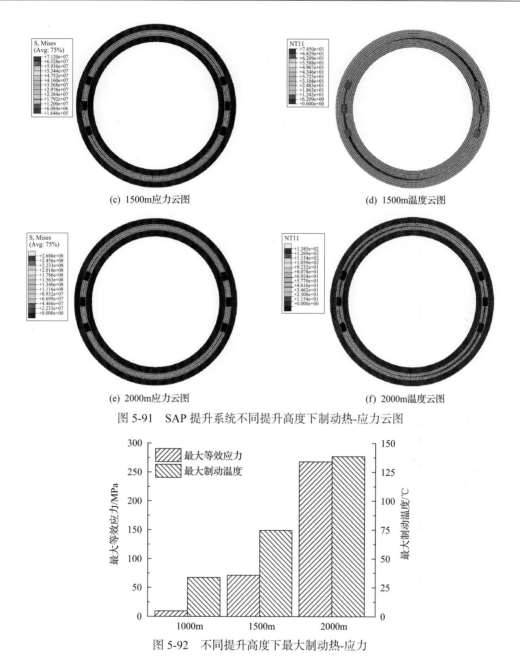

(c) 1500m应力云图　　　　　　　　　　(d) 1500m温度云图

(e) 2000m应力云图　　　　　　　　　　(f) 2000m温度云图

图 5-91　SAP 提升系统不同提升高度下制动热-应力云图

图 5-92　不同提升高度下最大制动热-应力

由图 5-91 和图 5-92 可以看出，随着提升高度的增加，制动摩擦行为逐渐加剧，在提升深度达到 2000m 时，单次制动下摩擦面间最大等效应力达到 268.2MPa，制动温度达到 138.5℃，制动工况十分恶劣，闸瓦与制动盘的制动损伤将十分严重。

5.3.4　闸瓦劣化机理

1. 试验参数

使用自制的缩比摩擦制动试验台，开展紧急制动试验，试验机参数见表 5-29。为探究不同紧急制动次数对制动闸瓦劣化的影响，制定如表 5-30 所示的试验参数，分别开展制动闸瓦紧急制动循环试验和模拟电机失控连续制动试验。

表 5-29　试验机参数

参数	数值
摩擦半径/mm	150
主轴最大转速/(r/min)	1470
摩擦半径速度/(m/s)	20
摩擦面个数/个	2
单个闸瓦摩擦面积/m^2	0.000625
制动减速度/(m/s^2)	3.8
制动正压力/N	2496
制动力矩/(N·m)	225
系统转动惯量	5.67

表 5-30　试验参数

序号	制动初速度/(m/s)	制动比压/MPa	紧急制动循环次数/次	连续紧急制动时间/s
1	20	2	5	—
2	20	2	10	—
3	20	2	15	—
4	20	2	20	—
5	20	2	—	30
6	20	2	—	60
7	20	2	—	120

2. 闸瓦摩擦学性能演化

对制动闸瓦制动前后的质量进行称量，获得制动闸瓦磨损量随紧急制动循环次数的变化规律，如图 5-93 所示，图中闸瓦 A 与 B 分别代表夹持在制动盘两侧的一对闸瓦；对每五次紧急制动的平均磨损增量进行计算，获得不同紧急制动循环次数下闸瓦的平均磨损量增量变化曲线，如图 5-94 所示。由图 5-94 可知，循环次数 N=5、N=10、N=15 时，随着循环次数增加闸瓦的磨损量逐渐轻微增加，而 N=20 时制动闸瓦的磨损量较 N=15 突然增大，这表明闸瓦进入了剧烈磨损阶段。

图 5-95 为不同紧急制动循环次数下的摩擦系数随制动次数的变化曲线，由图 5-95(a) 与(b)可以看出，N=5 和 N=10 时摩擦系数随制动次数变化较为平缓，均在 0.4 左右轻微波动；由图 5-95(c)可以看出，N=15 时摩擦系数呈先降后增趋势，并在第 7 次制动时达到最大值(0.4219)，随后呈现波动式轻微下降趋势；由图 5-95(d)可以看出，N=20 时摩擦系数在 0.4 上下波动，并在第 16 次制动后开始呈迅速下降趋势，在第 20 次制动时平

均摩擦系数已降至 0.335，此外，在最后三次制动过程中，摩擦系数的标准差显著增大，此时闸瓦剧烈磨损导致了摩擦系数与制动平稳性下降。

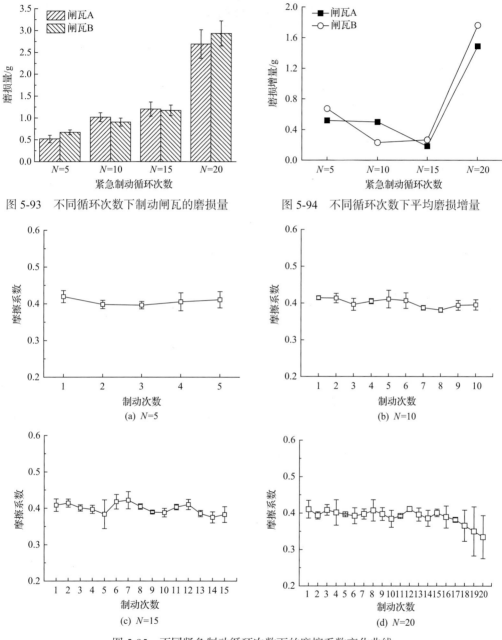

图 5-93　不同循环次数下制动闸瓦的磨损量　　　图 5-94　不同循环次数下平均磨损增量

图 5-95　不同紧急制动循环次数下的摩擦系数变化曲线

　　闸瓦磨损量随制动时间的变化规律如图 5-96 所示。不同制动时间下闸瓦的平均磨损量增量变化曲线如图 5-97 所示。由图 5-96 和图 5-97 可知，随着制动时间的增加闸瓦的磨损量逐渐增加，制动闸瓦的磨损增长逐渐减缓，这可能是因为随着制动时间的增长，摩擦面的温度与交互应力逐渐增大，使得制动摩擦面逐渐发生较多的局部屈曲软化，从而使得制动闸瓦的摩擦性能降低，动态磨损率下降。

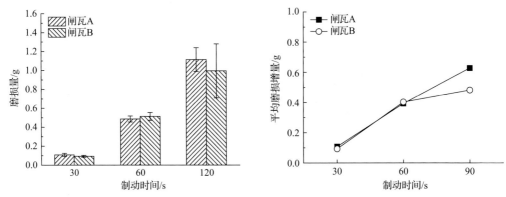

图 5-96　不同制动时间下闸瓦的磨损量　　　图 5-97　不同制动时间下闸瓦平均磨损增量

图 5-98 为不同连续紧急制动时间下的摩擦系数随制动时间的变化曲线，可以看出，3 种制动时间下摩擦系数均在制动初期呈递增趋势并随后开始呈下降趋势，但 $t=120\text{s}$ 的摩擦系数曲线显示在 50～80s 摩擦系数呈现稳定状态，约为 0.34，随后呈现出摩擦系数逐渐下降，在 $t=120\text{s}$ 时摩擦系数已降至约为 0.23，远低于正常使用需求，这说明模拟电机失控紧急制动连续制动 120s 后，闸瓦的摩擦学性能显著降低。

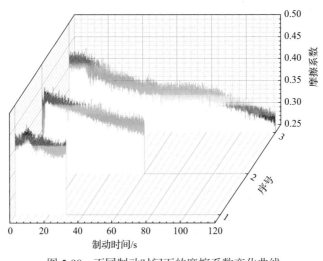

图 5-98　不同制动时间下的摩擦系数变化曲线

3. 闸瓦微观形貌

图 5-99 为不同紧急制动循环次数下闸瓦的微观形貌。随着紧急制动循环次数的增加，循环次数 $N=5$、$N=10$、$N=15$、$N=20$ 时闸瓦摩擦面分别呈现出表面稳定、表面破坏、表面稳定与表面严重破坏的现象，紧急制动循环次数 $N=20$ 次及以上时，制动闸瓦严重磨损，闸瓦表面劣化程度较高且摩擦学性能下降，已不再适用于紧急制动使用；紧急制动时闸瓦与制动盘发生较为强烈的摩擦行为，制动闸瓦的劣化机理表现为滑动磨损引发的材料损失。

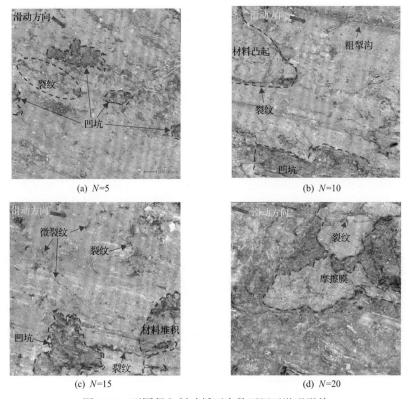

图 5-99　不同紧急制动循环次数下闸瓦微观形貌

图 5-100 为不同连续制动时间下闸瓦的微观形貌，随着连续制动时间的增加，闸瓦表面的劣化现象逐渐加剧，相较于循环紧急制动，模拟电机失控的连续制动使得闸瓦的摩擦学性能衰退现象更为明显，由于连续制动导致高温摩擦界面出现了不同于紧急制动的摩擦行为，在连续制动 30s、60s 的工况下，制动闸瓦的表面劣化与摩擦学性能衰退尚未达到严重的程度，在连续紧急制动 120s 及以上时，闸瓦的劣化程度已经较大，摩擦学性能衰退现象十分明显，已无法提供可靠的制动力。此外，无论是多次紧急制动与模拟电机失控连续制动，这种强烈摩擦接触作用的紧急制动导致闸瓦的劣化现象仅表现为磨损，并未发现有其他形式的表面损坏。

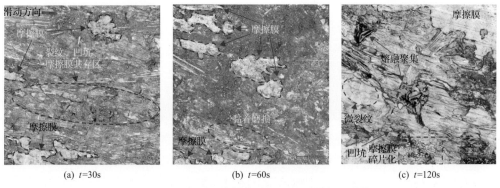

图 5-100　不同连续制动时间下闸瓦的微观形貌

5.4　深井 SAP 提升制动系统及可靠性保障技术

5.4.1　深井高速重载大惯量提升安全制动控制方法

1. 提升机多通道热备冗余控制技术

传统提升系统一般采用恒力矩制动,部分大型提升系统采用单通道恒减速制动方式。但传统的恒力矩安全制动方式对于深井高速重载来说,存在制动力不足容易溜车,不能消除提升系统的大幅度振动或摆动,在提升系统出现事故状态,发生安全制动的时候,不能提供有效的制动力,使提升系统出现溜车、滑绳、冲顶等安全事故,对提升系统造成损失(图 5-101)。

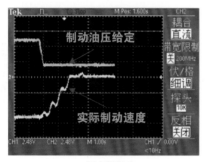
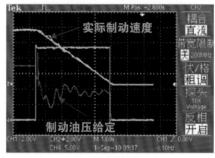

(a) 恒力矩制动　　　　　　　　　　　(b) 恒减速制动

图 5-101　安全制动控制方法比较

经过理论研究及大量的现场测试数据显示,恒减速是深井提升的最安全制动方法。针对深井高速重载大惯量提升对安全制动系统响应速度及调节速度的要求,研发了同步多通道恒减速智能制动系统(图 5-102)。

图 5-102　同步多通道恒减速智能制动系统实物图

系统设计了基于恒减速功能的多通道并联回路系统。采用三条独立的恒减速安全制动回路,互为热备。若一条恒减速安全制动回路出现故障,系统其他回路仍能自动实施备用恒减速安全制动方式，解决了电液比例方向阀电信号故障或阀芯卡死等各类可能造成恒减速失效的问题，确保闸控系统的安全可靠性。

恒减速制动方式可保证提升装备良好的抗防滑能力。当提升系统的滑动极限减速度较小时，必须使用恒减速制动，且仅有恒减速制动可保证提升系统的抗防滑能力。而多通道恒减速制动则保证了制动系统在任何情况下均能够实现该制动方式，提高了制动系统的可靠性，从而保证了提升系统的安全。

基于速度和位置信号的设备运行状态监控与保护系统研究。闸控系统自带双回路速度检测信号作为恒减速度控制的基础参数，建立独立的速度包络曲线，并采集主控系统速度信号作为参考，以保证速度信号的准确和位置判断的正确。当其中某一路速度信号故障或数值偏差时，能准确判断并执行预定保护方案。

系统元件和功能监测诊断、隔离与保护功能研究。系统对恒减速回路设计有断路阀，并设有阀芯反馈和油压检测，对该回路状态进行自我诊断。在检测到某一回路工作状态不正常时，自动隔离该回路，使其不影响另外两个恒减速回路的正常运行。设计中通过液压回路和控制回路优化，形成了完善的自诊断和自隔离技术。

基于提升机速度、位置和其他运行参数的采集和运算，系统可形成独立于主控系统外的二重保护，在主控信号失灵时实施主动性的安全保护，及时向主控发出安全回路跳闸信号，并及时制动，防止系统失控。

同步多通道恒减速智能制动系统特点如下。

(1)制动系统具有三条独立的恒减速工作回路。

(2)全部制动器共同连接到三条独立的制动工作回路。

(3)正常工作时三条工作回路同时投入工作，同步控制。

(4)每条单独制动工作回路均可独立控制全部制动器完成全部制动过程。

(5)其中一条工作回路出现故障时，其他两条工作回路仍可完成安全制动过程(全部制动力)。

(6)一台液压站出现故障时，可以手动切换到备用液压站继续工作，故障液压站可以不停产检修。

同步多通道恒减速智能制动系统基本性能参数见表 5-31。

对多通道恒减速控制回路的同步性、故障补偿和修复功能进行试验。

在无故障情况下，对多路电液比例方向阀的同步性和跟随性进行试验。由信号发生器输出正弦波，通过数字控制器输出信号，将两路信号进行比较，确定其同步及跟随性(图 5-103)。

模拟输出通道的故障情况，对多路电液比例方向阀的信号衰减进行试验。由信号发生器输出正弦波，通过数字控制器输出信号，认为模拟一条通道或两条通道的输出故障，检测信号的衰减(图 5-104)。

模拟安全回路输入的阶跃信号，对多路电液比例方向阀的故障补偿功能进行测试(图 5-105)。

试验结果充分验证了系统关键功能及性能，证明了多通道恒减速控制回路在正常运行时的同步性，以及系统在某一恒减速通路发生故障时的补偿和修复功能，可以保障提升系统始终处于恒减速安全制动的保护下运行。

表 5-31　基本性能参数

参数	数值
油箱容积	1000L
油泵	恒压变量泵
流量	主泵 28L/min　辅助泵　16L/min
油泵驱动电机功率	11kW　　970rpm
电机电压	AC380V，50Hz
高压过滤器精度	10μm
过滤器堵塞报警	具备
油箱加热器	AC220V，2kW×2
油箱冷却方式	风冷
油箱液位控制	具备
蓄能器数量	3 个
蓄能器类型	活塞式
蓄能器充气介质	氮气
独立泄油通道	≥2 条
压力传感器	7 个
压力控制器	6
油箱温度传感器	模拟量
液压站的工作油温	≤65℃
电液比例方向阀控制电压	0～10VDC
电控柜数量	1 台(三联并柜)
PLC	西门子 S7-300 系列
PLC 数量	2 台
恒减速控制板	2 块
闸控板	2 块
触摸屏	具备　15″
后备电池	具备
测速机	2 套独立
编码器	2 套独立
闸控手柄	具备
信息记录	具备

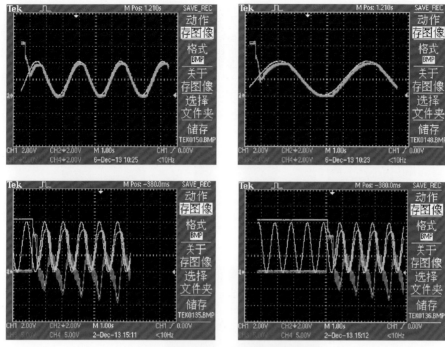

图 5-103　多通道同步性试验曲线

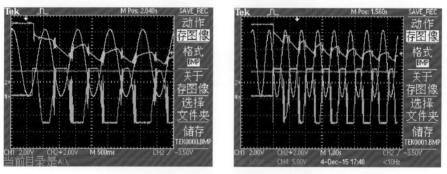

图 5-104　故障补偿试验——正弦信号

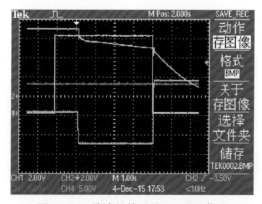

图 5-105　故障补偿试验——阶跃信号

2. 深井系统自适应控制方法及柔性控制策略

为解决高速重载提升设备运行紧急制动初始阶段制动力施加不可控，系统冲击较大等问题，创新研究 S 形制动速度柔性控制策略(图 5-106)，开发了基于 FPGA 的嵌入式控制装置，研发了实现基于 S 形制动速度的自适应智能控制算法(图 5-107)，生成初始段可实时调节的制动速度给定曲线，自动调节制动力矩建立时间，柔性施加制动力、保障制动的平稳性，实现提升机紧急制动状态的柔性力矩控制，既保证应急响应的迅捷和

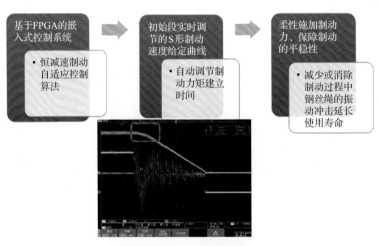

图 5-106　S 形制动速度柔性控制过程

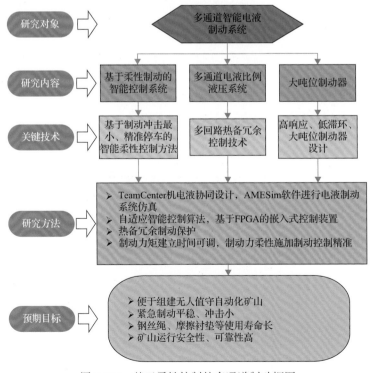

图 5-107　基于柔性控制的多通道制动框图

灵敏，又保证制动过程的平稳性和安全性，有效减少或消除制动初始阶段对本体结构和钢丝绳的振动冲击。

3. 深井大吨位高响应新型盘形制动器

常规的盘形制动器正压力小、密封效果差、动态响应慢，并不适用于深井重载提升系统的制动需求，特别是对于采用恒减速安全制动方式的液压制动系统，动态响应慢将会影响到最终制动系统的响应时间，造成制动力施加后，不能获得良好的制动效果，甚至影响提升系统在制动过程中的安全可靠性。

由于提升设备在安装和使用过程中，盘形制动器的数量受到结构的限制，一般一个制动器支架采用的制动器数量≤5 对，以便于在使用过程中的检修和维护。如果盘形制动器数量>5 对，需要在使用现场搭建维修平台，用来对盘形制动器进行更换、拆卸及日常维护(图 5-108)。

图 5-108　制动器配置比较

针对大型深井高速重载提升系统的运行参数，重新开发了 80kN/150kN/200kN 新型盘形制动器。对于同一载荷，可使用大吨位盘形制动器，减少使用数量，在确保安全可靠的情况下，提高设备的可维护性，更加适用于深井大载荷提升机的运转(表 5-32)。

表 5-32　制动器配置比较

序号	指标	常规盘形制动器	新型盘形制动器		
1	制动器规格	10t	8t	15t	20t
2	适用提升机规格	<4m	<3.5m	<5m	≥5.5m
3	适用于最大载重	<40t	<25t	<50t	>50t
4	制动器数量	20 对	16 对	16 对	16 对
5	闸瓦比压	1MPa	1MPa	1.6MPa	2MPa

同时针对恒减速安全制动的特点，尤其是考虑盘形制动器的动态响应时间及性能，有效地提升盘形制动器的动态响应频率，减少滞环值，缩短空动时间及密封保压效果，为深井提升系统的安全制动提供保障。常规盘形制动器与新型盘形制动器的性能指标对

比见表 5-33。

表 5-33　常规与新型盘形制动器性能比较

序号	指标	常规盘形制动器	新型制动器
1	碟形弹簧寿命	5×10^5	2×10^6
2	密封件寿命	3 个月或提升 4×10^4 次	24 个月
3	保压性能	1.25 倍工作压力下，保压 10min 无泄漏	1.25 倍工作压力下，保压 48h 无泄漏
4	滞环试验(油压上升和下降时，油缸位移的差值)	3mm	1mm
5	盘型制动器的动态响应	1Hz	1.5~2Hz
6	盘型制动器始动油压	0.5MPa	0.25MPa
7	时间常数(从安全制动信号发出到建立恒定减速度的时间)	1.5s	0.6s
8	空动时间	0.5s	0.25s

新型盘形制动器(制动正压力 200kN)空动时间短、行程误差小、线性度高，能实现制动力和速度的精准控制，更适用于大型提升机深井、高速、重载等特殊工况的使用。

5.4.2　同步共点多通道电液制动系统

1. 系统特点

针对大型深井提升项目的安全可靠性要求，基于深井 SAP 提升系统模型，在多年研究提升系统安全制动方法的基础上，研发了同步共点多通道电液制动系统。同步共点多通道电液制动系统主要有以下特点(图 5-109)。

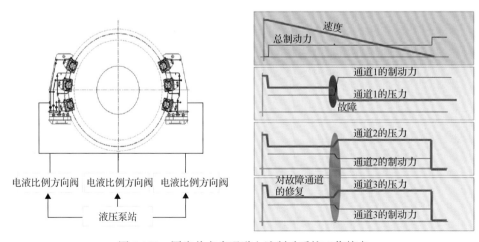

图 5-109　同步共点多通道电液制动系统工作特点

(1)制动系统具有三条独立的恒减速工作回路。正常工作时三条工作回路同时投入工作，同步控制。

(2)全部制动器共同连接到三条独立的制动工作回路。

(3)其中一条工作回路出现故障时,其他两条工作回路仍可完成安全制动过程,利用全部制动力进行安全制动,确保系统可靠性。

由于该系统采用的是热备冗余的方式来进行恒减速安全制动,能够最大限度地进行通道故障自我修复,提高产品的安全可靠性。

2. 可靠性比较及分析

根据收集到的市场上现有提升机安全制动系统的资料,目前国内外使用恒减速安全制动方式的厂家一般都会采用备用的安全制动方式。但根据制动原理的不同,大体可分为三类,分别为恒减速备用恒减速(德国西马格)、非共点多通道(德国西门子)及共点多通道(中信重工)。

由于采用的原理有所区别,对应的制动系统可靠性及失效概率都有所不同(表5-34)。失效概率对比表明,同步共点多通道安全制动方式能够有效地提升系统的安全可靠性,减少系统故障率。

表 5-34　恒减速制动备用方式失效概率对比

比较项目	备用恒减速	非共点多通道	共点多通道	附注
单回路故障概率	f_1	f_1	f_1	$0<f_1<1$
转换环节故障概率	f_2	f_2	f_2	$0<f_2<1$
备用回路故障概率	f_3	f_3	f_3	$0<f_3<1$
制动系统失效概率	$f_1+f_2+f_3=3f_1$	f_1	$(f_1)^3$	取 $f_1=f_2=f_3$
在 $f_1=1\%$ 条件下制动系统失效概率	3%	1%	0.001%	
可靠性评价	一般	良好	最优	

1) 无输出故障出现的概率

提升系统正常提升时,电液比例方向阀阀芯始终处在中位(关闭位置)。电液比例方向阀阀芯位置处于监控系统的监控之下,如果出现阀芯处于非中位(开启状态),制动系统实施安全制动之前就必然会发现报警。根据液压流体力学原理,"液压卡紧"往往出现在液压滑阀处在静止状态下,即阀芯处于关闭位置状态。

因此可以判断:最容易出现故障的是电液比例方向阀,而电液比例方向阀出现的故障类型绝大多数为无输出故障。

2) 无输出故障出现时的制动系统可靠性分析

假定每一条独立回路的恒减速安全制动回路在安全制动过程中发生故障的概率为1%,则两条独立回路的恒减速安全制动回路在安全制动过程中同时发生故障的概率为1%×1% = 0.01%,既万分之一;三条独立回路的恒减速安全制动回路在安全制动过程中同时发生故障的概率为百万分之一。

对于独立回路出现无输出故障(大多数属于此类故障),由于一条独立回路出现故障或两条独立回路同时出现故障,制动系统仍可正常工作,而三条独立回路同时出现故障的概率极小(百万分之一),故制动系统的制动安全可靠性得到极大提高。

3) 全泄油故障出现时的制动系统可靠性分析

即使一条独立回路出现全泄油故障(少数情况),通过其他两条以上独立回路有效输出的补偿作用,整个制动系统仍可正常完成恒减速安全制动过程,两条独立回路同时出现故障才能使制动系统失效,而两条独立回路同时出现全泄油故障的概率为万分之一,仍比其他制动方式的回路制动可靠性有很大提高。

采用 AMESim 对同步共点多通道电液制动系统进行故障模拟仿真,结果验证了故障情况下系统的自修复能力(图 5-110)。

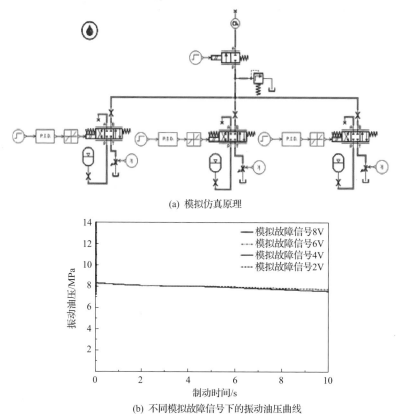

(a) 模拟仿真原理

(b) 不同模拟故障信号下的振动油压曲线

图 5-110　同步共点多通道电液制动系统故障模拟仿真

根据仿真结果在试验台进行验证,结果表明(图 5-111),同步共点多通道电液制动系统在其中一条回路出现故障时,具有 100%的修复、补偿效果。

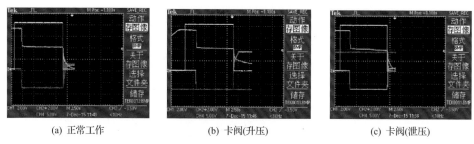

(a) 正常工作　　　　　　(b) 卡阀(升压)　　　　　　(c) 卡阀(泄压)

图 5-111　同步共点多通道电液制动系统自修复模型

3. 现场验证

根据仿真原理及同步共点多通道的工作特性，在现场进行了故障模拟，来验证电液制动系统的修复能力。通过现场对单通道、双通道、三通道的单独制动性能验证(图 5-112)，实现了电液制动系统的基本安全制动性能的保障。同时模拟了通道故障的情况，在模拟故障的情况下，电液制动系统仍能够按照设定的减速度进行制定，确保整个提升系统的安全运转，对故障的修复率能够达到 100%。

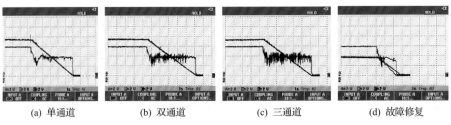

(a) 单通道　　　　　(b) 双通道　　　　　(c) 三通道　　　　　(d) 故障修复

图 5-112　同步共点多通道电液制动系统可靠性验证

同步共点多通道电液制动系统具有故障自我修复功能，能够从根本上确保提升系统的安全制动性能，提升制动系统的安全可靠性，更加适用于深井提升机大惯量、大摆动、大振动的安全需要。

5.4.3　制动系统管理平台

1. 硬件设计

制动系统管理平台硬件结构如图 5-113 所示。

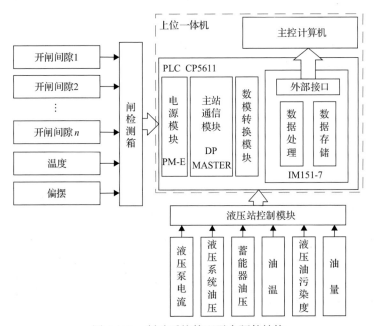

图 5-113　制动系统管理平台硬件结构

主要包括以下几个部分：上位一体机［包含主控计算机，可编程序控制器 (programmable logic controller，PLC) 系统］，闸检测箱，液压站控制模块，传感器及其他部分安装附件等。

1) 主控计算机

主控计算机选择研华工控机，其配置是：I7、4 核、3.4G CPU、16G 内存，1T 硬盘、1G 显卡，24 寸液晶彩显示器，预装正版 Windows7 系统软件。

2) PLC 系统

PLC 系统内安装有主控 CPU，是整个控制系统的核心，通过编写程序可以完成模拟量的采集及逻辑运算，同时实现保护和报警功能。DPMASTER 主站模块用来实现与远程扩展模块的总线通信。PLC 系统内置 CP5611 卡，通过 Profibus-DP 通信与主控计算机进行连接，实现程序编写、下载及控制系统内部变量读取等。

① PM-E 电源模块

PM-E 电源模块是一种电源分配器，模块侧边的插槽实现向后端的模拟量模块和数字量模块分配电源。通过接线端子输入 DC24V 供电电压，通过侧边插槽实现 DC24V 电源的向后端分配，一个 PM-E 模块载流量可达 10A，采用导轨式安装。

② IM151-7 CPU

IM151-7 CPU 是控制系统的核心，主要完成用户程序的执行，从远控扩展模块采集数据，通过数据处理和逻辑运算，实现检测及保护功能，向数字量输出模块输出信号，执行外部动作。IM151-7 CPU 集成有 RS485 通信接口，可以实现 Profibus-DP 通信。支持 PG/OP 通信功能，具备故障自诊断功能。

③ DP MASTER 主站模块

DP MASTER 主站模块作为 IM151-7 CPU 控制器的一部分，集成有 RS485 通信接口，具有 PROFIBUS DP 主站功能。主站模块主要用来实现与闸检测箱和液压站控制 ET200S 模块中的 IM151 模块的 PROFIBUS DP 通信，完成主 CPU 与远程扩展模块的数据通信。

④ ET200S 接口模块

ET200S 接口模块是远程扩展接口模块，包括电源模块、数字或模拟输入和输出模块、技术模块，通过 PROFIBUS DP 通信完成与主 CPU 的数据交互，每个闸检测箱内配置一块 ET200S，后端可以带 64 个模块，具有故障自诊断功能，供电电压为 DC24V，电源由上位一体机集中分配。

⑤ 模数转换块板

将来自过程的模拟量信号转换为 PLC 可以处理的数字量信号，供 CPU 在执行程序时调用。模拟量信号可以是电压信号，也可以是电流信号。系统中使用的是两线制电流型和电压型两种模拟量模块，根据外部传感器型号的不同，选用不同的模拟量模块。其中间隙检测选用的是两线制电流型模拟量模块，温度、压力、偏摆检测选用电压型模拟量模块。

3) 闸检测箱

闸检测箱安装在闸座上，通过支架或者螺钉直接安装。每个闸座安装一个闸检测箱。箱内有远程扩展模块 ET200S，通过与上位一体机内的主站模块通信，完成检测信号的传输。检测箱内模拟量模块(模拟量输入模板)与传感器一起完成相关变量的采集。这些变量包括闸瓦间隙、制动盘温度、制动系统油压值及制动盘偏摆。每个箱子内安装的模拟量模块的数量和型号根据每个闸座上制动闸对数来确定。每个闸检测箱内部电源由上位一体机集中分配,采用硬线直接连接到相应的电源分配端子上。

4)液压系统控制模块

液压系统控制模块在液压站的智能闸控系统中,控制模块中的模拟量模块与传感器一起完成液压系统相关变量的采集。这些变量包括液压站油量、油温、油压、蓄能器压力、油液污染度及电机电流值。控制模块内部电源由智能闸控系统集中分配,采用硬线直接连接到相应的电源分配端子上。

5)传感器

传感器是系统前端测量元件,主要包括位移传感器、闸盘温度传感器、偏摆传感器、液压站压力传感器、液压站油温传感器、液位传感器、污染度检测仪、蓄能器压力传感器,各传感器主要技术参数见表 5-35。

表 5-35　传感器主要技术参数

名称	型号	量程范围	输出信号	检测精度	环境温度
位移传感器	GS-12	0~10mm	4~20mA	±2%	−20~60℃
闸盘温度传感器	YD-01-C	0~150℃	0~5V	±1℃	−20~80℃
偏摆传感器	YD-ST	0~5mm	0~10V	±0.1mm	−15~55℃
液压站压力传感器	EDS344-3-250-000+ZBE03	−1~400bar	0~10V	<±0.5%FS	−25~125℃
液压站油温传感器	STWA-121-400	−200~600℃	4~20mA	±0.3℃	−20~75℃
液位传感器	SLWE-1-400	0~400mm	4~20mA	1mm	−20~80℃
污染度检测仪	IcountPD-Z2-ATEX	NAS 00~12	4~20mA	+0.5%	−20~60℃
蓄能器压力传感器	HDA4744-A-250	−1~400bar	4~20mA/	<±0.5%FS	−25~125℃

① 位移传感器

通过丝扣安装在每个闸制动器后的端盖上,传感器探杆与制动器内部的油缸后端接触,通过探杆的压缩和伸展来产生位移,内部电子电路将产生的位移信号转换成 4~20mA 的电流信号传输给配套闸检测箱内的模拟量模块,完成闸瓦与制动盘之间的间隙值的检测。每个制动器配置一路位移传感器。

② 闸盘温度传感器

通过支架安装在闸座的特定位置上,可以调整探头与制动盘间距。对制动盘温度进行检测时,内部电子电路将温度信号转换成电压信号传递给模拟量模块,完成制动盘温度的动态持续监测。一面制动盘配置一路闸盘温度传感器。

③ 偏摆传感器

偏摆传感器通过支架安装在特定闸座上,通过螺纹可以调整传感器探头与制动盘的距离。通过检测传感器探头与制动盘的间距,间距变化信号转换成电压信号反馈至模拟量模块,经过程序内部运算实时计算提升机系统在运转过程中的制动盘偏摆量。通常的配置是一面制动盘配置一个偏摆传感器。

④ 液压站压力传感器

安装在液压泵出口处，将压力信号转换成电压信号反馈至模拟量模块，可以实时采集液压泵出口油压。

⑤ 液压站油温传感器

液压站是集温度开关、温度变送器及数字显示功能于一体的电子温度控制器，其温度检测系统采用 PT100 热电阻元件，温度变送器将温度信号转换成电流信号反馈至模拟量模块，经过程序内部运算实时计算液压系统在工作过程中的液压油温度。

⑥ 液位传感器

液压站的液位传感器安装在油箱上，工作时信号转换成 4～20mA 的电流信号传输到液压站的控制模块中。

⑦ 污染度检测仪

污染度检测仪在线颗粒检测仪通过内设的激光二极管对油液中实际存在的固体颗粒进行光学检测，并以 4～20mA 电流信号传输到液压站控制模块中。

⑧ 蓄能器压力传感器

蓄能器压力传感器安装在蓄能器进口处，一般一个蓄能器配置一个压力传感器，工作时将压力信号转换成电压信号反馈至模拟量模块，实现实时检测蓄能器中的油压。

2. 软件设计

1) 总体设计

软件系统既是监测子系统与上位机通信的桥梁，也是工作人员获得提升机运行状态的窗口，其功能和布局可以直接影响到工作人员的体验感和操作的准确性[31,32]。根据上文研究结果以及参考原有提升机控制检测系统，本节设计的制动系统管理平台软件需要满足以下技术要求。

① 完善的通信接口

制动系统管理平台软件必须配备针对监测子系统通信方式的接口。

② 良好的人机交互界面

制动系统管理平台软件重要的技术要求就是具有良好的人机交互界面，工作人员在使用时有良好的体验感，包括界面友好、操作方便及容易学会等。

③ 系统功能区划分合理

一个完整的管理平台包括的功能模块较多，如数据曲线绘制、图表显示和状态监测结果显示及故障报警等。在功能完善的同时，需将不同类型的功能区进行合理的布置[33]，有利于工作人员分析、识别和操作，可以避免功能分区不合理而导致的失误。

④ 软件信息存储和展现丰富多样

管理软件执行的是实时监测、分析和结果显示功能，需要工作人员可以随时调取历史数据进一步分析提升机状态，这就要求软件具备良好的数据存储、显示及打印或者查阅历史数据的功能。

依据上述技术要求，制动系统管理平台软件整体架构如图 5-114 所示。

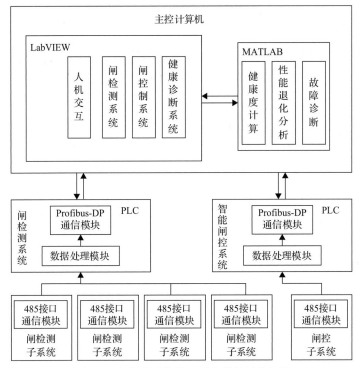

图 5-114　制动系统管理平台软件整体架构

2) 软件设计

制动系统管理平台基于 LabVIEW 编程环境开发，其中的 Matlab Script 节点可以在 LabVIEW 内部通过 Active X 调用 MATLAB 相应的性能退化程度计算、性能退化分析或故障诊断程序，使虚拟仪器与 MATLAB 的智能算法相结合。制动系统管理平台设计包括性能退化评估、检测控制、安全测试试验、参数设置、历史数据查看、系统说明书和人机交互模块等，具体设计方案如下。

① 检测控制模块

检测控制模块设计主要以画面的形式完成提升机闸盘间隙、闸盘温度、闸盘偏摆、制动油压的动态监测；液压站油温、油压、油量、液压泵电机电流的动态监测以及故障自动检测和报警；系统内设有闸盘偏摆保护、闸盘温度保护、液压站压力保护、温度保护、液位保护和油液污染检测保护功能，当闸盘偏摆过大、温度过高或者液压系统的开闸压力过大、油温过高、液位过低或污染度超标时发出报警信号或使提升机主电机自动断电，待故障解除后方可开车。

② 参数设置模块

参数设置模块可以实现对系统内部特定参数的设置和修改，如开闸间隙的最大最小值、制动盘偏摆的最大值、制动器的开闸油压和液压系统油压、油温、液位、污染度的报警值以及其他液压控制参数。

③ 性能退化评估模块

性能退化评估模块为管理平台主界面。性能退化评估模块主要完成制动系统、子系统、各传感器性能退化程度的计算及显示，以及制动系统主要监控参数的显示与故障报警。在主界面上以画面形式显示制动盘子系统、液压站子系统以及各闸座的性能指标，以柱状图形式显示制动系统、制动盘、制动器及液压站子系统的性能指标，并设有相应的故障报警指示灯，正常时该指示灯的颜色为绿色，发生故障时该指示灯的颜色变为红色。为保证主画面简洁、各传感器的性能退化指标设置为可选显示模式，即操作者可以根据自身喜好，单击各子系统附近的红色按钮，选择是否显示对应子系统内各传感器的性能退化指标。制动系统中主要的检测故障也在主界面以数字和指示灯的形式显示出来。

④ 安全测试试验模块

安全测试试验模块主要完成制动系统安全测试试验时的性能退化分析，用曲线图的形式显示最佳健康状态和当前状态的制动系统压力-时间曲线，以表格形式显示自适应阈值以及性能退化评估结果，并设置评估结果指示灯，以显示是否到达性能退化阈值，绿色代表健康，红色代表到达自适应阈值。如果性能评估结果为达到自适应阈值，则系统将自动启动故障诊断程序，诊断引起性能退化部位及劣化程度，故障诊断的结果以柱状图形式显示。

⑤ 历史数据查看模块

历史数据查看模块主要完成各状态监测参数、制动系统、子系统各传感器性能指标的存储和查看功能。其中查看功能可选择表格方式或曲线形式查看。

⑥ 系统说明书模块

主要说明管理平台的功能、原理及操作规程等，便于使用者和管理者了解管理平台、熟悉参数意义及设置。

⑦ 人机交互模块

人机交互模块主要包括各功能模块的选择与切换，实现多彩色图表或汉字显示、实时报警等功能；通过操作键盘或鼠标，还可以查看子系统的监测、故障信息，也可以打印数据报表等。

3. 设备安装

设备安装的一般性要求如下。

(1)上位一体机和闸检测箱应有紧固用的安装孔。在安装闸检测箱和上位一体机时，应该选取合适的位置，安装牢固，同时兼顾检修和维护方便。

(2)上位一体机和闸检测箱都有清晰的设备铭牌。根据闸检测箱安装位置的不同，应对每个箱体做出相应的标识，方便日后检修和参数调整。

(3)在接线时要保证传感器屏蔽层可靠接地，从而使传感器的检测信号不受干扰。同时总线通信接头要压紧，防止因振动而导致接触不良，影响通信稳定性。

(4)在安装位移传感器时，要根据传感器的量程范围调整合适的推杆位置和探头距离，具体间距范围可参照传感器技术参数。

(5)当系统安装完成后，测试各功能是否完善，包括传感器检测是否准确，保护功能是否完善，上位监控是否能够正常显示和记录数据，测试数据校正功能是否正常，数据曲线能否正常显示等。

1）上位一体机的安装

（1）上位一体机内配置有主控计算机和 PLC 系统，其中工控机与 PLC 采用 Profibus-DP 通信实现互联，具体实现方式为：采用一根双绞屏蔽电缆，两头分别压接上配套的 RS485 连接器，一端插在 IM151-7CPU 的 Profibus-DP 集成端口上，另一端插在安装于工控机内部的 CP5611 端口上。

（2）上位一体机的电源由外部提供，一体机内设置有专用的接线端子，供电电源为 AC220V。

（3）上位一体机有专用的安装基座。在安装上位一体机时，应该选取合适的位置，安装牢固，同时兼顾检修和维护方便。

2）闸检测箱的安装

（1）闸检测箱有紧固用的安装孔。闸座的刀架上设有专用的箱体安装孔，每个闸座安装一个闸检测箱，闸检测箱的安装如图 5-115 所示。

（2）每个闸检测箱的电源为外供，集中由上位一体机提供，供电电源为 DC24V，具体接线请参考对应型号的箱子的端子接线图。

（3）闸检测箱与上位一体机内的 PLC 系统采用 PROFIBUS 通信实现互联。

3）液压系统控制模块的安装

液压系统控制模块在液压站的智能闸控系统中，控制模块中的模拟量模块与传感器一起完成液压系统相关变量的采集。控制模块内部电源由智能闸控系统集中分配，采用硬线直接连接到相应的电源分配端子上。液压站控制模块的安装如图 5-116 所示。

图 5-115　闸检测箱安装

图 5-116　液压站控制模块的安装图

4）传感器的安装与接线

① 位移传感器的安装与接线

每个制动器配有一个位移传感器，位移传感器安装在制动器的后端盖上，利用螺纹孔进行固定。通过顺时针和逆时针转动传感器，可以调整传感器的安装位置。位移传感器安装如图 5-117 所示。

根据位移传感器的量程范围，调整合适的推杆位置和探头距离。安装时，顺时针旋转传感器，将其逐渐向里推进，同时观察上位监控画面中相应传感器的初始位移值，调整位移值在 5mm 左右的位置，然后将丝扣固定紧，以保证其 ±5mm 的量程范围。

图 5-117　位移传感器安装

位移传感器的反馈为 0～10mm 的位移信号对应 4～20mA 的电流信号，为两线制连接方式。具体电气接线为：棕-信号正，蓝-信号负。根据颜色将其接到检测箱内相应的端子上。

② 闸盘温度传感器与偏摆传感器的安装与接线

每面制动盘配置一路闸盘温度传感器和一路偏摆传感器，通过支架安装在相应的闸座上，利用螺纹孔进行固定。闸盘温度传感器探头与制动盘的间距是 15mm 左右；偏摆传感器探头与制动盘的间距为 3mm 左右。闸盘温度传感器的具体接线方式为：红-电源正，黑-电源负，黄-信号正，棕-信号负。偏摆传感器的具体接线方式为：棕-电源正，黑-信号正，蓝-(电源负+信号负)，根据颜色将其接到检测箱内相应的端子上，具体请参照箱子端子接线图。闸盘温度传感器及偏摆传感器安装如图 5-118 所示。

③ 液压站压力传感器的安装与接线

液压站压力传感器安装在液压站出口处的油路块上，利用螺纹孔进行固定。安装液压站压力传感器时，一定要加密封圈拧紧。液压站压力传感器的具体接线方式为：红-电源正，绿-信号正，黄-(电源负+信号负)。根据颜色将其接到液压控制柜内相应的端子上，具体请参照液压控制柜端子接线图。液压站压力传感器安装如图 5-119 所示。

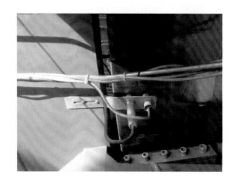
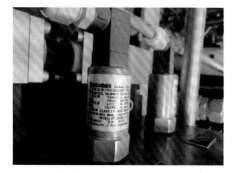

图 5-118　闸盘温度传感器及偏摆传感器安装　　　　图 5-119　液压站压力传感器安装

④ 蓄能器压力传感器的安装与接线

每个蓄能器配置一路蓄能器压力传感器，安装在蓄能器进口的油路块上，利用螺纹孔进行固定。安装蓄能器压力传感器时，一定要加密封圈拧紧。蓄能器压力传感器的具体接线方式为：红-电源正，绿-信号正，黄-(电源负+信号负)。根据颜色将其接到液压控制柜内相应的端子上，具体请参照液压控制柜端子接线图。蓄能器压力传感器安装如图 5-120 所示。

⑤ 液压站油温传感器的安装与接线

液压站油温传感器安装在液压站油箱上，利用螺纹孔进行固定。安装液压站油温传感器时，一定要加密封圈拧紧。液压站油温传感器的具体接线方式为：棕-电源正，白-信号正，蓝-(电源负+信号负)。根据颜色将其接到液压控制柜内相应的端子上，具体请参照液压控制柜端子接线图。液压站油温传感器安装如图 5-121 所示。

图 5-120　蓄能器压力传感器安装　　　　图 5-121　液压站油温传感器安装

⑥ 液位传感器

液位传感器安装在油箱上，利用螺纹孔进行固定。安装液位传感器时，一定要加密封圈拧紧。根据颜色将其接到液压控制柜内相应的端子上，具体请参照液压控制柜端子接线图。液位传感器安装如图 5-122 所示。

⑦污染度检测仪

污染度检测仪通过支架安装在油箱上，利用螺纹孔进行固定。污染度检测仪的具体接线方式为：红-电源正，蓝-电源负，绿-通道 A 信号正，黄-通道 B 信号正，白-通道 C 信号正，黑-(电源负+信号负)。根据颜色将其接到液压控制柜内相应的端子上，具体请参照液压控制柜端子接线图。污染度检测仪安装如图 5-123 所示。

图 5-122　液位传感器安装　　　　　图 5-123　污染度检测仪安装

4. 性能管理平台监测与测试

1) 性能退化评估模块

提升机制动系统管理平台的上位机主界面如图 5-124 所示，主界面上主要显示制动系统、子系统的性能指标以及重要的制动系统监测参数与它们的故障报警指示。

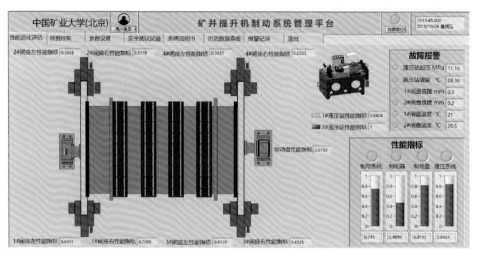

图 5-124　提升机制动系统管理平台的上位机主界面

图 5-124 显示为提升机运行一个提升周期后性能退化程度计算的结果，可以看出制动器子系统性能指标在 0.4699，制动盘子系统性能指标在 0.8192，液压站子系统性能指标在 0.8424，制动系统总的性能指标为 0.745，总的来说，所有性能指标均在安全范围之内，设备可以正常运行；其中制动器子系统性能指标低的原因是 2#闸座右与 3#闸座右的性能指标较低，其值分别为 0.3178 和 0.4535。

为分析闸座性能指标较低的原因，可以单击对应闸座附近的红色按钮，查看传感器的性能指标，四个闸座左右的红色按钮都摁下的制动系统管理平台主界面如图 5-125 所示。

从图 5-125 可以看出，2#闸座右中 2-2#位移传感器与 4-1#位移传感器的性能指标比较低，其值分别为 0.27 和 0.22；3#闸座右中 4-1#位移传感器与 4-2#位移传感器的性能指标较低，其值分别为 0.28 和 0.33。虽然这些传感器参数的性能指标较低，但都属于可以使用范围，这时应加强设备监护，可以利用停车时间进行相应制动器间隙的调整。若要进一步了解各制动器的闸瓦间隙，可以切换到检测控制界面进行查看，在图 5-125 所示的监测控制界面中可以看到性能得分较低的传感器对应的间隙值在 1.87mm 和 1.98mm 之间，距报警值 2mm 非常接近，应该在设备停车时间尽快调整。

2) 检测控制模块

检测控制模块主要显示提升机制动系统主要的监测参数以及故障报警，图 5-126 为检测控制模块界面。

从图 5-126 可以看到，制动系统主要的监测数据包括闸瓦间隙、闸盘偏摆、液压站

油压等；由于液压站配置为一开一备，正常情况下只开一台液压站，当前界面中 1#液压
站的指示灯亮、2#液压站的指示灯不亮，说明 1#液压站开启；故障报警指示灯全部为绿
色，说明各主要监测参数均在正常范围内工作，制动系统运行正常。

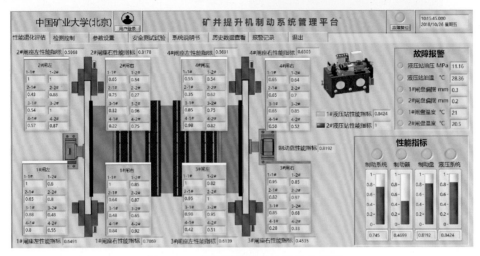

图 5-125　闸座子菜单选中后的主界面

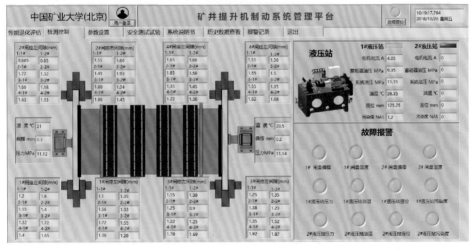

图 5-126　检测控制模块界面

3) 安全测试试验

基于安全测试试验的性能退化评估和故障诊断为定期进行，根据中信重工闸控系统
产品说明书，要求半个月进行一次恒减速试验，本节提出的安全制动测试试验可与此试
验同时进行。图 5-127 是安全测试试验界面。

每次测试完成后就可以显示制动系统在健康状态下和测试试验的时间-压力曲线
以及性能退化评估结果。从图 5-127 中性能退化分析结果可以看出，制动系统性能得
分为 0.95，性能评估结果指示灯为绿色，制动系统在正常范围，不需要启动故障诊断
程序。

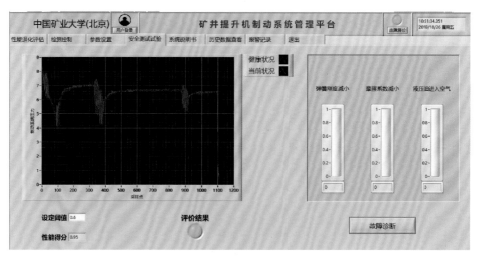

图 5-127　安全测试试验界面

参 考 文 献

[1] 孙富强, 朱峰, 刘贺伟, 等. 恒减速液压站中恒减速转二级制动的 3 种方式[J]. 矿山机械, 2010(15): 60-62.

[2] 鲍久圣. 提升机紧急制动闸瓦摩擦磨损特性及其突变行为研究[D]. 徐州: 中国矿业大学, 2009.

[3] 国家安全生产监督管理局. 煤矿安全规程[J]. 劳动保护, 2005(1): i004-i011.

[4] 李娟娟, 孟国营, 汪爱明, 等. 一种矿井提升机智能防滑安全制动系统: ZL201610987045.1[P]. 2016.

[5] 刘建永. 矿井提升机监控系统的分析与设计[D]. 北京: 中国地质大学(北京), 2009.

[6] 葛世荣, 曲荣廉, 谢维宜. 矿井提升机可靠性技术[M]. 徐州: 中国矿业大学出版社, 1994.

[7] 李玉瑾, 寇子明. 矿井提升系统基础理论[M]. 北京: 煤炭工业出版社, 2013.

[8] 刘海涛. 交流提升机改造中的制动系统性能的研究[D]. 兰州: 兰州理工大学, 2007.

[9] 朱真才. 矿井提升过卷冲击动力学研究[D]. 徐州: 中国矿业大学, 2000.

[10] Li J, Hu L, Meng G, et al. Fault simulation analysis of constant deceleration braking system of mine hoist[J]. Industrial & Mining Automation, 2017, 43(8): 55-60.

[11] 康喜富. 大型矿用提升机恒减速制动电液控制系统性能研究[D]. 太原: 太原理工大学, 2017.

[12] 张革斌. 铜电解阳极自动生产线中铣耳机组控制系统设计、建模及仿真研究[D]. 成都: 西南交通大学, 2006.

[13] 殷丽萍. 加热炉运动设备建模与控制仿真研究[D]. 沈阳: 东北大学, 2012.

[14] 蔡康雄. 注塑机超高速注射液压系统与控制研究[D]. 广州: 华南理工大学, 2011.

[15] 郭北涛. 电磁阀检测系统的研发及相关流体控制技术的研究[D]. 沈阳: 东北大学, 2010.

[16] 翟大勇, 周志鸿, 侯友山, 等. 基于 Simulink 的压路机振动液压系统管路动态特性仿真研究[J]. 液压气动与密封, 2010, 30(3): 11-15.

[17] 安骥. 非插入式液压系统管路压力与流量测量技术研究[D]. 大连: 大连海事大学, 2010.

[18] 孟庆鑫, 董春芳. 具有长管路的阀控非对称缸液压系统动态特性研究[J]. 中国机械工程, 2010, 21(18): 2165-2169.

[19] 高钦和. 液压系统动态仿真中的一种管道模型及其实现[C]//2005 系统仿真技术及其应用学术交流会, 2005.

[20] Baranova, Parfenenko, Nenja. Complex mathematical model for computer calculation of delivery and heat distribution in pipeline system[C]//IEEE International Conference on Intelligent Data Acquisition & Advanced Computing Systems. IEEE, 2011.

[21] Woldeyohannes A D, Majid M A A. Simulation model for natural gas transmission pipeline network system[J]. Simulation Modelling Practice and Theory, 2011, 19(1): 196-212.

[22] Bartecki K. Transfer function models for distributed parameter systems: application in pipeline diagnosis[C]//3rd Conference Control and Fault-Tolerant Systems, 2016.

[23] 董春芳, 冯国红, 孟庆鑫. 水下作业机具液压系统管路动态特性的简化建模[J]. 中国机械工程, 2014, 25(22): 2992-2996.

[24] 阮晓芳. 带长管道阀控系统的动态特性研究[D]. 杭州: 浙江大学, 2003.

[25] 孔晓武. 带长管道的负载敏感系统研究[D]. 杭州: 浙江大学, 2003.

[26] 王积伟, 章宏甲, 黄谊. 液压传动(第 2 版)[M]. 北京: 机械工业出版社, 2016.

[27] 姚发闪. 基于多传感器信息融合技术的电梯智能诊断系统的研究[D]. 乌鲁木齐: 新疆大学, 2013.

[28] 鲍久圣. 提升机紧急制动闸瓦摩擦磨损特性及其突变行为研究[D]. 徐州: 中国矿业大学, 2009.

[29] 常用根. 多绳摩擦提升系统健康状态监测系统研究[D]. 徐州: 中国矿业大学, 2017.

[30] Wang L, Cao G H, Wang N G. Dynamic behavior analysis of a high-rise traction system with tensioned pulley acting on compensating rope[J]. Symmetry, 2020, 12(1): 129.

[31] 聂仁东, 高永新, 张兰芬. 基于 LabVIEW 的矿井提升机监控系统的研究[J]. 矿业工程, 2009, 7(3): 39-41.

[32] 常用根. 多绳摩擦提升系统健康状态监测系统研究[D]. 徐州: 中国矿业大学, 2017.

[33] 杨景峰. 煤矿副井提升安全监控系统应用研究[D]. 西安: 西安科技大学, 2015.

第6章 深井SAP提升全系统可视化智能监控关键技术

针对深井SAP提升全系统可视化智能监控关键技术问题，研发了提升监控云平台虚拟机资源分布式动态分配存储技术、虚拟机性能与能耗均衡动态管理技术、用户需求与性能均衡的任务调度技术以及基于云平台的井壁缺陷自动识别与分类技术，构建了深井井筒及提升系统机电液可视化监控云平台；提出了深井提升系统大数据组织与资源的统一描述方法及其并行与分布式计算方法，研发了大数据驱动的深井提升系统故障检测与分析技术；最后提出了深井井筒及提升系统性能退化模型构建方法，研发了深井提升系统全状态健康评估与预测技术。

6.1 深井全状态无线网络数据传输技术

深井罐道窄长封闭的复杂环境，导致深井全状态无线网络数据感知存在许多挑战。当前国内对深井的监测主要采用人工与有线的方式，需要耗费大量的人力、物力，可靠性并不高。为了解决深井狭长空间内无线信号衰减严重、网络结构变化导致路由和数据转发路径不断更新以及监测对象故障导致网络突发数据激增拥塞等问题，重点解决了无线信号传输、动态网络拓扑更新与数据快速转发、突发事件检测与数据拥塞控制机制等三个科学问题，实现深井全状态无线网络数据感知。

6.1.1 深井移动节点三维定位方法

对于无线传感器网络应用于深井监测的研究在逐渐增多，在煤矿井下定位算法的相关研究领域，许多节点定位算法已被提出[1]。河南理工大学的张治斌等提出了基于无线接收信号强度(received signal strength indicator, RSSI)测距的加权质心算法[2]；中国科技大学的汪炀等在加权质心算法的基础上提出了用固定节点间的距离和 RSSI 值校正移动节点与每个固定节点间权值的定位算法[3]；武汉科技大学的周祖德和王晟针对 DV-HOP 算法通信开销大的问题，设计了一种基于 DV-HOP 算法和概率栅格方案的新节点定位算法[4]；武汉理工大学的韩屏等提出了一种基于无线信号传播时间(time of signal propagation, TOSP)的地下坑道定位算法[5]；北京交通大学的田洪现和杨维提出了一种信号强度的经验值和信道估计相结合的 RSSI 强度值匹配定位算法[6]；加拿大的 Chehri 等提出了一种基于信号到达时间(time of arrival, TOA)的煤矿井下定位算法[7]。中国矿业大学的刘晓文等通过理论与实验相结合，提出了一种基于 RSSI 算法的信号强度插值算法[8]。利用移动节点的三维定位方法及跨网通信的无线信号传输增强技术使得深井可视化智能监控的发展更进一步。通过分析深部矿井罐道窄长封闭空间状态和参数特点，结合提升

本章作者：夏士雄，牛强，黄友锐，寇子明

容器在罐道中的移动特性和扰动运动参数，根据运动学方程构建窄长封闭空间移动节点的移动模型，并对模型进行仿真评估及实验验证，如图 6-1 所示。

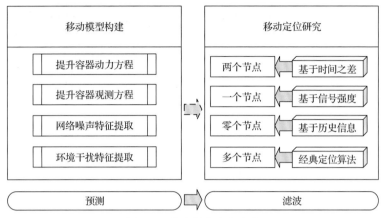

图 6-1　移动节点定位方案

在所构建的提升容器传感器节点移动模型基础上，分类研究了罐道上部署不同节点数量的移动节点定位方法，深度挖掘少量节点信息下所隐含的位置信息来约束估计范围。①当仅有两个节点接收到移动节点信号时，研究利用到达时间差估计提升容器位置并约束其信号覆盖可能的范围；②当仅有一个节点收到移动节点信号时，研究移动情况下无需时间同步的测距方法；③在没有接收到任何节点信号时，研究消息发送及响应机制，利用历史位置信息及模型参数信息，推断提升容器位于的可能区域。与此同时，根据节点间的位置关系，快速裁减估计区域范围。由于没有充分利用节点移动过程中的时间相关性和空间相关性，若仅在一个定位周期内计算移动节点位置，并不能取得良好定位效果，因此，我们合并移动节点的多个定位周期内所估计区域，基于动态规划方法搜寻最佳位置点集合寻找各时刻的最终位置。

此外，针对无测距定位精度较低的问题，提出了一种新的基于信号特征距离估计定位算法。该方案首先通过比较节点之间的接收信号强度(received signal strength, RSS)来确定节点之间的远近关系，然后基于图论的方法构造一个相对映射。最后，通过普氏分析得到节点位置。该方法基于相邻节点对的比较和单节点 RSS 的差异，详细地确定了节点之间的远近关系，其与实际物理距离具有高度相关性。与传统的基于多跳的距离方法不同，该方法研究了嵌入在 RSS 邻域中的邻近信息，具有更高的分辨率，有助于提高节点的定位精度。实验结果如图 6-2 所示，我们可以发现该算法定位精度明显优于传统的节点定位算法。

6.1.2　深井空间基于跨网通信的无线信号传输增强技术

随着矿井深度增加，通信传输空间狭长，环境恶劣，导致信号衰减快，误码率高，中继次数多，数据接收难(图 6-3、图 6-4)。仿真结果表明：井深 2000m 时，数据成功接收率仅 38%(图 6-5)。

国内外在近年来都开展了跨网通信技术的研究，并且取得了有效进展。2015 年 Kim 和 He 提出了名为 FreeBee 的跨网通信技术，其主要思想是对 WiFi 帧间隔进行修改，并

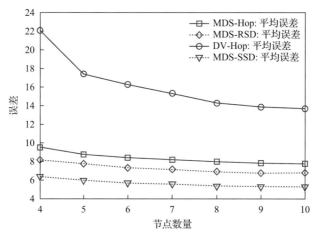

图 6-2　基于信号特征距离估计定位算法实验结果

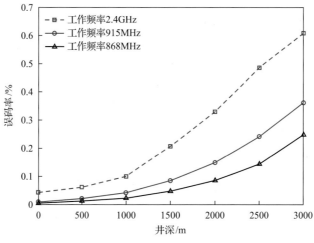

图 6-3　误码率随井深增加而增大

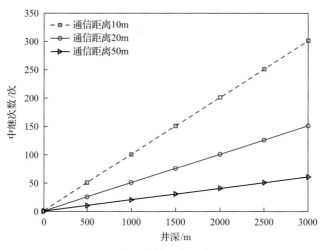

图 6-4　中继次数随井深线性增加

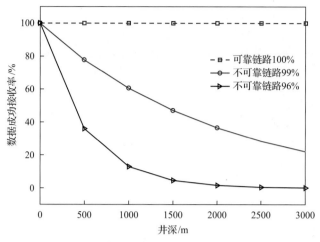

图 6-5 数据成功接收率随井深急剧降低

偏移发送周期完成多种异构无线设备的跨网通信,该方法可以实现 50%以上的传输能量提升优化[9]。2016 年 Chi 等提出了 B2W2 的跨网通信技术,其可以对发射端的时频信号进行调制转换,实现蓝牙到 WiFi 的直接通信[10]。2017 年 Yin 等在发射器端使用不同长度的 WiFi 数据包组成不同的 Morse 码,偏移包的时间并在接收端检测信号强度来分析包以实现跨网通信[11]。2018 年何田等提出了一种名为 XBee 的跨网通信技术,其通过交叉编码对数据包进行编码,并在接收端进行交叉解码,以实现 ZigBee 到蓝牙之间的跨网通信[12]。

本节所提跨网通信算法的主要工作流程是构造具有模拟 ZigBee 时域波形的 WiFi 数据,根据此数据系统发射器可以得到模拟 ZigBee 信号并把信号封装到 WiFi 帧中,通过 WiFi 数据包发送到接收器上。接收器对接收到的数据进行解码得到正确的 ZigBee 数据。由于构造 WiFi 数据是基于发射器的工作流程来实现的,因此以下将分别阐述发射器的工作流程与构造 WiFi 数据的工作流程。

发射器发送 WiFi 数据包的工作流程如图 6-6 所示,整个发送过程一共包括 6 个步骤。

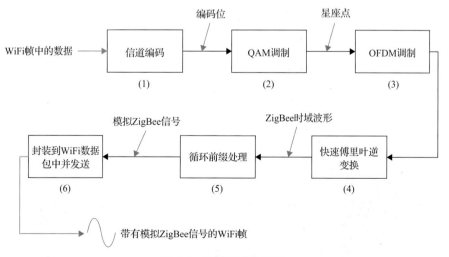

图 6-6 发射器工作流程

(1)信道编码模块将 WiFi 帧中的数据位编码成冗余编码位以增强数据的鲁棒性。

(2)经过信道编码处理后的编码位通过正交幅度调制(quadrature amplitude modulation, QAM),将这些编码位映射到一系列星座点上。其中 QAM 的典型公式如下所示:

$$S_{\mathrm{MQAM}}(t) = X(t)\cos\omega_c t - Y(t)\sin\omega_c t$$

在调制进行时,原始信号被分为 $X(t)$ 和 $Y(t)$ 两路,$\cos\omega_c t$ 和 $\sin\omega_c t$ 为两路正交调制分量,分别与两路信号相乘。

(3)通过使用正交频分复用(orthogonal frequency division multiplexing, OFDM)插入伪随机导频符号,将这些星座点调制成 48 个数据子载波,同时伪随机导频符号被调制成用于信道估计的导频子载波。其中 OFDM 的典型公式如下所示:

$$f(t) = \sum_{k=1}^{N_c} a_k \cdot \cos(2\pi f_k t) + \sum_{k=1}^{N_c} b_k \cdot \sin(2\pi f_k t)$$

式中,N_c 为子载波个数;f_k 为预设的载频间隔;a_k 和 b_k 为不同的 k 路调制子载波信号。

(4)子载波经过快速傅里叶逆变换(inverse gast gourier transform, IFFT)处理后,对所有子载波进行组合并将其转换为 ZigBee 时域信号。其中 IFFT 的典型公式如下所示:

$$x(n) = \frac{1}{N}\sum_{n=0}^{N-1} X(n)W_N^{-nk} \quad (k = 0,1,\cdots,N-1)$$

式中,$X(n)$ 为 N 项的复数序列。

(5)ZigBee 时域信号经由循环前缀模块处理,形成间隔为 0.8μs 的循环前缀用于消除符号间的干扰,生成模拟 ZigBee 信号。

(6)封装模拟 ZigBee 信号到 WiFi 数据包的有效负载中,由 WiFi RF 无线电发送 WiFi 数据包。

构造 WiFi 数据的工作流程:构造具有模拟 ZigBee 信号的 WiFi 数据基于发射器的发送过程,生成的 WiFi 数据在该过程的基础上反向进行模拟生成,共有 6 个步骤。

(1)首先设定所需要发送的 ZigBee 数据,并把 ZigBee 数据封装成能被 ZigBee 设备识别的时域波形。

(2)使用基于循环前缀前的拆分优化对时域波形进行处理,得到同步码序列最优的时域波形。

(3)时域波形经过快速傅里叶变换(fast fourier transform, FFT)后进行量化处理,把时域波形映射为一系列的星座点。其中 FFT 的典型公式如下所示:

$$X(n) = \sum_{n=0}^{N-1} x(n)W_N^{nk} \quad (k = 0,1,\cdots,N-1)$$

(4)经过 FFT 处理得到的星座点与预设的星座点进行比较筛选,选择与预设星座点总欧几里得距离最小的星座点，得到可控制相应 ZigBee 数据的星座点。其中计算两星座点之间的欧几里得距离的典型公式如下所示：

$$\rho = \sqrt{\left(x_2 - x_1\right)^2 - \left(y_2 - y_1\right)^2}$$

式中，(x_1, y_1)，(x_2, y_2) 分别为处理后星座点和预设星座点两点的坐标。

(5)将(4)筛选出的星座点通过星座映射表得到相应的编码位。

(6)将(5)中获得的编码位通过编码位映射表得到相应的具有模拟 ZigBee 信号的 WiFi 数据。

同时设计了基于编码拆分的跨网通信优化方法，优化流程如图 6-7 所示。

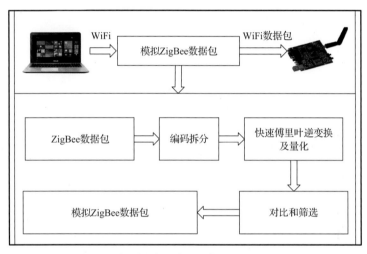

图 6-7　基于编码拆分的跨网通信优化方法的优化流程

为了实现优化方案，对 ZigBee 物理层的数据格式进行分析，ZigBee 在物理层的典型数据包格式如图 6-8 所示。ZigBee 物理层中的数据主要由前导码、物理层包头和 ZigBee 有效载荷三个部分组成。在 ZigBee 通信中，为了实现发射端和接收端的同步，ZigBee 数据首先需要进行前导码检测。前导码由一系列的 0 和一个 6 位的同步码组成，物理层包头包含帧长度信息，有效载荷包含发送的有效数据。

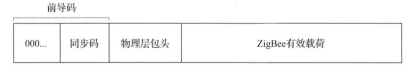

图 6-8　ZigBee 数据包格式

因为前导码检测通常使用 ZigBee 上的相关检测器来实现，在不改变硬件的前提下，前导码的结构是固定不变的，因此提高检测精度需要在 ZigBee 同步码进行。但是模拟 ZigBee 数据在执行循环前缀操作后，同步码可能会发生错误，假设 ZigBee 的同步码序列是 001111，在执行循环前缀后，序列将变成 111111，如图 6-9 所示，循环前缀(cyclic prefix，CP)将引起两个错误。

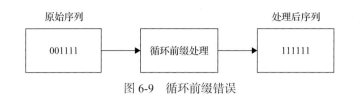

图 6-9　循环前缀错误

为了解决这个问题，本节设计了一种编码拆分方法，关键思想是将 ZigBee 同步码进行拆分。一个简单的例子如图 6-10 所示，假设同步码的原始序列为 001111，我们可将同步码 001111 拆分成 11 和 0011 两部分，将两部分进行标注并重新组合编码为序列 110011。新序列 110011 在进行循环前缀操作时由于前缀和后缀相同，因此对于同步码序列 001111 使用该方法可以完全避免循环前缀引起的错误。

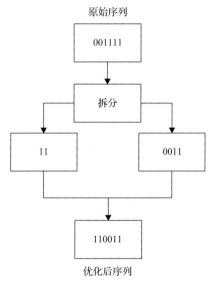

图 6-10　一个循环前缀错误去除的例子

虽然并不是所有的同步码都能找到一个合适组合序列完全去除循环前缀错误，但是可以从中筛选出最优的组合序列。即关键是从有限个同步码拆分组合序列中找到最优的组合序列，这种最优的组合序列要求重新组合后的同步码尽可能实现避免循环前缀引起的错误，并且功率尽可能大。基于以上原则，使用贪心算法求出拆分后最优的一个序列组合，优化方案的主要流程如下。

(1)设定所需要发送的 ZigBee 数据，把 ZigBee 数据封装成能被 ZigBee 设备识别的时域波形。对 ZigBee 数据进行前导码检测，得到数据的同步码。假设数据的同步码序列为

$$\text{Sym} = \{x_1, x_2, x_3, x_4, x_5, x_6\}$$

(2)对得到的数据同步码进行拆分，枚举并记录所有可能出现的序列情况。并对每个序列进行标注，假设得到 n 个同步码是 $S(k_n)$ 组成的序列 $C(n)$ 如下所示：

$$C(n) = \{S(k_1), S(k_2), S(k_3), S(k_4), \cdots, S(k_n)\}$$

（3）编码所有序列形成的有限个同步码组合，使用贪心算法筛选出所有序列排列中最优的一个序列用于数据的发送。

具体步骤如下。

对每个序列进行 CP 处理，得到处理后的序列和功率函数：

$$R(k_n) = \sum_{m=0}^{L} S(k_n + m)S^*(k_n + m + N)$$

$$P(k_n) = \sum_{m=0}^{L} S(k_n + m)S^*(k_n + m) = \sum_{m=0}^{L} |S(k_n + m)|^2$$

式中，N 为符号长度；L 为使用 CP 部分的长度。

将得到的 $R(k_n)$ 和 $P(k_n)$ 分别与初始同步码进行对比，获得处理后序列的 CP 错误差序列 $CC(n)$ 和功率差序列 $PC(n)$：

$$CC(n) = \{\Delta CP(k_1), \Delta CP(k_2), \Delta CP(k_3), \Delta CP(k_4), \cdots, \Delta CP(k_n)\}$$

$$PC(n) = \{\Delta P(k_1), \Delta P(k_2), \Delta P(k_3), \Delta P(k_4), \cdots, \Delta P(k_n)\}$$

式中，$\Delta CP(k_n)$ 为各序列具有的 CP 错误与原始序列的差值；$\Delta P(k_n)$ 为处理后序列的功率与原始序列的差值。

根据 $CC(n)$ 和 $PC(n)$，使用贪心算法选用 $\Delta CP(k_n)$ 尽可能小与 $\Delta P(k_n)$ 尽可能大的最优的序列用于发送。

（4）ZigBee 接收器接收到信号后，根据编码表进行同步码还原，并解码得到原始的 ZigBee 帧，以上过程不需要改变 ZigBee 端的硬件和固件。

按照上述步骤，进行了现场实验验证分析（图 6-11、图 6-12）。由图 6-12 可见，符号错误率降低了 5%，同时中继次数降低了 50%。

图 6-11　实验场景

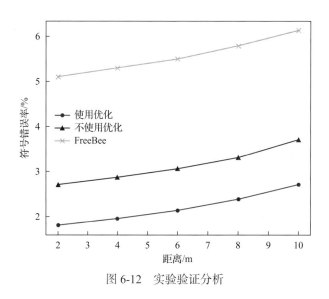

图 6-12 实验验证分析

6.1.3 深部矿井罐道的无线传感节点动态数据转发机制

矿井罐道窄长封闭空间环境的限制与安全生产的要求导致了主动部署健康监测感知网络具有很大的困难，且复杂恶劣环境下通信链路往往是间歇式连通。若传统无线多跳网络路由协议中当前节点路由表中不存在通往目标节点的下一跳节点，就缓存消息并随节点的移动寻找合适的转发机会，在这种情况下路由协议变得不稳定甚至失效。移动网络这一概念从 2006 年产生，大量研究成果不断在学术界涌现[13]，陆续在国内外知名期刊、会议上发表，如《通信学报》[14-16]、《软件学报》[17-19]、*IEEE Transactions on Wireless Communications*[20-22]、ACM International Conference on Mobile Computing and Networking（MobiCom）[23,24]、International Symposium on Theory, Algorithmic Foundations, and Protocol Design for Mobile Networks and Mobile Computing（MobiHoc）[25,26]、IEEE International Conference on Computer Communications（INFOCOM）[27,28]。从近几年移动机会网络相关研究成果的分布情况来看，科研人员对移动机会网络关注的方向主要分布在路由协议、运动模型和拥塞控制三个方面，其中路由协议方面的研究最受学者的青睐，考虑到网络资源的消耗问题，研究人员提出 Spray and Wait[29]、Spray and Focus[30]等路由算法；通过记录、分析和利用节点间的历史接触信息，提出 Prophet[31]、MaxProp[32]等路由算法；在结合社会属性方面，SimBet[33]、People Rank[34]、BubbleRap[35]是比较具有代表性的路由算法。移动机会网络具有不要求网络全连通和利用节点接触形成的通信机会逐跳传递数据机制，更符合矿井窄长封闭空间自主组网的需求。因此，构建无线健康监测数据节点的机会转发机制，保证了深部矿井中稀疏链状无线传感网络数据的可靠传输。

该机制的具体流程如图 6-13 所示。首先，将模型中某个有限区域内的所有移动节点定为一个节点集合，节点之间收发通信距离对称，通信带宽相同，在节点相遇时通过单跳的无线链路投递消息，并且所有节点均可产生指向给定目标节点的消息。其次，考虑到移动机会网络的弱连接性，设计了一种边路由边传输的工作模式。在这种工作模式下，当节点收到来自上一跳节点转发的数据后，节点携带数据等待下一跳转发机会的到来。针对需要转发的数据，采用动态寻址方法选择合适的转发时机以及中继节点。最后，为了以较低的延迟和能量消耗完成一个满足无线健康监测网络中特定感知质量需求的感知任务，设计了基于能效驱动的矿井罐道窄长封闭空间节点协同感知和数据转发框架，利用协同感知机制消除数据冗余，采用数据融合与机会转发相结合的方式进行数据收集，从而不仅可以减少数据传输量，而且节省能量消耗。

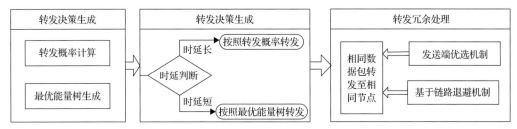

图 6-13　数据机会转发方案

在本节中，我们提出了一种基于相对距离的高效分组无线传感节点邻居发现算法，在发现延迟和能量消耗之间进行良好的平衡。基于组发现方法不是直接使用整个节点组的唤醒时间表，而是选择最有可能成为邻居的节点，其中的概率是根据节点的相对距离计算的。

为了避免节点分布的影响，利用接收信号强度序列来估计相对距离。首先，定义了网络模型，然后概括了移动传感器网络的假设，使节点在低占空比的无线传感器网络中，在不需要任何基础设施支持的情况下发现其他节点。如果节点始终处于活动状态，则该节点的频率收发器处于监听状态。假设节点没有接收到任何数据包，节点可以处于空闲监听状态。特别地，没有可供广播或传输的信息，空闲监听会消耗大量不必要的能量。因此，一个节点在 95%以上的时间里都处于休眠状态，只是短暂地处于活动状态，以进行感知和通信。

在整个发现过程中，传感器节点的工作状态不断在活跃和休眠状态之间切换，能耗低。处于活跃状态时，节点可以广播报文，也可以接收邻居发送的报文；处于休眠状态时，节点关闭接收报文的模块，只发送休眠状态的报文。这样可以有效地减少节点的能量消耗，从而延长节点和网络的生命周期。根据余数定理，每个节点选择两个素数来解决素数相同的节点问题。因此，实际占空比等于两个素数的倒数之和。

为了方便起见，我们假设一个节点选择一个素数来表示该节点的占空比。两个节点之间的最大发现延迟等于两个节点选择的两个素数的乘积，两个节点的唤醒时隙会周期性或部分重叠。因此，它确保任何两个处于物理连接状态的节点在一定时间内能够找到对方。传统的成对发现方法是预先安排两个节点同时唤醒，且两个节点都在彼此的通信范围内，被动地实现邻居发现。成对发现方法关注一对节点。

与成对发现方法不同，基于分组的发现方法的节点主动地将其现有邻居的工作计划与它们最近发现的新节点共享。因此，新发现的节点可以迅速了解其周围节点的时间调度，并主动验证它是否可以在这些节点的唤醒时间与它们通信。与成对发现方法类似，节点根据自己的工作日程周期性地在活动和休眠状态之间切换。在活动状态下，传感器节点可以广播和接收邻居发送的消息；同时，传感器节点在休眠状态下会关闭广播和接收功能。当两个节点处于活动状态，并且在彼此的通信范围内时，它们可以互相发现并形成一个组。

大量的仿真结果表明，基于分组的发现方法实现了能量成本和发现延迟之间的良好平衡。基于分组的发现方法与典型的发现方法相比，发现延迟降低了一个数量级，能源消耗最多增加了 6.5%，实验结果如图 6-14 所示。

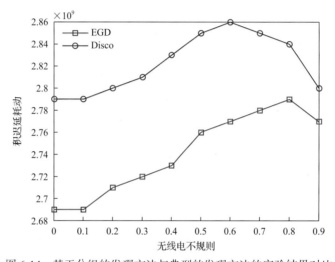

图 6-14　基于分组的发现方法与典型的发现方法的实验结果对比

6.1.4　无线健康监测传感器网络拥塞控制方法

提升装备故障或异常事件促使健康监测网络中突发数据流易产生拥塞，主要出现两类情况：一类是节点级的拥塞，就是节点需要发送的分组流量超过节点的发送能力，导致缓存溢出造成数据分组的丢失和网络排队延迟的增加；另一类是无线链路级的拥塞，无线信道是共享信道，在同一时刻相邻节点只能有一个节点使用无线信道，当多个相邻节点同时竞争使用无线信道时，就会产生访问冲突引起链路级拥塞，增加分组的服务时间，降低链路利用率和网络的吞吐量。为了解决以上问题，本节提出了基于数据驱动的控制方法，实现媒体接入控制(media access control，MAC)层和传输层协同工作的跨层拥塞控制。首先，使用网络整体指标来刻画提升装备无线健康监测传感器网络系统的主要特征，明确指标的重要性和拥塞控制协议的相互关系。其次，根据基于非参数时变动态线性化的数据驱动控制方法，将深部矿井提升装备无线健康监测传感器网络基于输入输出的数学模型转化成一个等价的动态线性化模型，在突发数据传输链路用一系列的动态线性时变模型来替代，并仅用阻塞节点或链路输入输出数据来在线估计阻塞过程的梯度向量或 Jacobian 矩阵，在此基础上再设计满足性能指标的自适应控制律。最后，如果多个节点发送的数据包同时占用信道，采取节点输出流量小的数据包优先传输的原则，输出流量大的数据包退避就近选择其他的信道，并对网络转化后的动态线性化模型采用选代反馈整定方法进行参数优化，包括对节点间无干扰和有干扰两种情况给出优化策略。

通过以上方法，将有效避免多个节点传送的数据包同时占用一个信道而引发的链路级拥塞，同时网络中的节点根据局部的拥塞状态调整数据发送速率，从而缓解由于接收数据的速率大于发送速率而导致节点缓存中队列长度过长，造成节点级拥塞，达到 MAC 层和传输层同时进行拥塞控制的目的。提出了基于竞争协议的不可靠无线网络的多传感器估计，状态估计作为决策和控制的基础，在许多实际应用中起着不可替代的作用。本节研究了基于竞争的不可靠无线网络的多传感器估计问题。在每个时间步长，由于潜在的争用和碰撞，最多只能有一个传感器与基站进行通信。另外，由于无线信道不可靠，数据包可能在传输过程中丢失。因此，提出了一种新的数据包到达模型，同时考虑了上述两个问题。根据得到的数据包到达模型，给出了两种网络场景下的估计。特别地，所有提供的稳定性条件都用包到达率和系统矩阵的谱半径的简单不等式表示，并讨论了它们与已有相关结果的关系。当前的研究工作都是通过假设网络系统只包含一个传感器获得的。然而，在实际应用中，单传感器假设很难得到满足。一方面，对于大多数无线传感器网络应用，如环境监测和目标定位或跟踪，单个传感器无法提供其附近物理活动的足够信息。因此，需要多个类型、精度和噪声水平可能不同的传感器一起工作。此外，无线传感器的网络资源是有限的。例如，无线传感器通常由电池供电，多个传感器减轻了单个传感器的负载，从而延长了网络的生命周期。另一方面，在实际的网络系统中，来自不同传感器的数据包通常不能被编码在一起。将多个传感器数据编码成一个数据包往往会导致数据精度降低。同时，数据包的长度限制也严重限制了编码传感器的数量。因此，每个传感器只是编码自己的数据并发送它们。在多传感器场景中，由于传感器老化或环境噪声高，可能会出现部分丢包，且单个传感器丢包概率不同。对于多传感器情况，当前多数研究都假设节点使用了频率分割多址(frequency division multiple access，FDMA)协议，这是一种典型的无争用 MAC 协议。该协议允许多个节点同时访问传输系统，从而保证无碰撞传输。然而，FDMA 协议为每个节点增加了额外的硬件，因此不适用于大规模的传感器网络。

在大多数实际应用中，所有传感器共享一个共同的无线信道，每次只有一个节点有机会将数据包发送到远程估计器。对于上述网络设置，现有的工作几乎都集中在传感器调度或传感器测量调度上，对估计稳定性的研究很少。目前，基于竞争协议的多传感器网络的估计稳定性问题还没有得到解决。因此为了解决上述问题，研究了基于竞争的MAC 协议下的多传感器估计问题。由于不同传感器对共享信道的随机访问可能会导致竞争，所以每次最多只能有一个传感器向基站发送数据包。在本协议中，建立了基站稳定性的充分必要条件。特别地，所提供的条件在系统矩阵的谱半径和数据包到达率方面具有简单的不等式形式。首先考虑两个传感器的情况，然后将结果推广到包含多个传感器的更一般的情况。提出了综合数据包到达模型，该模型同时考虑了无线信道的不可靠性和节点访问介质的机会，从而更好地反映了实际的基于竞争的 MAC 协议的无线传感网络。在此基础上，提出了一种估计稳定性分析方法。与现有的大多数相关结果相比，所采用的访问机制的重要特点是在每个时间步上最多有一个传感器有机会发送数据包。不同噪声情况下系统性能如图 6-15 所示。

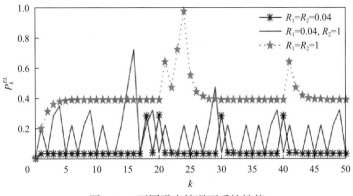

图 6-15 不同噪声情况下系统性能

P_k^{EL}-观测噪声误差方差阵

6.1.5 深井超长空间多跳无线传感网最优数据收集策略

本节研究了能量受限条件下深井井筒内无线网络的最优数据收集策略问题，设计并构建了一种井下高可靠、高宽带、低时延的无线通信模型。首先，通过卡尔曼滤波器对信息进行预处理以滤除噪声。其次，设计最优数据发送策略令节点在特定轮内发送数据，使得满足网络生存周期前提下，基站获得的数据精度最高。给出可使基站误差方差最小化的数据发送策略，解决了无线信号在狭长有限空间衰减严重的问题。

尽管关于综合考虑节能与数据精度的收集策略研究已经有一些成果，但现有工作并未给出最优折中算法。通过提出的面向状态估计的传感器调度策略，研究能量受限条件下周期性数据收集的传感器网络(periodic senor networks, PSNs)的最优数据收集问题，其基本思想是：考虑到基站的误差方差会因连续收不到更新数据而指数增长的事实，在给定网络寿命的前提下，为节点设计合理数据发送策略使基站误差方差最小化。与已有工作相比，将能量受限 PSNs 中的数据收集问题转化为具有一定限制条件的最优化问题，并给出一个离线算法用于计算最优数据收集策略；针对单跳 PSNs，设计使基站误差方差最小化的最优数据发送策略；针对多跳 PSNs，给出相应改进策略；基于MATLAB 平台进行仿真并利用 CC2530 节点构建原型系统，在数据精度、能量消耗等方面对所提数据收集策略进行性能评估，实验结果如图 6-16 所示。

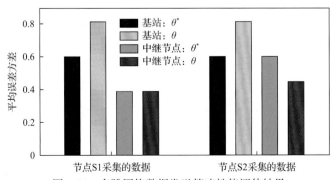

图 6-16 多跳网络数据发送策略性能评估结果

θ-数据发送策略；θ^*-最优数据发送策略

6.2　深井井壁变形图像自适应检测技术

深立井地层岩性多样、井筒垂深大，岩、泥、水软硬夹层的相互作用易引起井壁破裂，导致重大安全问题，影响提升系统安全运行。煤矿深立井地质条件复杂，高温高湿环境加上盐碱水的侵蚀，井壁砼会被慢慢地腐蚀。井壁的初始破坏比较轻微，利用井壁图像可以掌握腐蚀及破坏的徐变过程，借助图像处理技术智能识别井壁缺陷类型，根据缺陷类型及缺陷位置给出治理预警。外载荷引起的综合应力是井壁裂缝的罪魁祸首，季节性的温度、应力会给井壁破坏雪上加霜。研究井筒温度分布式测量技术，获取井壁上的温度场，可以实时监测井壁温度变化。利用图像处理、深度学习和分布式测量技术对井壁实现全方位视觉理解，有助于深井井筒井壁安全。

6.2.1　外层井壁安全信息可视化网络平台

针对深井井筒可视化监控的技术难题，以实现井壁内外力状况的实时在线计算与分析、安全状态预判，完成井壁开裂位置与几何形状、井壁出水点位置与漏水面分布的智能检测与自动识别为目标，构建外层井壁安全信息可视化网络平台及基于图像处理技术的井壁表面缺陷智能检测系统。

1. 基于拉曼散射的井筒温度分布式测量方法

为解决斯托克斯光与反斯托克斯光的衰减给系统温度解调带来的误差问题，重点开展了基于拉曼散射的井筒温度分布式测量方法研究。

(1)建立分布式光纤拉曼温度传感系统，构建环形结构传感光纤，以恒温水浴箱作为可视化变温环境，实现了系统的多温度测量。分布式光纤拉曼测温实验系统原理图如图 6-17 所示，分布式光纤拉曼测温系统实验装置如图 6-18 所示。

(2)根据环形结构下的温度解调法建立一阶衰减差拟合模型，通过重复测量提高信噪比，对比传统解调法和引入一阶衰减差拟合模型的解调法下的温度误差，获得温度精度的提升(图 6-19)。

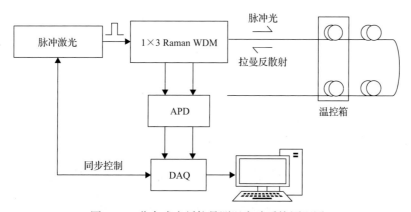

图 6-17　分布式光纤拉曼测温实验系统原理图

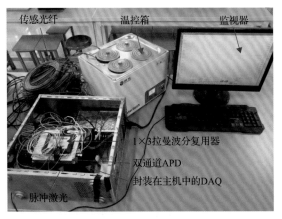

图 6-18　分布式光纤拉曼测温系统实验装置图

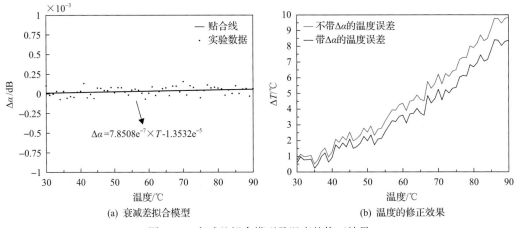

(a) 衰减差拟合模型　　　　　　　　　　　(b) 温度的修正效果

图 6-19　衰减差拟合模型及温度的修正效果

(3) 优化瑞利噪声的参数模型，分析瑞利噪声在本系统下对温度及光纤长度变化的不敏感性，建立传统解调—引入拟合衰减差优化模型—重复测量—消除瑞利噪声—降低测温附加误差的多层次精度提升方案，提升后的测温误差如图 6-20 所示。

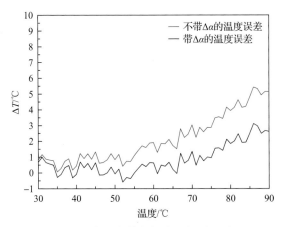

图 6-20　多层次精度提升后的测温误差

2. 分布式光纤测温系统的光路传输过程

为解决分布式光纤测温系统单参量测量精度较低问题,重点分析了分布式光纤测温系统的光路传输过程。

(1)以一阶拟合衰减模型的优化方案为雏形,重复比较多阶拟合模型下的优化方案对温度精度的提升效果,以温度误差值作为标准,获得图 6-21 的最优拟合阶次。

(2)根据最优拟合阶次优化传统温度解调法,分析探究测温段光纤的温度附加误差产生原因及解决方案,通过拟合系统温度误差(图 6-22),实现测温段温度附加误差的有效降低。

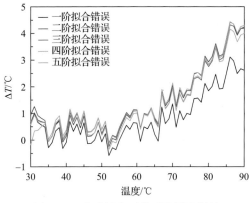

图 6-21　多阶拟合下的系统测温误差　　　图 6-22　最优拟合阶次下最终修正后的测温误差

3. 单幅图像的超分辨率增强方法

深立井井下环境复杂,井壁有灰尘加上潮湿,使得采集到的图像会出现模糊现象,为了充分利用缺陷样本上的有用信息,基于深度学习设计了单幅图像的超分辨率增强方法。

如图 6-23 所示,多尺度交叉融合的超分辨率增强网络(MSCN)模型能充分表征低分

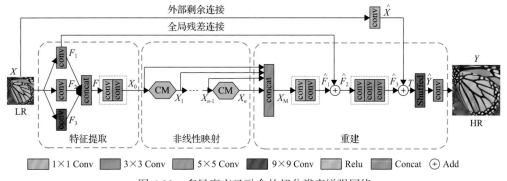

图 6-23　多尺度交叉融合的超分辨率增强网络

X 表示 LR 图像经过网络后得到的中间输出。Y 表示网络最终生成的输出,即 HR 图像的估计。$\hat{X}$ 表示 LR 图像通过一个包括 ERC 和 1×1 Convolution 操作的过程,生成了中间输出 $\hat{X}$;这个过程包括残差连接以促进梯度流动,以及 1×1 卷积以进行通道数的调整或特征的变换。$\hat{X}$ 作为中间表示,将在网络的后续阶段用于进一步的特征提取和生成最终的高分辨率图像。1×1 Conv 表示卷积核的大小为 1×1 的卷积操作。3×3 Conv 表示卷积核的大小为 3×3 的卷积操作。5×5 Conv 表示卷积核的大小为 5×5 的卷积操作。9×9 Conv 表示卷积核的大小为 9×9 的卷积操作。Relu 表示一种常用的激活函数,用于人工神经网络中的神经元,它是一个非线性函数,通常在神经网络的隐藏层中广泛使用。Concat 表示连接或串联的操作。Add 用于描述不同尺度或通道的信息融合。Shuffed 表示通道重排操作

辨率(low resolution，LR)井壁图像的特征信息，为高频信息的推断奠定基础。级联结构能够实现对信息的提取监督以及预测，建立更有效的由 LR 井壁图像到高分辨率(ligh resolution，LR)井壁图像的超分辨率重建的映射关系。多尺度信息融合结构，可以促进不同模块之间的信息交流，结合多种上下文信息及超分辨率重建的映射关系来推断缺失的高频分量。MSCN 能重建出高分辨率的井壁图像。

4. 设计残差胶囊网络 Res-CapsNet

采集井壁图像，进行矫正、去噪、增强等预处理操作后，融合残差学习和胶囊网络设计了残差胶囊网络 Res-CapsNet，实现对海量井壁图像自动分类，识别出所有的缺陷图像。

残差胶囊网络 Res-CapsNet 结构示意图如图 6-24 所示。该网络利用融合残差学习（residual ensemble method，REM）、小卷积核和恒等映射的优势，一方面有效降低了参数量；另一方面充分提取了图像的特征信息，保证了胶囊中编码足够的信息量，充分发挥了胶囊网络将局部特征映射到整体特征的空间关系优势。

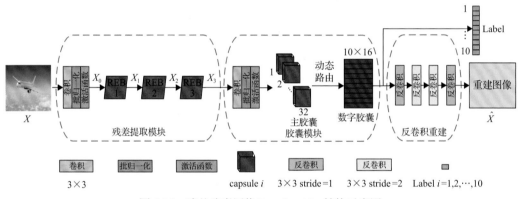

图 6-24　残差胶囊网络 Res-CapsNet 结构示意图

6.2.2　面向深井井筒与井壁监测方法

1. 井壁应变和温度同步测量实验

通过基于光频域反射的井壁应变和温度同步测量实验研究，解决应变与温度的交叉敏感问题。

设计了一种基于光频域反射无胶化双参量测量的单光纤传感测头，如图 6-25 所示。

图 6-25　单光纤传感测头模型

建立了单光纤温度及应变测量的理论模型，如下所示：

$$\begin{bmatrix} T \\ \varepsilon \end{bmatrix} = \begin{bmatrix} \alpha_{\varepsilon 1} & \alpha_{T1} \\ \alpha_{\varepsilon 2} & \alpha_{T2} \end{bmatrix} \begin{bmatrix} \Delta T \\ \Delta \varepsilon \end{bmatrix}$$

式中，α_{T1}、α_{T2}、$\alpha_{\varepsilon 1}$、$\alpha_{\varepsilon 2}$ 为光纤温度应变系数标定装置标定出光纤温度及应变系数；ΔT、$\Delta \varepsilon$ 分别为可调谐激光器发出相应波长光感知的应变及温度变化量。

　　设计了基于光频域反射的分布式单光纤双参量测量系统，在实现单光纤双参量测量的同时，达到分布式测量的目的，在传感光纤上设置多组自补偿双参量测量段来提高双参量测量的精度。系统结构如图 6-26 和图 6-27 所示。

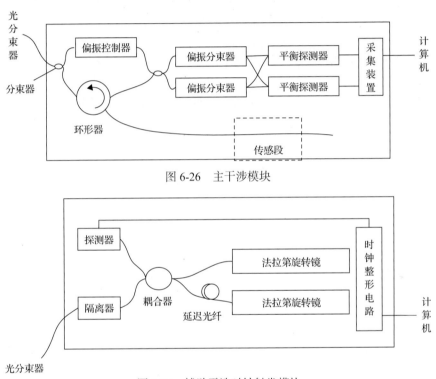

图 6-26　主干涉模块

图 6-27　辅助干涉时钟触发模块

2. 均匀载荷下井壁应变、温度的变化规律

　　利用自主研发的井壁结构模型试验台，开展了均匀载荷下，井壁应变、温度的变化规律研究。

　　1) 试件

　　试件高度为 250mm，厚度为 2000mm，外直径为 3.2m。分布式光纤内置在试件中，360°绕行试件一周。试验过程如图 6-28 所示。

　　2) 试验结果

　　自然环境温度下，试验台周围的单缸同时施压，均匀加载，初始施压 1MPa，按照 1MPa 的间隔增加施压，增大到 13MPa 时出现如图 6-28(d) 所示的破裂。自然环境下的温度较小，且时间周围的温度相等。仅分析应变曲线，如图 6-29 所示。

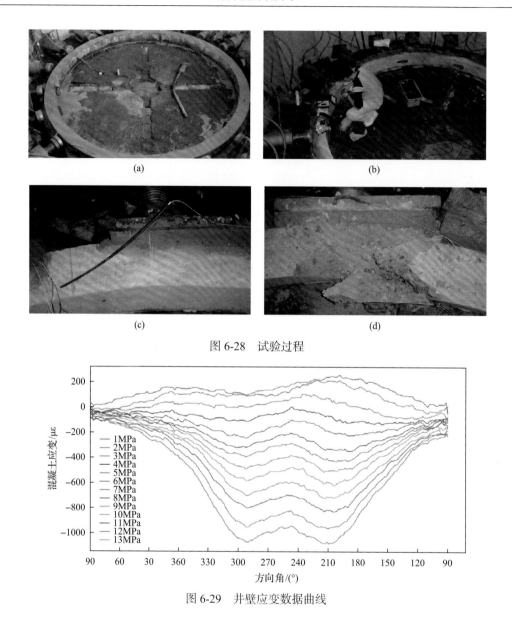

图 6-28 试验过程

图 6-29 井壁应变数据曲线

6.2.3 面向深部矿井监测图像去噪方法

1. 指数线性单元-卷积神经网络井壁图像去噪模型

设计了指数线性单元-卷积神经网络(exponential linear unit-convolutional netural net work, ELU-CNN)井壁图像去噪模型。ELU-CNN 模型深 28 层,最后一个卷积层用一个 3×3 的滤波器且不连接激活层,其余卷积层均使用 64 个 3×3 的滤波器且连接激活层,模型结构如图 6-30 所示,用跳跃连接将低级特征传递到高层与高级特征合并,借助残差学习思想使得模型通过端到端的训练,学习到的是输入模型的噪声图像中包含的噪声信息。

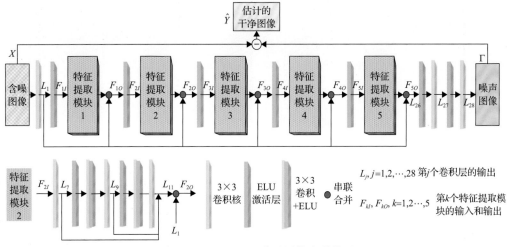

图 6-30　ELU-CNN 井壁图像去噪模型

2. 主成分分析池化方法

设计了一种能够有效提高分类精度的主成分分析(principal component analysis, PCA)池化方法。图 6-31 给出了 PCA 池化的流程,其目的对从 CNN 网络结构中的卷积层提取的特征图进行降维操作,同时又能很好地保护特征图中的主要信息不丢失。样本矩阵的构造和低维特征图的还原流程分别如图 6-32 和图 6-33 所示。

利用 CNN_Quick 模型分别在三个数据集 CIFAR10、CIFAR100 和 SVHN 上测试,结果如图 6-34~图 6-36 所示。

图 6-31　PCA 池化流程

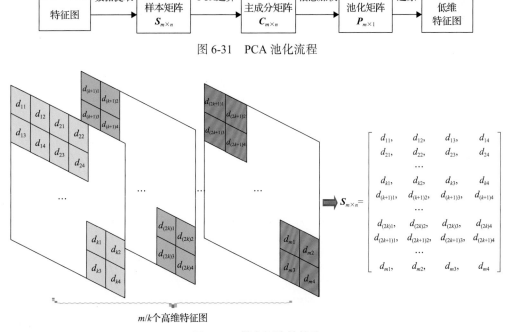

图 6-32　样本矩阵的构造

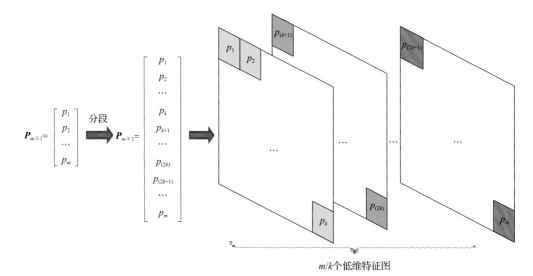

图 6-33 低维特征图的还原流程

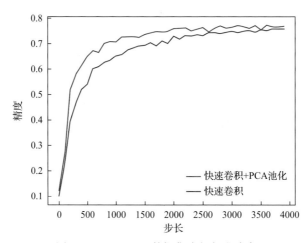

图 6-34 CIFAR10 数据集步长与准确率

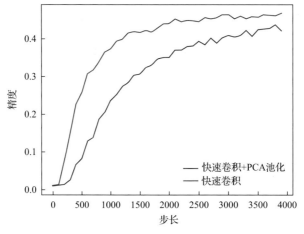

图 6-35 CIFAR100 数据集步长与准确率

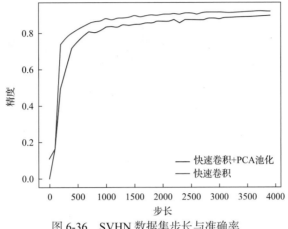

图 6-36　SVHN 数据集步长与准确率

从实验结果可以看出,使用 pca-pooling 池化后,收敛的速度和精度要优于原来的网络。

3. 井壁图像定位方法

图 6-37 给出了从存储卡中采集提升机下降过程中的有效图像的方法,横坐标表示图像对应的时间序列,纵坐标表示 Ⅰ/Ⅱ/Ⅲ/Ⅳ号存储卡中的图像帧。

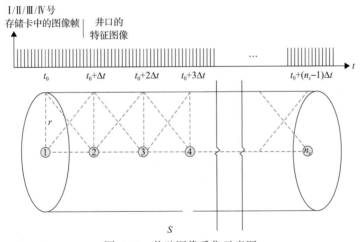

图 6-37　井壁图像采集示意图

结合采样频率可知采样间隔,确定能完全覆盖整个井壁的全部图像的采样次数,计算出采样点的采样时刻,定位采样点在 1/4 井壁上的对应位置。

6.3　深井提升系统全状态健康评估与预测技术

6.3.1　大数据驱动的深井提升系统故障检测与分析技术

1. 深井提升系统的故障检测

深井提升系统是矿井安全运行的关键,关系着整个煤矿生产的可靠性与安全性。以前深井提升系统的天轮偏摆难监测并且轴承故障难以察觉，缺少实时监测张力的能力，故障影响因素多并且没有量化健康评估。故此深井提升系统全面监测关键参数，将监测平台进行可视化，并进行故障处理。

此系统采用高灵敏度三向振动传感器与工业摄像机，分别拾取天轮各轴承座的振动信号与各子天轮的运行状态；采用油压传感器检测张力平衡装置的油压，结合理论计算及现场参数标定实验确定油压与张力之间的转换关系，通过线性转换计算可得到提升载荷，进而实现对未卸净与超载等故障的及时诊断与报警；基于大数据健康状态评估对每个测点赋予健康评价系数以及相应的权重系数得到融合结果，对提升系统故障进行诊断，进而提出深井提升系统故障特征提取与诊断模型。

2. 深井提升系统的故障分析技术

故障分析诊断平台的主要功能是利用采集到的数据，对接收到的故障信息进行分析与处理，通过诊断模型得出相应的故障机理和解决方案。在诊断模型建立过程中，特征信息关系到诊断结果的准确性和可靠性，要求提取的特征信息必须能够反映对应状态的本质。基于优化支持向量机的天轮轴承故障诊断采用改进的完备集合经验模态分解（improved complete ensemble EMD，ICEEMDAN），是一种对信号的自适应处理方法，其本质是将一个复杂的信号分解为有限个具有瞬态频率的本征模态分量（intrinsic mode function，IMF）。这些 IMF 包含信号的细节特征，能够从本质上反映对应的状态，从而对深井提升系统进行故障诊断及分析。

6.3.2　深井提升系统健康评估与预测技术

1. 深井提升系统虚拟仿真平台

该平台模拟推演深井提升系统安全运行关键技术及装备、过卷缓冲装置和钢丝绳悬挂装置等技术在系统中的重要作用。

以摩擦提升系统传动原理、防冲击振动控制理论、恒减速制动、状态监测与故障诊断为主要内容构建深井提升系统虚拟仿真平台（图 6-38）[36]。

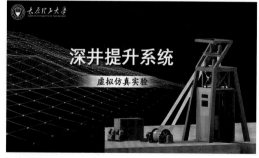

图 6-38　深井提升系统虚拟仿真平台示意图

通过提升机设备结构原理的认知、提升机正常运行工况的操作、提升机常见故障模拟及处置等内容，理清提升系统机电液运行参数关联特性。通过虚拟仿真展示危险环境下突然断电或紧急制动等运行工况，以及过卷、卡罐、制动系统的冲击，高速重载工况的"误制动"和到位停车工况的"拒制动"等事故及次生灾害现象。模拟推演深井提升系统安全运行关键技术及装备、过卷缓冲装置和钢丝绳悬挂装置等技术在系统中的重要作用。

2. 深井提升系统故障诊断与可视化监测平台

相对浅井而言，深井提升系统在高速、重载的工况下，其关键承载部件如轴承、钢丝绳、天轮和卷筒等所受到的冲击振动更加剧烈[37-40]。Wei 等[41]针对超深井动态张力难以监测问题，利用虚拟仪器设计了多绳缠绕提升机钢丝绳动态张力信号检测系统，将压力传感器安装于钢丝绳和保持架接头附近，使用"扣"连接形式，将拉力信号转换为压力信号。张潇涵[42]分析了超深井缠绕式提升机天轮偏摆与轴承故障对振动幅值的影响，通过小波阈值降噪方法对天轮轴承三向振动数据进行处理，同时采集天轮的偏摆、轴承温度等数据实现了提升机天轮健康诊断。朱真才、李翔等针对双绳缠绕式煤矿深井提升系统运行过程中钢丝绳张力不平衡、柔性罐道容器倾斜问题，提出钢丝绳张力和容器位姿监测控制方案，并考虑深井无线传输的延时问题设计了信号传输延时补偿观测器，并通过试验验证了该观测器的有效性[43,44]。Grzegorz 等[45]提出一种基于线结构光扫描天轮轮缘的机器视觉方法连续测量槽道几何参数的方法。谭建平等[46]针对深井多绳缠绕式提升中提升容器无姿态、冲击和纵横振动等监测问题，设计了基于组合导航的提升容器状态监测系统。

本节提出的深井提升系统故障诊断与可视化监测平台设计思路如图 6-39 所示。深井提升系统故障诊断与可视化监测平台(图 6-40)主要由天轮轴承振动、天轮偏摆的运行状态监测系统，主轴轴承以及提升容器位置的实时监测系统，悬绳偏摆量监测系统，钢丝绳张力监测系统，提升载荷、平衡油缸活塞位置和罐道运行状态监测系统组成。

采用高灵敏度三向振动传感器及光电编码器分别拾取主轴各轴承座的振动信号与摩擦轮角位移信号，利用多算法融合处理方式去除强干扰下轴承振动信号中的噪声；针对振动信号数据多、特征提取计算量大的问题，采用分级诊断方式进行处理，以故障相关特征值峭度作为初始预判断标准，采用自动离线诊断方式对预判断故障信号进行精确诊断，依据现场测试分析结果形成主轴轴承的相对评价标准，并结合开车、到位信号判断提升容器的实时位置，实现主轴轴承以及提升容器位置的实时监测；以阶段时间内的预报警次数以及轴承最大振幅作为健康指标，基于统计方法实现主轴轴承性能状态评估(图 6-41)。

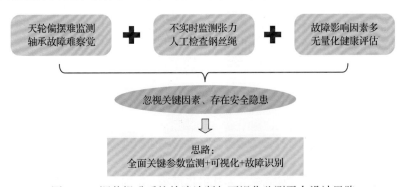

图 6-39　深井提升系统故障诊断与可视化监测平台设计思路

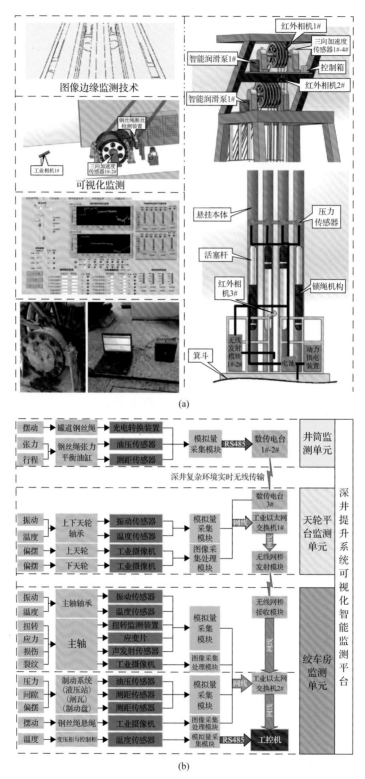

图 6-40 深井提升系统故障诊断与可视化监测平台

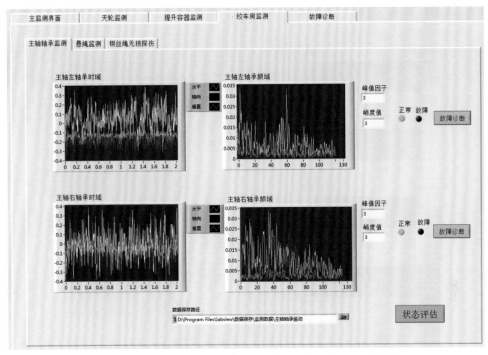

图 6-41　主轴轴承振动监测及提升容器位置的实时监测系统

为了解决超深立井提升系统钢丝绳在运行过程中由于外部激励与天轮振动引起的钢丝绳偏摆的问题，发明了基于机器视觉的提升系统悬绳偏摆量在线监测装置。通过工业电荷耦合器件(charge coupled device，CCD)相机对钢丝绳的运行状态进行监测，以静止状态悬绳图像为原始标识，将图上像素距离转化为实际距离，采用图像边缘检测算法获取钢丝绳振动值[47]，辅助以激光测距技术提高精准度，实现对钢丝绳运行状态全过程的实时监测，利用机器视觉技术，克服多绳摩擦系统钢丝绳由于经过摩擦轮与天轮而引起的无法安装接触式传感器的缺点；通过相机的标定与激光测距技术的辅助，将测量数据的精度大大提高；根据现场情况设定钢丝绳振动超限报警阈值，并且结合后台的专家系统故障诊断平台，形成了一整套具有信号主动获取、数据提取分析、实时预警与故障诊断功能的钢丝绳在线监测系统(图 6-42)，为整个深井提升系统安全运行提供了保障。

采用高灵敏度三向振动传感器与工业摄像机分别拾取天轮各轴承座的振动信号与各子天轮的运行状态[48]。发明了基于三维机器视觉的天轮故障实时在线监测和故障诊断系统(图 6-43)，实现对天轮的偏摆在线监测，以非接触的方式克服了矿井天轮因高速运转而不易安装传感器、测量数据误差大的问题；建立了反映天轮轴向偏摆量和径向跳动量的监测模型，实现了天轮运行数据监测的自动化、实时化、智能化；形成了一套具有数据处理与分析、生成报表、实时预警功能的智能故障诊断监测系统，实现了天轮系统的故障诊断，为天轮安全可靠性运行提供保障。依据现场测试的分析结果及《煤矿机电设备检修质量标准》分别形成天轮轴承与子天轮偏摆状态评价的相对标准与绝对标准，实现天轮运行状态的健康评价。

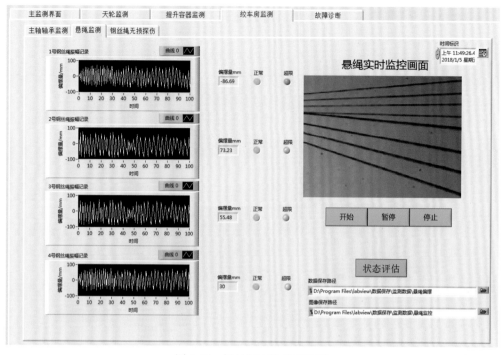

图 6-42 钢丝绳在线监测系统

孔庄矿提升系统故障诊断与预测平台

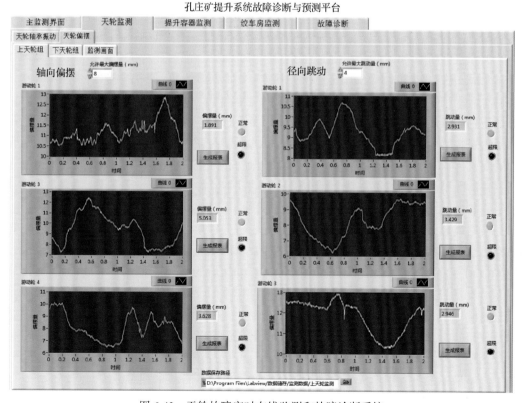

图 6-43 天轮故障实时在线监测和故障诊断系统

采用油压传感器检测张力平衡装置的油压，结合理论计算及现场参数标定实验确定油压与张力之间的转换关系，通过线性转换计算得到提升载荷，进而实现对未卸净与超载等故障的及时诊断与报警；针对千米深井钢丝绳过长极易引起张力平衡油缸行程到位的问题，采用拉线式位移传感器检测张力平衡装置活塞杆的行程，避免油缸活塞杆到达两端极限位置而出现提升钢丝绳张力不平衡(图 6-44)；通过安装于提升容器的加速度传感器获取振动信号，通过振动加速度幅值对罐道缺陷进行诊断与报警，阈值通过测试、分析、调试设定，并在罐道振动幅值较大处显示报警并记录此刻箕斗在井筒中的绝对位置，便于现场检查罐道，得到了提升载荷、平衡油缸活塞位置和罐道运行状态。

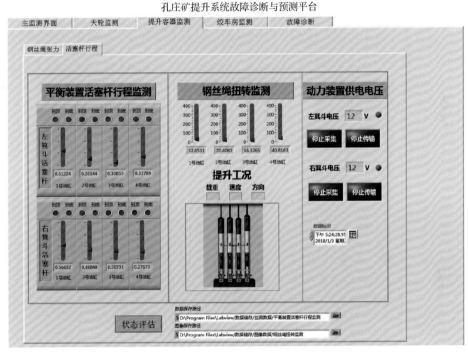

图 6-44 平衡油缸行程监测

通过多传感器信息融合的健康诊断研究(图 6-45)[49]，分别采集天轮轴承振动、天轮偏摆、主轴轴承、提升载荷、张力平衡装置、罐道振动等方面的状态信息，对其进行信

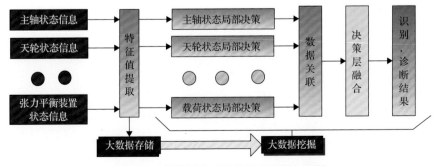

图 6-45 深井提升系统故障的诊断与预警

号处理与特征提取，依据多种模式识别方式得到局部决策，融合中心对局部决策做出全局决策，基于大数据健康状态评估对每个测点赋予健康评价系数以及相应的权重系数得到融合结果，对提升系统故障进行诊断，进而提出深井提升系统故障特征提取与诊断模型。

3. 基于优化支持向量机的天轮轴承故障诊断

在诊断模型建立过程中，特征信息关系到诊断结果的准确性和可靠性，要求提取的特征信息必须能够反映对应状态的本质。

对于滚动轴承而言，出现故障的部位可能有轴承内圈、外圈、滚动体及保持架，出现故障的位置不同，振动信号中的频率成分也会不同，经过 ICEEMDAN 分解后对应的模态分量组成也彼此不一样，因此，利用对信号进行 ICEEMDAN 分解后得到的模态分量来构造特征信息是一种理想的选择。

首先，将滚动轴承的振动信号经过降噪处理后进行 ICEEMDAN 分解，原信号可表示为 n 个 IMF 与残差的和，即：

$$x(t) = \sum_{j=1}^{n} c_j(t) + r(t) \tag{6-1}$$

然后，分别计算筛选出的有效 IMF 的幅值能量 E_i，即：

$$E_j = \sum_{k=1}^{N} \left| c_j(k) \right|^2 \tag{6-2}$$

式中，N 为第 j 个 IMF 的采样点数，假设 $r(t)$ 携带的能量可以忽略，由此可得信号的总能量为

$$E = \sum_{j=1}^{n} E_j = \sum_{j=1}^{n} \sum_{k=1}^{N} \left| c_j(k) \right|^2 \tag{6-3}$$

为了使各指标数据处在同一数量级，便于进行后续运算和减小奇异数据的影响，对各阶 IMF 的幅值能量进行归一化处理，即：

$$p_i = E_i / E \tag{6-4}$$

最后得到相应的 ICEEMDAN 能量熵满足：

$$H_{EN} = -\sum_{i=1}^{n} p_i \lg p_i \tag{6-5}$$

当轴承出现不同故障时，在不同时间尺度上的 IMF 能量均有明显变化，因此采用信号有效的 IMF 能量熵构建特征向量能够从本质上准确反映对应故障的信息。以各种故障

信号的 IMF 能量熵为特征向量分别组成训练集和测试集，通过对训练集的学习训练建立起人工鱼群算法(artificial fish swarms algorithm，AFSA)优化后的支持向量机(support vector machine，SVM)模型(AFSA-SVM)，将测试集输入诊断模型中进行诊断，从而实现对不同轴承故障的分类识别。

将优化前的 SVM 和优化后的 SVM 的诊断结果比较，见表 6-1。从表 6-1 中可以看出 AFSA-SVM 模型在准确率和均方误差方面得到了很大的提升，虽然运行时间比优化前的模型稍大了一些，但是故障诊断准确率提高到了 97.5%。

表 6-1　优化前后结果比较

分类算法	样本数(训练+预测)	训练数据准确率	测试数据准确率	均方误差	算法运行时间
SVM	240+80	100%	88.75%	0.069308	3.23054
AFSA-SVM	240+80	100%	97.5%	0.041584	4.22307

4. 提升机天轮系统智能润滑系统

提升机天轮系统智能润滑系统[50]主要由动力泵、润滑泵站、检测线路、注油流道、末端监测装置、吸排脂器、轴承座端盖、游动轮、天轮轴、轴承座、注油孔接头、改进的天轮轴、高压密封滑环、密封圈等组成，总体示意图如图 6-46 所示。

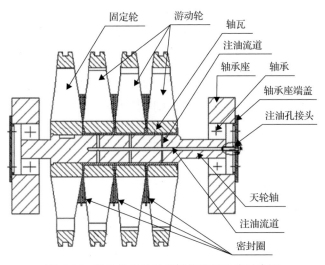

图 6-46　提升机天轮系统智能润滑系统示意图

轮轴开设有轴向延伸的注油流道，该注油流道的进油口开设于天轮轴的端面。天轮轴还包括径向开设的注油流道，径向注油流道与轴向注油流道相交，径向注油流道的出油口开设于天轮轴的外圆面。径向注油流道的数量与游动轮的数量相同，并且其出油口位置与游动轮轴瓦对应。在每个径向注油流道的出口处设置了油槽，用于存储润滑脂，使轴瓦与天轮轴之间尽量不会发生干摩擦。

为了使天轮轴中的三个径向注油孔的流量相等，需要根据流体力学理论计算三个径向注油孔的面积关系。提升机天轮轴中径向注油流道尺寸示意图如图 6-47 所示。

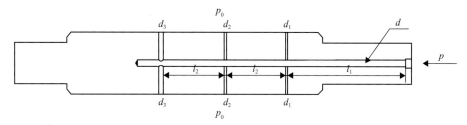

图 6-47　径向注油流道尺寸示意图

6.4　深井提升系统机电液可视化监控云平台

6.4.1　深井 SAP 提升系统智能监测参数体系

基于深井 SAP 提升新模式,建立了适用于该提升系统的智能监测参数体系,如图 6-48 所示。

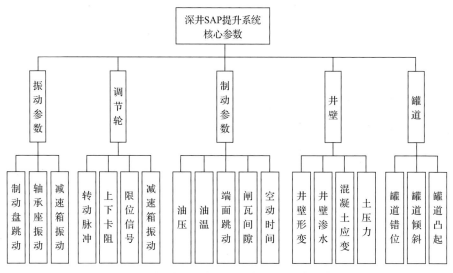

图 6-48　深井 SAP 提升系统智能监测参数体系

深井 SAP 提升系统核心参数包括振动参数(制动盘跳动、轴承座振动、减速箱振动),调节轮(转动脉冲、上下卡阻、限位信号、减速箱振动),制动参数(油压、油温、端面跳动、闸瓦间隙、空动时间),井壁(井壁形变、井壁渗水、混凝土应变、土压力),罐道(罐道错位、罐道倾斜、罐道凸起)。

6.4.2　深井全状态大数据高效存储系统 Sensor FS

利用“写缓存”和“聚类写”提升海量小文件的写入性能[51]。

Sensor FS(sensor files storage,传感器文件存储)在 Hadoop 分布式文件系统(Hadoop distributed file system,HDFS)底层存储之上增加了一个分布式内存文件系统(distributed memory file system,DMFS)[52],图 6-49 给出了 Sensor FS 的系统架构设计。

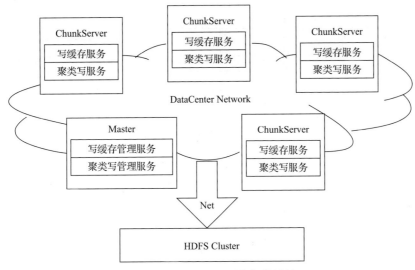

图 6-49　Sensor FS 系统架构设计

DMFS 主要进行两项工作，即"写缓存"和"聚类写"。前者将海量小文件的写入缓存在内存中，进而通过聚类写方法提高海量小文件的写吞吐速率，并减少节点间的通信代价。后者将来源于不同传感器的小文件进行聚类，然后将聚类后的文件合并成大文件再写入持久存储。

系统部署上 DMFS 以"置顶"的方式，而非"嵌入"在 HDFS 中提供写吞吐服务，这样使得 DMFS 的设计不需要对 HDFS 进行源码修改，并且更加容易管理，以及不受 HDFS 版本变化所带来的风险。DMFS 可以安装在 HDFS 的主节点、存储节点或者其他任意服务器上，并与 HDFS 通过网络进行连接。Semsov FS 使用 DMFS 进行写缓存能够获得较高的写缓存吞吐和文件合并速率。在 DMFS 中，基于传感器之间的访问关联性进行传感器的聚类，从而根据聚类结果，将访问关联性较高的传感器所产生的小文件合并成为大文件，并写到 HDFS 中，可以有效规避面对海量小文件时 HDFS 的写吞吐瓶颈，使用大文件写的方式也减少了 HDFS 所需要保存的元数据数量，从而减少了 Name Node 的内存开销。

总的来说，Sensor FS 的优势主要包括以下三点。

(1)分布式并行写缓存：提出了可以高效缓存海量小文件的分布式并行写缓存以提供高吞吐的写缓存服务，而已经缓存的文件用文件聚类算法进行聚集，相较于 HDFS，分布式并行写缓存可以显著提高写吞吐[52]。

(2)并行写合并：使用并行写合并策略进一步提升系统写吞吐，在 Sensor FS 中，小文件首先被写入 U 司的 Chunk Server 中，继而，不同的 Chunk Server 以多线程并行写的形式进行文件的合并操作，并将合并后的大文件写入 HDFS 中[53]。

(3)传感器聚类：提出基于依赖图模型的传感器聚类算法，依赖图用于度量和建模对传感器之间的访问关联性，继而将访问关联性强的文件合并为一个大文件，可以有效减少物联网中对象查询时所需要的时间开销[54]。

6.4.3　基于热度积累缓存的云平台分层式非主键索引技术

分层式非主键索引存储模型如图 6-50 所示。

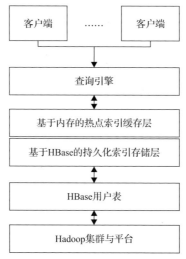

图 6-50　分层式非主键索引存储模型

不同于持久性存储中的索引数据格式，分层式非主键索引存储模型中的内存缓存索引的主键格式为：

<查询属性列名(简短别名)，查询属性列值>[55]

其中，查询属性列名和查询属性列值的含义与持久性索引数据格式中的相同。内存缓存索引是索引表部分热数据记录的缓存，是提高查询效率的手段。如果查询在缓存中未命中，会继续到磁盘上的索引表中检索。因此，在内存缓存索引中，将一个属性值对应的多条记录组成集合保存在内存中，查询命中则集合全部读出，查询效率更高。与持久性索引存储层一样，集合中也包含了可能需要访问的其他非主键属性。因此，完整的内存索引数据格式如下。

索引主键：<查询属性列名(简短别名)，查询属性列值>

索引集合：{<用户表主键，{<频繁访问列名，频繁访问列值>}>}

保存在内存中的索引数据结构如图 6-51 所示。

可以看出，将索引热点数据缓存在内存中，部分查询可以直接在内存中命中结果集而避免磁盘访问，提高整体查询性能，对于具有倾斜的数据访问分布特性应用来说，大部分查询都落在热数据上，内存缓存对于查询性能的提升效果显著。在实现上，内存缓存索引基于 Redis 内存数据库，并由 Redis 自动完成哈希快速查询，这一层内存化的查询相当高效。为此，提出了热度积累缓存调度技术，通过考虑数据访问的累积热度，并对早前的热度累积进行指数衰减，从而更准确地捕获数据访问的特征。

热度累积缓存调度算法基于与最近最少使用(least recently used，LRU)算法相同的假设：最近被访问的数据在未来最有可能被重复访问。其基本设计思想是周期性地累积缓存索引集合被访问的次数，并将数据访问周期性地累积成热度保存在缓存元数据中。进而对所有记录的累积热度排序，选择累积热度 $Top\text{-}k$ 的索引记录缓存到内存中，这就是热度累积缓存调度算法。

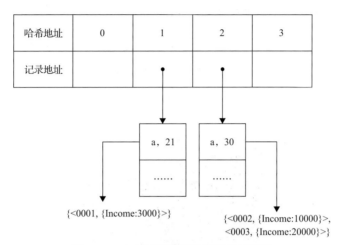

图 6-51　内存缓存索引数据结构示意图

在分层式非主键索引的数据存储中，具有相同索引列值的记录被绑定在同一个集合中，基于索引列值的查询命中也是以这样的集合为单位的。同时，它们也是热度累积的基本单位，每个集合都会累积它在一个计算周期内的访问次数。

为了降低热度计算带来的开销，在执行查询请求时，内存缓存的服务进程将会对访问到的每条索引数据记录本周期内的访问次数，此时并不对内存缓存的数据进行替换。直到查询请求次数达到，即到达计算热度周期时，触发缓存的替换调度。按照热度计算方法计算所有记录的热度并排序，将排序 $Top-k$ 的记录缓存到内存 Redis 集合中，集合中包含的记录条数是不固定的，所以选择 $Top-k$ 时，根据缓存空间能够容纳的记录限制计算出热度门限，高于门限的记录被缓存到内存中。

在系统初始阶段，缓存是大量空闲的。LRU 算法在系统初始阶段的命中率提升很快，这是由于 LRU 算法中数据记录是访问即插入缓存，最长时间没有被访问的数据记录会在缓存充满后被淘汰。所以 LRU 可以快速地进入稳定状态。而热度累积的访问如果在系统初始阶段通过周期性地计算热度，等被访问数据记录的热度累积到门限时才可以插入缓存的话，初始预热阶段的缓存利用率低。所以算法在缓存空闲阶段做了优化，只要缓存有空闲，就采用"访问即插入"的策略，将所有访问到的记录都插入缓存。而当缓存充满以后，热度累积缓存调度算法根据记录的热度累积评分选择"牺牲者"淘汰出内存，选择获得热度高分的记录保存在缓存中。热度累积缓存调度算法不仅考虑了数据的访问时间远近，同时考虑了数据的访问频率，并逐渐地衰减历史热度，从而更准确地衡量持续访问中的数据热度。

6.4.4　深井全状态大数据管理系统平台

从深井提升系统的系统组成、工作机理和故障传导模式角度出发，构建了面向 SAP 提升模式的深井全状态大数据管理系统平台，解决煤矿机-电-液耦合运输提升系统状态的多源异构信息汇聚、处理与可视化难题，实现了矿山运输提升系统复杂海量监测大数据的采集、解析、挖掘与展示，完成了对深井提升系统的安全状态趋势预判、动态决策分析。主要工作包括：提升系统机-电-液监控与故障诊断平台方案设计；提升系统机-电-液监控平台硬件系统构建；提升系统机-电-液故障诊断平台软件系统开发。

面向 SAP 提升模式的深井全状态大数据管理系统硬件部分主要由 GPU 服务器、大数据存储服务器、大数据处理服务器、提升模拟装备等组成(图 6-52)。软件架构主要由基础设施层、数据源层、数据整合层、数据存储层、数据分析层、数据服务层、数据管理层、应用展示层等组成(图 6-53)。

图 6-52　深井全状态大数据管理系统硬件部分

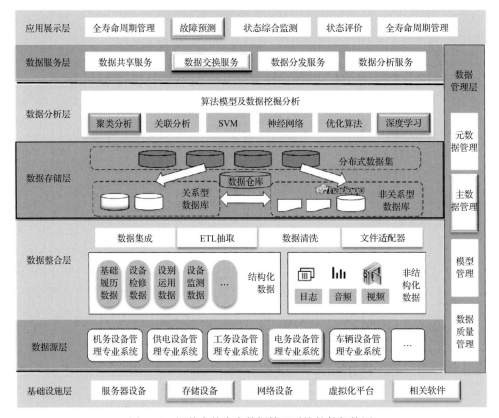

图 6-53　深井全状态大数据管理系统软件架构图

深井全状态大数据管理系统包含三个功能模块，九个子功能模块，系统功能图如图 6-54 所示，工作流程如图 6-55 所示。

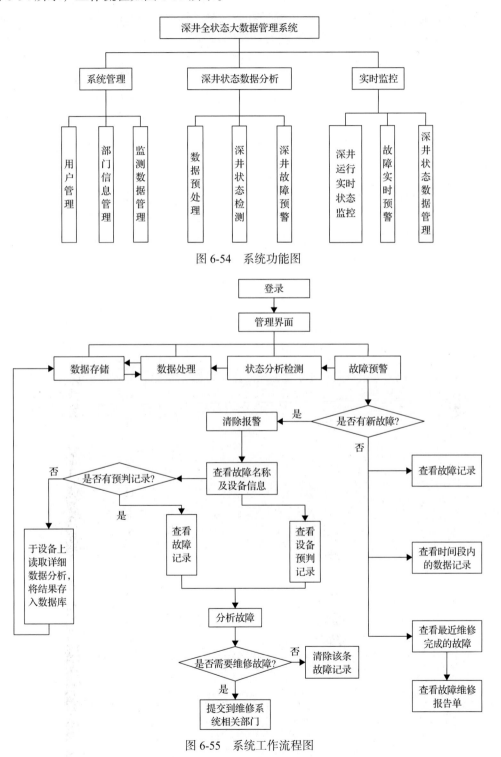

图 6-54 系统功能图

图 6-55 系统工作流程图

1. 系统管理模块

系统管理模块主要是用户管理、部门信息管理、监测数据管理功能的实现。此模块的主要使用者为管理员，管理员除了拥有普通用户的权限外，可以对系统进行日常维护，对煤矿的基本事务进行管理。

2. 深井状态数据分析模块

深井状态数据分析模块主要是数据预处理、深井状态检测、深井故障预警功能的实现。用户可以使用此模块的功能对深井当前和历史状态数据进行分析。

3. 实时监控模块

实时监控模块主要是深井运行实时状态监控、故障实时预警、深井状态数据管理功能的实现。用户可以使用此模块实时监控矿井运行状态，及时进行故障预警。

设计的深井全状态大数据管理系统，实现了监测大数据的深层交互，以满足用户访问运输提升系统监测大数据的个性化需求。提出了多维时序数据集成化展示技术，实现了深井提升系统的运行数据、安全数据、预警数据、设备信息、轨迹数据的全状态可视化(图 6-56)，以满足运输提升系统全方位监测需求。

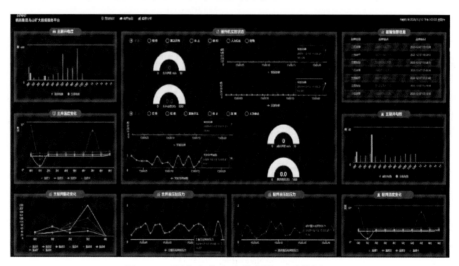

图 6-56　深井全状态大数据管理系统界面

综上，面向 SAP 提升模式的深井全状态大数据管理系统围绕安全、高效、节能、增效主题，通过建设矿山深井设备检测与控制的大数据采集系统以及基础数据中心，消除信息孤岛，实现信息集成，开展大数据分析应用，提供智能分析、故障预警、安全诊断等服务。

6.4.5　深井提升全状态深度分析可视化系统

从提升系统组成及工作机理出发，采用模块化设计构建深井提升全状态深度分析可视化系统(图 6-57)。通过图像采集、激光测距、振动分析等多种方法对提升系统关键部件运行状态进行监测[56]，结合传统提升机监测系统实现提升系统的全状态监测。本节设计一种可定制的深井提升全状态监测大数据可视化方案，实现了监测大数据的深层交互展示，以满足用户访问运输提升系统监测大数据的个性化需求。

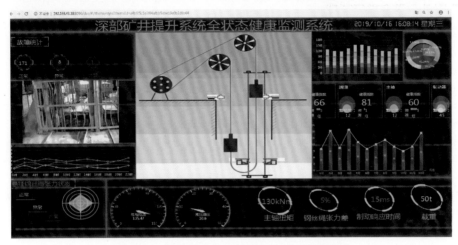

图 6-57　深井提升全状态深度分析可视化系统

参 考 文 献

[1] 乔钢柱, 曾建潮. 信标节点链式部署的井下无线传感器网络定位算法[J]. 煤炭学报, 2010, 35(7): 1229-1233.

[2] 张治斌, 徐小玲, 阎连龙.基于 ZigBee 井下无线传感器网络的定位方法[J]. 煤炭学报, 2009, 34(1): 125-128.

[3] 汪炀, 黄刘生, 肖明军, 等. 一种基于 RSSI 校验的无线传感器网络节点定位算法[J]. 小型微型计算机系统, 2009, 30(1): 59-62.

[4] 周祖德, 王晟.一种适用于复杂环境的无线传感定位算法[J]. 武汉理工大学学报, 2006(11): 121-124.

[5] 韩屏, 李方敏, 吴学红. 一种基于无线传感网络的实用性地下坑道定位方法[J]. 传感技术学报, 2007(10): 2313-2318.

[6] 田洪现, 杨维. 基于无线局域网的矿山井下定位技术研究[J]. 煤炭科学技术, 2008(5): 72-75.

[7] Chehri A, Fortier P, Tardif P M. UWB-based sen-sor networks for localization in mining environments[J]. Ad Hoc. Networks, 2009, 7(5): 987-1000.

[8] 刘晓文, 王振华, 王淑涵, 等. 基于 RSSI 算法的矿井无线定位技术研究[J]. 煤矿机械, 2009, 30(3): 59-60.

[9] Kim S M, He T. Freebee: cross-technology communication via free side-channel[C]//Proceedings of the 21st Annual International Conference on Mobile Computing and Networking, 2015: 317-330.

[10] Chi Z, Li Y, Sun H, et al. B2w2: N-way concurrent communication for iot devices[C]//Proceedings of the 14th ACM Conference on Embedded Network Sensor Systems CD-ROM, 2016: 245-258.

[11] Yin Z, Jiang W, Kim S M, et al. C-morse: cross-technology communication with transparentmorse coding[C]//Proceedings of the IEEE INFOCOM 2017-IEEE Conference on ComputerCommunications, 2017: 1-9.

[12] Jiang W C, Kim S M, Li Z J, et al. Achieving receiver-side cross-technology communication with cross-decoding[C]// Proceedings of the 24th Annual International Conference on MobileComputing and Networking, 2018: 639-652.

[13] 王希波. 基于强化学习的移动机会网络路由协议研究[D]. 哈尔滨: 哈尔滨工程大学, 2021.

[14] 陈志刚, 殷滨安, 吴嘉. 基于消息重要性的机会网络能量均衡路由算法[J]. 通信学报, 2018, 39(12): 91-101.

[15] 姚建盛, 马春光, 袁琪. 基于效用的机会网络"物-物交换"激励机制[J]. 通信学报, 2016, 37(9): 102-110.

[16] 黄永锋, 董永强, 张三峰, 等. 基于社会特征周期演化的机会移动网络路由转发策略[J]. 通信学报, 2015, 36(3):

155-166.

[17] 马华东, 袁培燕, 赵东. 移动机会网络路由问题研究进展[J]. 软件学报, 2015, 26(3): 600-616.

[18] 李峰, 司亚利, 陈真, 等. 基于信任机制的机会网络安全路由决策方法[J]. 软件学报, 2018, 29(9): 2829-2843.

[19] 高宏超, 陈晓江, 徐丹, 等. 无源感知网络中能耗和延迟平衡的机会路由协议[J]. 软件学报, 2019, 30(8): 2528-2544.

[20] Zhou H, Chen X, He S, et al. Freshness-aware seed selection for offloading cellular traffic through opportunistic mobile networks[J]. IEEE Transactions on Wireless Communications, 2020, 19(4): 2658-2669.

[21] Sassatelli L, Ali A, Panda M, et al. Reliable transport in delay-tolerant networks with opportunistic routing[J]. IEEE Transactions on Wireless Communications, 2014, 13(10): 5546-5557.

[22] Chen W, Lea C T, He S, et al. Opportunistic routing and scheduling for wireless networks[J]. IEEE Transactions on Wireless Communications, 2017, 16(1): 320-331.

[23] Narang N, Kar S. Poster: utilizing social networks data for trust management in a social internet of things network[C]//The 24th Annual International Conference on Mobile Computing and Networking (MobiCom'18), 2018: 768-770.

[24] Boubrima A, Bechkit W, Rivano H, et al. Poster: toward a better monitoring of air pollution using mobile wireless sensor networks[C]//The 23rd Annual International Conference on Mobile Computing and Networking (MobiCom'17), 2017: 534-536.

[25] Bao W, Li Y, Vucetic B. User mobility analysis in disjoint-clustered cooperative wireless networks[C]//The 19th ACM International Symposium on Mobile Ad-Hoc Networking and Computing (MobiHoc'18), 2018: 211-220.

[26] Lou L, Fan J H. A novel anti-jamming routing strategy for tactical MANETs[C]//The 17th ACM International Symposium on Mobile Ad-Hoc Networking and Computing (MobiHoc'16), 2016: 375-376.

[27] Sakai K, Sun M T, Ku W S. Data-intensive routing in delay-tolerant networks[C]//IEEE INFOCOM 2019-IEEE Conference on Computer Communications. IEEE, 2019: 2440-2448.

[28] Lu Z, Sun X, La Porta T F, et al. Cooperative data offloading in opportunistic mobile networks[C]// IEEE INFOCOM 2016 - The 35th Annual IEEE International Conference on Computer Communications, 2016: 1-9.

[29] Derakhshanfard N, Sabaei M, Rahmani A M. Sharing spray and wait routing algorithm in opportunistic networks[J]. Wireless Networks, 2015, 22(7): 2403-2414.

[30] 曹玉林, 张珊珊. 基于节点质量度的 Spray and Focus 路由改进算法[J]. 四川大学学报(自然科学版), 2015(3): 61-66.

[31] Kumar S, Tripathy P, Dwivedi K, et al. Improved Prophet routing algorithm for opportunistic networks[C]//International Conference on Data and Information Sciences (ICDIS), 2017: 303-312.

[32] Sharma D K, Agrawal S, Bansal V. Ameliorations in MaxProp routing protocol in delay-tolerant networks[C]//2018 Fourteenth International Conference on Information Processing (ICINPRO), 2018: 1-5.

[33] Daly E M, Haahr M. Social network analysis for routing in disconnected delay-tolerant MANETs[C]//Mobile Ad Hoc Networking and Computing, 2007: 32-40.

[34] Mtibaa A, May M, Diot C, et al. People Rank: social opportunistic forwarding[C]//International Conference on Computer Communications, 2010: 111-115.

[35] Hui P, Crowcroft J, Yoneki E. BubbleRap: social-based forwarding in delay-tolerant networks[J]. IEEE Transactions on Mobile Computing, 2011, 10(11): 1576-1589.

[36] 寇子明. 矿井提升运输系统安全运行关键技术研究[D]. 太原: 太原理工大学, 2019.

[37] Wu R Y, Zhu Z C, Cao G H. Influence of ventilation on flow-induced vibration of rope-guided conveyance[J]. Journal of Vibroengineering, 2015, 17(2): 978-987.

[38] Peng X, Gong X S, Liu J J. The study on crossover layouts of multi-layer winding grooves in deep mine hoists based on transverse vibration characteristics of catenary rope[J]. Proceedings of the Institution of Mechanical Engineers, Part I: Journal of Systems and Control Engineering, 2019, 233(2): 118-132.

[39] Wang D G, Zhang J, Ge S R, et al. Mechanical behavior of hoisting rope in 2 km ultra deep coal mine[J]. Engineering Failure Analysis, 2019, 106(C): 1041859.

[40] Peng Y X, Chang X D, Zhu Z C, et al. Sliding friction and wear behavior of winding hoisting rope in ultra-deep coal mine under different conditions[J]. Wear, 2016, 368-369 : 423-434.

[41] Wei M, Wang J , Li J. Dynamic tension measurement system for wire rope of a ultra-deep multi rope winding hoist[C]//Advances in intelligent Systems Research. Paris:Atlantis Press, 2017: 301-305.

[42] 张潇涵. 矿井提升机天轮健康诊断与预测[D]. 徐州: 中国矿业大学, 2019.

[43] 朱真才, 李翔, 沈刚, 等. 双绳缠绕式煤矿深井提升系统钢丝绳张力主动控制方法[J]. 煤炭学报, 2020, 45(1): 464-473.

[44] 李翔, 朱真才, 沈刚, 等. 双绳缠绕式煤矿深井提升系统容器位姿调平控制方法[J]. 煤炭学报, 2020, 45(12): 4228-4239.

[45] Grzegorz O, Andrzej S, Andrzej T. Laser measurement system for the diagnostics of mine hoist components[J]. Archives of Mining Sciences, 2014, 59(2): 334-346.

[46] 谭建平, 林波, 刘溯奇, 等. 基于组合导航的超深矿井提升容器状态监测系统[J]. 中国惯性技术学报, 2016, 24(2): 185-189.

[47] 陈轩, 宋根龙, 田彤, 等. 基于图像边缘特征检测的单目立体视觉算法[J]. 计算机技术与发展, 2021, 31(10): 76-80.

[48] 张旭飞. 三轴向标准振动台运动解耦和控制理论及相关技术的研究[D]. 杭州: 浙江大学, 2017.

[49] Tong Y, Bai J, Chen X. Research on multi-sensor data fusion technology[C]//Advanced Science and Industry Research Center.Proceedings of 2020 2nd International Conference on Computer Modeling,Simulation and Algorithm（CMSA2020）. Advanced Science and Industry Research Center:Science and Engineering Research Center, 2020: 6.

[50] 张激, 杨继新. 智能润滑将成为轧钢设备管理的发展趋势研究[J]. 中国设备工程, 2021(20): 38-39.

[51] 陈波, 陆游游, 蔡涛, 等. 一种分布式持久性内存文件系统的一致性机制[J]. 计算机研究与发展, 2020, 57(3): 660-667.

[52] 石方夏, 高屹. Hadoop 大数据技术应用分析[J]. 现代电子技术, 2021, 44(19): 153-157.

[53] 冯丹. 大数据时代存储相关技术研究（二）[J]. 智能物联技术, 2021, 4(1): 1-8.

[54] Diaz J R, Lloret J, Jimenez J M, et al. A QoS-based wireless multimedia sensor cluster protocol[J]. International Journal of Distributed Sensor Networks, 2014, 10(5): 480372.

[55] 葛微, 罗圣美, 周文辉, 等. HiBase: 一种基于分层式索引的高效 HBase 查询技术与系统[J]. 计算机学报, 2016, 39(1): 140-153.

[56] 李富强, 韩越. 矿用振动筛结构损伤监测系统设计[J]. 煤矿机械, 2021, 42(11): 15-18.

第7章 深井提升示范

围绕深井 SAP 提升原始创新成果，在铁法煤业集团大强煤矿有限责任公司开展了深井 SAP 提升示范。根据大强煤矿已有提升系统结构及其运行参数（提升高度为 1060m），设计并研制了配套 SAP 提升装备系统，现场安装后，开展了尾绳摆动、振动控制以及同步多通道恒减速智能制动系统、刚罐道巡检系统等技术及装备的测试应用。结果表明，深井 SAP 提升系统在各工况下运行安全、平稳，尾绳摆动量减小至原系统的 1/10 左右，上下振幅减小约 30%，有效解决了尾绳大摆动、大振动问题，为深井安全、高效提升提供了有效的技术与装备保障。

7.1 工 程 概 况

7.1.1 矿井概况

大强煤矿作为铁法煤业集团大强煤矿有限责任公司规划的主要生产矿井，是目前世界上中生代成煤最深的软岩矿井。矿井位于辽宁省沈阳市康平县张强镇及内蒙古自治区通辽市科尔沁左翼后旗的交界处，距大平煤矿铁路专用线最近处约 37km（图 7-1）。

图 7-1　大强煤矿及其地理位置

大强煤矿是年产量 150 万 t 的大型矿井，井田面积为 54.398km²，根据地质报告估算，资源总储量为 27511 万 t。矿区含煤地层产状平缓，倾角一般为 5°～15°，总体为一个走向近东西，向南倾斜的单斜构造。煤矿地质构造复杂程度中等，煤层稳定程度中等，瓦斯类型简单，水文地质类型中等，其他开采地质条件复杂，综合确定煤矿的地质类型为复杂。矿区 1 煤层为主要可采煤层，为较稳定全区可采煤层。平均煤层厚度为 6～11m，开采深度为 1000～1200m。

7.1.2 井筒参数

大强煤矿井筒参数如下。

井筒直径：5500mm。

井筒的深度：1060m。

容器尺寸：长×宽×高=3570×1 900×15640mm。

箕斗底部到井底的距离：35.45m。

过卷极限位置到井底的距离：24.8m。

箕斗底部到井底的空间尺寸：ϕ5.5m×35.45m。

井筒底部尾绳环的空间尺寸：挡绳木下到罐笼口高度33.2m，井筒直径ϕ5.5m。

7.1.3　提升系统参数

1. 提升参数

主井提升方式为井塔式，提升机的型号为 JKM-4.5×4ZIII 型四绳摩擦式提升机；摩擦滚筒直径为 4.5m。

2. 提升钢丝绳参数

1）首绳

结构形式：6×36WS+1FC。

直径：50mm。

根数：4 根。

单位长度质量：9.3kg/m。

横截面积：1021.68mm^2。

公称抗拉强度：1770MPa。

最小钢丝破断拉力总和：1902kN。

2）尾绳

结构形式：PD 8×4×9-196×31。

宽度和厚度：196mm×31mm。

根数：2 根。

单位长度质量：18.67kg/m。

横截面积：1910mm^2。

最小钢丝破断拉力总和：2620kN。

两侧尾绳间距：2250mm。

3. 容器参数

容器自重为 33000kg；容器中装载的有效载重量为 25000kg。

4. 摩擦轮相关参数

摩擦轮直径：4.5m。

摩擦轮与钢丝绳的摩擦因数：μ=0.25。

摩擦轮与钢丝绳的围包角：$\alpha = 193°$。

矿井提升阻力系数：$k = 1.15$。

5. 提升系统运行参数

提升系统运行过程中的加(减)速度、速度、提升高度随时间变化的参数值，在提升(下放)运行过程中的主要参数如下。

主加速阶段：10.959s，加速度为 0.73m/s²。

等速阶段：107.194s，速度为 8.0m/s。

主减速阶段：8.219s，减速度为 0.73m/s²。

爬行阶段：8.888s，速度为 2.0m/s。

中间减速阶段：2.055s，减速度为 0.73m/s²。

最终匀速阶段：6s，速度为 0.5m/s。

停车阶段：0.685s，减速度为 0.73m/s²。

最大提升高度：1 060m。

井底尾绳环绕长度：44.4m。

容器位于顶部时的提升钢丝绳悬垂长度：44.1m。

装载时间：21s。

卸载时间：10s。

6. 主井底部尾绳情况

主井底部两根尾绳悬挂的长度略有不同，中间一根悬挂略短。同时，现场为了防止尾绳摆动，采用了上部增设挡绳轮的方式，具体如图 7-2 所示。

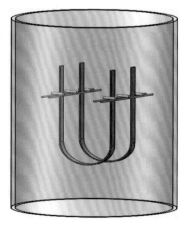

图 7-2　大强煤矿主井井筒底部尾绳示意图

7.1.4　存在问题

大强煤矿原有提升系统采用传统的底部自由悬挂尾绳的多绳摩擦提升方式，其尾绳是摩擦轮式提升机在左右提升容器下部连接的平衡钢丝绳，它在运行时自由下垂，起平衡和稳定提升容器的作用。尾绳的总质量和首绳总质量基本相等，尾绳在运行时不承受其他外力作用，只承受自由下垂重力和自身运行时所产生的旋转、摆动等自身应力作用，这就要求尾绳要有很好的柔韧性、抗疲劳性，要求运动时避免旋转消除应力。为避免尾绳在井底回转位置出现相互缠绕，一般在井底设有金属分绳挡梁(图 7-3)。

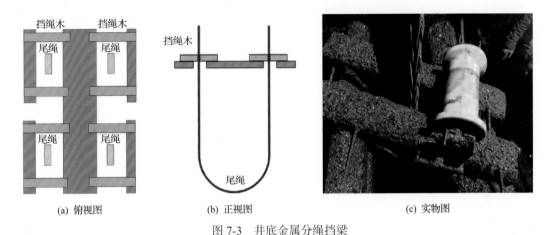

(a) 俯视图　　　　　　　　　　(b) 正视图　　　　　　　　　(c) 实物图

图 7-3　井底金属分绳挡梁

原有提升系统存在的问题主要表现在以下几方面。

1) 尾绳大摆动

现场实测结果表明，在不同工况提升过程中，随着启动加速和制动减速过程中速度变化，下端处于自由悬挂状态的尾绳容易产生左右摆动，摆动幅度可达 0.7m 以上(图 7-4)。

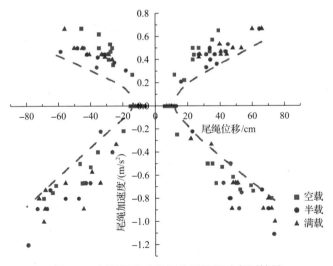

图 7-4　大强煤矿千米提升尾绳摆动实测结果

2) 尾绳大振动

现场实测结果表明，在提升紧急制动时，由于制动减速度的急剧变化，处于自由悬挂状态的尾绳振动幅度可达 0.6 m 以上(图 7-5)。

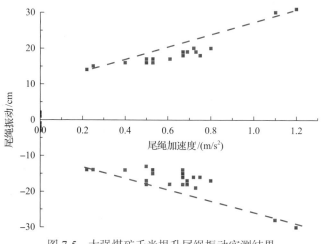

图 7-5 大强煤矿千米提升尾绳振动实测结果

3) 尾绳及结构磨损

现场勘查记过表明，尾绳在高速运行中由于自身摆动易与分绳挡梁、井内其他设施以及尾绳之间发生碰撞、刮磨以及绞绳现象，长期磨损将导致尾绳断丝断股(图7-6)，从而严重影响矿井提升能力。

(a) 挡绳木　　　　　　　　　　　　　(b) 固定轮及尾绳

图 7-6 分绳挡梁及尾绳磨损情况

4) 安全性差

现有的多绳摩擦提升方式，对浅提升能够满足要求，但当提升深度增加，尾绳晃动及振动幅度大时，其安全可靠性降低，严重时会导致提升系统运行失稳，诱发安全事故。

7.2 大强煤矿深井 SAP 提升系统设计

7.2.1 结构设计

1. 整体结构

根据大强煤矿现有提升系统及其井筒提升高度等条件，采用 SAP-1500 提升系统，包括原有的驱动滚筒、容器、提升载重、提升绳、尾绳以及附加的尾绳调节轮。整体结构及布局如图 7-7 所示。

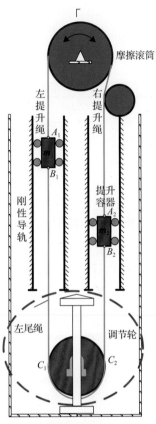

图 7-7　大强煤矿 SAP-1500 提升系统结构及布局

2. 尾绳调节轮/轴结构设计

1) 三维结构设计

尾绳调节轮和尾绳调节轮轴三维模型如图 7-8 所示。

(a) 尾绳调节轮　　　　　　　　　　(b) 尾绳调节轮轴

图 7-8　尾绳调节轮/轴三维模型

2) 有限元校核

尾绳调节轮等效应力云图如图 7-9 所示，最大等效应力为 2.637MPa，远小于许用应力，满足强度要求。尾绳调节轮等效应变云图如图 7-10 所示，最大节点应变为 0.007mm，符合设计要求。

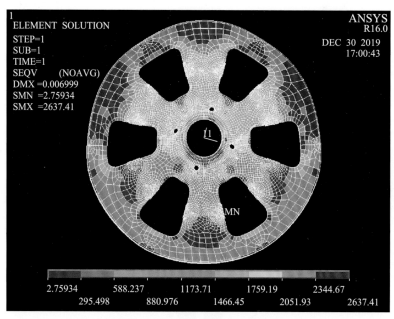

图 7-9　尾绳调节轮等效应力云图

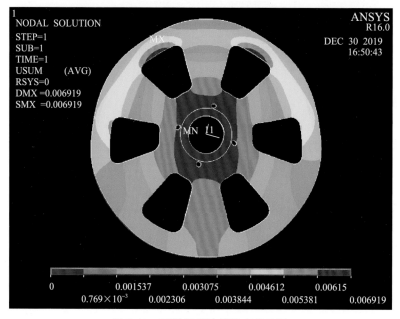

图 7-10　尾绳调节轮等效应变云图

尾绳调节轮轴节点位移云图如图 7-11 所示，最大为 0.0026mm(图上变形为 7000 倍放大比例)。尾绳调节轮轴单元应力云图如图 7-12 所示,最大为 3706kPa,即 3.7MPa(图上变形为 7000 倍放大比例),远小于许用应力,满足强度要求,符合设计要求。

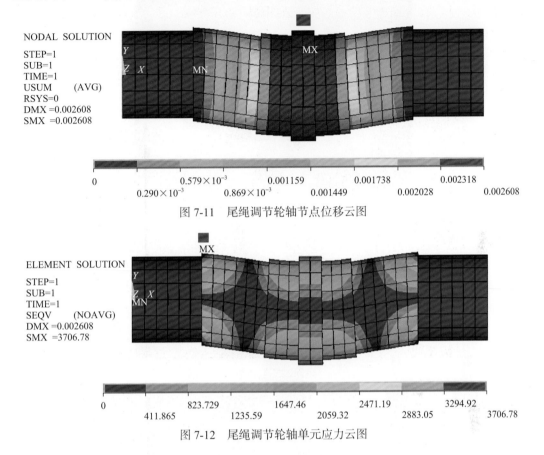

图 7-11　尾绳调节轮轴节点位移云图

图 7-12　尾绳调节轮轴单元应力云图

3) 加工制造

①尾绳调节轮

(1) 挡板采用不锈钢板,从大块的钢板裁剪取出合适的板材,之后进行磨削、钻孔,最后进行精磨并去除毛刺。

(2) 轮圈先选取钢板材进行初磨削,之后折弯成形并进行焊接,最后进行精磨,保证调节轮的圆度和粗糙度要求。

(3) 轮辐挡板采用不锈钢板,从大块的钢板裁剪取出合适的板材,之后进行磨削,剪裁出轮辐上面的孔,最后进行精磨并去除毛刺。

②尾绳调节轮轴

(1) 根据图纸分析,确定毛坯材料,并根据轴的长度和各段的直径来选择合适的热轧圆钢做毛坯。

(2) 合理地选择定位基准,对于零件的尺寸和位置精度有着决定性的作用。由于该轴的几个主要配合表面及轴肩面对基准轴线均有径向圆跳动和端面圆跳动的要求,它又是实心轴,所以应选择两端中心孔为基准,以保证零件的技术要求。

尾绳调节轮现场加工组装图如图 7-13 所示。

图 7-13 尾绳调节轮现场加工组装图

3. 尾绳调节轮滑架结构设计

1) 三维结构设计

为了实现尾绳调节轮适应由尾绳所受到的张力变化而引起的长度变化，轴承座设计为浮动式，以便可以改变调节轮的位置，从而达到调节的目的。尾绳调节轮滑架和轴承座如图 7-14 和图 7-15 所示。

图 7-14 尾绳调节轮滑架

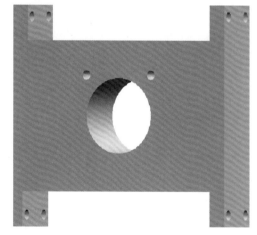

图 7-15 轴承座

2) 有限元校核

尾绳调节轮滑架等效应力云图如图 7-16 所示，最大为 4.3MPa，远小于许用应力，满足强度要求，符合设计要求。尾绳调节轮滑架等效应变云图如图 7-17 所示。

3) 加工制造

①轴承座

轴承座的加工，根据图纸选取合适的毛坯材料，主要采用车削与外圆磨削成形，另外进行钻孔以满足装配要求，由于该轴承座的主要表面(中心孔和两边侧面)需要和其他零件进行配合，故公差等级较高，进行车削、钻孔后还需磨削并去除毛刺。

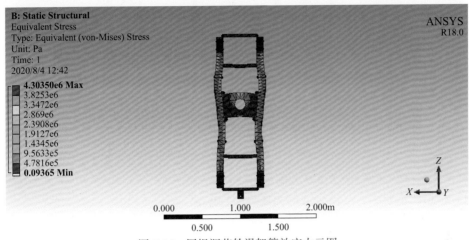

图 7-16 尾绳调节轮滑架等效应力云图

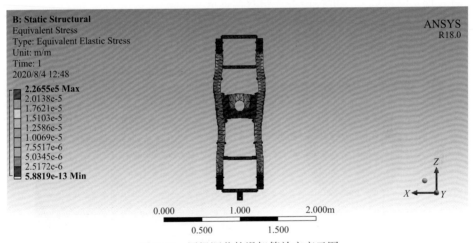

图 7-17 尾绳调节轮滑架等效应变云图

②滑架

(1)滑架主要由导向套、侧板、防尘盖、轴承座以及加强板组成，对侧板、防尘盖、轴承座以及加强板的配合表面需要一定的加工精度控制。

(2)导向套的加工需要确保与购买的滑套可以配合，按照给定的加工公差进行。

(3)对侧板、防尘盖、加强板等板材都是剪裁适当的板材后粗磨削，钻孔后精磨并去除毛刺。

(4)对侧板、防尘盖、轴承座及加强板等钢材表面进行防锈处理。

4. 尾绳调节轮导轨及其支撑架结构设计

1)三维结构设计

为了能够精准支承导轨，进行了双向调整的方式，导轨及支撑架三维结构设计如

图 7-18 所示。

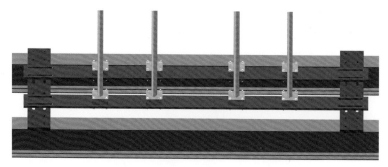

图 7-18　导轨及支撑架三维结构设计

2）加工制造

（1）根据图纸要求，选取合适的毛坯材料。

（2）对剪裁好的板材进行定位钻孔。

（3）钻孔后进行表面打磨，并去除毛刺。

（4）对加工完成的零件进行检查，包括平整度等。

导向张紧的尾绳调节轮组装置为独立式张紧导向。浮动轴承座安装结构及实物如图 7-19 所示。

(a) 安装结构图　　　　　　　　　　　　　　(b) 实物图

图 7-19　浮动轴承座安装结构及实物

5. 尾绳防跳槽结构设计

1）三维结构设计

当尾绳出现较大的波动时，可能存在钢丝绳跳出尾绳调节轮绳槽的现象，为了避免此类事件的发生，设计了尾绳防跳槽结构，如图 7-20 所示。

2）加工制造

（1）支座采用车削、钻孔和磨削三个阶段，保证支座可以和杆件配合。

（2）防跳槽杆采用钢材，进行车削与外圆磨削成形，保证两端与支座的配合以及中间与尼龙棒的配合。

(3)尼龙棒在长度确定后，主要保证钻孔的孔径可以与杆件配合。

尾绳防跳槽结构实物组装图如图 7-21 所示。

图 7-20　尾绳防跳槽结构

图 7-21　尾绳防跳槽结构实物组装图

7.2.2　防护系统

1. 防杂物跌落防护装置

防杂物跌落防护装置主要由上部防护罩形成，具体结构如图 7-22 所示。对于整个导向系统的顶部防护可以采用钢板拼接配合，如图 7-23 所示。

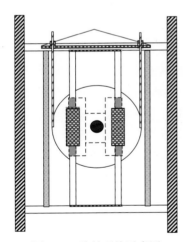
图 7-22　防护系统示意图

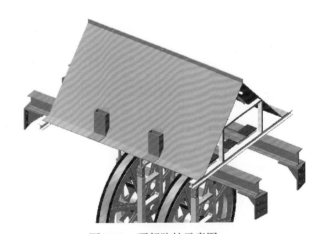
图 7-23　顶部防护示意图

该装置顶部防护设计采用细开口方式，并放置在整体系统的上方，安装所需空间小，不会干扰尾绳和尾绳调节轮的正常运行，通过防护罩能够很好地阻挡来自上部的杂物跌落等干扰因素，防护系统安装简易，维护方便，能够起到很好的防护效果。

2. 尾绳防磨损与跳槽保护

当尾绳出现较大的波动时，可能存在钢丝绳跳出尾绳调节轮绳槽和钢丝绳与尾绳调节轮滑动的现象，为了避免此类事件的发生，设计了尾绳防跳槽结构以及采用聚氨酯绳槽衬垫，其中尾绳防磨损与跳槽结构如图 7-24 所示。

图 7-24　尾绳防磨损与跳槽结构

该结构通过加入聚氨酯绳槽衬垫以及防跳槽尼龙杆限制了尾绳与尾绳调节轮跳槽脱离的可能性，减少了尾绳的磨损，避免了脱绳和磨损工况的出现，完全保证了系统的安全性。系统安装方便，可更换程度高，维护方便。

7.2.3　监测系统

1. 尾绳防跳槽与卡阻监测

尾绳调节装置是防止在超深矿井提升过程中出现尾绳扭转、打结或摆动幅度过大等可能引起安全事故的安全防护装置，必须对尾绳的跳槽、卡阻以及调节轮上下导向卡阻及极限位置等状态进行实时监控。尾绳调节装置运动状态可采用霍尔防爆传感器进行监测(图 7-25～图 7-27)。该项技术比较成熟，使用简单，安装方便，可靠性高，后期维护方便，通过拆卸更换模块，能够实现快速维护，通过外加防爆设备，保证了监测系统的安全性，通过与磁钢配合，完全能够满足尾绳调节轮上下卡阻的监测需要。

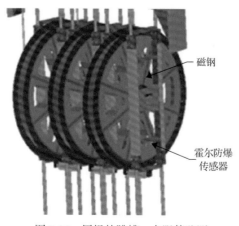

图 7-25　尾绳的跳槽、卡阻等监测

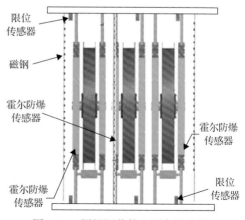

图 7-26　尾绳调节轮上下卡阻监测

图 7-27　实物加工及调试

1) 尾绳的跳槽、卡阻等监测

运行过程中，尾绳的跳槽、卡阻等会导致尾绳调节轮不转动，因此采用霍尔防爆传感器监测尾绳调节轮的转动情况，以监测尾绳跳槽和卡阻等情况。具体如下。

(1) 在导向架的横板上设置固定传感器的支架。

(2) 采用霍尔防爆传感器，比如 KYCX-1，固定在侧板的支架上，对准尾绳调节轮。

(3) 在尾绳调节轮的轮缘上粘贴磁钢；转动时，磁钢中心与霍尔防爆传感器对应。

(4) 将霍尔防爆传感器的线缆与开关量采集模块进行连接。

2) 尾绳调节轮上下导向卡阻及极限位置等监测

尾绳调节轮上下导向卡阻，导致尾绳调节轮无法实时对尾绳进行导向；调节轮达到极限位置后将无法进行上下位置的调整。因此采用霍尔防爆传感器检测尾绳调节轮上下运行、到位开关检测调节轮极限位置的情况。具体如下。

(1) 在导向架的横板上设置固定传感器的支架，上下横梁上设置每一个调节轮极限位置的限位传感器。

(2) 采用霍尔防爆传感器，比如 KYCX-1，固定在侧板的支架上，对准行程辅助板。

(3) 在行程辅助板上等距粘贴多个磁钢；尾绳调节轮上下运行时，磁钢与霍尔防爆传感器相感应，以监测尾绳调节轮上下导向运行情况。

(4) 将霍尔防爆传感器的线缆与开关量采集模块进行连接。

2. 尾绳摆动与噪声监测

在提升过程中，尾绳底环会高速运动以及左右摆动，无法采用接触式的测量方法来测量，因此通过相机视觉传感器采集的图像数据进行图像处理，来测量尾绳的摆动特性。同时加装矿用本安型噪声测量传感器，通过矿用本安型噪声测量传感器监测，来评估加装 SAP 提升系统与未加装 SAP 提升系统两个工况下的噪声参数对比，如图 7-28 所示。

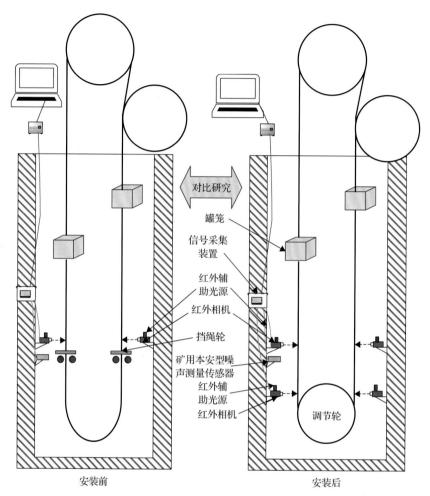

图 7-28　尾绳摆动和噪声监测

　　尾绳正对面的井壁上安装矿用本安型噪声测量传感器，通过识别尾绳撞击井壁的噪声，测量出尾绳摆动碰撞响应时的噪声分贝。

　　在左右井壁上安装红外相机，并设置标尺比对物，测量尾绳摆动情况。将相机固定在合适的位置，通过红外辅助光源(若环境不好，增设背景辅助板)，来监测尾绳不同方向的摆动；通过图像处理方法对红外相机采集的数据进行分析计算，计算出尾绳在运行过程中的摆动距离。基于红外相机以及矿用本安型噪声测量传感器的多重测量方法，可以得到原有的采用挡绳轮的摩擦提升系统以及现有的 SAP 提升系统的运动特征，进而分析得到 SAP 提升系统在限制尾绳摆动方面的技术优势，并与理论相互验证。

　　矿用本安型噪声测量传感器与红外相机如图 7-29 所示,信号采集与显示装置如图 7-30 所示。矿用本安型噪声测量传感器、红外相机及红外光源均安装在井壁上，属于非接触测量，不会影响尾绳的运动特性，也不会影响系统的正常运行。通过已知标定尺度下的尾绳监测，并运用图像处理方法对红外相机采集的数据进行分析计算，即可计算出尾绳在运行过程中的摆动距离。

图 7-29　矿用本安型噪声测量传感器与红外相机

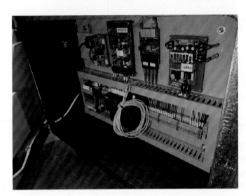

图 7-30　信号采集与显示装置

7.3　大强煤矿主井关键参数校验

7.3.1　尾绳类型

大强煤矿主井的尾绳悬挂中心点的中心间距 $D_{20}=2250\text{mm}$。

尾绳采用原系统的尾绳，具体型号如下。

尾绳：PD $8×4×9$-$196×31$ 型两根，18.67kg/m。

7.3.2　尾绳调节轮直径的确定

对于井下尾绳调节轮需满足：$D_2 \geqslant 40d_2$（针对扁尾绳，采用尾绳的厚度作为直径 d_2），同时，考虑到罐笼尾绳悬挂点的中心距，因此尾绳调节轮直径分别如下。

大强煤矿主井的尾绳悬挂中心点的中心间距 $D_{20} = 2250\text{mm}$。

平衡尾绳调节轮的直径：$D_{20} = 2250\text{mm} > 40d_2 = 40×31 = 1240\text{mm}$。

因此，符合尾绳中心距的关系，选择调节轮直径 $D_2 = 2250\text{mm}$。

7.3.3　尾绳调节轮部的运动位移

结合煤矿主井的提升系统的参数，针对提升重载（下放空载）的运行工况，其主井提升绳长度随时间变化曲线如图 7-31 所示。得提升系统中左侧尾绳尾部、右侧尾绳尾部和尾绳调节轮尾部的弹性位移分别如图 7-31、图 7-32 所示。

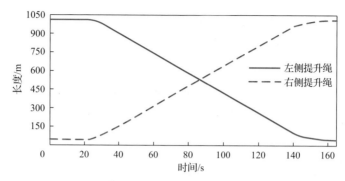

图 7-31　煤矿主井提升绳长度随时间变化曲线

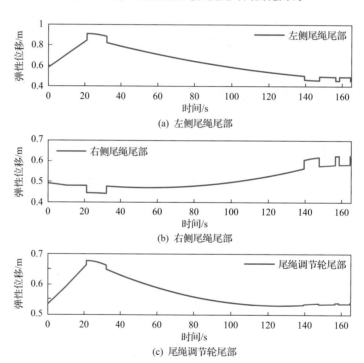

(a) 左侧尾绳尾部

(b) 右侧尾绳尾部

(c) 尾绳调节轮尾部

图 7-32　煤矿主井尾部(左侧提升重载，右侧下放空载)弹性位移

由图 7-32 可以得到，在一次提升重载，下放空载的过程中，尾绳调节轮尾部的弹性位移最大值为 $\max(up) = 0.6763\text{m}$，最小值为 $\min(up) = 0.5316\text{m}$，弹性位移的变化幅值为 $\Delta up = 0.1447\text{m}$。

根据上述分析计算，SAP 提升系统的尾绳调节轮在现场提升工况下不超过 0.2m。本节将采用刚性导轨，实现 4m 的运动位移浮动量，满足要求。

7.3.4　尾绳与尾绳调节轮间防滑系数与压力校验

尾绳调节轮的惯性力矩：

$$T_R = \frac{n_2 J a}{R} = \frac{2 \times 2278.125 \times 0.73}{1.125} = 2956.5 \,(\text{N} \cdot \text{m})$$

式中，J 为尾绳调节轮的转动惯量；R 为尾绳调节轮的半径，数值为 1.125m；a 为系统的运行加速度；n_2 为尾绳数量。

轴承的转动阻力矩：

$$T_b = \frac{\mu_b n_2 (m_p g + F_1) d_b}{2}$$

式中，μ_b 为轴承的摩擦因数，对于圆锥滚子轴承取 0.002；d_b 为轴承的内径，0.15m；g 为重力加速度，9.8m/s^2；m_p 为单个尾绳调节轮的自重；F_1 为施加在尾绳调节轮上的压力。

尾绳调节轮的摩擦力矩(考虑到钢丝绳存在一定的刚度)：

$$T_f = n_2 \mu F_1 R$$

式中，μ 为摩擦轮的摩擦系数；n_2 为尾绳数量；F_1 为施加在尾绳调节轮上的压力；R 为尾绳调节轮的半径。

为了保证尾绳在调节轮上不打滑，摩擦力备用系数 n_f 需要满足：

$$n_f = (T_b + T_f)/T_R \geqslant 1$$

因此，通过计算调节轮的质量 F_g 需满足：

$$F_g \geqslant \max(F_1, F_2) = 5348.5 \,(\text{N})$$

通过尾绳的选型和计算，以及尾绳调节轮、轴承座的尺寸等要求，符合上面要求的尾绳调节轮可设计为独立浮动式、单套轴承座、轴、导向架、配重等配件以 0.9t 进行校验；单个尾绳调节轮约以 0.9t 进行校验。共计约 1.8t 每套进行校验。

7.3.5 提升绳与摩擦衬垫比压校验

1. 提升绳的校验

采用尾绳调节轮单套自重 $m_t = 1.8$t，煤矿主井选用两根尾绳，则尾绳调节轮对尾绳的预紧力为

$$T_t = n_2 m_t g / 2 = 2 \times 1800 \times 9.8 / 2 = 1.764 \times 10^4 \,(\text{N})$$

对提升重载时提升绳进行安全系数验算：

$$
\begin{aligned}
m_{a2} &= \frac{Q_p}{(m + m_z + n_1 q_1 H_c) g + T_t} \\
&= \frac{4 \times 1902 \times 1000}{(25000 + 33000 + 4 \times 9.3 \times 1054.5) \times 9.8 + 17640} \\
&= 7.84 \geqslant m_a = 8.2 - 0.0005 H_c = 7.673
\end{aligned}
$$

式中，Q_p 为所选提升绳所有钢丝破断力之和，N；T_t 为尾绳调节轮对尾绳的预紧力，$T_t =$ F/2，N；m 为容器中装载的载重，$m=25000\text{kg}$；m_z 为容器自重，$m_z=33000\text{kg}$；q_1 为提升绳单位长度质量，$q_1=9.3\text{kg/m}$；H_c 为提升绳的最大提升长度，$H_c=1054.5\text{m}$；n_1 为提升绳的根数，$n_1=4$；F 为调节装置的总载荷，N；m_a 为提升绳的安全系数。

从而，针对大强煤矿主井计算参数对提升绳的安全系数进行校验，可知其满足矿井所规定的安全系数要求。

2. 摩擦衬垫比压的校验

由摩擦衬垫比压计算公式，针对煤矿主井提升重载时的情况，计算摩擦衬垫比压：

$$\begin{aligned}
P_b &= \frac{\left[2m_z + m + (n_1q_1 + n_2q_2)H_c\right]g + 2T_t}{n_1D_nd_n} \\
&= \frac{\left[2\times33000 + 25000 + (4\times9.3 + 2\times18.67)\times1054.5\right]\times9.8 + 2\times17640}{4\times4.5\times0.050} \\
&= 1.886(\text{MPa}) < 2(\text{MPa})
\end{aligned}$$

式中，n_2 为尾绳的数量，$n_2=2$；q_2 为尾绳的单位长度质量，$q_2=18.67\text{kg/m}$；D_n 是主导轮直径，$D_n=4.5$ m；d_n 是钢丝绳直径，$d_n=0.05\text{m}$；m_z 为箕斗自重，$m_z=33000\text{kg}$；m 为重载的质量，$m=25000\text{kg}$。

从而，针对煤矿主井的参数对摩擦衬垫比压进行校验，可知其满足设计要求。

3. 尾绳的校验

基于前述尾绳安全系数计算公式，针对煤矿主井中提升系统底部安装尾绳调节轮的情况，对尾绳安全系数进行校验：

$$\begin{aligned}
m_{a3} &= \frac{Q_{p2}}{n_2q_2(H + H_h)g + T_t} \\
&= \frac{2\times2620\times1000}{2\times18.67\times(966 + 44.4)\times9.8 + 17640} \\
&= 13.53 > m_a = 7.673
\end{aligned}$$

式中，Q_{p2} 为所选尾绳的所有钢丝破断力之和，N；H 为最大提升高度，$H=966\text{m}$；H_h 为井底尾绳环绕长度，$H_h=44.4\text{m}$。

针对煤矿主井计算参数对尾绳的安全系数进行校验，可知其满足矿井所规定的安全系数要求。

7.3.6　提升系统防滑系数校验

根据前述计算公式，提升系统重载侧(提升侧)最大静张力 F_1、空载侧(下放侧)最小静张力 F_2 分别为

$$F_1 = (m_{zr} + m_z + m)g + T_t + W_s$$
$$= [4 \times 9.3 \times 44.1 + 2 \times 18.67 \times (966 + 44.4) + 33000 + 25000] \times 9.8 + 17640 + 18375$$
$$= 9.90 \times 10^5 (\text{N})$$

$$F_2 = (m_{kr} + m_z)g + T_t - W_x$$
$$= [4 \times 9.3 \times (966 + 44.1) + 2 \times 18.67 \times 44.4 + 33000] \times 9.8 + 17640 - 18375$$
$$= 7.07 \times 10^5 (\text{N})$$

式中，m_{zr} 为重载侧钢丝绳最大质量，kg；W_s、W_x 分别为重载侧及空载侧矿井阻力，$W_s = W_x = 0.075mg$，N；T_t 为底部平衡尾绳调节轮对重载侧和空载侧尾绳的预紧力，N。

最大静张力差为

$$F_{j\max} = F_1 - F_2 = 2.83 \times 10^5 (\text{N})$$

重载侧的最大变位质量：

$$m_1 = n_1 q_1 H_0 + n_2 q_2 (H + H_h) + m_z + m + m_u + n_2 m_t$$
$$= 4 \times 9.3 \times 44.1 + 2 \times 18.67 \times (966 + 44.4) + 33000 + 25000 + 13000 + 2 \times 1800$$
$$= 1.14 \times 10^5 (\text{kg})$$

式中，m_u 为顶部摩擦轮的变位质量，13000kg；H_0 表示为钢丝绳最小悬垂长度(初始长度)，$H_0 = 44.1\text{m}$。

空载侧的最小变位质量：

$$m_2 = n_1 q_1 (H + H_0) + n_2 q_2 H_h + m_z$$
$$= 4 \times 9.3 \times (966 + 44.1) + 2 \times 18.67 \times 44.4 + 33000$$
$$= 7.22 \times 10^4 (\text{kg})$$

根据以下步骤对提升系统的防滑安全特性(即极限减速度)进行计算校验。

(1)提升重载，下放空容器的极限减速度：

$$[a_{3s}] = \frac{F_1 \mathrm{e}^{\mu\alpha} - F_2}{m_1 \mathrm{e}^{\mu\alpha} + m_2} = \frac{9.90 \times 10^5 \times \mathrm{e}^{0.25 \times 193 \times \frac{\pi}{180}} - 7.07 \times 10^5}{1.14 \times 10^5 \times \mathrm{e}^{0.25 \times 193 \times \frac{\pi}{180}} + 7.22 \times 10^4} = 4.72 (\text{m/s}^2)$$

式中，F_1 提升系统重载侧(提升侧)最大静张力，$9.9 \times 10^5\text{N}$；F_2 空载侧(下放侧)最小静张力，$4.07 \times 10^5\text{N}$；e 为自然对数的底，2.718；μ 为钢丝绳与摩擦衬垫之间的摩擦系数；α 为钢丝绳对提升滚筒的围包角，rad；m_1 重载侧的最大变位质量；m_2 空载侧的最小变位质量。

(2)下放重载，提升空容器的极限减速度：

$$[a_{3x}] = \frac{F_2 \mathrm{e}^{\mu\alpha} - F_1}{m_2 \mathrm{e}^{\mu\alpha} + m_1} = \frac{7.07 \times 10^5 \times \mathrm{e}^{0.25 \times 193 \times \frac{\pi}{180}} - 9.90 \times 10^5}{7.22 \times 10^4 \times \mathrm{e}^{0.25 \times 193 \times \frac{\pi}{180}} + 1.14 \times 10^5} = 2.31 (\text{m/s}^2)$$

（3）按提升重载方式，载荷为零计算，极限减速度为

$$[a_{3ks}] = \frac{(F_1 - mg)e^{\mu\alpha} - F_2}{(m_1 - m)e^{\mu\alpha} + m_2} = \frac{(9.90\times10^5 - 2.5\times10^4\times9.8)\times e^{0.25\times3.368} - 7.07\times10^5}{(1.14\times10^5 - 2.5\times10^4)\times e^{0.25\times3.368} + 7.22\times10^4} = 3.67(\text{m/s}^2)$$

（4）按下放重载方式，载荷为零计算，极限减速度为

$$[a_{3kx}] = \frac{F_2 e^{\mu\alpha} - (F_1 - mg)}{m_2 e^{\mu\alpha} + m_1 - m} = \frac{7.07\times10^5 \times e^{0.25\times3.368} - (9.09\times10^5 - 2.5\times10^4\times9.8)}{7.22\times10^4 \times e^{0.25\times3.368} + (1.14\times10^5 - 2.5\times10^4)} = 3.49(\text{m/s}^2)$$

7.3.7　校验结果

综合上述，大强煤矿 SAP 提升系统关键参数校核结果如下。

（1）保证不改变提升系统本身参数的情况下，在尾绳上安装尾绳调节轮，选择的尾绳调节轮直径为 2250mm，满足 $D_2 > 40d_2$。

（2）设计独立浮动式尾绳调节轮的每套自重为 1.8t，共计 3.6t，能够保证尾绳与尾绳调节轮不打滑运行。

（3）在尾绳调节轮自重的预紧力作用下，对提升系统的提升绳安全系数进行校核，提升重载时的安全系数为 7.84，满足《煤矿安全规程》中关于提升安全系数的要求。

（4）对摩擦衬垫比压进行校核，得到摩擦衬垫比压为 1.89MPa，满足《煤矿安全规程》的衬垫允许比压小于 2MPa 的要求。

7.4　工　程　示　范

7.4.1　系统安装

深井 SAP 提升系统在安装时，轴与调节轮进行配合安装，即在轴的两端安装卡板，阻止轴的轴向移动和转动，按照此方法安装 3 套调节轮及其导向设备(在放入井筒的时候需要在导向架底部安装重物，保证它的方向性)；然后将扁尾绳调节轮挂在安装好的扁尾绳上，并通过调节轮弹性变形后的位置来确定底部梁的安装位置，随后将调节轮取下放置在下面。具体步骤如下。

（1）安装牛腿结构的支撑支架(图 7-33)，分别确定好安装距离和安装位置，将安装支架通过膨胀螺栓与井壁连接在一起。需要注意的是，由于井壁是圆形的，因此安装时需要在安装支架与井壁之间加装相同几何形状的垫片等，使得安装支架与井壁保持完全接触。

（2）通过牛腿结构固定在井筒壁上来保证底部梁的安装固定，牛腿和梁的安装示意图如图 7-34 所示。

（3）按照从下往上的顺序依次安装固定板等组件，但不需要固定死，接着安装导轨底座和圆形导轨，保证圆形导轨竖直，并且相互的间距符合要求，如图 7-35 所示。

图 7-33　牛腿结构的支撑支架　　　　　　图 7-34　牛腿和梁的安装示意图

图 7-35　固定板和导轨安装示意图

(4)将一侧导轨卸掉，将尾绳调节轮和导向架整体吊装到扁尾绳上面，并通过导向架与另一侧导轨连接，通过调节轮进行约束固定块，如图 7-36 所示。

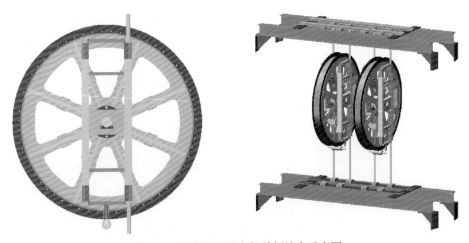

图 7-36　调节轮和导向架单侧约束示意图

（5）将卸掉的导轨安装上去，并通过导向架的导向套与导轨约束，如图 7-37 所示。

（6）整个导向架在导轨上安装成功后，将底部和顶部的活动板等固定结构采用焊接方式进行永久固定，完成整套设备的安装。

（7）安装顶部的防护棚，首先搭建防护机架，通过桁架与螺栓连接在牛角支架上，并固定牢固。顶部防护棚支撑架安装示意图如图 7-38 所示。

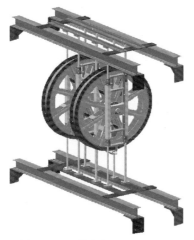

图 7-37　导轨全部安装示意图　　　　　图 7-38　顶部防护棚支撑架安装示意图

（8）将防护棚与防护棚支撑架通过螺栓等连接在一起，保证其牢固可靠。最终的安装示意图如图 7-39 所示。从图 7-39 中可以看到，由于尾绳调节轮作为 SAP 提升系统的关键部件，对尾绳调节轮的防护是最重要的，同时防护系统还不能影响尾绳的运动，故将顶部防护系统做成伞形，安装在尾绳调节轮的上方，刚好放在双侧尾绳的中间，既能够起到防护作用，同时也不妨碍尾绳运动。

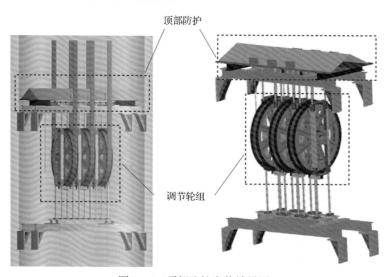

图 7-39　顶部防护安装效果图

（9）SAP 提升系统主体设备安装完成后，安装监测系统，包括尾绳防跳槽与卡阻监测装置和尾绳摆动与噪声监测装置。其中，磁钢主要安装在调节轮轴上，其在安装调节轮的时候已经将传感器加装进去，与安装的霍尔防爆传感器相配合；监测相机固定在井壁上，通过安装支架和膨胀螺栓与井壁连接。安装测试完毕，将传感器所需的数据从井底通过光纤引至井口工控机内。

SAP 提升系统安装后照片如图 7-40 所示。

(b) 防护装置

(a) 系统整体　　　　　　　　　　(c) 调节轮

图 7-40　SAP 提升系统安装完成后照片

7.4.2　运行效果

对原提升系统及 SAP 提升系统运行中的 12 种工况，包括满载(2m/s、4m/s、6m/s、8m/s)、半载(2m/s、4m/s、6m/s、8m/s)、空载(2m/s、4m/s、6m/s、8m/s)恒减速制动的尾绳运行监测(图 7-41)，对比分析 SAP 提升系统整体运行效果。

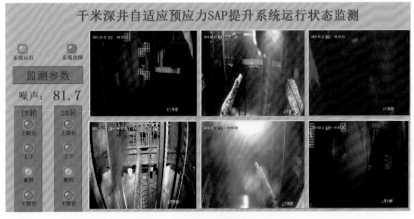

图 7-41　SAP 提升系统运行监控图

1. 尾绳摆动控制效果

加速度为 0m/s² 时代表尾绳在各速度（2m/s、4m/s、6m/s、8m/s）匀速状态摆动情况，尾绳摆动最大值基本出现在加减速过程中。

由 SAP 提升系统与原提升系统尾绳振动对比曲线（图 7-42）可以看出：原提升系统满载状态下尾绳最大摆动 118cm（其中左摆 730mm，右摆 450mm），半载状态下尾绳最大摆动 1080mm（左摆 760mm，右摆 320mm），空载状态下尾绳最大摆动 1140mm（左摆 720mm，右摆 420mm）。

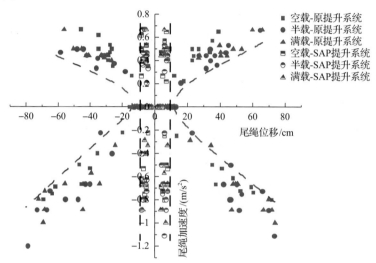

图 7-42　SAP 提升系统与原提升系统不同工况下尾绳摆动对比

SAP 提升系统在各种工况及不同速度下尾绳摆动基本稳定在 100 mm 以内，尾绳摆动量减小至原提升系统的 1/10 左右。

2. 尾绳振动控制效果

在不同工况下，提升系统发生紧急制动时，原提升系统减速度波动大，而采用恒减速制动系统的 SAP 提升系统则制动平稳，同时，对钢丝绳的振动幅度、次数均有良好的改善，从而明显改善安全制动的效果（图 7-43、图 7-44）。

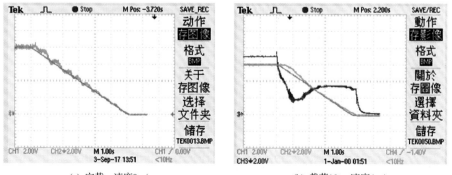

(a) 空载，速度8m/s　　　　　　　　　(b) 载荷10t，速度4m/s

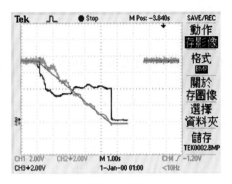

(c) 载荷25t，速度8m/s

图 7-43　原提升系统紧急制动曲线

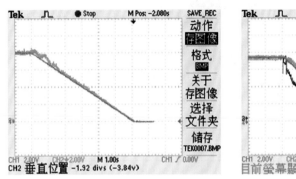

(a) 空载，速度8m/s

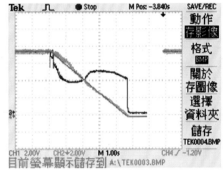

(b) 载荷10t，速度4m/s

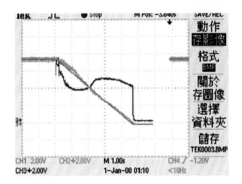

(c) 载荷25t，速度8m/s

图 7-44　SAP 提升紧急制动曲线

　　由 SAP 提升系统与原提升系统尾绳振动对比曲线(图 7-45)可以看出：SAP 提升系统比原提升系统尾绳上下振幅减小约 30%；原提升系统紧急制动情况下尾绳振动 20 余次稳定，持续 50s 左右后稳定，SAP 提升系统紧急制动情况下尾绳振动 9 余次，持续 15s 左右后稳定。

3. 空载时不同加速度尾绳位移

图 7-46 为空载时不同加速度尾绳位移曲线。

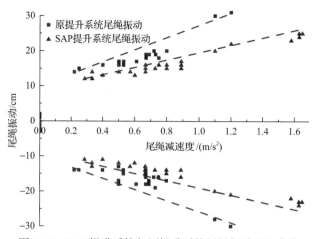

图 7-45　SAP 提升系统与原提升系统尾绳振动对比曲线

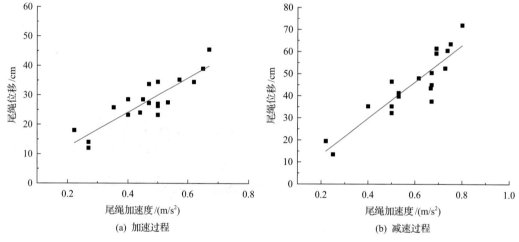

(a) 加速过程　　　　　　　　　(b) 减速过程

图 7-46　空载时不同加速度尾绳位移曲线

通过图 7-46 中的曲线可以看出，尾绳摆动值与加速度近似呈线性关系，随着尾绳加减速度的不断提高，尾绳在各个位置的横向位移也会不断增加，由此说明，尾绳的横向摆动产生的原因就是尾绳加减速度的运动，适当地减少系统运行加速度，能够减小尾绳碰撞磨损的危害和风险。

综合上述分析可以看出，SAP 提升系统各工况下试运行安全、平稳，SAP 提升系统有效解决了尾绳大摆动情况，尾绳摆动量减小至原提升系统的 1/10 左右，上下振幅减小约 30%，有效解决了提升系统运行过程中尾绳大摆动、提升容器大振动等关键问题，提高了提升系统高速运行的安全性。